非标准的建筑拆解书

见招拆招篇

赵劲松　林雅楠　著

广西师范大学出版社
· 桂林 ·

图书在版编目（CIP）数据

非标准的建筑拆解书．见招拆招篇／赵劲松，林雅楠著．—桂林：广西师范大学出版社，2024.3
ISBN 978-7-5598-6704-9

Ⅰ．①非… Ⅱ．①赵… ②林… Ⅲ．①建筑设计 Ⅳ．①TU2

中国国家版本馆 CIP 数据核字（2024）第 011741 号

非标准的建筑拆解书（见招拆招篇）
FEIBIAOZHUN DE JIANZHU CHAIJIESHU（JIANZHAOCHAIZHAO PIAN）

出 品 人：刘广汉
策划编辑：高　巍
责任编辑：冯晓旭
助理编辑：马竹音
装帧设计：徐　豪　马韵蕾

广西师范大学出版社出版发行
（广西桂林市五里店路 9 号　　邮政编码：541004
网址：http://www.bbtpress.com）
出版人：黄轩庄
全国新华书店经销
销售热线：021-65200318　021-31260822-898
凸版艺彩（东莞）印刷有限公司印刷
（东莞市望牛墩镇朱平沙科技三路 邮政编码：523000）
开本：889 mm×1 194 mm　1/16
印张：23　字数：230 千
2024 年 3 月第 1 版　2024 年 3 月第 1 次印刷
定价：188.00 元

序

用简单的方法学习建筑

本书是将我们的微信公众号“非标准建筑工作室”中《拆房部队》栏目的部分内容重新编辑、整理的成果。我们在创办《拆房部队》栏目的时候就有一个愿望，希望能让学习建筑设计变得更简单。为什么会有这个想法呢？因为我认为建筑学本不是一门深奥的学问，然而又亲眼见到许多人学习建筑设计多年却不得其门而入。究其原因，很重要的一条是他们将建筑学想得过于复杂，感觉建筑学包罗万象，既有错综复杂的理论，又有神秘莫测的手法，在学习时不知该从何入手。

要解决这个问题，首先要将这件看似复杂的事情简单化。这个简单化的方法可以归纳为学习建筑的四项基本原则：信简单理论、持简单原则、用简单方法、简单的事用心做。

一、信简单理论

学习建筑不必过分在意复杂的理论，只需要懂一些显而易见的常理。其实，有关建筑设计的学习方法在两篇文章里就可以找到：一篇是《纪昌学射》，另一篇是《鲁班学艺》。前者讲了如何提高眼睛的功夫，这在建筑学习中就是提高审美能力和辨析能力。古语有云：“观千剑而后识器。”要提高这两种能力只有多看、多练一条路。后者告诉我们如何提高手上的功夫，并详细讲解了学习建筑设计最有效的训练方法——将房子的模型拆三遍，再装三遍，然后把模型烧掉再造一遍。这两篇文章完全可以当作学习建筑设计的方法论。读懂了这两篇文章，并真的照着做了，建筑学入门一定没有问题。

建筑设计是一门功夫型学科，与烹饪、木匠、武功、语言类似，功夫型学科的共同特点就是要用不同的方式去做同一件事，通过不断重复练习来增强功力，提高境界。想练出好功夫，关键是练，而不是想。

二、持简单原则

通俗地讲，持简单原则就是学建筑时要多“背单词”，少“学语法”。学不会建筑设计与学不会英语的原因有相似之处。很多人学习英语花费了十几二十年，结果还是既不能说，又不能写，原因之一就是他们从学习英语的第一天起就被灌输了语法思维。

从语法思维开始学习语言至少有两个害处：一是重法不重练，以为掌握了方法就可以事半功倍，以一当十；二是从一开始就养成害怕犯错的习惯，因为从一入手就已经被灌输了所谓“正确”的观念，从此便失去了试错的勇气，所以在做到语法正确之前是不敢开口的。

学习建筑设计的学生也存在着类似的问题：一是学生总想听老师讲设计方法，而不愿意花时间反复地进行大量的高强度训练，以为熟读了建筑设计原理自然就能推导出优秀的方案，他们宁可花费大量时间去纠结“语法”，也不愿意下笨功夫去积累“单词”；二是不敢决断，无论构思还是形式，学生永远都在期待老师的认可而不相信自己的判断。因为在他们心里总是相信有一个正确的答案存在，所以在被认定正确之前是万万不敢轻举妄动的。

“从语法入手”和“从单词入手”体现出两种完全不同的学习心态。“从语法入手”的总体心态是“膜拜”，在仰望中战战兢兢地去靠近所谓的“正确”。而“从单词入手”则是“探索”，在不断试错中总结经验，摸索前行。对于学习语言和设计类学科而言，多背“单词”远比精通“语法”更重要，语法只有在掌握单词量足够的前提下才能更好地发挥纠正错误的作用。

三、用简单方法

学习设计最简单的方法就是多做设计。怎样才能做更多的设计，做更好的设计呢？简单的方法就是把分析案例变成做设计本身，就是要用设计思维而不是赏析思维看案例。

什么是设计思维？设计思维就是在看案例的时候把自己想象成设计者，而不是欣赏者或评论者。两者有什么区别？设计思维是从无到有的思维——如同演员一秒入戏，回到起点，设身处地地体会设计师当时面对的困境和采取的创造性措施。只有针对真实问题的答案才有意义。而赏析思维则是对已经形成的结果进行评判，常常是把设计结果当作建筑师天才的创作。脱离了问题去看答案，就失去了对现实条件的理解，也失去了自己灵活运用的可能。

在分析案例的学习中我们发现，尝试扮演设计师把项目重做一遍，是一种比较有效的训练方法。

四、简单的事用心做

功夫型学科还有一个特点，就是想要修行很简单，修成正果却很难。为什么呢？因为很多人在简单的训练中缺失了“用心”。

什么是“用心”？以劈柴为例，王维说“劈柴担水，无非妙道;行住坐卧，皆在道场”，就是说，人可以在日常生活中悟得佛道，没有必要非去寺院里体验青灯黄卷、暮鼓晨钟。劈劈柴就可以悟道，这看起来好像给想要参禅悟道的人找到了一条容易的途径，再也不必苦行苦修。其实这个“容易”是个假象。如果不“用心”，每天只是用力气重复地去劈，无论劈多少柴都是悟不了道的，只能成为一个熟练的樵夫。但如果加一个心法，比如，要求自己在劈柴时做到想劈哪条木纹就劈哪条木纹，想劈掉几毫米就劈掉几毫米，那么结果可能就会有所不同。这时，劈柴的重点已经不在劈柴本身了，而是通过劈柴去体会获得精准掌控力的方法。通过大量这样的练习，即使你不能得道，也会成为绝顶高手。这就是用心与不用心的差别。可见，悟道和劈柴并没有直接关系，只有用心劈柴，才可能悟道。劈柴是假，修心是真。一切方法都不过是“借假修真”。

学建筑很简单，真正学会却很难。不是难在方法，而是难在坚持和练习。所以，学习建筑要想真正见效，需要持之以恒地认真听、认真看、认真练。认真听，就是要相信简单的道理，并真切地体会；认真看，就是不轻易放过，看过的案例就要真看懂，看不懂就拆开看；认真练，就是懂了的道理就要用，并在反馈中不断修正。

2017年，我们创办了《拆房部队》栏目，用以实践我设想的这套简化的建筑设计学习方法。经过五年多的努力，我们已经拆解、推演了三百多个具有鲜明设计创新点的建筑作品，参与案例拆解的同学，无论是对建筑的认知能力还是设计能力都得到了很大提升。这些拆解的案例在公众号推出后得到了大家广泛的关注，很多人留言希望我们能将这些内容集结成书，《非标准的建筑拆解书》前三辑出版之后也得到了大家的广泛支持。

《非标准的建筑拆解书（见招拆招篇）》现已编辑完毕，在新书即将付梓之际，感谢天津大学建筑学院的历届领导和各位老师多年来对我们工作室的大力支持，感谢工作室小伙伴们的积极参与和持久投入，感谢广西师范大学出版社高巍总监、马竹音编辑、马韵蕾编辑及其同人对此书的精雕细刻，感谢关注“非标准建筑工作室”公众号的广大粉丝长久以来的陪伴和支持，感谢所有鼓励和帮助过我们的朋友！

天津大学建筑学院非标准建筑工作室　赵劲松

目　录

让　学　建　筑　更　简　单

建筑师，需要减负

图 1

名　称：巴西海事博物馆竞赛方案（图 1）
设计师：Rodrigo Quintella Messina 事务所
位　置：巴西·里约热内卢
分　类：博物馆
标　签：线性空间，遗址保护
面　积：24 000 m²

START

压垮当代建筑师的三座大山：30 岁之前，头秃了；保存之前，图崩了；放假之前，甲方来了。小学生才要“双减”，建筑师只需要减负。建筑师减负就像减肥。图是自己画的，肉是自己长的，说到底都是管不住自己的嘴——甲方说啥你都应，甲方都没啥了你还能说。

建筑师说出去的话，不是泼出去的水，而是脑子里进的水，最终都要灌进 200 多页的汇报 PPT 里。不是每个胖子都是潜力股，“水”出来的方案至少还有工作量，“脱水”的方案可能就只剩下凉凉。美人在骨不在皮，你想少画图，就得先画骨。

减负的故事要从巴西里约热内卢（简称里约）的一个码头讲起。众所周知，里约热内卢港有很多个码头，在这个“很多”里，有一个 19 世纪建好的码头——Doca da Alfândega，它是一个 300 m×17 m 的长条形，因此当年在这个码头上面建了一个长条单层仓库，用于储存船只（图 2）。

图 2

这个码头到了 20 世纪就被废弃了。1996 年，巴西海军征用了这个码头仓库，翻修后改造成了海军博物馆（图 3）。

图 3

2014 年，里约政府搞城市大改造，把码头周围的一堆历史文化建筑，包括 Candelária 教堂、Casa França-Brasil 文化中心、国家历史博物馆、里约艺术博物馆、明日博物馆等整合成了一个大文化区，海军博物馆在改造期间也停止了运营（图 4）。

图 4

到了 2017 年——时间线有点长，稍微忍耐一下，快说完了——大文化区已经有模有样了，巴西海军觉得自己可以重出江湖了。他们重新评估了这个码头的价值，决定建造巴西第一家公共海事博物馆，也是拉丁美洲第三家公共海事博物馆，并且请 Jacobsen Arquitetura 事务所进行了概念设计。没想到，大乌龙事件发生了（图 5）。

图 5

可能是里约市政府对这片历史文化区的宣传工作做得太到位了，导致里约市民历史自豪感爆棚，全市人民一致觉得原码头建筑也是个宝贝，坚决反对拆了盖新博物馆。可这个房子明明是 1996 年翻新改造的，实在算不上什么古董。但是，反正群众不答应，海军也没辙。然后，这件事就稀里糊涂地不了了之了。

春去秋来，时光如梭，一晃到了 2021 年，海军在对码头进行维护维修时，“一不小心”就把码头上的老建筑给弄坏了。绝对是手误，绝对不是因为想盖博物馆故意破坏的。嗯，绝对不是！

然后，巴西海军发起了海事博物馆建筑竞赛。可能是为了不激化矛盾，新竞赛没再提建海事博物馆的事儿，只说要重建原来的海军博物馆，依旧展示海军船只及文化遗产。但要在展览的基础上增加礼堂、餐饮、教育等文化活动空间，使文化中心区更加完善。基地就是长条码头以及码头对面的一块方形陆地（图 6）。

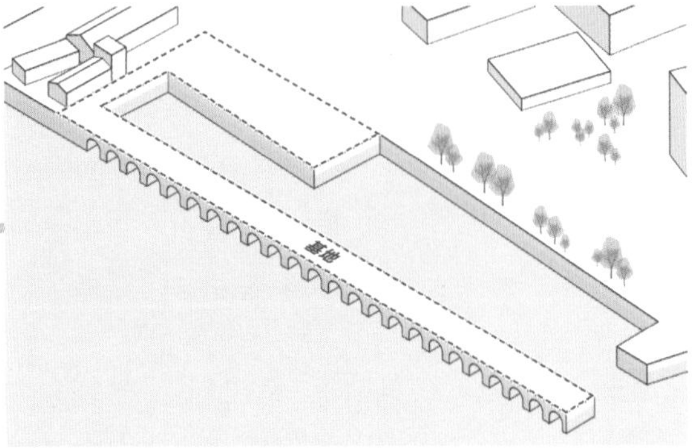

图 6

至此，我们先停一下。你们猜“拆房部队”为什么挖地三尺去梳理时间线？是为了凑字数吗？对。就是为了凑字数。我的意思是，解锁了时间线才能解锁减负玩法，而减负玩法会直接导致方案结果很简单。

你们还记不记得？海军甲方在 2017 年其实已经做了一个建筑方案了。既然民众意见那么大，那就借着手误的机会把原方案偷摸建了就算了，何必大张旗鼓搞竞赛呢？是害怕市民朋友骂人找不着靶子吗？不！这只能说明之前的那个设计根本没有解决核心问题，稀里糊涂建了会被骂得更惨，还不如集思广益去解决问题，说不定还能有个美好结局。

那么，核心问题是什么？就是那个大乌龙。市民群众不是对海事博物馆有意见，而是对破坏历史建筑有意见。但是码头建筑根本不是文物，在这片港口区里，真正具有价值且需要保护的历史遗址只有一个，就是码头（图 7）。

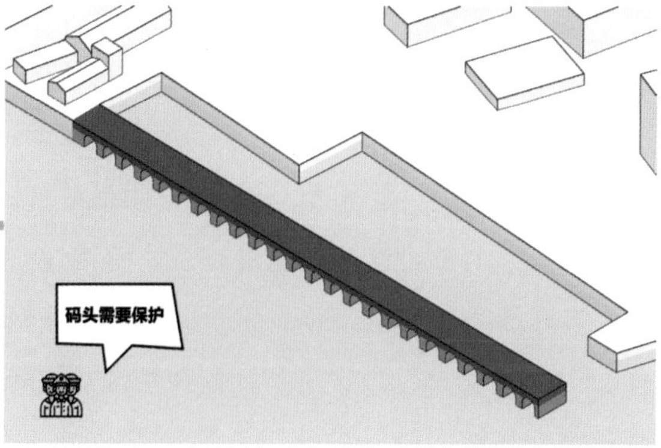

图 7

遗址要怎么保护呢？通常的做法就是封起来，人们站在周围看一看就行了。但问题是这个遗址是个码头啊，周围是大海，全是水，总不能让大家都站在海里看吧？也就是说，人们能接触到的遗址有且只有码头表面。但是，现在码头上还要建一个新建筑啊（图 8）。

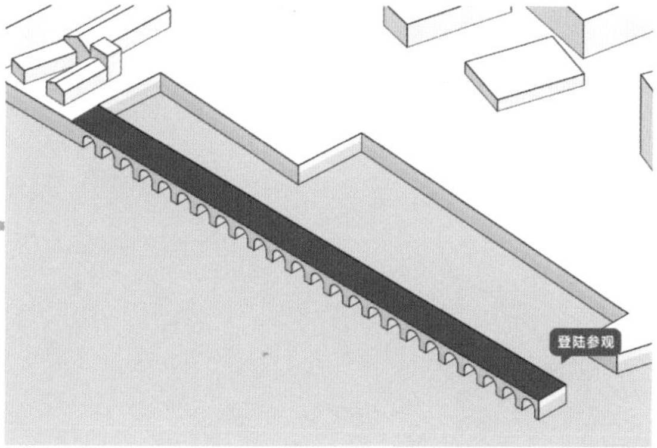

图 8

所以，现在的问题就转变成了怎样在待保护遗址上建一个新建筑。这就是这个项目的骨，能解决这个问题，画张草图也可以；解决不了这个问题，制作 200 页 PPT 也是“草”。

新建筑肯定需要基地，但码头是遗址，自然不能当基地来用。怎么办？唯一且现实的办法就只能是全部架空了。码头是长条形的，建筑体量也只能采用长条形。升起体量将建筑抬升一层的高度，将整个码头完整展示，也是完整保护（图 9、图 10）。

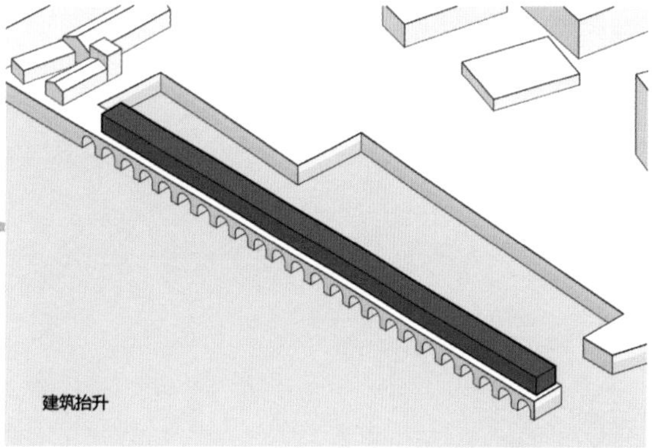

图 9

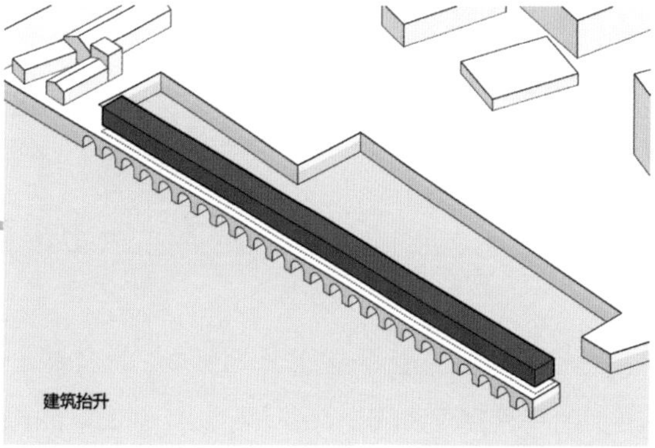

图 10

虽然是架空，但也不能飘在天上。结构落在哪里呢？300 m 长的大长条悬挑也不现实，只能加柱子了。为了让基地遭到的破坏最小，当然是柱子越少越好。新建筑以展览大空间为主，博物馆空间利用模块化钢结构（6 m×3 m×12 m）作为支撑，根据拱形码头的基础位置确定 36 m 的柱距，确保柱子全部落在码头基础上（图 11、图 12）。

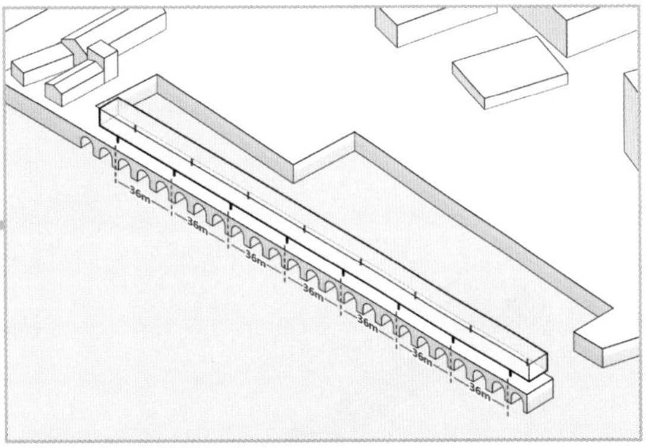

图 11

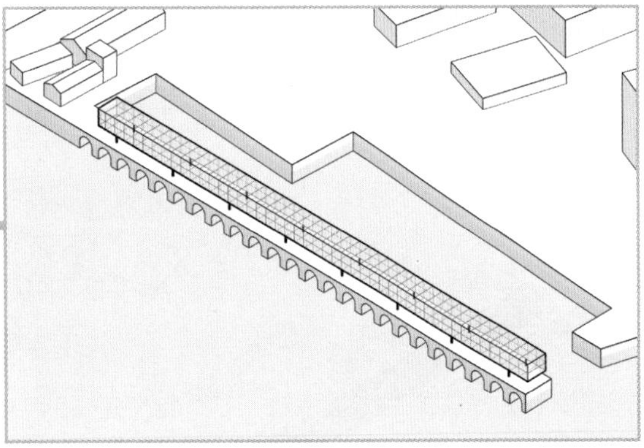

图 12

这还不够，毕竟整个建筑长 300 m。为了将对码头的干扰降到最低，在两头加入实体空间以起到加固支撑的作用。码头西端景观面最大，加入小体量进行支撑；码头东端则加入较大的体量用于支撑（图 13）。

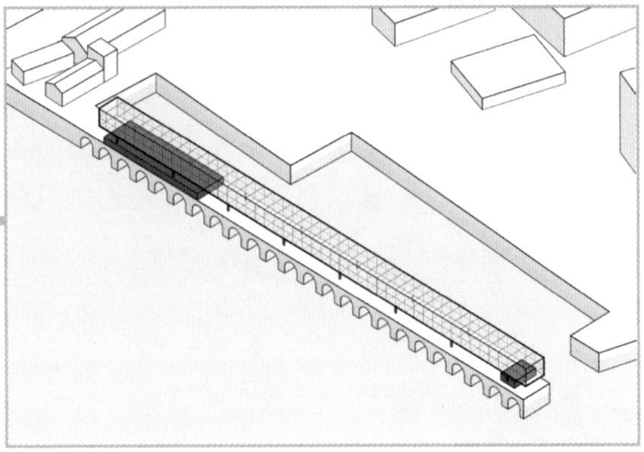

图 13

博物馆的主要空间是展厅，还有用于展品装卸、储存、研究的办公空间。也就是说，博物馆会产生参观和后勤两种流线。由于博物馆面宽只有 17 m，为了避免流线交叉，码头东端紧挨陆地的部分只能容纳一种流线（流线 2）。好在码头对面还有一块基地，另一条流线（流线 1）可以通过架桥到达建筑（图 14 ~ 图 16）。

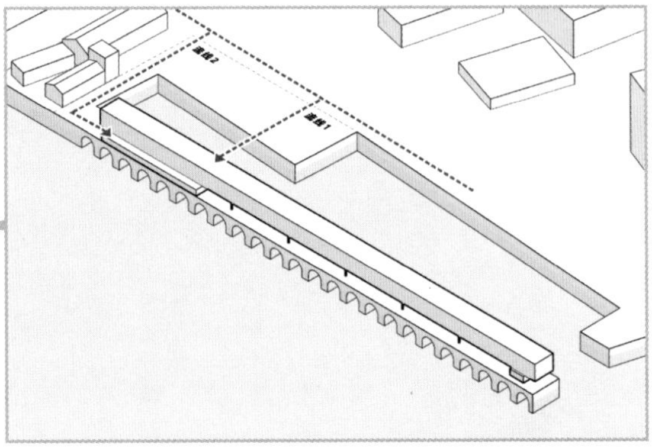

图 14

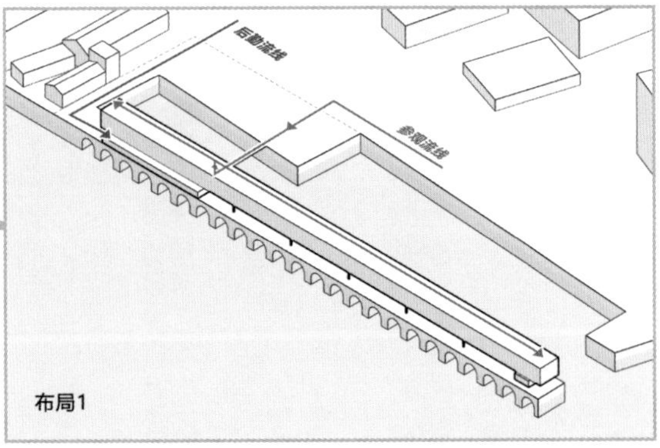

图 15

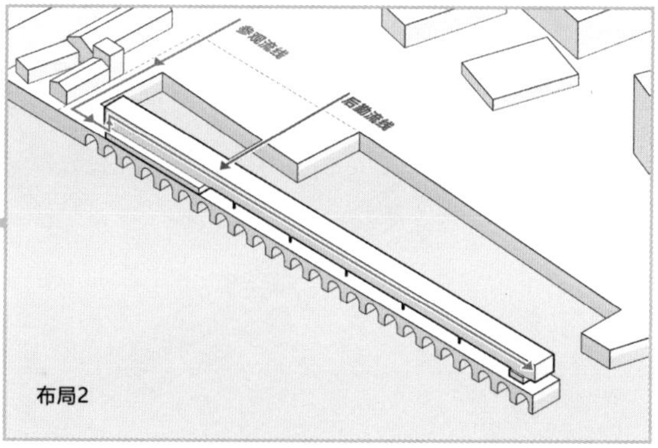

图 16

有一说一，这两条流线都不怎么样，由于博物馆过长，不管怎么布置都会存在参观流线走回头路的问题。两害相权取其轻，既然两种布局方案的参观流线都有问题，那就只能挑一个相对较好的，先把后勤流线布顺了再说（图 17）。

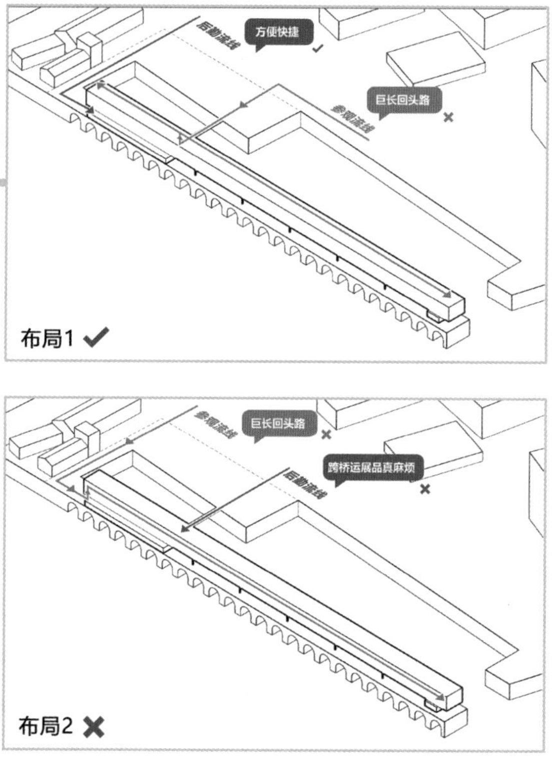

图 17

后勤流线从码头东端进入，参观流线通过架桥的方式从码头对岸进入，而甲方要求的礼堂等公共功能就直接放置在岸上（图 18）。

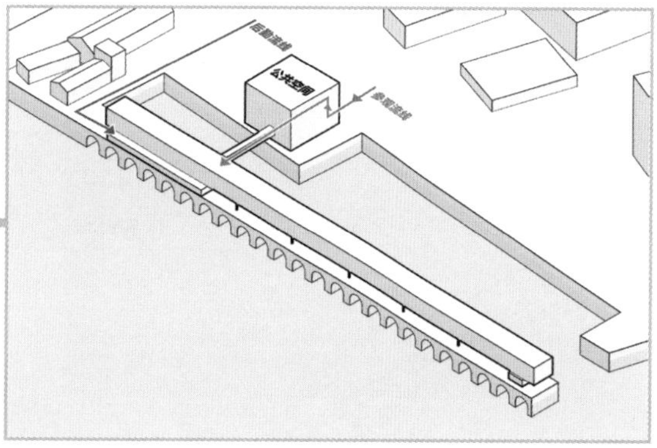

图 18

至此，总体的功能布局形成。码头北端首层用于支撑的空间用作展品装卸及修复的办公空间；码头上架空部分为展览空间；码头对岸为公共空间（图 19）。

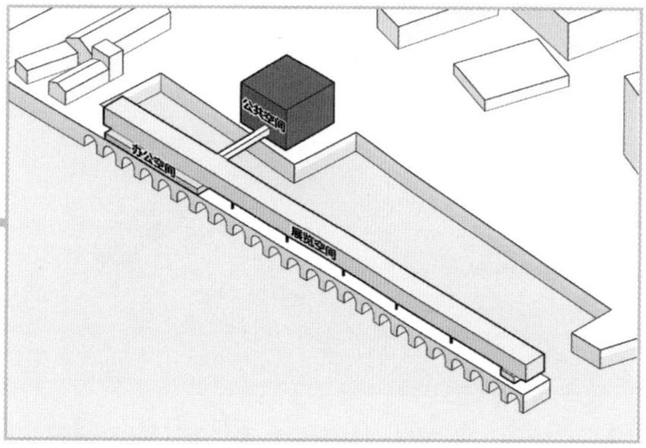

图 19

就算是减负玩法，这个 300 m 长的大筒子展览空间也得想办法处理一下（图 20）。展厅过长，那就想办法把它变短，将内部空间打断成几段。由于展品的高度各不相同，因此将通高展厅和平层展厅间接布置（图 21、图 22）。

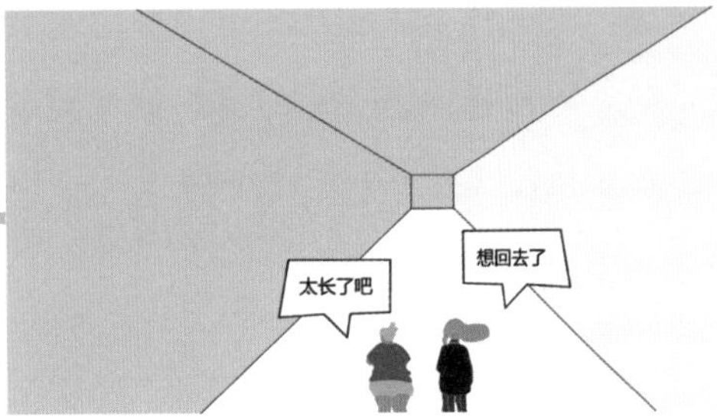

图 20

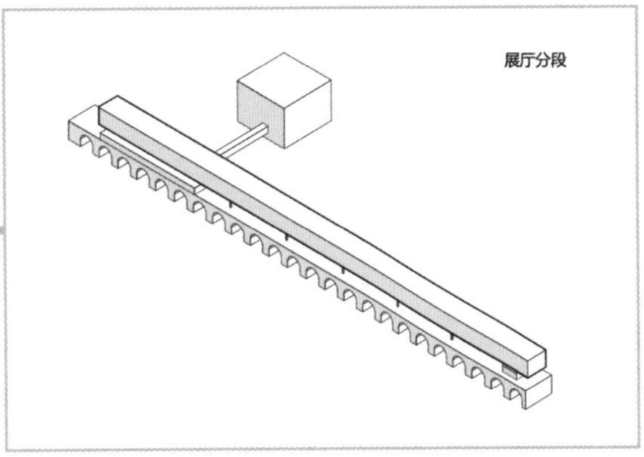

图 21

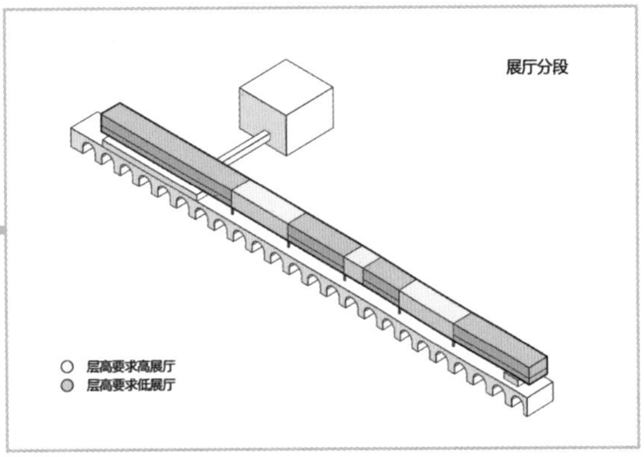

图 22

但现在底层还是水平向的一整条，所以还要继续加料，强化间隔感受。将端部展厅去掉一层，再加入大台阶连接上下两层，使每一段空间都各不相同（图 23 ~ 图 26）。

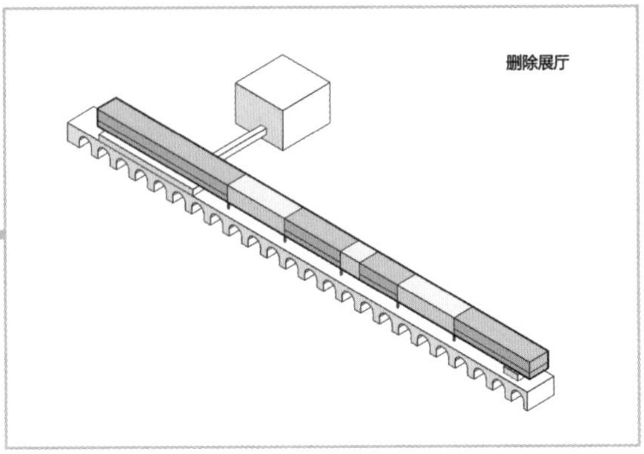

图 23

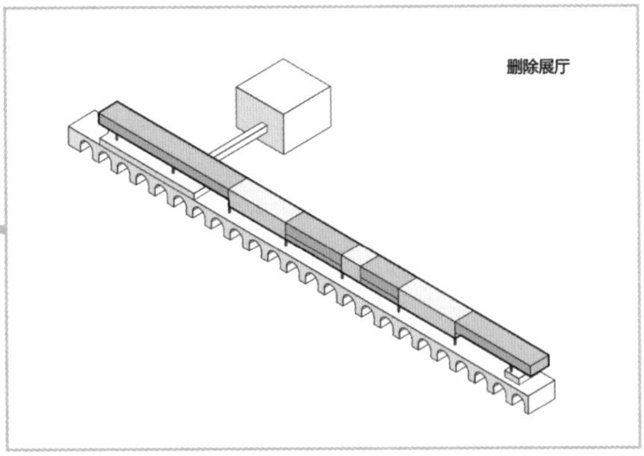

图 24

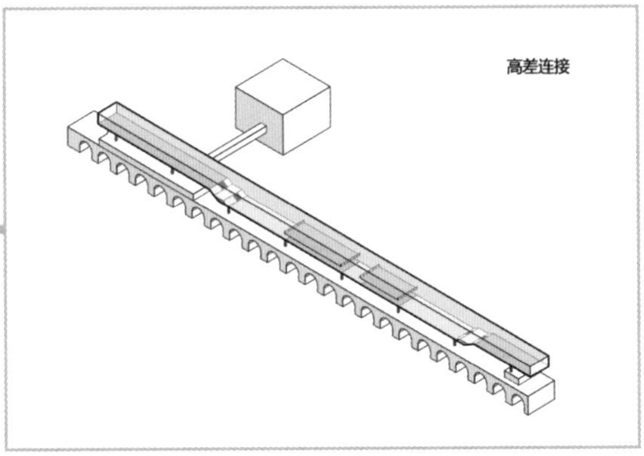

图 25

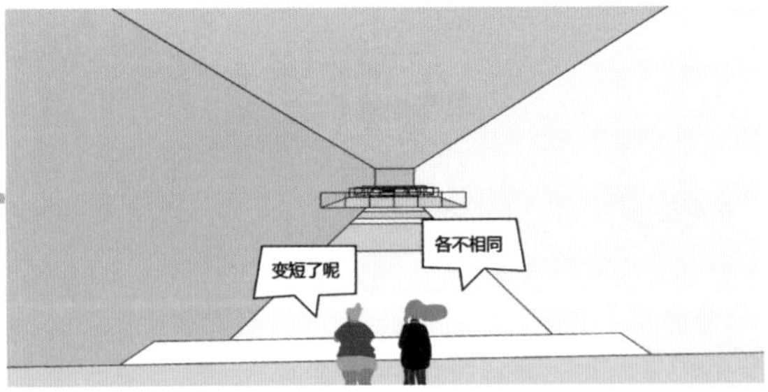

图 26

在北侧加入走廊，并在北侧墙体开洞，连通上层断开的展厅（图 27）。现在起点门厅位于最高层，人群通过架桥来到门厅。

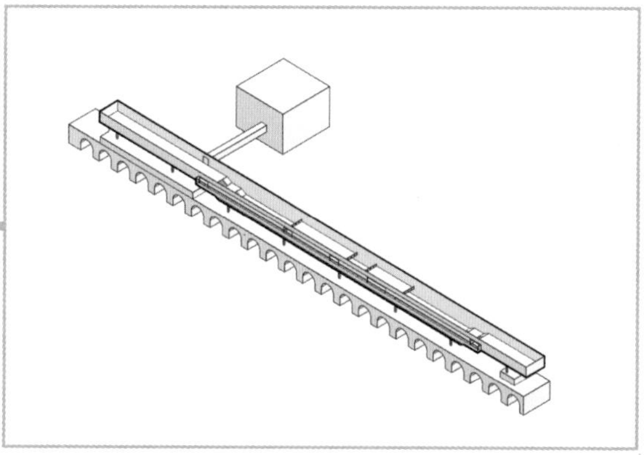

图 27

由于是从中间来的，为了让人没有选择的顾虑，把短边楼板直接去掉，让人流都往一边走（去掉短边具体是干什么用，你先猜着，后面填坑）（图 28、图 29）。

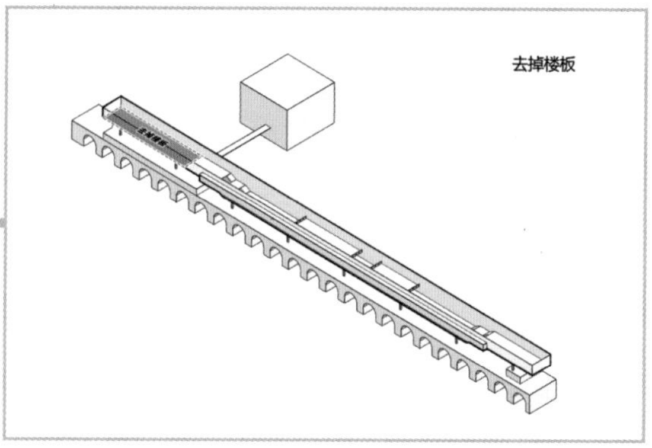

图 28

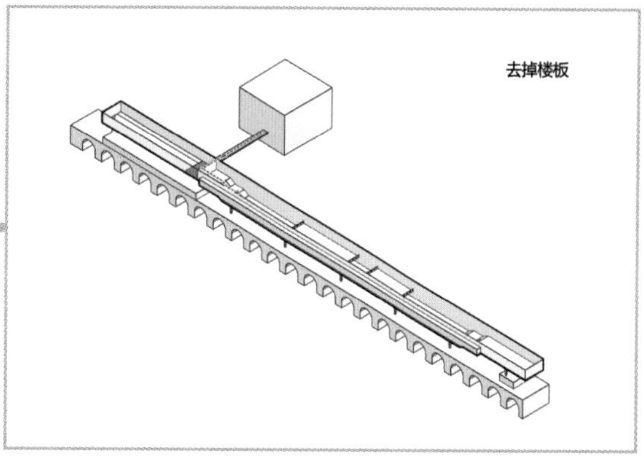

图 29

在人往前走的过程中，因为展厅布置在上下两层，所以在通高位置加入楼梯连接，方便人们自由选择内部参观流线，但最终都会到达最西端（图 30、图 31）。

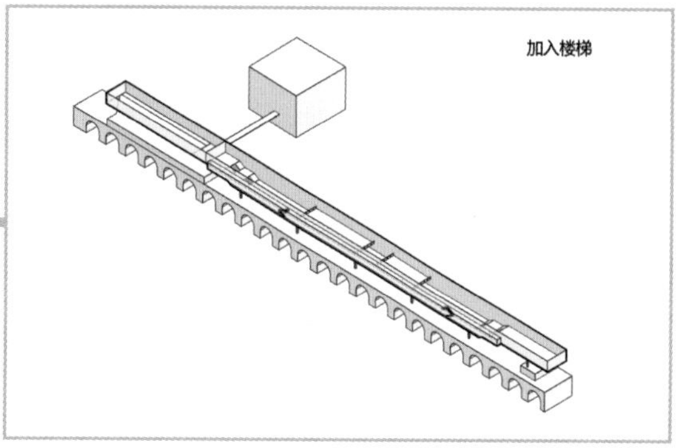

图 30

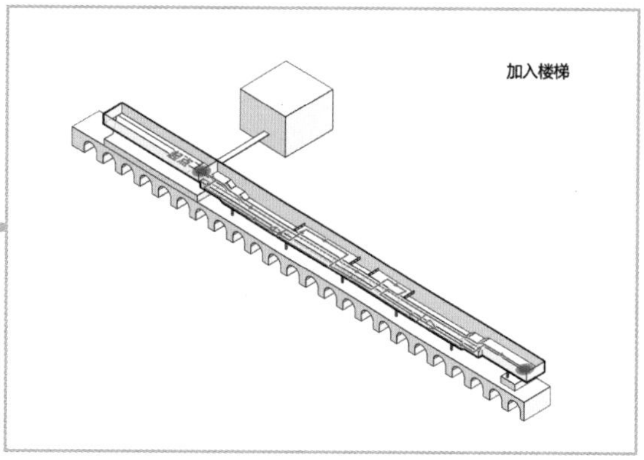

图 31

然后呢？到了最西端，总不能跳海吧？但也不能原路返回再把展品复习一遍呀（图 32）。那就只剩下层的码头了。到达西端以后，让人们顺着码头回来（图 33）。正好现在的码头两侧依旧要展示巴西海军曾经服役的大型军舰等历史遗产，因此在码头上伸出平台，到达各个军舰登舰口（图 34）。

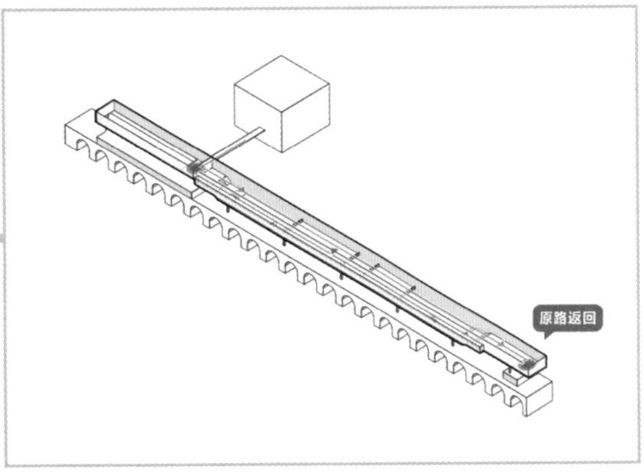

图 32

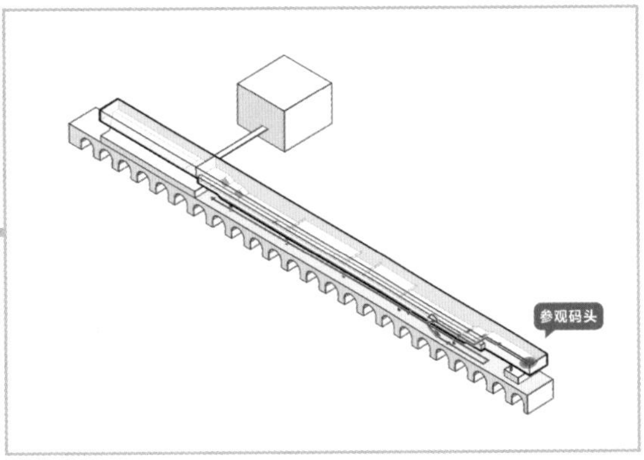

图 33

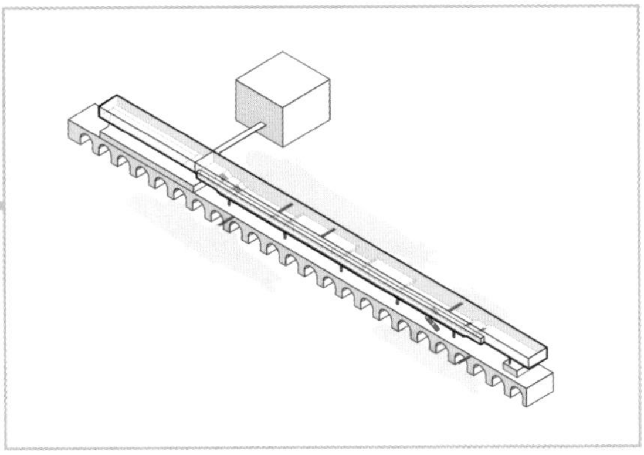
图 34

参观完军舰和码头，就会回到后勤办公所在的位置。还记得之前去掉的短边楼板吗？利用后勤屋顶做一个两层通高的半室外直升机展区，通过台阶引导到达后勤屋顶，然后在后勤屋顶与三层门厅之间加入楼梯，引导人们再次回到门厅（图 35）。

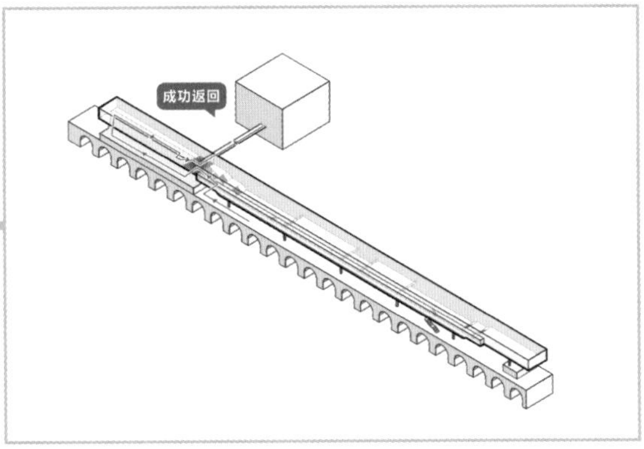

图 35

至此，通过将码头纳入展览的一环，整个博物馆的参观流线形成了一条环路。当然，人们也可以选择在到达门厅后先右拐下楼梯，完成码头层的参观，然后再到达展厅参观（图 36、图 37）。

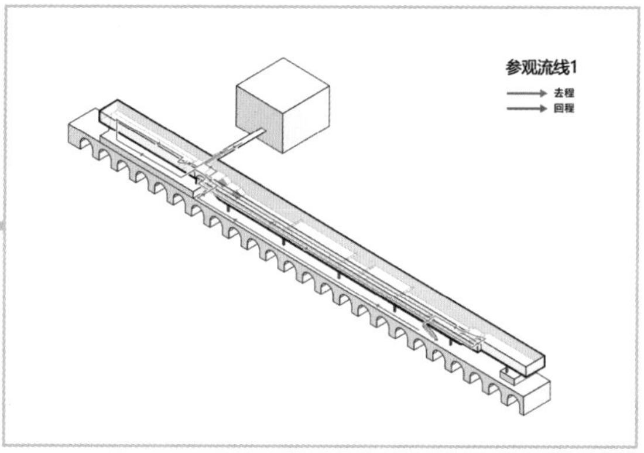

图 36

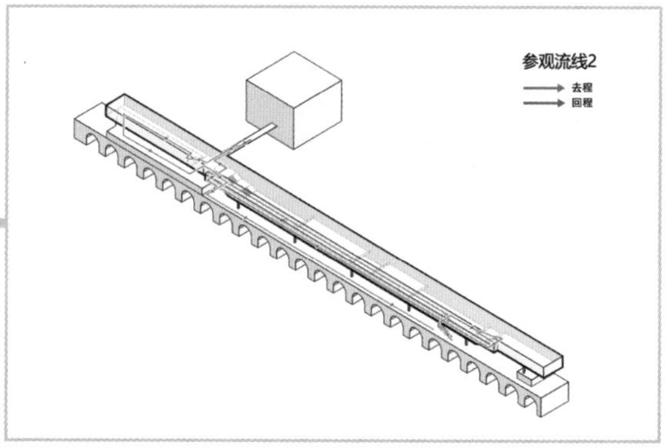

图 37

将码头端部的支撑体量变成咖啡厅，并利用咖啡厅屋顶作为休闲大台阶，此外，在码头中间部分也加入两个圆形休闲台阶（图 38）。为了满足疏散要求，在展厅通高部分开放楼梯的基础上，将楼梯向下延伸，码头层采用直跑楼梯的形式（图 39）。

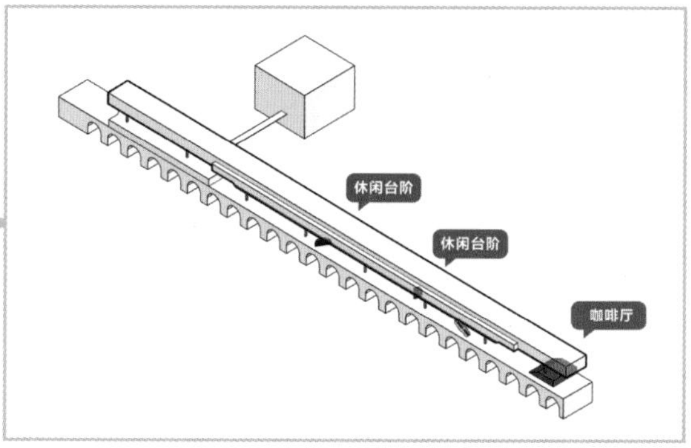

图 38

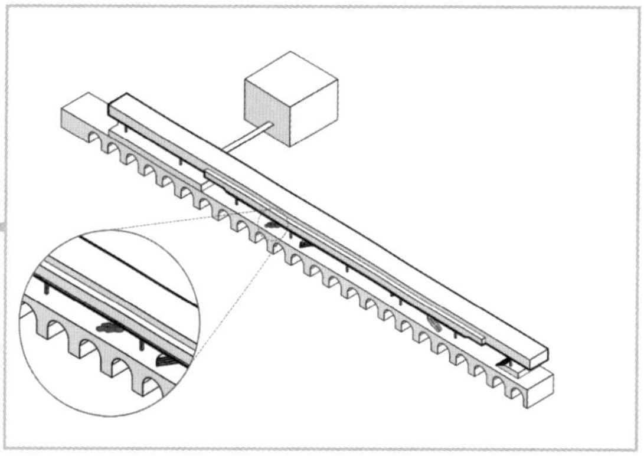

图 39

最后，来处理一下位于陆地的门厅建筑。由于连接桥放在第三层，陆地上的三层则成为展览的前导空间（图 40）。

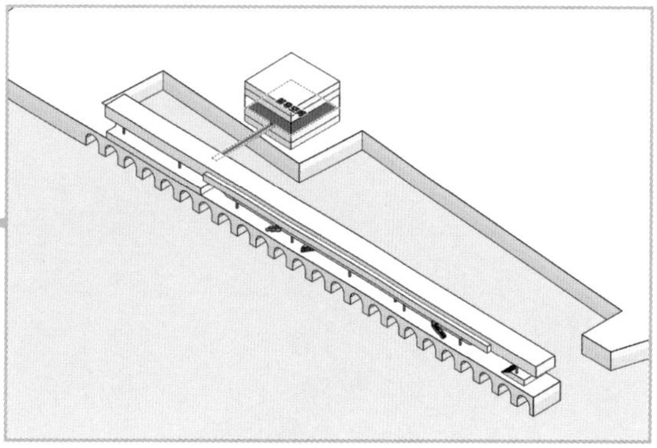

图 40

基于此，对陆地建筑进行功能分区：一、二层设礼堂；三层是展览区门厅；四层设教育空间；五层则是观景餐厅等休闲空间（图 41）。

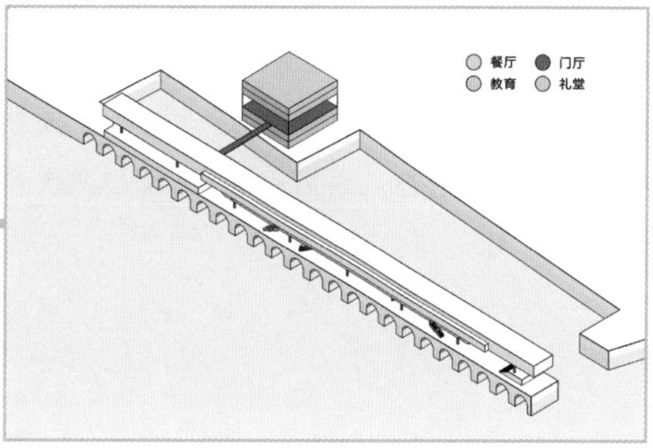

图 41

然后，细化各层平面。首层除了礼堂部分所需空间，剩余部分全部开放成为灰空间，供市民亲水休闲（图 42）。

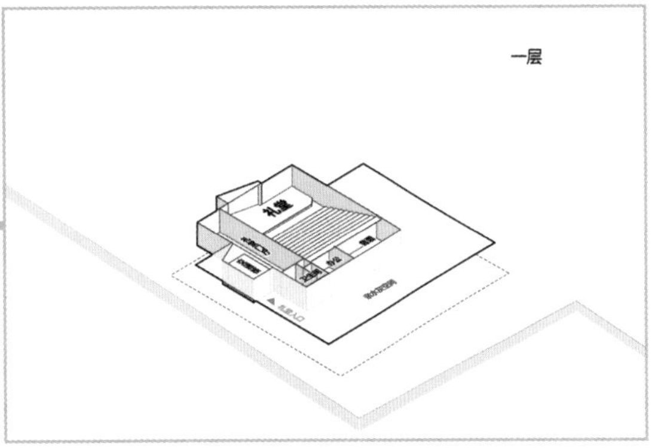

图 42

二层在礼堂外围布置咖啡厅、商店等空间，在靠近道路的一侧加入双跑坡道连接上下两层（图 43）。

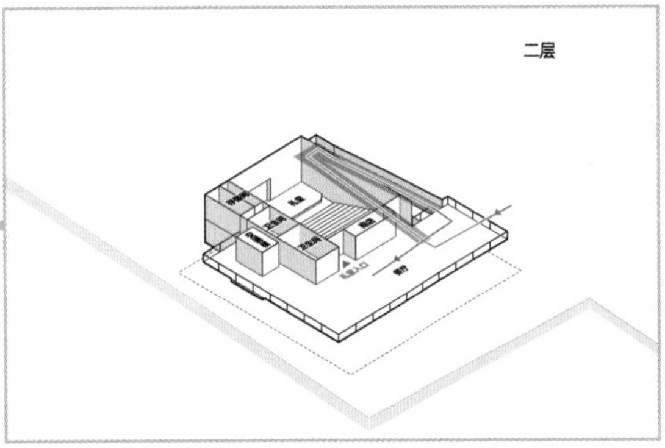

图 43

三层展览门厅不需要一整层，将礼堂屋顶作为入口门厅就够了。在靠近道路的一侧加入双跑坡道连接各层。门厅内布置圆形大台阶，作为入口休闲区。在靠近码头一侧加入廊桥与展厅相连（图 44）。

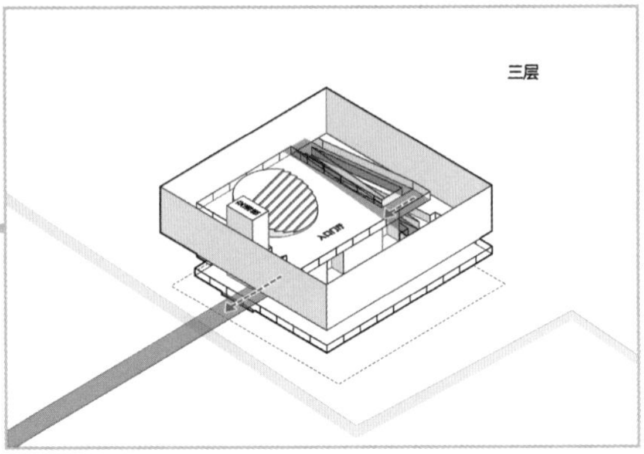

图 44

四层作为教育空间，布一圈就行了。挖中庭使三层门厅拥有通高空间，在门厅靠近城市道路一侧加入双跑楼梯连接上下层（图 45）。五层设为观景豪华餐厅，依旧利用双跑楼梯连接上下层，外围一圈则形成观景平台（图 46）。

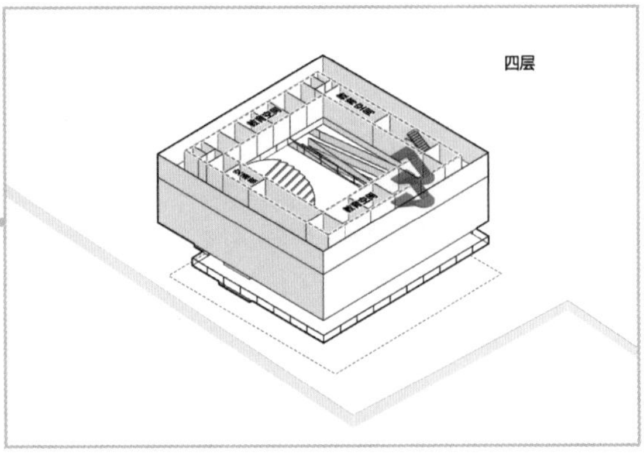

图 45

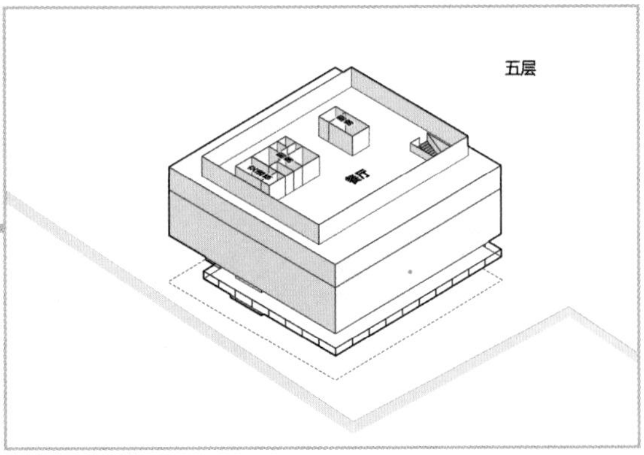

图 46

至此，公共部分也细化完毕，两端建筑合体（图47）。

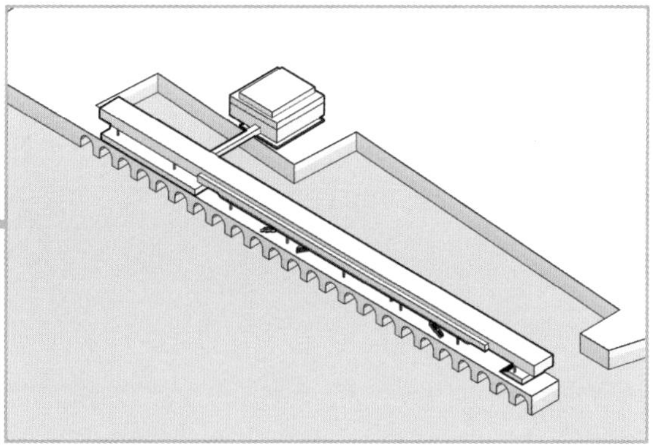

图 47

最后，为建筑加入一点细节。为了让公共部分更加开放和通透，立面采用大面积的玻璃幕墙，并使用钢结构支撑整个建筑（图 48）。二、三层的外立面利用可变换的帆布帷幔营造不同的开放度（图 49）。码头上的展览空间采用金属表面，在端头开窗，剩余的则在顶部开锯齿形天窗采光。收工（图 50）。

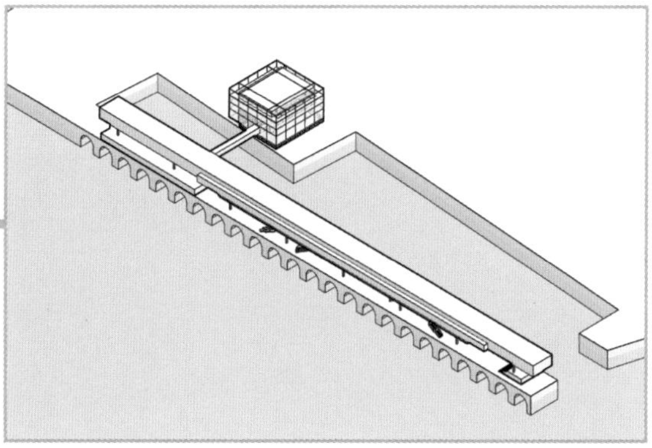

图 48

图 49

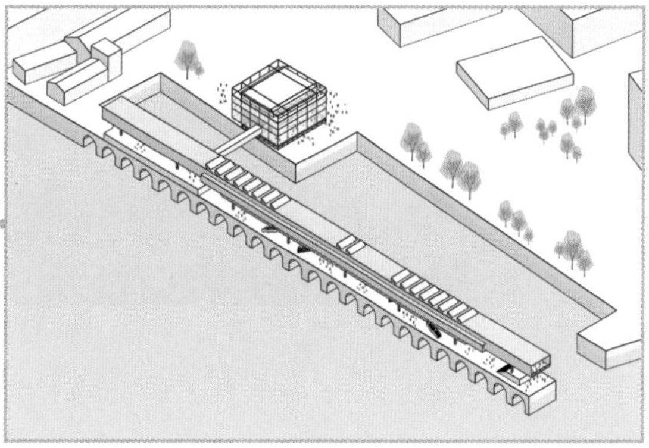

图 50

这就是 Rodrigo Quintella Messina 事务所设计的巴西海事博物馆竞赛方案，也是竞赛的第一名（图 51 ～图 54）。

图 51

图 52

图 53

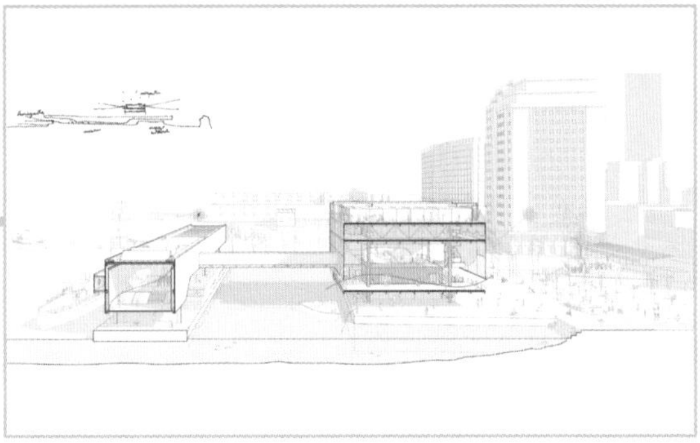

图 54

这个方案，说实话，在架空的那一步起就已经赢了一半了。另一半的一半赢在结构的最大化消隐上。剩下的也不用造作，也不用搞花里胡哨的造型、空间，只要安分地把功能布好，估计就能在获奖名单上。可无论如何，在码头上建造新建筑，再怎么消隐，结构也有柱子落下去，依旧会对码头造成破坏，更何况还要开放码头让人们上去溜达。所以，这个方案虽然得了第一名，但并没有建设，巴西海军的项目研究仍在继续……

很多时候，我们对项目的理解就像是夏天的被子，不被需要的付出就是负担。而强加给甲方的关爱，不是设计，是欲望。

图片来源：

图 1、图 4、图 49、图 51 ～图 53 来自 http://www.concursomuseumaritimodobrasil.org/site/1/pages/17，图 2 来自 http://urbecarioca.com.br/areas-da-marinha-continuam-em-foco-novo-museu-e-nova-polemica-a-vista/，图 3 来自 https://revistaprojeto.com.br/noticias/marinha-e-iab-rj-anunciam-concurso-de-projeto-para-inedito-museu-maritimo-do-brasil/，图 5 来自 https://www.marinha.mil.br/dphdm/dphdm-entrega-certificados-as-empresas-parceiras-do-programa-patronos-na-abertura-do-ano-cultural，其余分析图为作者自绘。

END

你的设计但凡有点儿道理，也不至于一点儿道理没有

图 1

名　称：首尔大学文化中心竞赛方案（图 1）

设计师：USD Space 事务所

位　置：韩国・首尔

分　类：文化建筑

标　签：台阶空间，仪式感

面　积：11 500 m^2

START

请问：世界上哪种病得了之后能产生莫名其妙的优越感？答：职业病。具体到建筑师，就是选择困难症和强迫症。你知道为什么无论给建筑师多长时间做方案，最后都来不及吗？就是因为他们有“病”，不仅有简单的拖延症，最主要还有选择困难症和强迫症。

在任何一个设计周期里，建筑师 90% 的时间都在经历选择困难：我是搞一个漂亮的形式呢，还是重组一下功能？我是从周边交通入手呢，还是尊重一下城市文脉？要与对面那个丑建筑呼应还是不呼应呢？最近看到好几个案例都不错，到底“抄”哪个呢？我搞得这么高级，甲方看不懂怎么办……然后猛然发现，离最后期限还剩 7 天！准备导模型画图,强迫症开始发作，模型少个窗框都难受。终于把卫生间的洗手盆的水龙头都画好后，就只剩下 3 天了。而强迫症依然在持续发作，少画哪张分析图都难受。虽然大部分分析图都没啥用，但依然控制不住地要把图纸目录填满，直至 deadline（截止日期）或者 dead（死）。

克服选择困难症的方法是什么？就是不去选择。如果你觉得你的每个思路都有道理，那就不用选了，全上才是王道。如果你觉得你的每个思路都没什么道理，那就更不用选了，直接抛硬币吧。

首尔大学最近打算改扩建冠岳校区的老文化中心。这是一座建于 1984 年的老房子，主要功能就是开大会、搞晚会，基本等于咱们常说的大学生活动中心（图 2）。

图 2

位置呢，就在首尔大学校园的中心，周围就是学校的其他重要建筑，如法学图书馆、行政楼、人文馆等。虽然在文化中心的南侧有一片巨大的草坪，但文化中心的北侧才是校园主路，连接各个学院（图 3），同时在基地的两侧存在着一定的高差（图 4）。而这座文化中心本身由主礼堂（1605 座）、中礼堂（407 座）以及展览厅和歌剧研究所（音乐学院）组成（图 5）。

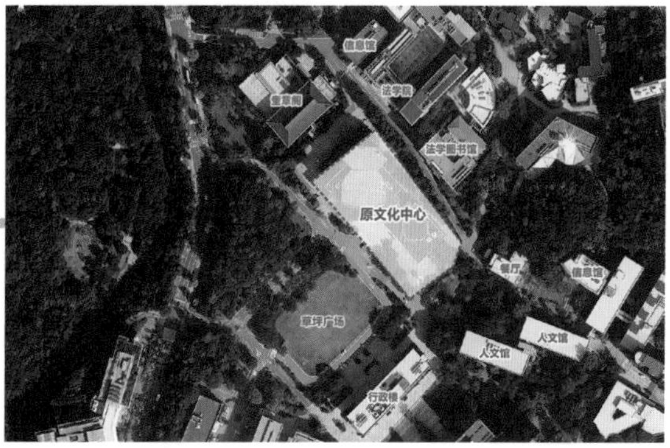

图 3

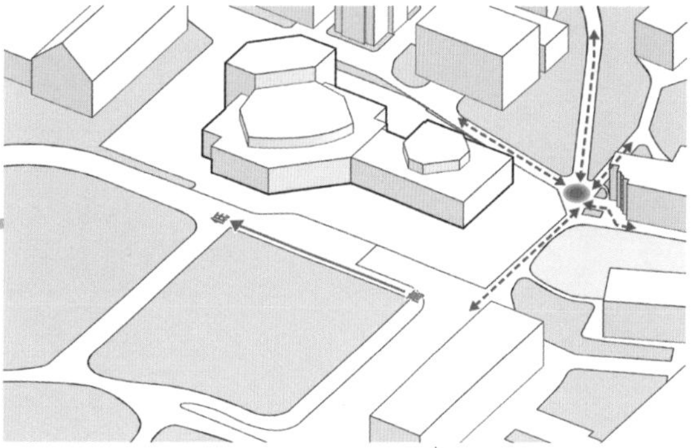

图 4

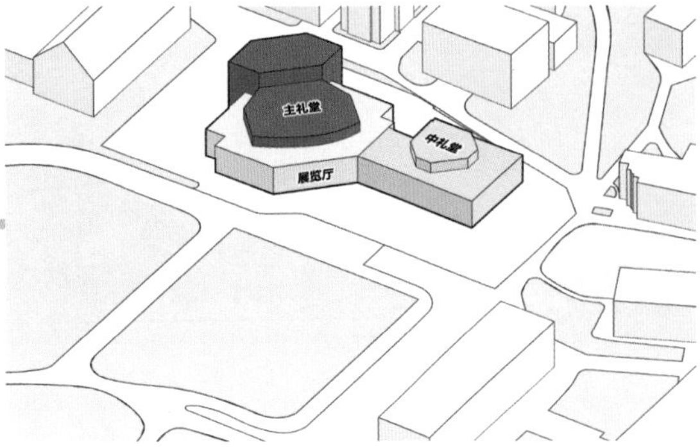

图 5

根据校长的描述，这座文化中心虽然已有 36 年工龄，但大部分时间都没有营业。毕竟学校一年也办不了几次晚会。可就算用得不多，主礼堂还是很“负责任地”年久失修了：礼堂传声和音响质量不佳；舞台周围缺少装卸空间；座椅倾斜度小，无法确保完整的舞台视野；礼堂座位太多，不适应多样化演出；等等。因此，校方决定对文化中心进行大改造。

新的文化中心除了保留占地面积最大的主礼堂，并将其改建为多功能厅（可举办音乐会，上演歌剧）外，其他房子全部拆了重建成各种文化工作室，用于举办专门的表演和展览（图 6）。

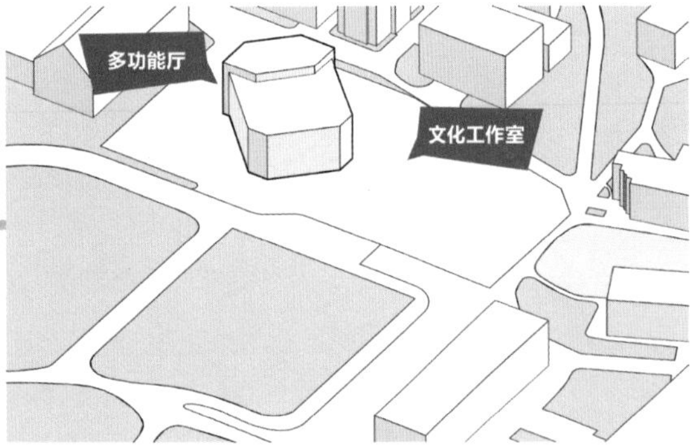

图 6

这个所谓的文化工作室其实是一个新的学生活动中心，包括一个有 300 个座的多用途黑匣子剧院、生产车间（木工、服装绘画、媒体艺术、声音动画等各种实验空间）、排练工作室（用于排练舞蹈或其他类型的体育活动的空间）、创意工作室（包括私人工作室、创作空间）、办公研讨室（作为校园融合文化教育的空间）等（图 7）。

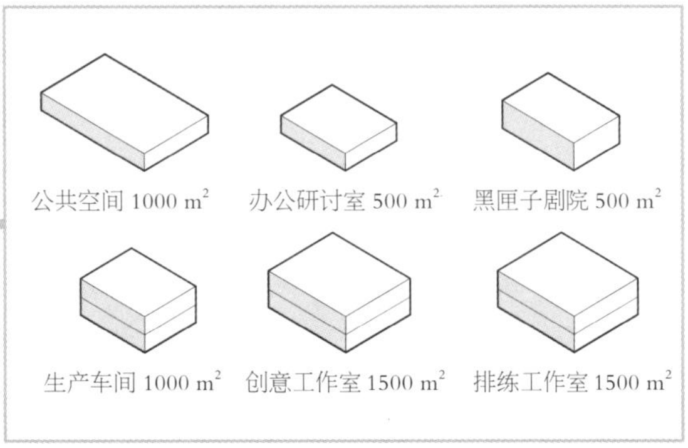

图 7

为此，校长发起了一场国际竞赛，而报名参加竞赛的韩国本土事务所 USD Space 立刻就进入了工作状态，我的意思是，选择困难状态。

问题 1：拆掉中礼堂后，新建筑是搞一个还是多个（图 8 ~ 图 10）？

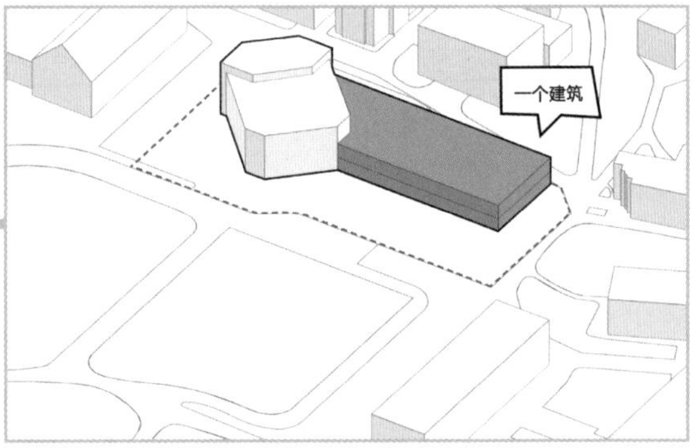

图 8

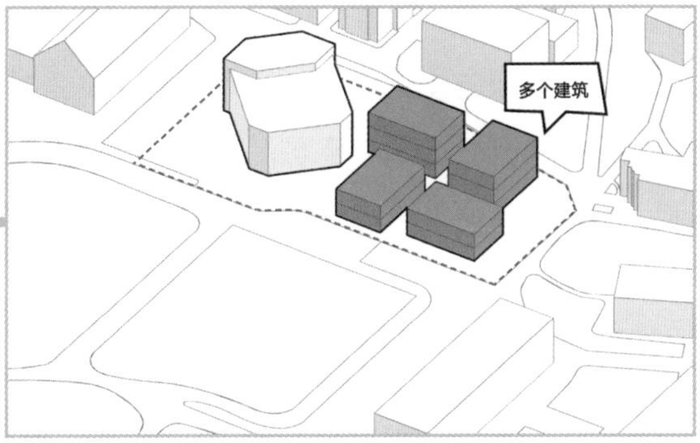

图 9

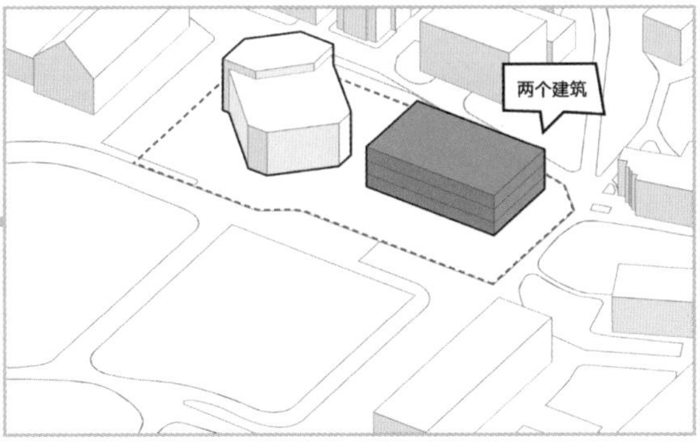

图 10

看起来建一个、两个、三个、四个都可以，怎么选？不会选就别选。现在基地南侧是一片尺度巨大的草坪广场，根据校长的描述，这片草坪广场虽然同文化中心一起位于整个校园的中心位，但就是没人来。说是广场，其实就是一片空地（图 11、图 12）。

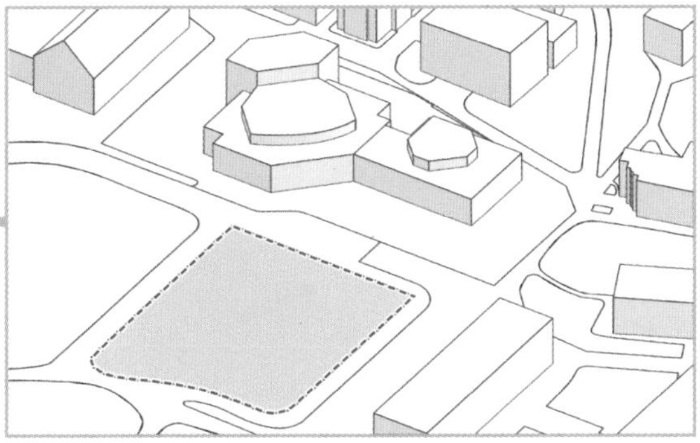

图 11

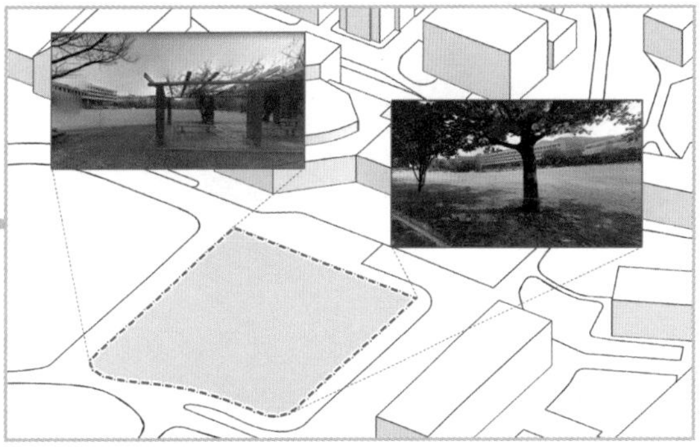

图 12

好好的中心位广场怎么就混成空地了呢？原因其实也很明显：广场四周都被车行道包围，基本就是个孤岛，和立交桥中间的花坛没什么区别，谁也没有在马路中间被围观的自觉性（图 13）。

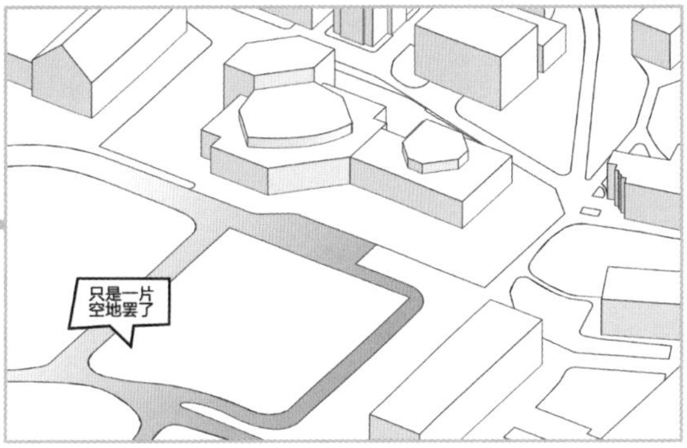

图 13

校长也意识到了这个问题，所以在竞赛之前就委托 DAUL 事务所进行了广场设计：把广场北侧的道路去掉，让草坪广场直接延续到文化中心处，并且加入台阶解决东西向的高差问题。这通改造下来，草坪就成了文化中心的前广场，文化中心也成了围合广场的背景板（图 14、图 15）。

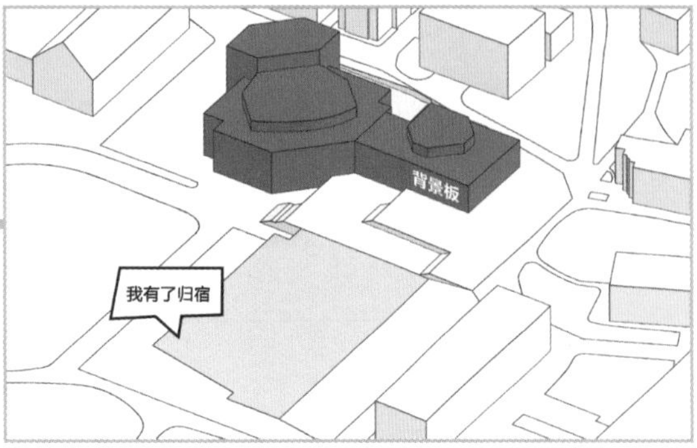

图 14

图 15

话是这么说，但现在的文化中心并不是一个合格的背景板。首先，这么大的广场，又位于学校中心，是肯定要承担学校各种大型的官方以及非官方活动的，所以这得是一个有仪式感的广场（图 16）。

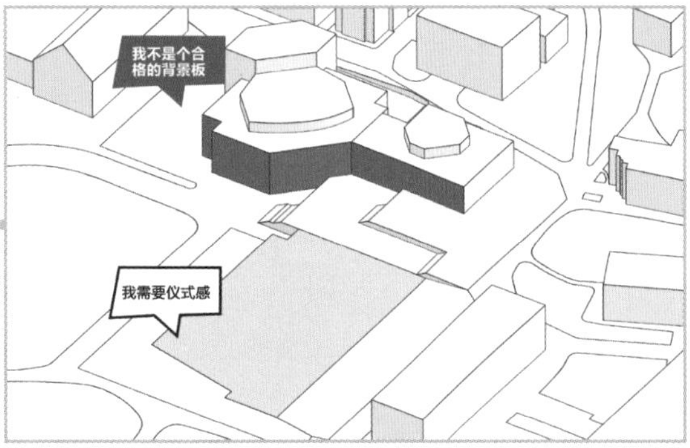

图 16

仪式感从哪儿来？就得从背景板上来啊。所以，为了让这片广场仪式感变强，得有一个仪式感很强的背景板热场子。但是，这个广场尺度巨大，大型活动没问题，小型活动呢？校园的主角是大学生，大学生最擅长的就是搞业余活动。你说你和隔壁班搞个联谊也去占用个大广场，不合适吧（图 17）？

图 17

所以，真正的校园中心其实是人群聚集的核心。也就是说，无论什么正式、非正式的活动，还是大型、小型的活动，大家都能第一时间想到来这里举行。现在大广场有了，大型活动有了场地，小型活动需要的小广场只能在建筑部分实现了。换句话说，新建筑能形成越多的小广场越好（图 18）。

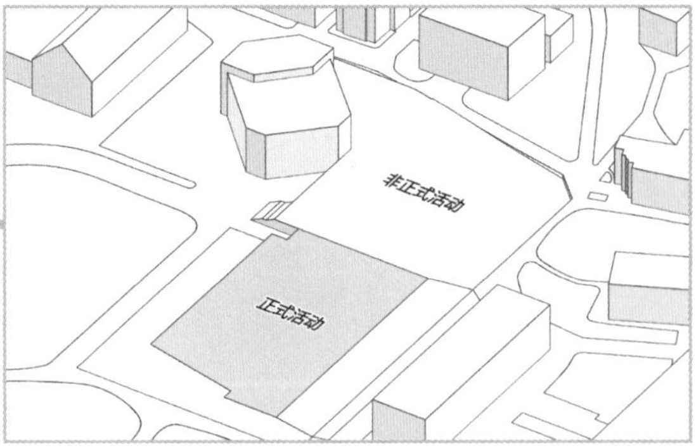

图 18

总结一下就是：新的文化中心需要仪式感，同时需要形成多个没有仪式感的小广场。听起来很矛盾是不是？所以，你说做一个好还是多个好？如果从仪式感来说，一个整体肯定很有凝聚力，而且整体式会产生一种建筑半围合广场的布局，有助于造成更多停留。但多个建筑搞成对称布局也很有仪式感，然而在这个项目里，由于广场不在对称的中心位置，且与道路的视线贯通，多个建筑的仪式感没有整体式的好（图19）。不容易，终于可以下定决心选择做一个整体建筑了（图20）。

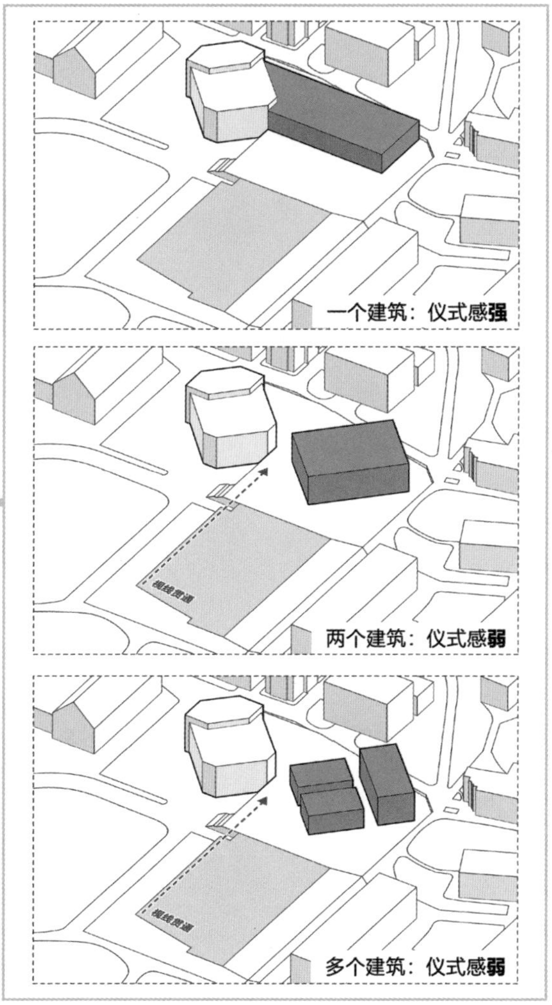

图 19

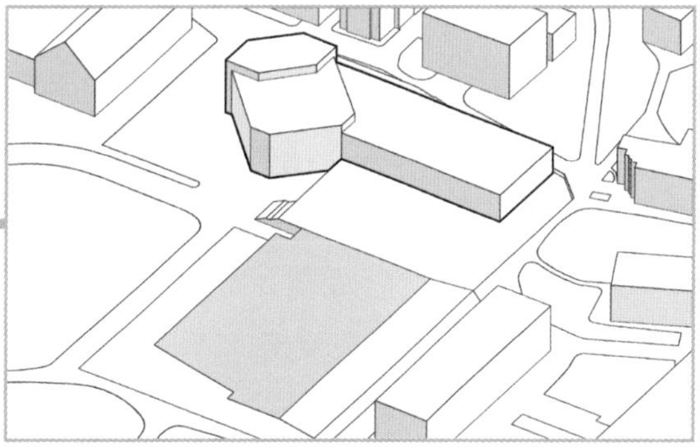

图 20

那么，问题来了：你都做成一体了，还怎样形成多个小广场呢？虽然没法形成地面上的多个小广场，但可以形成立体的多个小平台呀（图21）。

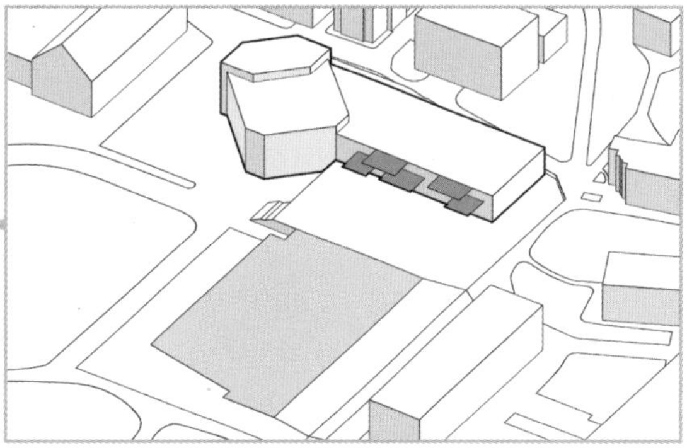

图 21

所以，现在明确了应该设计一个带有很多小平台的整体建筑。然后，皮球就又被踢回来了。一个建筑是为了整体性仪式感，但多个小平台肯定会打破整体性，怎么办（图22）？

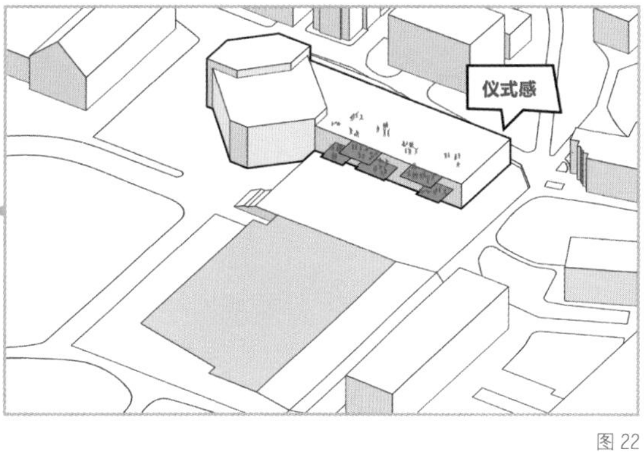

图 22

另外，文化中心北侧是学校的主干道，也就是说北面才是入口主立面，但是有巨大广场的南面看着也得是正立面。双女主，怎么分戏？好在两个主立面性质不同，靠近广场的主立面即将形成多个平台，一定是以活动为主，而北侧临街面则是以展示建筑形象为主。所以，问题也就转换成了如何形成两种不同的立面（图 23）。

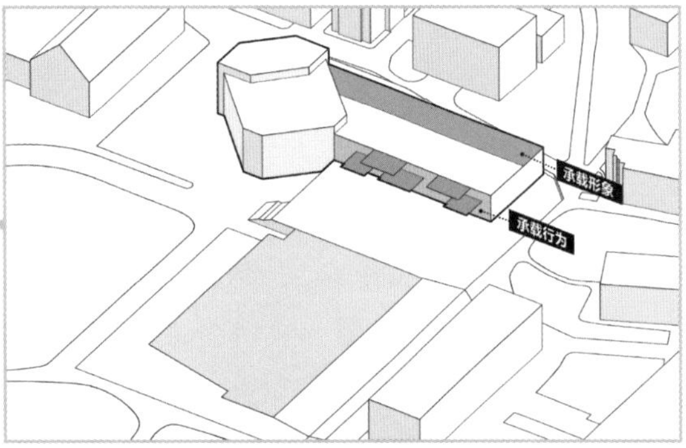

图 23

还有一个问题是，保留下来的主礼堂如何与东侧很碎的小广场在体量上均衡呢（图 24）？

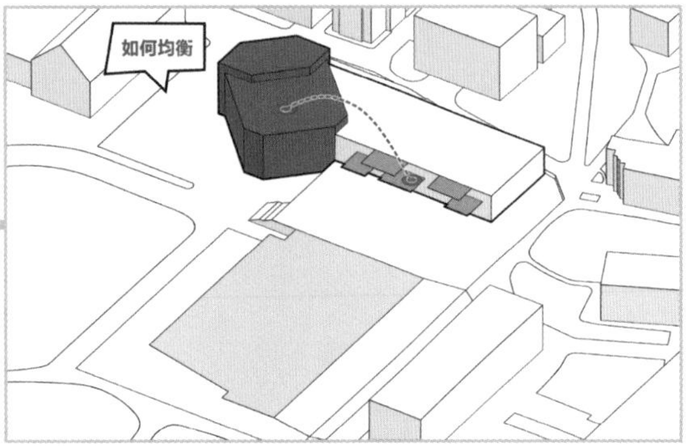

图 24

仪式感、双主立面、体量均衡，要坚持哪个，妥协哪个？方案到底往哪个方向推进？那你有没有想过，可能还有一种办法能一口气解决所有问题，瞬间就万事大吉了呢？人家小 U 就是这么想的，而且还真让他给想到了。

这个一招制胜的法宝其实也是老朋友了，就是台阶。台阶这玩意儿别看平时不声不响，但只要够多、够高、够大，马上就能气势磅礴，而且还很美。具体可参照东西方各种古建筑（图 25）。

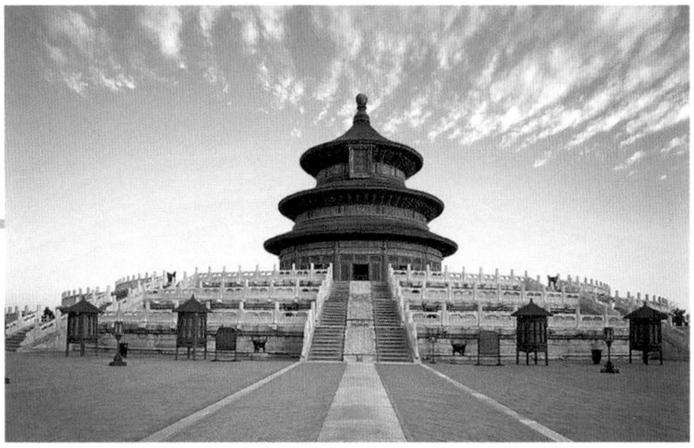

图 25

除了塑造仪式感外，大面积的台阶会增强横向元素，在分割出小平台的同时打破主礼堂的体量感（图 26）。此外，台阶导致广场这边的立面最终没有立面， 从而与正常的立面进行平衡 （图 27）。

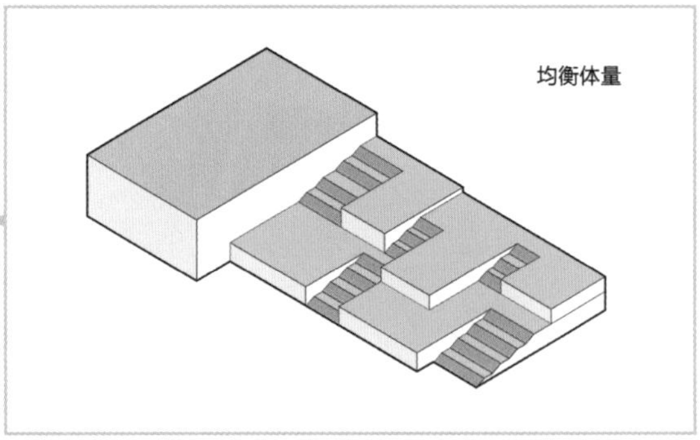

图 26

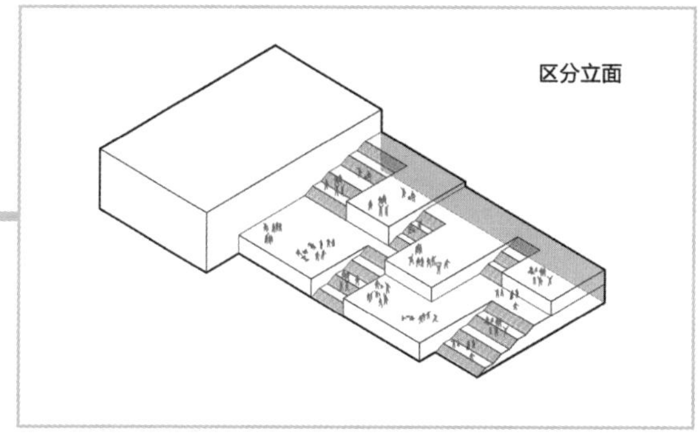

图 27

3 个问题都解决了，还买三送一，台阶的加入使整个建筑具有了统一的形式美感。所以，小 U 非常自信地判断，新的文化中心将是一个“平台 + 台阶”形式的整体建筑。立体平台需要利用屋顶形成，因此，先细化建筑内部，在此基础上再确定平台与台阶的位置。

先确定建筑体量，根据新建部分面积要求，在东侧升起两层体量（图 28）。再进行简单的功能分区：由于整个建筑由多功能厅及文化工作室两大部分构成，因此，在二者之间设门厅等公共部分连接（图 29）。但两层整整齐齐地摞在一起，相当于只有一层的屋面，哪有机会做多个不同高度的小平台（图 30）？

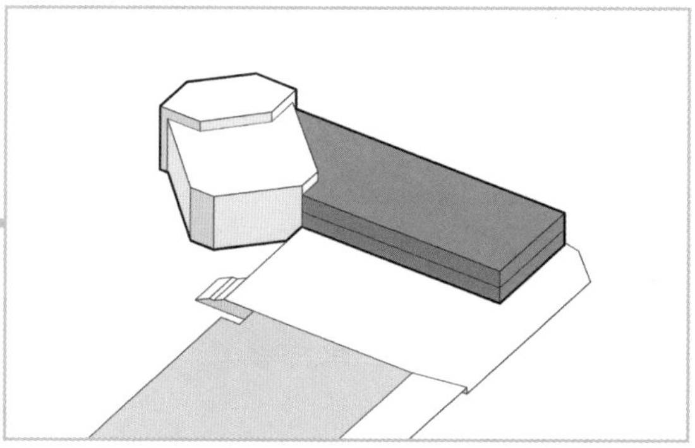

图 28

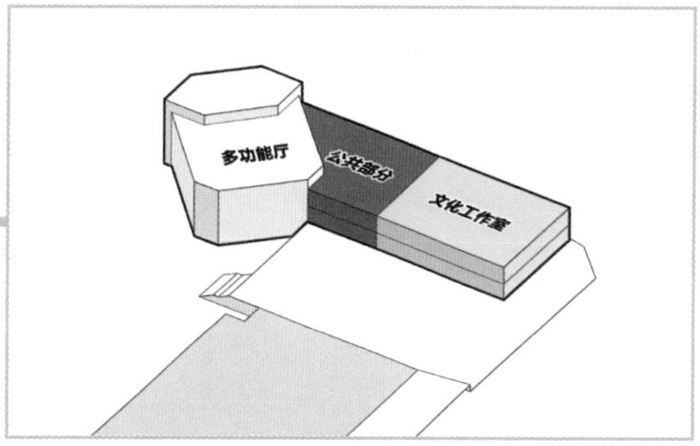

图 29

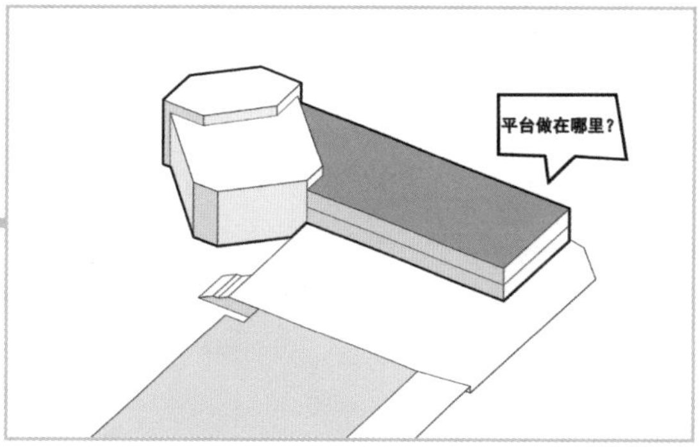

图 30

为了给小平台提供多个屋顶层，去掉顶层靠近广场的体量，形成两层退台。此外，将建筑层高定为 6 m，使得将来平台高度变化时不影响内部功能的正常使用（图 31）。

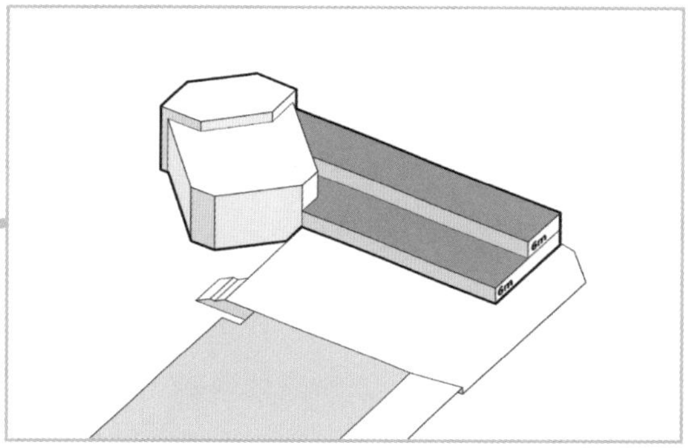

图 31

那么，问题又来了：去掉的体量补到哪里？补到别的地方的是什么功能？现在的文化中心其实是一锅大杂烩，功能众多。文化工作室里的排练室其实更应该与多功能厅紧密结合，方便演出与排练（图 32）。因此，将多个练习室补到多功能厅一侧，围绕多功能厅排布（图 33）。

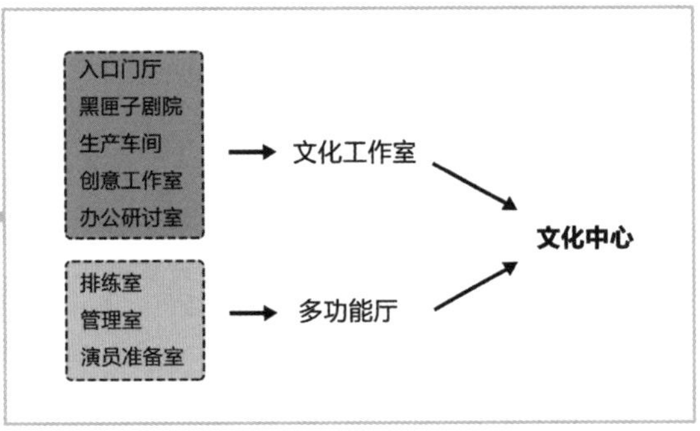

图 32

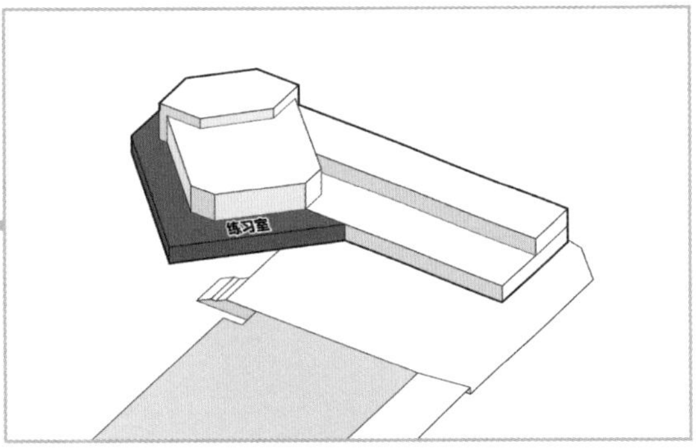

图 33

继续细化内部功能。在门厅东侧的首层加入黑匣子剧院，然后在剧院东侧布置生产车间，在较安静的门厅北侧布置办公研讨室，顶层布置创意工作室。由于基地东西有高差，在西侧负一层围绕多功能厅布置演员准备室及管理办公室，围绕多功能厅的一层则是排练室。基于细化的功能分区，形成各个功能的出入口（图 34 ~ 图 37）。

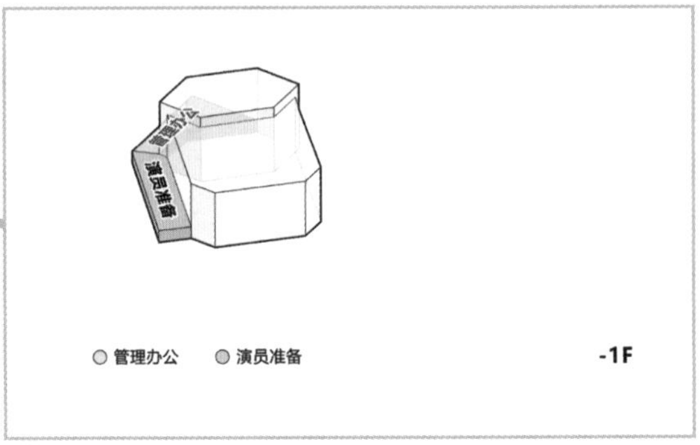

图 34

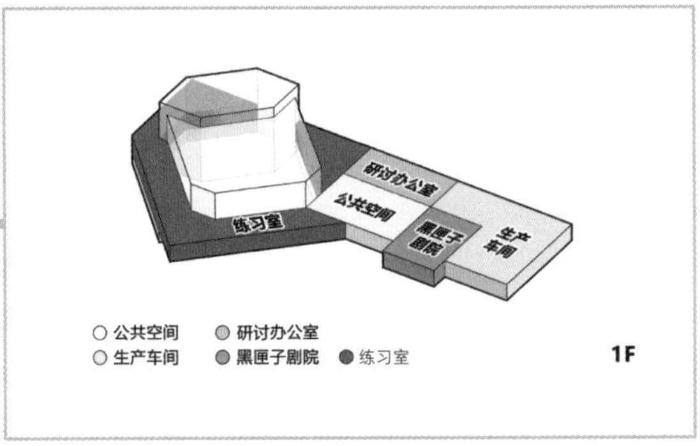

图 35

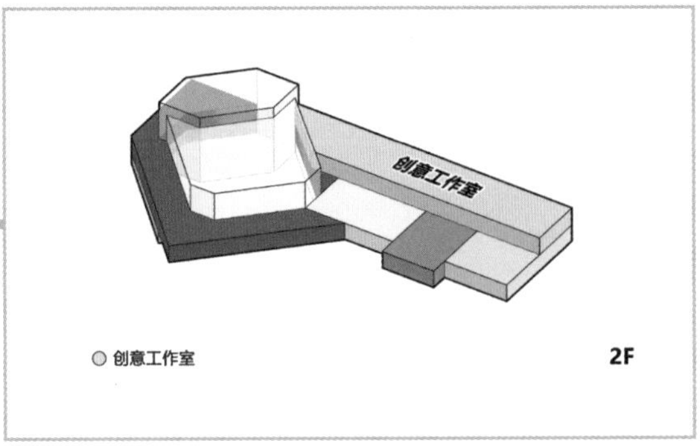

图 36

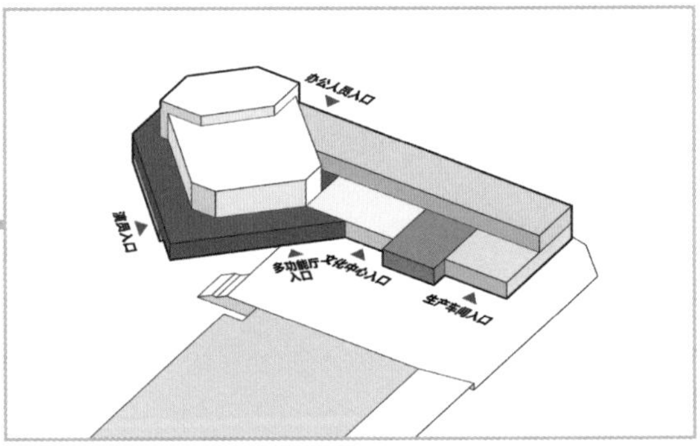

图 37

有了细化的功能，终于可以形成平台了。平台都是内部功能的屋顶，要想得到多个高度不同的小平台，内部功能也应该碎化成多个高度不同的小盒子（图 38）。

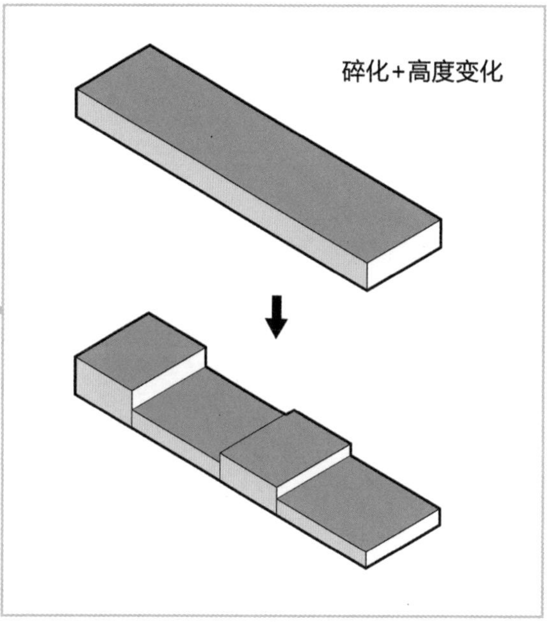

图 38

先确定文化工作室的 3 个主要的功能盒子：黑匣子剧场以及两个创意工作室。黑匣子剧场位于首层，由于 6 m 的层高不能满足高度要求，因此将剧场地板下沉，正好形成下沉广场。创意工作室东侧的盒子降低高度形成平台（图 39、图 40）。

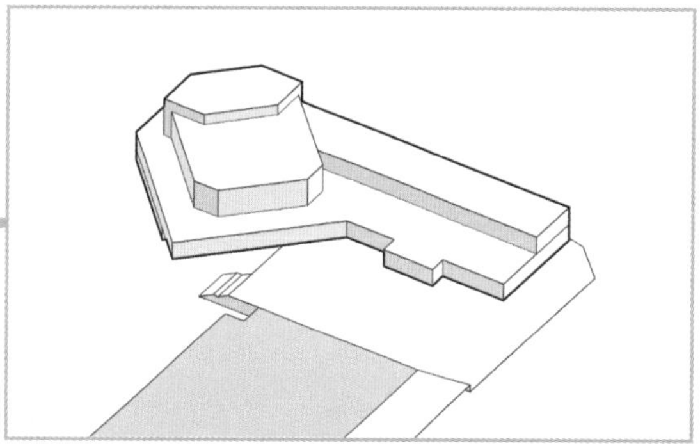

图 39

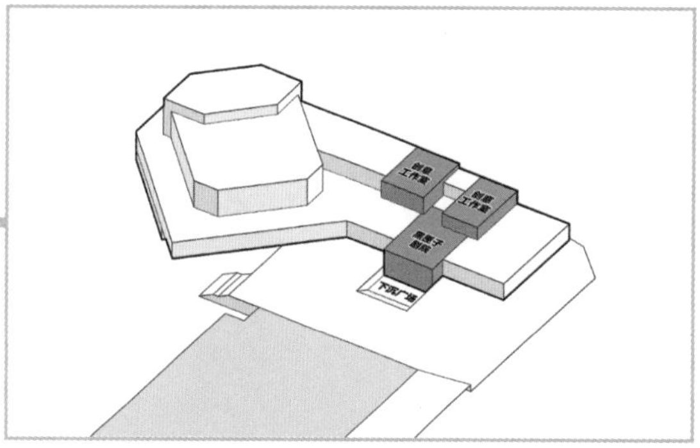

图 40

接下来是多功能厅部分。除了与文化工作室共用的公共空间，多功能厅还需要有自己的独立门厅，将门厅盒子和交通盒子挂在靠近广场的一侧（图 41）。

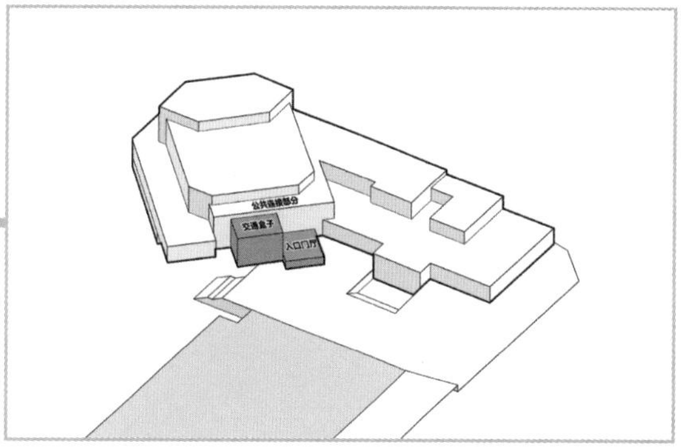

图 41

在多功能厅和黑匣子剧院之间加入台阶进行连接过渡，并将二者之间的公共部分的台阶转折一下，使其与多功能厅垂直相接（图 42、图 43）。

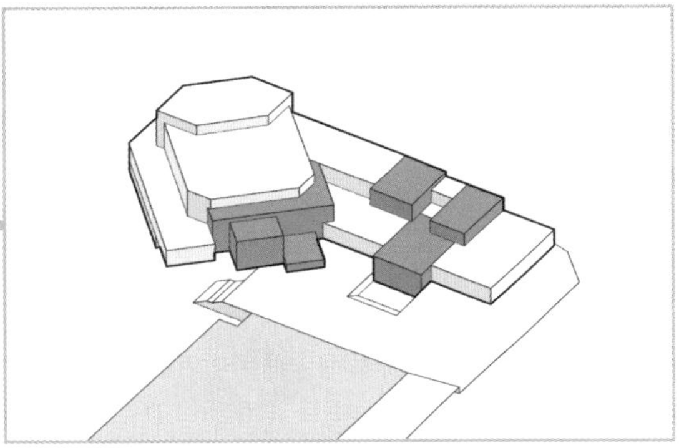

图 42

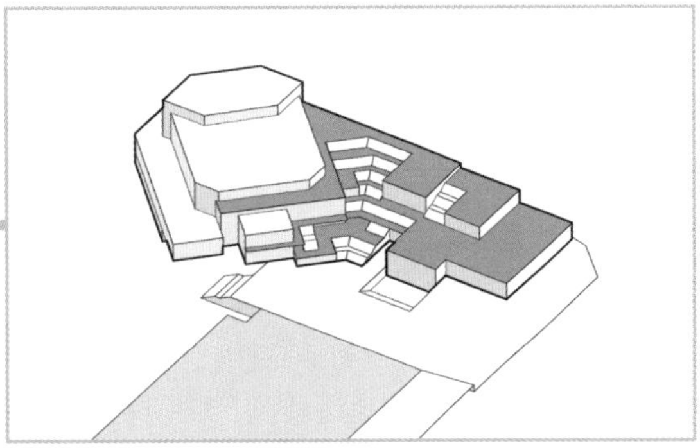

图 43

现在整个文化中心东面的建筑只有一层的高度，在保证内部高度可供正常使用的情况下加入更多平台（图 44、图 45）。由于东面外部广场与道路存在高差，因此加入坡道消解（图 46）。

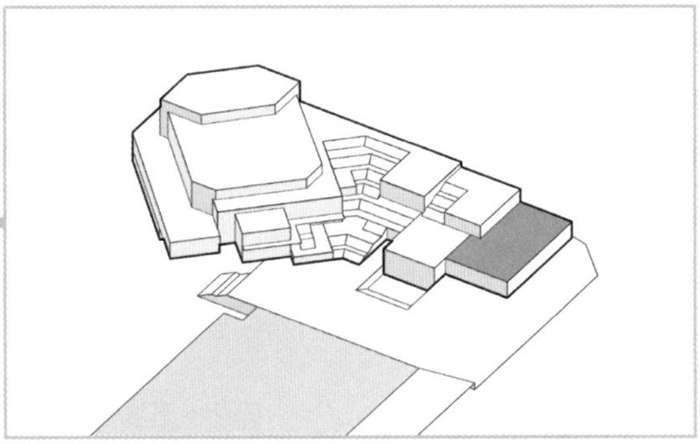

图 44

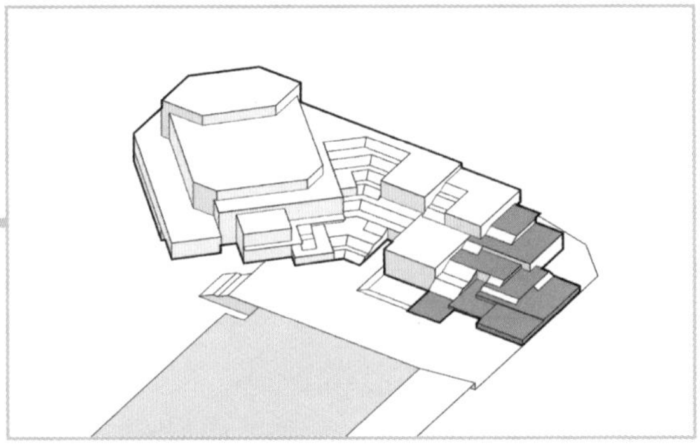

图 45

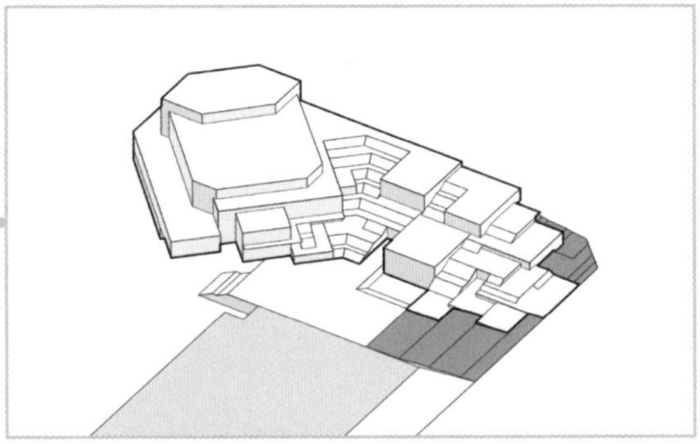

图 46

延续碎化盒子的状态，多功能厅西侧的排练室也采用盒子体块，各层形成错位关系；北侧的体量也采用同样的方法，让完整的界面产生凹凸（图 47）。至此，平台和台阶的设置才算大功告成（图 48）。由于外部台阶的加入，自然就形成了内外两套流线（图 49）。收工（图 50）。

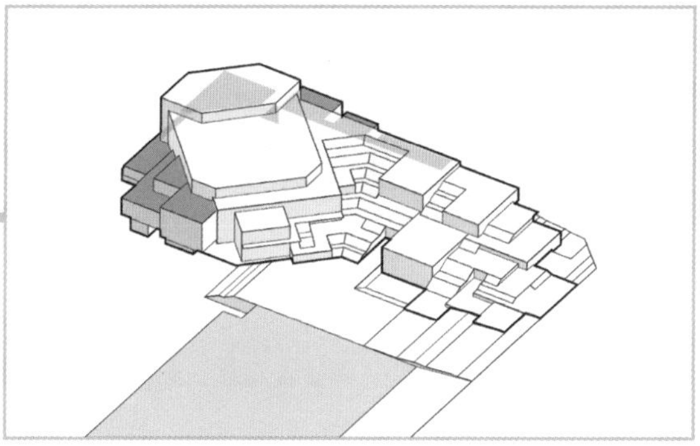
图 47

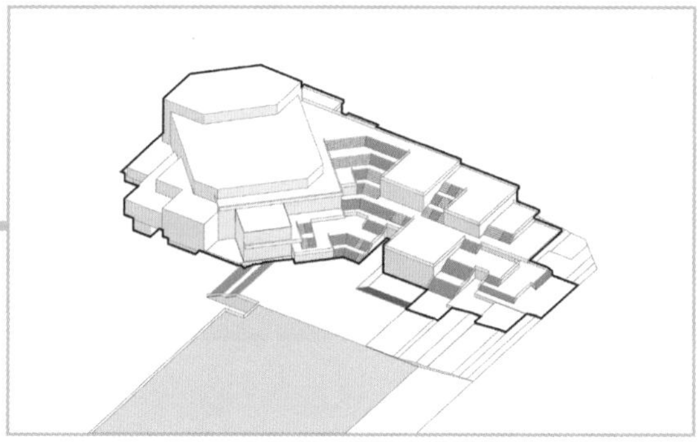
图 48

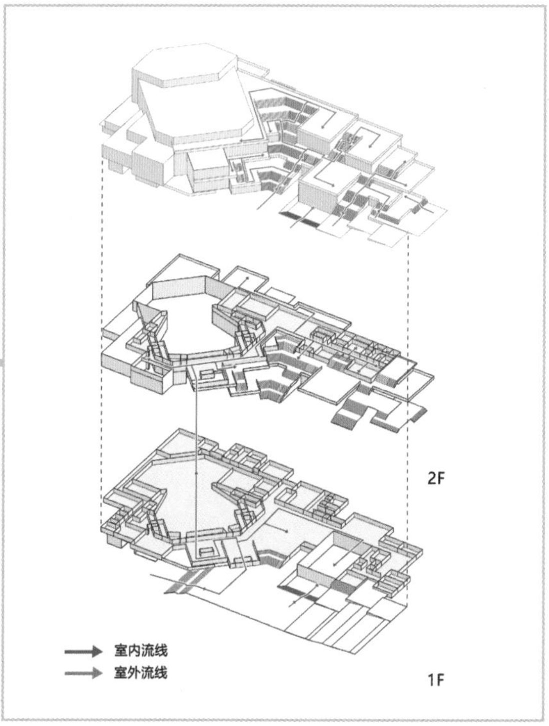

图 49

图 50

这就是USD Space事务所设计的首尔大学文化中心竞赛方案，最终获得了第一名（图51 ~图60）。

图 51

图 52

图 53

图 54

图 55

图 56

图 57

图 58

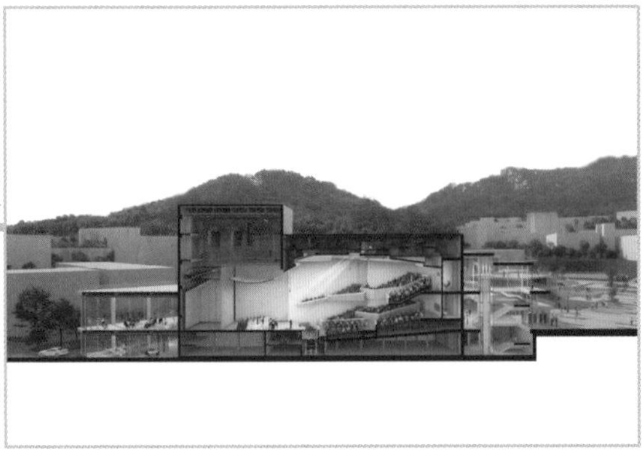

图 59

图 60

海明威有个非常著名的“冰山理论”，意思是一部小说，写在字面上的那层意思只是冰山露出海面的那个尖，也就 10% 的信息，另外 90% 的信息隐藏在海面之下。但很可惜，大部分建筑师都只设计那露出海面的 10%。做设计，要一竿子捅到底，而不是一口气捅到底。捅不到底，就缓口气再来。

图片来源：

图 1、图 2、图 15、图 51 ～图 56 来自 https://snu-culture.kr/en/competition，图 25 来自 http://www.daolan.com.cn/?p=1007，其余分析图为作者自绘。

END

只要心够大，甲方的烦恼就追不上我

图 1

名　称：Dream Pathway 景观综合体（图 1）

设计师：CAAT 工作室

位　置：伊朗·德黑兰

分　类：公园绿道

标　签：景观一体化

长　度：1500 m

START

俗话说得好：心有多大，脸就有多大。只要心够大，摸鱼像度假；只要心够大，天天放长假；只要心够大，老板也不怕；只要心够大，甲方算个啥！建筑师肯定要有颗大心脏，为了面对甲方的“蓝天白云，晴空万里，突然暴风雨”，也是为了不面对甲方的突然暴风雨。相信我，只要你冷静淡定，转身够快，暴风雨就追不上你。世界上最遥远的距离不是生与死，而是生龙活虎的甲方给建筑师指了条“死”路。

伊朗德黑兰的第六区是德黑兰的文化中心，其中最繁华的“烧钱街”叫瓦利亚斯街。全世界“烧钱街”的标配都是历史悠久、梧桐成荫，以及很多很多、很贵很贵的店（图 2）。

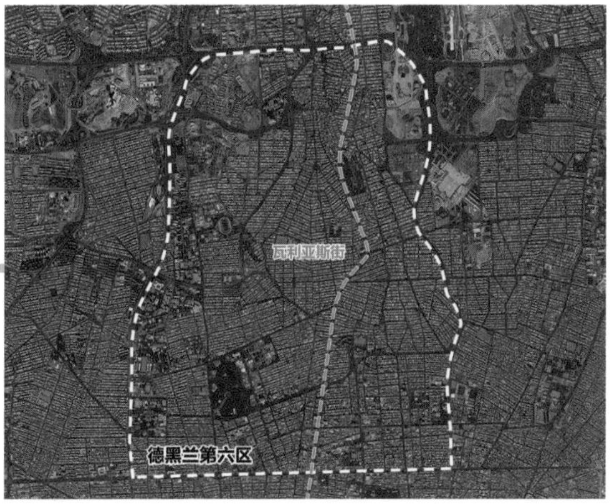

图 2

但天上地下可能也就是一墙之隔。虽然瓦利亚斯街很繁华也很长，但到了第六区的边缘也就繁华不再了。更惨的是第六区的东北角——与瓦利亚斯街隔了一个街区的乔斯特伊乔公园（就叫它乔公园吧），也是奇怪了，这个占地 27 hm^2 的新建大公园，“颜值”在线、配置豪华、免费开放，但就是火不起来。而隔壁三区的阿巴斯阿巴德山综合体和乔公园就隔了一条快速路，却一天到晚锣鼓喧天、鞭炮齐鸣、红旗招展、人山人海，显得乔公园越发冷清了（图 3）。

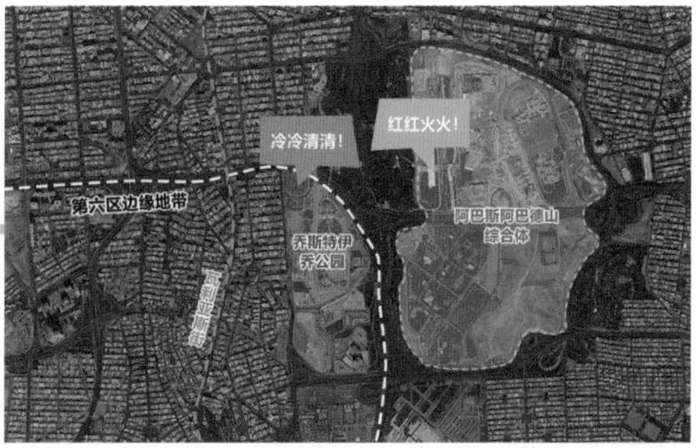

图 3

为什么新建公园会冷冷清清？为什么配置豪华反而经营惨淡？这一切的背后，是人性的扭曲还是道德的沦丧？让我们一起走近科学。

乔公园东、西、北三面都被城市快速干道包围着，只有南面没被包围，还是一大片待开发空地。公园里大部分都是花花草草，仅有的娱乐设施都在离城市街区更远的最东面。换句话说，除非你把逛这个公园当成正经的一日游计划，专门开车过来，否则，周边居民想来趟公园，就得跨过好几条快速路。在别的地方逛公园都是慢慢悠悠，在这逛公园是生死时速（图 4）。

图 4

而最繁华、最热闹的瓦利亚斯街由于地形的原因，与街东侧有巨大的高差，堪比“断崖”。也就是说，从瓦利亚斯街到这里的路都是断头路。因此，这一段的建筑要不直接围合消解断头路，要不就这么断着。只有 6th Dead End 这条路局部加了楼梯，形成了上下连接，可以通到公园。乔公园想蹭“烧钱街”的热度着实有点困难（图 5）。

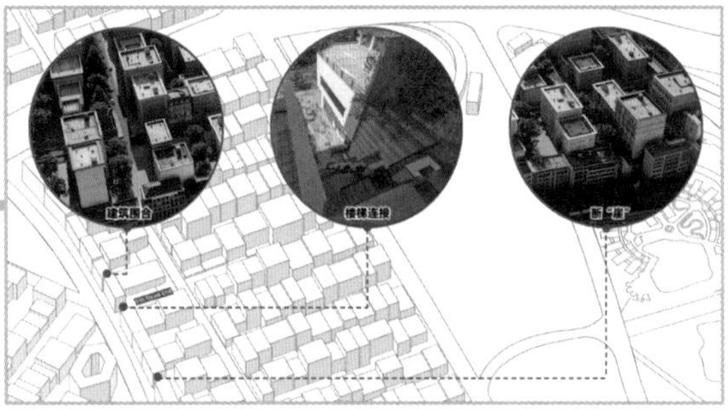

图 5

为了振兴第六区的边缘地带，让这片无热度的公园和街道火起来，区政府痛定思痛，打算修一条连接公园和瓦利亚斯街的城市步行和自行车通道。具体的位置就是以上文提到的那个唯一做到上下连通的 6th Dead End 路与瓦利亚斯街的交点作为起点，经由东西向的 6th Dead End 路、Palizvani Dead End 路到达公园，并以公园的天文馆作为终点（图 6）。

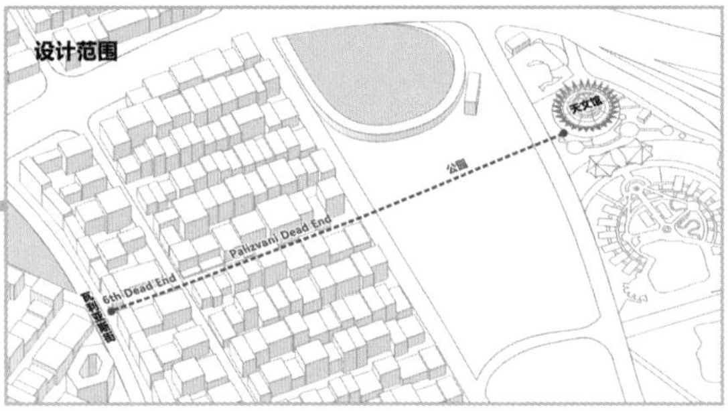

图 6

先看看要求设计的这条路的具体情况。这条路东西向自瓦利亚斯街开始，分别穿越了南北向的 Gandhi St 街、Nelson Mandela Blvd 街，以及 Shahidi St 街。这三条道路是不同等级的城市快速干道，除了开头有高差，我们的公园自身也被 Shahidi St 街穿越（图 7）。

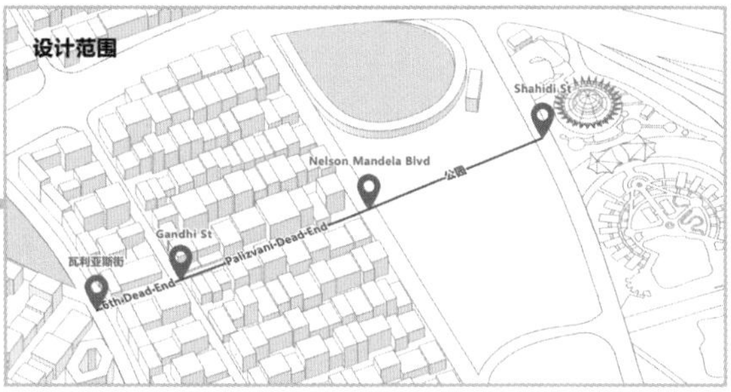

图 7

既然是修一条自行车和步行道，那只要保证人们可以安全、便捷地通过各个快速路口就可以了吧？简单，加天桥啊（图 8）！

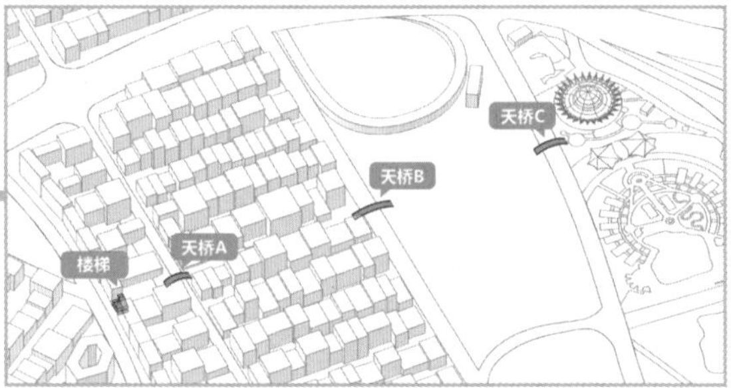

图 8

作为一名合格的建筑设计师，相信你绝对可以设计出 108 种美美的天桥，还不重样的。打住！加天桥就可以带火乔公园吗？恐怕你是忘了，这里最关键的问题不是没有路，而是没有人愿意走，你加个天桥还不如加条公交线。天桥连通只是能够让人不绕远地穿过快速路，但是这条街有 800 m 这么长，一眼望不到头，人们真的愿意爬上爬下地穿过吗（图 9）？

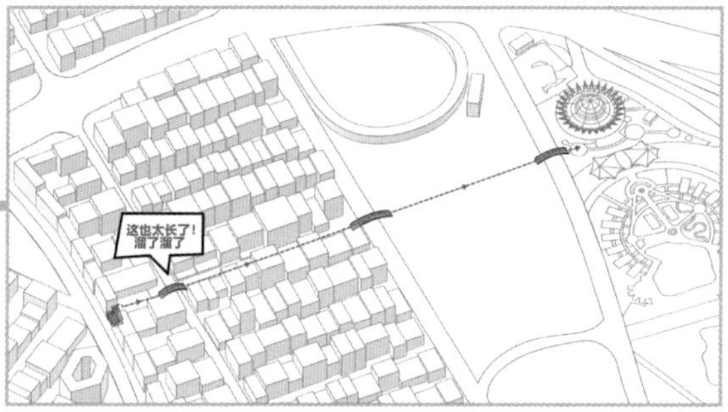

图 9

最重要的是，这条东西向的路并不是人流的主要来向，真正的人流来向是与它垂直的南北向（图 10）。也就是说，新修的路不仅要连通乔公园，更要吸引四面八方的人来逛乔公园，带火乔公园。

图 10

那么，问题来了：你觉得甲方的脑子是进水了，还是进面粉了呢？你要带火乔公园，你改公园啊，你和路较什么劲呢？你要改成迪士尼公园，刀山火海也有人来。但来自伊朗本土的事务所 CAAT 就很淡定，因为心够大。心有多大，公园就有多大。 你不让我改造公园，我就给你把马路都变成公园（图 11）。

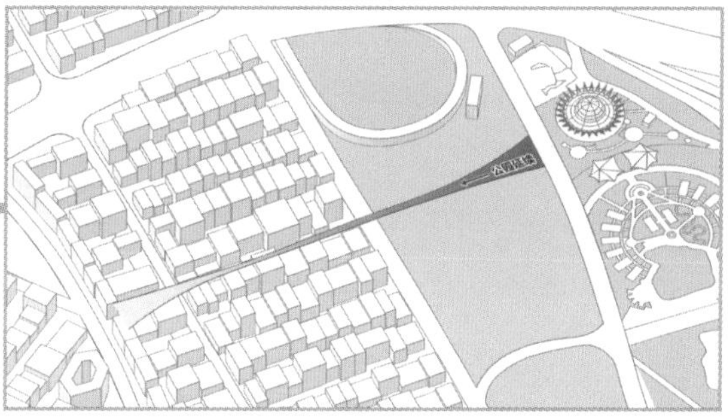
图 11

不得不说，CAAT 的想法十分刁钻，你不是就想让大家都来逛公园吗？那我把马路都改成公园，只要走到马路，就算逛了公园。逻辑相当缜密。但说是建公园，也不是画条绿色的线就是公园了。而且马路改公园，那肯定就是一个非常狭长的公园。问题还是一样的：怎么让人一直逛下去呢？人们逛公园的目的不是走，而是停，在各个节点停留，完成各种活动，而公园里的路只是为了连接各个停留点。但现在咱的设计对象过于狭长，怎么看都是条路嘛！所以，CAAT 果断地把路切了！

我的意思是说他们在这条长路上设了多个节点，这样就相当于把路切成了多段，把人们的关注点从路转移到各个节点上（图 12）。

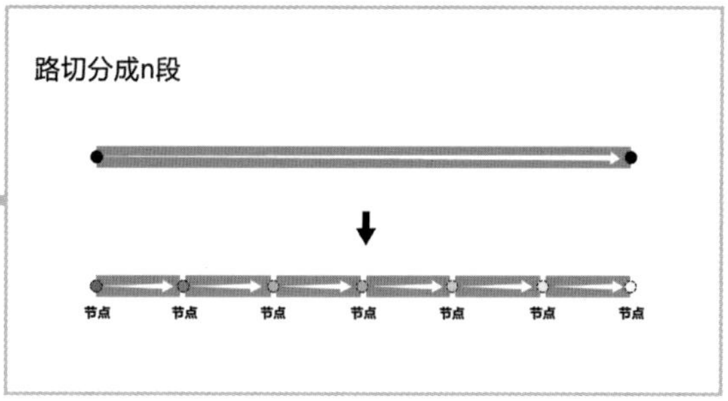

图 12

既然路只是为了连接各个节点，那自然是越短越好，没有最好。将节点直接扩大成不同的平台，进一步消解多段小路（图 13）。

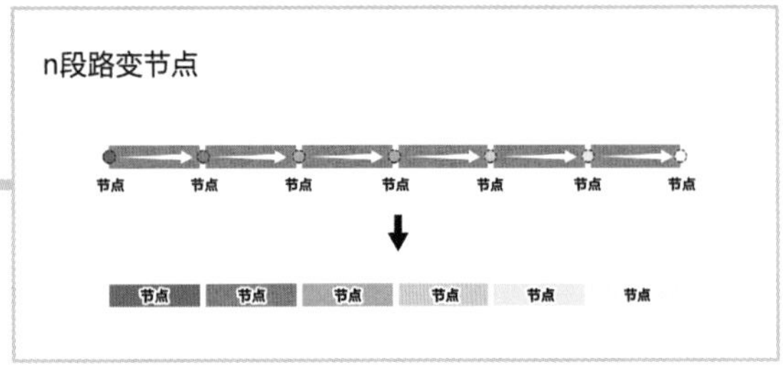

图 13

到了这里我们就会惊喜地发现，原来 CAAT 在玩跳格子啊！这就像一个跳格子游戏，目标是为了占住每一个格子，而不是单纯地跳（跟着图案跳和原地跳比起来，还是跟着图案跳更吸引人吧）。回到项目中，就是使那条绿色的“公园”扩大路段，形成多个不同尺度的平台（图 14 ~图 16）。

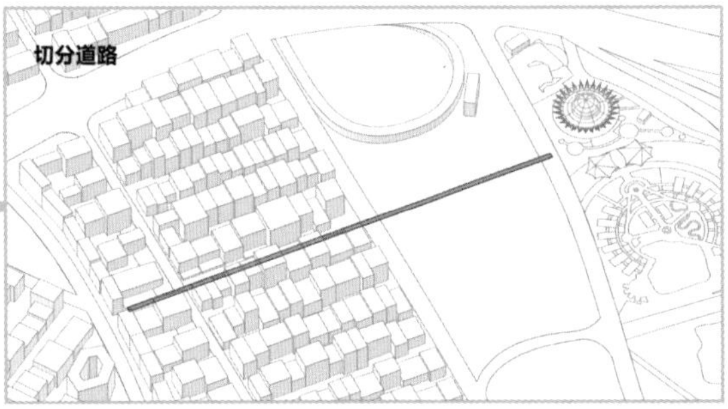

图 14

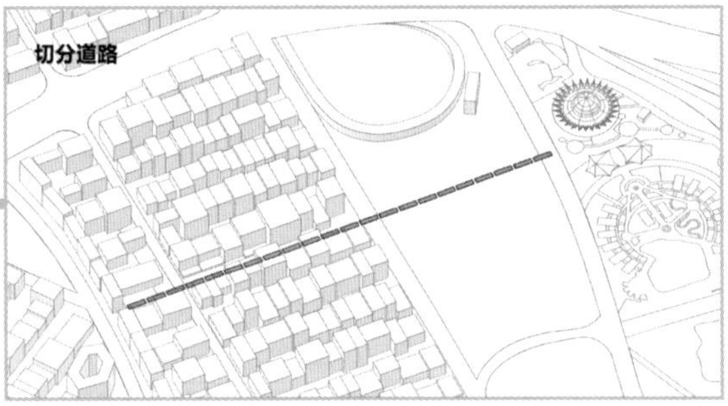

图 15

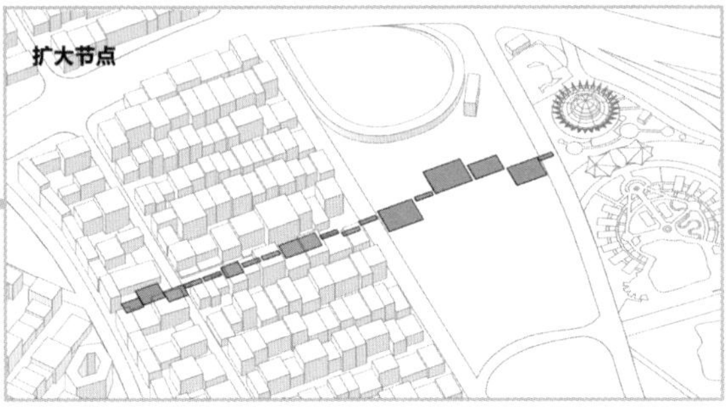

图 16

由于街区中的路还需要承担日常的车行交通，因此根据实际路况，Palizvani Dead End 路段平台不再扩大，提供以通行为主的功能。而靠近瓦利亚斯街的这一段路，由于存在高差，不会有车辆进入，平台可以放大。本身位于公园的路，平台扩大可不受限制（图 17、图 18）。

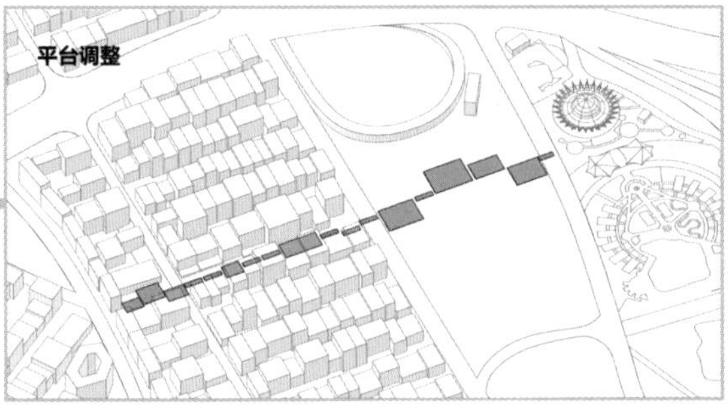

图 17

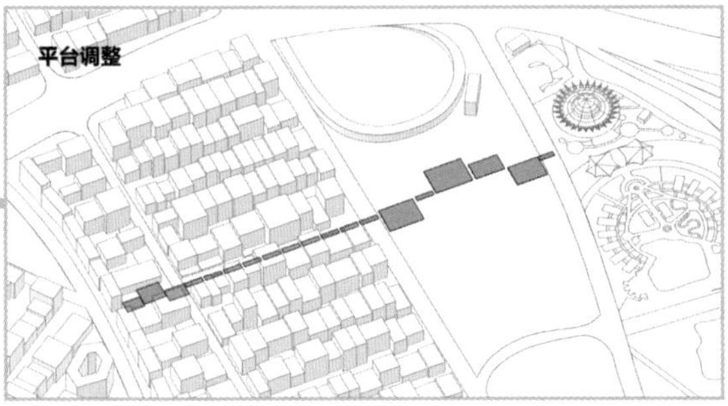

图 18

为了方便叙述，咱们给这三段起个名，就叫头部、中部和尾部好了（图19）。现在路的头尾两段是平台形成的主要区域，且头尾两段的端头还是四条道路的交叉口（图20）。要想把四面八方的人吸引到线性公园里，首先人们得从道路交叉点看到公园。所以，接下来需要细化设计四个交叉口的平台。

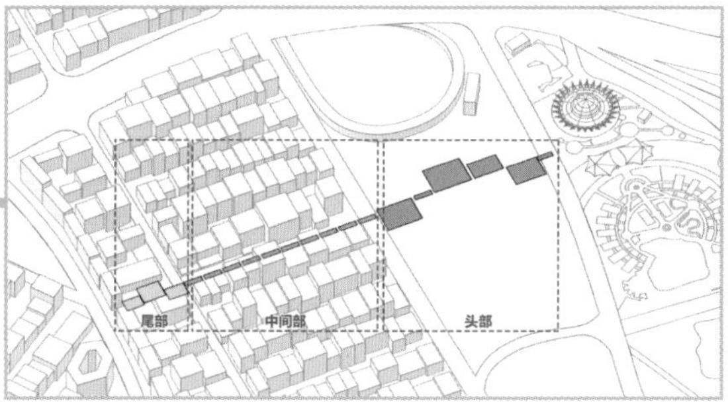

图19

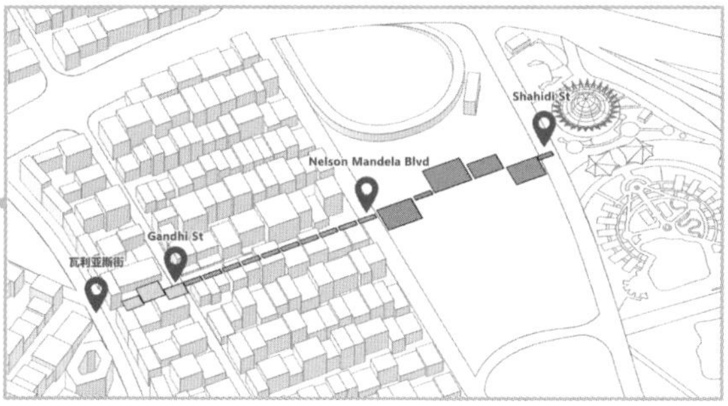

图20

先从本身就是公园的“头部”开始。作为街区与公园最直接的联系点，在与Nelson Mandela Blvd街相接的平台处形成公园的西侧入口。作为唯一的联系点及街区人群会聚点，公园西入口处的平台责任重大。也就是说，在这里必然需要形成一个极具吸引力的标志点（图21）。而公园的主要人流方向一个是公园对面的这条步行道，另一个是平行于公园的人流（图22）。

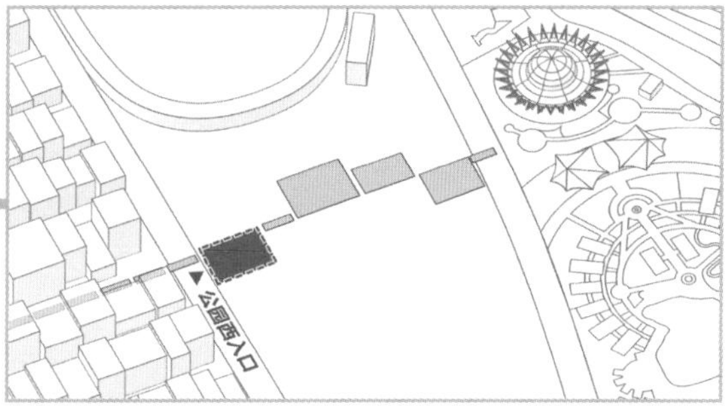

图21

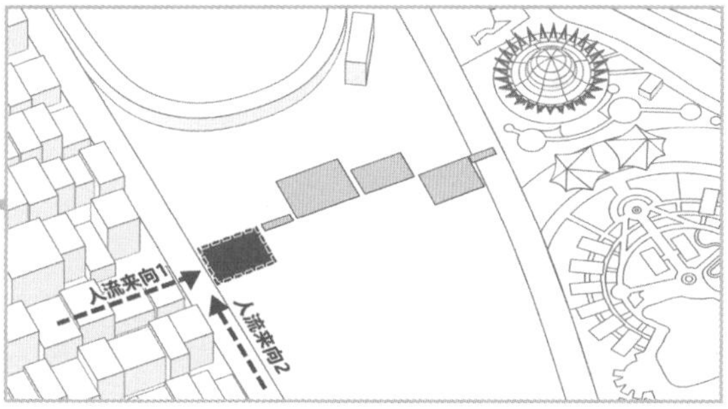

图22

由于Nelson Mandela Blvd这条街车流量很大，所以垂直人流势必要加天桥通过，那么两个方向的人流就会在平面上形成一个十字交点（图23）。

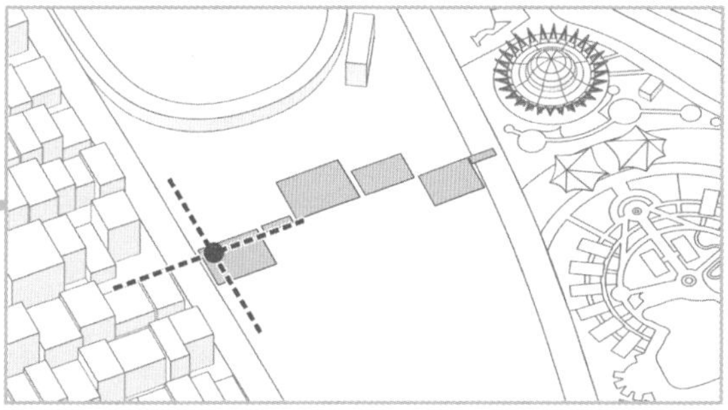

图23

但很显然，二维的交点在这里并没有办法形成人流的会聚，这里还是一个单纯的通过型节点。也就是说，作为连接街区与公园的节点，不仅需要贯通，还需要在空间上形成标志性。所以，我们需要的是一个空间的交叉点（图 24）。

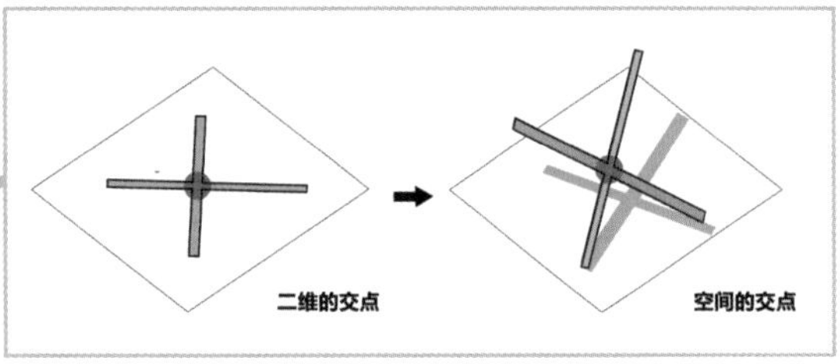

图 24

楼梯是一个好东西，不仅能连接上下层，还可以表达形象。CAAT 也这么觉得。因为垂直向要上天桥到达公园部分，而且公园内部本身也有高差，所以将公园西入口的平台向上抬升，连接垂直向天桥（图 25、图 26）。

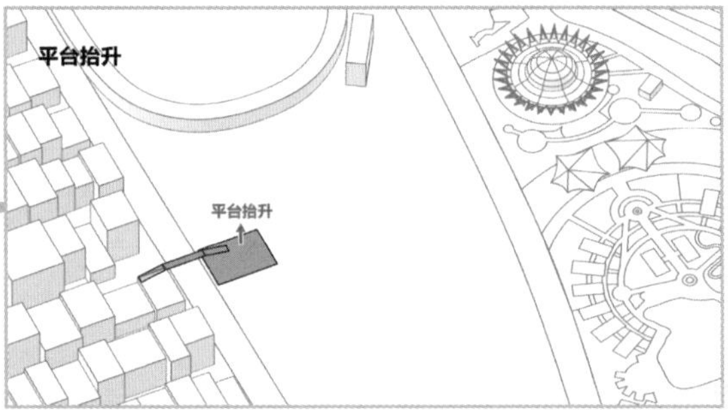

图 25

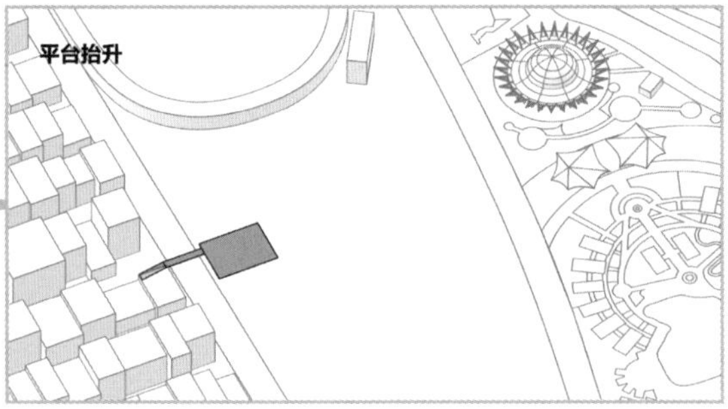

图 26

抬升的平台进一步变身成旋转楼梯，引导平行方向的人流到达平台上部。框在平台内部的旋转楼梯每个踏步宽度都不相同，在解决垂直联系的同时也提供了人们休闲、停留的空间（图 27）。

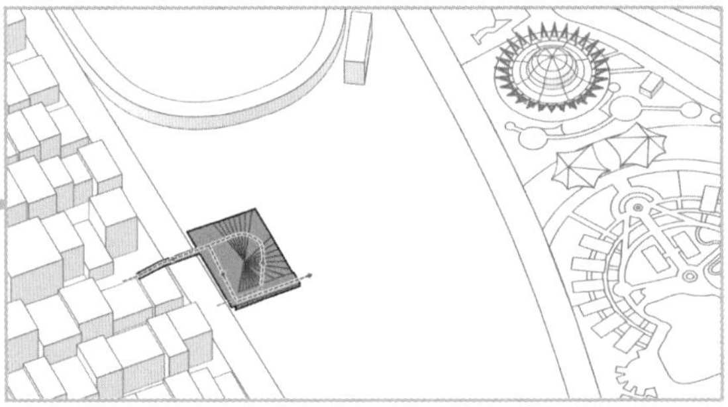
图 27

现在天桥是垂直连接，无法提供适合自行车的坡度，因此，直接将天桥做成坡道。为了让自行车坡度适宜，将天桥拐个弯再上到入口平台位置。进一步调整上层平台形式，使其与坡道连接（图 28、图 29）。

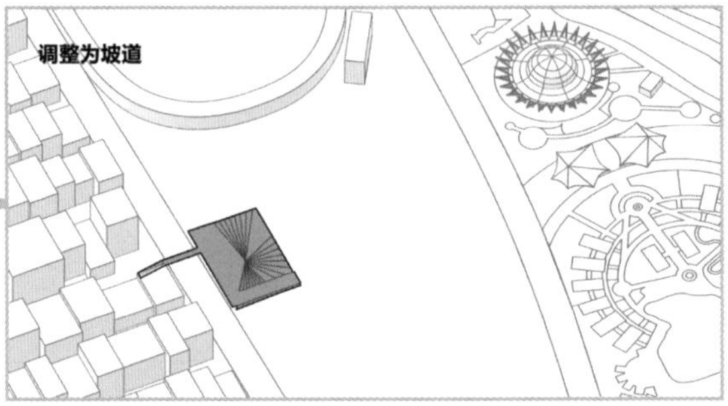

图 28

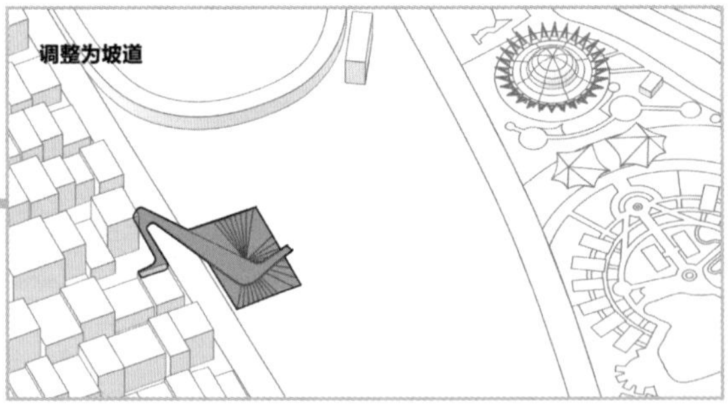

图 29

趁热打铁，在平台底下加设书店、咖啡厅等小商业功能，并与扇形台阶共同形成公园的西侧入口。至此，吸引力十足的标志点就形成了（图 30）。

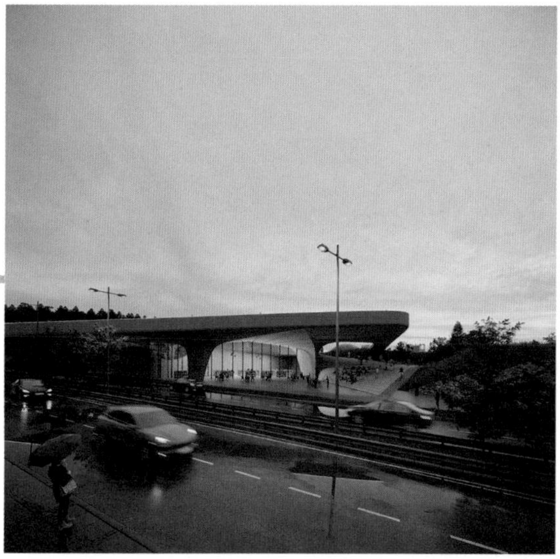

图 30

有了第一个平台的位置，再继续引导人们走向天文馆，两者斜线连接形成中间的人行道和自行车道（图 31）。那么，问题来了：路径与南北向的 Shahidi St 街又是怎么个交接关系呢？

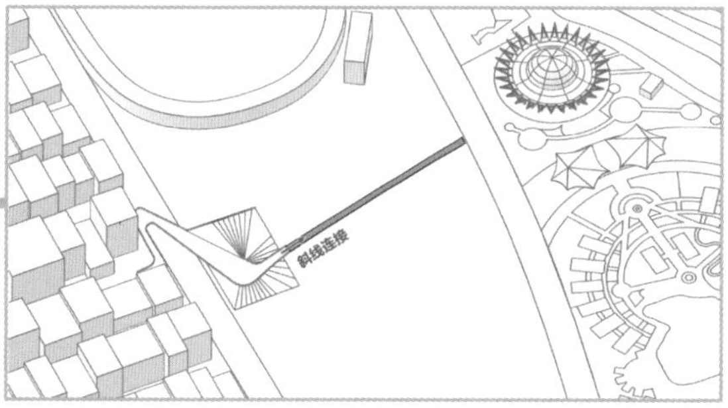

图 31

由于天文馆与 Shahidi St 街紧邻，为了不破坏天文馆的立面形象，让路径从道路下方穿过。在天文馆一侧局部挖洞，加设坡道，引导人们到达天文馆（图 32）。

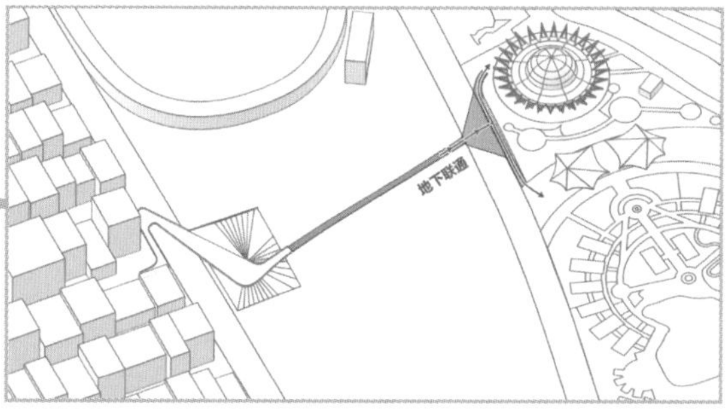

图 32

路径确定后，在道路两侧加设平台。为了打破平台的规整感，适当错位。再为平台赋予溜冰场、健美操场地、多用途运动场、儿童游乐场、露天剧场等功能（图 33）。

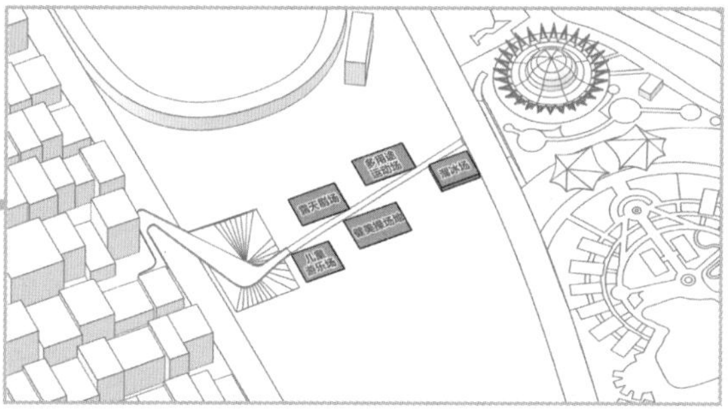

图 33

由于路径和平台存在一定高差，加入台阶解决各自的高差（图 34）。至此，“头部”完成（图 35）。

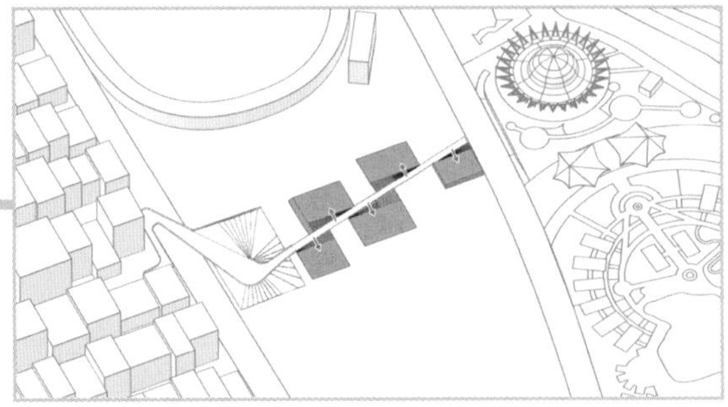

图 34

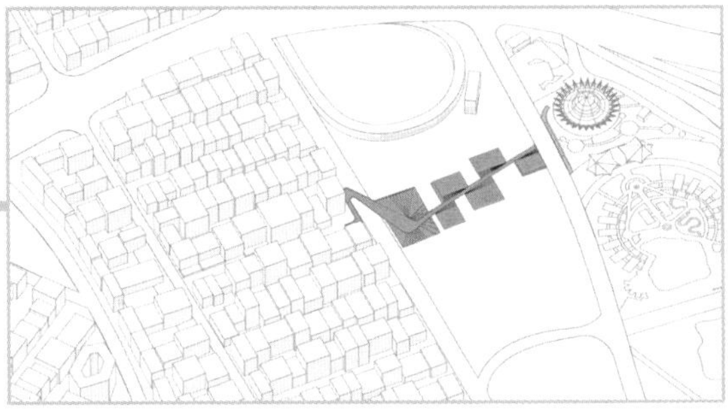

图 35

接下来细化“尾部”。尾部依旧包含两条道路的交叉口，交叉口依旧需要形成空间标志点。尾部与瓦利亚斯街的交叉点存在约 14 m 的高差，所以需要在解决高差问题的同时形成会聚点。在端部加入扇形旋转楼梯，使楼梯逐渐伸出建筑边界，让行人直接看到楼梯的存在（图 36、图 37）。

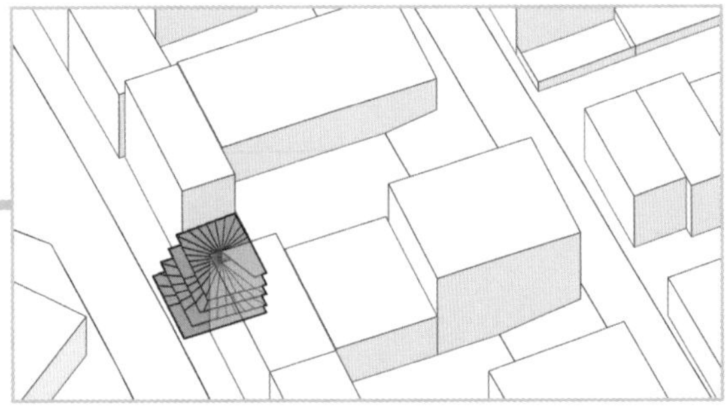

图 36

图 37

尾部与 Gandhi St 街的交叉口处是一条断头路，车辆进不来，因为用地较完整，可以形成广场，设置城市画廊。由于广场仍存在高差，加入台阶消解高差（图 38）。

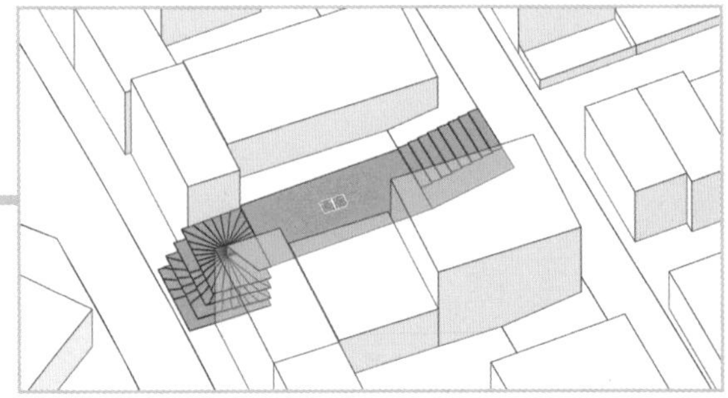

图 38

剩下的就是中间部分了。这段道路狭窄，道路两边行政大楼造成了密集的交通，所以在这块加功能不太现实，最重要的是将新的路与周围区分开来。因此，创建一条 1 m 高、4 m 宽的单独路径，引导行人和自行车沿着路径前进。在路径上可以设一些休息座椅和景观植物，而原本的车行道，则变成一条单向车行道环绕步行道。而由于 Gandhi St 街等级较低，尾部与中间部分相连，直接采用路面连接（图 39、图 40）。

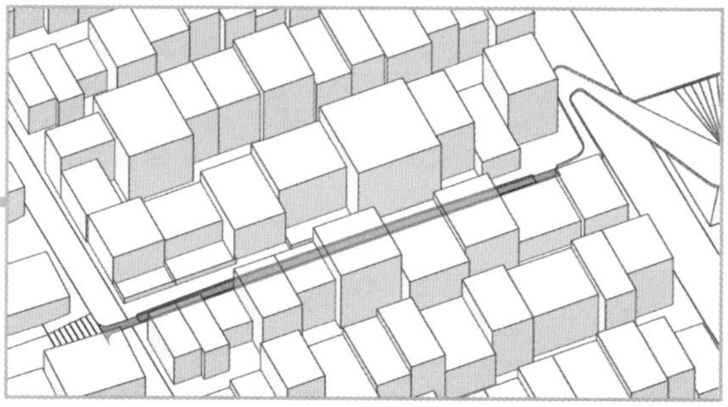

图 39

图 40

至此，三大段细化完毕。为了让各段形成一个整体，采用统一的木头材质，最终完成公园的延续。收工（图 41）。

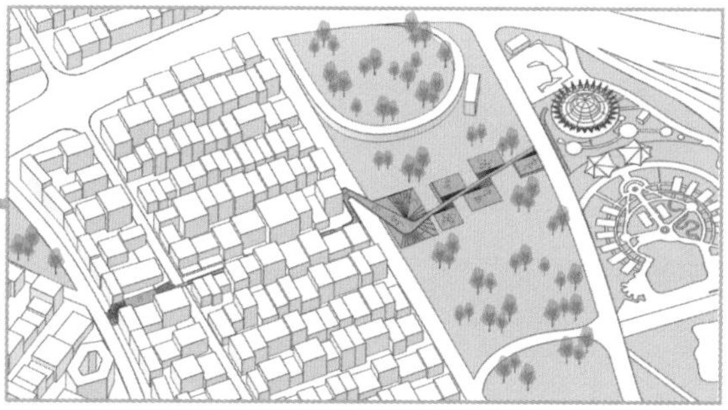

图 41

这就是 CAAT 事务所设计的 Dream Pathway 景观综合体，最终获得竞赛第二名（图 42 ~ 图 48）。

图 42

图 43

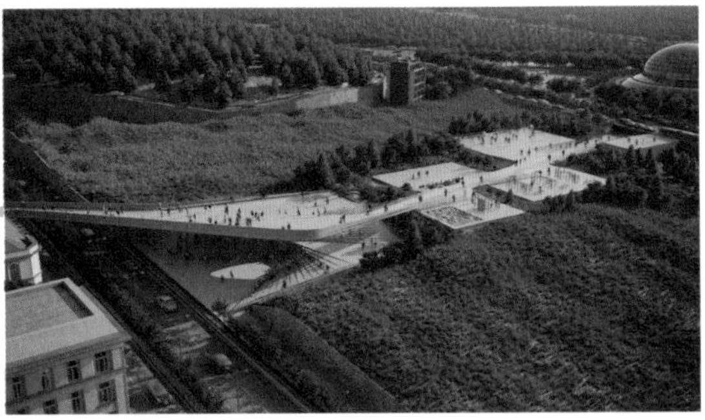
图 44

图 45

图 46

图 47

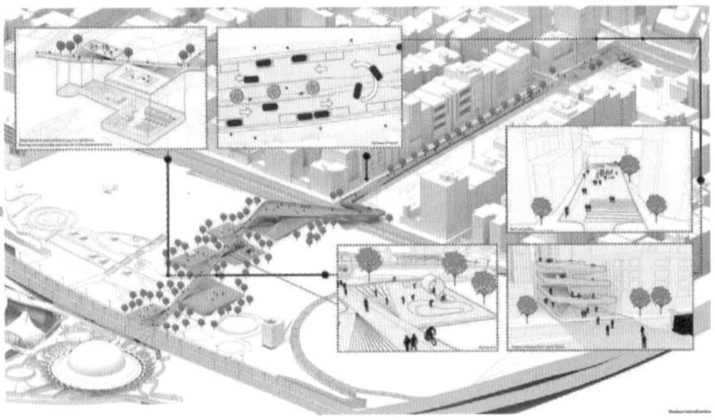
图 48

这世上的事，不是非黑即白，大部分都是说不清的灰。这世上的路，不是只有进和退，大部分都是数不清的弯。设计就像 GPS，最智慧的导航不是一路向前，而是学会转弯。只要心够大，地图够大，总能找到路。实在不行，山不过来，你就过去嘛。

图片来源：

图 1、图 30、图 37、图 40、图 42 ~ 图 48 来自 http://www.caatstudio.com/?view=project&id=60:dream-pathway&catid=12，其余分析图为作者自绘。

END

谁不喜欢做设计呢？那种赚不到钱又累得要死的感觉简直令人着迷

图 1

名　称：南墨尔本小学（图 1）
设计师：Hayball 事务所
位　置：澳大利亚・菲利普港市
分　类：学校
标　签：时间差，AB 面
面　积：10 000 m^2

START

小孩子才做选择，成年人只有做牛做马和做不完的活。而作为成年建筑师，就很幸运了，我们不用做牛做马，浪费粮草，我们只需要做一个没有感情的画图机器，还是太阳能驱动的。当一个通宵的夜晚悄悄过去，当一缕清晨的阳光照向我们的黑眼圈，赶紧出门晒晒太阳吧！回来就可以接着上班了。

虽然建筑设计属于自然科学，但设计建筑很不科学，也很不自然。一般的工作都是越做越少，可设计工作就是这么神奇地越做越多。你不画这么多图，都不知道甲方原来有那么多要求。长此以往，爱会消失，你也会消失。薅头发没有用，“麻瓜”搞不定甲方，只有魔法才能击败魔法。

渔人湾是目前澳大利亚最大的城市更新项目，占地约 480 hm^2，位于墨尔本市中心。渔人湾包括两个城市（墨尔本市和菲利普港市）的 5 个区，并将墨尔本中央商务区与海湾连接起来（图 2）。

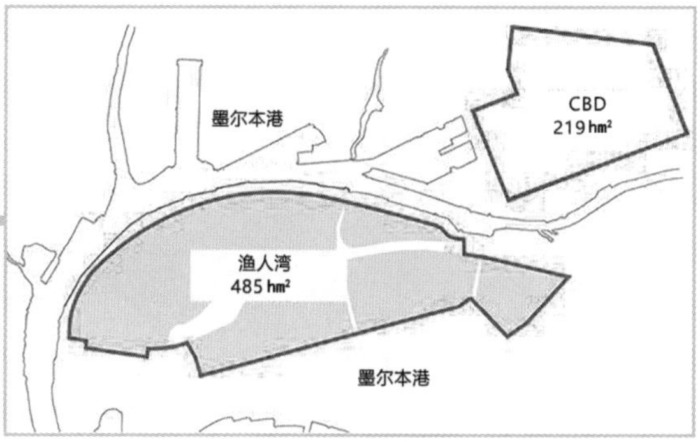

图 2

在甲方的美好设想里，到 2050 年，渔人湾就能发展成为定居 80 000 人的大社区，并为多达 80 000 人提供就业机会（图 3）。

图 3

在这个美好设想的激励下，甲方开始了大刀阔斧的建设工作，比如，先建一个小学。 南墨尔本小学项目位于渔人湾更新项目的蒙塔古地区菲利普港市，场地占地约 5000 m^2，北面是一条高速公路，四周以厂房为主（图 4、图 5）。

图 4

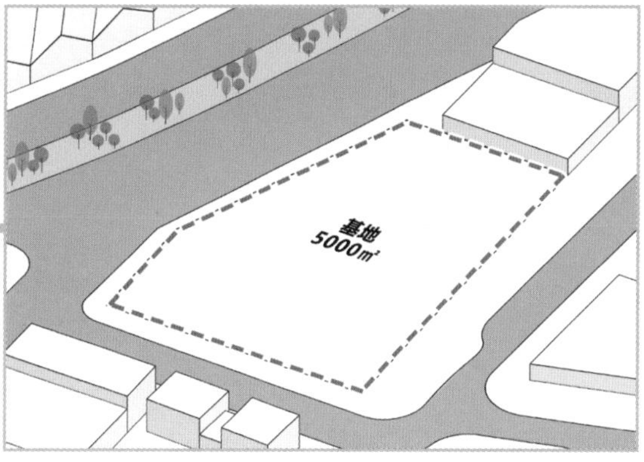

图 5

州政府要求在这块用地上除了建一所可容纳525名学生的政府小学外，还要加建一个幼儿园、一个社区服务中心以及一个包含室内和室外场地的多功能运动场。室内建筑面积共计约10 000 m^2（图6）。

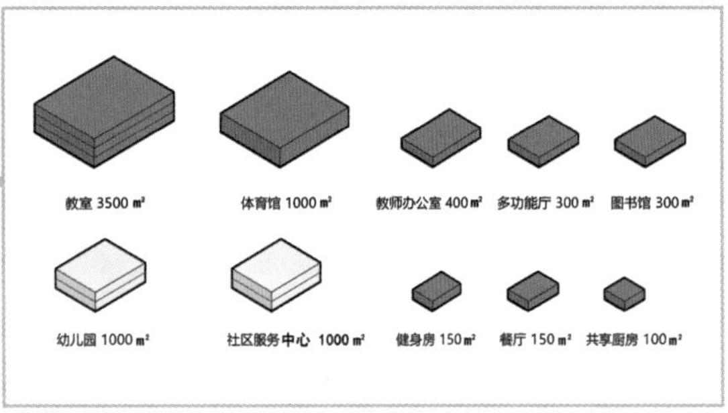

图6

简单，不就是万物皆可综合体吗？你在吃了3天泡面之后，拿着3个漂漂亮亮的教育综合体方案高高兴兴地找甲方去了，3天给甲方3个方案，咱不但能力强，态度还好，又把选择权给了甲方，总有一款适合你吧？早告诉过你，小孩子才做选择，甲方只做大做强！甲方和政府联合使出了“阿瓦达索命咒”（《哈利·波特》中的咒语），他们竟然要求新的学校应该能够提供尽可能多的室内外社区设施，以应对将来更新后的人口激增、设施不足等问题。翻译一下就是：虽然我只让你盖一个小学校，但你得满足将来成为一个大社区服务中心的要求，同时且当然，学校也不能消失（图7）。

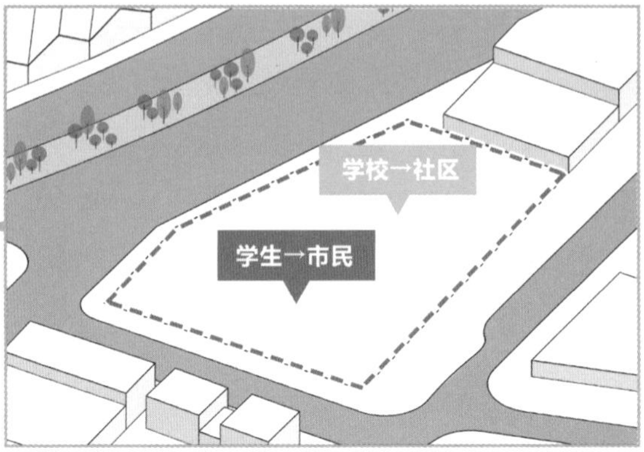

图7

说白了，甲方一套房子卖给了两个人，虽然有个人暂时没完全搬进来，但并不能掩盖甲方是“奸商”的事实。问题是房子本身又不大，住一个人都勉强，何况人家两个都付了全款没打算合租。

先看看场地，场地面积只有5000 m^2，10 000 m^{2}的建筑可丁可卯也得摆两层（图8）。但是别忘了甲方未来的希望——提供尽可能多的户外场地、绿地及户外运动场地。那可以把这些户外用地都放屋顶上呀，5000 m^{2}的豪华大屋顶（图9）。但是，先不说屋顶搞运动是否方便，这么大的进深明摆着也不现实（图10）。

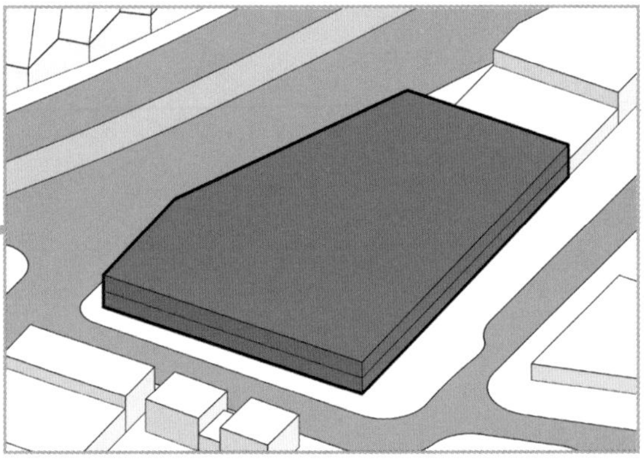
图8

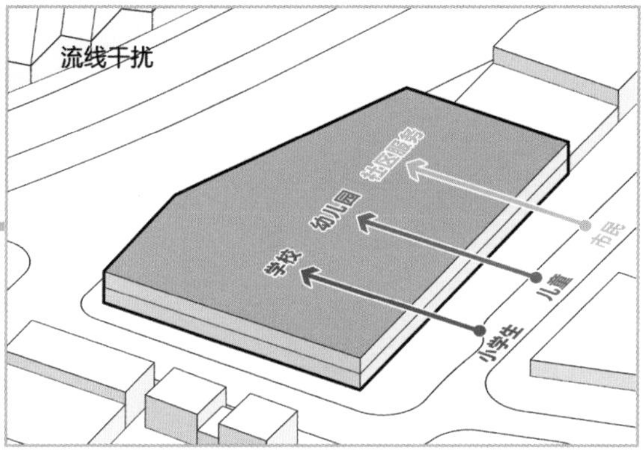

图 9

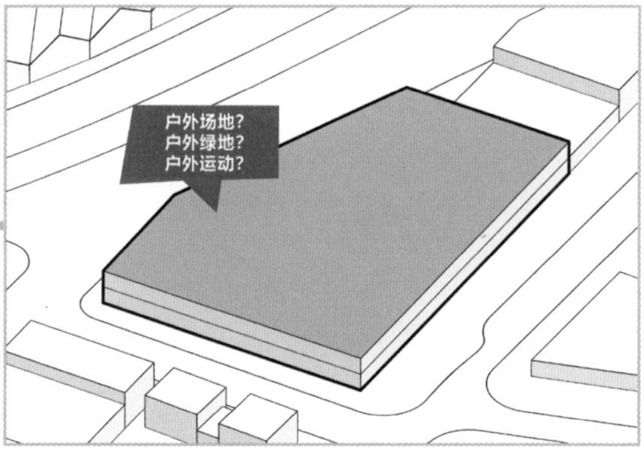

图 10

现阶段整个建筑是由 3 个部分组成的，主要功能就是教学（图 11）。为了人流互不打扰以及将来的发展，可以把三大部分分开摆。一通操作下来，在保证各部分楼层都较低的情况下，还能剩下 2000 多平方米的户外用地（图 12）。但是分散的建筑布局导致集中的活动场地其实很少，根本放不下户外运动场地（图 13）。

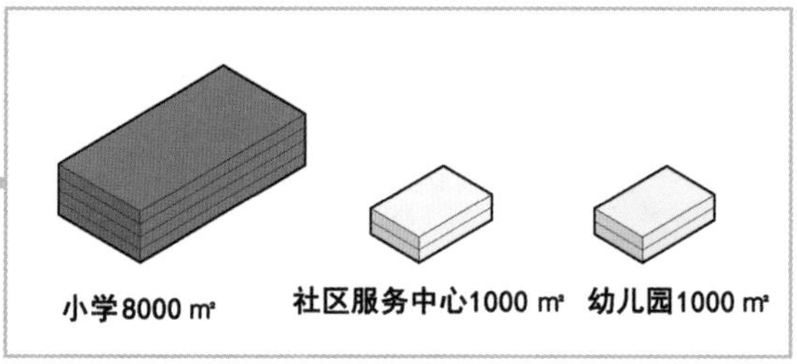

图 11

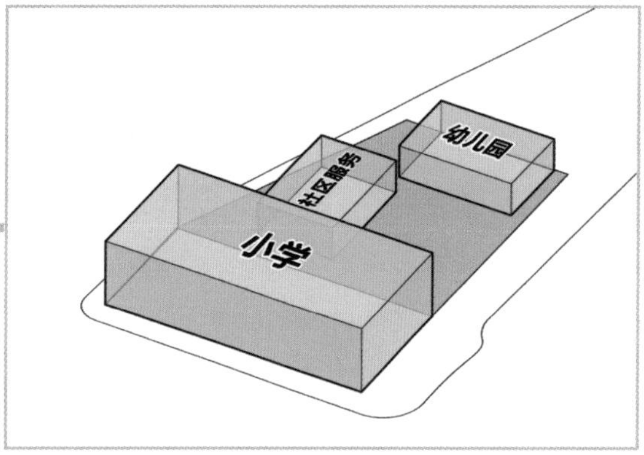

图 12

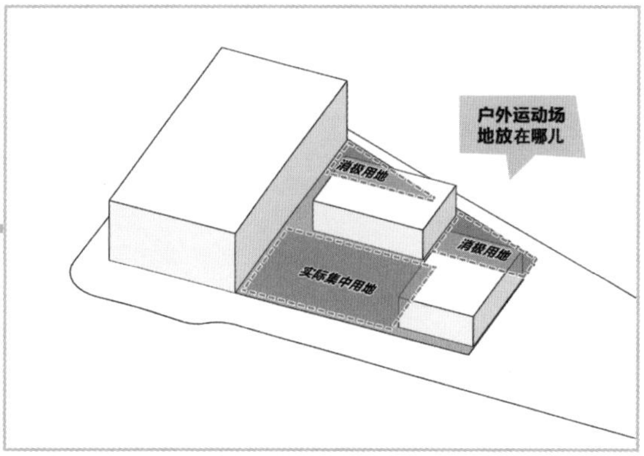

图 13

这样一来，户外运动场就只能利用屋顶了。幼儿园及社区面积太小，只能利用小学的屋顶，但是楼层较高，屋顶运动场地的安全性以及便捷性都较差（图 14）。而小学里呢，除了正常的各个功能，还有一个需要大跨结构的体育馆。

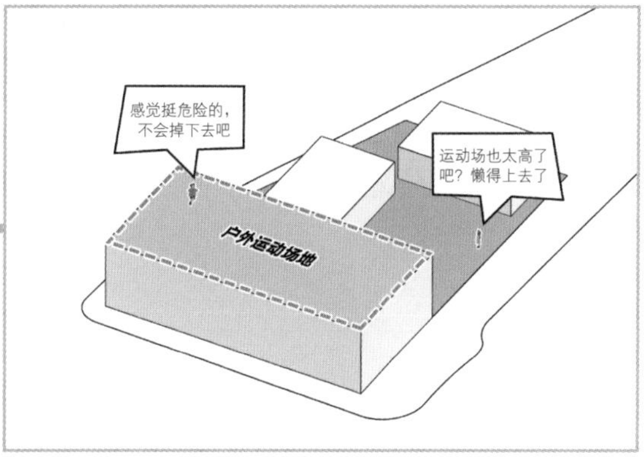

图 14

体育馆放在底层，需要考虑和上部楼层小跨度空间的结构问题；放顶层，日常使用又不方便（图 15、图 16）。如果能把体育馆单独拎出来就好了，就可以自然利用体育馆的屋顶作为户外运动场地。组合还是原配的好啊（图 17）。但是，原本放 3 个功能区后就没剩多少地方了，现在再来 1 个体育馆，户外场地就更没有空间了（图 18）。不要着急，我们从头捋一下。现在明确的是，体育馆需要单拎出来，那小学能不能和幼儿园、社区中心搞在一起（图 19、图 20）？尝试合并 3 个部分，并且尽量空出较大的户外活动场地（图 21）。

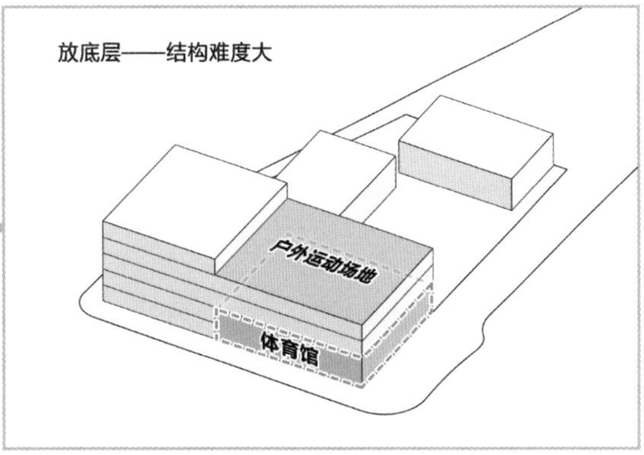

图 15

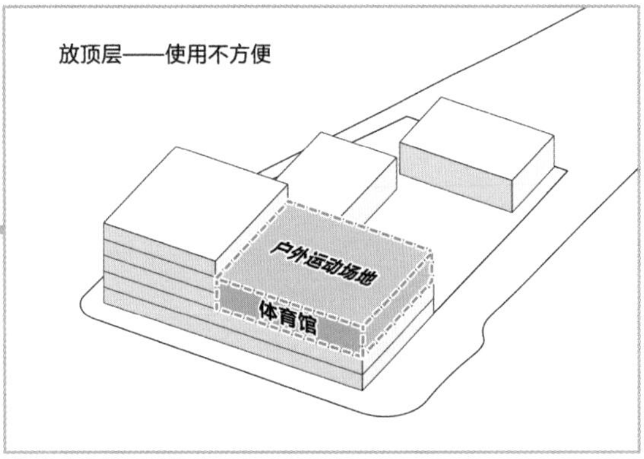

图 16

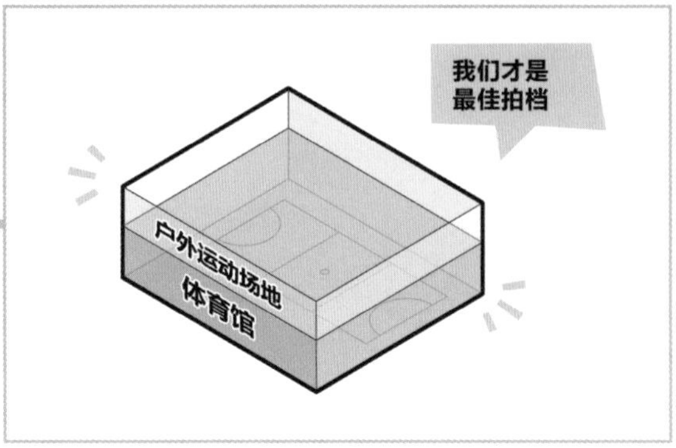

图 17

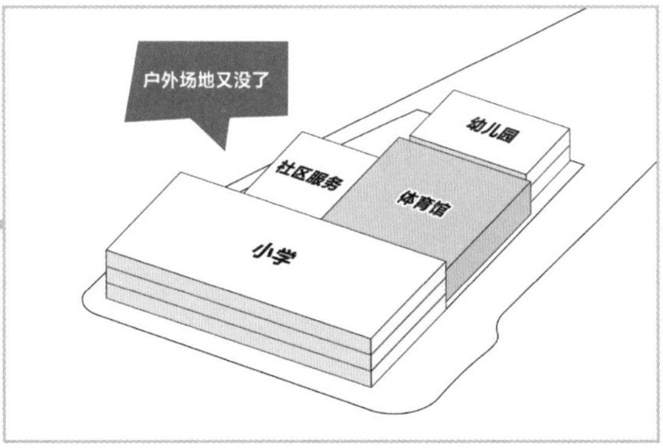

图 18

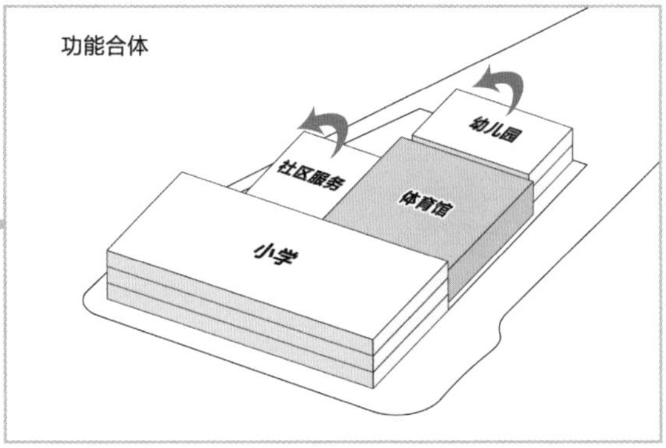

图 19

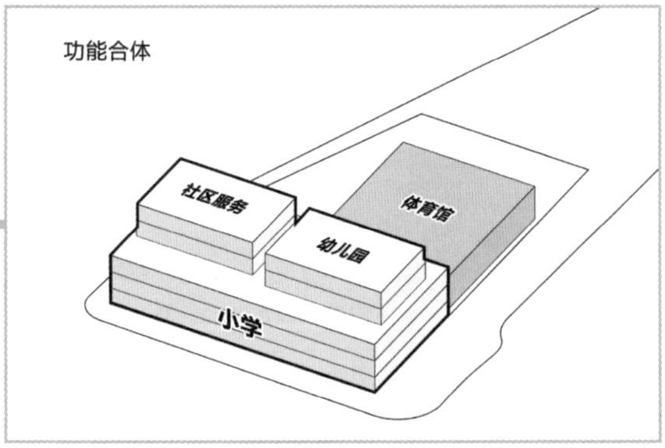

图 20

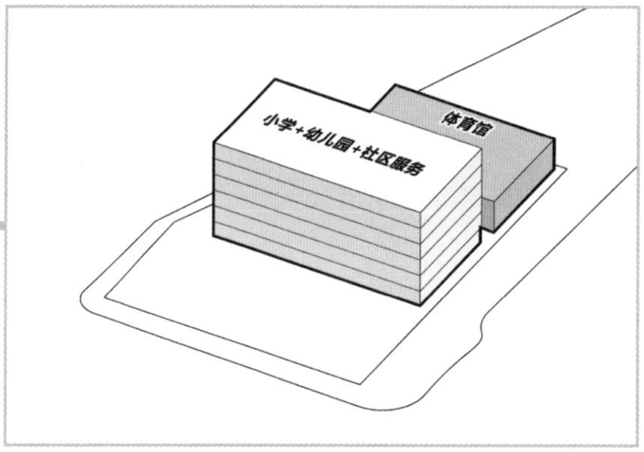

图 21

摞起来楼层会增加，可以垂直分区：将小学放到最上面免受干扰，社区服务放在最下面，方便市民进出（图 22）。当然也可以把社区服务中心和幼儿园都放首层，3 个部分共用一个公共大厅（图 23）。

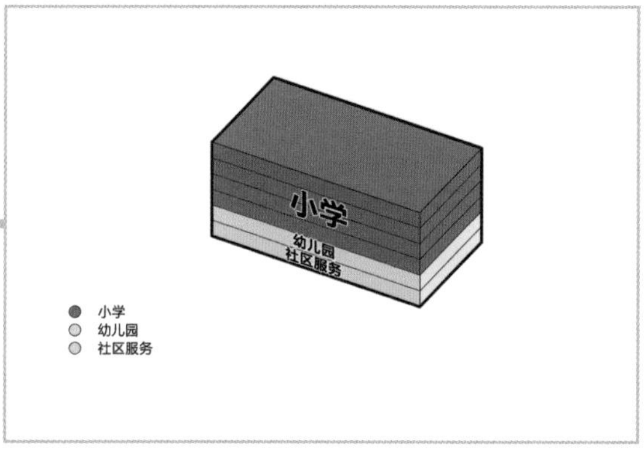

图 22

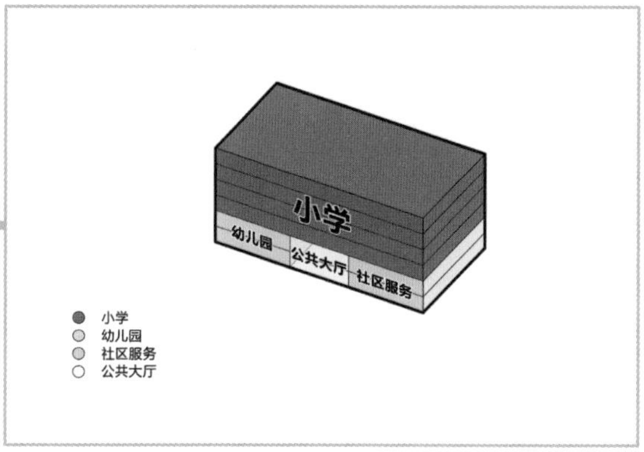

图 23

但是，同志们，做到现在，这还是个综合体思路，没有解决甲方的“奸商”问题啊，就是怎么在保证小学使用的同时把这个玩意儿变成一个社区中心。快点儿拿出魔法棒吧，你现在需要一个隐形的并行空间，而这个空间被封印在时间的魔咒里。

小学和幼儿园的使用时间仅仅是工作日的 9:00—15:00，而剩余时间其实都是可以供社区使用的（图 24）。利用时间也不算多新鲜，但这个项目新鲜就新鲜在使用者的跨度太大了，直接从做选择的小学生到做牛做马的成年人。所以，利用这个时间差不是让建筑共享，而是让建筑拥有双重身份，就像一副扑克牌的两面，正反面完全没关系（图 25）。

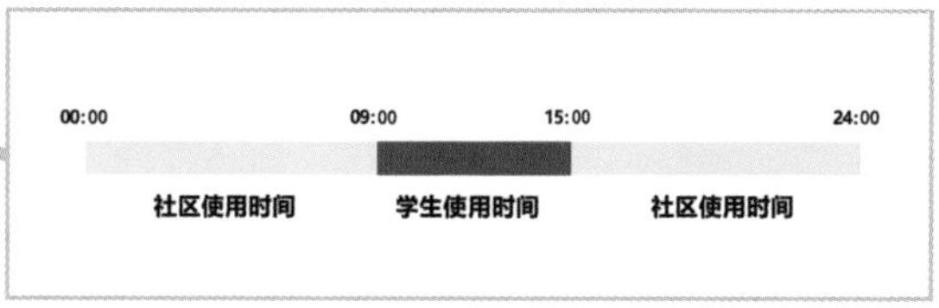

图 24

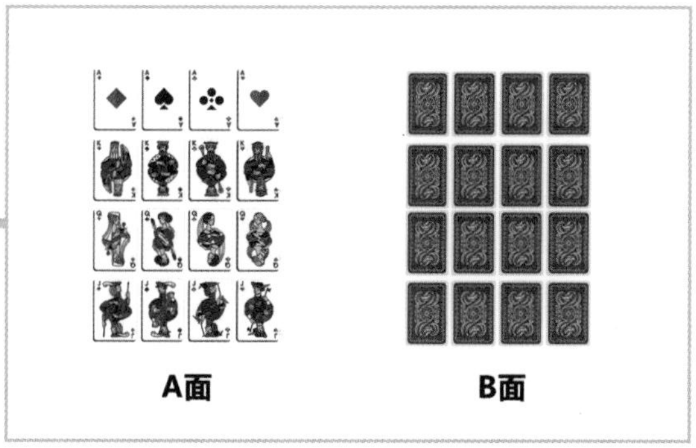

图 25

对应到我们的建筑中，A 面是教育功能，全都是学校，小学是小学，幼儿园是幼儿园，社区服务中心的妇幼保健中心成为学校诊所，社区服务中心的多功能厅成为学生活动厅。B 面是社区功能，全都是社区设施。教室变成了工作坊，幼儿园变成了亲子游乐中心，社区服务中心还是社区服务中心，学校的图书馆、餐厅、健身房、共享厨房等也变成了社区的一部分（图 26）。

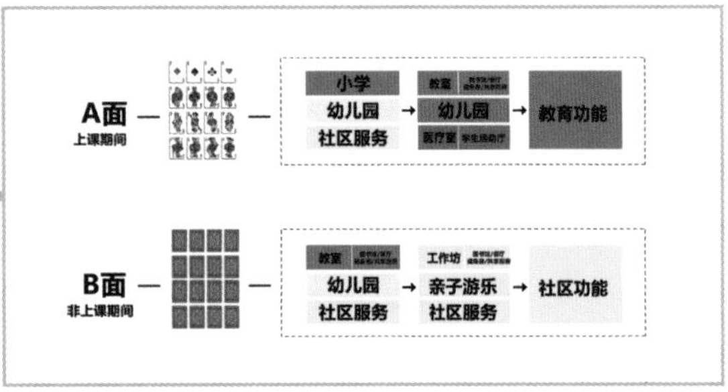

图 26

也就是说，设计的重点其实是让同一空间具有双重属性。重新整合布局，顺应地形将体育馆放在最南侧，与周边建筑紧邻。在三条路包围的北侧辟出一块集中完整的 2000 m^2 户外活动场地，二者挤出的剩余的部分则作为合并的学校及社区服务中心（图 27）。

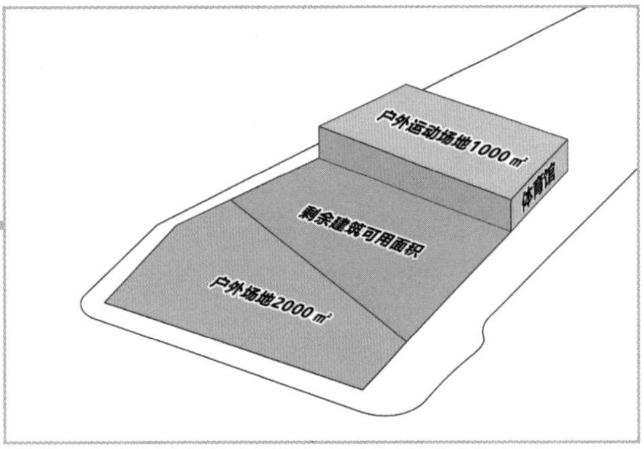

图 27

根据建筑面积要求，在挤出部分升起 6 层的体量（图 28）。将现阶段的社区服务功能放在场地西侧的底下两层，妇幼保健中心则放在首层。切除西侧与体育馆紧邻的部分体量，为妇幼保健中心开单独的出入口（图 29、图 30）。

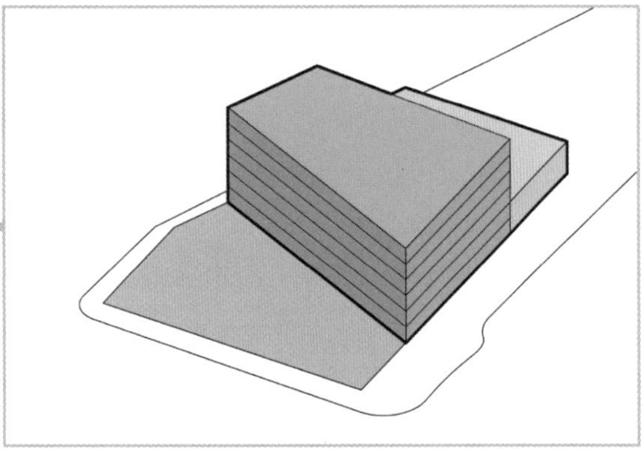

图 28

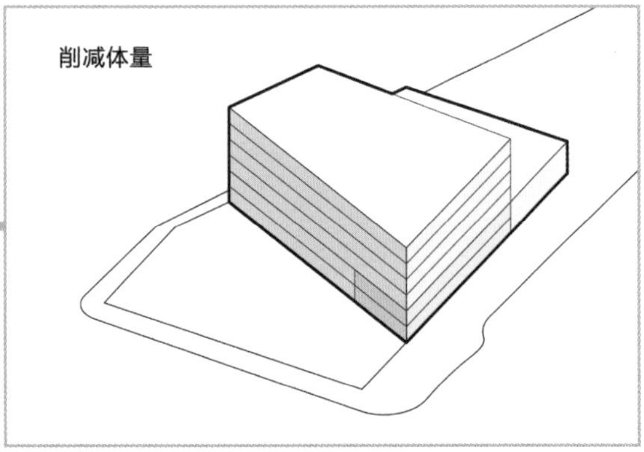

图 29

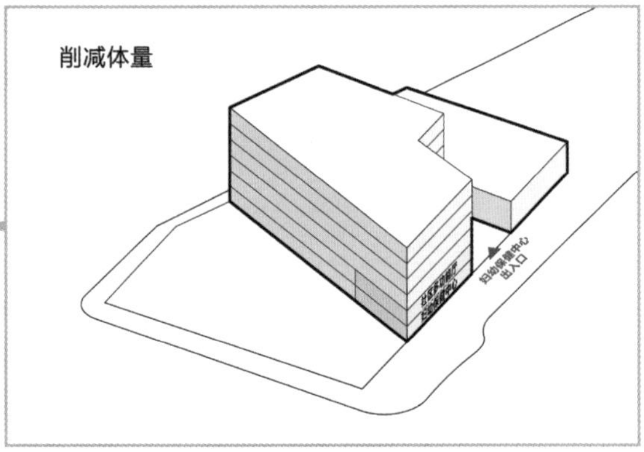

图 30

幼儿园与社区服务中心体量相当，放在建筑的东侧，中间形成公共入口大厅，顶部则是小学部分。幼儿园与体育馆夹角的体量形成交通核（图 31）。顺着底层的公共大厅在中间部分挖中庭（图 32、图 33）。挖了中庭也就意味着需要共享中庭了。

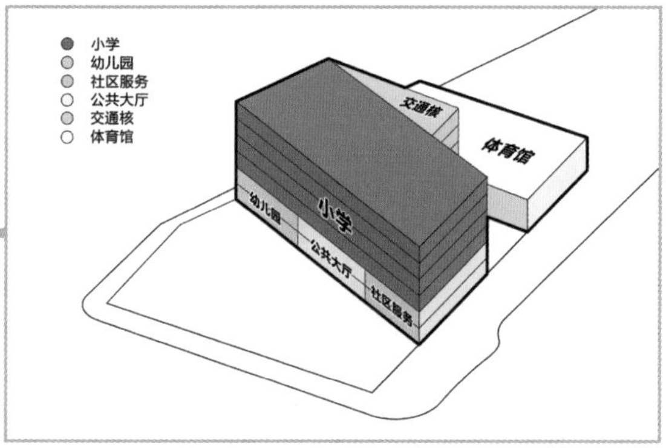

图 31

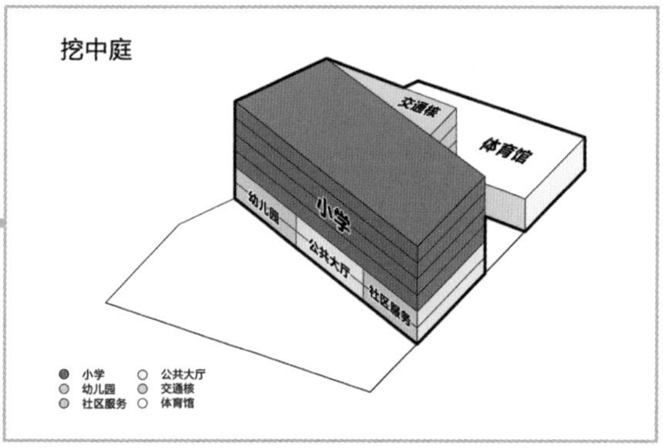

图 32

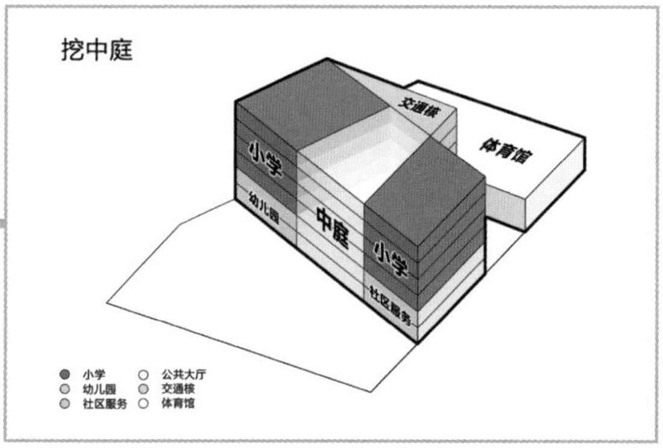

图 33

B 面的社区服务中心还好，但是 A 面除了小学还有幼儿园呀，因为幼儿园的存在，学生又会细分出来小学生和幼儿。小学生年龄较大，倒是可以在中庭里活动，不用太担心安全问题，而幼儿就不同了，需要老师或者家长的看护。显然，中庭对幼儿不太友好。换句话说，共享中庭是给小学生用的，最好不要给幼儿用。通过行为分组，进一步调整建筑功能布局，把幼儿园放到顶层占满一层，小朋友上去后就不能随便下来（图 34）。但是翻到 B 面后，幼儿园变身为亲子乐园，就不能完全和下部割裂。再次调整，将幼儿园集中在顶部两层，中庭的一侧（图 35）。

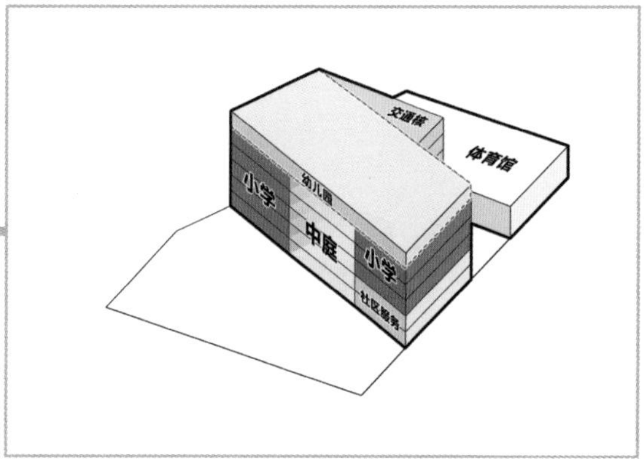

图 34

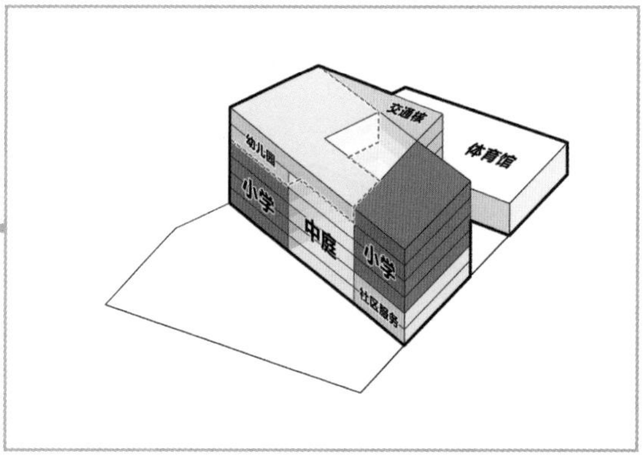

图 35

接下来细分小学的功能。首层东侧设集中的教师办公室，中间入口部分放图书馆。二层中靠近社区服务中心的部分放健身房、共享厨房及餐厅。剩余空间则是小学的教室（图 36 ~图 41）。

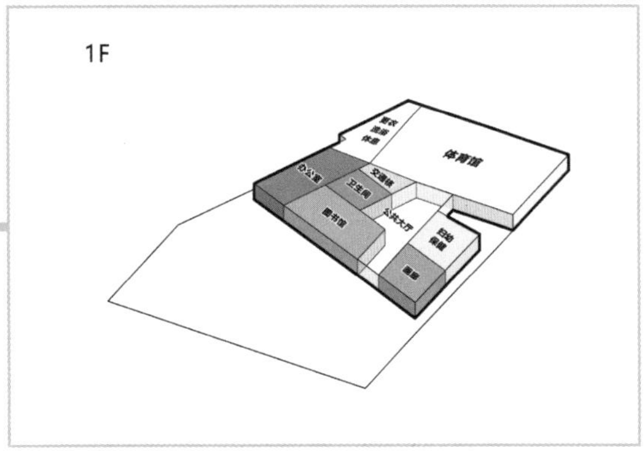

图 36

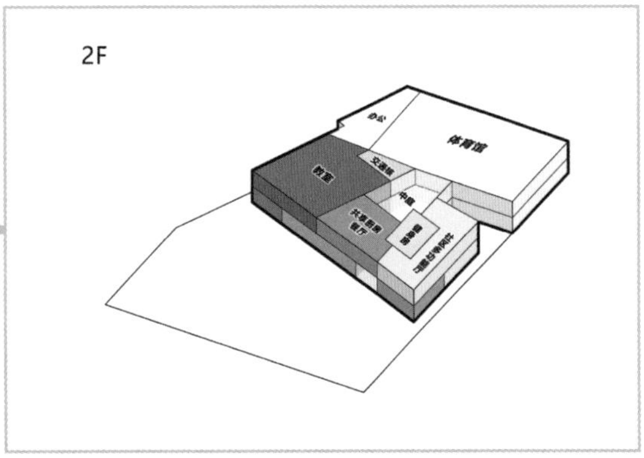

图 37

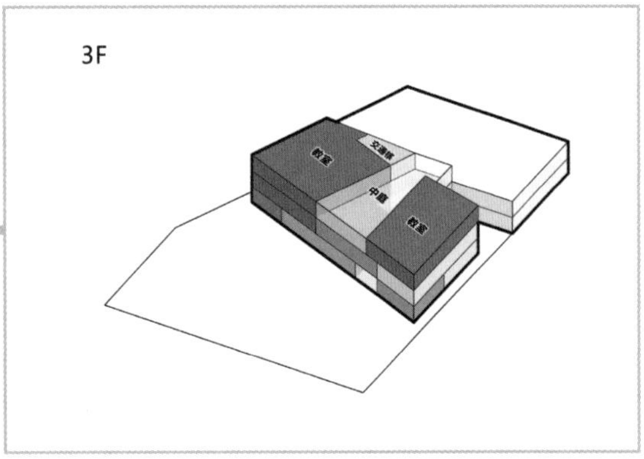

图 38

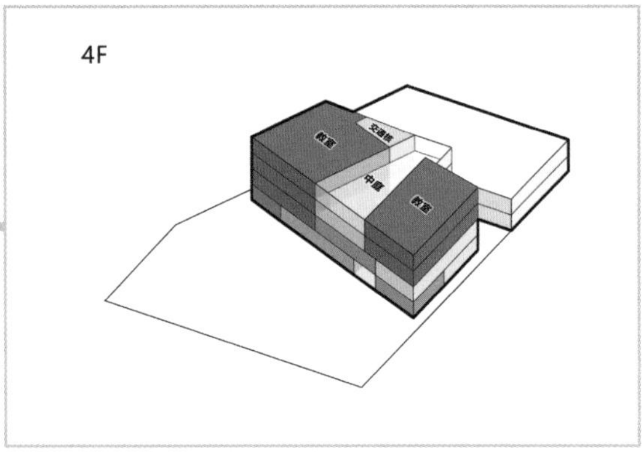

图 39

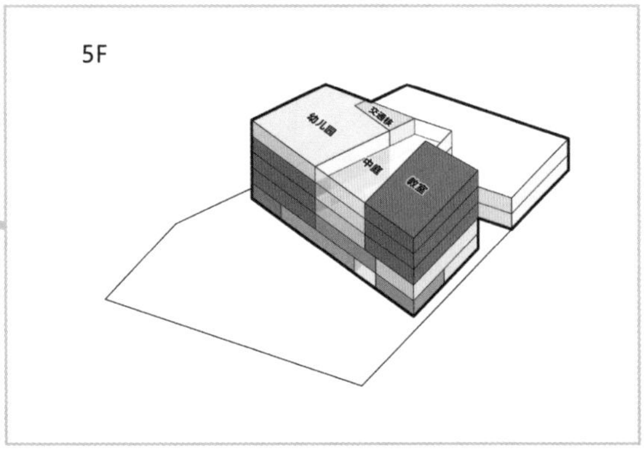

图 40

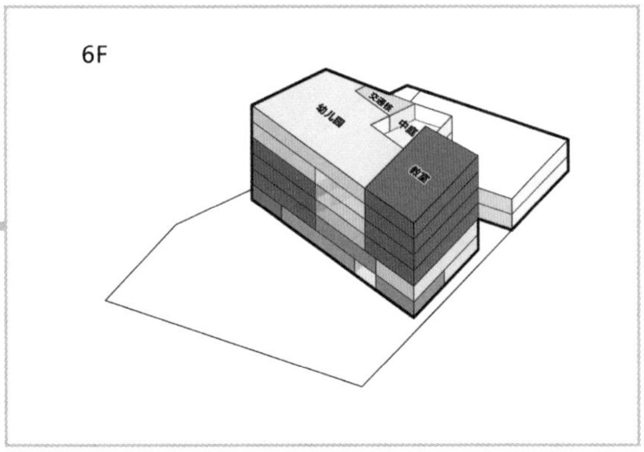

图 41

小学的这些公共空间翻转成 B 面以后，也可以作为社区中心的公共空间，但是小学的教室怎么办呢？按照设想，教室翻转后可成为社区的各个活动工作坊，如音乐工作坊、美术工作坊等。而常规的教室如何能在翻转以后直接对应这些工作坊需要的设备呢？澳大利亚的小学教学模式是老师不动，学生动，根据这种教育模式，按照不同课程特点，将教学部分变成多个主题的学习组团，对应不同类型的科目。每个组团除了封闭教室外还有开放学习空间，学生可以根据自己的兴趣自主选择不同的学习组团，而不同主题的学习社区则对应 B 面的多个主题的工作坊（图 42）。

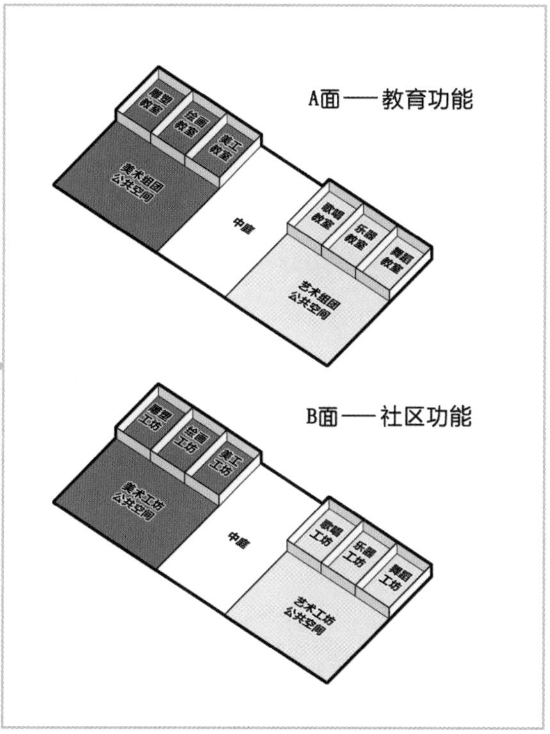

图 42

由于面积有限，中庭也不能只负责交通联系，得能承办更多样的公共活动。将交通楼梯扩大成大台阶，形成多个可聚集的垂直活动体系，并且将大台阶摆放在各层不同的地方，保证动线最大化（图 43 ~ 图 45）。至此，垂直中庭就因为楼梯的变身自动转变成了垂直广场（图 46 ~ 图 50）。

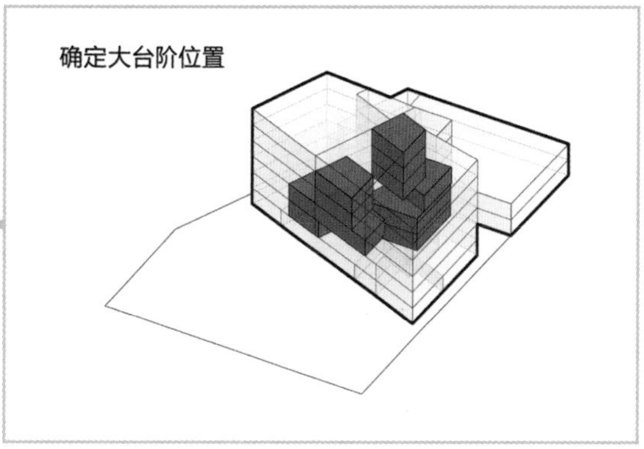

图 43

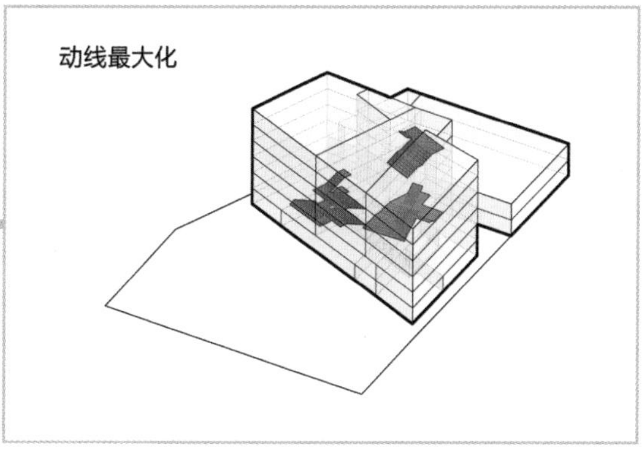

图 44

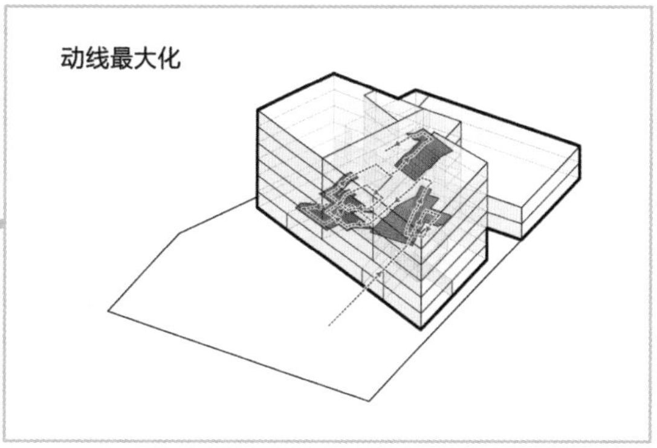

图 45

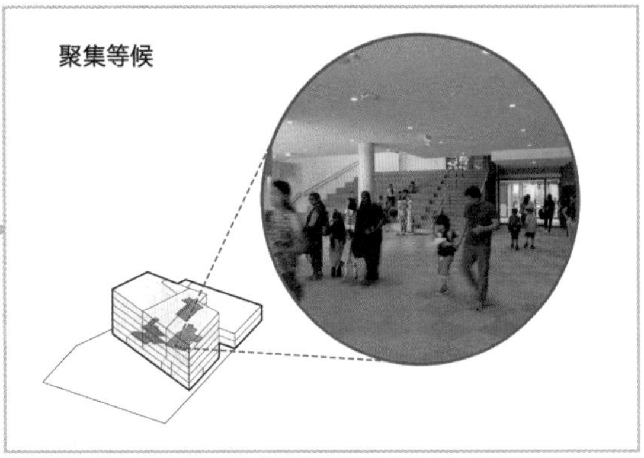

图 46

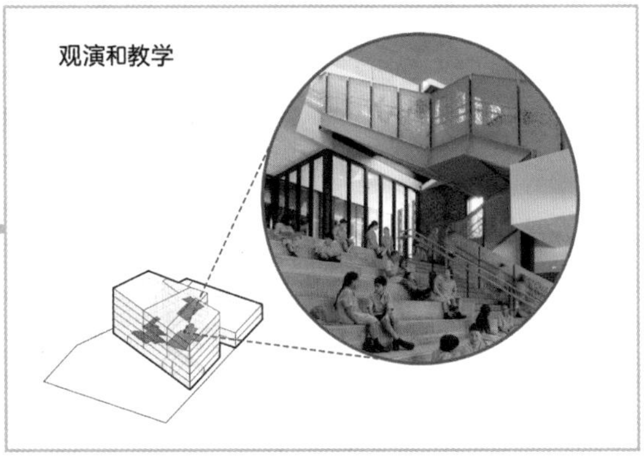

图 47

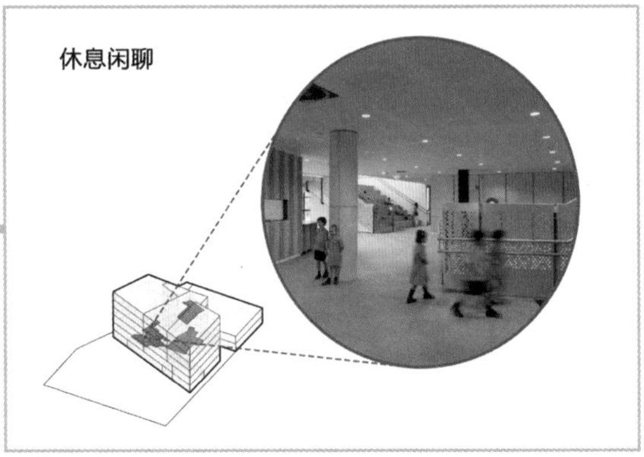

图 48

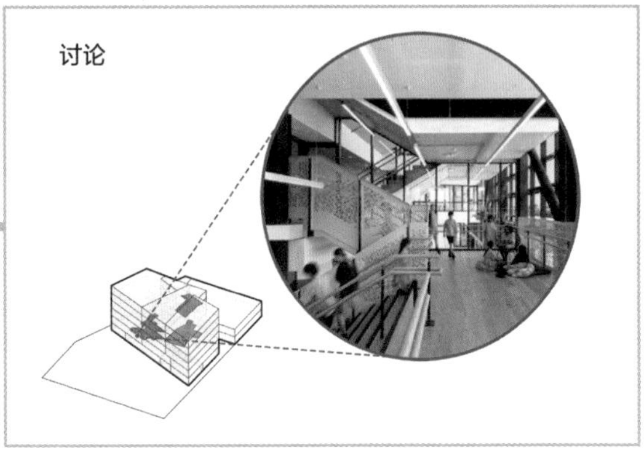

图 49

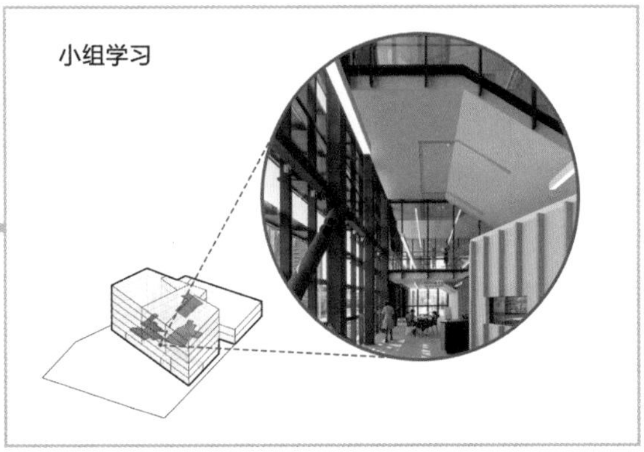

图 50

有垂直广场就最好有垂直绿地搭配。在北侧各层设计垂直的户外绿地活动平台，与垂直广场衔接，而顶层的幼儿园则开辟露台单独供幼儿使用。此外，户外平台错位布置，形成上下层通高，并在通高位置加入两层高的玩乐设施空间（图 51、图 52）。

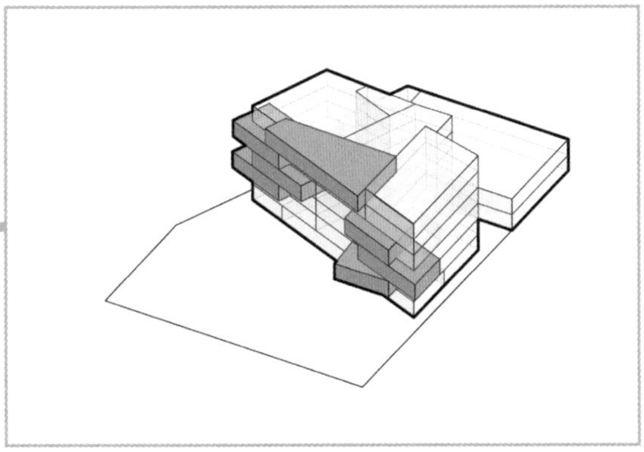

图 51

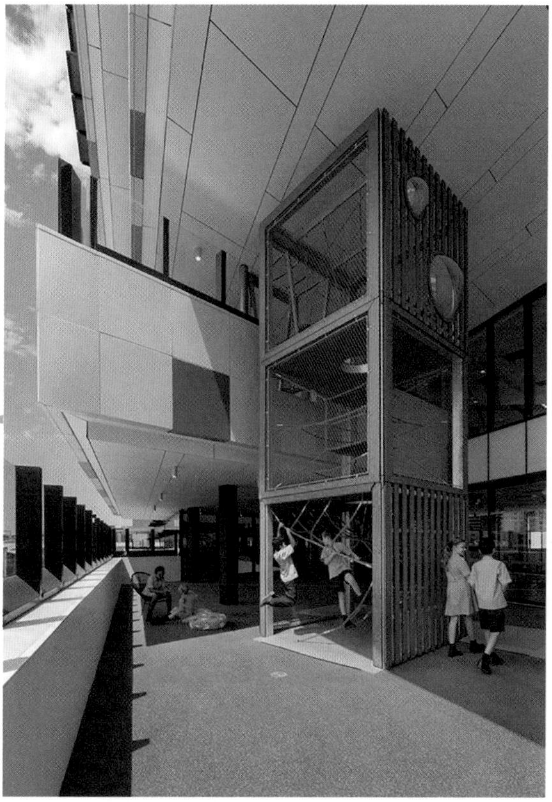

图 52

至此，建筑 AB 面的功能转换就基本搞定了，接下来细化建筑平面。首层在建筑北侧形成学校主入口以及办公区主入口，西侧形成社区服务中心及体育馆入口，东侧形成办公区次入口。由公共大厅连接社区服务中心、画廊、图书馆、办公区等功能（图 53）。

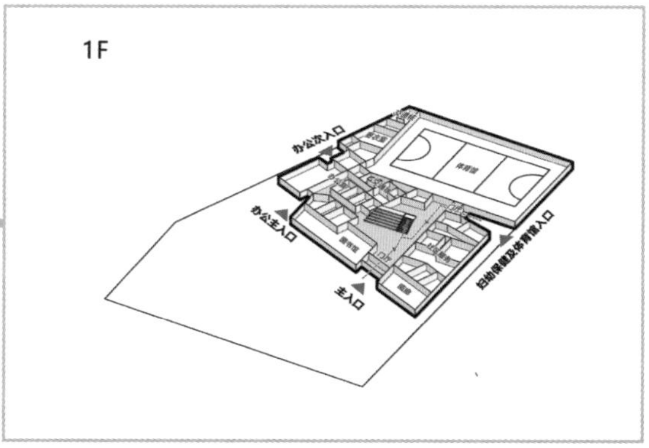

图 53

二层公共大厅设置餐厅及共享厨房，社区多功能厅与健身房结合布置。公共大厅连接两侧的学习组团及社区服务中心，体育馆东侧为体育馆管理用房，并在角部外挂楼梯连接地面（图 54）。

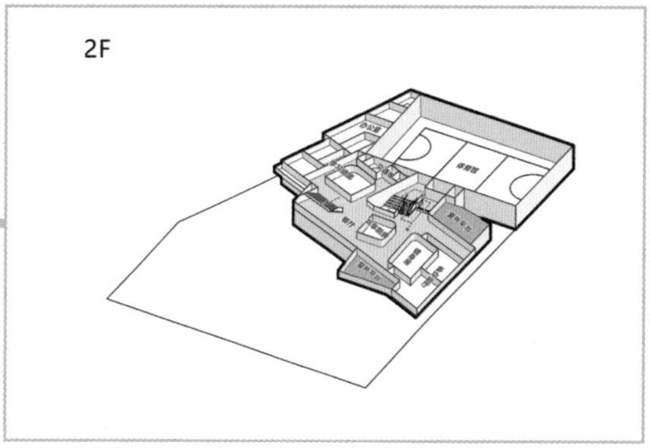

图 54

三至五层学习组团均在靠体育馆一侧加入墙体进行分割，形成主题教室；在靠近中庭的一侧摆放家具，形成开放式学习空间。三层在靠近体育馆顶部的运动场地部分加入过厅，引导到外部运动场地（图 55 ~ 图 57）。顶层中间的过厅在连接两侧的幼儿园及学习组团的同时连接室外庭院（图 58）。

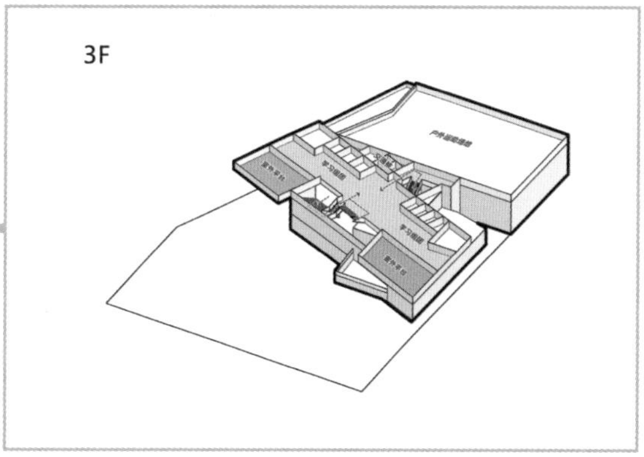

图 55

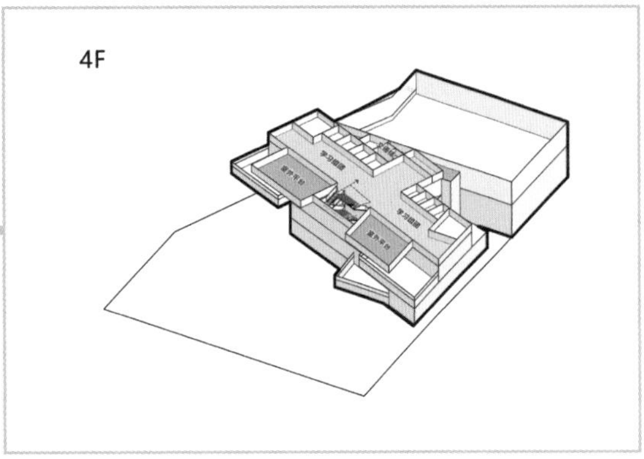

图 56

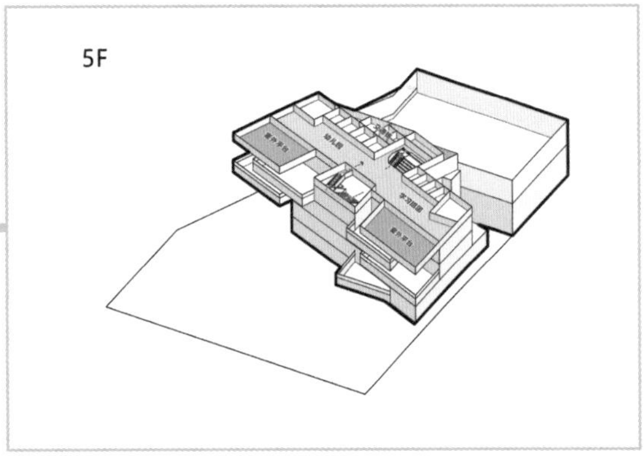

图 57

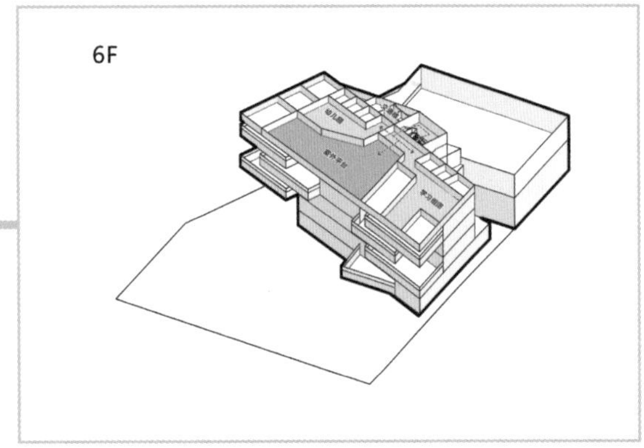

图 58

接下来，为建筑赋予材质。中庭部分采用玻璃幕墙，剩余部分采用富有趣味性的像素化金属板(图 59、图 60)。最后细化户外场地。收工(图 61) 。

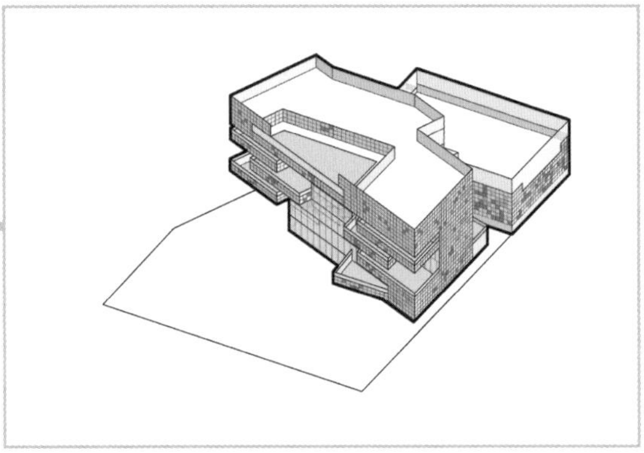

图 59

图 60

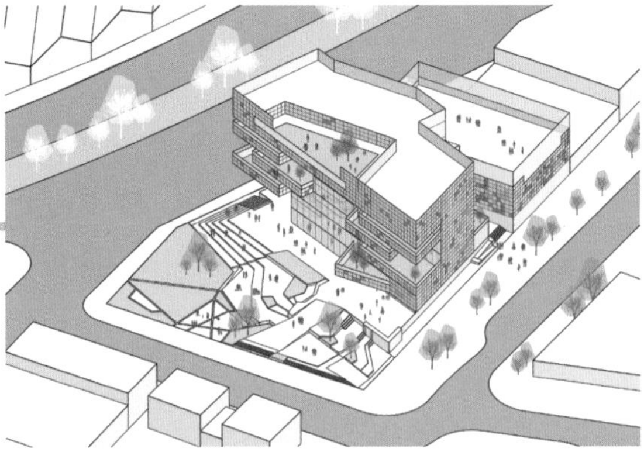

图 61

这就是 Hayball 事务所设计的南墨尔本小学，在 2018 年已经正式运营 (图 62 ~图 67) 。

图 62

图 63

图 64

图 65

图 66

图 67

建筑师觉得做设计痛苦是因为甲方不让建筑师随心所欲；甲方觉得搞设计麻烦是因为建筑师也不让甲方随心所欲。于是，设计的过程就成了到底随了谁的心的博弈。一根皮筋两头拽着，谁也不敢松手，谁也不敢扯断，因为都会疼。维持平衡比起达到建筑目标牵扯了更多精力，无论谁先把自己拽的那头皮筋主动送到对方手里，或许都更容易成就一个好建筑。而我们不是高迪，等不来欧塞维奥·古埃尔。

图片来源：

图 1、图 52、图 60、图 62 ~ 图 67 来自 https://www.hayball.com.au/projects/south-melbourne-primary-school/，
图 2 来自 https://cn.meetkol.com/?/article/783，图 3 来自 https://www.fishermansbend.vic.gov.au/，图 46 ~ 图 50 改绘于 https://www.hayball.com.au/projects/south-melbourne-primary-school/，其余分析图为作者自绘。

END

建筑师刻在骨子里的基因，狠狠地动了

图1

名　称：韩国清州市商业综合体（图1）

设计师：IDMM建筑事务所

位　置：韩国·清州

分　类：商业综合体

标　签：功能连续，管子空间

面　积：961 m^2

START

懒是一个很好的托辞，说得好像你勤奋了就能干成大事一样。甲方也是一个很好的托辞，说得好像没有甲方你就能做好设计一样。虽然甲方确实扼杀、摧残、歪曲了很多好设计，但那些在甲方扼杀、摧残、歪曲的夹缝中依然能茁壮生长的好设计，只会比好更好。显然，后者比前者更能劝退设计者，也更让人绝望。

在这个世界上，聪明的人会用简单的方法搞定复杂的事，幸福的人只会搞定简单的事。而建筑师刻在骨子里的基因，是把简单的事情搞复杂。所以，建筑师既不聪明又不幸福，除非，你能把简单的事情搞复杂，再用简单的方法搞定复杂，俗称，复杂了个寂寞。李白讲：“事了拂衣去，深藏身与名。”

F.S.One 是韩国的一个小公司，最近打算建个办公楼，位置就选在了清州市市中心书原区的一个丁字路口的街角，马路对面有大面积的城市景观公园，身后两边都是商业建筑与住宅（图 2）。基地除西侧紧邻一个商业建筑外，其余三面均邻街，红线范围内用地面积约 550 m²（图 3）。

图 2

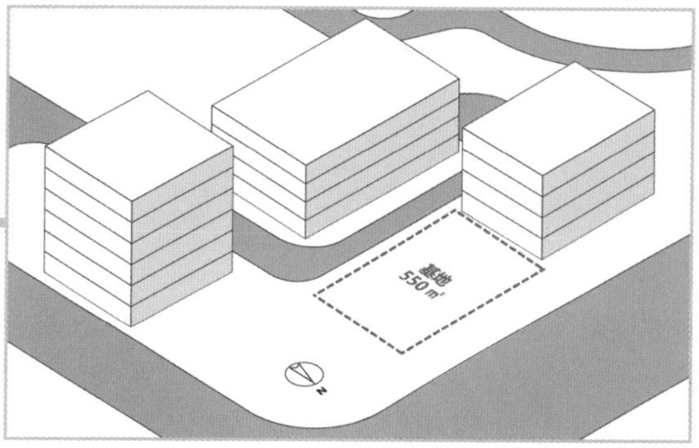

图 3

F.S.One 公司真的是一个小公司，估计比我们这个全球倒数第二大的小工作室也大不了多少，因为整个公司所需的办公面积连这块 550 m² 的地都用不了。准确地说，他们只要求了一个约 270 m² 的办公空间，然后打算在办公室下面开个餐厅搞兼职（图 4）。不管怎样，反正整个建筑的总面积不到 1000 m²，退完红线两层体量就能摆得下（图 5）。

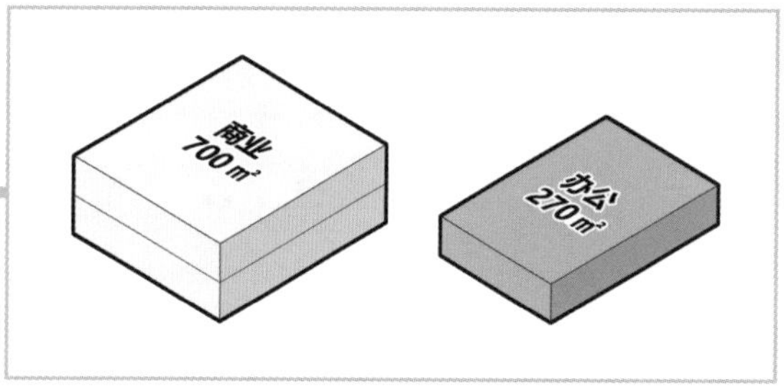

图 4

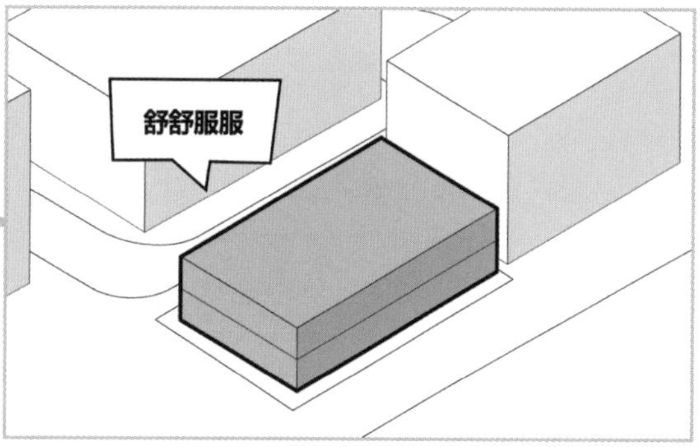

图 5

然而，接到委托的韩国 IDMM 建筑事务所刻在骨子里的基因，狠狠地动了……上面办公下面餐厅，确定这不是个食堂？这么简单的设计怎么能降低建筑师的幸福感呢？不要忘了，这年头全世界的方案都有同一个名字——综合体！

那么，问题来了：如何将这个体量仅有两层的小建筑做成综合体？什么叫综合？至少也得 3 个以上功能才叫综合吧！俩功能，撑死也只能结合，何况还是“干饭”和干活俩八竿子挨不着的功能。没关系，挨不着就想个辙挨着。“干饭”、干活都是干，干什么不是干？重点是干！复杂的说法就是行为综合，不管你有多少功能，只有行为综合了才能更加有活力，更加开放（图 6）。

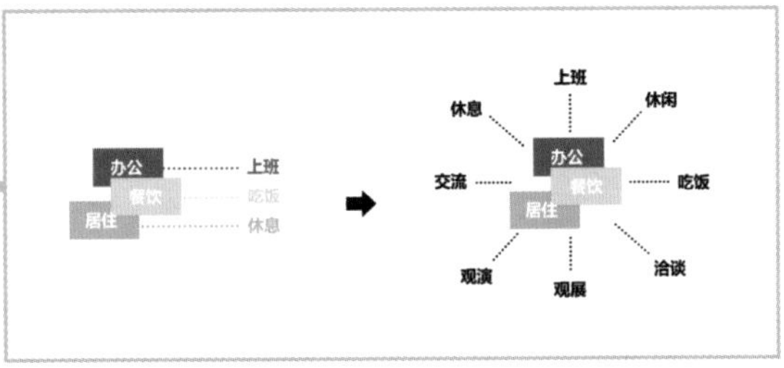

图 6

行为综合说白了还是要多找点儿事来干，再说白了，就是加功能，功能越多事儿就越多。那么，问题来了：功能怎么加？天马行空地加还是走马观花地加？当然都不是，要加就得一马平川地加，意思就是说要让功能连续。

现在只有餐饮和办公两种功能，如果让它们共处一室，势必相互影响。这边在热火朝天地“干饭”、划拳，那边在冥思苦想地干活、“划水”，合在一起就是大写的尴尬（图 7）。所以，功能连续就是在二者之间加入其他功能进行过渡，也就是把行为尴尬过渡掉（图 8）。比如，将餐厅过渡到咖啡厅，办公过渡到展览，而展厅和咖啡厅二者之间几乎已经和谐了，像成语接龙一样和谐（图 9）。因此，将咖啡厅、展厅等过渡功能加入餐厅与办公之间，形成一条过渡的功能链（图 10）。

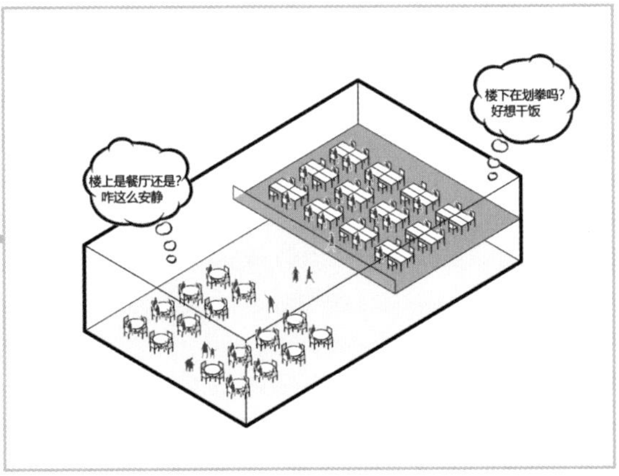

图 7

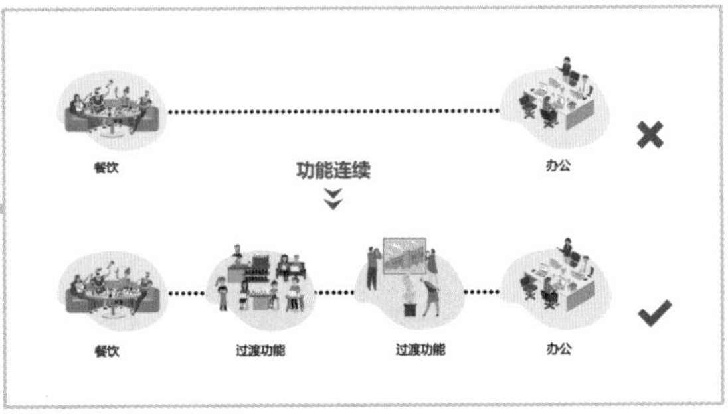

图 8

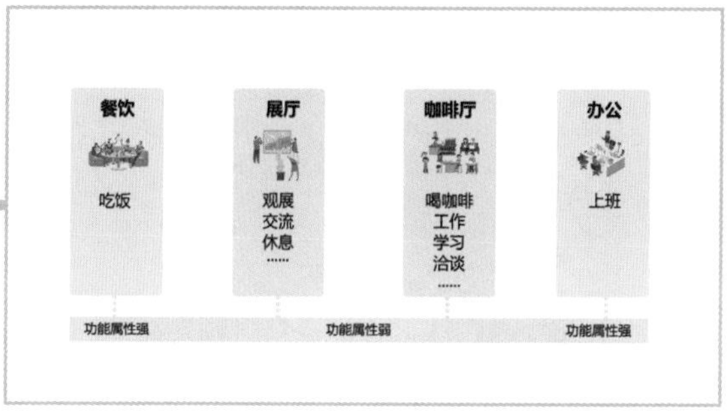

图 9

图 10

可是现在总面积也就这么点，这些起过渡作用的空间势必也不能占用太多空间。所以，餐厅可以划出部分面积给咖啡厅、展厅（展厅可以结合入口门厅做）。如此，建筑里总共要容纳 4 个部分（图 11）。

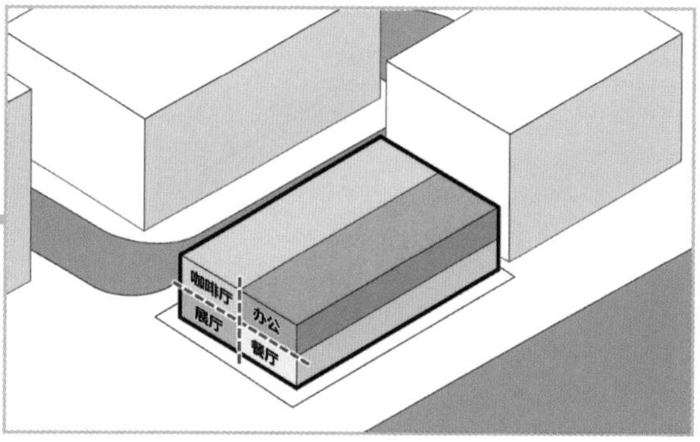

图 11

注意：我们增加功能是为了使行为过渡产生综合效应，而不是为了单纯地增加功能。也就是说，4 个部分是连续空间而不是强限定空间。具体到操作上，我们需要在功能与功能之间加平台，而不是加隔断。由于面积的关系，行为撑死也只能搞这么多，但是如果 4 个部分的屋顶都能被利用起来，那就又多了一些能容纳更多自发行为的室外空间。因此，将 4 个部分分化成 4 个管子空间，管子内部是室内功能，管子上皮是外部平台。管子空间的出现，不仅分化出了室外活动平台，而且使内部不同开放度的功能更均质，进一步模糊了内部的功能（图 12 ~图 14）。

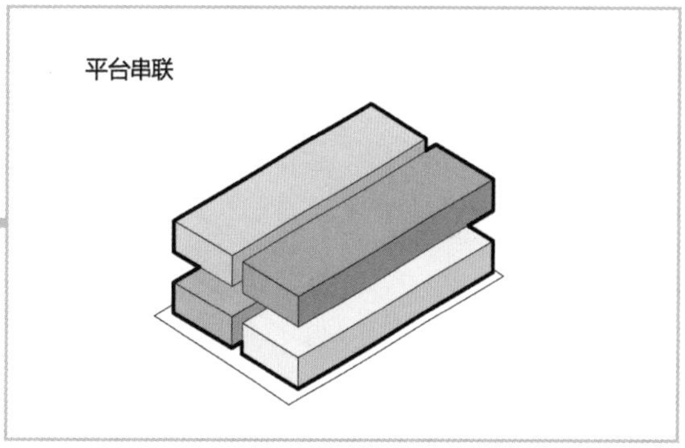

图 12

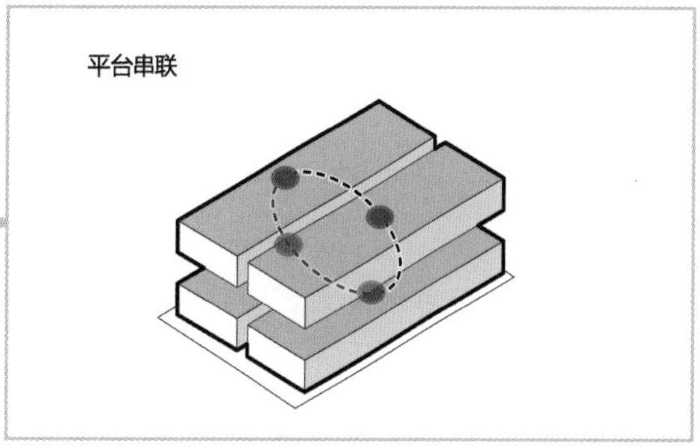

图 13

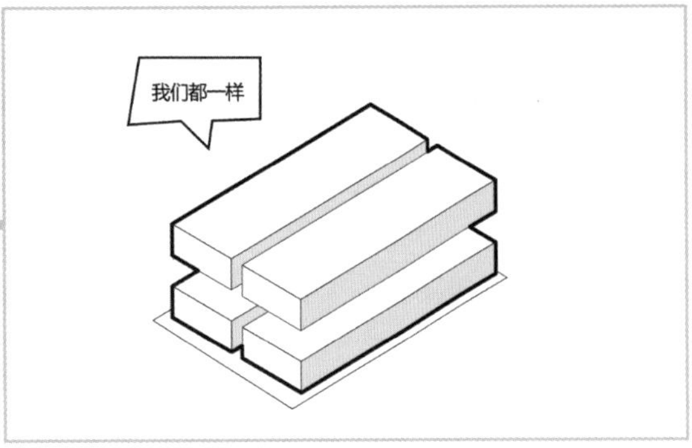

图 14

由于各个部分要用室外平台贯穿起来，所以将各部分错位摆放，将开放度更高的餐厅系列功能放在下面,将办公放在顶部,建筑变成 4 层(本地建筑限高 5 层)。错位摆放保证了每层都能形成外部空间 (图 15)。

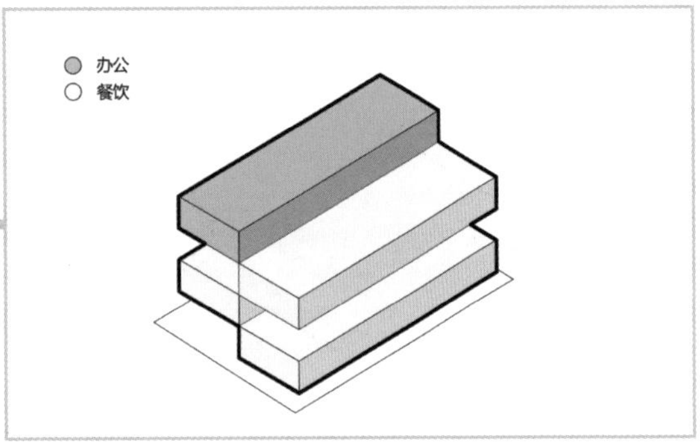

图 15

现在管子的错位会出现室内—室外—室内—室外的连通，但是总不能一根管子走一下室外吧？所以，在大骨架下管子内部也是需要连通的 (图 16)。

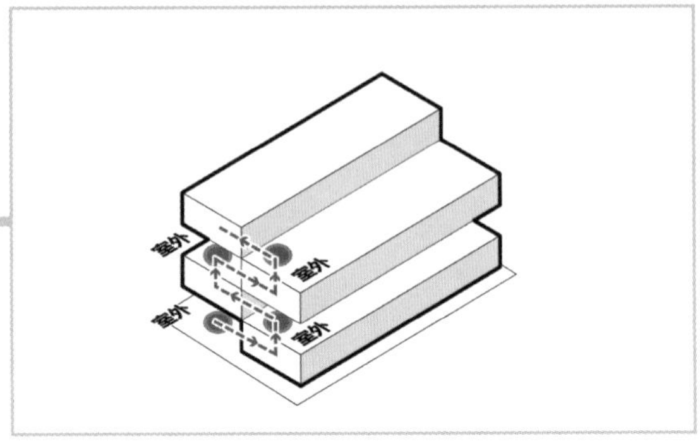

图 16

可以把管子变成两层，形成左右咬合。但是，变成两层进行左右咬合后，会发现平台都没了，管子也看不出来了 (图 17、图 18)。

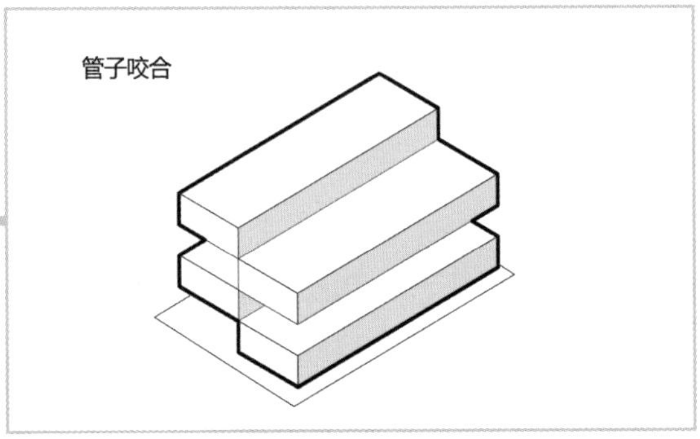

图 17

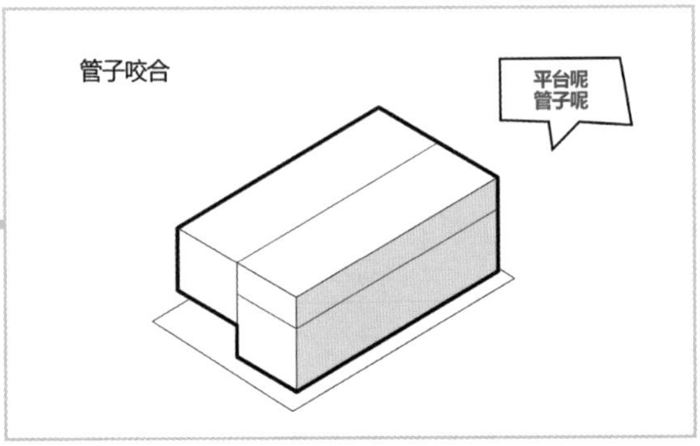

图 18

功能与功能的循环还是需要用平台实现的，由于需要室内连通，因此平台没了也不行。抬升办公区所在的管子，并且把办公管子切成两根短管，继续向上错位叠加，保证平台和管子的数量（图 19、图 20）。

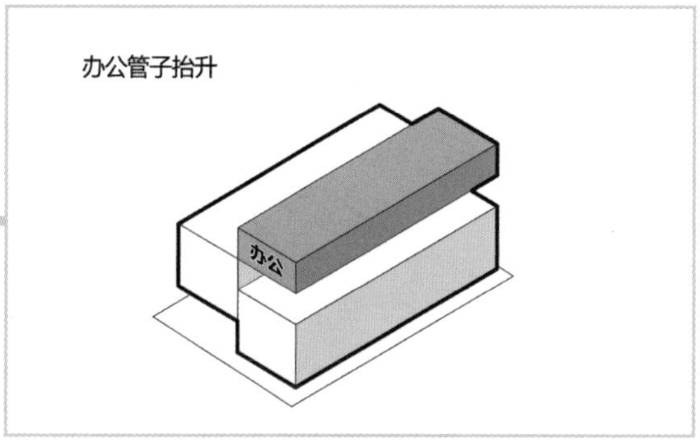

图 19

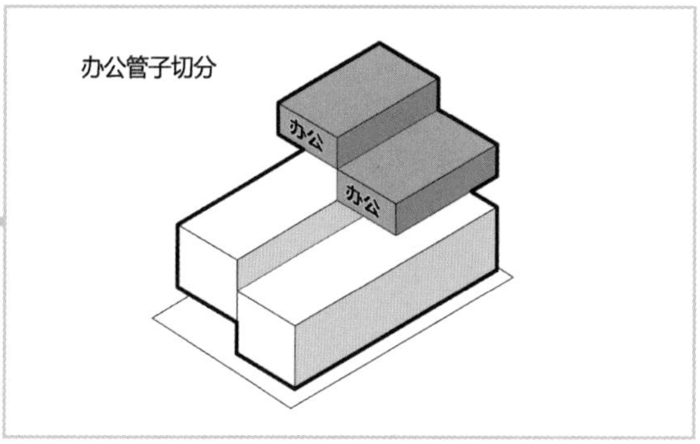

图 20

调整好管子关系，我们会发现为了保证平台的数量，办公和餐饮两大块之间其实是没有实现室内连通的。那咱这个大循环是不是就破功了？就不算一条功能链了？莫慌，因为管子挺长的，要想室内连通也可以在办公下面再加一块空间实现和餐饮的连通（图 21）。

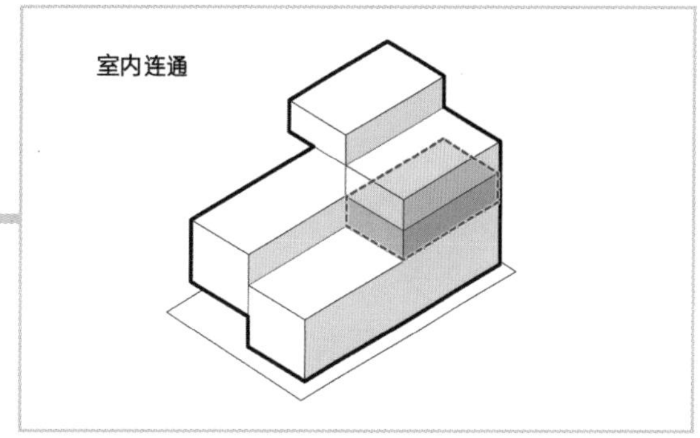

图 21

但是，业主提意见了：希望办公空间更私密一些。这也就相当于从办公到餐饮可以连通，从餐饮到办公需要被阻断（图 22）。所以说还是可以保持之前的基本关系，相当于办公和餐饮两部分之间只要形成室外平台连接即可，这样也保证了单向的连通（图 23）。

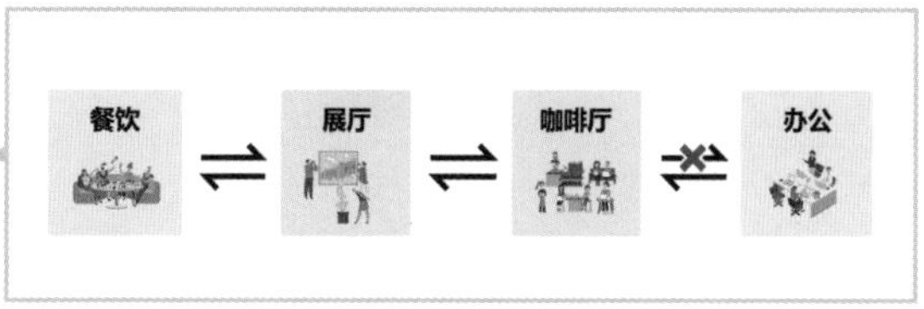

图 22

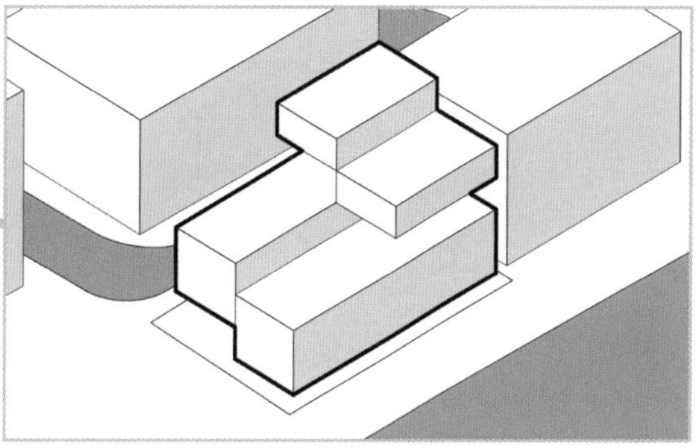

图 23

接下来，进行具体的连通。现在上面两根管子是办公，下面两根管子需要容纳餐厅、咖啡厅及展厅。按理说，展厅其实更具备做公共门厅的气质，可以连通其余 3 个部分，但是由于办公部分私密性提高，现在相当于是独立出去了（只需要单向连通）。所以，在前面大串联的基础上又分化出一个餐厅内部的小环线，而在这个小环线里，餐厅、咖啡厅、展厅中过渡作用最强的应该是咖啡厅了（图 24），因此，最右侧的管子安排咖啡厅功能，左侧管子则是餐厅（图 25）。

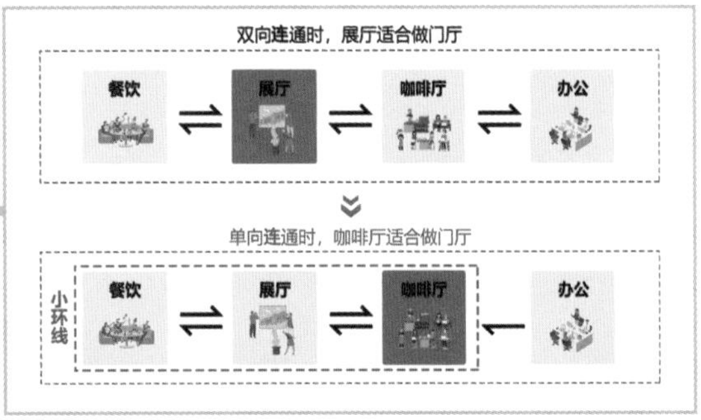

图 24

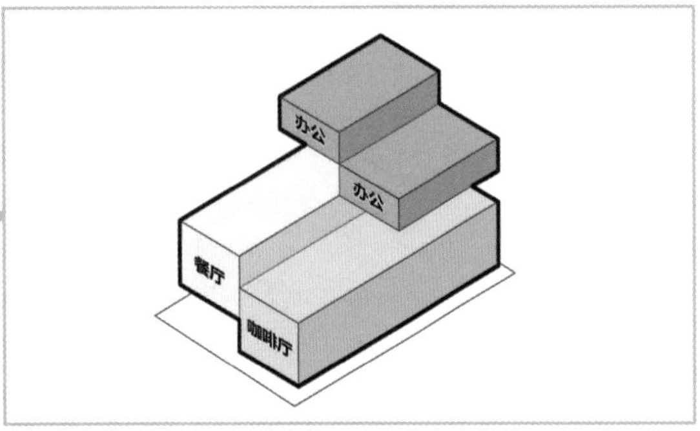

图 25

展厅安排到哪里呢？现在底层左侧其实是一块入口灰空间。由于建筑三面环路，现在的灰空间其实照顾不到北侧的人流，因此在右侧长管上挖洞，形成道路的贯通。多挖掉的面积补到左侧管子下部。为了凸显上部的管子，补的体量向内退一退（图 26 ~ 图 28）。

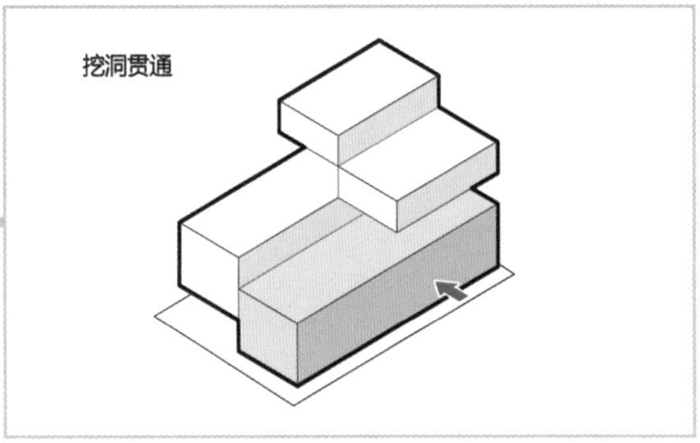

图 26

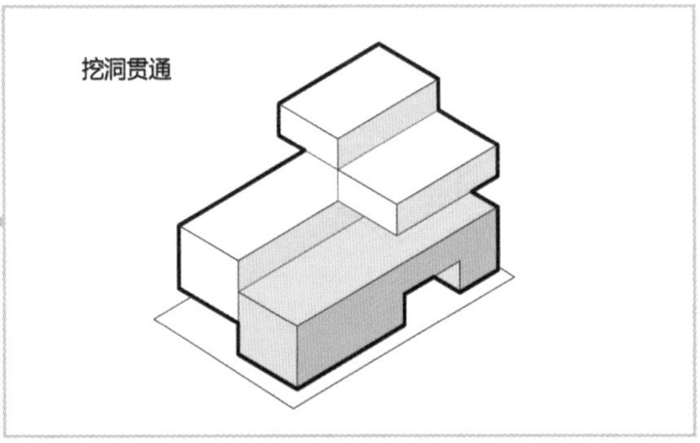

图 27

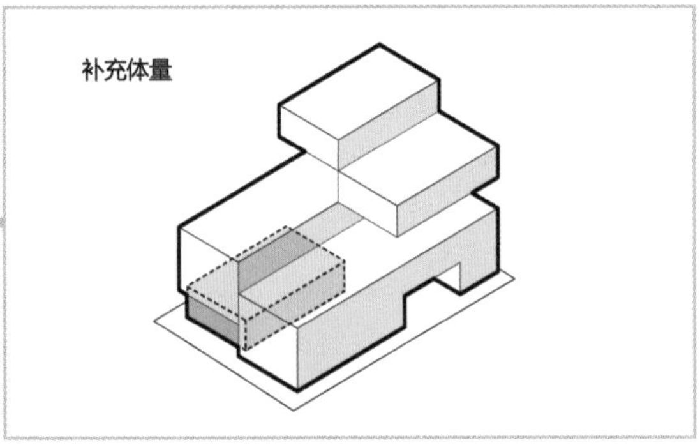

图 28

把展厅就放在这里，与入口结合起来，形成一个小型的入口展廊，剩余置换的面积变成内部的卫生间（图 29）。

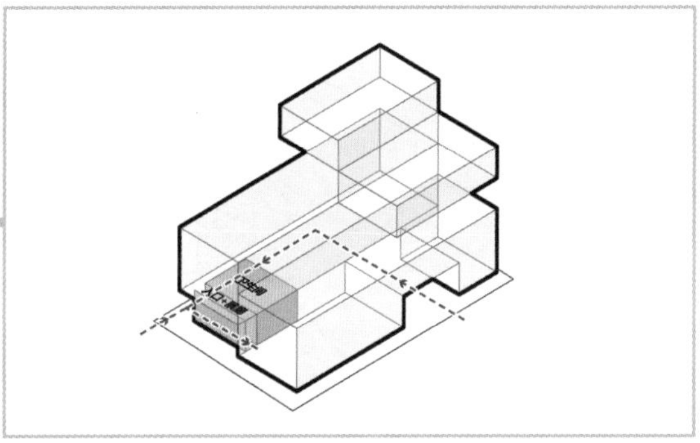

图 29

经过入口展廊就进入了起过渡作用的咖啡厅。咖啡厅需要连通二层的餐厅，而咖啡厅后边部分已经被切掉变成底层灰空间了，所以顺势把咖啡厅所在的管子变成台阶状管子，座椅什么的统统布置在台阶上。适当加大咖啡厅开间，保证台阶上可以供人通行及排布座椅（图 30 ～图 33）。

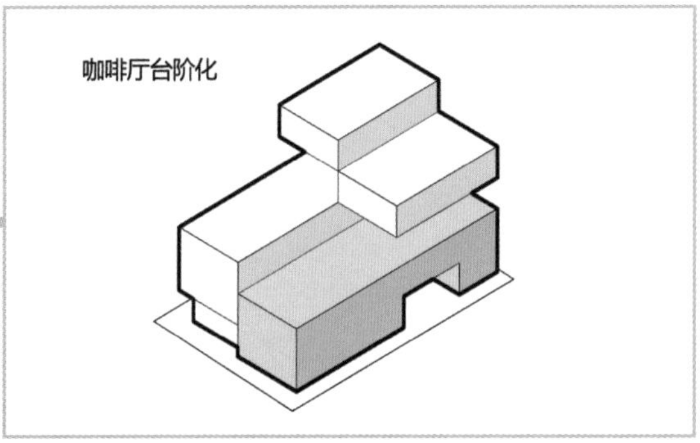

图 30

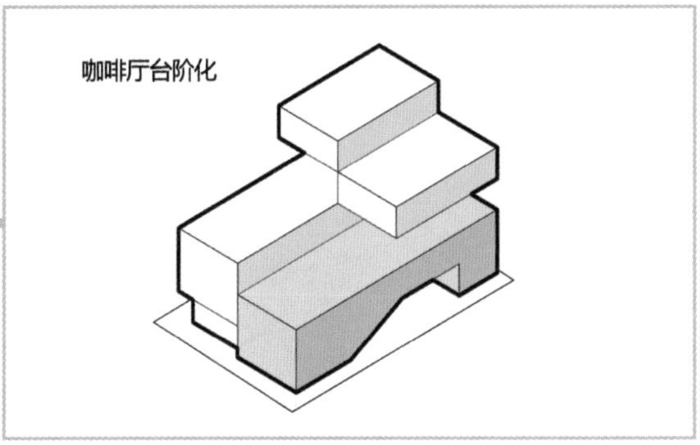

图 31

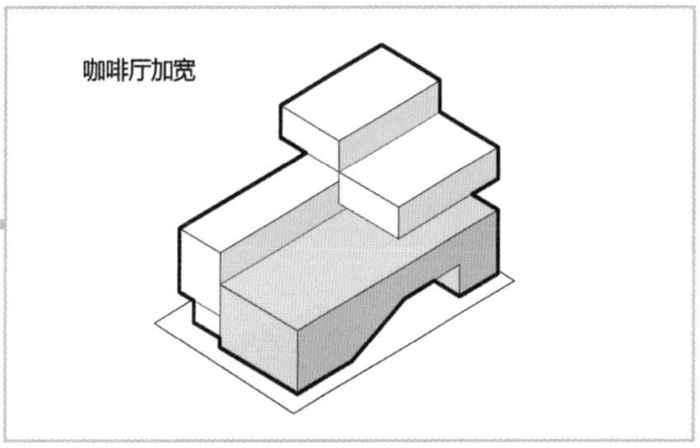

图 32

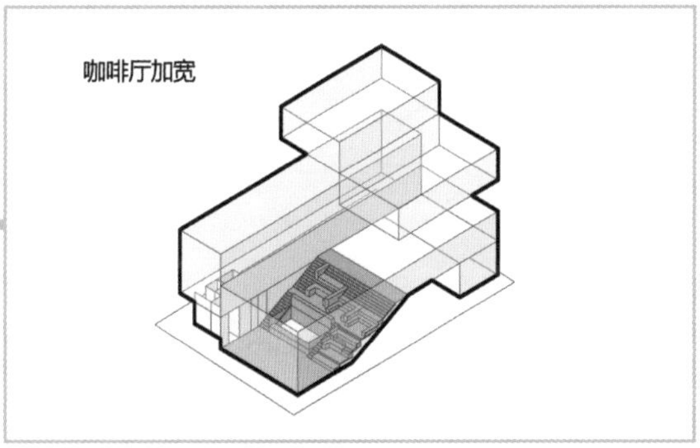

图 33

咖啡厅管子上侧的屋顶也对应变成台阶状，随之管子也就占据了新的三层空间，管子上部变成室外的休闲活动平台（图 34）。

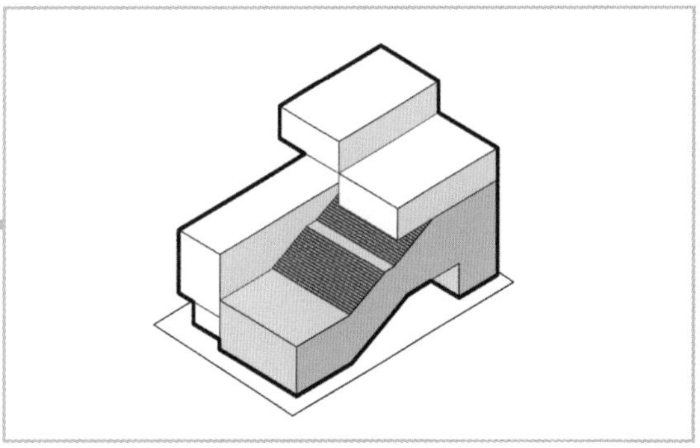

图 34

现在三层的屋顶平台就被之前的办公空间遮盖掉了，因此，调整两层的办公管子的摆法，保证三层屋顶平台的存在（图 35、图 36）。

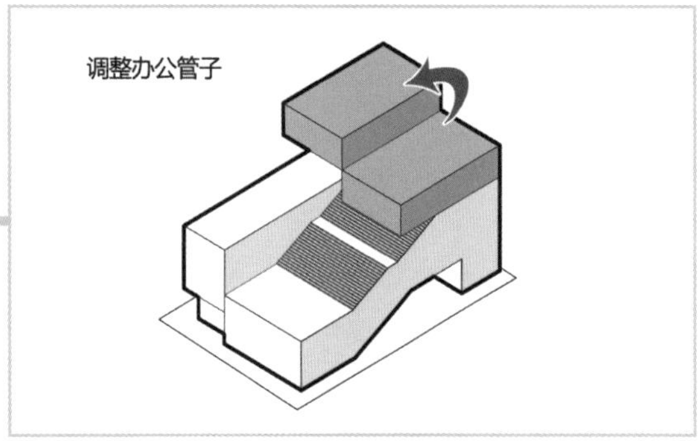

图 35

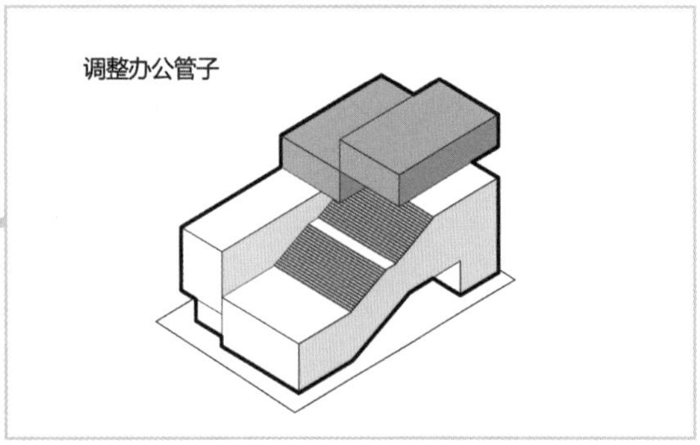

图 36

咖啡厅、展厅有了着落，接下来是布置餐厅。经过咖啡厅上到二层后，就进入了餐厅的主要空间，现在餐厅主要可以放在南侧的长管内以及西侧的二三层。西侧二层布置厨房，用于连接二层及三层的餐厅（图 37）。

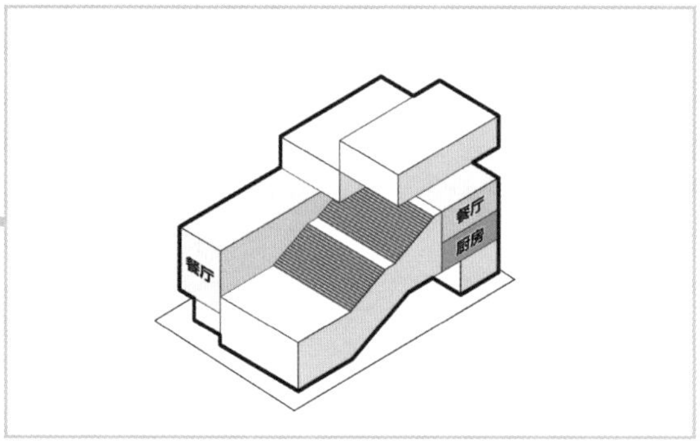

图 37

继续加台阶使得餐厅和屋顶连接，从台阶咖啡厅上到二层餐厅入口后，继续在这一侧的管子里加楼梯连接，到达三层的餐厅（图 38）。

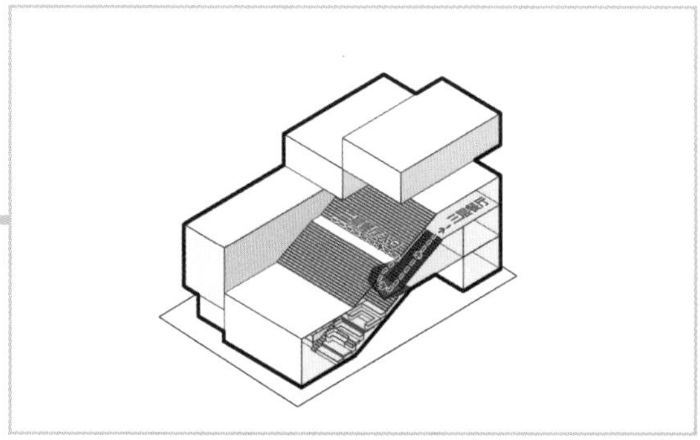

图 38

二层餐厅入口处垂直到达另一侧管子后，走到尽头就进入一层的室外平台。在二者间的缝隙处加入台阶，引导人们到达右侧屋顶（图 39）。

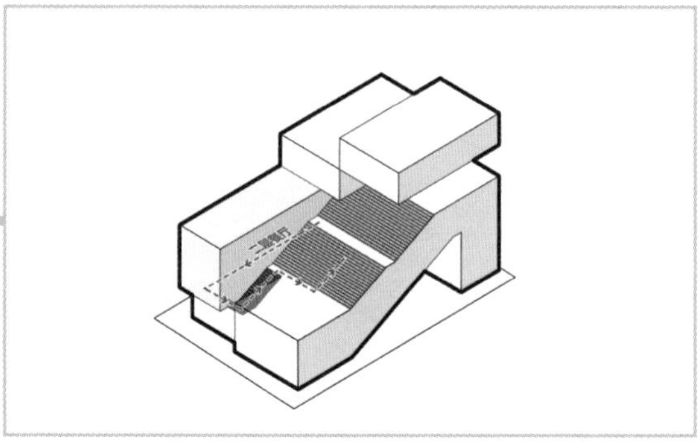

图 39

二层餐厅不需要两层的高度，将管子后边部分高度下压形成二层平台，管子前端在保持高度不变的同时，加入台阶与后侧连接（图 40、图 41）。至此，餐饮部分的管子形成了多个高度的观景平台，且通过台阶全部串联了起来（图 42）。

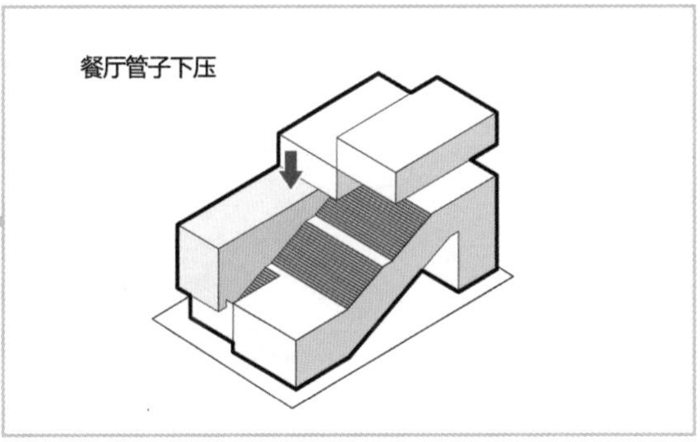

图 40

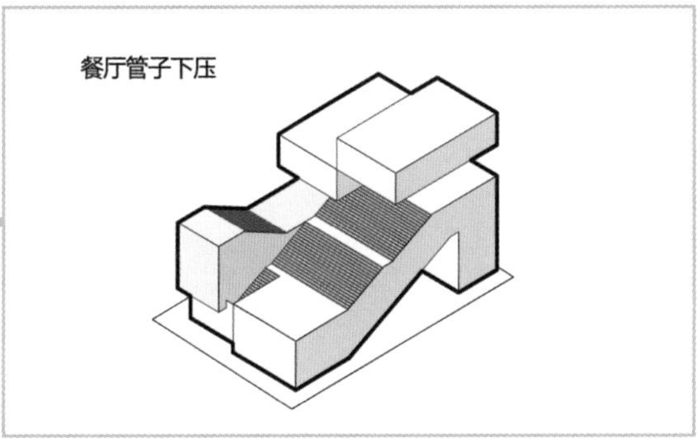

图 41

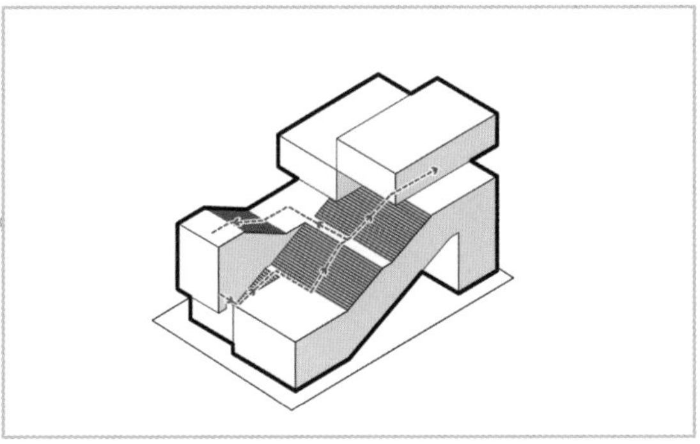

图 42

接着完善办公部分。首先，办公部分需要有一个独立的垂直交通核。其次，把它加在西南角，并调整办公部分的管子达到适当的宽度（图 43、图 44）。最后，在五层办公的管子空间部分加入连廊，并与对面管子的屋顶连接，形成一个办公独享的室内外回路（图 45）。

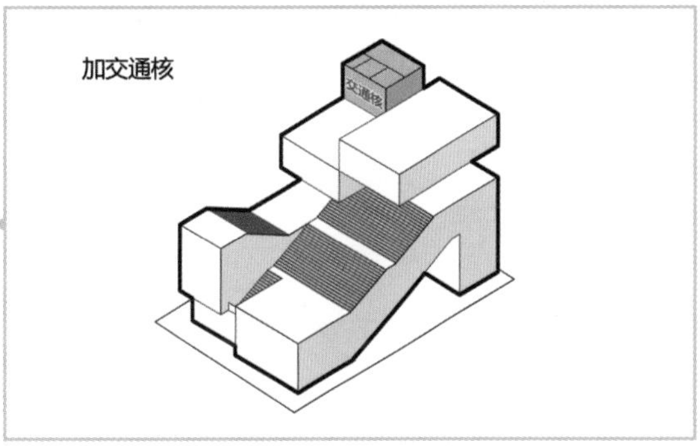

图 43

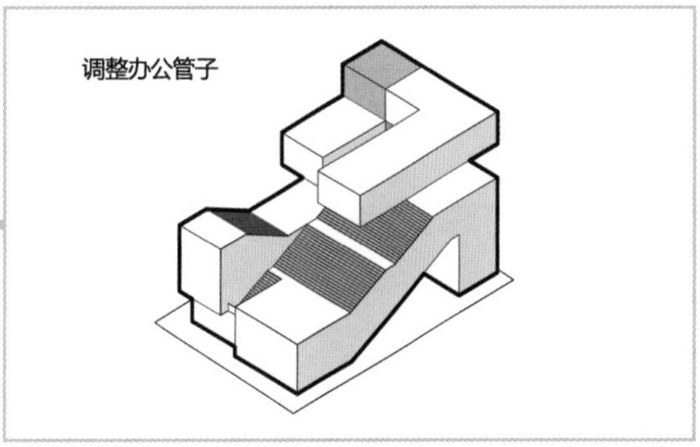

图 44

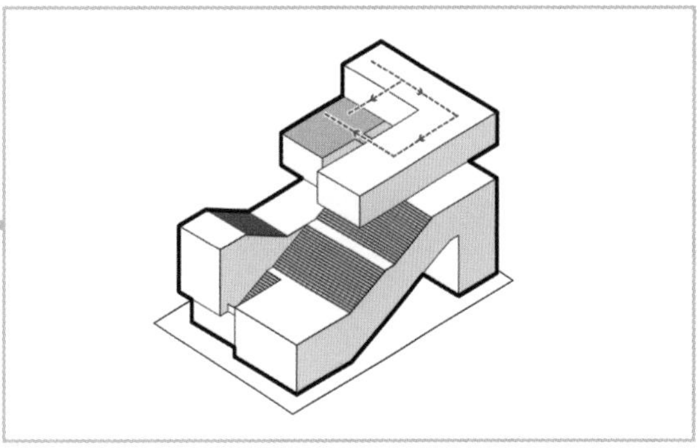

图 45

到了这一步，基本各个管子都有了室内外的连通，但是一层到二层还没有室外的连通。由于场地面积有限，并且业主提到要考虑经营管理问题，也就不再做地面的连接。至此，“餐厅→办公”及“办公→餐厅”的连续性功能链就完成了（图46、图47）。

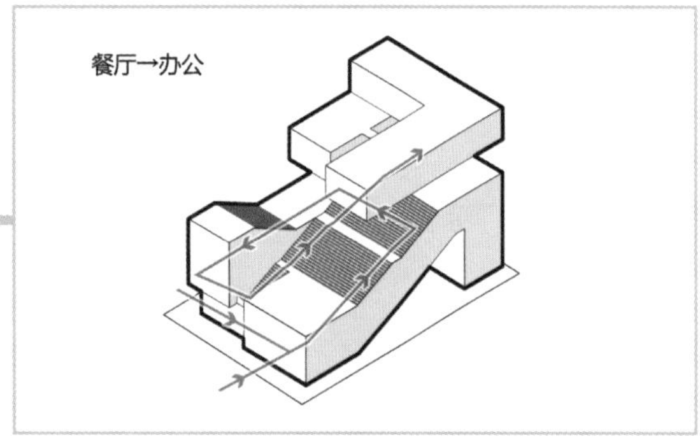

图 46

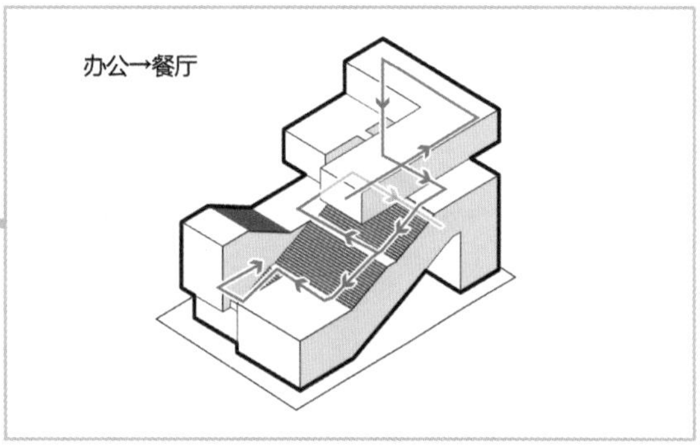

图 47

接着细化各层平面。首层为各个出入口解决高差，灰空间广场中位于咖啡厅台阶下的低质量空间划分出部分可坐的等候休息空间，靠近办公空间入口的一侧设停车位（图48、图49）。

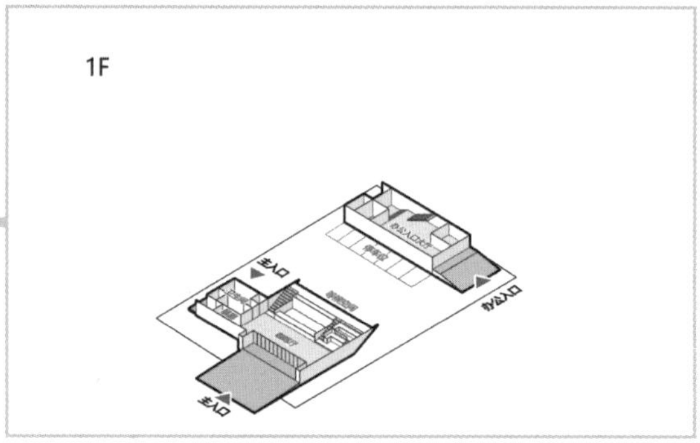

图 48

图 49

二层餐厅的管子尽头设置斜墙并开窗，分割出外部观景平台。在管子根部靠近交通核的位置设置卫生间（图50）。

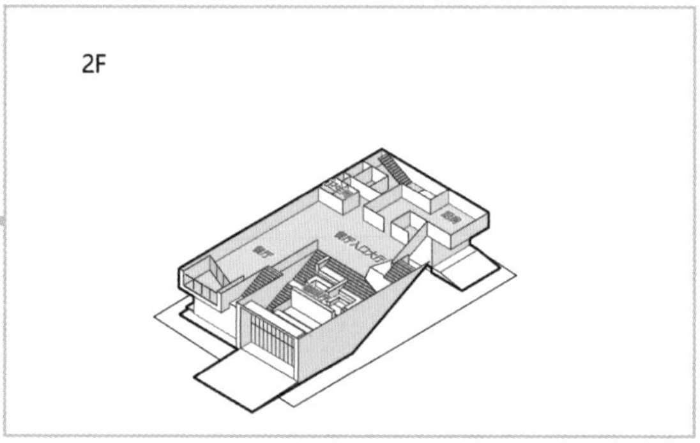

图 50

三层餐厅是短边方向，在靠近北侧道路的位置给餐厅开凹窗，在靠近交通核的位置加卫生间，并在二层管子顶部对应的位置加出口连通外部平台（图51）。

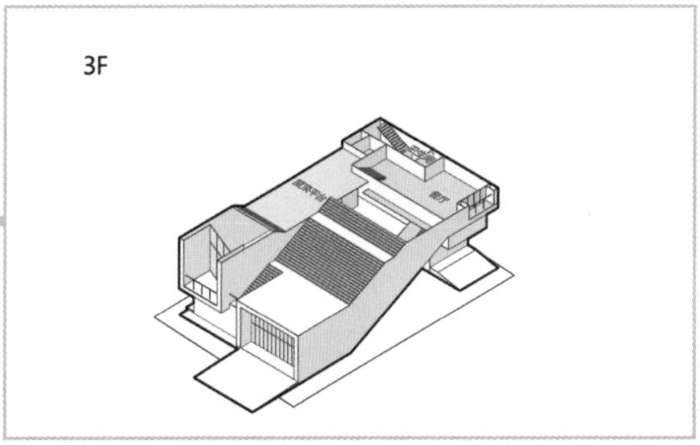

图 51

四层是办公部分，办公空间的管子端部形成观景平台；交通核处开门到达三层屋顶平台。在屋顶平台处再加入一个小的凸出阳台平台（图 52）。

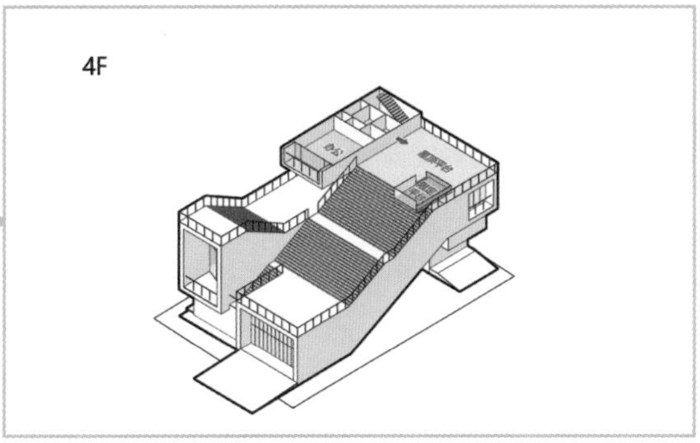

图 52

五层办公管子端头同样形成观景平台。由于管子较长，可以在北侧开窗（图 53）。

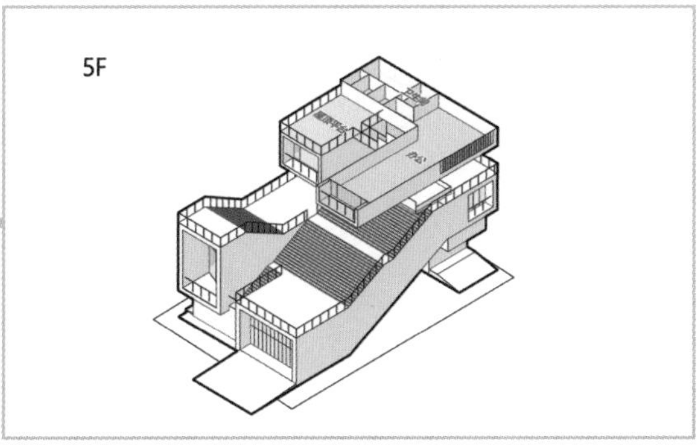

图 53

至此，各层功能布局完成。整体建筑使用混凝土材料，西北侧用混凝土墙体包起一二层不同的凹凸（图 54）。由于顶层办公空间悬挑较多，加入一根斜柱加强支撑（图 55）。最后，在各个悬挑的管子底部挖出像素化的灯壁，以削弱因混凝土管子巨大而产生的压迫效果（图 56）。收工（图 57）。

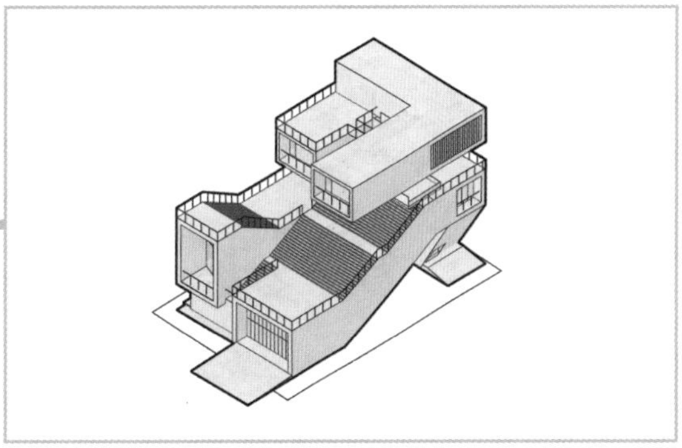

图 54

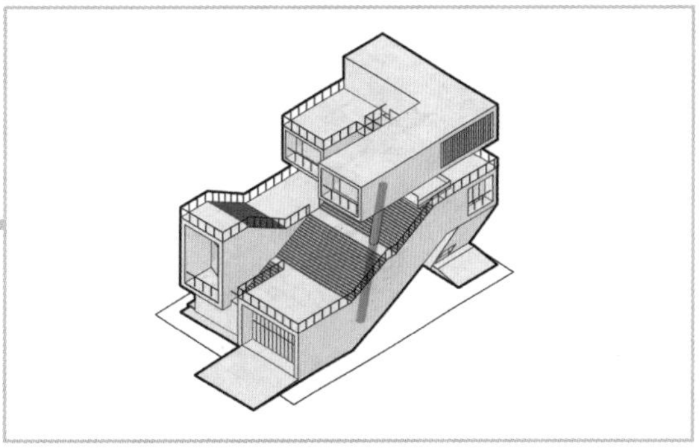

图 55

图 56

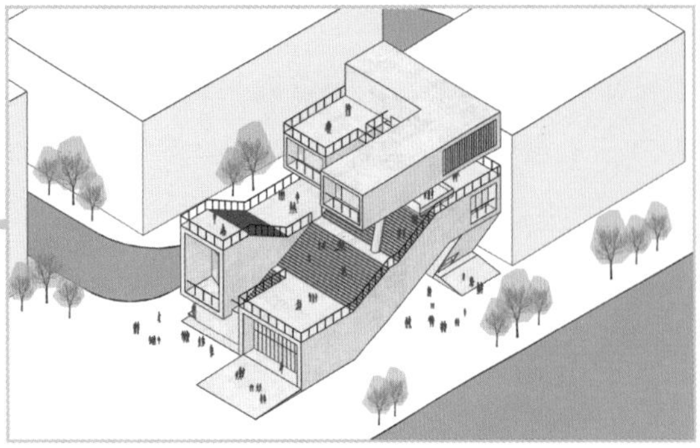

图 57

这就是 IDMM 建筑事务所设计的韩国清州市商业综合体（图 58 ~图 67）。

图 58

图 59

图 60

图 61

图 62

图 63

图 64

图 65

图 66

图 67

复杂的设计不一定比简单的设计好，但复杂的设计过程一定比简单的设计过程收的设计费高，因为马克思说了，无差别的人类劳动的凝结形成了商品的价值。成全别人，薅秃自己，就是设计。

图片来源：

图 1、图 49、图 56、图 58 ~ 图 67 来自 http://www.a-xun.com/12513.html，其余分析图为作者自绘。

END

建筑师，咱得支棱起来啊

图 1

名　称：巴尼亚卢卡文化和会议中心（图 1）

设计师：Cosmos 建筑事务所

位　置：波斯尼亚和黑塞哥维那·巴尼亚卢卡

分　类：文化建筑

标　签：场地开放

面　积：35 000 m²

世界的运行规则就是：你变优秀了，其他的事情才会跟着好起来。而你变优秀的规则是：不要去做那些你达不到优秀的事情。物以类聚，人以群分，处着别扭的朋友交不了心，做着别扭的设计交不了差。立身成败，在于所染。有人逢山能开路肯定是有勇气，你能逢山去买票也算有闲情逸致；有人遇水能架桥绝对是真的棒，你能遇水去游泳也绝对是真的浪。心想事成的意思就是，心里只想能成的事。

波黑的塞族共和国第二大城市巴尼亚卢卡这些年都一直在努力搞发展，比如，城市北部的那片废弃军事用地上，就陆陆续续地建起了城市公园、购物中心、市体育场（图 2）……

图 2

2020 年，政府又开始在这儿筹备新建一个多功能会议中心，且抛出了一个大女主剧本——基地位于已开发的大型公共设施和未开发的绿地正中间，妥妥的中心位，很有众星捧月的味道（图 3）。

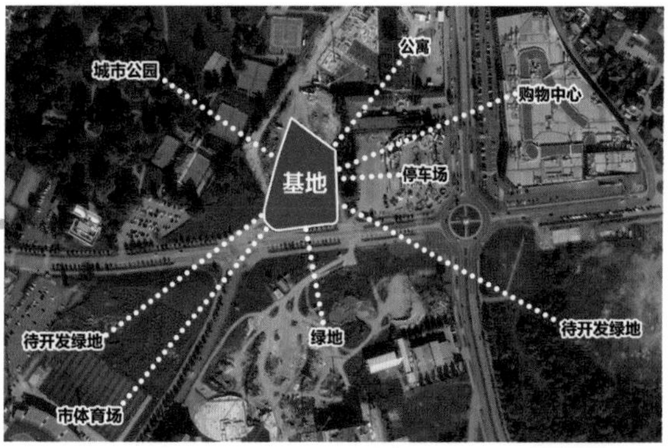

图 3

总用地面积约 8500 m^2，政府要求在基地上建设 4 个音乐空间：3200 m^2 的 1500 座音乐厅、2400 m^2 的 750 座歌剧院、600 m^2 的 200 座小音乐厅，以及 1200 m^2 的爱乐乐团总部。此外，还有 3000 m^2 的会议中心、2000 m^2 的餐厅、3900 m^2 的展厅、2000 m^2 的公共空间，以及 4800 m^2 的地下停车场。所有建筑面积共计 35 000 m^2（另有楼梯、卫生间等公共空间）（图 4）。

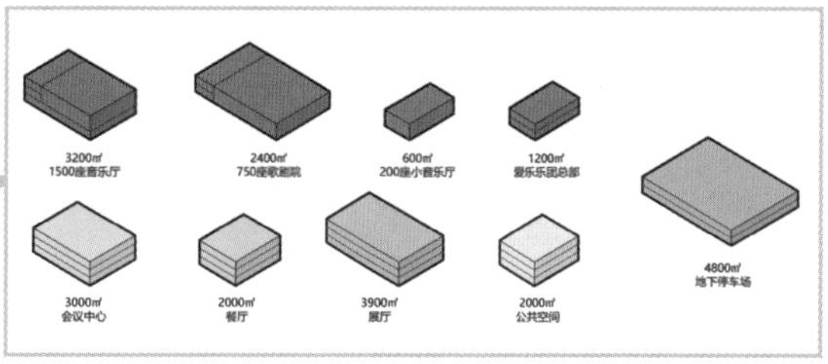

图 4

从任务书里不难看出，虽然包括观演和会议在内的特定功能面积占据了较大的比例，但项目也设置了比重相当的公共开放空间（展览、餐饮等）。所以，这个项目的野心不仅是满足演出会务需求，而且是打算作为新统帅，统领周围一众公共设施，形成新的城市中心，促进新区发展（作为该市发展成为东南欧文化、旅游和服务中心的战略目标的一部分）（图 5）。

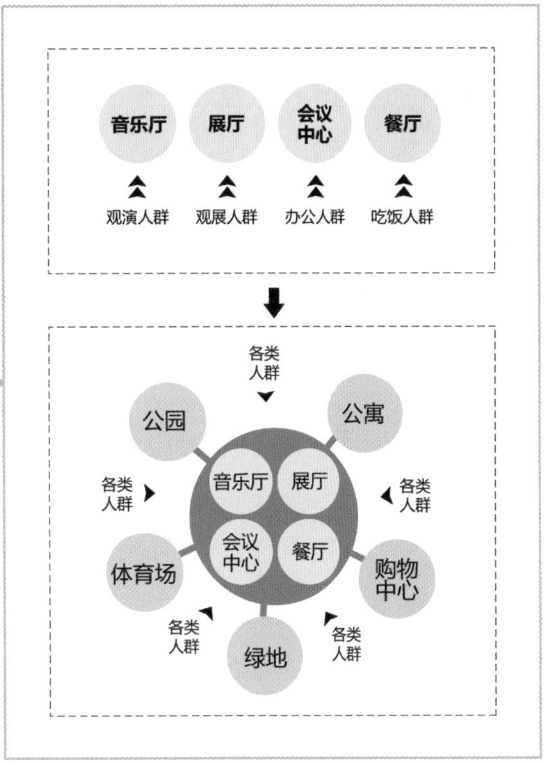

图 5

换句话说，这个竞赛内容其实是命题作文：新建筑如何在提供功能服务的同时让整个地区更加开放？而一般情况下，“命题”的意思就是送命题。什么叫开放？“开放”这个词本身就很开放啊，没有最开放，只有更开放。只要你的开放不是甲方想的那个开放，那就叫不开放。

来自西班牙的 Cosmos 建筑事务所（就叫它小 C 吧）比较擅长遇水游泳。与其去猜甲方的开放，不如自己先放开了，支棱起来再说。小 C 是个直肠子，咱不知道怎么让地区开放，咱就知道怎么让场地开放。这题老师讲过，叫底层架空。

那就架吧，最大化地架——把建筑全部抬升，底下形成开放的广场（周围绿地很多，也不缺公园了）（图 6）。

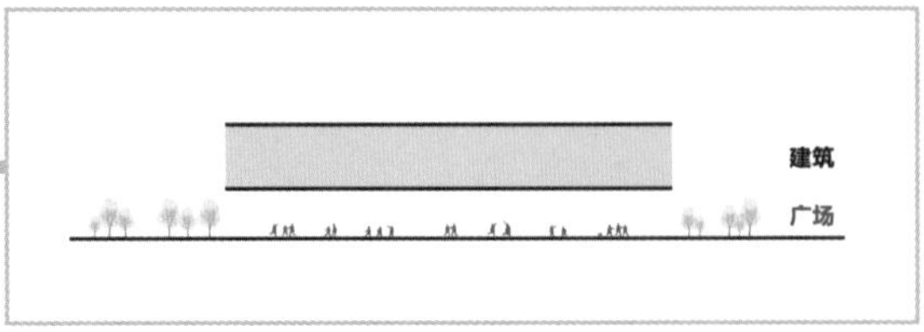

图 6

要抬升建筑，那就得确定建筑的体量，因为这决定了你的底层广场是真开放还是假开放。如果按照地形大小，建筑全部铺开，很明显，8500 m^2 的顶子，底下只有黑压压的一片（图 7）。那咱可以多抬升几层，比如 3 层（图 8、图 9）。

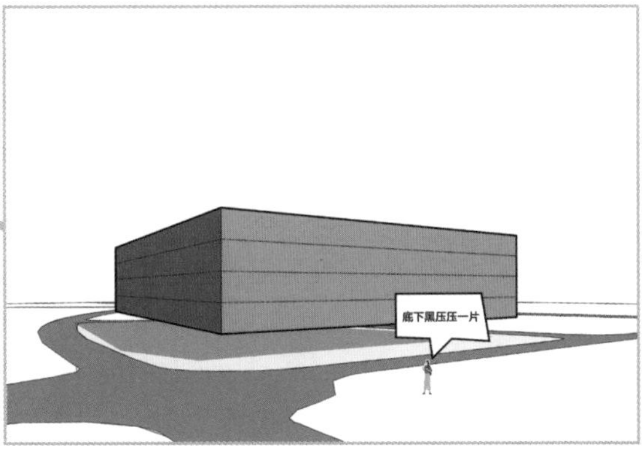

图 7

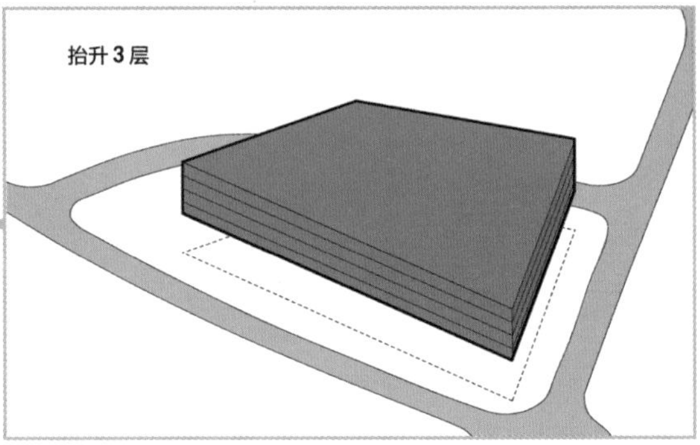

图 8

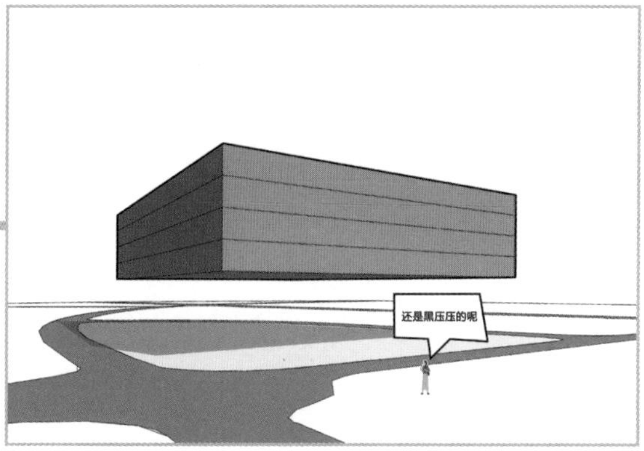

图 9

抬升 3 层不仅采光还是老样子，而且因为建筑进深大，势必要落下更多的交通核以及结构支撑。你这开放的广场就会被分割得七零八碎，满目柱子。不对，采光不够，柱子根本看不清(图 10、图 11）。

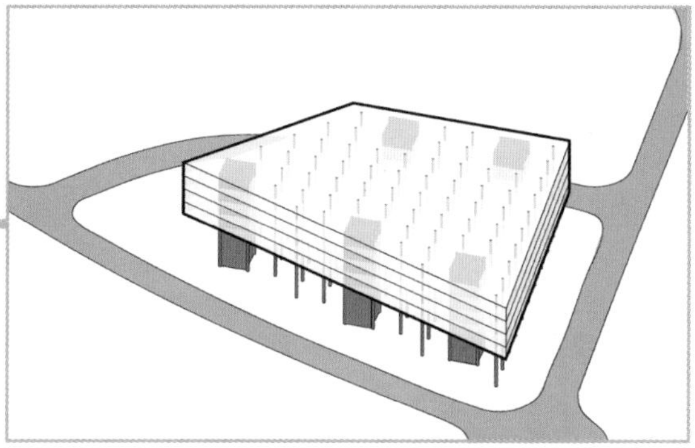

图 10

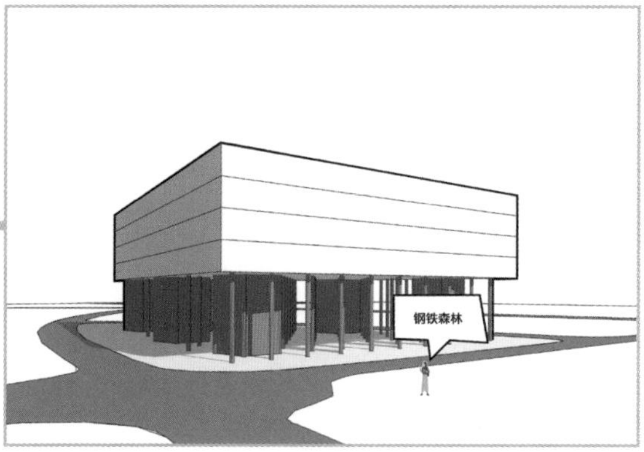

图 11

小 C 经过缜密计算，结合功能面积要求，最终确定了 3000 m^2 作为建筑底面积，既保证底层采光，也保证同层功能不交叉（一层一个功能或者多层一个功能）。为了让广场采光更好，采用长条体量，减小进深（图 12、图 13）。根据缜密计算，把体量整体抬升 3 层，也就是约 15 m，能让整个底层都洒满阳光（图 14）。

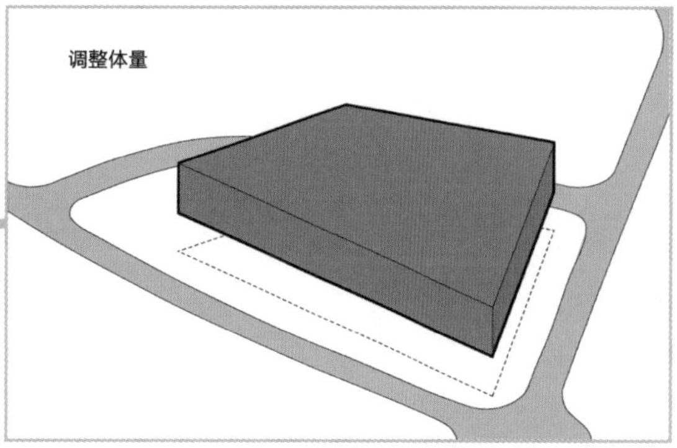

图 12

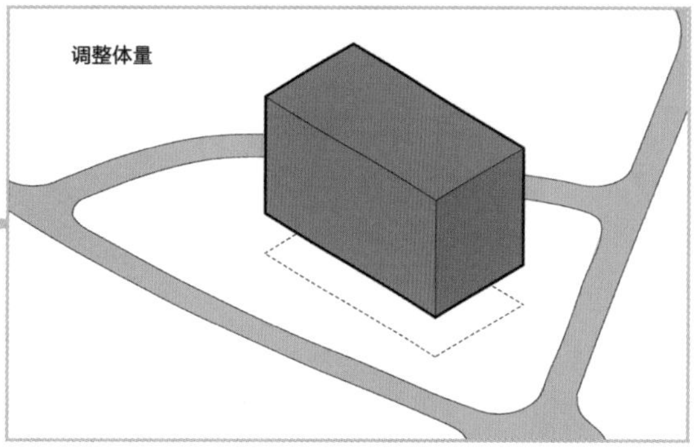

图 13

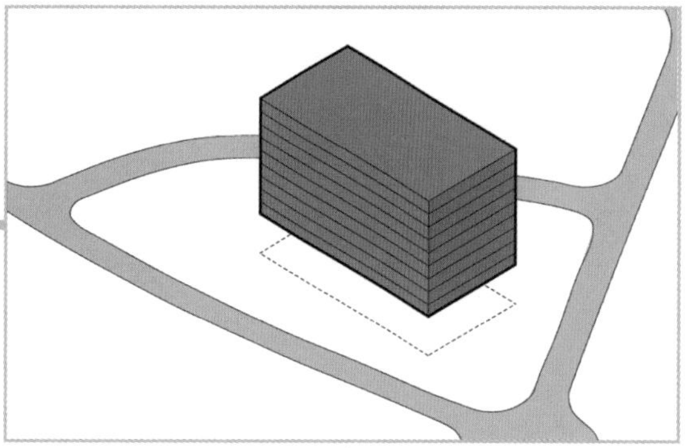

图 14

现在场地倒是开放了，但建筑被抬升了十几米，真正被“架空”了。咱就是说，不能为了场地开放就牺牲掉建筑的开放吧（图 15）？所以，现在小 C 面对的问题就变成了如何在保证场地最开放的同时保持建筑的开放。

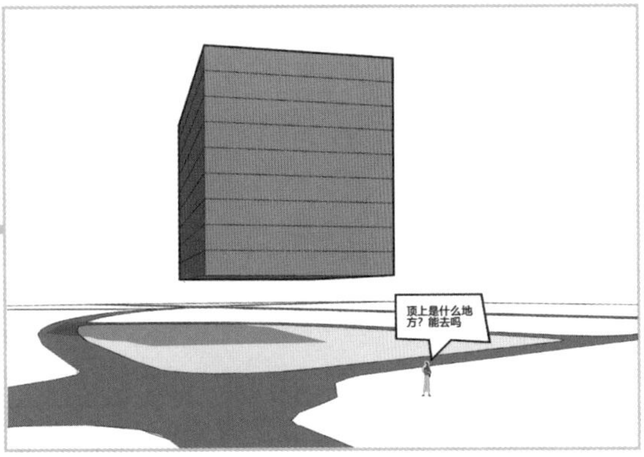

图 15

建筑被抬升了 3 层，得先把人运上去吧？建筑西面、南面为城市道路，也是主要人流来向。为了减小交通核对广场的影响，将交通核集中放在场地北侧，并且设置透明的观光楼梯来增加开放度（图 16）。

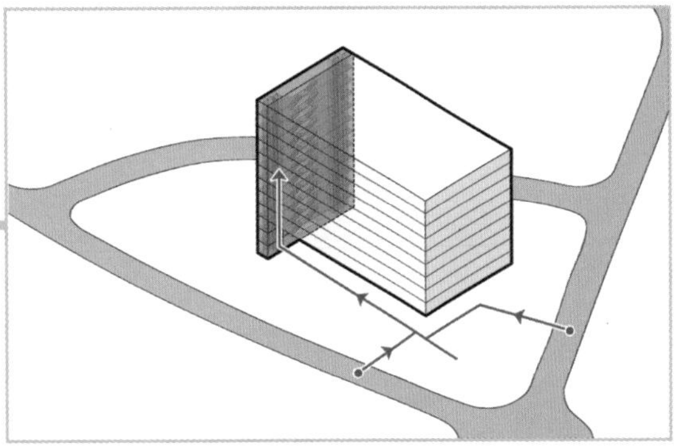

图 16

由于在建筑内侧设置交通核，人们为了上去就会经过架空的广场，开放广场也就变成了建筑的前广场（图 17）。

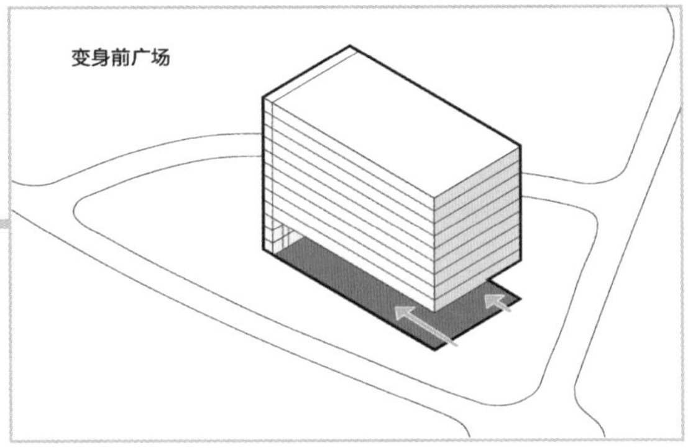

图 17

任务书里的功能空间其实可以分成两大类：音乐厅、剧院、会议中心等定时定点开放，属于目标型开放空间，针对的也是特定人群；餐厅、展厅等全时开放，属于无门槛开放空间，针对的是全部人群（图 18）。

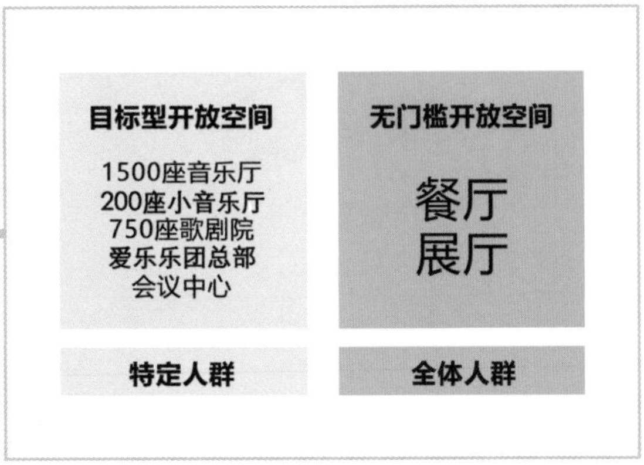

图 18

为了把场地开放和建筑开放结合起来，小 C 决定把全时开放的功能往下放，把定时开放的功能往上放（图 19）。也就是把部分展厅放在地下负一层，同时将平广场变为斜坡广场，使广场与展厅结合，从广场可以直接进入展厅（图 20、图 21）。

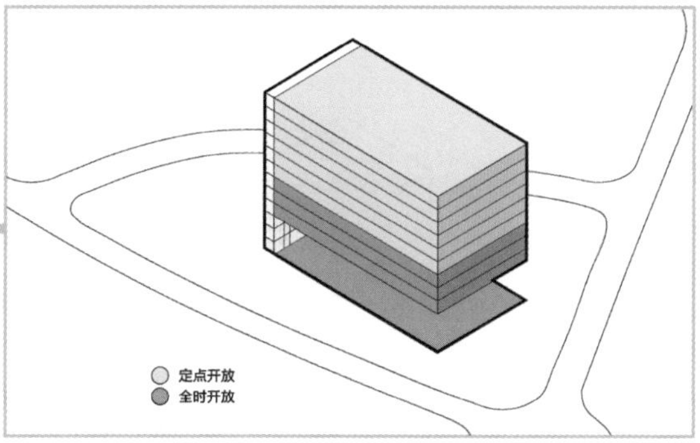

图 19

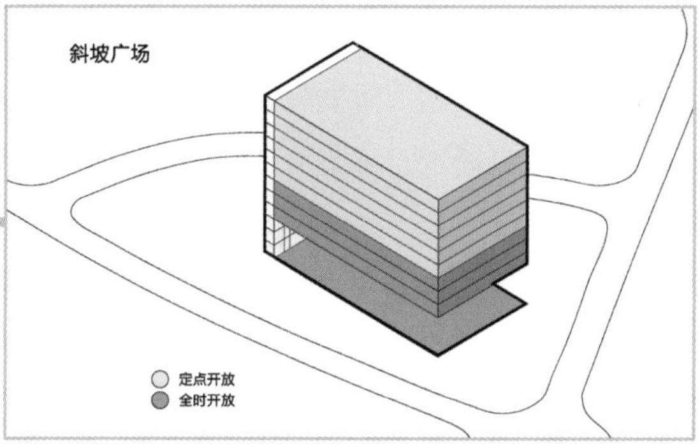

图 20

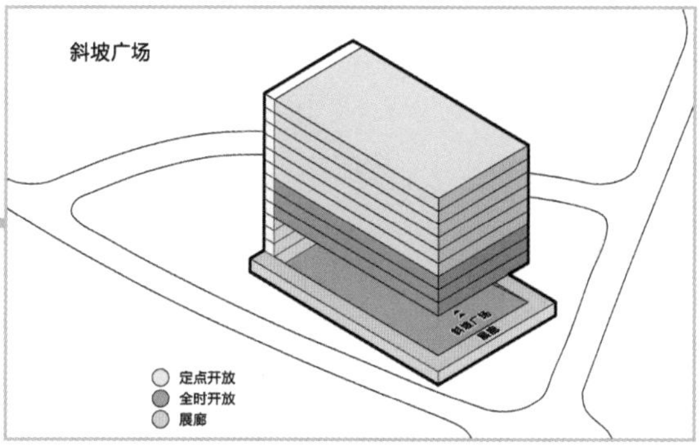

图 21

依照现在的布局，会议中心、展厅、餐厅等功能每个给一层就可以。那么，剧院呢？任务书要求有 3 个大小不一的剧院，但排布剧院不是说剧场多大就多大，不仅在高度上占不止一层，在水平面上除了剧场本身还需要配套的前厅、休息厅等（图 22）。

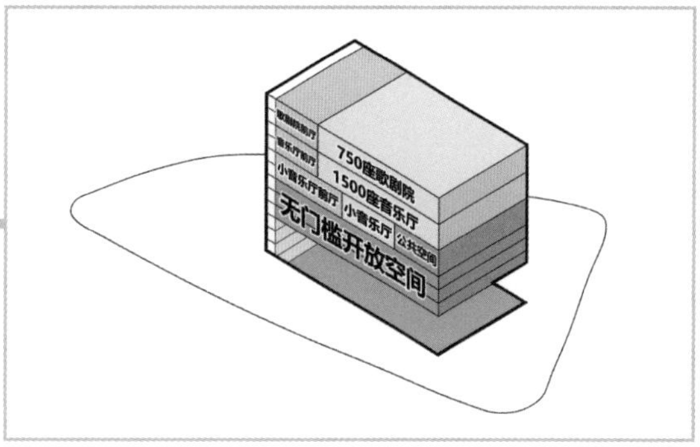

图 22

到了这一步，你会发现所有的功能都是严丝合缝地被标准层楼板给划分了，导致的结果就是不管从哪儿到哪儿，都要依靠交通核引导进入，和多层住宅楼没有区别（图 23）。

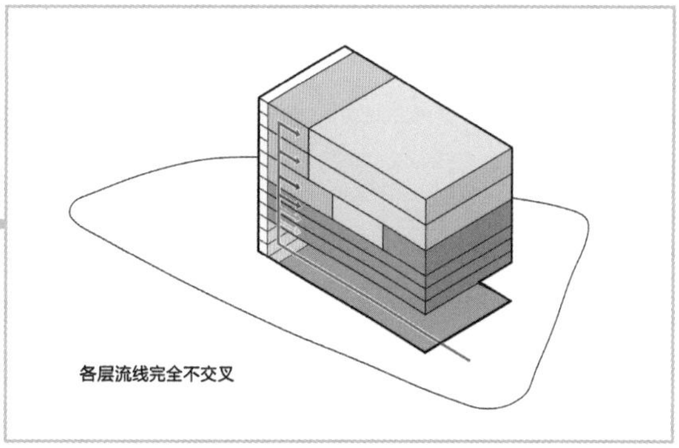

图 23

罪魁祸首就是这完全顺应交通核的各层楼板，要想真正开放就得先除掉这只拦路虎。把楼板去掉，解除束缚，让上面变成一个完整的大空间（图 24、图 25）。

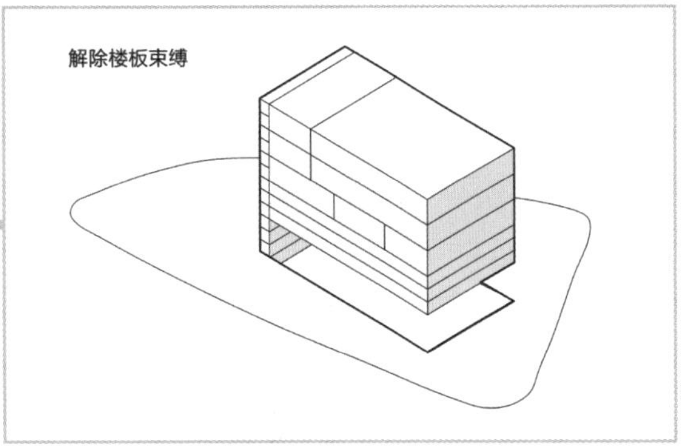

图 24

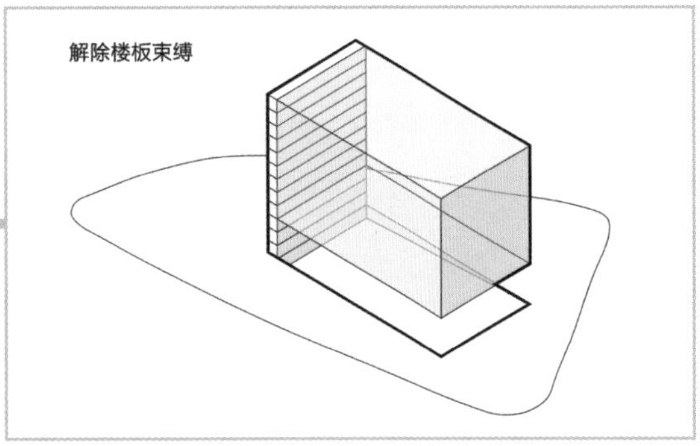

图 25

敲黑板！抛弃楼板思维，把各个功能当成一个个空间盒子（图 26），然后你就会惊喜地发现，当这些盒子随机排布到大空间里，会露出盒子顶，也就是平台（图 27）。

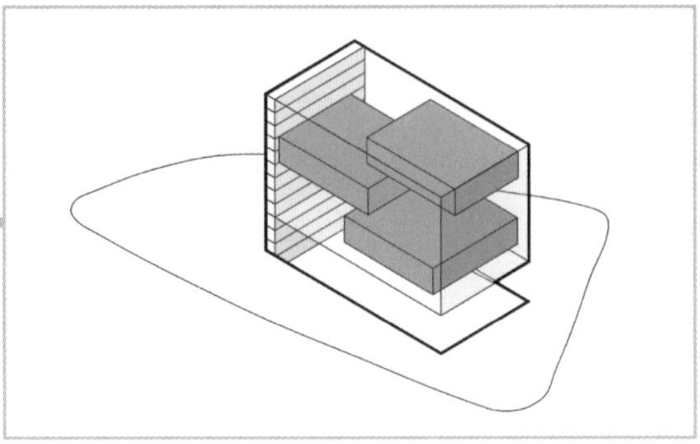

图 26

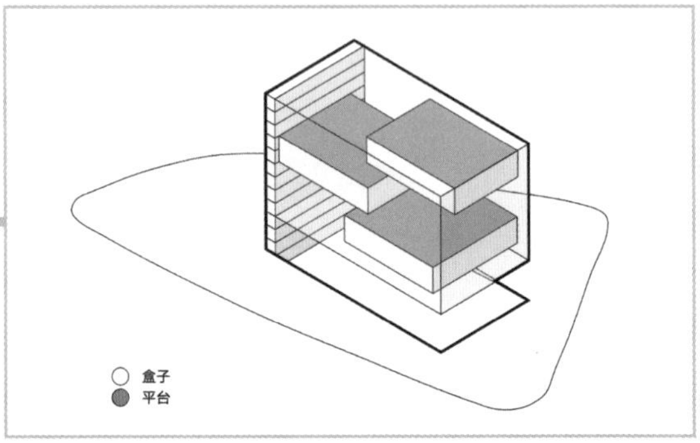

图 27

还记得之前分出的两类功能空间吗？盒子内相对封闭，可以设置目标型开放空间；盒子顶比较开放，可以设置无门槛开放空间（图 28）。这样，就完全可以利用下层的剧院顶部平台作为上层剧院的前厅了（图 29）。

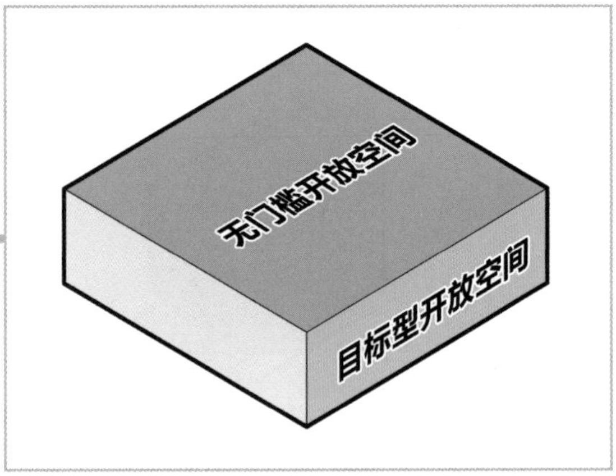

图 28

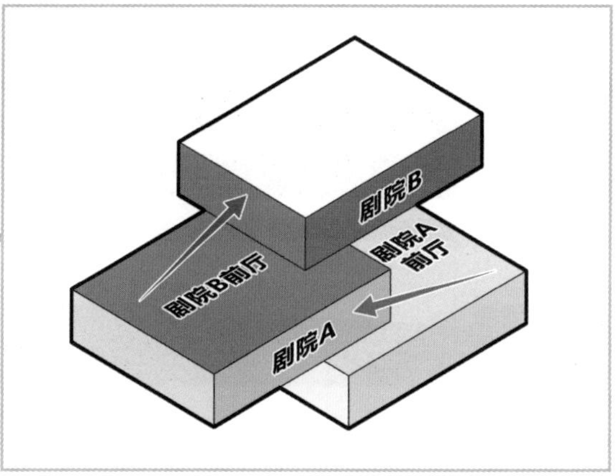

图 29

现在目标型开放空间共有 5 个，也就是会形成 5 个盒子（图 30）。根据面积，会议中心盒子占满一整层，750 座歌剧院及 1500 座大音乐厅会占掉总面积的 2/3，而爱乐乐团总部和 200 座小音乐厅则占掉总面积的 1/4。所以，剧院盒子可以一大一小同层组合。组合原则是需要在盒子与盒子之间留出空隙（图 31）。

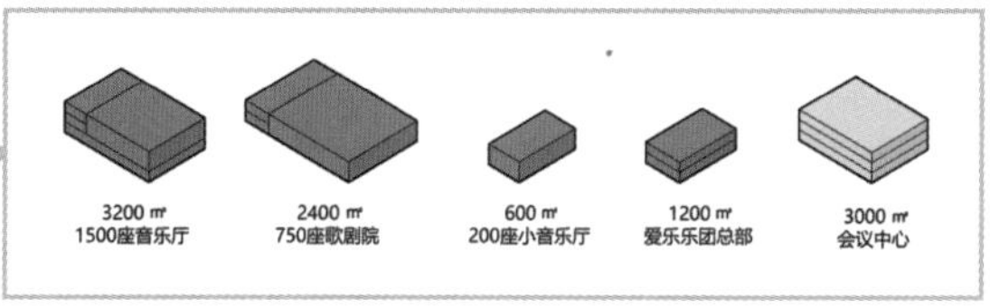

图 30

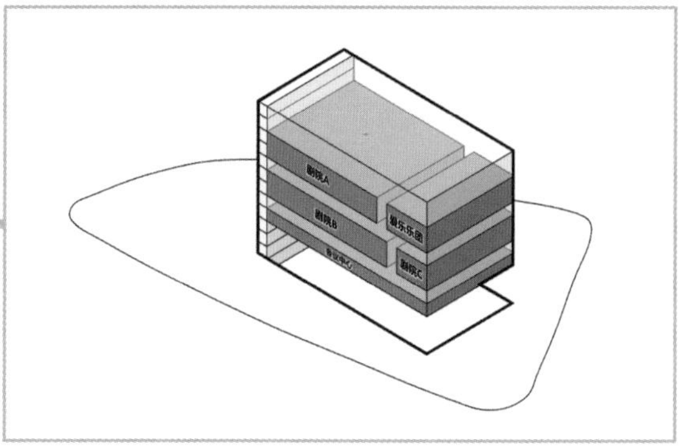

图 31

在 5 个盒子里有 3 个盒子会与交通核直接相连。爱乐乐团总部更接近于办公空间，因此，和会议中心一样与交通核连接。而与爱乐乐团总部同层的大音乐厅则需要错位设置一个大剧院的平台作为前厅，因此，将 750 座歌剧院与交通核连接（图 32）。

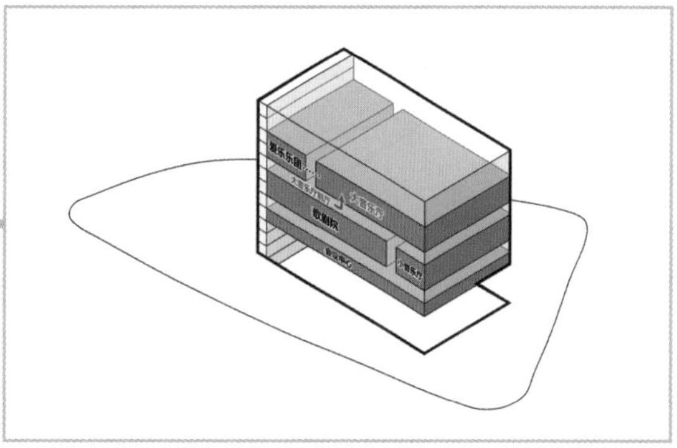

图 32

剧院部分确定后，会议中心放最上面还是最下面就都可以了。但是别忘了与 750 座剧院同层的小音乐厅，人家也需要前厅。因此，将会议中心放在最下面，让会议中心顶部作为餐厅和小音乐厅前厅，爱乐乐团总部及大音乐厅顶部则设置临时展厅（图 33）。

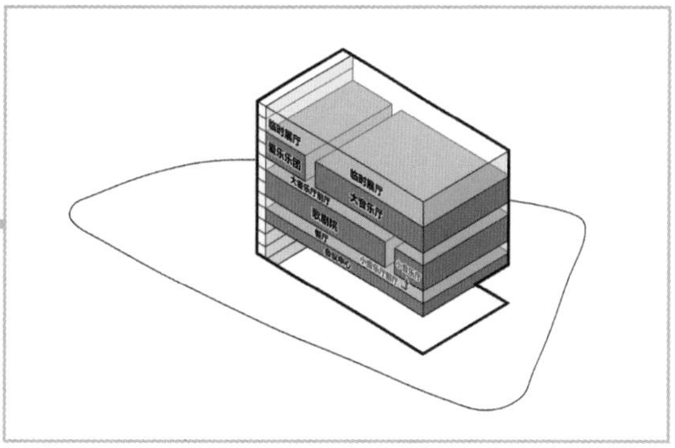

图 33

至此，功能设置完毕（图 34）。但是，人家的前厅一般都是通高空间，开阔、气派、上档次，咱现在各个剧院的前厅都是个刀把，怎么看都比较憋屈（图 35）。

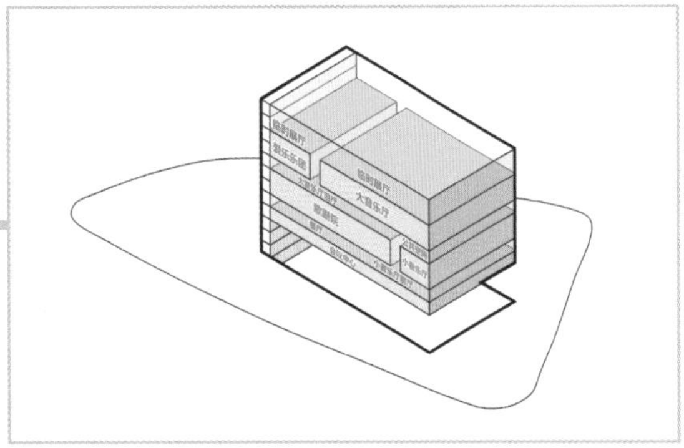

图 34

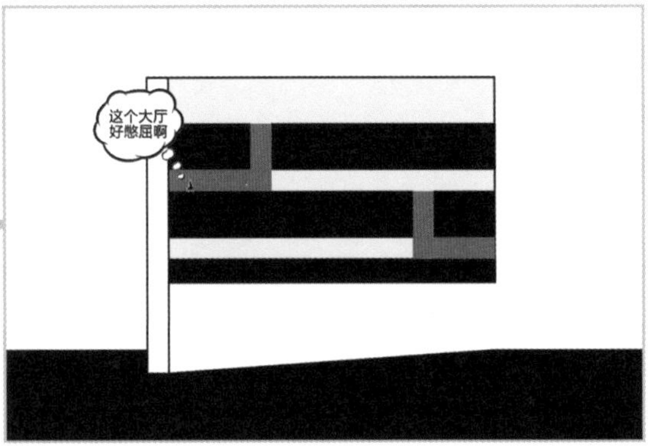

图 35

我们知道，不管几层通高的前厅，其实真正的活动范围仅是底层，通高部分只占高度不占面积。所以，咱们只要通高处视野开阔即可，没有必要让实际面积扩大。小 C 又经过缜密计算，切削周围盒子的体量，形成类似三角形的经济适用性通高（图 36、图 37）。

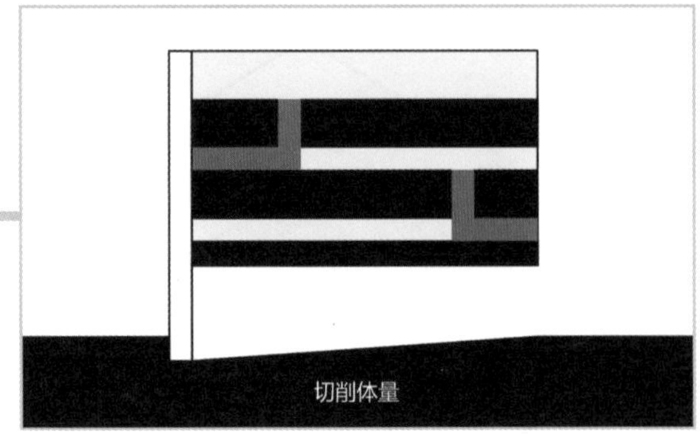

图 36

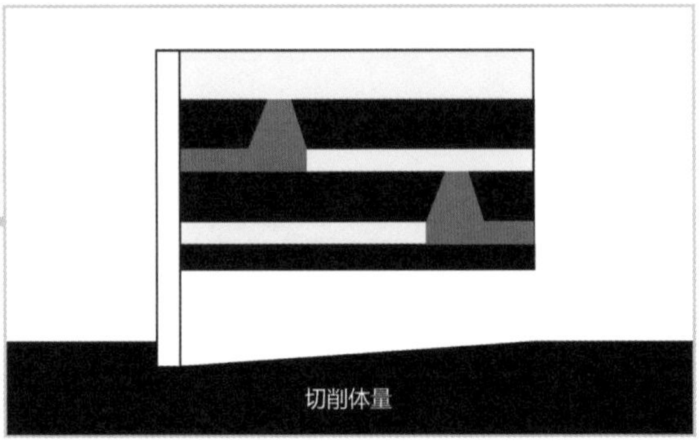

图 37

具体各个盒子怎么切削，还是和内部的功能排布相关。下面开始布置各个盒子内部空间（图 38）。

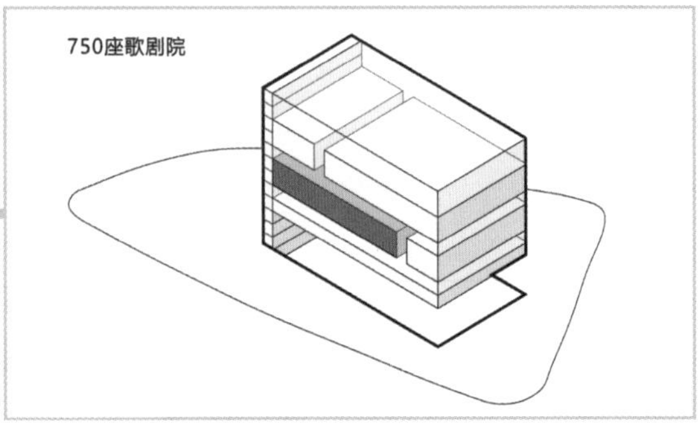

图 38

歌剧院的前厅其实是与交通核独立连接的，因此，剧院实体部分是在远离交通核一侧。将舞台放置在盒子最外端，内侧是两层的看台。因为端部是舞台，所以，盒子端部可以切削成三角形（图 39、图 40）。

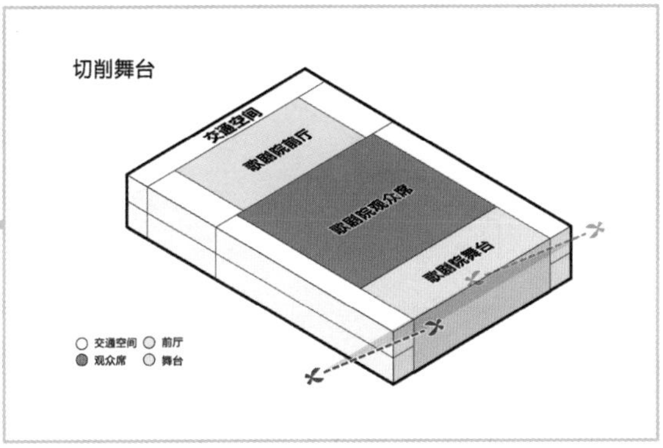

图 39

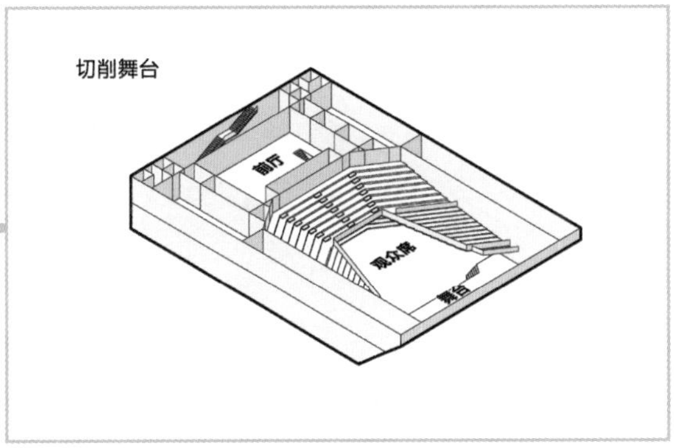

图 40

小音乐厅（图 41）面宽较小，需要用掉长边。考虑到小音乐厅的门厅在下层，在盒子端部长边方向加楼梯引导进入。由于小音乐厅中间是乐池，两侧是观众席，在盒子一端将观众席下部空间切削形成三角空间（图 42、图 43）。

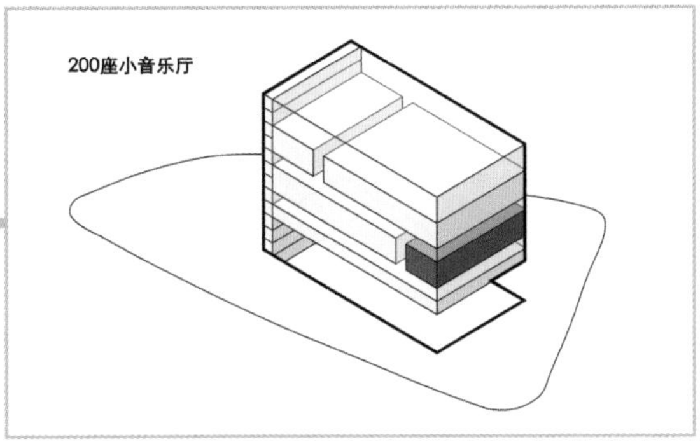

图 41

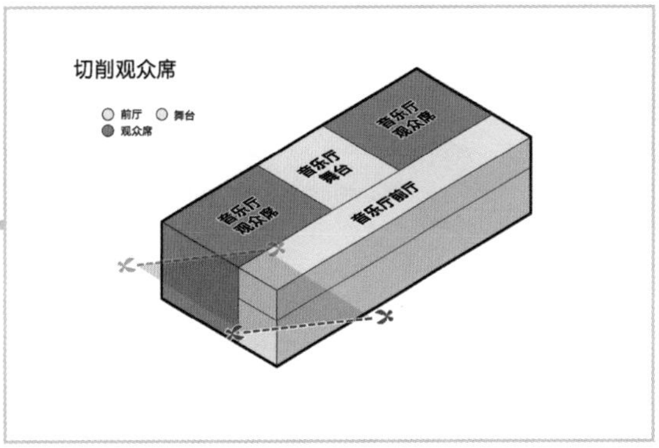

图 42

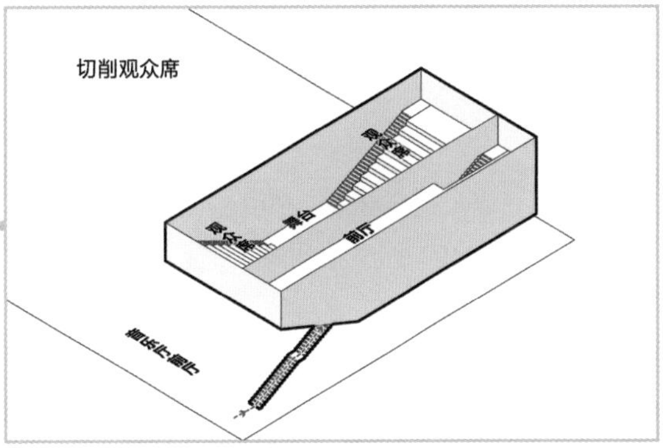

图 43

1500 座音乐厅（图 44）需要在中间围出舞台，底部还需要增加设备空间，因此，切削附属空间部分，并在前厅下方平台加入楼梯完成引导（图 45、图 46）。

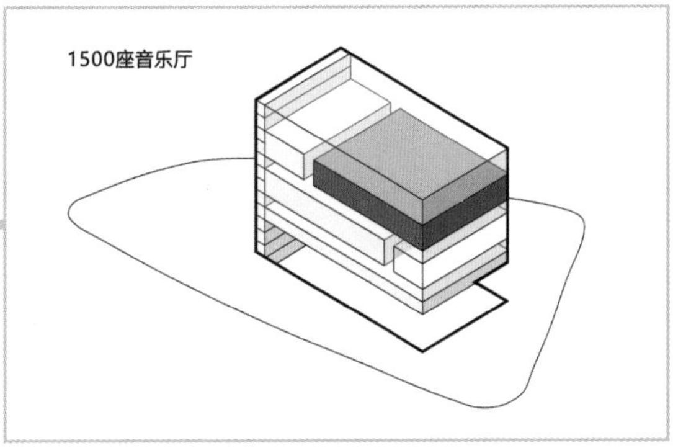

图 44

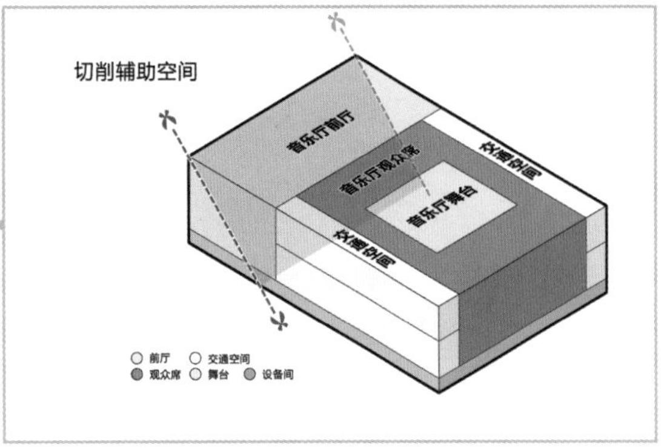

图 45

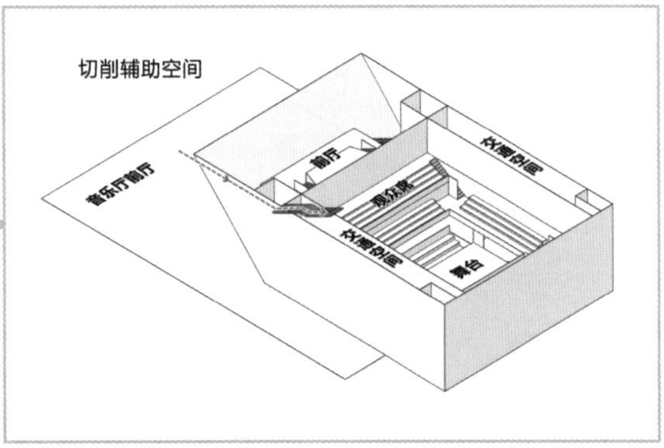

图 46

爱乐乐团总部（图 47）基本都是办公空间和排练空间，内部分为两层。为避免切削带来的面积缩小，上下两层按相反方向切削（图 48、图 49）。

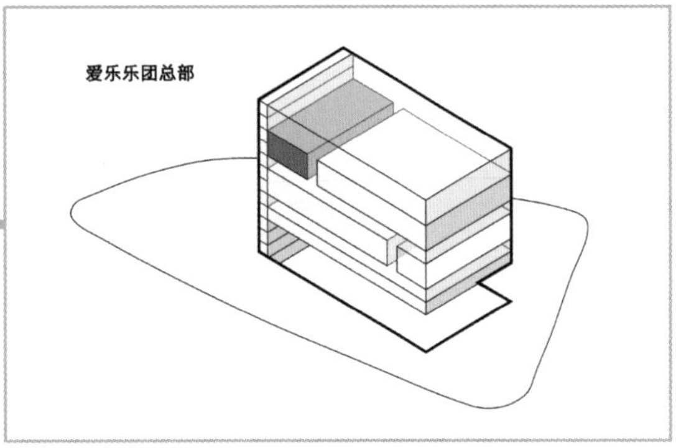

图 47

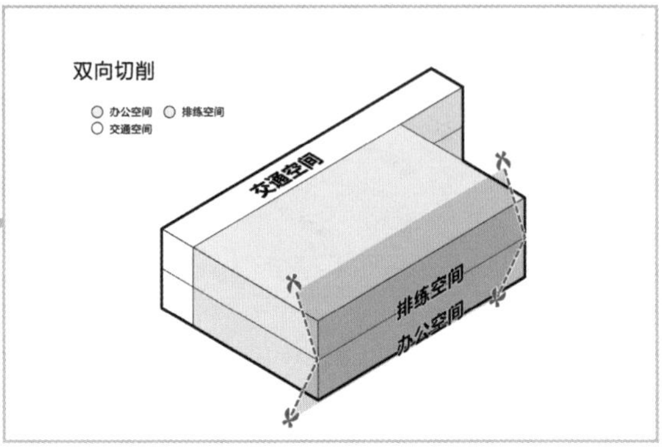

图 48

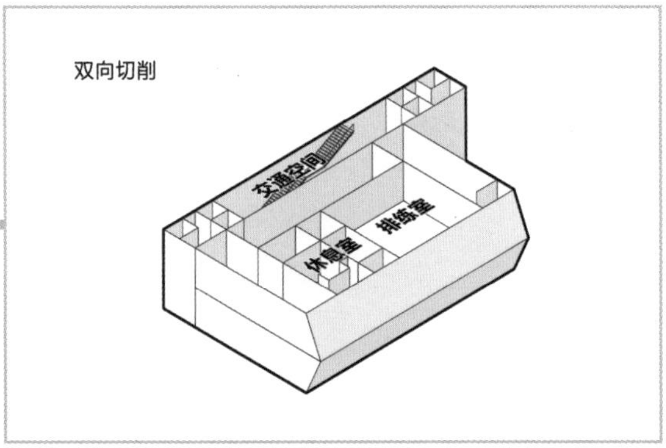

图 49

至此，盒子与盒子之间的切削完成了，想要的通高空间也就出现了。加入结构柱进一步调整各个盒子的位置（图 50、图 51）。在盒子间加入连廊进一步加强连接（图 52）。此外，为了加强会议中心与餐厅的关系，餐厅局部挖洞形成小中庭，加入螺旋楼梯引导会议中心的人群向上移动（图 53）。

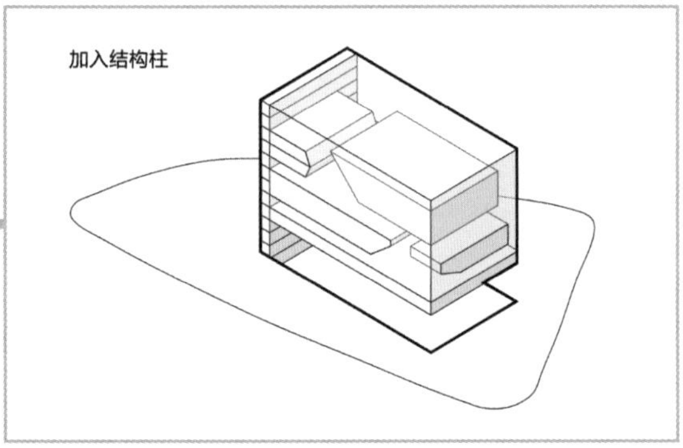

图 50

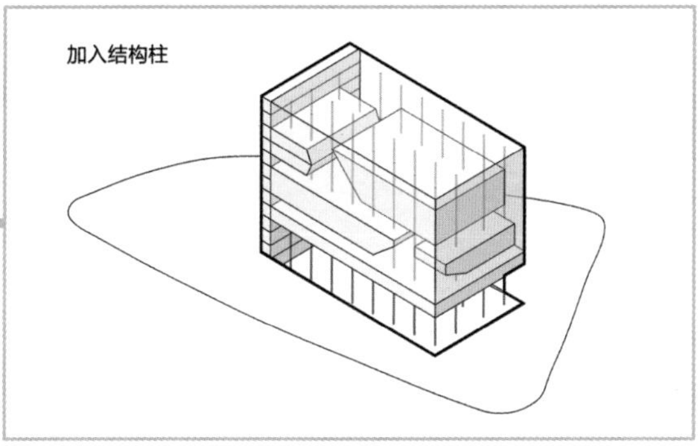

图 51

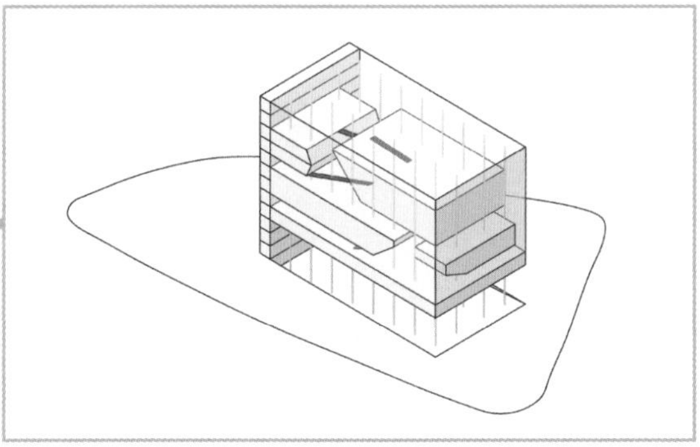

图 52

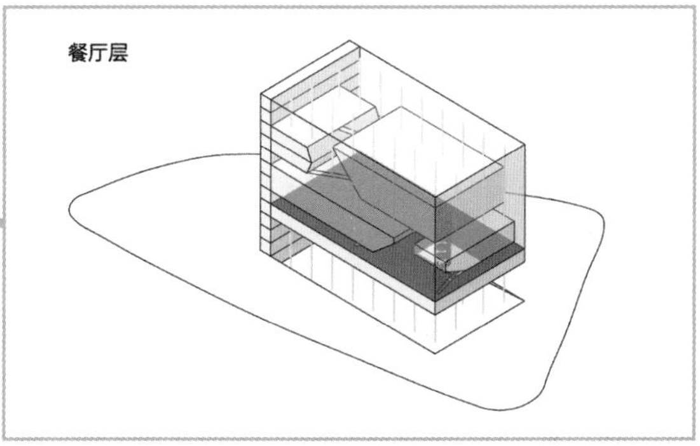

图 53

接下来，细化其他层平面。负一层在 U 形空间布置展墙及辅助用房（图 54）。负二层根据柱网及道路位置确定地下车库入口及停车位，并在长边方向加入交通核连接上下两层（图 55）。二层为会议中心层，根据柱网布置办公空间前厅、办公空间及休息空间（图 56）。三层为餐厅层，除了必要的厨房、卫生间外全部开放（就是简餐，基本等于咖啡厅，否则厨房就是大问题）（图 57）。五层在小音乐厅顶部挖洞，加楼梯与六层音乐厅连通，成为公共活动平台。六层平台处的大音乐厅前厅加入观众休息空间及演员休息空间（图 58）。八层的两个平台则是临时展廊（图 59）。

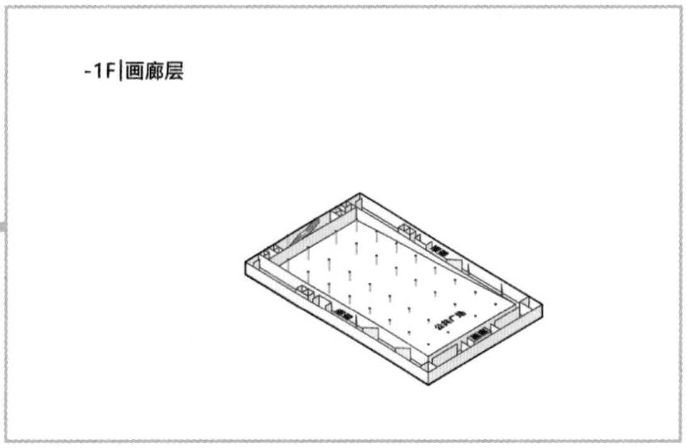

图 54

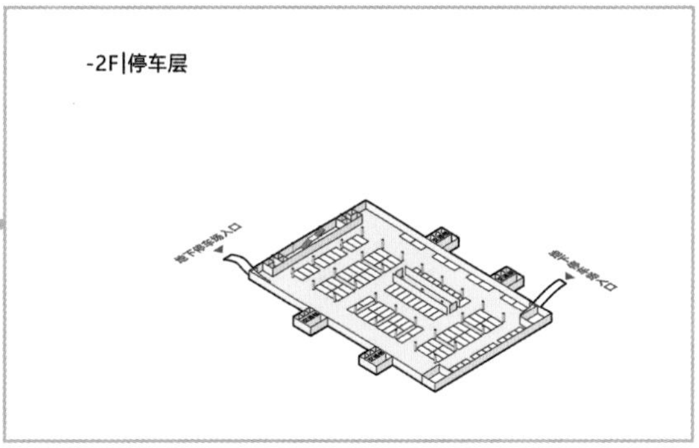

图 55

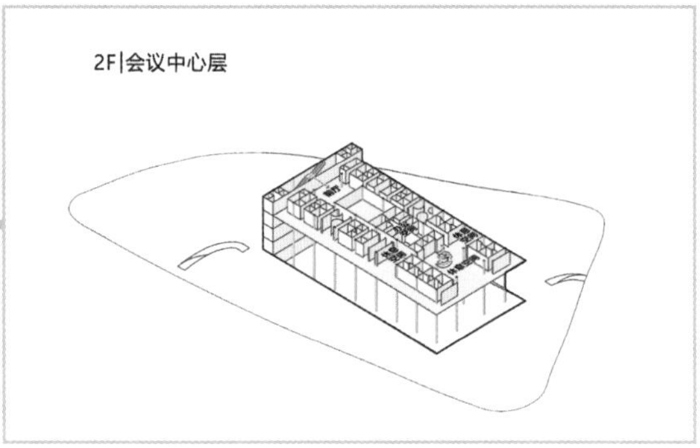

图 56

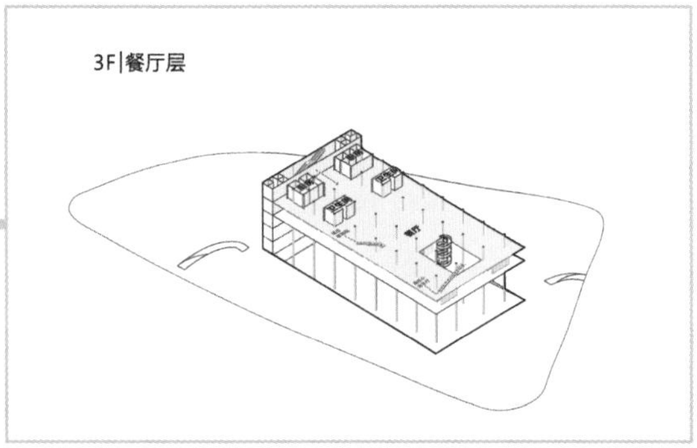

图 57

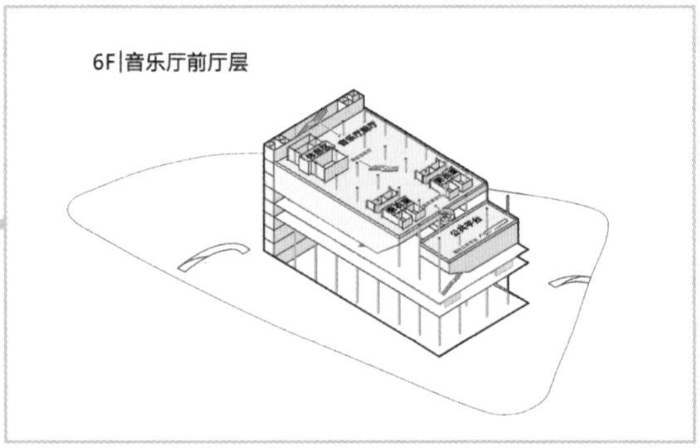

图 58

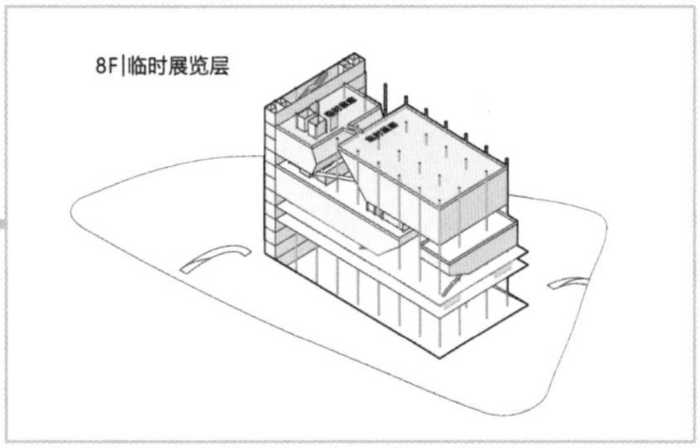

图 59

最后，赋予材质——坡道广场两侧的墙全部做成玻璃幕墙，建筑外壳是半透明材料，内部缝隙空间若隐若现。收工（图 60）。

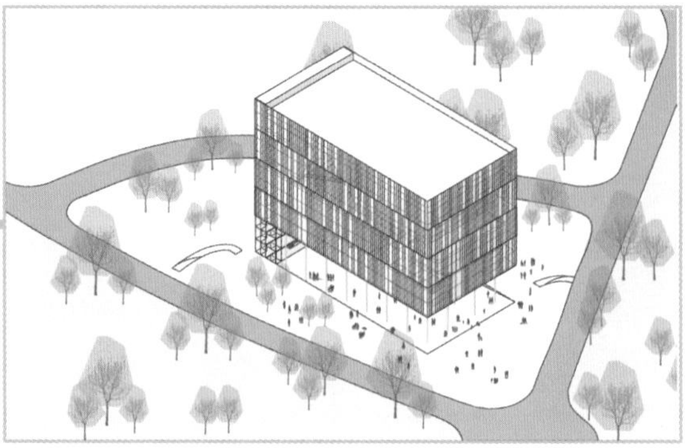

图 60

这就是 Cosmos 建筑事务所设计的巴尼亚卢卡文化和会议中心，一个支棱起来的方案，最终获得竞赛第四名（图 61 ~图 67）。

图 61

图 62

图 63

图 64

图 65

图 66

图 67

每个建筑师在做设计之前，都热衷于证明设计没有正确答案；每个建筑师在做设计之后，都热衷于证明自己就是正确答案。就算条条大路通罗马，那重点也是到达罗马，而不是证明哪条路最正确。你能走通的路，就是正确的路。

图片来源：

图 1、图 61 ~图 67 来自 https://www.archdaily.cn/cn/948535/cosmos-jian-zhu-shi-wu-suo-she-ji-ba-ni-ya-lu-qia-xin-hui-yi-zhong-xin-kai-fang-shi-wen-hua-yan-chang，其余分析图为作者自绘。

END

规划一时爽，设计火葬场

图 1

名　称：哥伦比亚大学商学院（图 1）

设计师：Diller Scofidio+Renfro 建筑事务所，FXCollaborative 事务所

位　置：美国・纽约

分　类：学校

标　签：图底关系，共享空间

面　积：45 700 m^2

START

为什么建筑师看起来总是很“高冷”？因为再不装“高冷”就要暴露他们根本没朋友的事实了。俗话说得好：设计一时爽，结构水暖电统统火葬场。更令人崩溃的是，建筑师斗智斗勇得罪了这一大票人换回来的设计成果，也不见得能入甲方的眼。所以，搞设计有助于预防抑郁症，毕竟是真的惨。然而，风水轮流转。建筑师万万没想到自己有一天也能举起 40 m 的大刀，以“火葬场”的形象出现。

哥伦比亚大学最近打算建一个新的校区（曼哈顿维尔校区），新校区占地共 45 700 m^2，位置就在老校区（晨边高地校区）的北侧不远处。新校区周围的环境也不错，西边是曼哈顿著名的哈德逊河，景观视野一级好（图 2、图 3）。

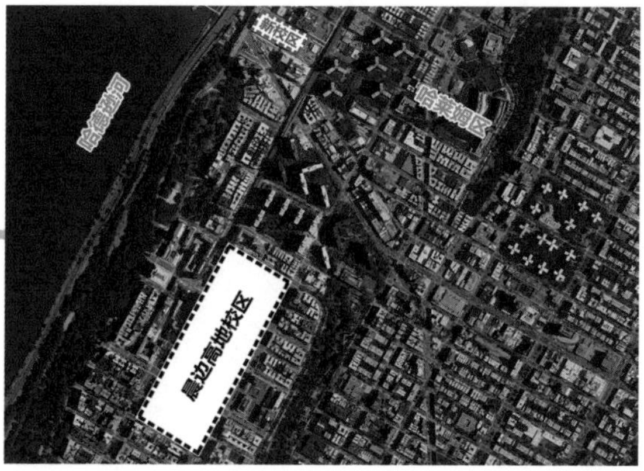

图 2

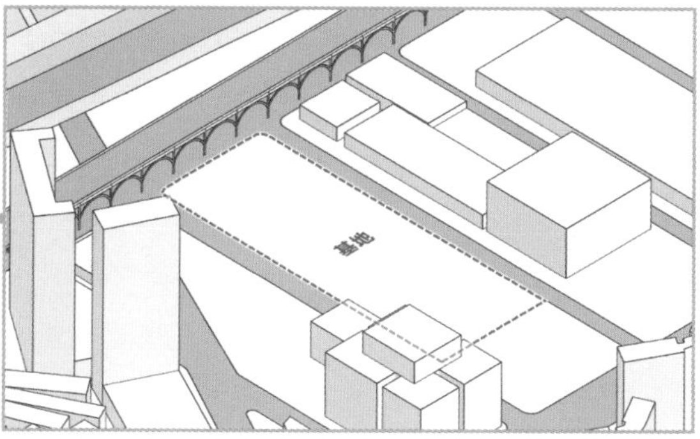

图 3

说是新校区，其实也就是一个大号教学楼的场地。但作为严谨、科学的高等学府，哥大还是很守规矩地按照操作步骤先搞了一个曼哈顿维尔校区的总体规划。 好了同学们，让我们一起喊出口号——规划一时爽，建筑火葬场！

就这么一块长条地，但凡房子大点儿都不算宽敞，而我们尽职尽责的规划公司 James Corner Field Operations 依然很敬业地切了三刀，搞出一个串联规划体系——就是俩楼夹了一个圆形绿地（图 4）。

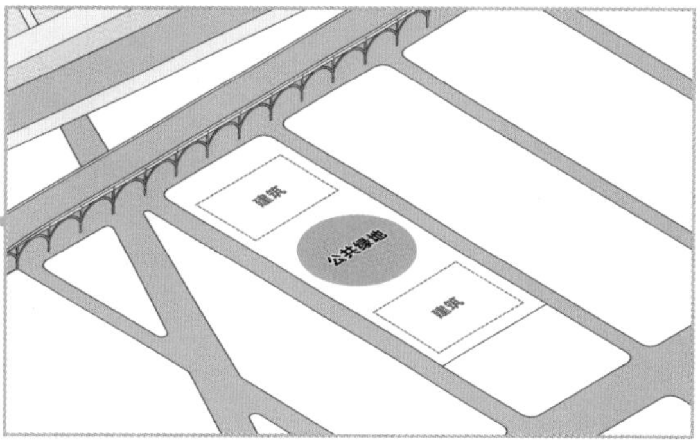

图 4

因为总体规划的存在，楼的形状和高度以及名称也是定好的。西侧靠近哈德逊河的楼叫亨利·R. 克拉维斯大厅（Henry R. Kravis Hall），大约需要 11 层；东侧的楼称为大卫·格芬大厅（David Geffen Hall），大约需要 8 层（图 5）。

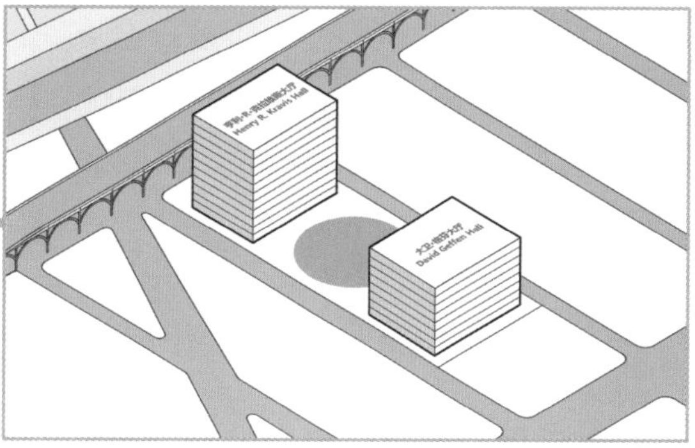

图 5

很好，现在体量定得死死的，就是俩大方盒子，面积也紧巴巴的，想要凹什么大平台、大悬挑造型也是不可能的了，所以，这是要搞一个立面设计比赛吗？商学院的两栋楼主要的功能可以分为三类：学生日常上课的教学空间、学生课下的公共活动空间以及教师及工作人员的行政办公空间。在功能上，教学空间包括传统教室、教师办公室；公共空间包括技能教室、自习室、餐厅、休闲大厅、咖啡厅、多功能厅等；行政空间包括行政办公、孵化器、研究室、报告厅（图6）。

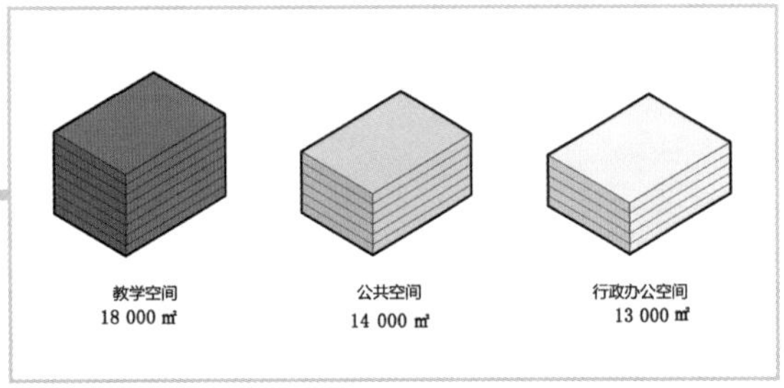

图6

除了功能上的要求，校方对整个建筑还有别的要求。第一点就是向周边社区居民开放，校区以及建筑内的公共空间全部可以面向社区开放（图7）。

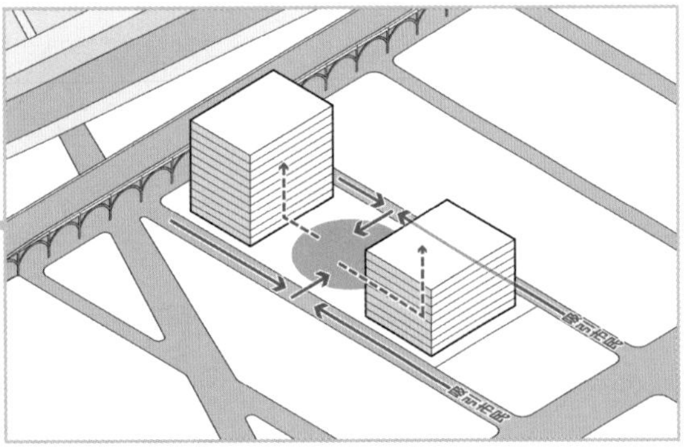

图7

第二点呢，学校宣称要注重商学院学生创造力、创新能力和沟通能力的培养，希望新的建筑能打破学术惯例，并重新定义现代教学法。翻译一下，就是在教室里要学习，出了教室也要学习。结合第一点，简单说就是每栋楼里都要有供学生、教师、员工、校友、从业者和更广泛的社区人群混合使用的交流空间（图8）。

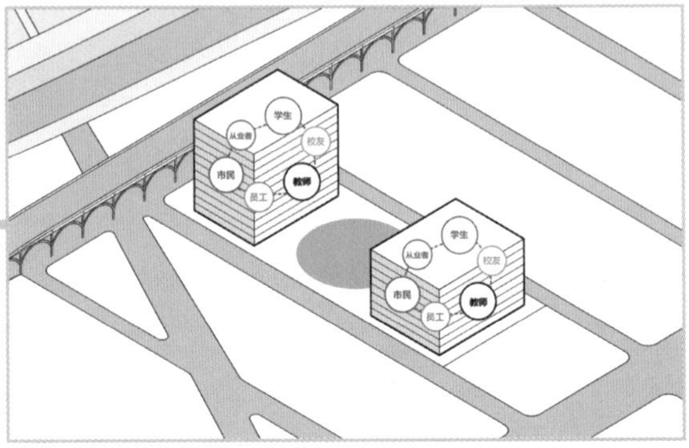

图8

你说你既然想混合交流，又何必搞一个劳什子规划分成两栋楼？直接弄一个大综合体、大团圆、大融合不香吗？建筑师此时大概可以深刻体会结构设计师看设计的心情——我的 40 m 大刀已经饥渴难耐。但是，规划师也很喜欢你看不惯我又干不掉我的样子，反正就这样了。

先根据功能面积要求，在两栋楼里布置一下功能。西边的楼景观视野更好，因此，将公共空间以及一半的教学空间放在这边的亨利 · R. 克拉维斯大厅中（下文称为 H 厅）；将剩余的教学空间以及办公空间放在东边的大卫 · 格芬大厅中（下文称为 D 厅）（图9）。

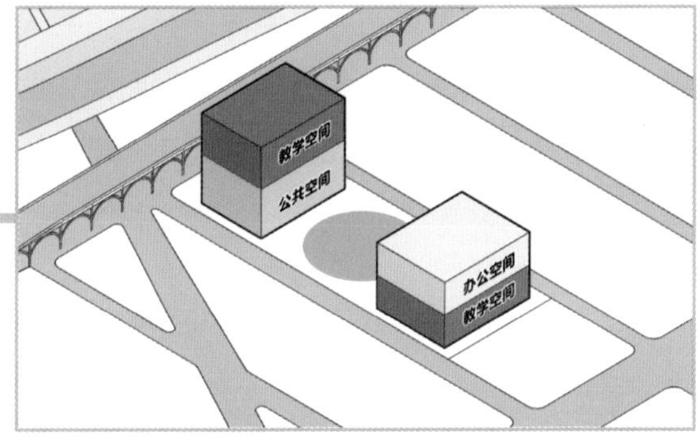

图 9

既然要向市民开放，那就直接在底层布置公共性较高的空间。H 厅一层、二层作为零售商业休闲空间，中间是公共交流空间，最顶上是教学空间。D 厅一层、二层加入咖啡厅以及报告厅，并把学校特意安排的哥伦比亚 - 哈莱姆小型企业发展中心（简称企业孵化器）也加入 D 厅这边（图 10）。

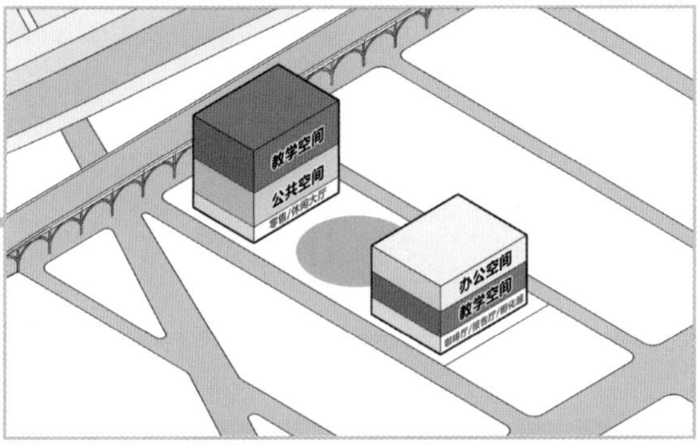

图 10

现在这种集成式的做法自然是可以节约场地的，但也没什么设计含量，因为这相当于各用各的嘛，估计再加点儿钱，规划师都能给你干了（图 11）。

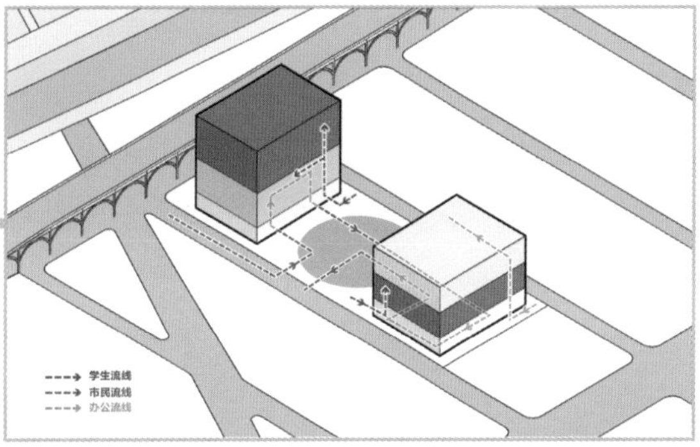

图 11

学校开放的初衷是希望学生与当地居民产生交流，咱现在通过底下两层的开放功能以及中间的公共公园算是把市民引进来了。但不是把人引进来了就可以交流了，虽说公共空间可以开放给市民使用，但公共空间里占比最大的还是技能教室以及自习室这些封闭使用的空间。说白了，没有哪个正常居民会把一排排教室当博物馆参观（图 12）。

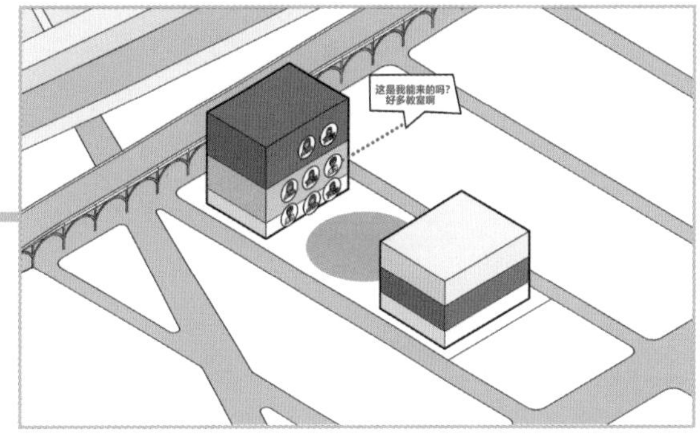

图 12

退一步说，就算通过共享空间市民可以毫无顾虑地使用公共部分，但实际上能使用的也就是整个楼的一部分，毕竟顶上还有一大块是教学空间。Diller Scofidio+Renfro 建筑事务所算是个实诚君子，觉得既然想通过人流混合增加社交概率，那自然越混越好，童叟无欺。

Diller Scofidio+Renfro 建筑事务所直接把每栋楼里的两种功能打散混了起来，相邻两层分别是两种功能，就像千层蛋糕一样（图 13、图 14）；然后在完全混合的条件下设置贯穿全楼的共享空间。

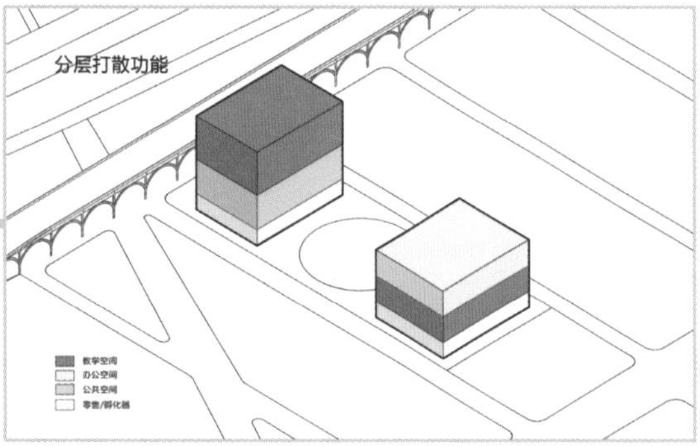

图 13

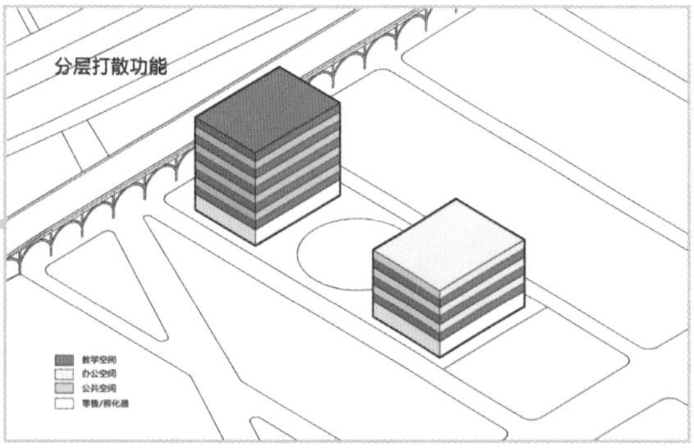

图 14

咱先来做公共性最高的 H 厅。由于两个功能的混合，要想引导市民到达各层的公共空间，必然得让隔层的共享空间贯通，这可以通过削减部分教学空间让共享空间连续起来（图 15）。

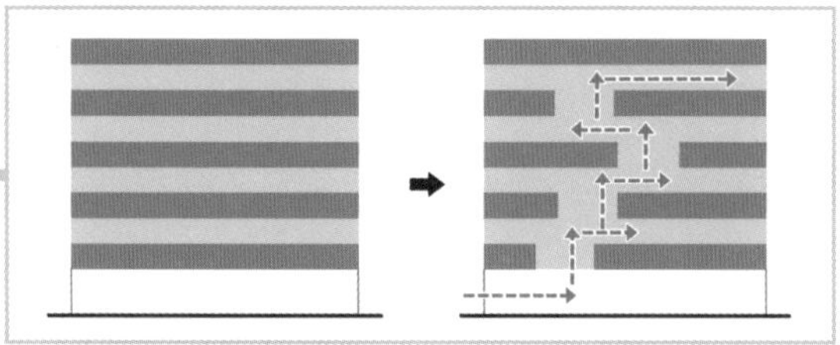

图 15

贯通后公共部分是好用了，但教学空间呢？因为公共空间的贯通，教学空间都被打断了，学生在上课期间怎么快捷地在楼层间转移成了问题，总不能天天爬疏散楼梯吧（图 16）？

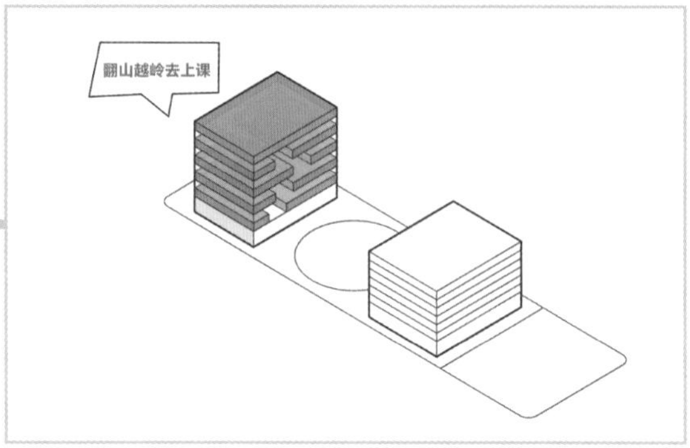

图 16

那么，问题来了：有没有一种方法可以使两种空间在充分混合的同时又各自完整、各自连续？必须有。敲黑板！这就是空间的图底关系。图底关系大家都懂，就是互为图底的关系，单拎出来一张图里的图或底都是一个完整的图，对应前面说的空间关系就是单拎出来每一种空间都是连续的（图 17）。

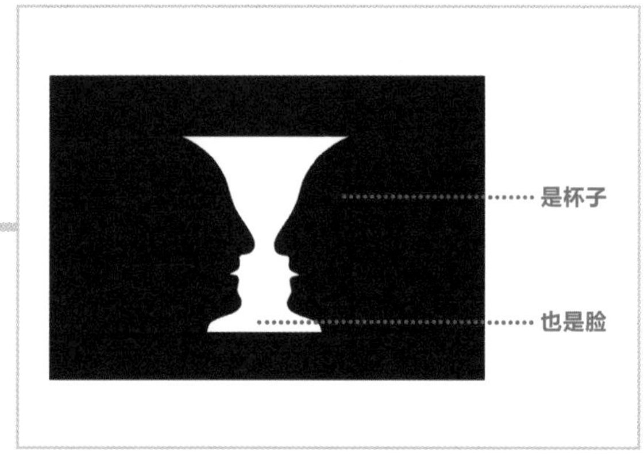

图 17

不过现在这个图底从平面关系转移到了空间上。别着急，知道你空间想象力不是很好，现在我们说一个简单的方法。小本本记好了：我们可以先在立面上搞图底关系，然后再给立面一个厚度，齐活！现在的体块关系不满足图底关系，只有公共空间是一体的（图 18）。我们把整个体块看成两个有厚度的立面，将交通核及卫生间等附属空间放在建筑的中心（图 19）。

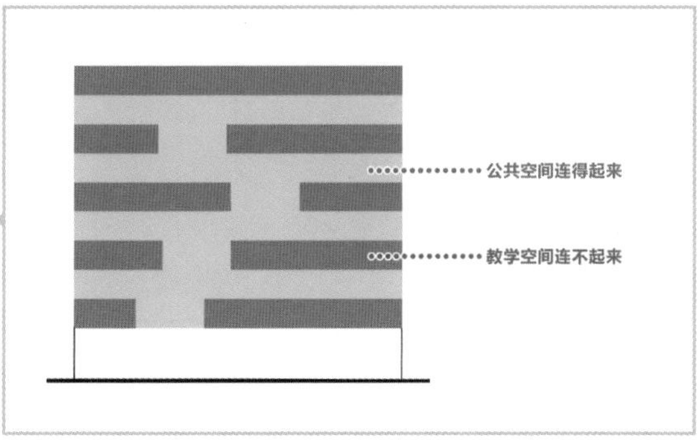

图 18

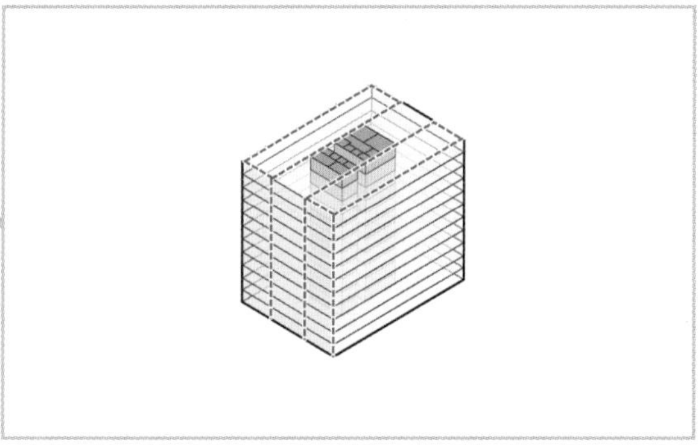

图 19

这下好办了，两个立面里一个可以放公共空间贯通，一个可以放教室空间贯通。公共空间这边挖掉部分面积做共享空间，教学空间这边加入楼梯连接各层（图 20、图 21）。

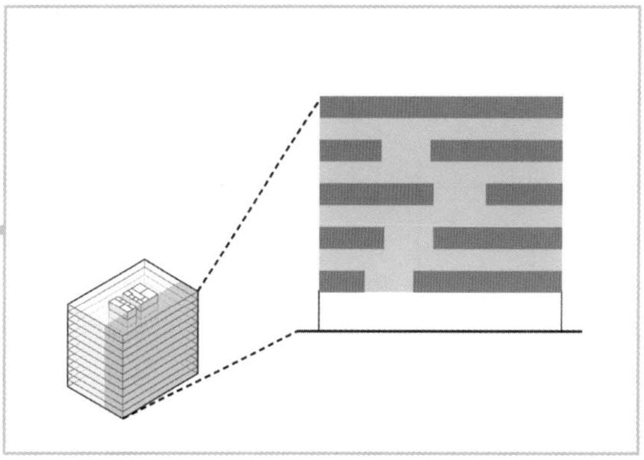

图 20

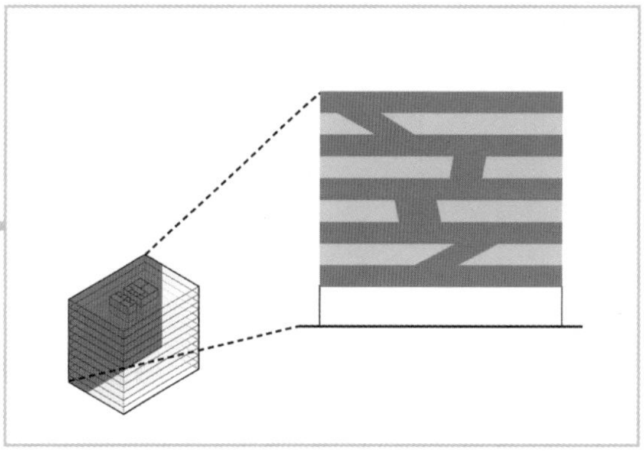

图 21

先从公共部分的共享空间开始。将相邻 3 层作为一个组团，在其中加入一组共享通高空间，共享的同时连接各层交通。各组共享空间在立面位置上相互错开，增加整体的开放度。此外，在这一侧的一、二层加入休闲大厅，与上面的共享空间连通（图 22 ~ 图 25）。

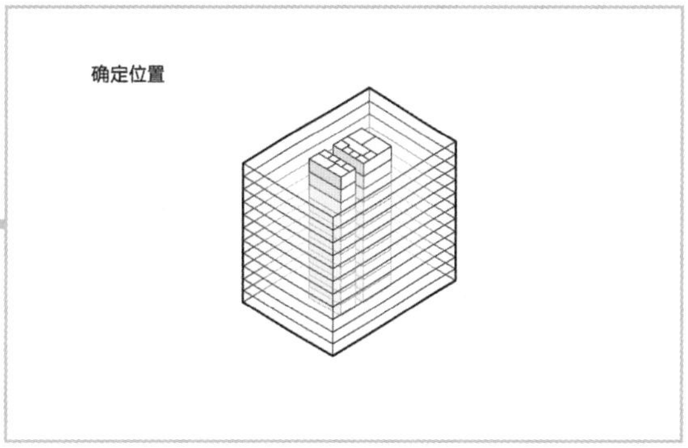

图 22

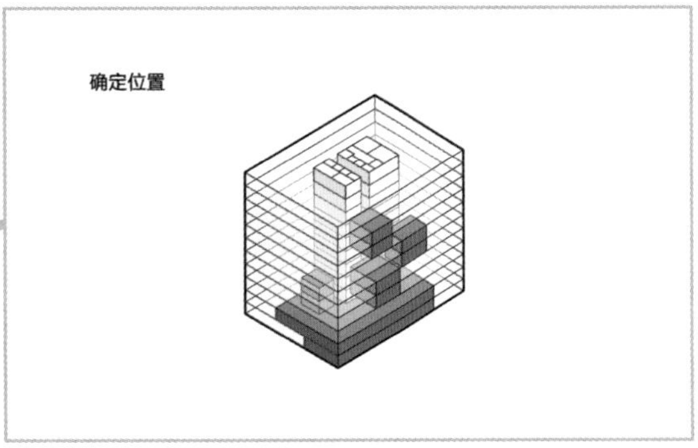

图 23

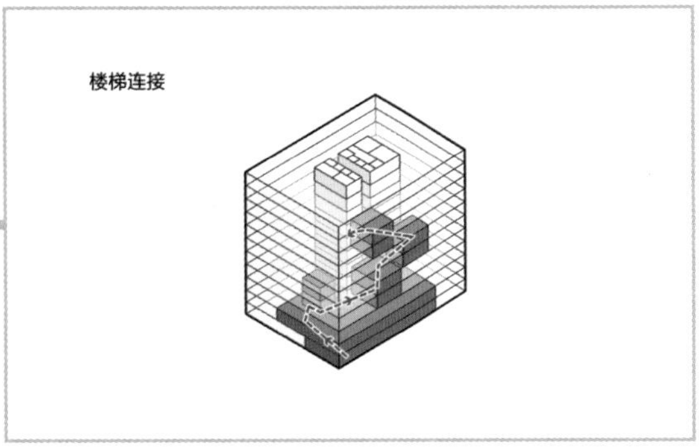

图 24

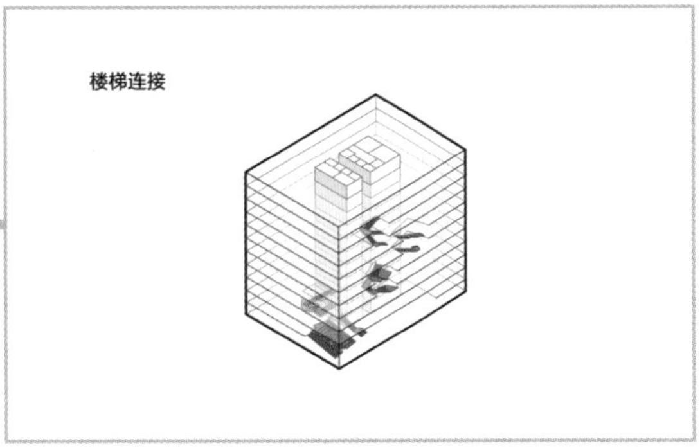

图 25

而在另一侧，也用同样的错开方式确定楼梯连接的位置（图 26、图 27）。至此，两种空间在最大限度混合的同时，也提高了各自的效率，并增加了社交概率（图 28）。

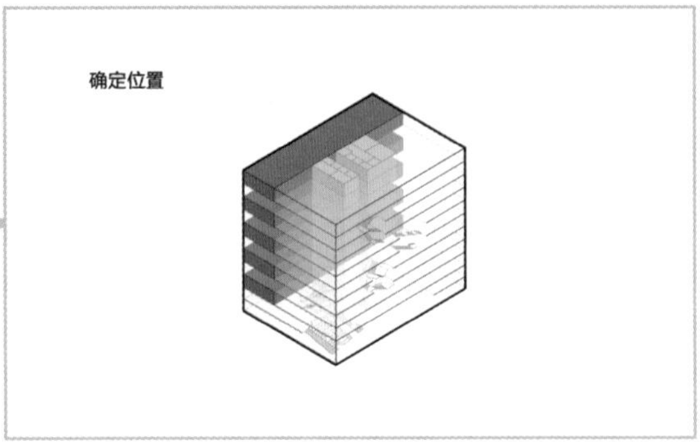

图 26

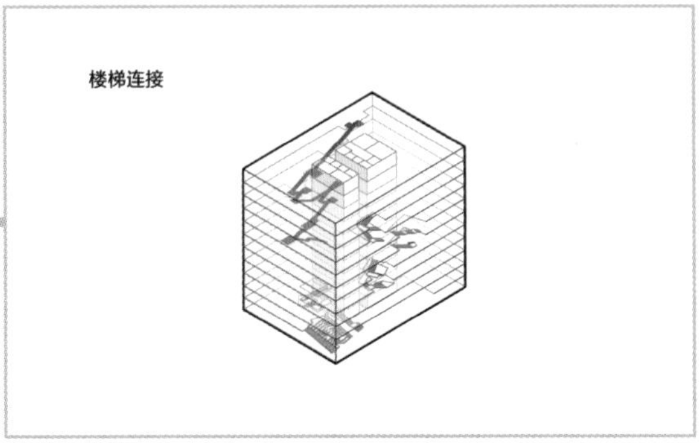

图 27

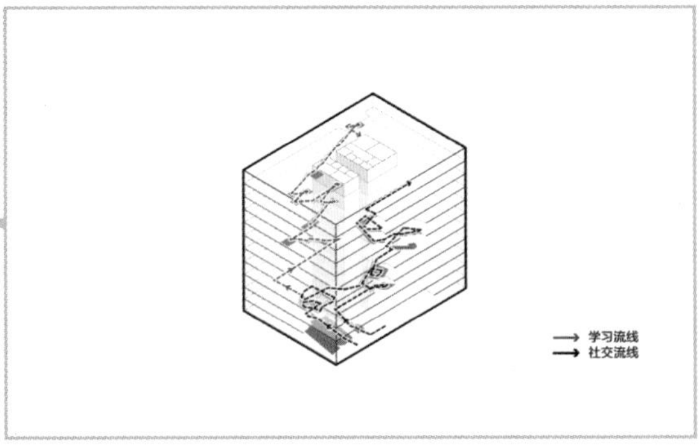

图 28

在此基础上，细化各层功能。首层布置零售区及大堂，二层为休闲大厅。再往上围绕交通核布置相应的普通教室及技能教室，最后将餐厅放在顶部的公共空间部分（图 29 ~图 39）。

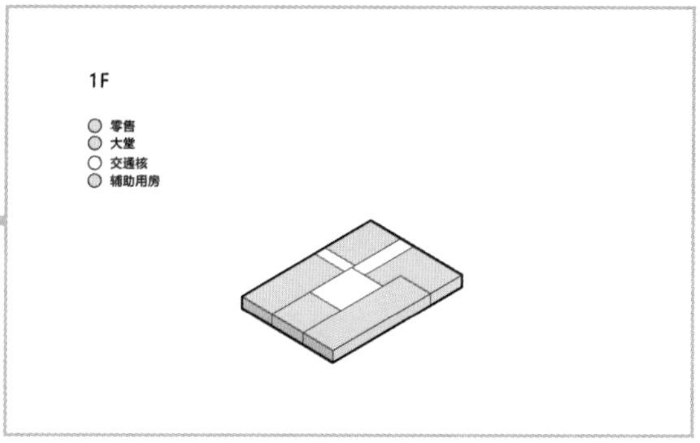

图 29

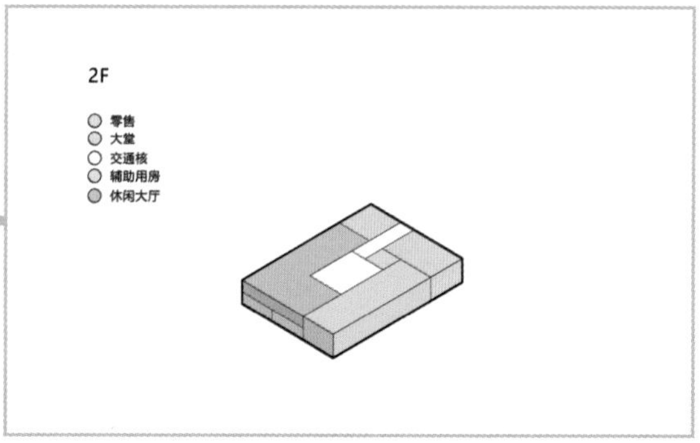

图 30

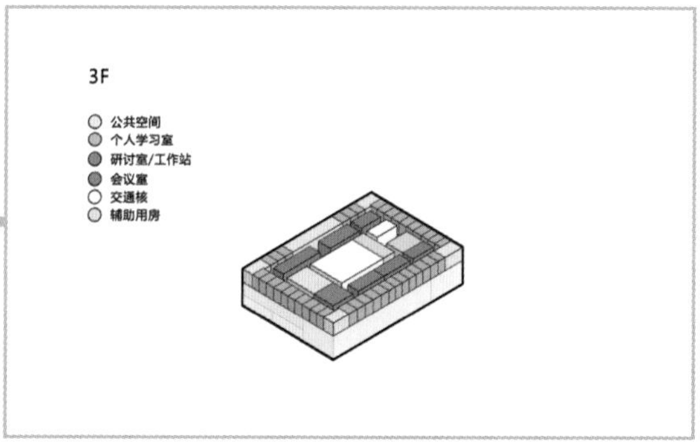

图 31

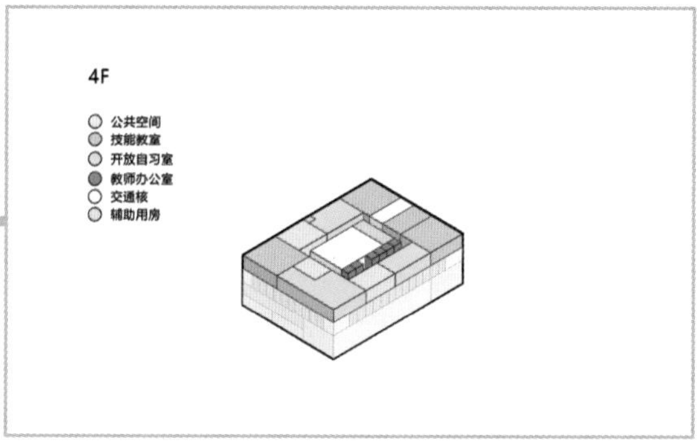

图 32

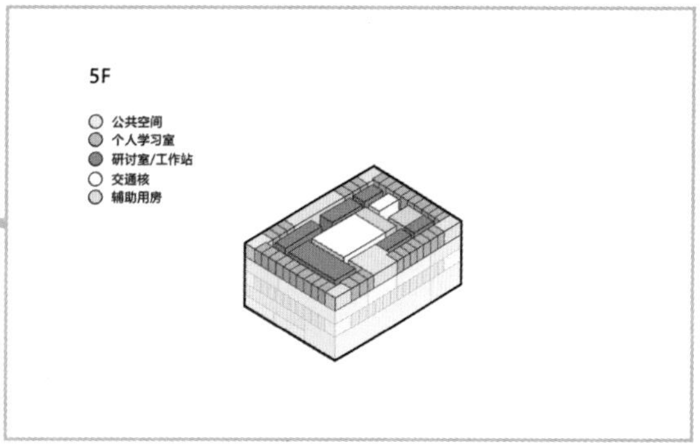

图 33

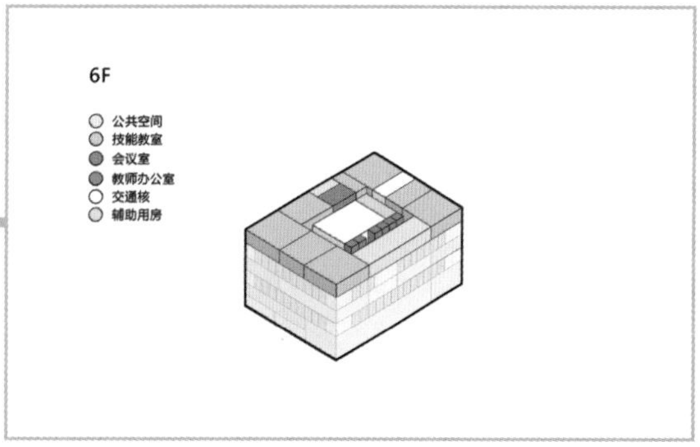

图 34

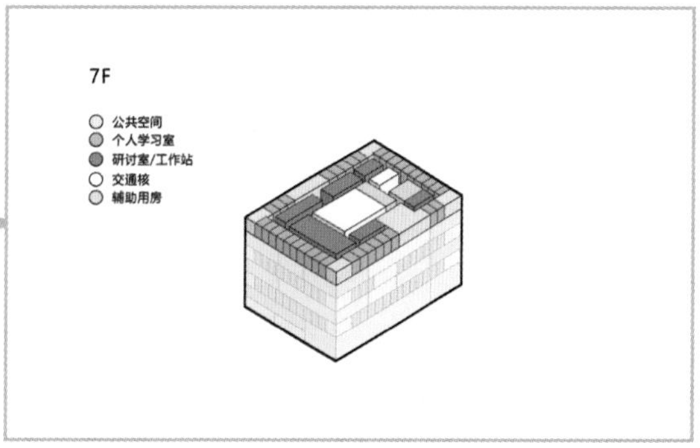

图 35

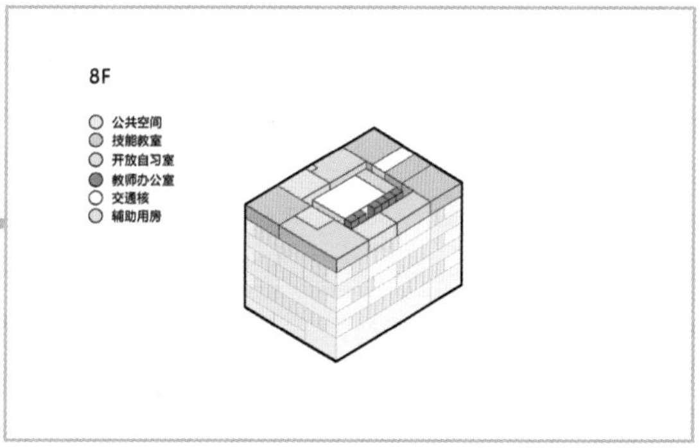

图 36

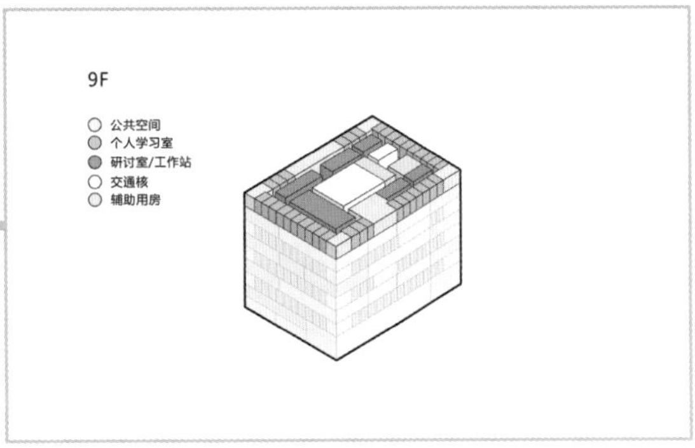

图 37

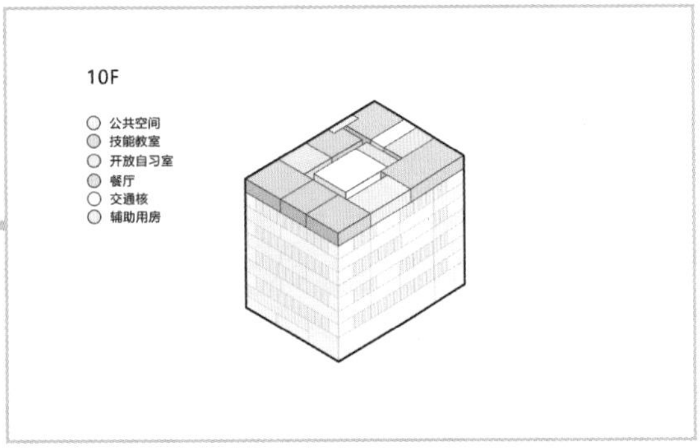

图 38

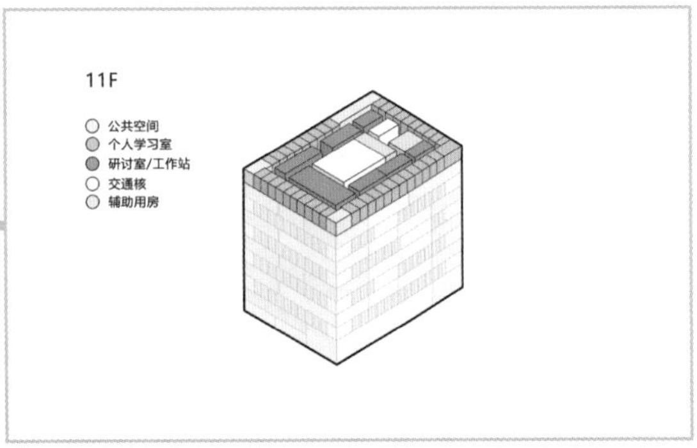

图 39

虽说现在咱们没办法用色块在项目上区分两种空间，但还是可以在材质上做区分的。公共空间使用透明的玻璃幕墙，教室空间则是半透明的玻璃材质。此外，为了进一步区分，使公共空间适当内凹，在不影响使用的情况下把外墙做成弧形（图 40 ~ 图 42）。

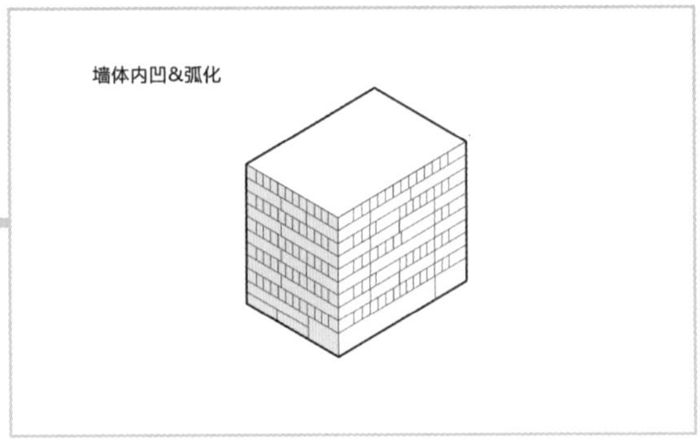

图 40

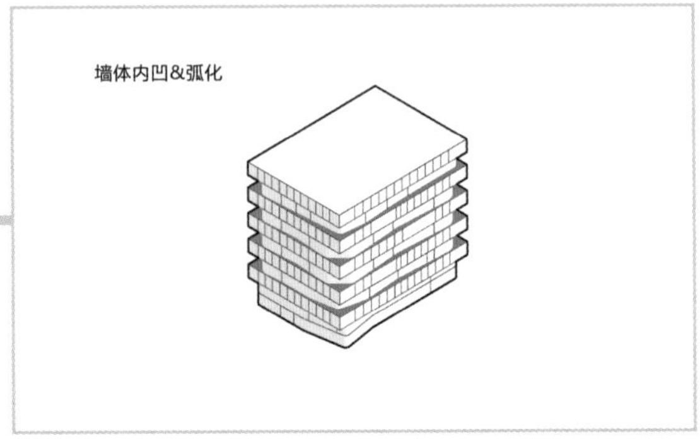

图 41

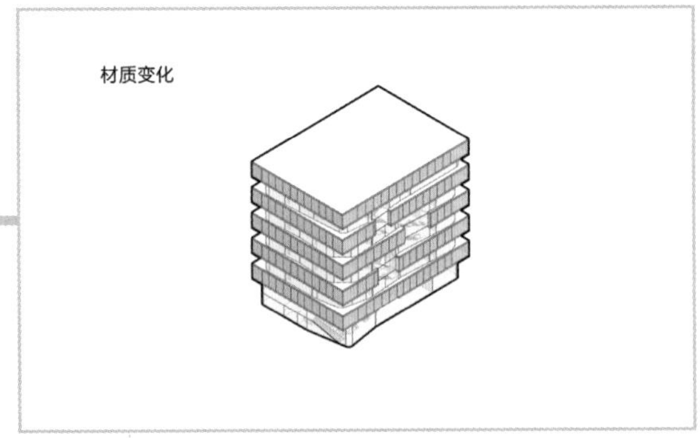

图 42

进一步细化建筑，将各层的教学部分在共享公共空间断开的地方变形为不同方向的斜墙，此外，三层及十一层对应底层大堂及餐厅的位置也斜化楼板加以呼应。至此，H 厅完成（图 43）。

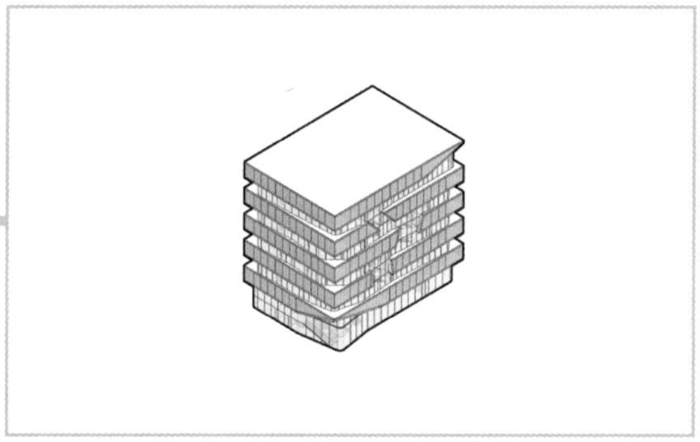

图 43

接下来再看 D 厅。D 厅是不是也照猫画虎整一个就可以了（图 44）？不不不，咱使用图底关系是为了开放和连通，但是现在 D 厅行政办公部分并不需要开放给市民。既然 D 厅没有太多的互动问题需要解决，那就一分为二，只开放连通一半给市民（图 45）。

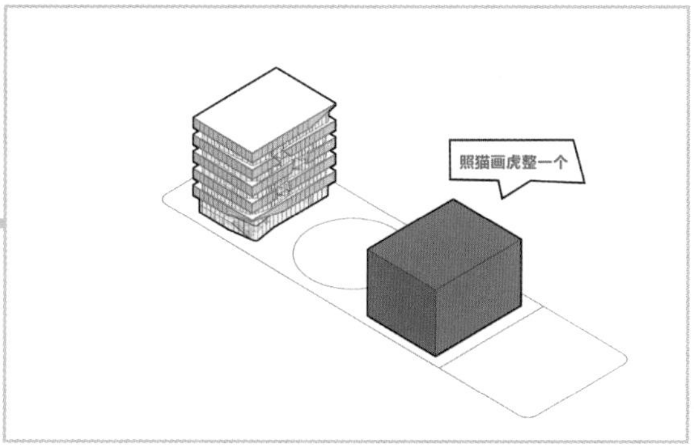

图 44

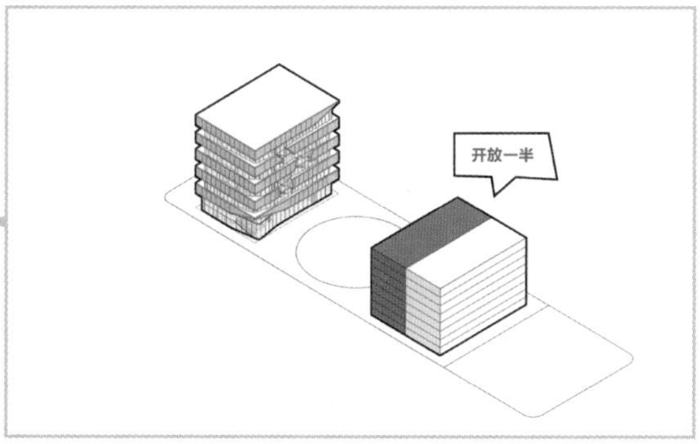

图 45

同样在功能隔层相叠的 D 厅中间放置交通核，并且选择靠近公共公园的一侧做共享中庭空间（图 46、图 47）。

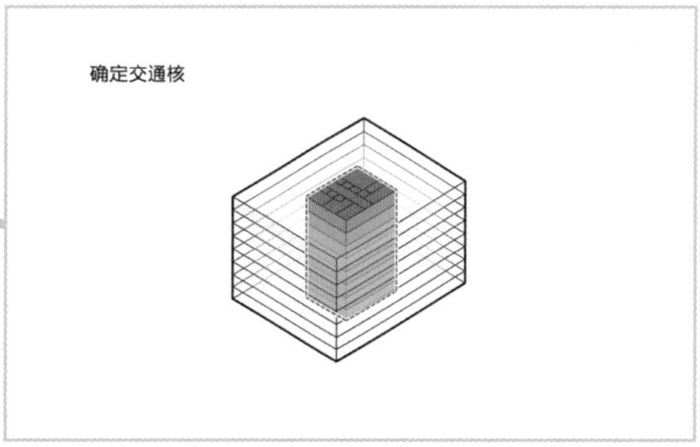

图 46

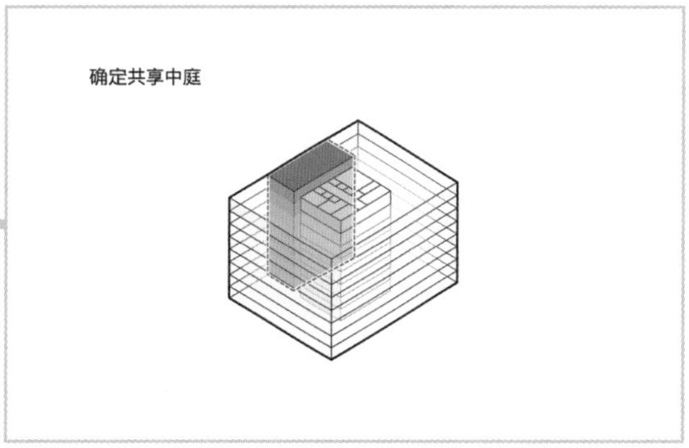

图 47

然后，细化各层功能。首层东侧为办公部分，在共享中庭两侧分别放报告厅及咖啡厅；二层围绕中庭布置企业孵化办公室；三层前侧放多功能厅及普通教室，后半部分为办公室；四至六层与三层类似；最后七层、八层放最私密的行政办公室及研究室，共享中庭不再通到七、八层（图 48 ~ 图 55）。

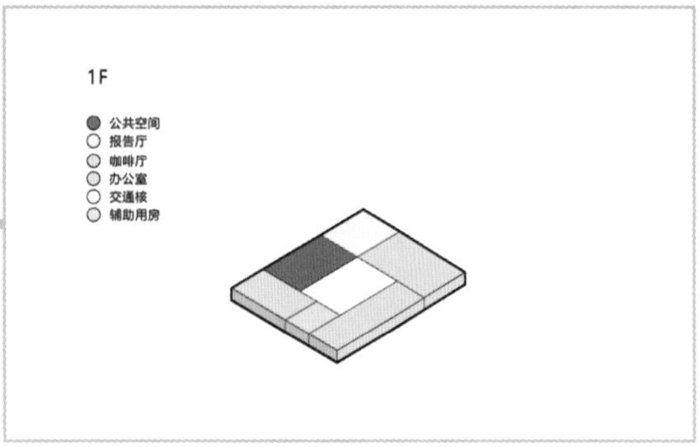

图 48

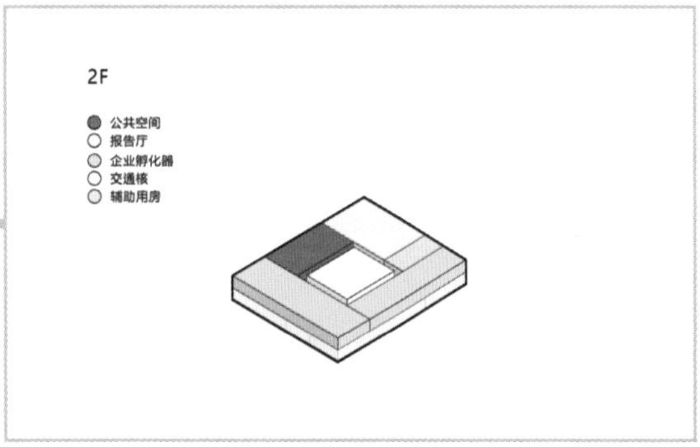

图 49

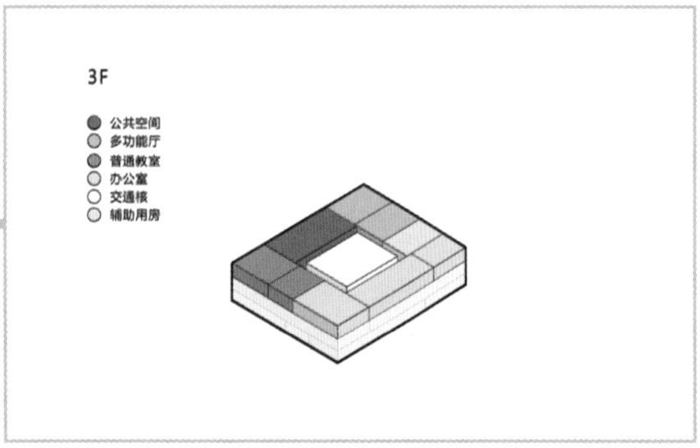

图 50

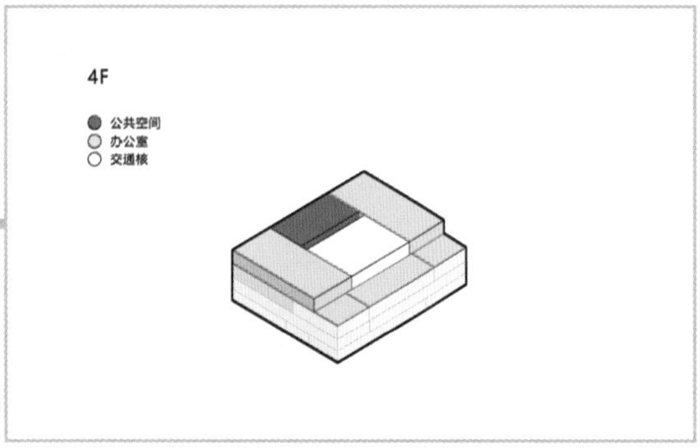

图 51

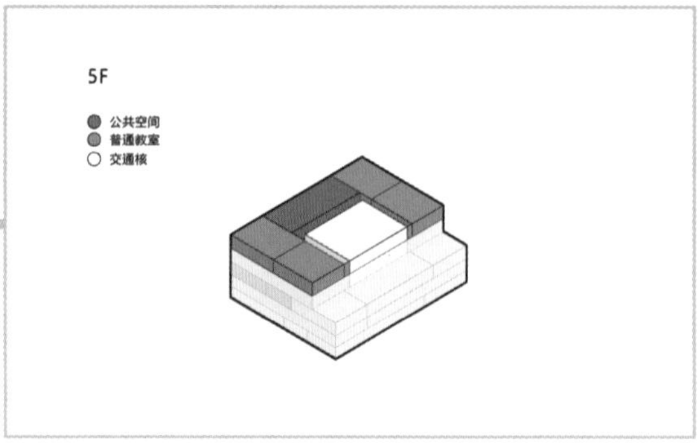

图 52

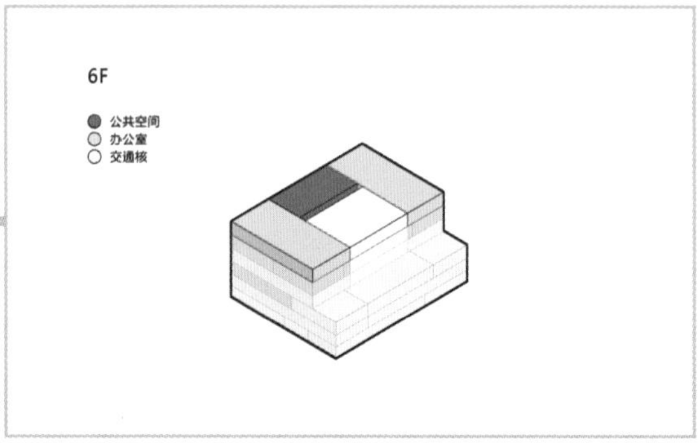

图 53

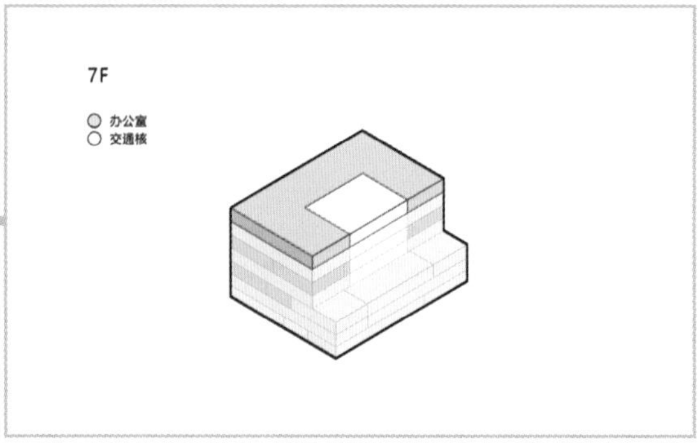

图 54

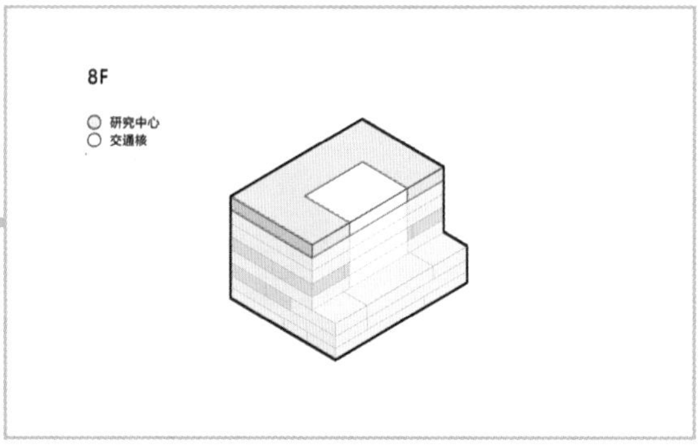

图 55

然后，细化中庭，加入折跑楼梯连接各层（图56、图57）。最后，和H厅一样，通过使用墙体隔层收缩以及玻璃的透明度来区分两类功能空间（图58、图59）。

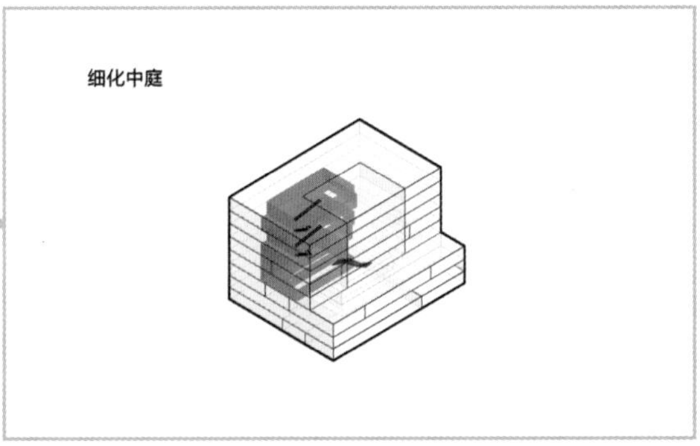

图56

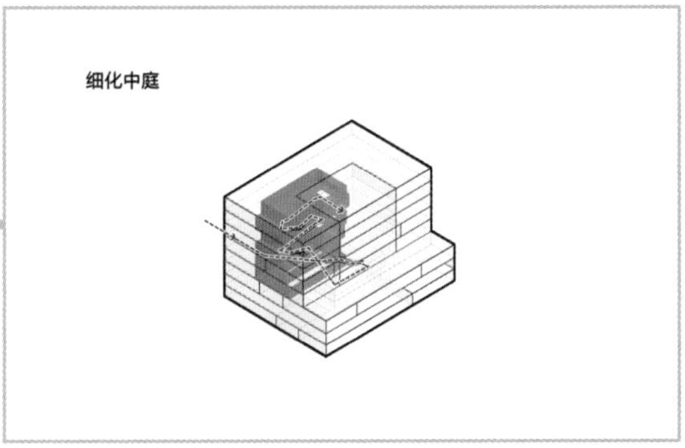

图57

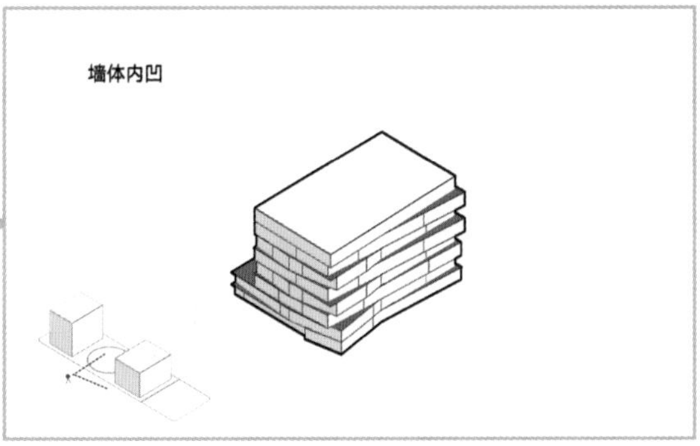

图58

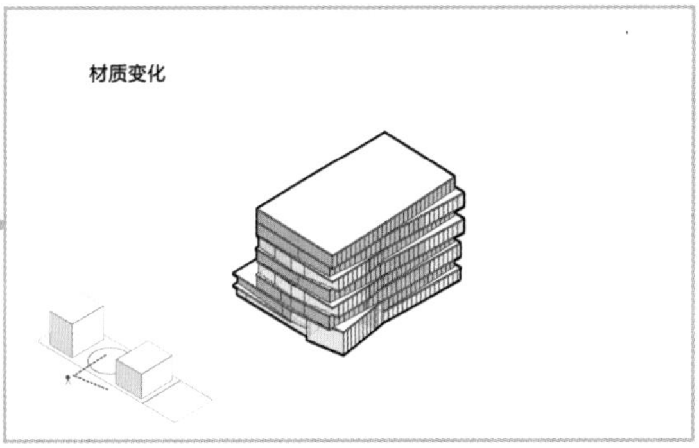

图59

两个厅与中间的规划绿地合体。收工（图60、图61）。

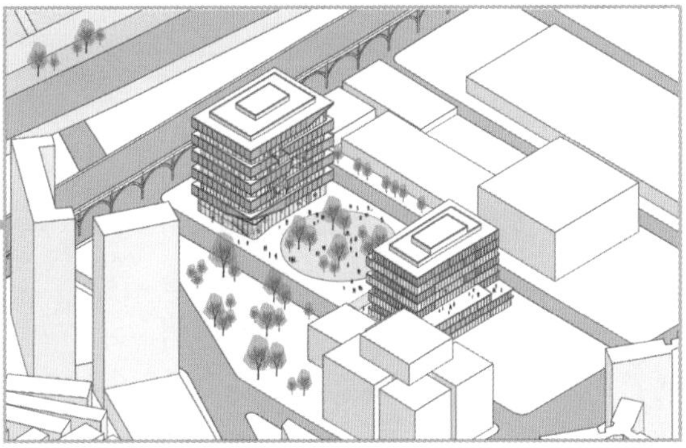

图60

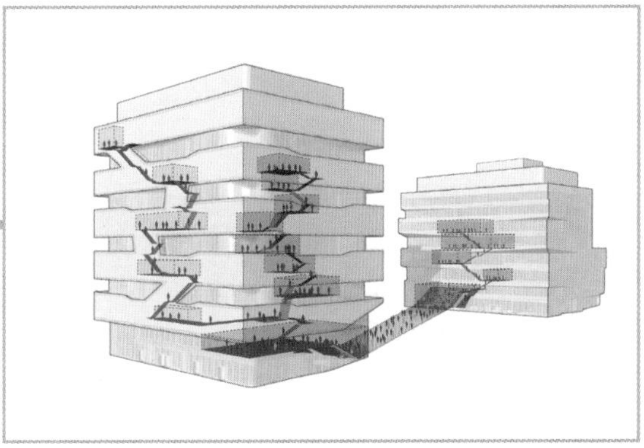

图61

这就是 Diller Scofidio+Renfro 建筑事务所和 FXCollaborative 事务所合作设计并中标的哥伦比亚大学商学院。它于 2022 年 1 月份已经开始投入使用啦（图 62 ~图 71）。

图 62

图 63

图 64

图 65

图 66

图 67

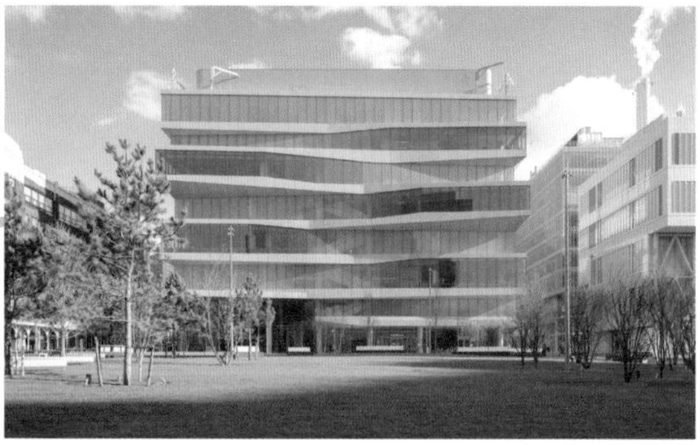

图 68

图 69

图 70

图 71

对建筑师来说，空间上的作为是设计空间与空间之间的关系，而不是形式与空间之间的关系。六度分隔理论说，只要通过六个人就可以找到世界上的任何一个人，而一个空间大概都不需要拐六个弯就可以找到任何一个空间。 地球是圆的，而世界是平的。建筑是三维的，而设计可以是二维的。

图片来源：

图 1、图 61 ~图 71 来自 https://www.archdaily.com/977680/columbia-business-school-diller-scofidio-plus-renfro-plus-fxcollaborative?ad_medium=gallery，其余分析图全为作者自绘。

END

草根建筑，逆天改命

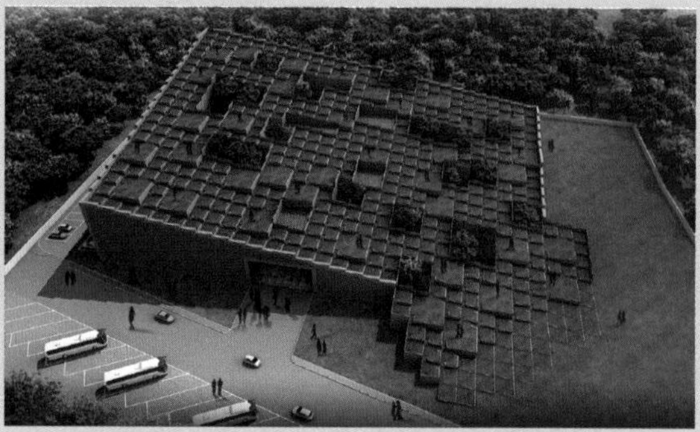

图1

名　称：印度印多尔威望大学综合楼（图1）
设计师：Sanjay Puri 建筑事务所
位　置：印度·印多尔
分　类：学校
标　签：模块化
面　积：23 225 m^2

START

其实，我们心里都清楚，虽然冠冕堂皇，虽然义正词严，但点灯熬油、拼死玩命搞出来的设计不是为了满足别人使用，而是为了贴补自己家用。我们清楚，甲方也清楚；我们知道甲方清楚，甲方也知道我们清楚；我们知道甲方知道我们清楚，甲方也知道我们知道甲方知道我们清楚。所以，再黑的要求甲方也毫无顾忌，因为，再黑的合同建筑师也是顾忌的。所谓设计，很多时候都像奶油蛋糕上的千姿百态，前提是你首先得有个蛋糕坯。而设计真正的力量不是给蛋糕坯裱花，而是把泥坯烧成青花，在土坯上种满鲜花。

印度威望教育协会（Prestige Education Society）是一个社会性的非营利组织（NPO）。最近，协会打算开启新的教育项目，在印多尔再建一座大学，准确点儿说，应该叫希望大学，主要目的就是扶贫，为印度底层青年提供教育资源。新的基地选在印度印多尔 Ringnodiya 村的一片农田里，周边建筑比较特殊，是个监狱（图 2）。

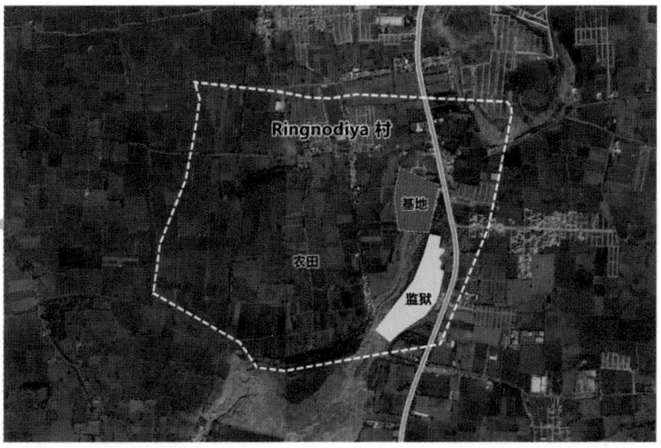

图 2

又不是狱警学院，为什么要建在监狱旁？说白了还是因为穷。NPO 本就是非营利的，盖希望大学也全靠捐助，能在荒山野岭搞块地也实属不易了。但是，这也意味着生活在这周边的人们更需要教育资源。学校总用地面积约 12 hm^2，按理说应该先搞个规划，然而并没有，原因很简单，没钱啊。就这么点儿钱，拿去做了规划，拿什么盖楼？

已知：NPO 现在有盖一栋楼的钱。请问：先盖哪栋楼？教学楼、办公楼还是宿舍楼？别说大学，就是小学也不止一栋楼。如果不是一栋楼，是不是还得先做规划？做了规划又没钱盖楼。死循环。

NPO 有时候很像 NPC（非玩家角色），能帮你推进剧情，但不能帮你闯关打怪。虽然还有一个比较被动的办法，就是慢慢地等着 NPO 去募捐筹款，但作为一所希望大学，早建成一天，可能就早一天让某个贫穷的印度青年改变命运。

专业的事情要交给专业的人来做，印度这次依然开挂，开挂的就是建筑师。印度本土的 Sanjay Puri 建筑事务所（就叫他 SP 吧）接受了这个没钱的委托，决定逆天改命。建筑师先圈了一块约 25 000 m^2 的靠近城市道路的用地出来，打算在这块地上先开工，也就是先开学（图 3）。

图 3

那么，问题来了：如何靠一栋楼让学校开学？感谢这个“万物皆可综合体”的年代。SP 与校方最终确定了将教室、图书馆、餐厅、行政办公区、研讨中心、礼堂这些功能搞一个综合体，再加上户外活动场地基本就算满足温饱了。算下来建筑总面积约 23 000 ㎡。鉴于是为本地青年提供教育，校方也没打算建学生宿舍，学校实施走读形式（图 4）。

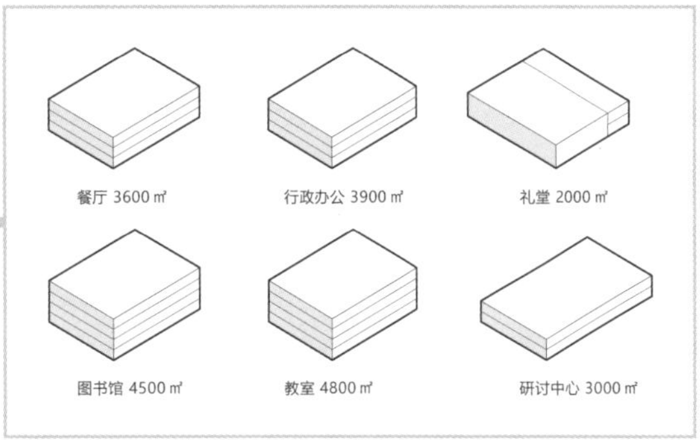

图 4

确定了功能是不是就可以开始搞设计了？不！比功能问题更大的是场地问题。别忘了，这里是人烟稀少的郊区，放眼望去都是农田。换句话说，学校的范围是个假范围，在地图上是条线，但实际上啥也没有，没有道路当边界，也没有栅栏围一圈。但毕竟是个学校，怎么样也要有个边界便于管理吧（图 5）？

图 5

其实，在这么大块地上，建筑面积不算太大，排个 6 层都能剩余 2/3 的场地。但是我们无法限定出户外场地来，因为边界不存在，也就是说，户外场地越大，越不像是户外场地，也就越难管理。说白了，SP 现在要设计的这个综合体不但要综合功能，还要把活动场地也综合进来（图 6、图 7）。

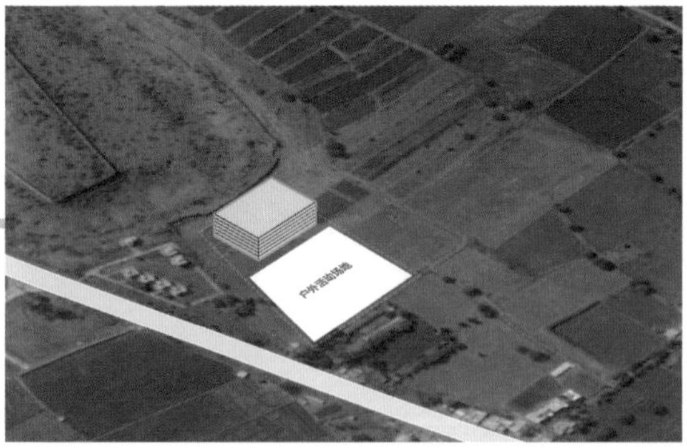
图 6

图7

再说白一点儿，不仅要给建筑限定边界，也要给户外活动限定边界。大学生的日常户外活动可以细分为人数较多的聚集性集体活动和人数较少的自发性休闲活动两种。因此，户外活动场地需要分成集体活动场地以及休闲活动场地。前面说了，因为场地环境和钱包环境的特殊性，户外场地的管理难度很大。相对而言，休闲活动比集体活动的管理难度更大。所以，SP 果断将自发性休闲活动的场地放到了屋顶上，只在地面上留下少部分场地供聚集性集体活动使用（图 8、图 9）。

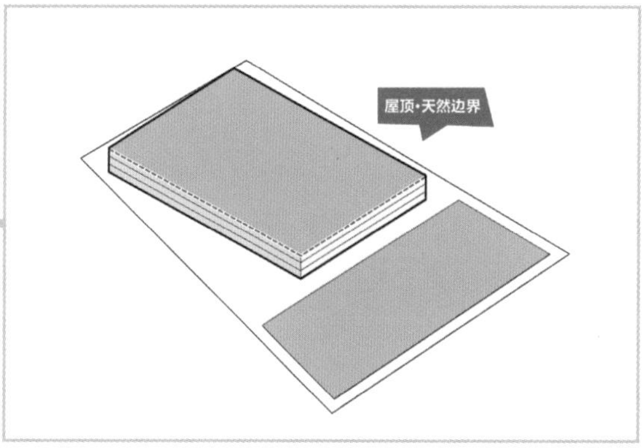

图8

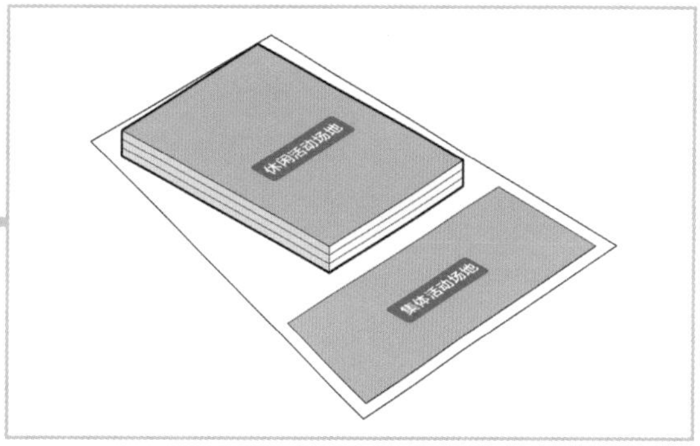

图9

但是，问题又来了：大学生是人，不是机器，还是不怎么听话的一群人，就愿意跑到操场谈恋爱，你能怎么着？所以，如果两种户外活动的分类是为了将户外场地割裂，那就毫无意义。分类是为了更自然地衔接，要想把天上、地下两种场地自然地接在一起，那就肯定得起坡了。可以沿着建筑对角线起坡，也可以沿着建筑长边起坡（图 10、图 11）。

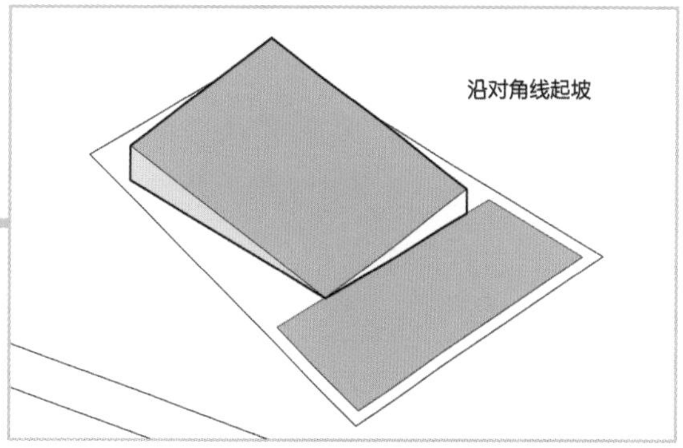

图10

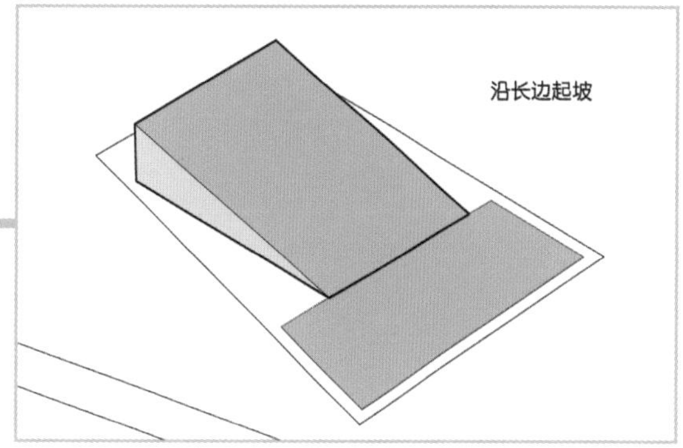

图11

虽然与地面连接更自然的是长边起坡，但这样的话坡下一侧空间基本不能用了。考虑到建筑内部的使用面积，选择单点起坡，起坡点选在离道路更近的一点。根据建筑面积，确定建筑高度及起坡后的体量（图 12）。

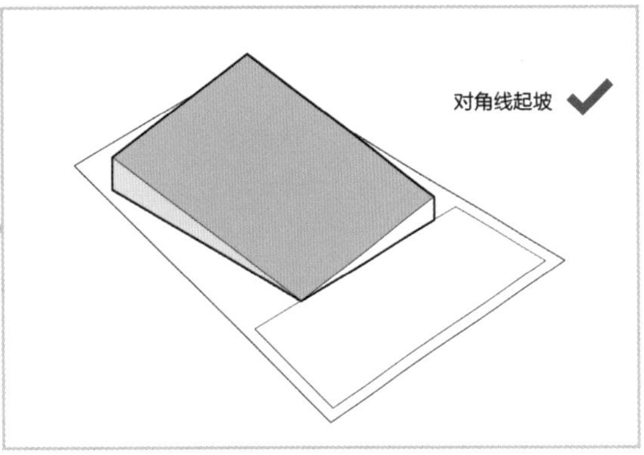

图 12

现在 SP 就得到了一个坡面建筑，解决了一些问题，但也制造了更多的问题。先说建筑，现在建筑开间和进深都很大，采光怎么解决？挖中庭啊（图 13）。但别忘了这可是在印度，一年中有 8 个月气温在 30 ~ 40 ℃之间变化。采光重要，防晒也很重要。把巨大的庭院碎化成多个小庭院分散在建筑中，在满足采光的同时尽量防晒（图 14）。

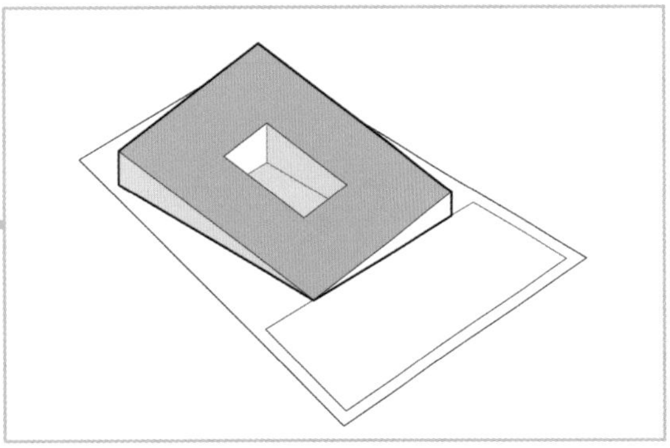
图 13

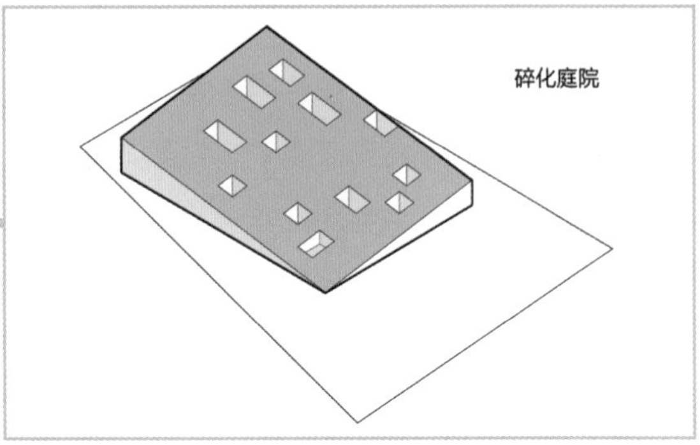

图 14

采光解决了，内部通风怎么解决？别想着安装空调什么的，根本没钱，只能选择多加几条贯通的走廊被动通风。但走廊怎么加是个问题（图 15）。

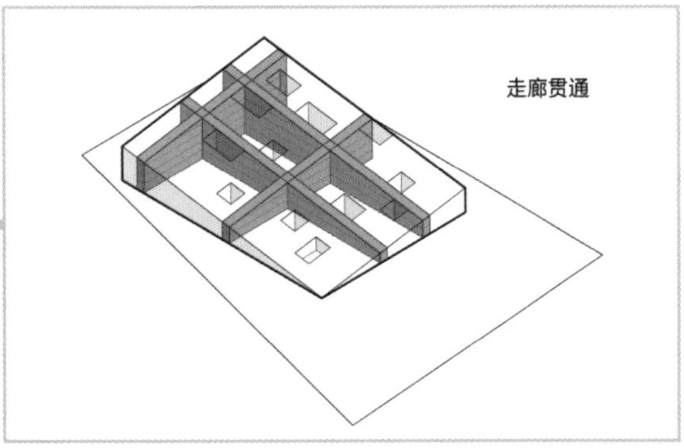

图 15

建筑是个综合楼，是包含了一个大学大部分主要功能的综合楼，并不是每层都是教室，通风走廊把平面分得这么碎，并不能适配到各种尺度的功能空间里。先布下功能再看怎么解决。

首层设公共性最强的礼堂、餐厅以及部分行政办公；二层为共享的图书馆；三层私密性变强，全部是教室；四层为研讨中心；五层为办公。首层容纳功能较多，在 3 个功能之间加门厅分流（图 16、图 17）。

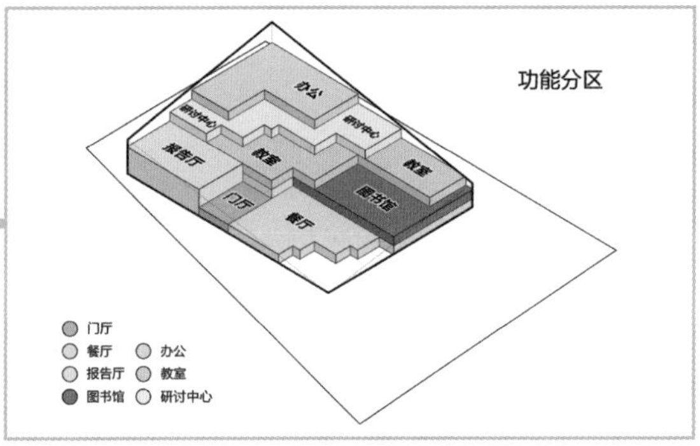

图 16

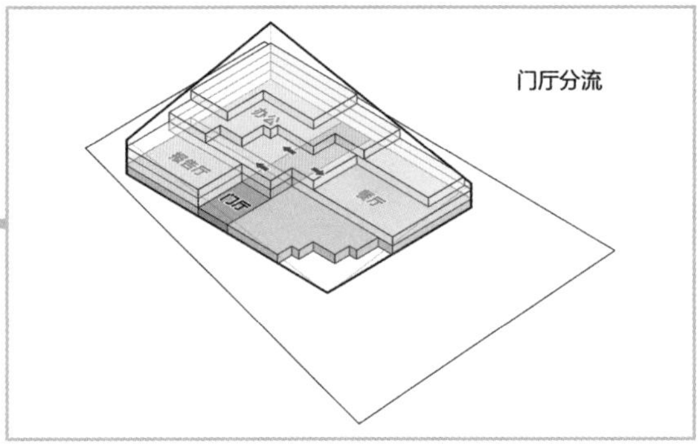

图 17

既然有了门厅，那就继续东西向打通，形成自然的通风廊道。通风门厅加高至二层，二层图书馆同样被门厅分成两部分。至于上面几层房间较多的教室、研讨中心、办公室则可以采用廊道 + 庭院的方式通风（图 18）。

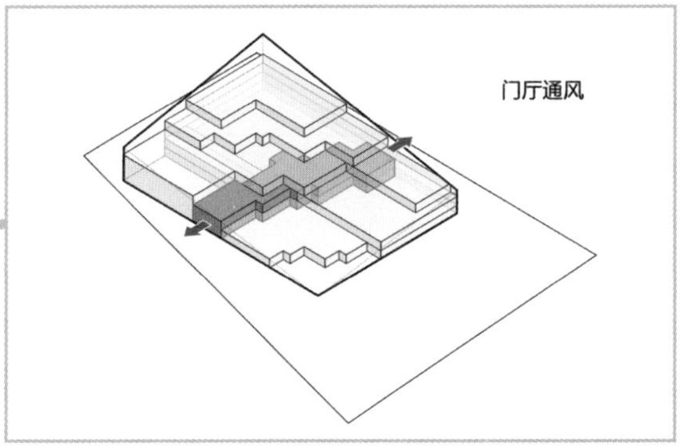

图 18

建筑的基本问题算是解决了，再回到容纳活动场地的屋面。屋顶斜坡是休闲活动场地，现在又被开了多个庭院，打碎了原本完整的场地。既然庭院是碎化的，那就让它更碎，用统一的网格来控制尺度，使屋顶从坡面变成一个台阶式模块平台。模块自然限定了场地，也解决了可达性及可用性的问题（图 19 ~ 图 21）。

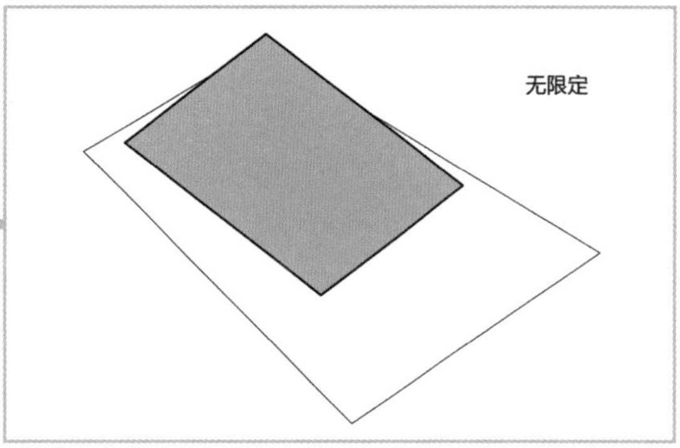

图 19

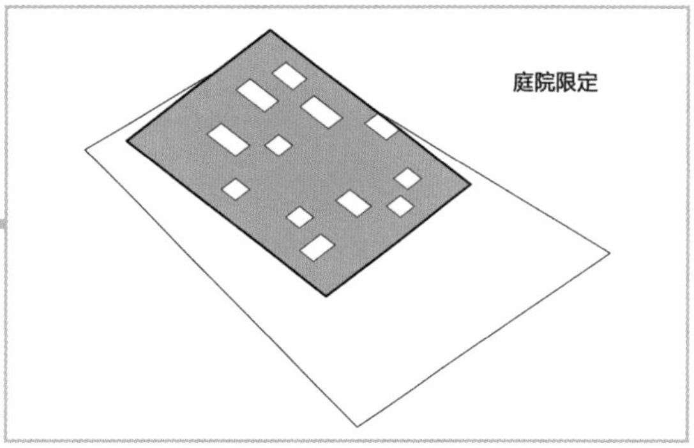

图 20

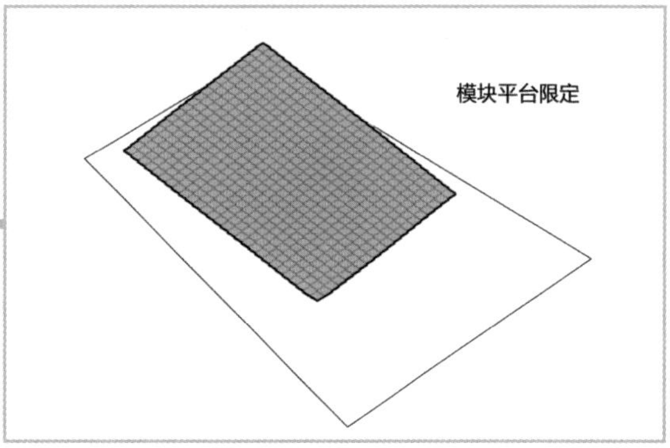

图 21

同时，模块化快捷、简单也省钱，对预算有限的希望大学相当友好。确定 4 m×4 m 的体量，用模块分割整个建筑。利用模块形成屋顶坡度，以起坡点作为高度最低的模块定位点，接着依次向两个方向排布高差为 0.6 m 的模块盒子，最终形成一个矩形的坡面屋顶（图 22）。

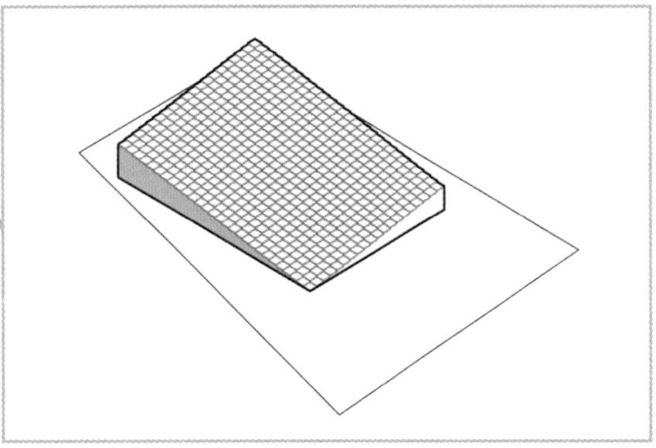

图 22

至于在屋顶上哪里开洞，还是需要在完善建筑部分后才能确定。因此，接下来根据屋顶模块形成的网格来具体布置建筑内部的平面。对首层建筑的门厅进行锯齿形处理，礼堂、餐厅及行政办公 3 个部分均在靠近外墙的位置放置交通核及卫生间等辅助用房来避免墙外的热浪。在行政办公及礼堂之间设礼堂，另外 3 个功能内则根据网格尺寸划分尺度不同的庭院（图 23）。

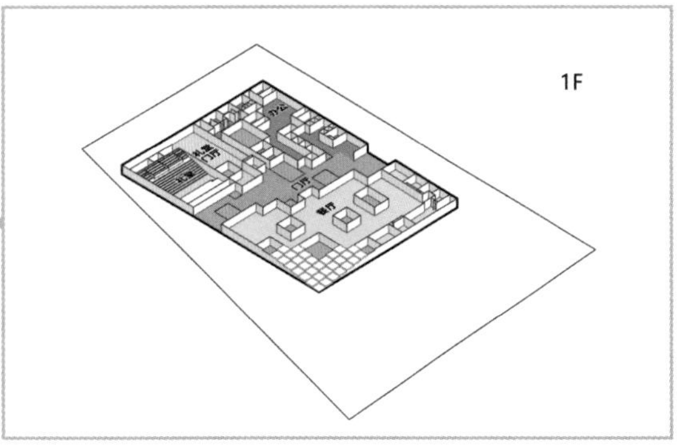

图 23

二层主要是图书馆及礼堂上空。由于起坡点部分太低，不再设房间。在被门厅分开的图书馆之间加入廊桥形成连通。在现有庭院的基础上，继续局部开庭院（图 24）。

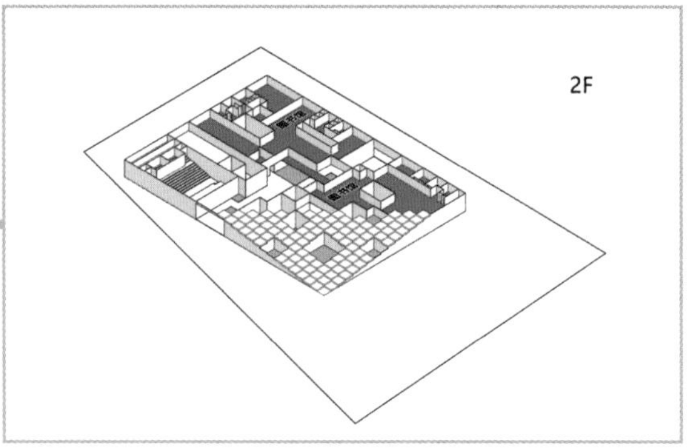

图 24

三层主要是教室。根据现有庭院位置，确定交通廊道，然后在此基础上布置教室。此外，为没有采光的教室继续加庭院采光（图 25）。

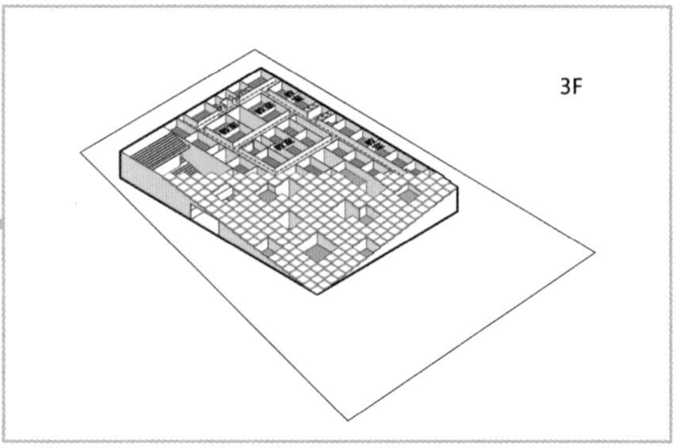

图 25

四、五层的研讨中心和办公采用同样的方式布置。需要注意的是，越到坡顶，可使用的建筑面积越小，要时刻确保可使用建筑面积的边界（图 26、图 27）。至此，内部功能基本完善，所有的庭院位置也都确定了（图 28、图 29）。

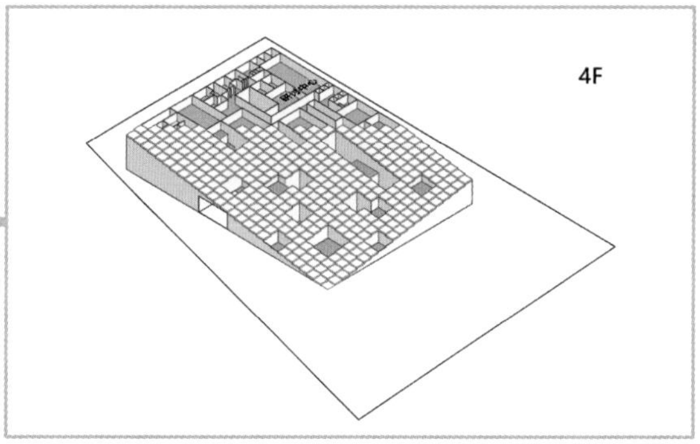

图 26

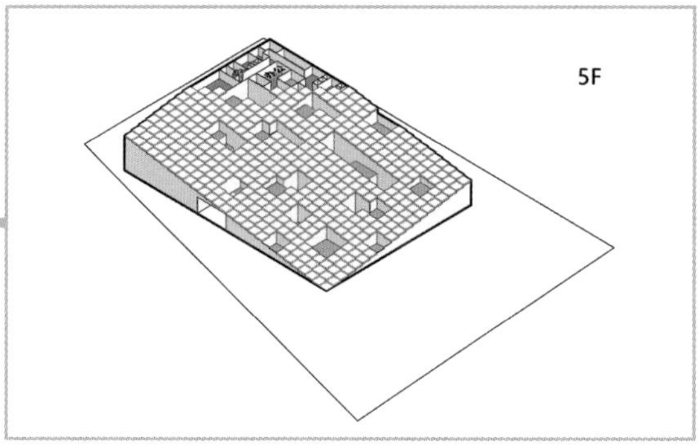

图 27

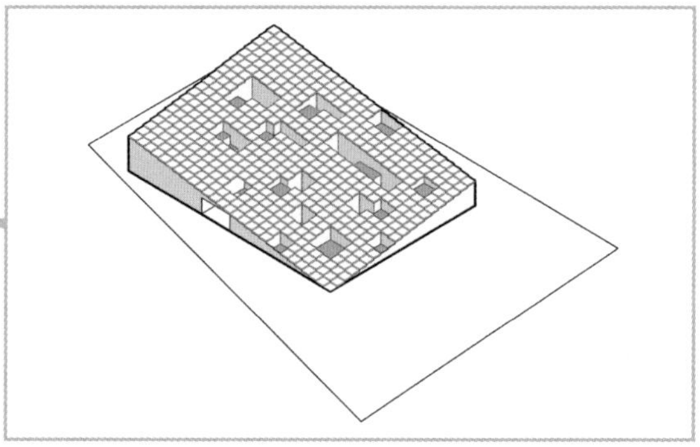

图 28

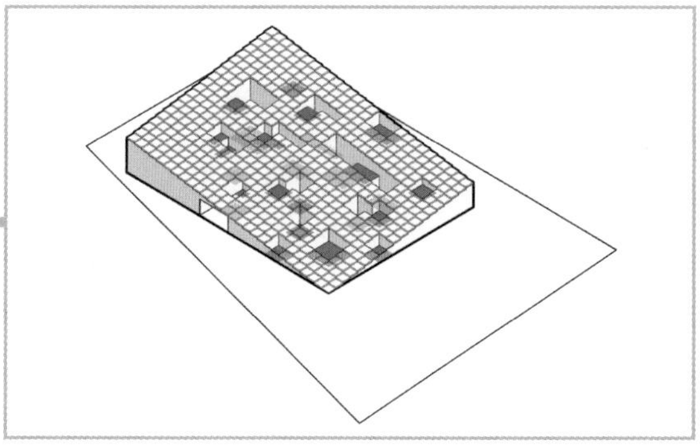

图 29

进一步细化屋顶平台。现在都是 4 m×4 m 的小方格，将局部的平台扩大为 8 m×8 m，以适应休闲活动的多样性（图 30、图 31）。继续将小平台向不大的地面活动场地延续，与地面活动场地融为一体（图 32、图 33）。再根据平台位置补充台阶，使各个平台互相连通，增加可达性（图 34、图 35）。

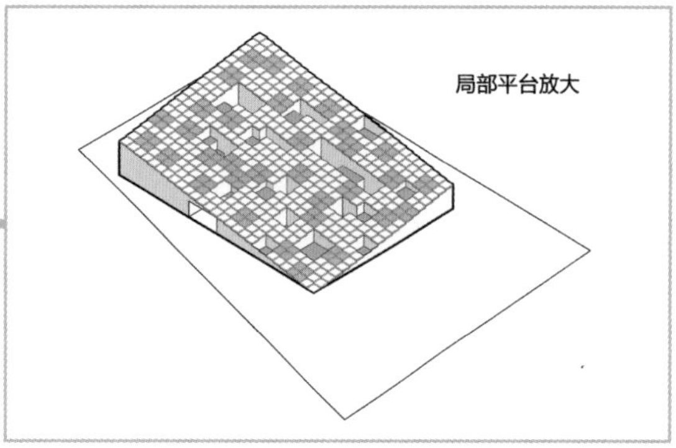

图 30

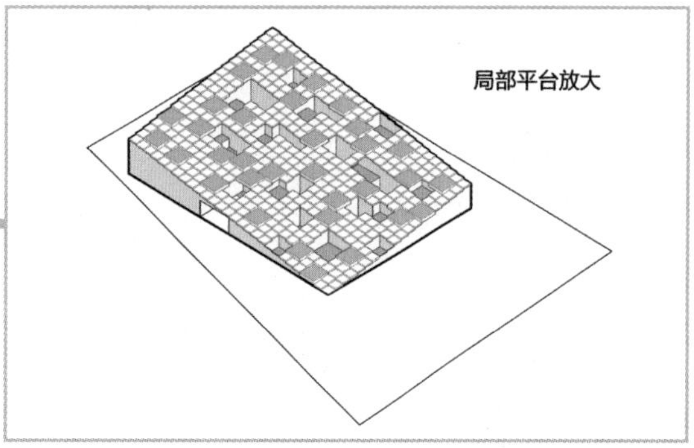

图 31

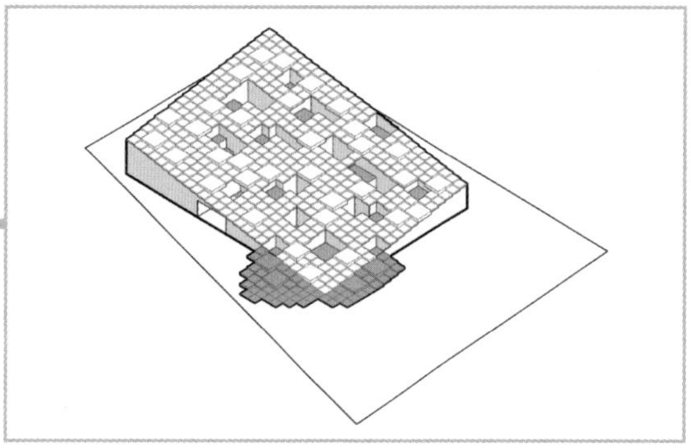

图 32

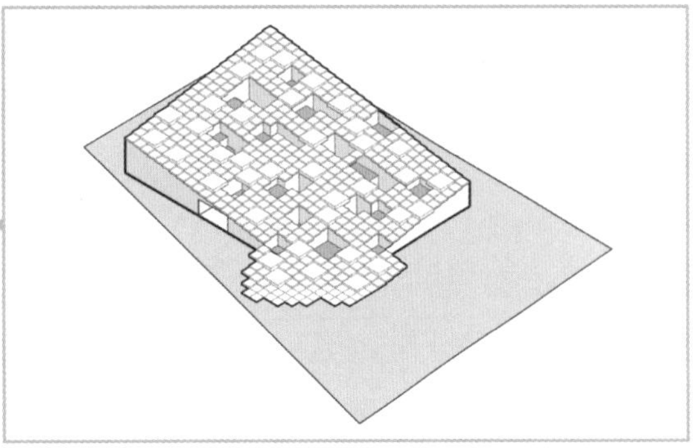
图 33

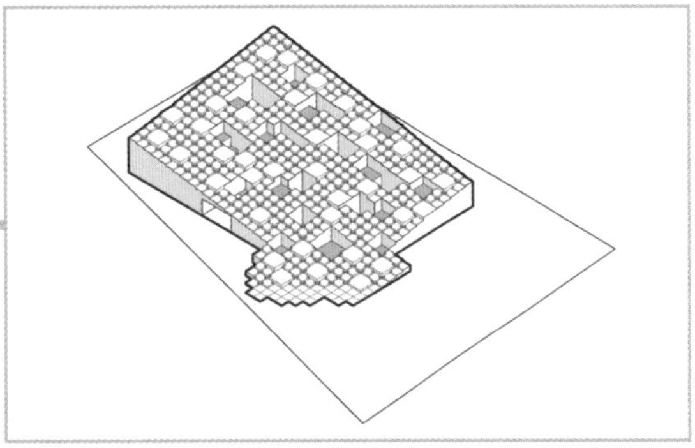
图 34

图 35

至此，一个“多快好省”的大学就完成了。屋顶平台全部铺满草皮，在提供活动场地的同时，进一步加强建筑屋顶的隔热作用。外墙采用印度当地最便宜的红砖作为主要材料，并在屋顶部分迎合平台的跌落形成锯齿式立面（图36）。收工（图37）。

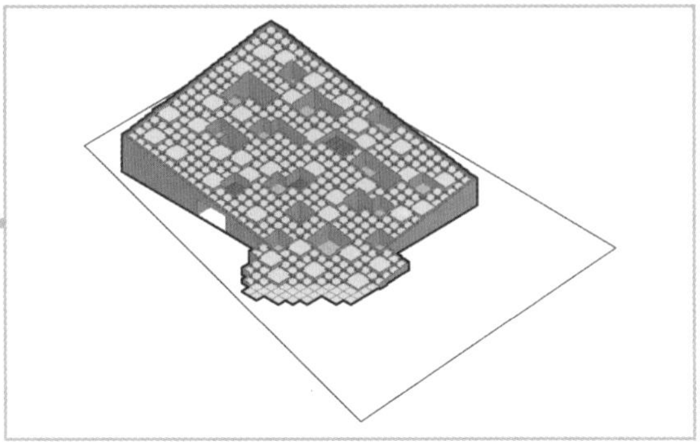
图 36

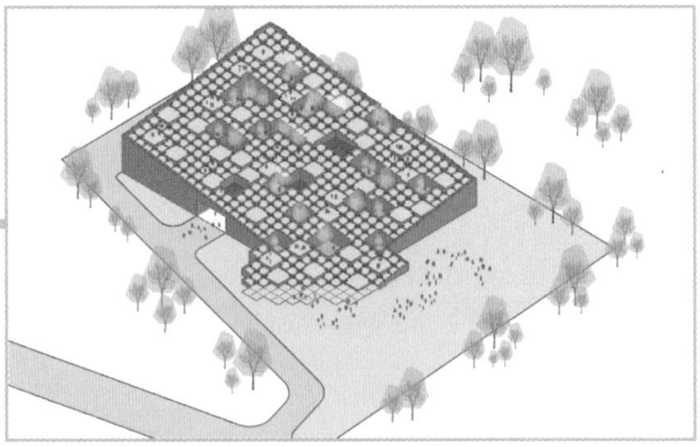
图 37

这就是 Sanjay Puri 建筑事务所设计的印度印多尔威望大学综合楼（图 38 ~ 图 45）。

图 38

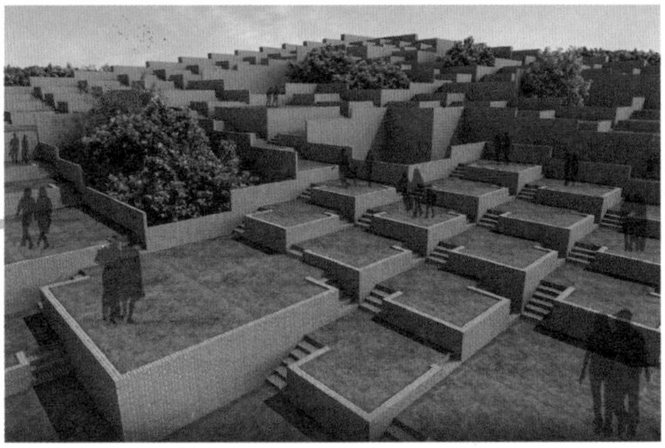
图 39

图 40

图 41

图 42

图 43

图 44

图 45

一个建筑项目，甲方提问题，你解决问题，你只拥有设计的解释权。而若是你发现问题，你解决问题，你才能拥有设计的话语权。设计改变生活，锦上添花不是改变，雪中送炭不是生活。雪消冰释、花开风暖才是值得期待的设计。人参、灵芝都是草根，能治病救人的草根。

图片来源：

图 1、图 35、图 38 ~ 图 45 来自 https://mymodernmet.com/sanjay-puri-architects-prestige-university/，其余分析图为作者自绘。

END

设计做得很好，下次不要做了

图 1

名　称：台中市文化中心竞赛方案（图 1）
设计师：Sane 建筑事务所
位　置：中国 · 台中
分　类：文化建筑
标　签：编织，融合
面　积：45 000 m²

人总是执着于第一眼就喜欢的东西，比如，5岁时喜欢的巧克力，10岁时喜欢的游戏机，15岁时喜欢的那个人，20岁时喜欢的建筑学。结果，被巧克力蛀了牙，被游戏机废了眼，被那个人伤了心，被建筑学误了终身啊。以我们的智商，最大的聪明就是自知之明。你要相信你第一眼喜欢的东西，它们出现不是为了告诉你应该热爱与坚持，而是为了告诫你放弃是种美。当然，如果你非得“以身排雷”，那也挺美，毕竟，这年头对自己下手都这么黑的人，也不多了。

中国台湾台中市最近打算在中央公园建一个文化中心。中央公园面积约 76 hm^2，呈南北绵长的不规则形状，新文化中心选在了公园最北端的入口处一块同样不规则的场地上(图2、图3)。

图2

图3

文化中心在功能上主要包括两大部分：25 000 m^2 的博物馆以及 20 000 m^2 的图书馆。但是，人家在使用上却包括三部分内容呦：除了用作博物馆和图书馆，还要成为中央公园北端的入户大门。生活小常识：功能不等于使用。比如，跑步机一般放在南阳台，方便冬天晒被子。总之，现在这个文化中心除了要是个“中心”，还要是个“入口”（图4）。

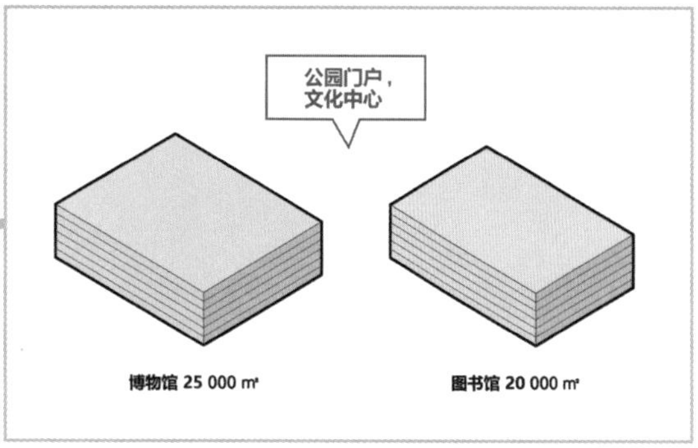

图 4

既然是公园入口，那就需要让人通过，也就是到达公园的视线、路线都得畅通。但同时作为文化中心，又必须站稳中心位，要真真切切地把人吸引住，让人在此停留、聚集（图 5）。

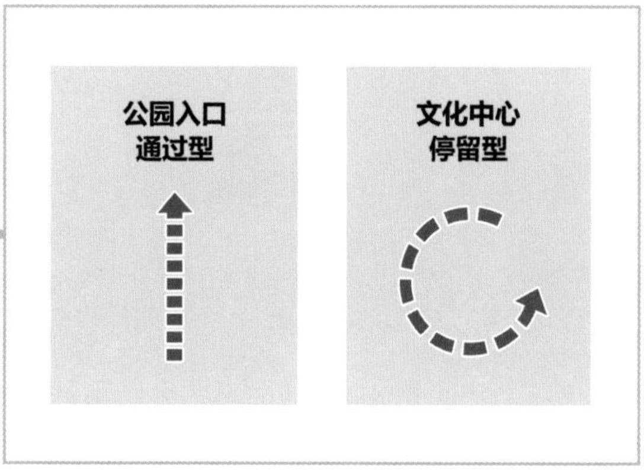

图 5

听起来很矛盾是不是？既要能通过又要能聚集，你咋不上天呢？不管怎样，反正现在不管你把博物馆和图书馆合起来还是分开，都很尴尬（图 6、图 7）。

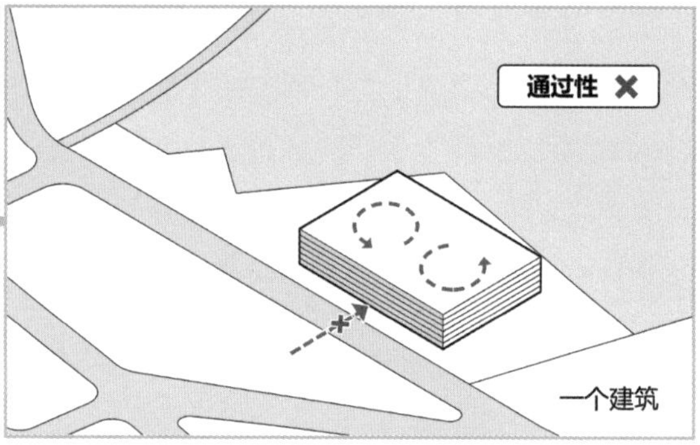

图 6

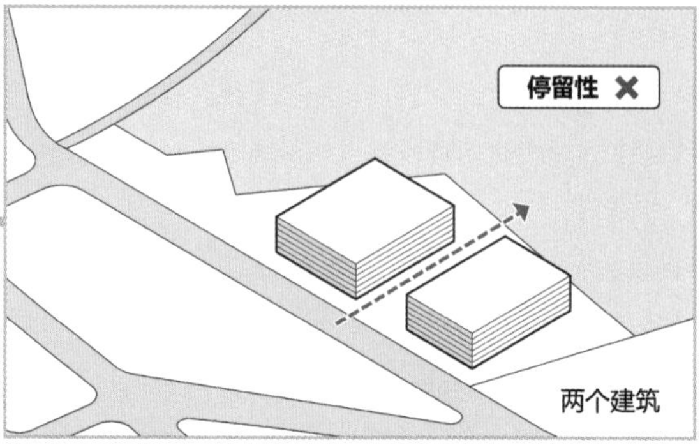

图 7

怎么办？不能办就别办了。我的意思是说，如果两个人见面很尴尬，那最好的方法就是别见面。通过性和停留性其实是一个视觉远近的问题。建筑作为城市标志性中心，首先就是得让人看见，不是走近了才看见，而是在相当的距离内都是视觉焦点。但作为入口大门，只要保证大家走到门口能找到门进去就行了（图 8、图 9）。

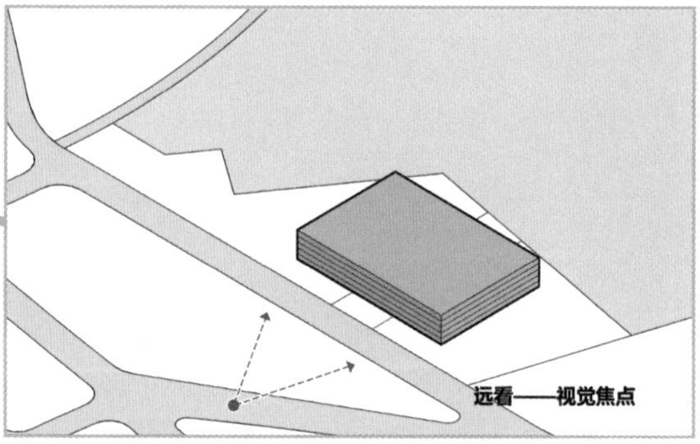

图 8

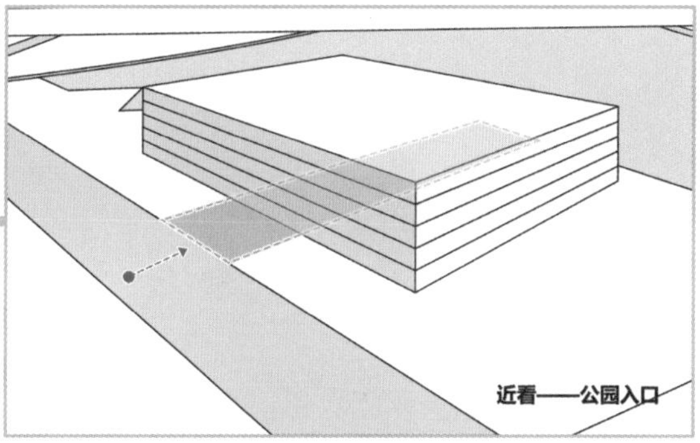

图 9

恍然大悟了是不是？不过，别激动，这并不是重点，因为大部分参赛选手都没恍然也悟了，基本都很默契地选择了整体分散的布局方式。远看是个整体，具有集聚的效应，近看又留有足够的缝隙可以通过（图 10）。

图 10

看这堆花里胡哨的效果图就知道大家都得到了精髓——只要下面能留出通过的路线，上面怎么造作都可以。来自巴黎的 Sane 建筑事务所（下面叫它 SA）也是这么得到的。但作为一个典型理科生，SA 有点一根筋的傻劲儿。SA 第一眼就判断这事儿是要把公园和建筑混合起来，你中有我，我中有你。远看一团火，近看柴火堆，答案简直呼之欲出。或者说，理科生 SA 第一眼就决定了解题公式——编织。编织这种概念在建筑圈也很常见，如之前拆过的 HD 兄弟的编织楼板项目——luz 文化综合体（图 11 ~图 13）。

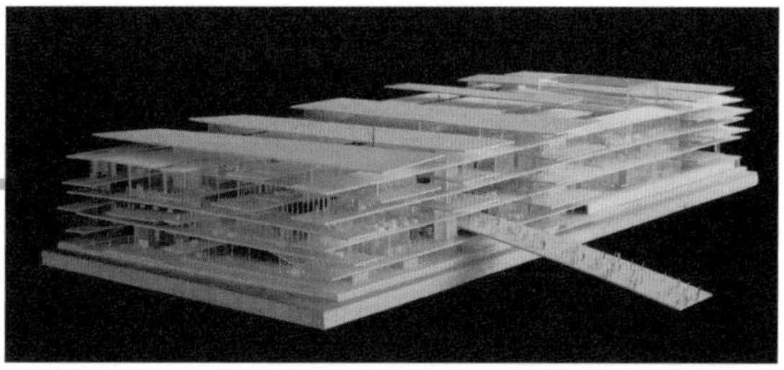

图 11

图 12

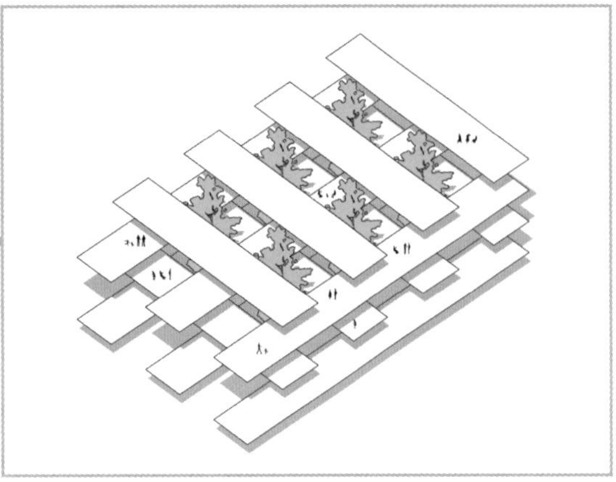

图 13

两个方向编织的楼板会形成多个镂空部分，镂空部分（院子）正好可以和各层屋顶平台共同形成一个连通的公园。而在 SA 这个设计里，因为要承载建筑及公园两种功能，因此，将编织的楼板升级成编织的实体空间，也就是用管子空间来完成编织（图 14 ~图 18）。

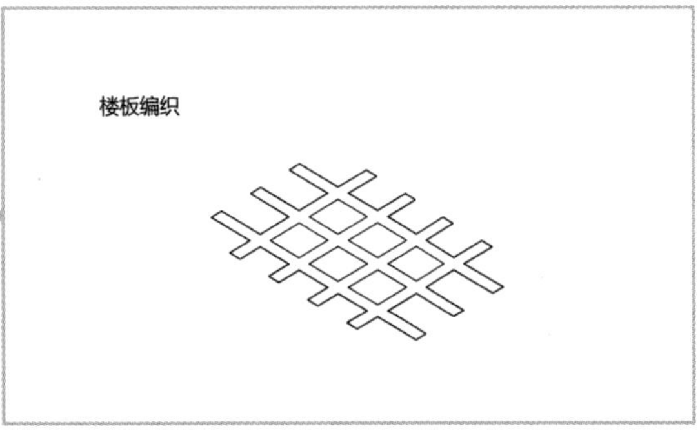

图 14

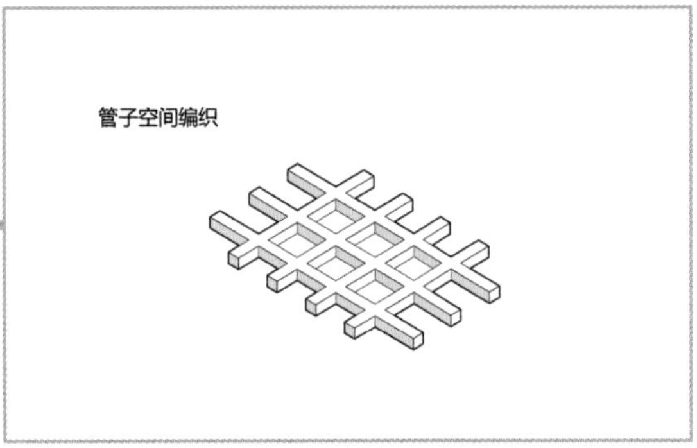

图 15

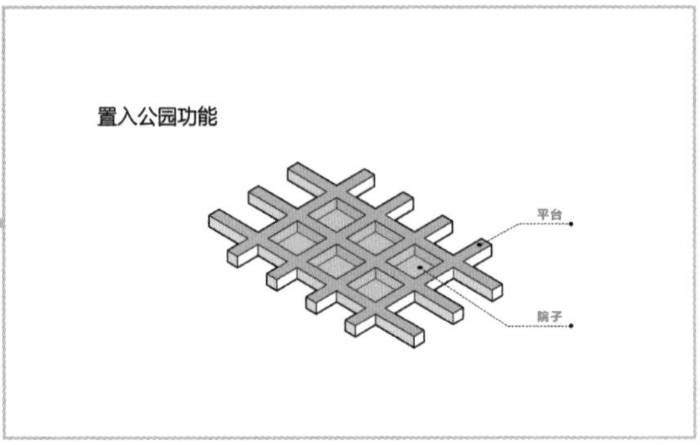

图 16

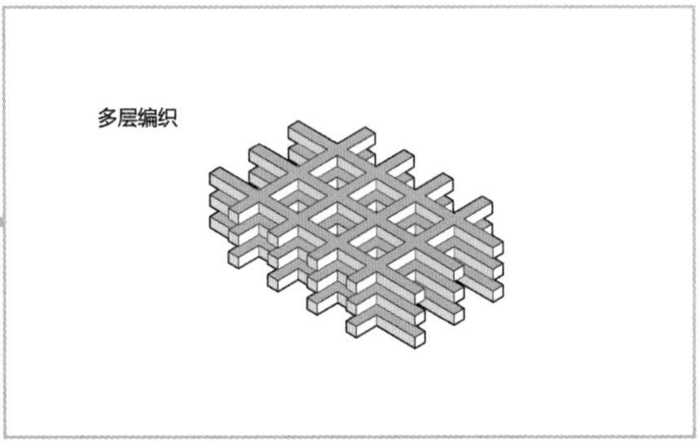

图 17

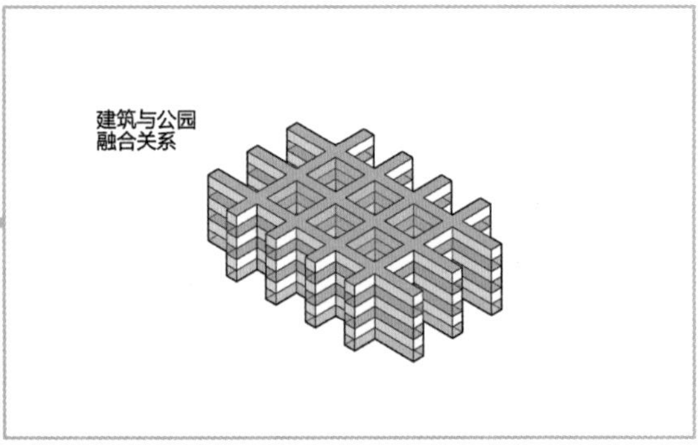

图 18

这样就得到了设计的空间原型——编织的管子空间。SA 选择 7.2 m 宽、6.7 m 高的管子空间作为编织单元，将编织原型放入场地，根据建筑面积要求确定编织层数（图 19）。顺应场地，改变各个位置管子的长度（图 20）。

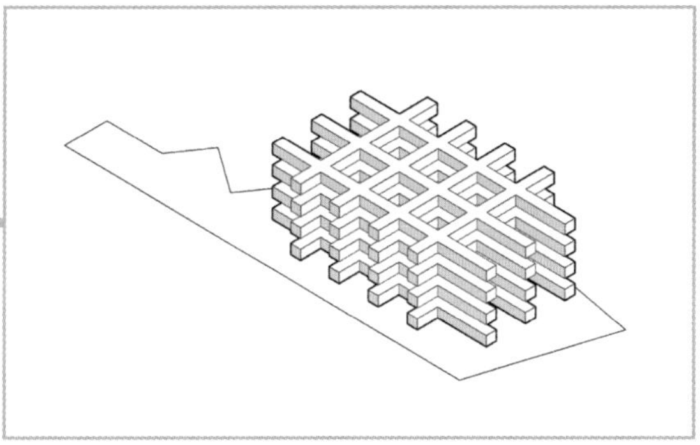

图 19

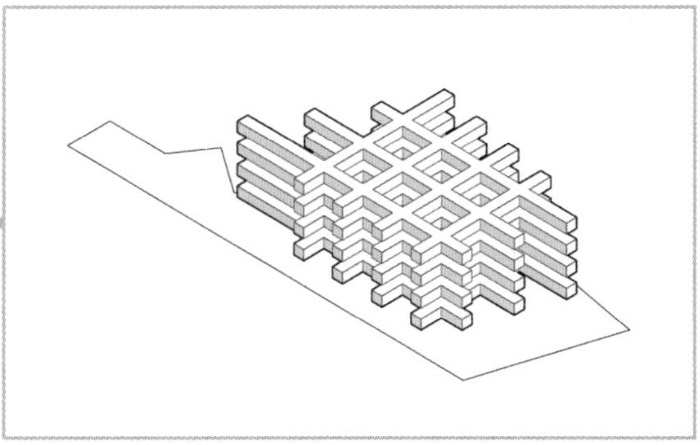

图 20

现在建筑水平向的联系有了，垂直向各层的联系则正好利用正交管子的交点作为交通核（图 21）。至此，设计的基本空间概念算是建立起来了（图 22）。

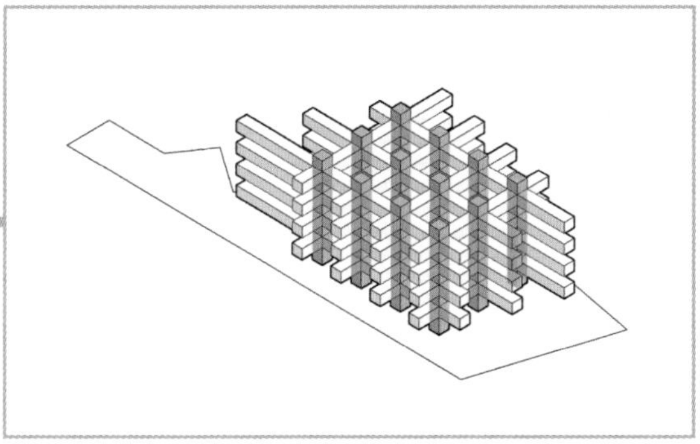

图 21

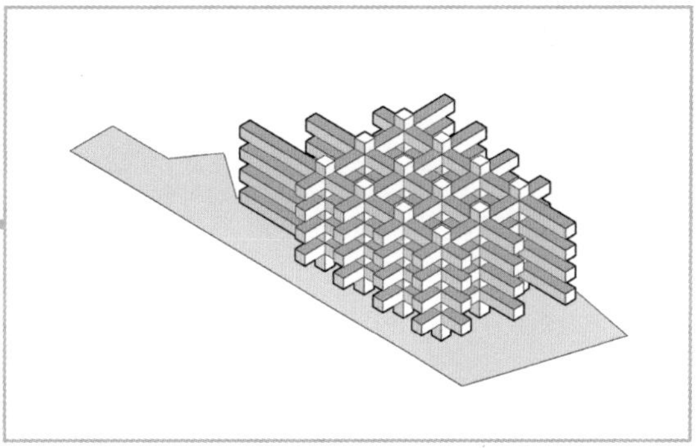

图 22

这个编织的管子空间其实还是不错的。但是你要知道，这个世界上制造问题的永远是人。编织管子没问题，有问题的是 SA。SA 对这个编织管子太执着，也可能是太喜欢，就像你太喜欢一个东西，就恨不得将其供起来，一丝一毫也不舍得乱放、乱碰。SA 也是这样，他们太珍惜这个空间了，一丝一毫也不敢打乱。建筑内部两大功能是图书馆和博物馆，你可以一上一下放，也可以一左一右放（图 23、图 24）。

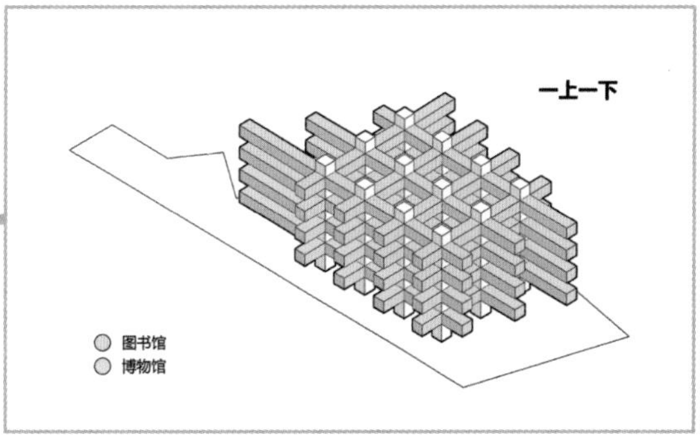

图 23

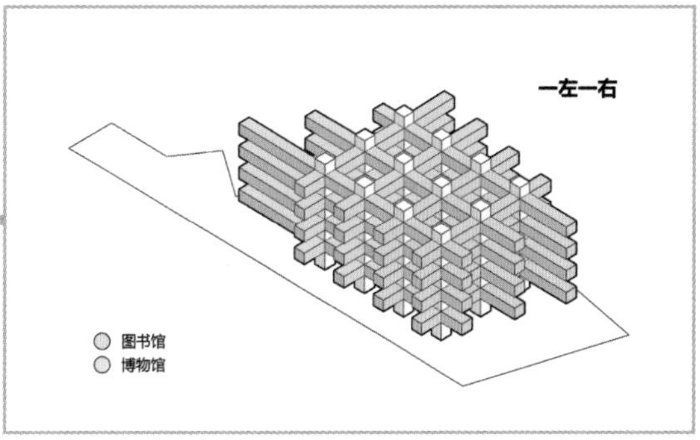

图 24

但 SA 时刻抱紧自己的编织概念。既然对公园和建筑进行了编织，那到了建筑里自然也可以编织，毕竟编织代表着融合，融合就是和谐。将一层、三层的管子作为博物馆功能，二层、四层的管子作为图书馆功能（图 25）。

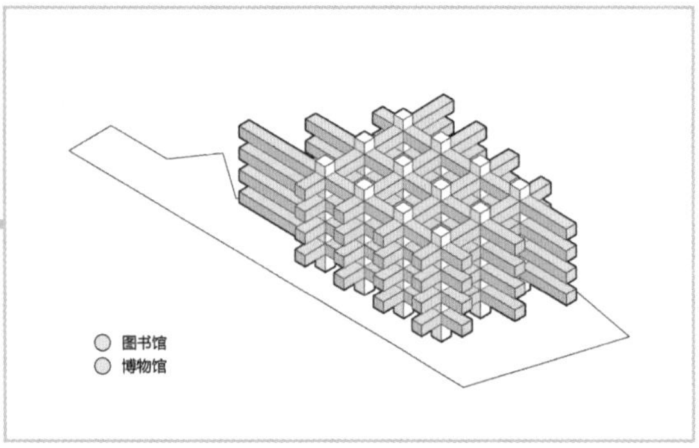

图 25

现在，相邻两层虽然功能不一，但上下完全对位，完全一致。空间很整齐，但交通已经混乱了。SA 使两种功能的管子空间错位，形成更复杂的编织效果，这样不但图书馆和博物馆的位置可以明确地显示出来，而且平台与平台也从仅一层的高度分化出两层的高度，如此一来，外部的架空体验就更加丰富了（图 26 ~ 图 29）。

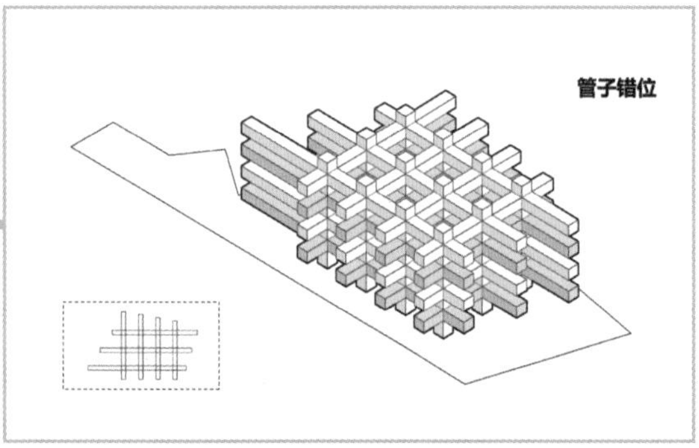

图 26

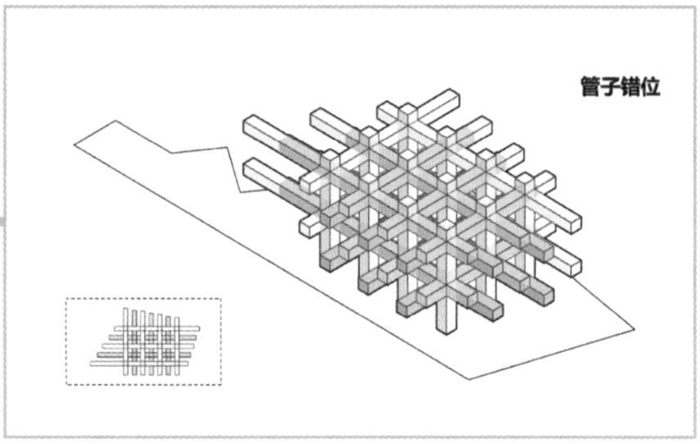

图 27

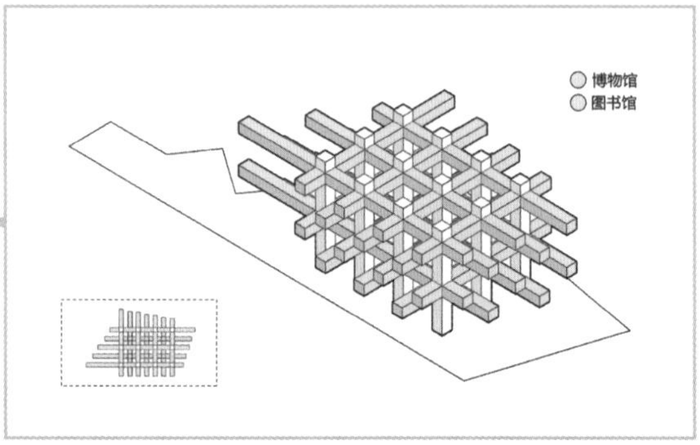

图 28

图 29

同样将偏移的管子交点作为新交通核（图 30）。至此，管子空间关系算是完全确定了。

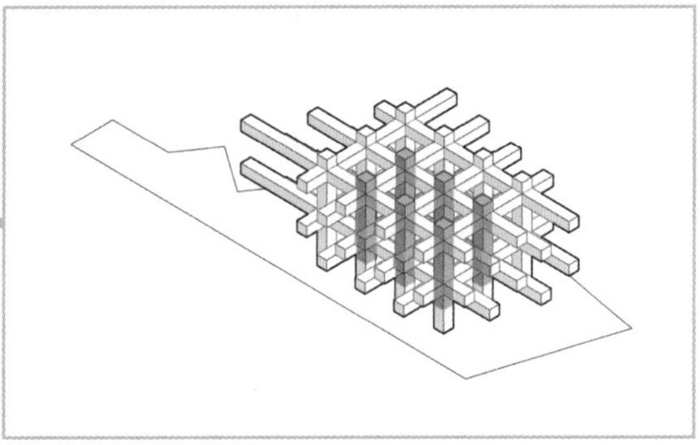

图 30

套公式的一根筋设计法虽然很理性，但是也带来了新问题。管子带来的所有空间都是线性空间，也就是说，管子端头都是死胡同。图书馆还好，毕竟都是以阅览为主，本身就需要停留空间，在角落里读书也不错。可死胡同对博物馆却很不友好。每个端头的展览你都得来回往返，这么多个端头啥时候是个头（图 31、图 32）？！但对 SA 来说，管子就是本体，反正不能改。那就只能被动地改展览方式了。

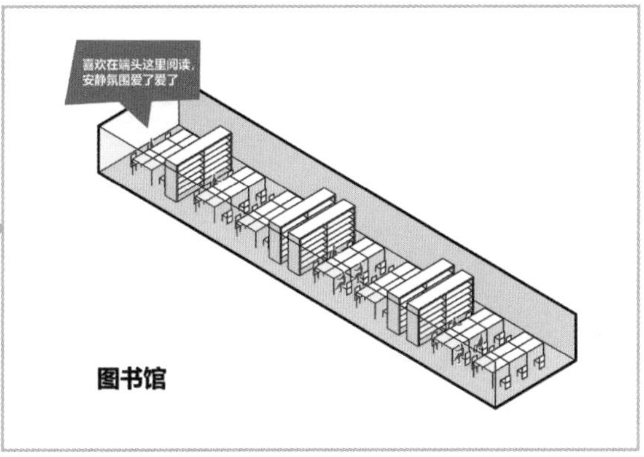

图 31

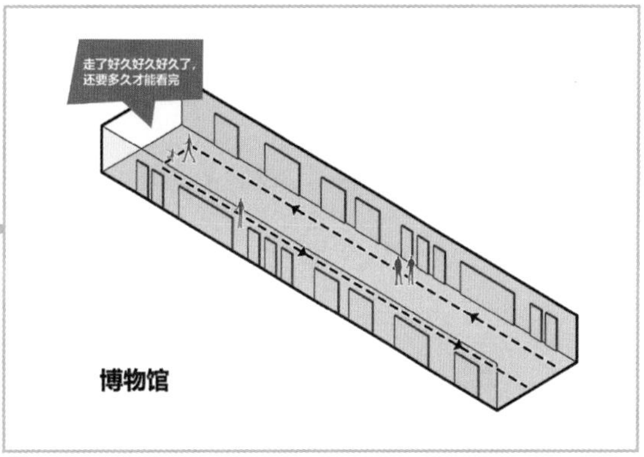

图 32

SA 在管子中间增加了横向展墙，以求弱化一眼望到底的死亡长度，并在端头尽量设置以观影为主的影像展览，作为流动性向停留性转换的方式。只能说，安慰不了别人就安慰自己吧（图 33）。

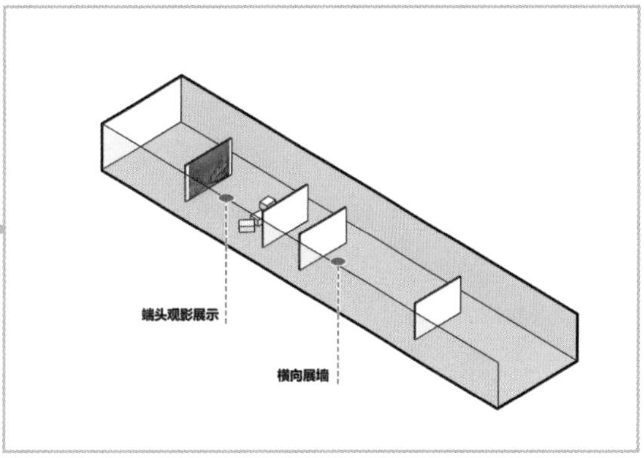

图 33

不管怎样，反正就这样了，接下来开始细化建筑。现在整个建筑还缺一个公共门厅，选择管子编织的最中间区域作为门厅位置。由于两功能中间的位置有所偏移，公共大厅也用倾斜的玻璃幕墙围合（图 34、图 35）。

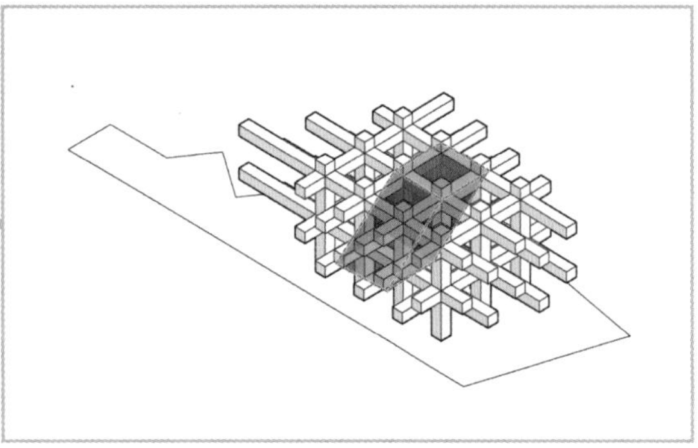

图 34

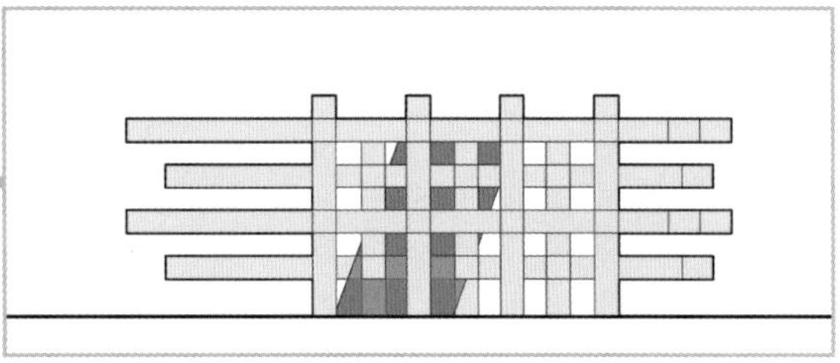

图 35

确定了公共大厅的位置，在此基础上继续布置各层平面。博物馆首层的展览空间集中在公共大厅的东、北、南三面，公共大厅西侧容纳存储、辅助及博物馆的办公区域，办公空间局部做双层处理（图 36、图 37）。

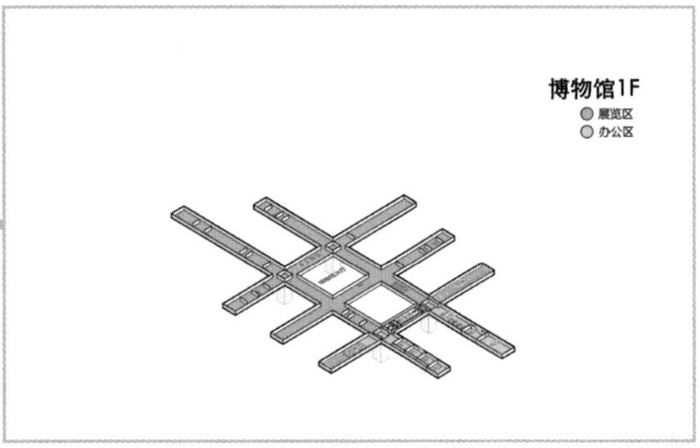

图 36

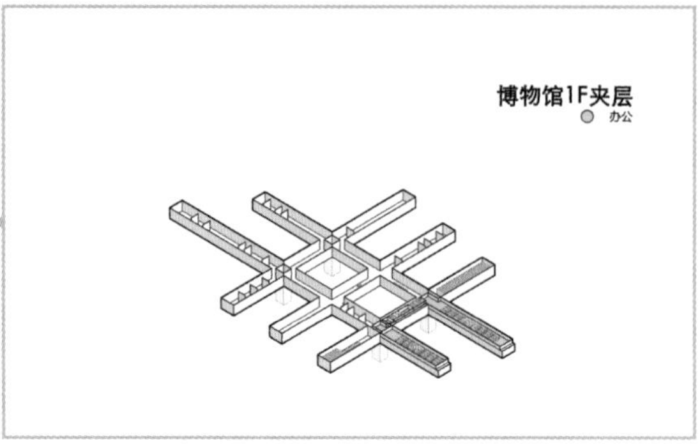

图 37

博物馆 2F 同样将展览空间集中在公共大厅的三面，公共大厅西侧容纳工作坊、教室、存储等功能，工作坊等局部做双层处理（图 38、图 39）。

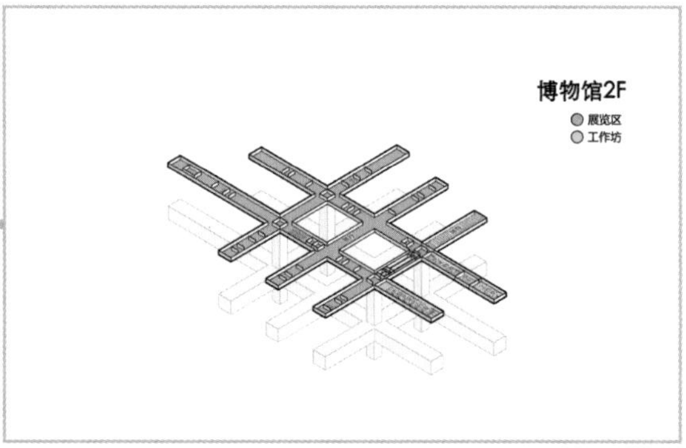

图 38

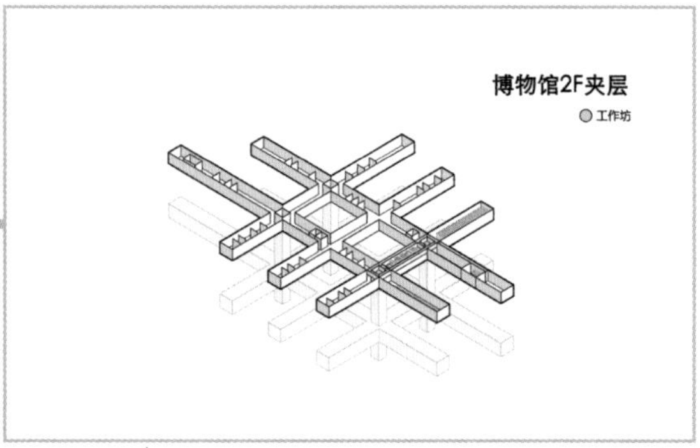

图 39

图书馆 1F 管子端头作为主题阅览区，且端头全部做成双层阅览空间，并在每个端头加设楼梯。此外，在中间公共大厅位置布置开放阅览区，北侧则集中布置双层的行政办公区，图书馆 2F 也是同样的排布方式（图 40 ~图 43）。

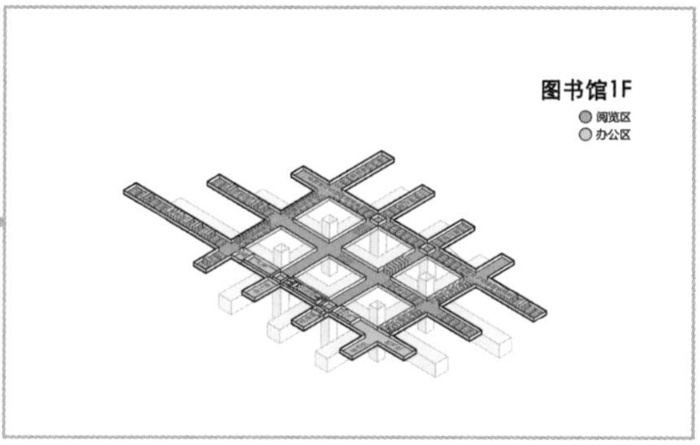

图 40

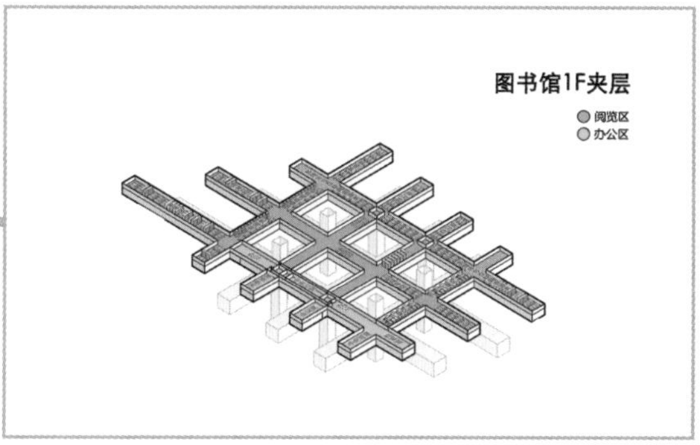

图 41

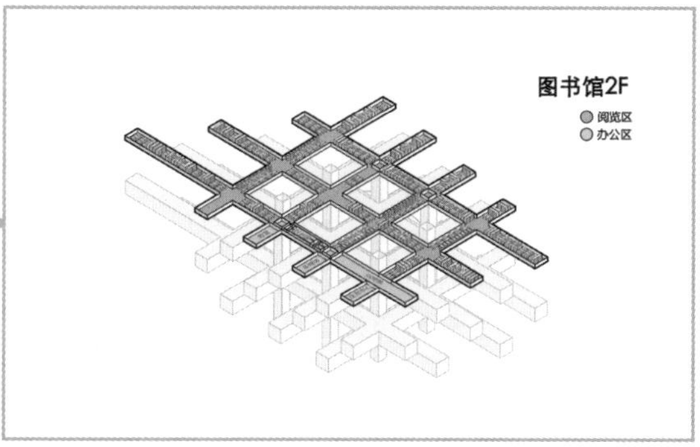

图 42

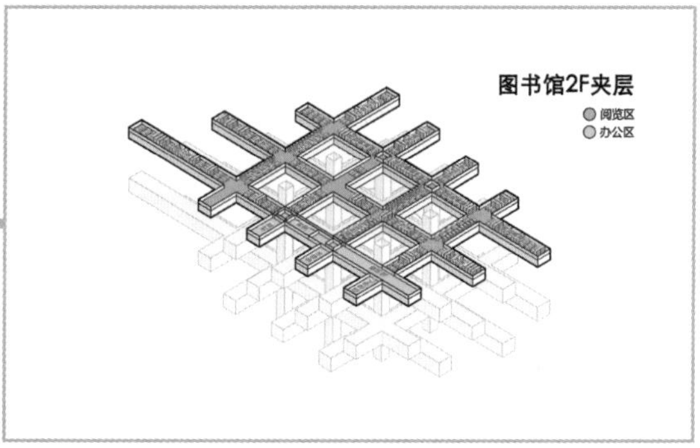

图 43

空间关系极致明确，排布功能也就变得非常简单，反正也排不出花了。功能布置好后，细化所有交通核。此外，在公共大厅加入两组颜色鲜艳的扶梯系统，引导到达各个功能区（图 44、图 45）。

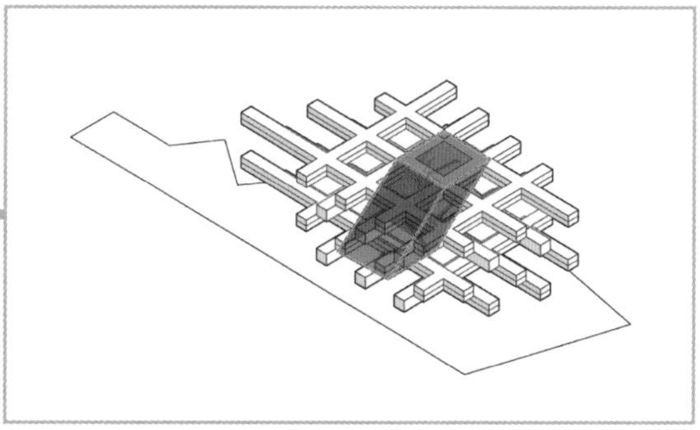

图 44

图 45

至此，功能解决完毕。最后一关是结构。为了保持管子空间的纯粹性，SA利用巨大的桁架结构实现悬挑，垂直交通核则作为支点（图46、图47）。再为建筑赋予材质，博物馆与图书馆在立面材质上继续加以区分：博物馆采用半透明材质，图书馆采用透明的玻璃材质（图48）。

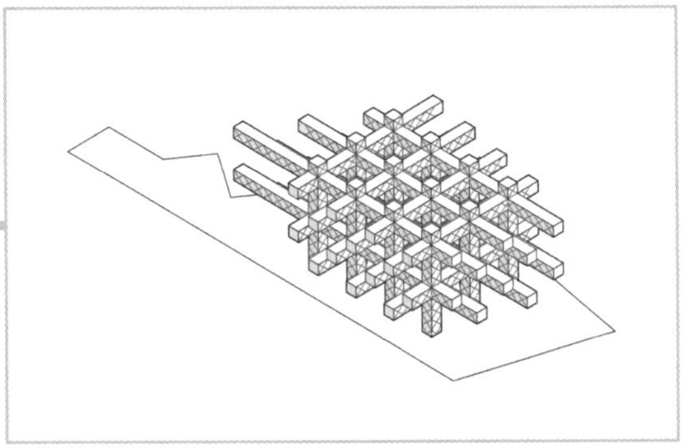

图46

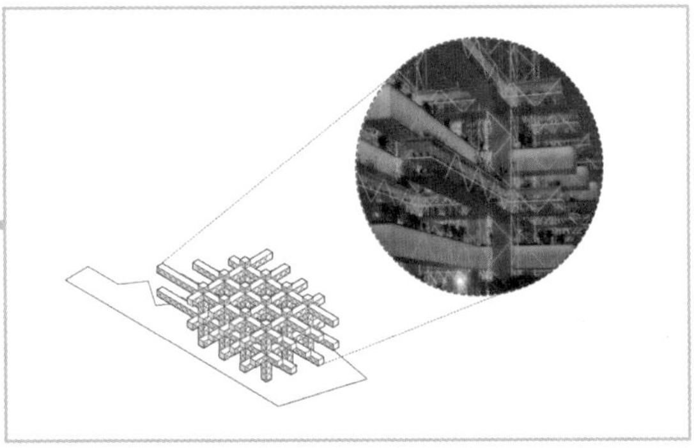

图47

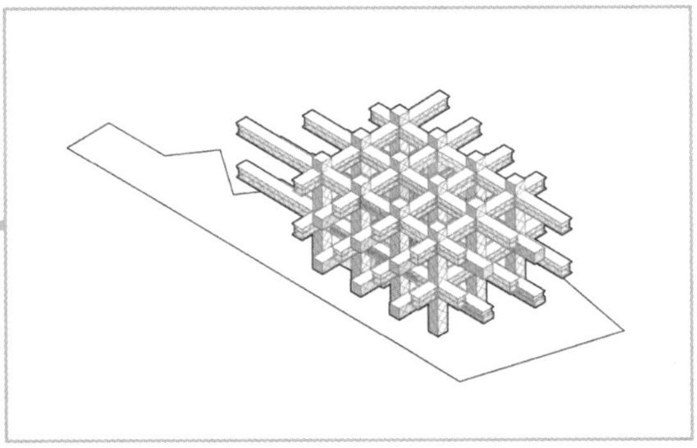

图48

最后，SA为建筑注入可持续灵魂。将现有的垂直交通核继续拔高，成为风力发电载体，利用Invelox系统在风中发电（15个垂直塔中的每一个都将配备一个全向漏斗，漏斗捕获风，并将风引导通过“锥形通道”；使用文丘里管自然加速风的流动；各个动能流将驱动一台发电机；该发电机安全且经济地安装在地面上）（图49、图50）。收工（图51）。

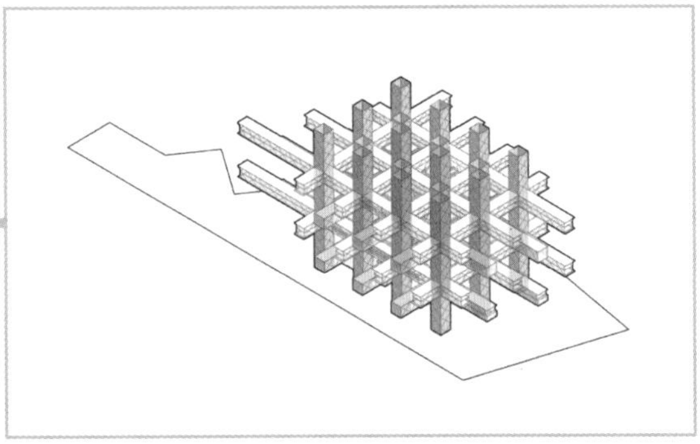

图49

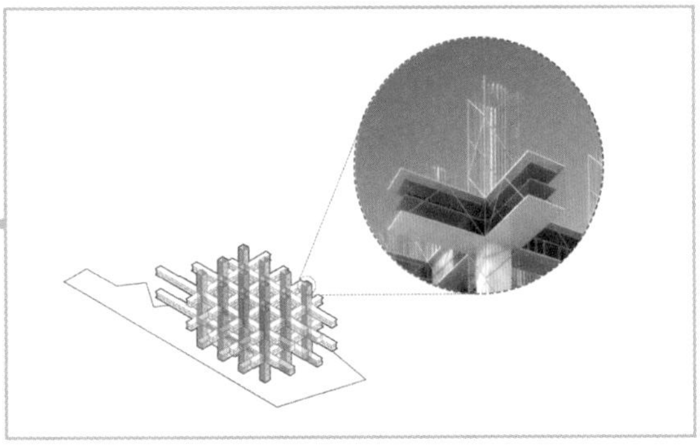

图50

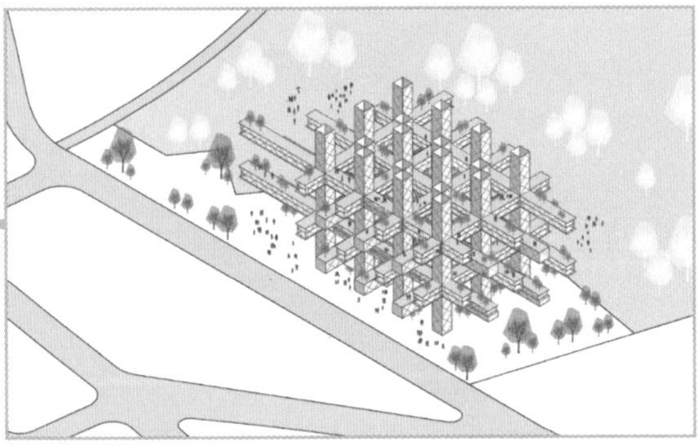

图51

这就是 Sane 建筑事务所设计的中国台湾台中市文化中心竞赛方案（图 52、图 53）。

图 52

图 53

虽然管子方案没有中标，也没有得奖，但依然具有教科书般的作用。它详尽而细致地向我们示范了管子编织空间的基本做法，如公式一般美妙。当然，如果想解题，各位同学切记要代入具体参数啊！

图片来源：

图 1、图 29、图 45、图 52、图 53 来自 https://www.archdaily.com/493111/competition-entry-new-taichung-city-cultural-center-sane-architecture?ad_medium=gallery, 图 11、图 12 来自 El Croquis 152-153 Herzog & de Meuron 2005-2010 ，其余分析图为作者自绘。

END

出走半生，归来仍画辅助线

图 1

名　称：台中市文化中心竞赛方案（图 1）

设计师：MenoMenoPiu 建筑事务所，Atelier Castro Denissof 事务所

位　置：中国・台中

分　类：文化建筑

标　签：辅助线，网格式渐变

面　积：45 000 m^2

建筑学这个专业最大的特点就是朦胧。月朦胧，鸟朦胧，头秃照夜空；山朦胧，树朦胧，配景瞎鼓弄。好像什么都学了，又好像什么都没学。不学地理，却要看地形；不学历史，却要扒文脉；不学语文，却要写说明；不学数学，却要算结构。所以，建筑学本科为什么要念 5 年？多一年就是为了让你冷静的。如果你天赋异禀，那大二估计就可以接私活了；如果你不是天赋异禀，那大二就可以考虑换专业了，正好还剩 4 年，都不耽误。如果你不是天赋异禀还非得要吃建筑这块饼，那可以考虑再做一遍《五年高考三年模拟》，相信我，设计方法都在里面。

中国台湾台中市最近打算在中央公园建一个文化中心。中央公园面积约 76 hm^2，呈南北绵长的不规则形状，新文化中心则选在了公园最北端的入口处一块同样不规则的场地上（图 2、图 3）。

图 2

图 3

有没有很眼熟？对，这次的拆房也是连续剧。上次拆了一个死套公式的方案（见上一个项目），今天咱们拆一个不死套公式的。

前情提要：文化中心主要包括两大部分：25 000 m^2 的市政艺术博物馆以及 20 000 m^2 的文化图书馆。此外，政府着重强调的是新的文化中心要成为中央公园北端的入园大门，在作为公园的标志性入口的同时，成为台中市的文化中心（图 4）。

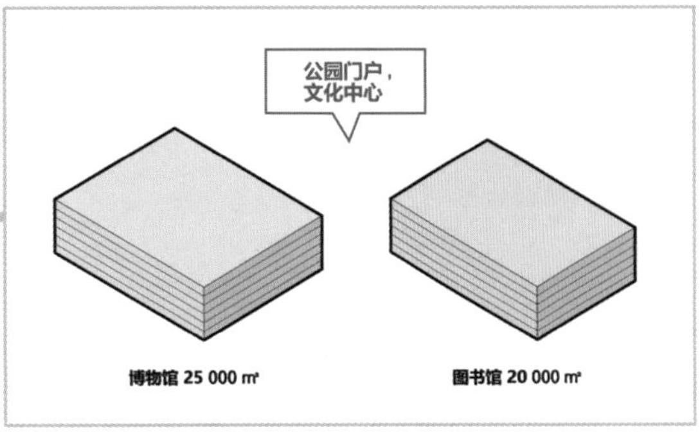

图 4

此次竞赛的解题思路之前也已经讲过了，就是利用整体分散式的布局解决远看整体的集聚性与近看有缝的通过性之间的矛盾（图 5、图 6）。

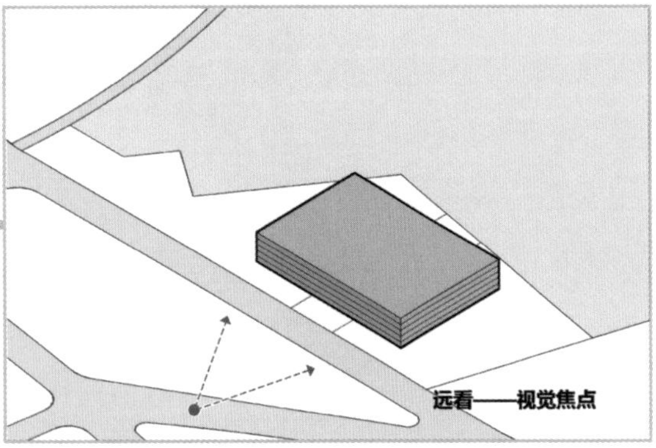

图 5

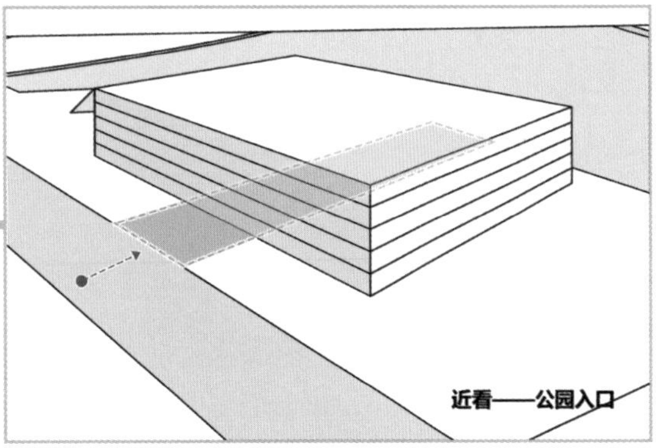

图 6

来自法国的 MenoMenoPiu 建筑事务所和 Atelier Castro Denissof 事务所（简称 MA）也懂了这个思路。但 MA 的建筑师明显在设计院干过，他们坚持认为即使在标志性建筑里，功能好用也比造型吸引人重要。文化中心主要包括图书馆和博物馆两大功能。博物馆还好，但对于要设置很多阅览室的图书馆，MA 首先就跨不过“正南正北采光好”这个坎儿（图 7）。

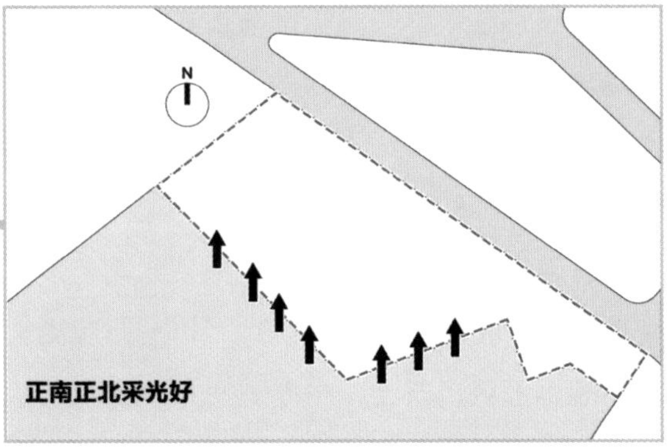

图 7

正南正北也不是不好，但总不能直接放个大板楼吧？可要是考虑造型丰富，圆的、曲的、三角的，又怎么保证正南正北？MA 的高中数学肯定学得不错，因为人家知道画辅助线。在开始设计前，先在场地上以 15 m×15 m 为基本单元打上正南正北的网格（图 8）。

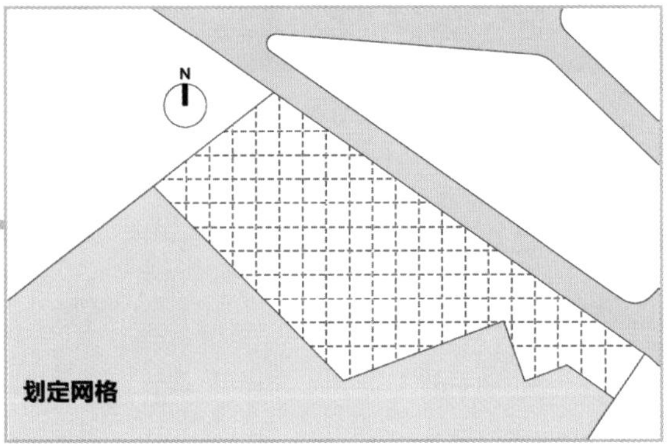

图 8

由于场地的不规则性，正南正北网格放上去会形成一个倾斜肌理，且与临街面形成好多锐角。你是不是觉得这个斜向网格除了能保证采光很正就没什么用了？当然不是了。辅助线是辅助解题的，这个项目的题眼并不是正南正北（属于自加难度），而是之前说的整体式分散布局。

首先，是通过性，也就是公园入口。这部分其实是一个引导问题，我们会发现由于文化中心位于中央公园的边缘位置，正南正北的“斜”网格正好可以将人引导向公园的中心位置（如果垂直于道路作为方向，会将人引导到公园的边缘）（图9）。

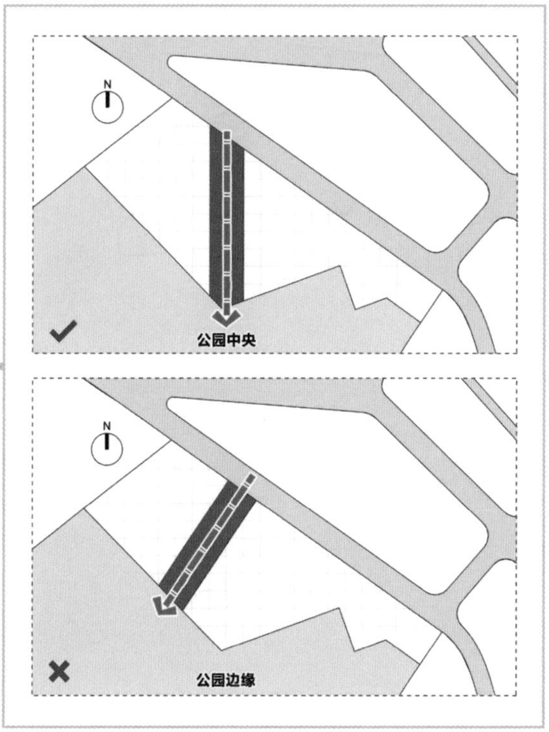

图9

其次，在入口问题很契合后，再看建筑的标志性问题，也就是整体造型的问题。一般建筑师在这里选的都是上下结构，也就是上面比较完整形成焦点，下面分散作为入口引导（图10）。

图10

但有了辅助线，想法就不一样了。MA想要依据网格逐渐过渡，形成一个从城市到公园，由整变散，逐渐消解融于自然的体量，也就是前后结构。前面沿街面体量完整，后面公园面体量分散（图11、图12）。

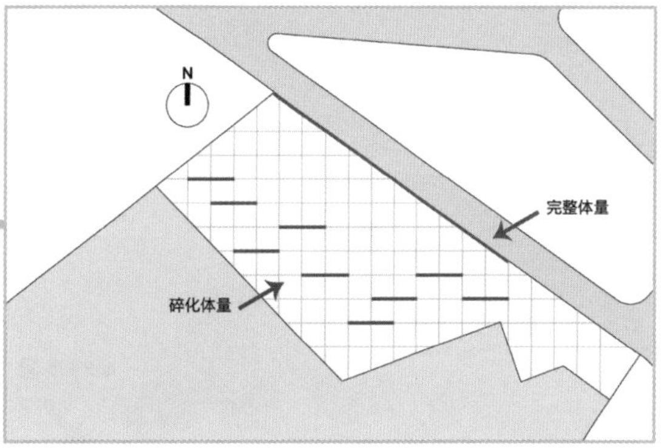

图11

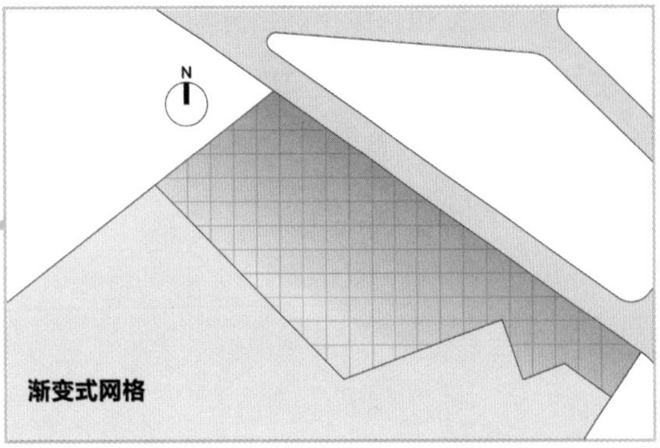

图 12

最后，基于采光好、公园中心导向、城市到公园体量过渡三点，MA 确定了设计的方向——网格式渐变（图 13、图 14）。

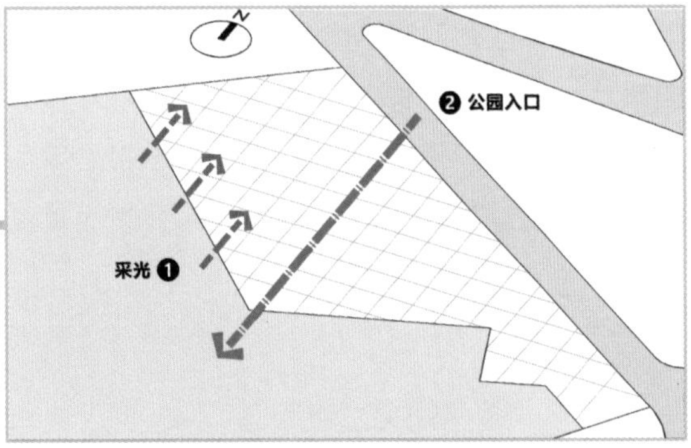

图 13

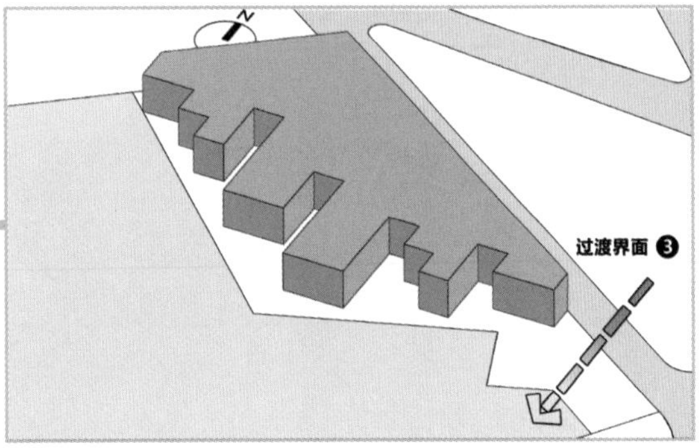

图 14

下面开始实际解题。升起建筑体量，为了让临街面建筑尺度最大，建筑体量顺应基地轮廓（图 15）。挖洞形成公园大门。图书馆和博物馆面积要求差不多，所以在建筑中间顺应网格方向挖一个 30 m 宽的门洞（图 16）。

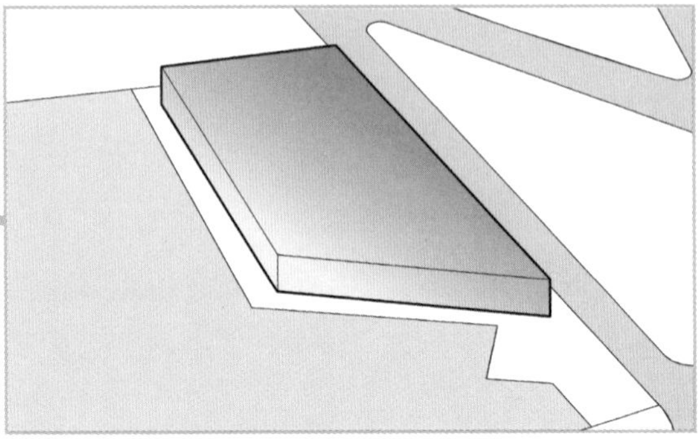

图 15

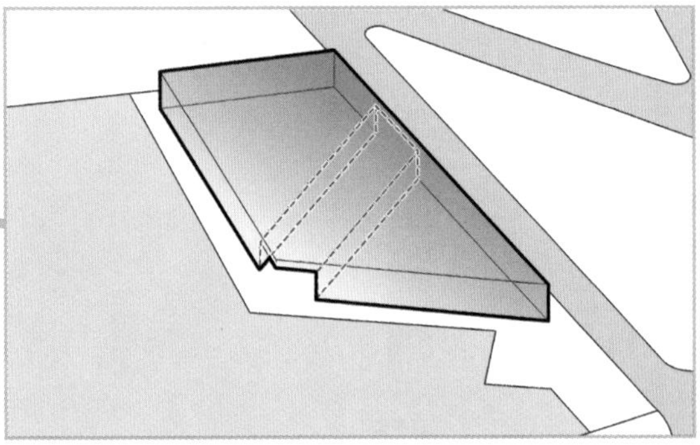

图 16

然后，新的问题来了：这个中间位置正好是体量对角线交点位置，挖洞以后，洞口内界面很长，入口过于幽深，不利于人流引导（图 17）。所以，削减洞口两端的建筑体量，减小洞口的界面（图 18、图 19）。切削公园通道的顶部，继续扩大视野，削减的面积咱们以后再在垂直向补（图 20）。

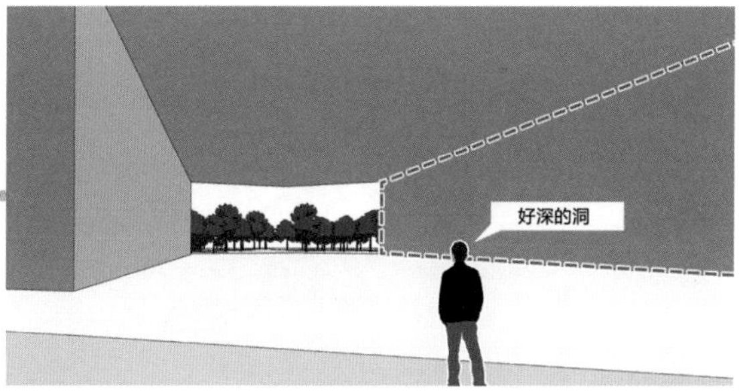

图 17

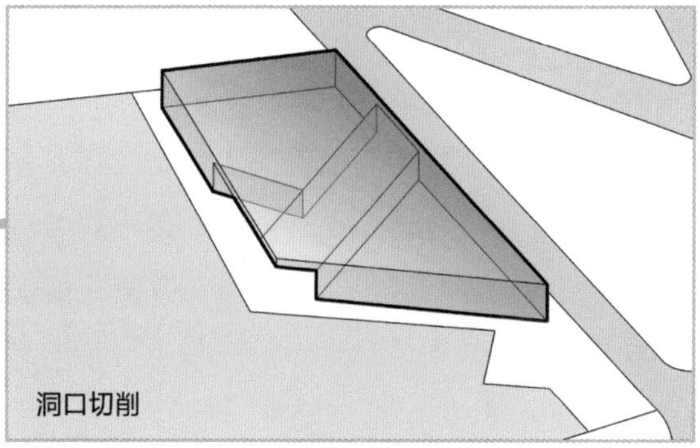

图 18

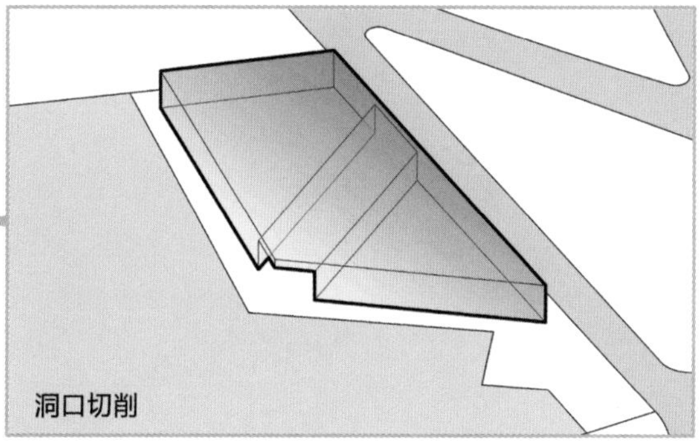

图 19

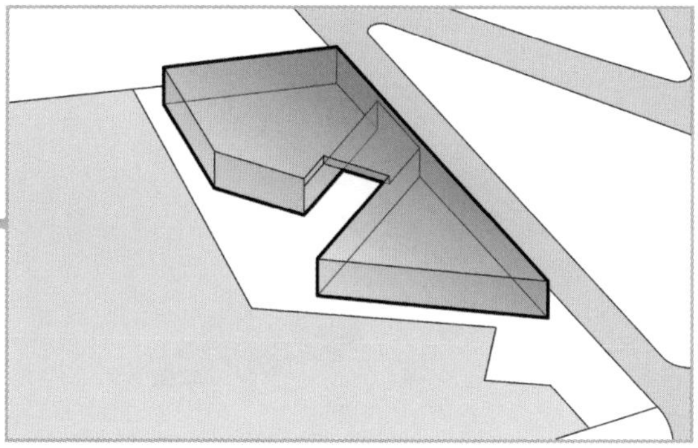

图 20

接着对建筑进行功能分区。将博物馆放在东侧，因为这里靠近公园里的大型造浪池景观。图书馆更需要安静，则放在远离造浪池的西侧。图书馆根据面积要求再在顶部增加一层，入口门洞顶部的面积则给到博物馆（图 21）。

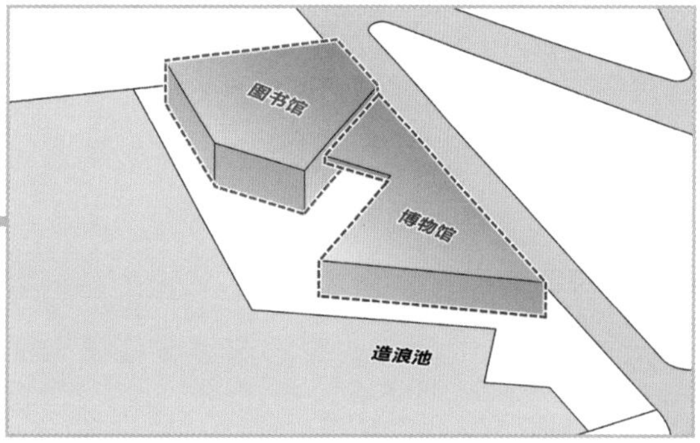

图 21

图书馆部分：底层主要布置行政办公区，在入口侧布置书店、餐饮及图书馆的入口大堂；二层继续布置图书馆的管理办公区；三层开始往上则是图书馆的阅览区域。

博物馆部分：底层也布置办公区，在入口侧布置书店、礼品店及入口大堂；二层为艺术教室及工作坊；展览部分由于层高较高，布置在顶部两层（图 22）。

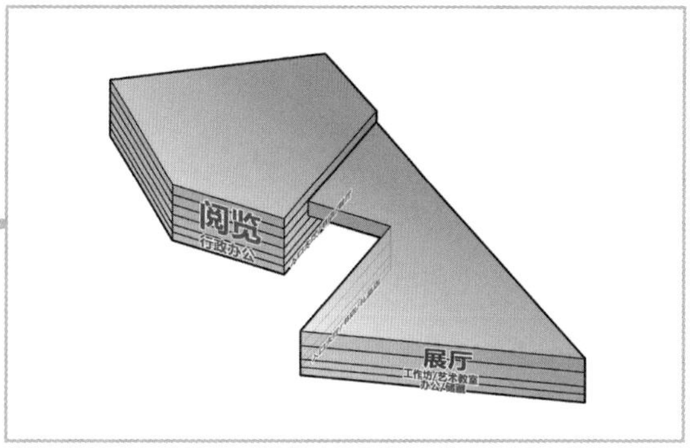

图 22

功能解决后，就可以着手完成 MA 自己的小心思了，也就是公园侧建筑与自然融合的问题。既然要融合，建筑与自然就要有更多的接触面，也就是有更多的室外平台。首先，打破现在的完整体量。前面一直铺垫的渐变网格，现在终于要派上大用场了！

网格限定了变化的方向，既然要拉开缝隙，那就会产生很多管子空间。管子空间除了方向不变，伸出长度以及宽度都可以通过各种变化来适应不同功能的要求。因此，实操的基本原则就是同层产生缝隙，相邻层尽量错落（图 23 ~图 25）。

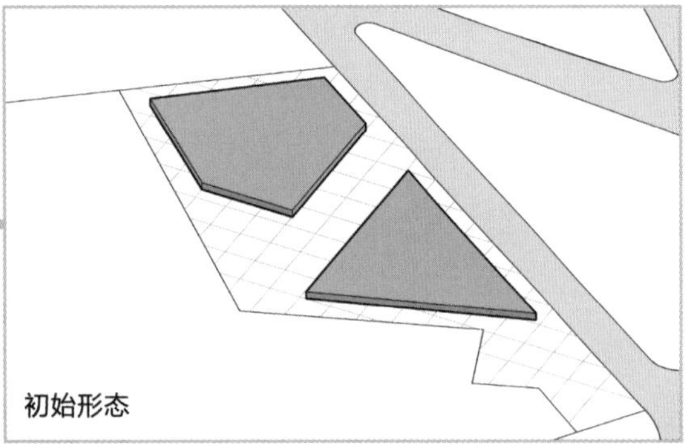

图 23

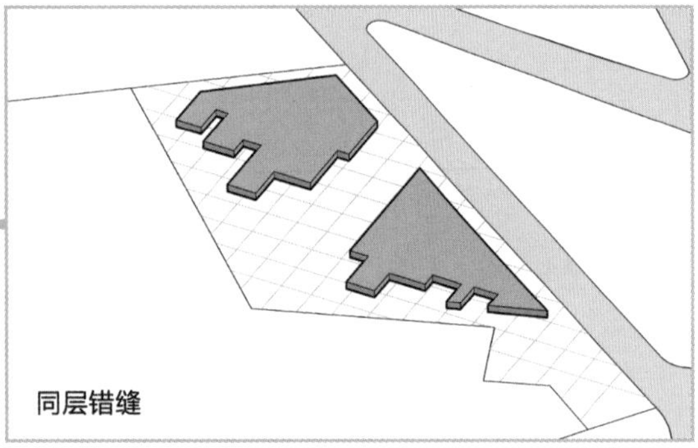

图 24

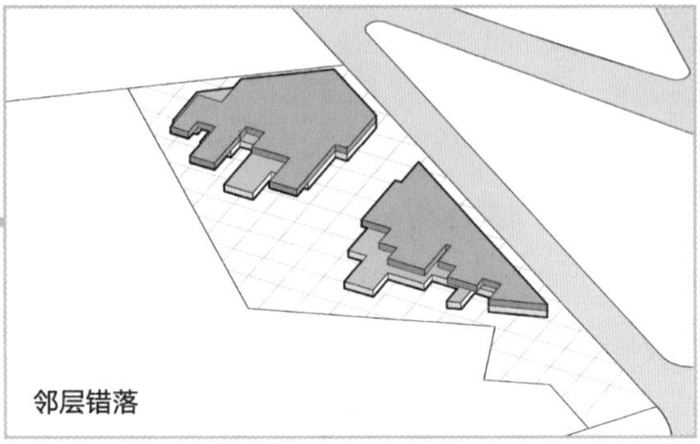

图 25

首层在靠近公园通道侧设置两馆的入口大堂，靠近入口大堂布置书店、礼品店、餐厅等公共功能，并且通过体量凹凸打破界面的完整性。剩余部分均为办公区，靠近公园侧管子空间顺应场地形状形成锯齿形组合。在靠近城市道路一侧布置体量较大的会议室、储藏空间（图 26、图 27）。

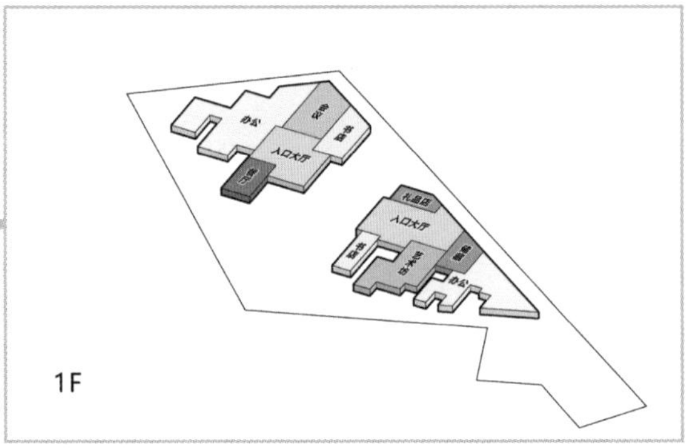

图 26

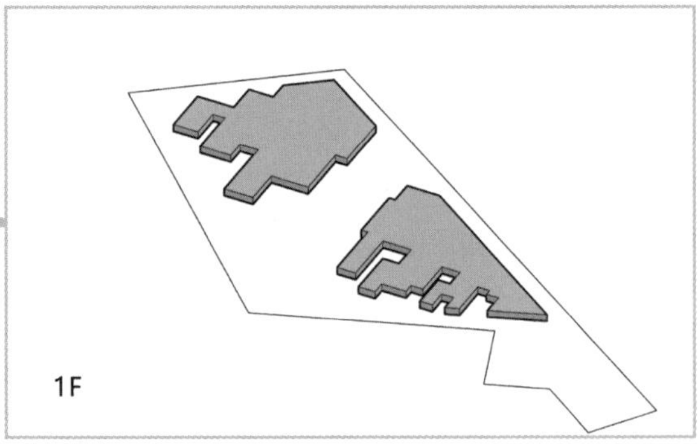

图 27

二层靠近道路侧空间与下层基本对位，公园侧管子空间内收，正好利用首层的平台。此外，靠近洞口侧体量也内收，形成平台，以此削弱界面的实体感（图 28、图 29）。

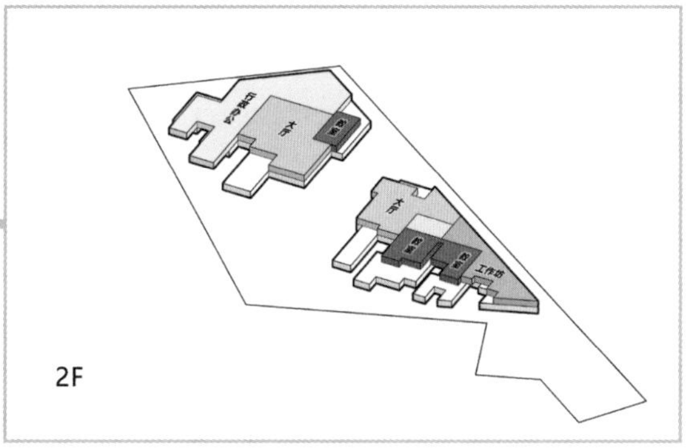

图 28

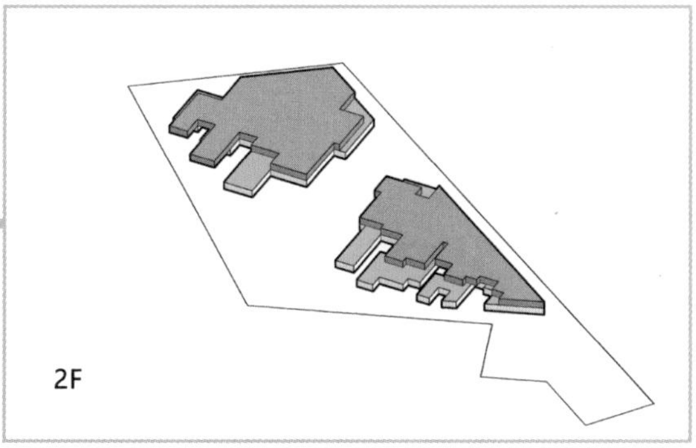

图 29

三层开始就是阅览空间及展览空间，相较于一、二层的办公管子，这里的管子变宽，数量相对变少，同样与下层错位布置，以产生平台（图 30、图 31）。

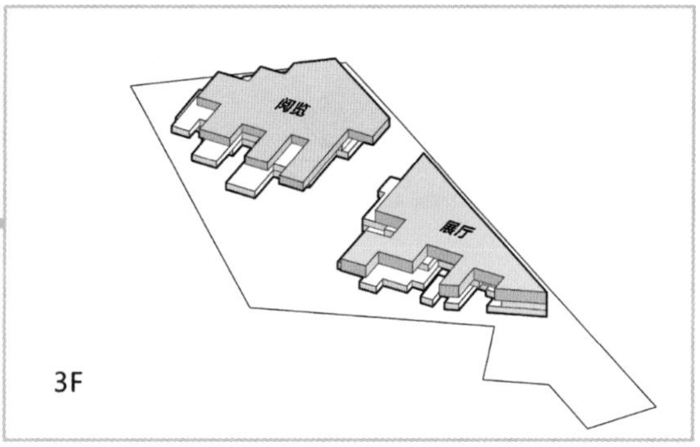

图 30

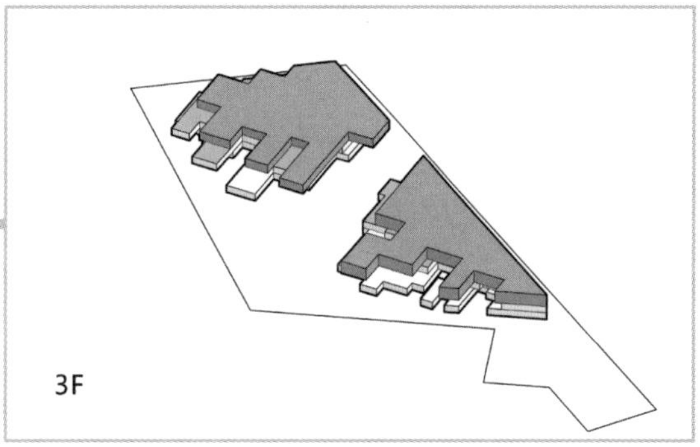

图 31

四层由于博物馆展厅高度较高，仅须考虑图书馆一侧管子的变化，依旧要重视洞口界面及公园界面的错落（图 32、图 33）。

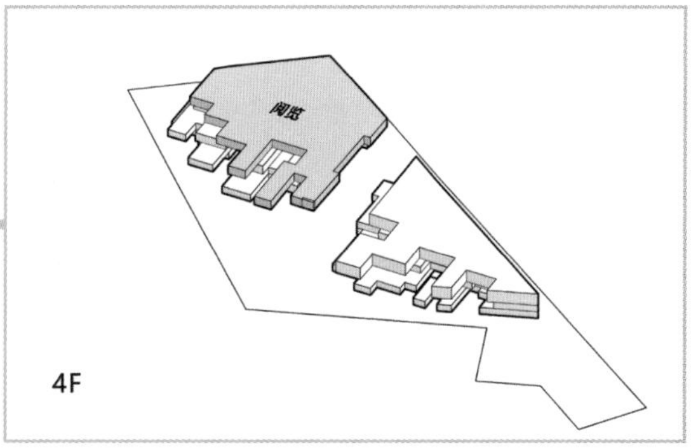

图 32

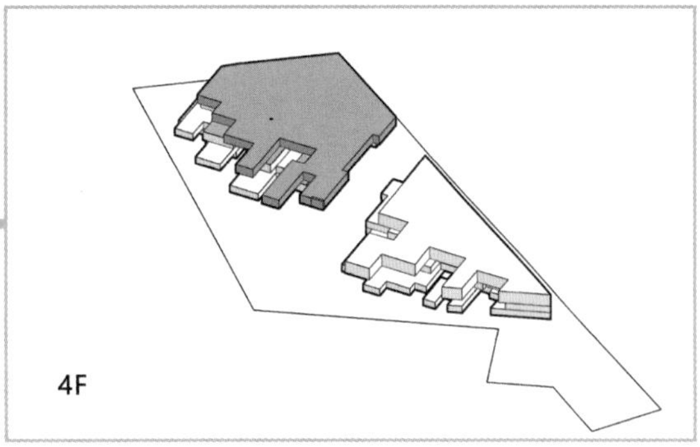

图 33

从五层开始，博物馆与图书馆相接，洞口界面继续凹凸（图 34、图 35）。由于博物馆到五层就结束了，为了沿街界面的完整性，六层的图书馆只集中在公园界面一侧，由此形成较大的屋顶平台（图 36、图 37）。至此，各层顺应网格的管子空间成形（图 38）。

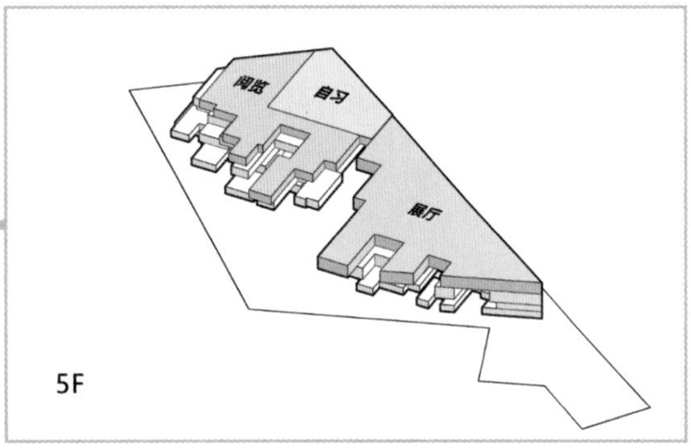

图 34

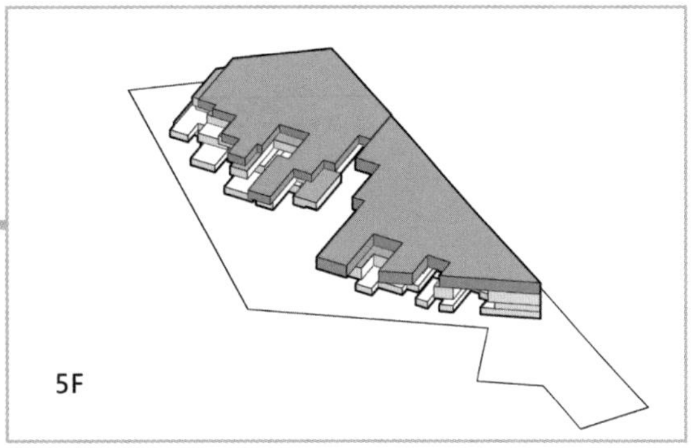

图 35

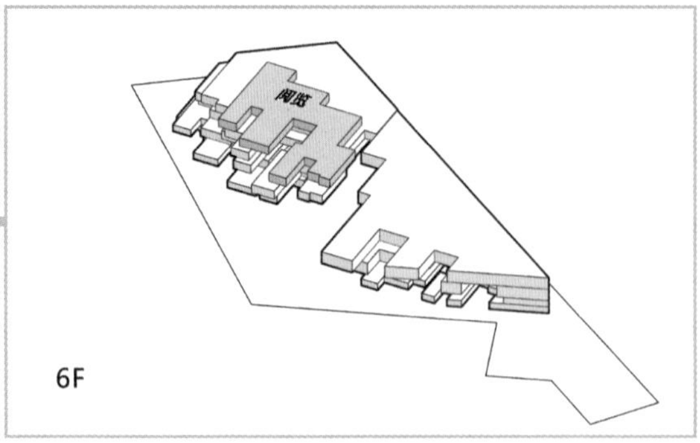

图 36

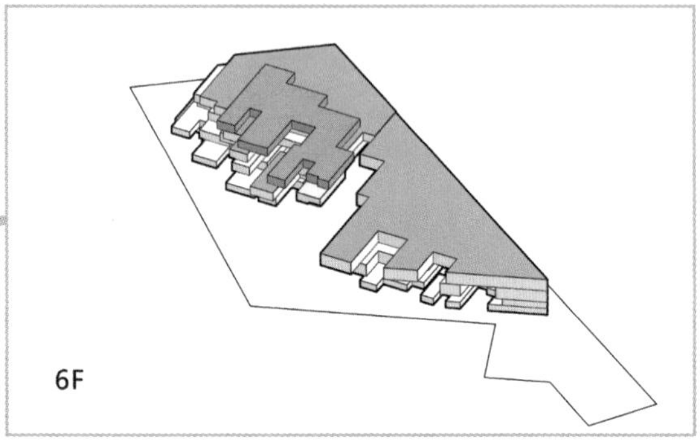

图 37

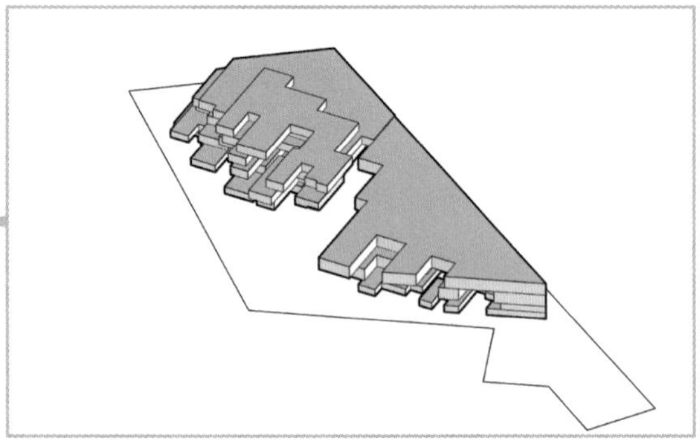

图 38

图书馆在公园管子界面及沿街完整界面的中间位置加入交通核来联系上下层；博物馆部分则在沿街界面形成中庭交通，保证展览部分流线的连贯（图 39）。再完善各层功能及流线（图 40 ~ 图 45）。

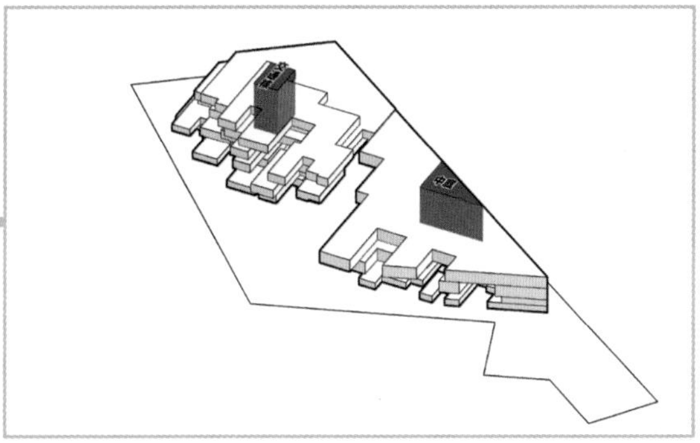

图 39

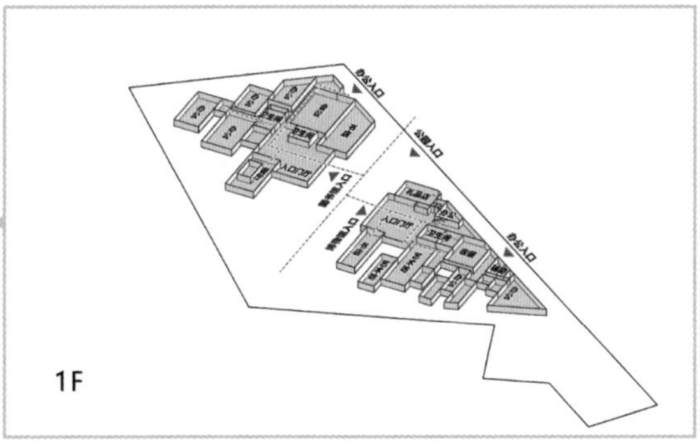

图 40

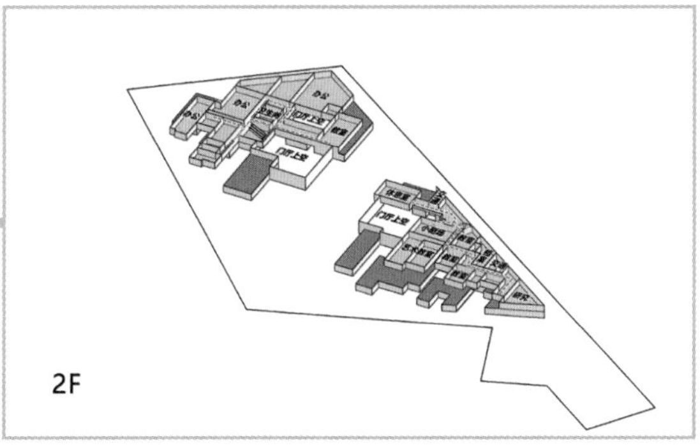

图 41

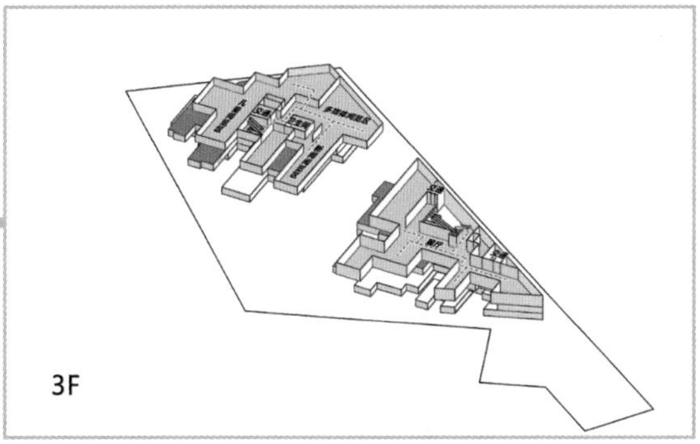

图 42

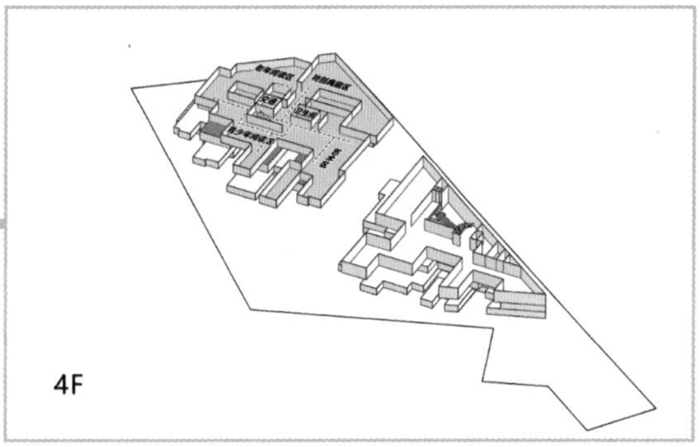

图 43

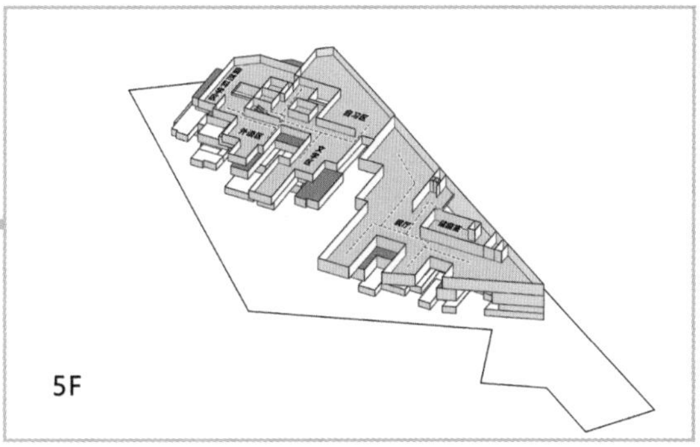

图 44

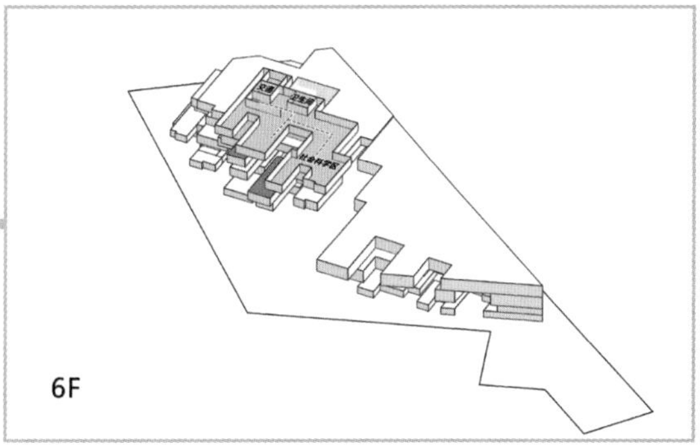

图 45

现在面向公园的界面非常丰富，而沿街界面则可局部向内挖洞，形成平台，也能丰富立面（图 46）。建筑顶层继续强化管子空间，按对应的管子空间调整至屋顶高度，管子空间的肌理清晰可见（图 47、图 48）。为了保证管子空间的纯粹性，建筑采用网状框架自支撑（图 49）。

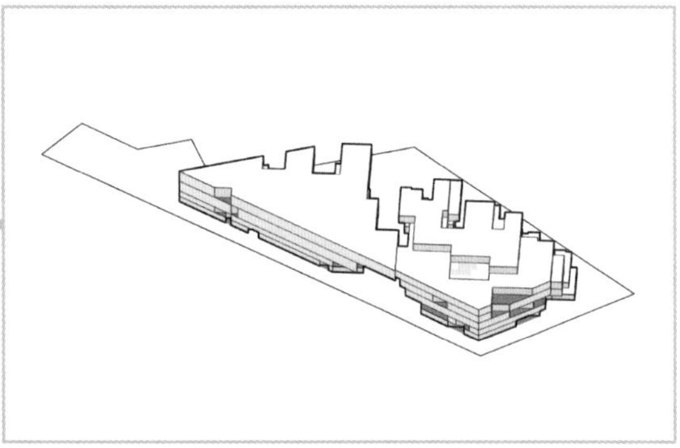

图 46

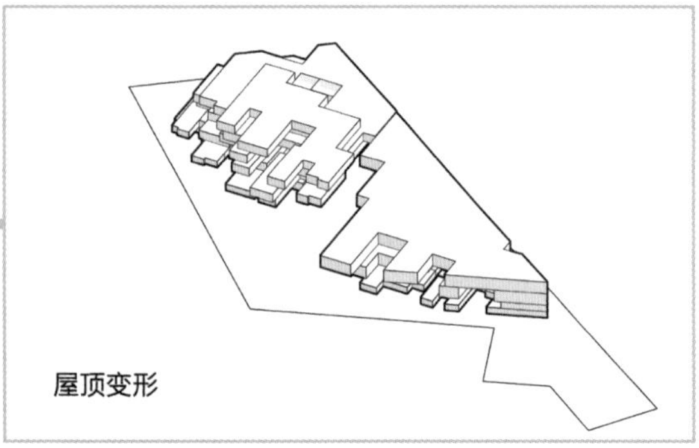

图 47

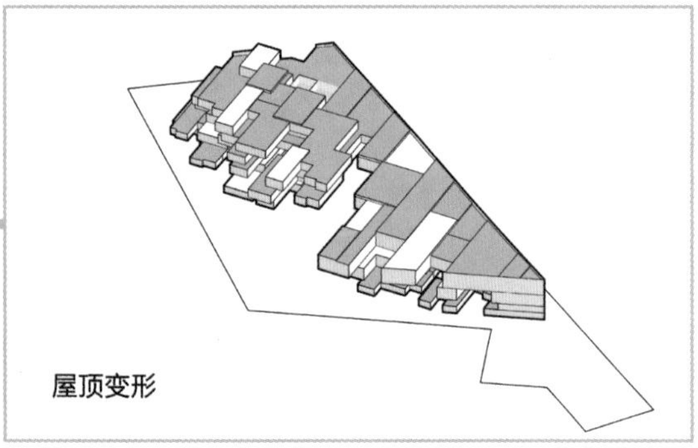

图 48

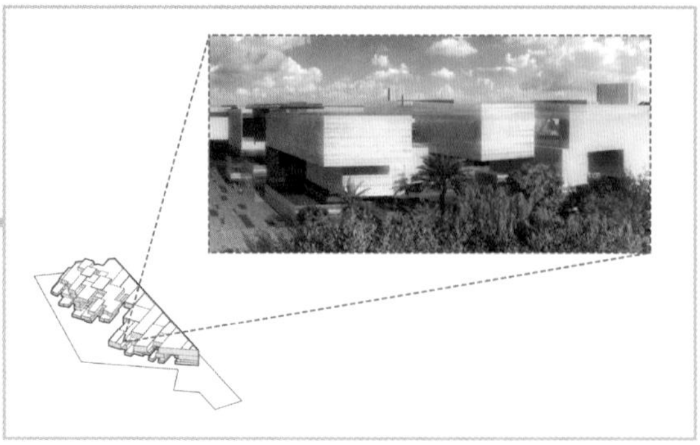

图 49

最后，搞搞立面，建筑外部为横向肌理的半透明材质，顶面、侧面被赋予绿化植被，以融入环境。

收工（图 50）。

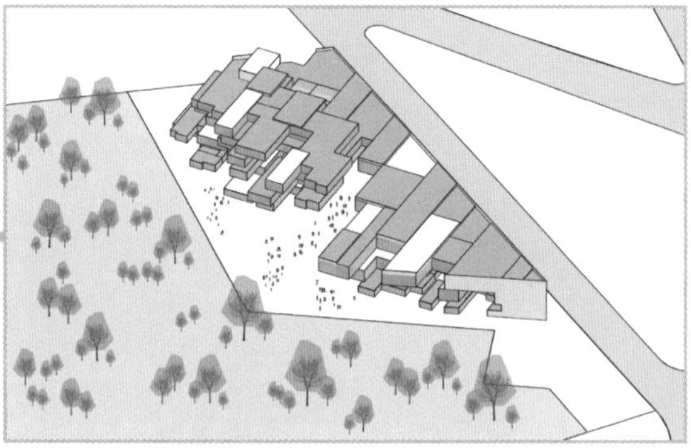

图 50

这就是 MenoMenoPiu 建筑事务所和 Atelier Castro Denissof 事务所设计的中国台湾台中市文化中心竞赛方案（图 51 ~图 54）。

图 51

图 52

图 53

图 54

有句佛语说：法无定法，然后知非法法也；了犹未了，何妨以不了了之？这简直就是建筑师的设计箴言啊。前一句告诉我们，甭管施什么法，能解决问题的设计就是好设计。那些说你办法不高明、方法不专业的，不是蠢就是坏。因为能用小学知识解决大学问题的，不是幼稚而是机智。而后一句告诉我们，如果你实在解决不了问题，那就别解决了，毕竟有些问题，拖着拖着也就没问题了。

图片来源：

图 1、图 51 ~图 54 来自 https://www.archiscene.net/cultural/taichung-city-cultural-center-menomenopiu-architects-atelier-castro-denissof/，图 10 来自 https://www.archdaily.com/428195/sanaa-s-cloud-boxes-wins-first-prize-in-taichung-city-competition?ad_medium=gallery，其余分析图为作者自绘。

END

但行好事，不渡甲方

图 1

名　称：Dynafit 总部（图 1）
设计师：Barozzi Veiga 建筑事务所
位　置：德国·基弗斯费尔登
分　类：办公建筑
标　签：符号，空间
面　积：8000 m²

图 2

名　称：Dynafit 总部（图 2）
设计师：CZA 建筑事务所
位　置：德国·基弗斯费尔登
分　类：办公建筑
标　签：符号，空间
面　积：8000 m²

人有的时候就很奇怪，选择了会后悔，放弃了会遗憾；往左走胆战心惊，往右走心惊胆战。但完美只能是一种理想，而不可能是一种存在，除非你是一个建筑师，那完美就不是理想了，完美就是一个亲切的名字，一般用来称呼或指代“我设计的方案”。所以，如果建筑师要吃后悔药，那他只会后悔学了建筑，绝对不会后悔设计了建筑。因为就算再重来一万次，估计你该设计成啥样还是啥样。你搞不成安藤，安藤也搞不成 BIG。

Dynafit（下面叫它 D 公司）是德国的一家户外运动用品企业，不算太大众，但在网上也有一搜一大把的代购。标识你可能见过，是一个雪豹头。不管怎样，作为一个走向国际的企业，搞一个国际化的企业总部也是顺理成章的。 D 公司把全球总部选在了自己的老家德国，但并不是在市中心，而是在德国邻近奥地利的边陲小镇——基弗斯费尔登（Kiefersfelden）。别的先不说，估计便宜可能是真便宜。

基地临靠因河，紧邻 A8 高速公路，面积 8190 m^2（图 3）。项目预留后期发展用地，首期任务书要求功能包括办公、会议厅、餐厅、健身房、研发区、室内攀岩、商店、公寓。总建筑面积大约 8000 m^2（图 4）。

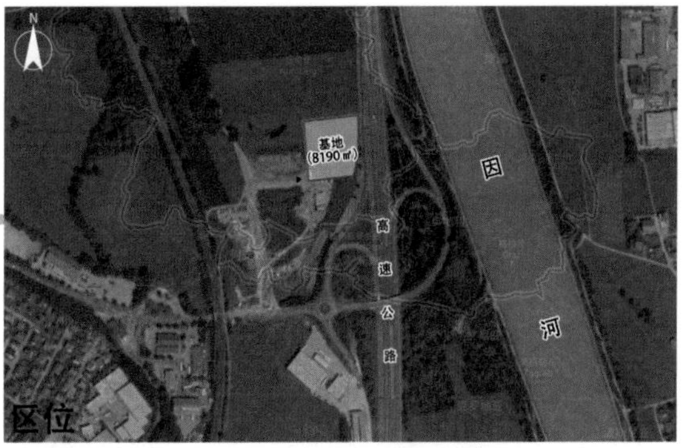

图 3

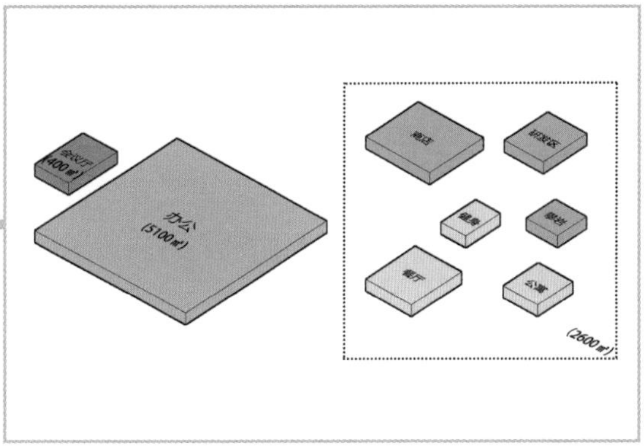

图 4

在正式拆房之前，咱们先来一个无奖竞猜。你看前面图 1 和图 2 这两位选手哪个长了中标脸。1 号选手比较朴实，长得像个削尖了头的山；2 号选手也比较朴实，长得像个削平了头的山。尖头山和平头山，你押谁？

D 公司把总部选在山沟沟里的小镇也不完全就是图便宜。一来，这个地方在德瑞奥交界处，坐拥欧洲市场半壁江山，去哪儿搞促销都方便，何况旁边就是高速路；二来，场地靠近阿尔卑斯山脉，新品发布会之类的活动后，人们直接走着就去登山了，相当符合户外运动品牌的调性了。很明显，户外运动不算是大众项目，所以 D 公司也不在乎所有人的看法，只要符合目标客群期望，并利于自身使用就可以。

对建筑师来说，可以简单地理解：Dynafit 总部不仅是办公总部，更是建给所有户外运动爱好者的“运动之家”（图 5）。

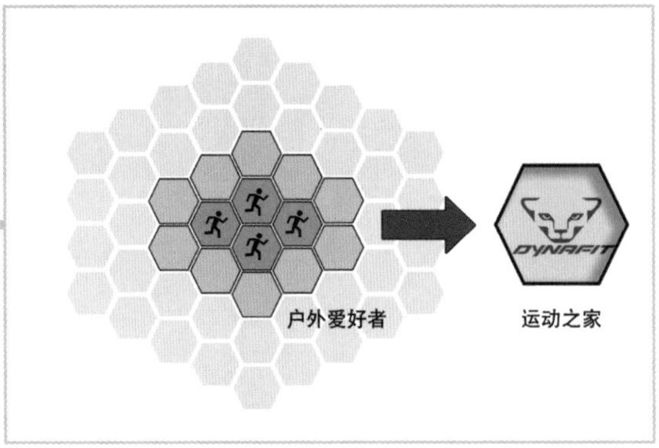

图 5

说白了就是你不能搞一个世外桃源般的办公楼，还是得有标志性。正所谓靠山吃山，靠水吃水，这个标志性跑不了还得是座山（图 6、图 7）。

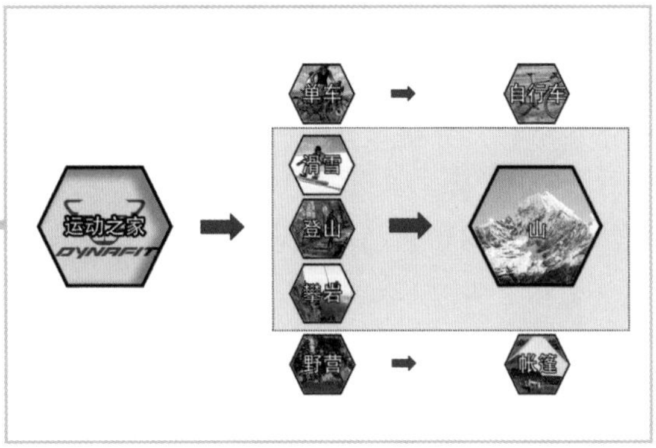

图 6

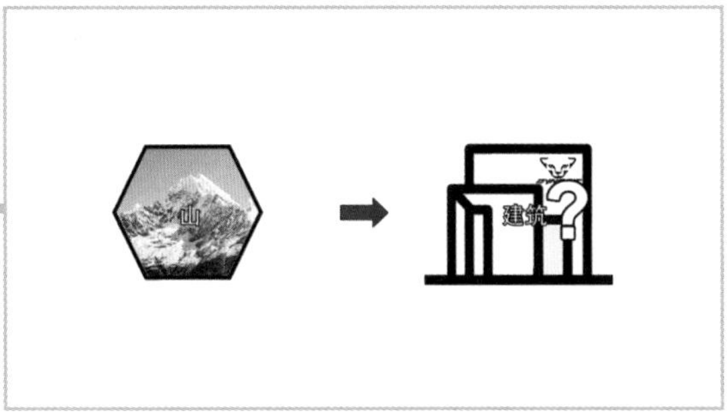

图 7

最简单的表达就是直接表达，直接让人看到总部的外部形态像山一样就对了。比如，进行自然拟态，把建筑设计成岩石、木头这类自然物件，让建筑充满自然能量（图 8）。但在建筑师的思维里，抽象的肯定比具象的好。Barozzi Veiga 建筑事务所觉得，难道搞一个山的符号它不香吗？前辈典范就是金字塔（图 9）。

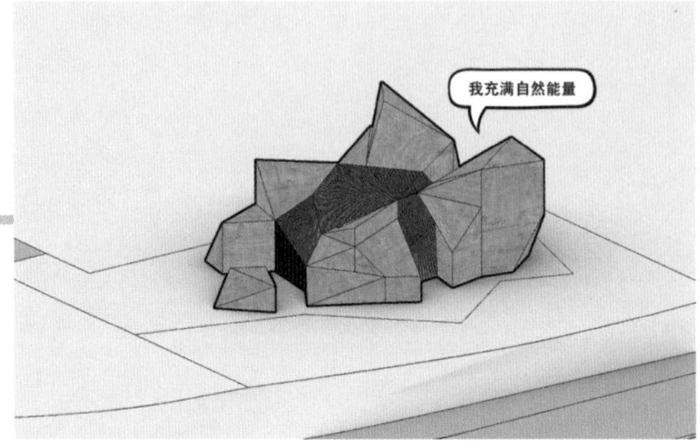

图 8

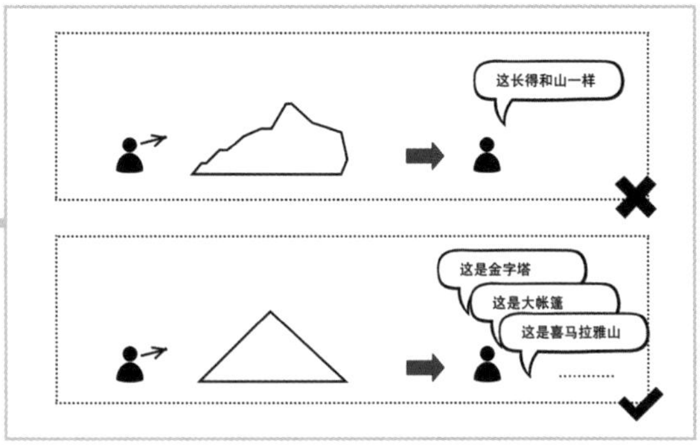

图 9

建筑在场地上，南面采光，东面紧邻高速路，来来往往的路人都会看见。在这里建筑的展示意义远大于采光的需求，并且东面也能采光，所以建筑的体量是面向道路的一个长矩形（图 10）。

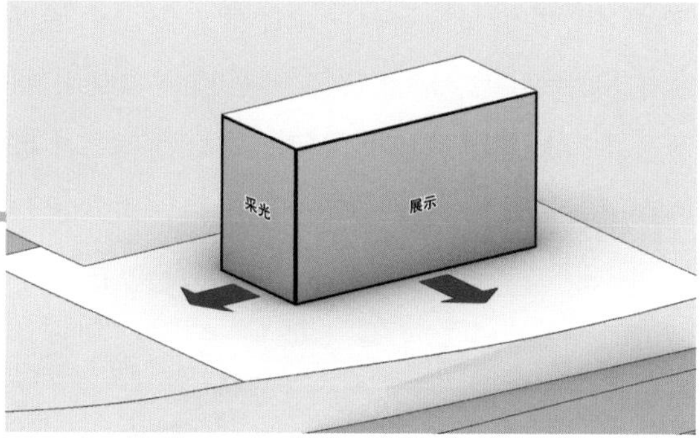

图 10

Barozzi Veiga 希望能从几何关系上定义山的符号。单选题，只有三角形（图 11）。等边三角形的交通核肯定要放在中间挡视线，索性将交通核放在了长边，变成直角三角形，高度 30 m（图 12）。根据功能，办公及其配套布置在上面，研发、零售等辅助功能布置在下面（图 13）。

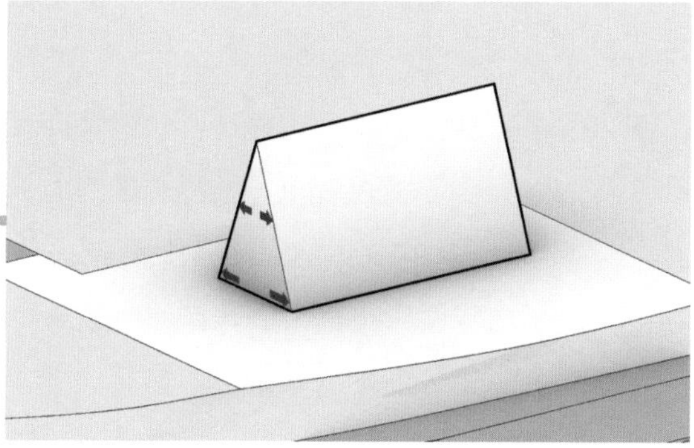

图 11

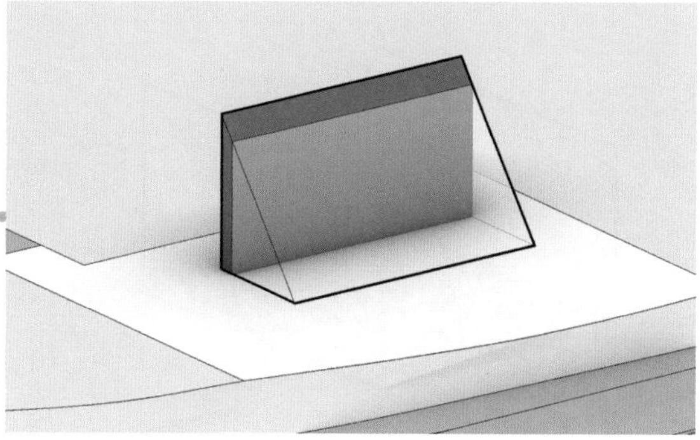

图 12

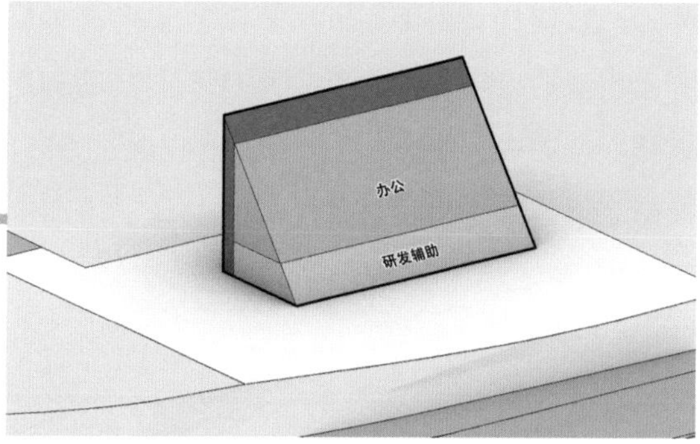

图 13

功能上分成两部分，以东西为轴，隔出来一个中庭，南面部分更大一些，主入口就定在东面（图 14），强化山的符号形象。一边朝东，一边朝西，一个三角形变成两个三角形。两个三角形在中庭的部分咬合，这样两个方向不同但相似的三角形，共同模拟出阿尔卑斯山的外貌（图 15）。

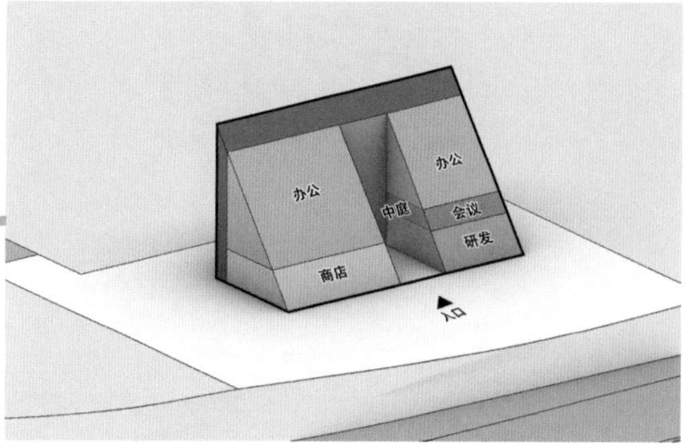

图 14

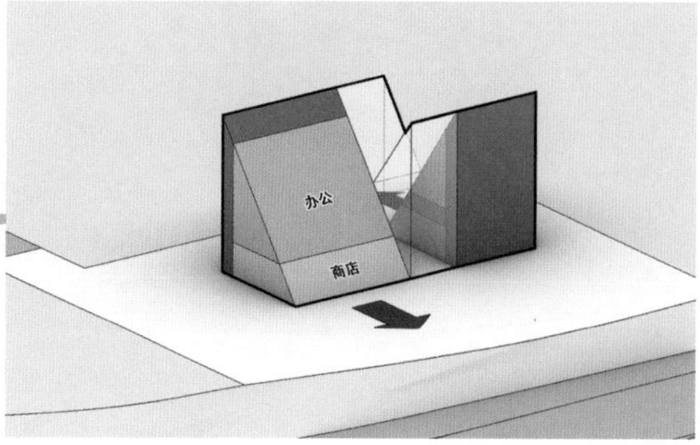

图 15

外形比较简约，内部空间可得丰富起来，先预留出半米的隔热表皮空间（图 16）。接下来是将楼板塞进去，依托这样的三棱柱咬合的外形，共做 7 层（图 17）。三角形交接处留出通高中庭（图 18）。

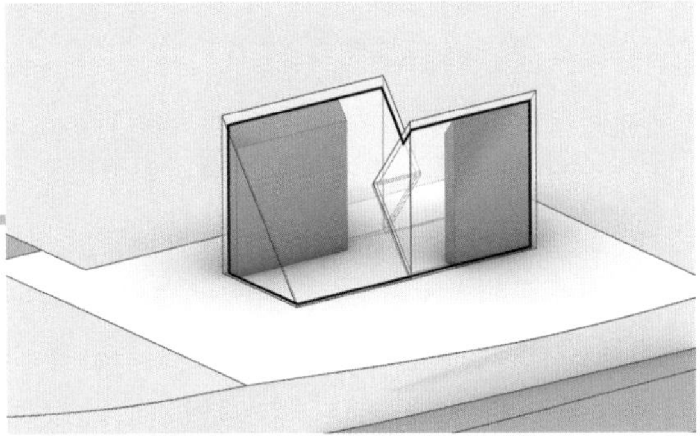

图 16

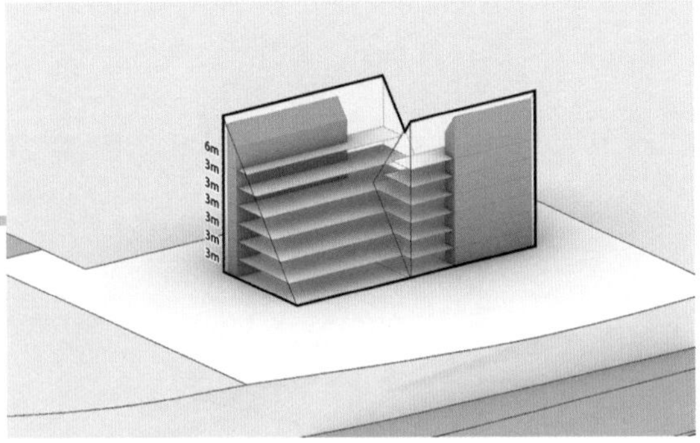

图 17

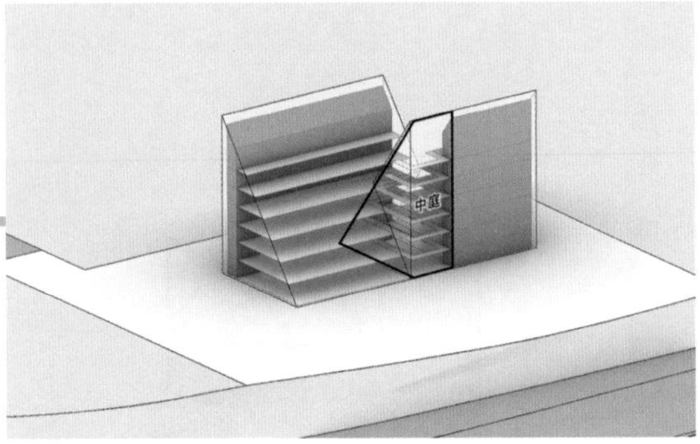

图 18

中庭同时也东西贯通，两边都是入口。一层南边是展示商店，搭配货架和座椅；北边是研发区，有开放研发和研发间。核心筒朝着中庭的部分设有电梯，对着外部环境开设疏散出口（图 19）。

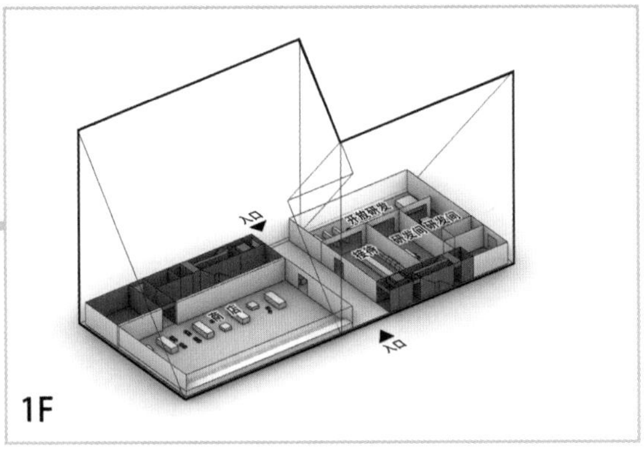

图 19

二层南边是商店二层，局部挑空，布置座椅做一些分享展示；北边是封闭研发间。三层及其以上都是办公空间，主要供内部员工自己使用（图 20）。三层南边是员工餐厅，北边是会议厅（图 21）。四至六层都以开放办公区为主，其中南半部分面对东面设计了阳台（图 22 ~ 图 24）。顶层七层面积也很小了，南边为领导办公区；北边是员工最爱的健身房，包括一个室内通顶的攀岩墙（图 25）。

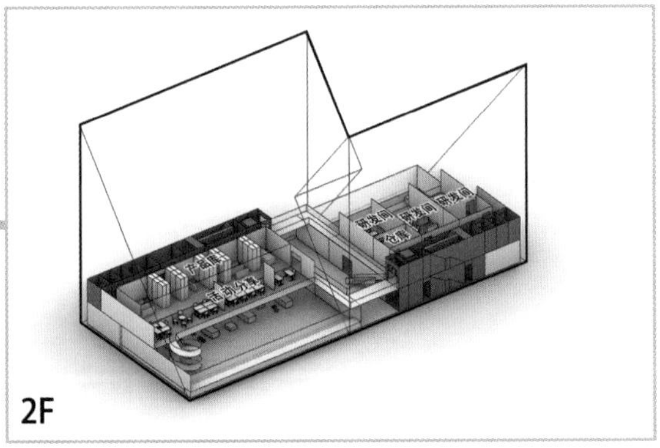

图 20

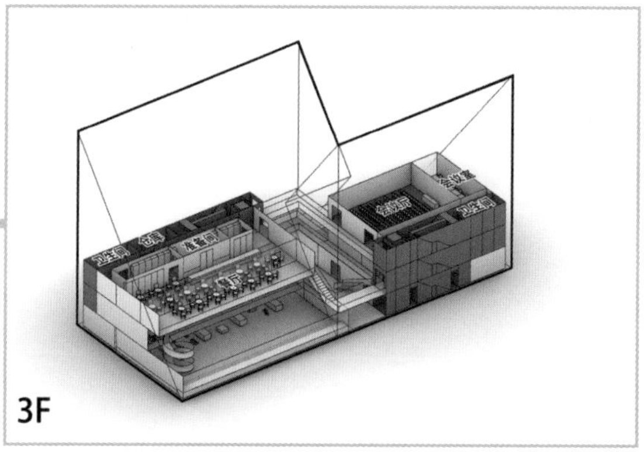

图 21

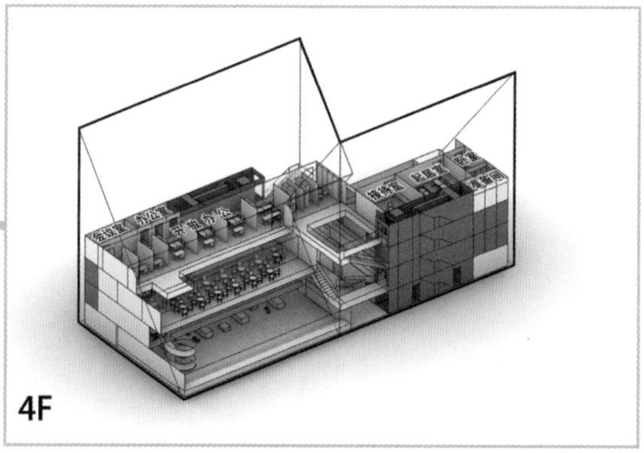

图 22

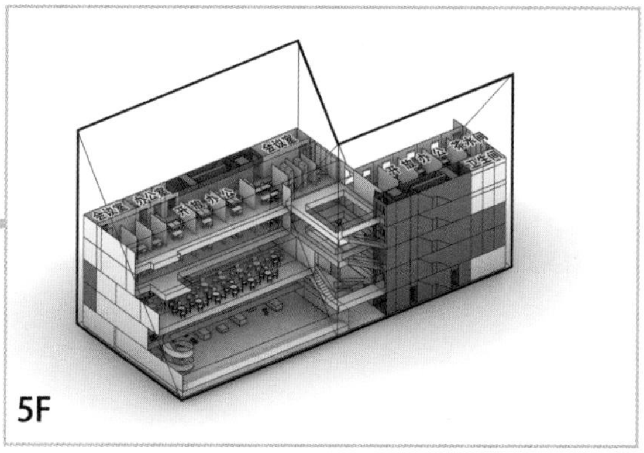

图 23

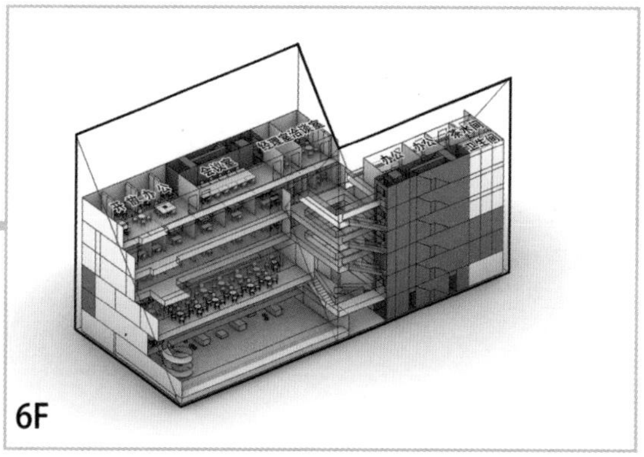

图 24

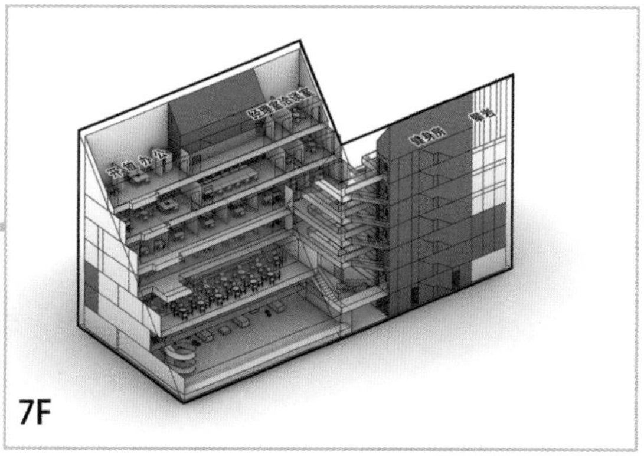

图 25

整栋建筑的采光面都是倾斜而下的屋顶，除了下面的零售商店，办公部分全部设置了休闲露台（图 26）。整个表皮就是一个隔热的幕墙系统，有三角穿孔板过滤阳光，利用烟筒效应，从交通核附近的风井进行抽风换气（图 27）。

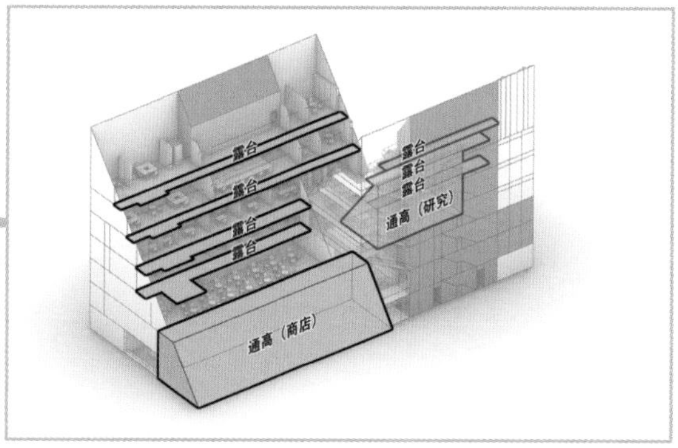

图 26

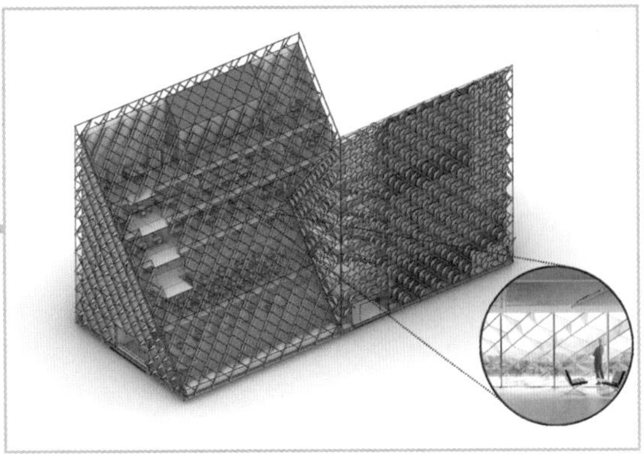

图 27

地下一层作为停车场（图 28）。收工（图 29）。

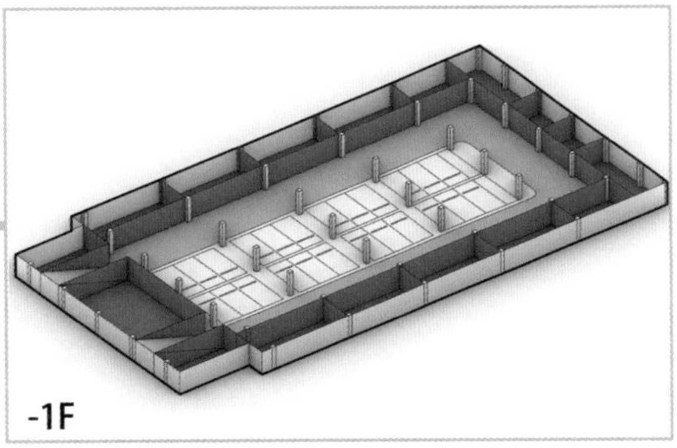

图 28

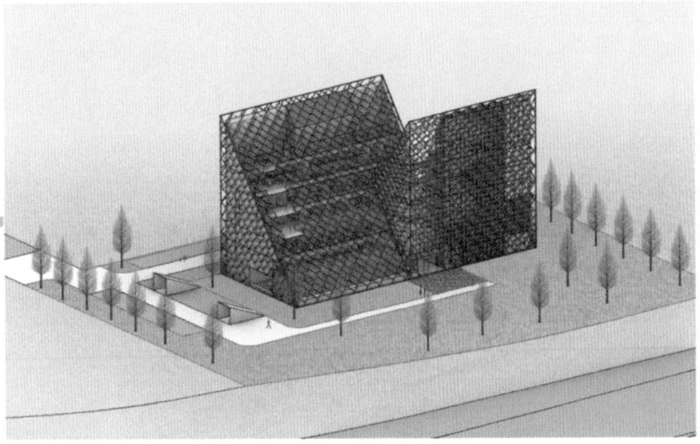

图 29

这就是 1 号选手 Barozzi Veiga 设计的尖头山符号方案（图 30 ~ 图 35）。

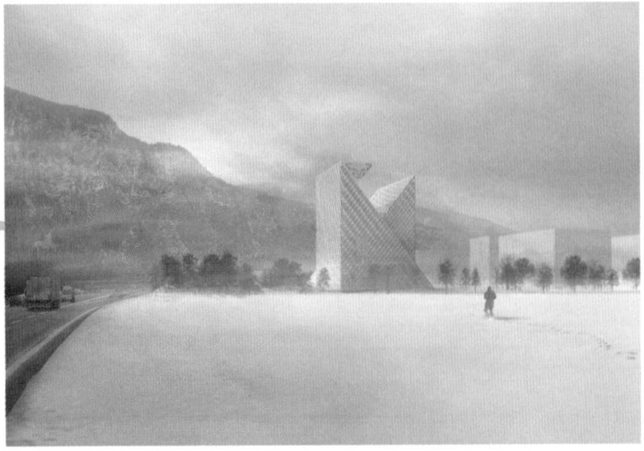

图 30

图 31

图 32

图 33

图 34

图 35

2号选手是来自意大利米兰的CZA建筑事务所。他们觉得在山里设计一座山的想法简直傻透了，明明到处都是山啊。阿尔卑斯山它不美吗？要来看你一个钢筋混凝土的假山？总之，山不重要，看山才是头等大事（图36）。

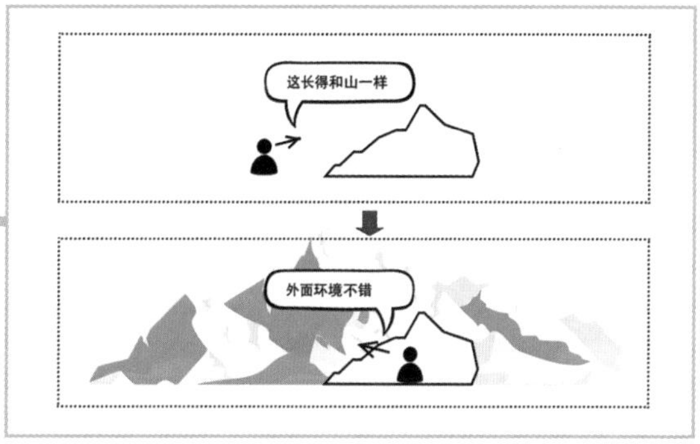

图 36

主入口设置在东面。将研发辅助等功能和办公分开，单独布局，放在南边形成三层裙房；公寓放在顶层，与餐厅相连；办公在北边，设置七层（图37）。

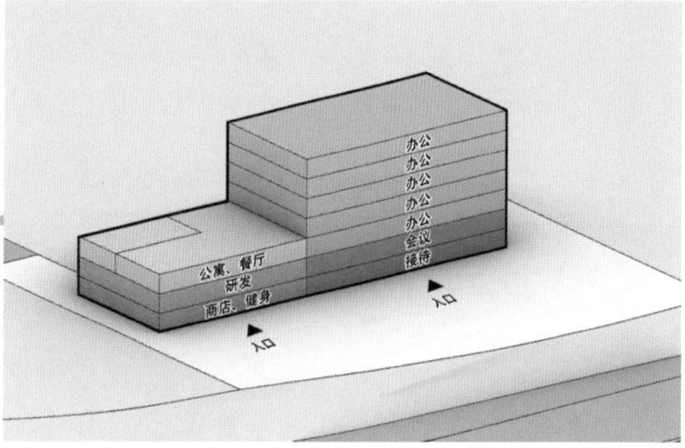

图 37

为了达到看山的目的，在研究辅助部分把餐厅改为户外餐厅，实现公司野炊和聚会自由。那么，办公部分怎么看山呢（图 38）？其实屋顶就是天然的看山空间（图 39）。

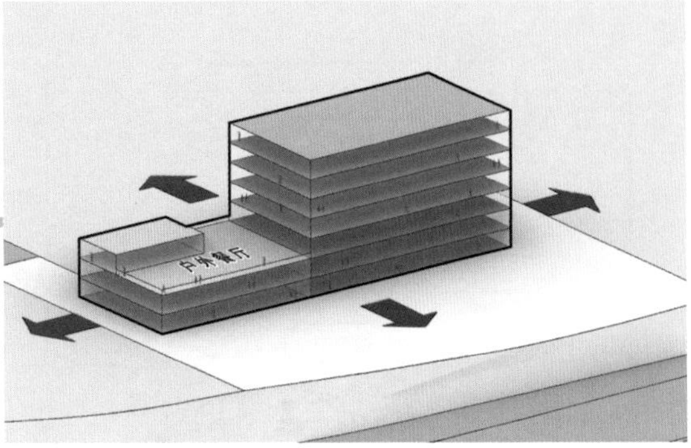

图 38

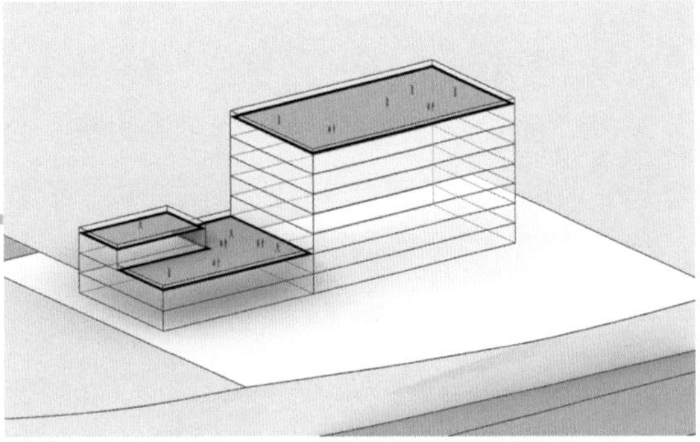

图 39

但大家上着班就没事儿摸鱼上屋顶吗？也不是不行，就是目标太大，容易被领导抓现行。最隐蔽也是最方便的方法就是走到窗边，有个风吹草动就可以马上归位。向着东面的高速路伸出阳台，你在看风景，路人在看你（图 40）。

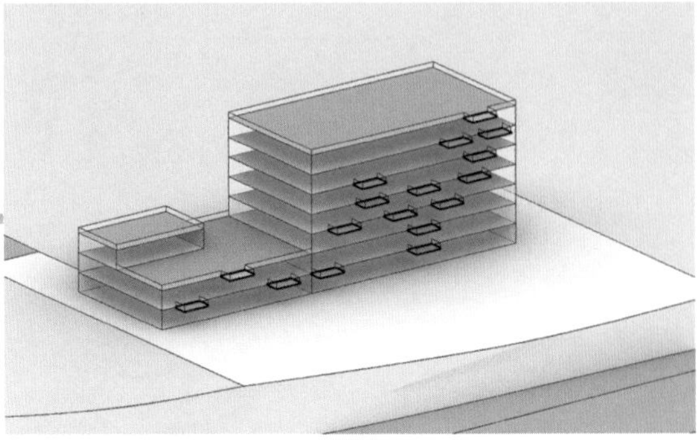

图 40

看山的空间肯定越多越好，极致的情况就是用阳台填满整个东立面（图 41）。足够多的阳台已经形成一个独立的空间体系了，可以用外挂楼梯去连接不同层高的阳台，同时还能构成有规律的外立面（图 42）。在这个基础上，再增加不同阳台的斜向连接（图 43）。

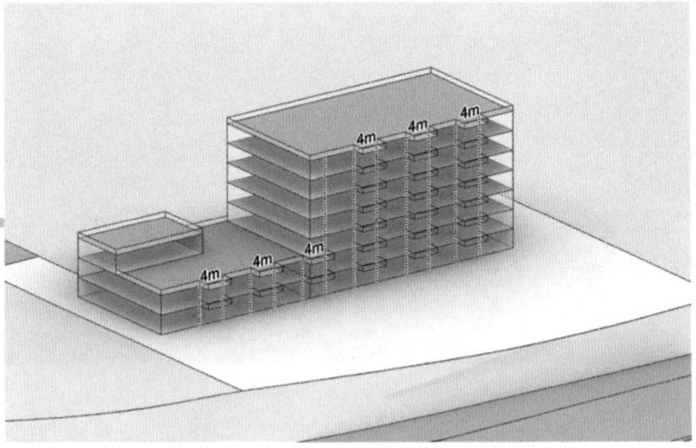

图 41

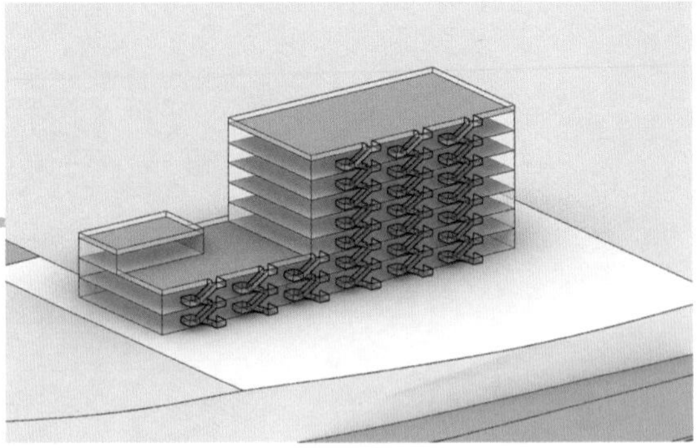

图 42

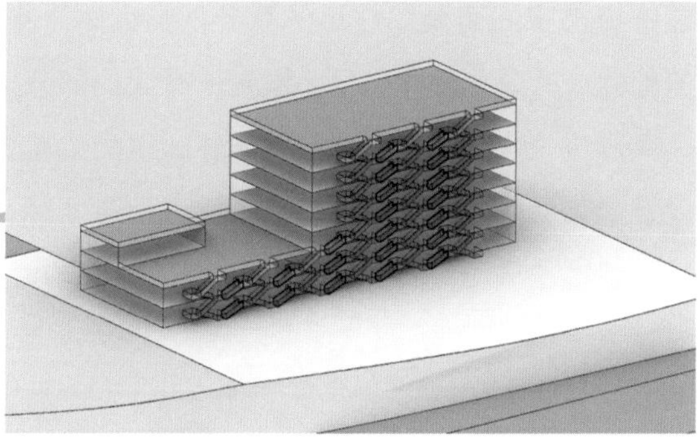

图 43

但塞满了其实也没什么用，毕竟不可能所有人同时“摸鱼”。CZA 建筑事务所想要塑造一条从底到顶的登顶流线，于是删除了多余的流线（图 44）。阳台系统继续和屋顶连接，与户外餐厅相通（图 45）。

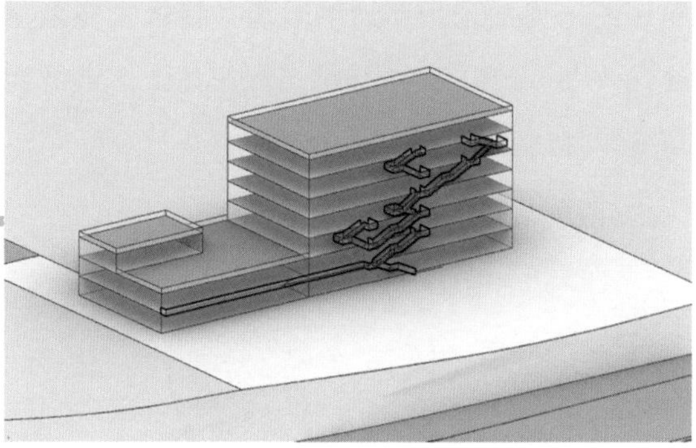

图 44

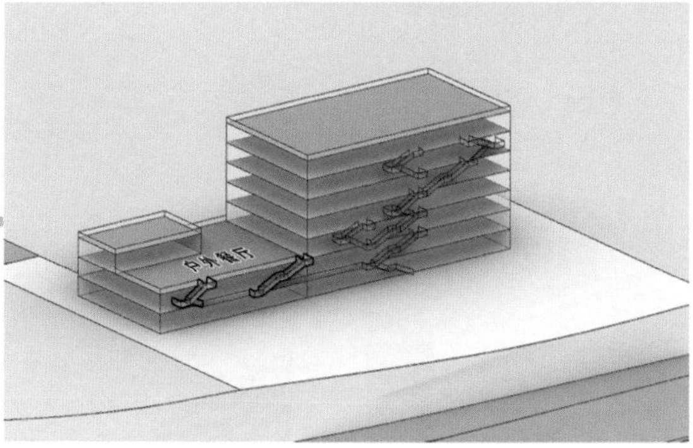

图 45

对于最高的屋顶，CZA 建筑事务所却没有将交通系统直通屋顶。或许有点恐高？总之，建筑师将终点改为室内七层，并补充了专门的休憩场所（图 46）。

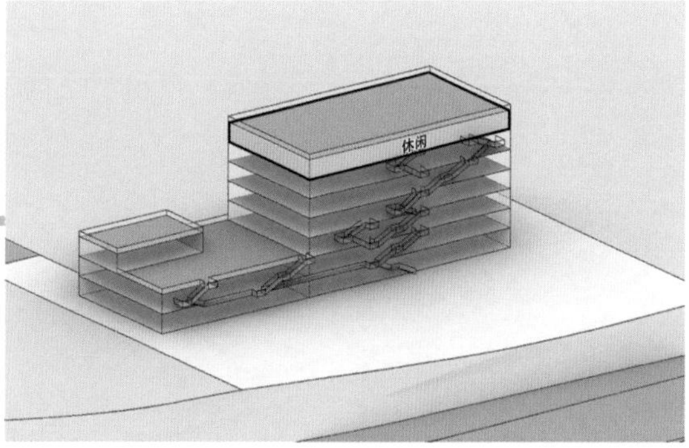

图 46

轻金属楼梯同时可以作为消防安全逃生的疏散梯。至此，屋顶露台、休闲空间以及阳台楼梯共同构成开放界面，看山的空间系统也就建立了起来（图 47）。

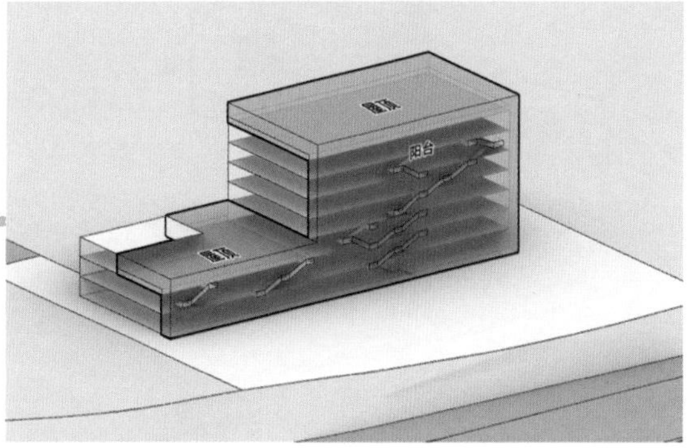

图 47

看山空间影响着内部的功能布局。将交通核等辅助空间放在西面，尽可能保留东部空间的开放性（图 48）。整体建筑形态由此以辅助空间与看山空间相连，形成喇叭形，也算进一步地暗示人群应尽量在东面空间活动（图 49）。从外部视觉效果上来说，看山空间是虚，其他空间是实（图 50）。

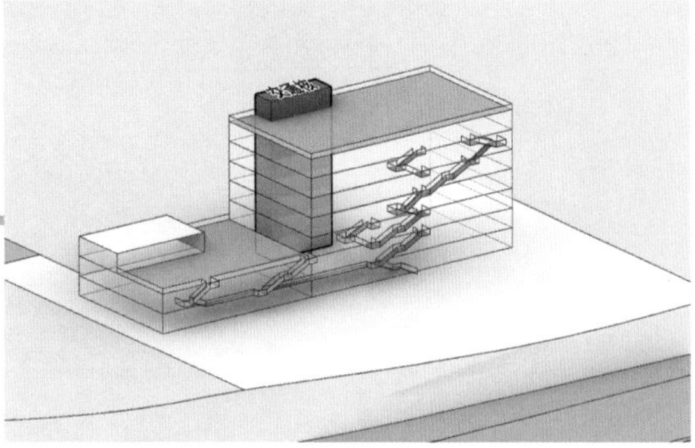

图 48

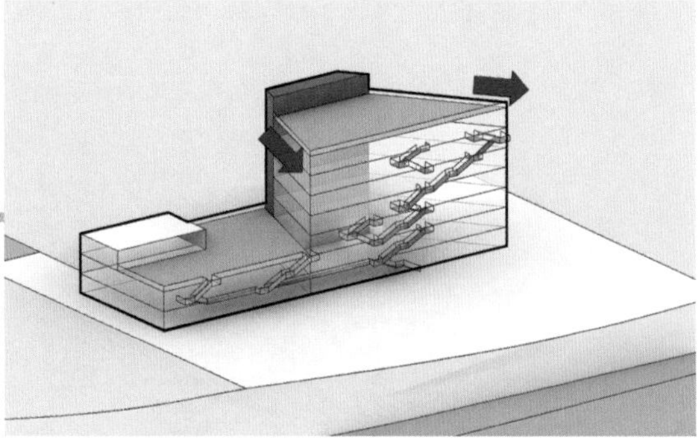

图 49

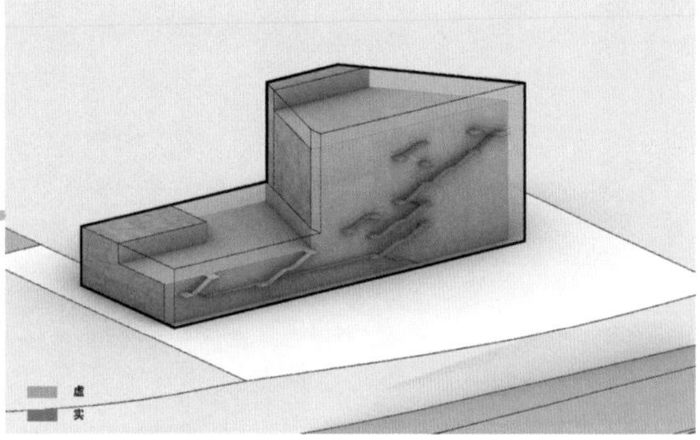

图 50

虚的楼梯空间有登山线路的意向，那么后面实的部分就算是山体本体了。联合所有实的部分，共同形成一座山的意象，削减整体建筑的体量。建筑的东北角还斜切出一段，拟做室外攀岩区，整体锻造出崇山峻岭的冷峭感（图 51）。

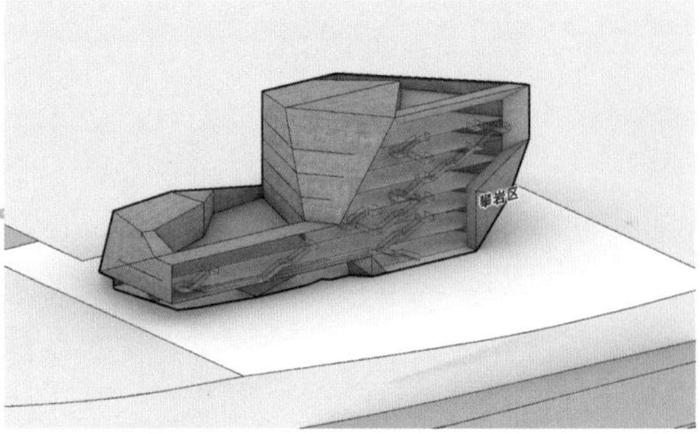

图 51

向南的采光面采用半透明玻璃，整体做像素化处理（图 52）。交通核都布置在角上，进行切角变体加以支撑（图 53）。

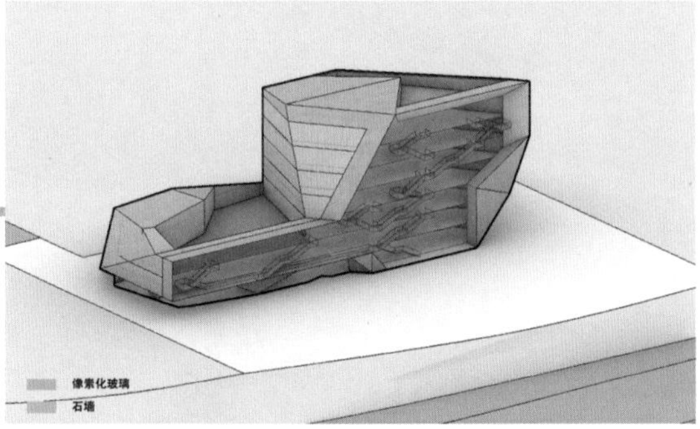

图 52

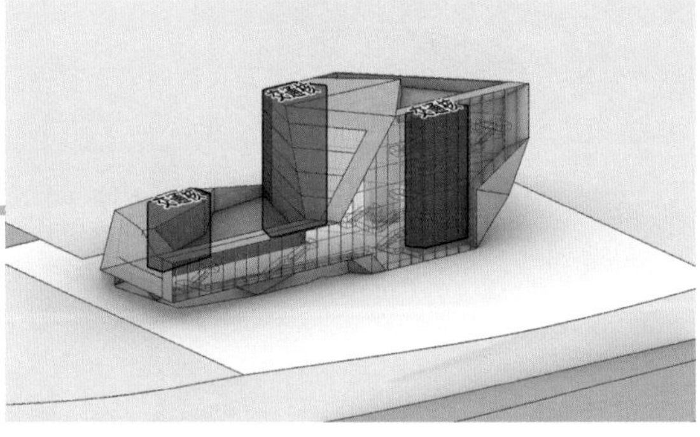

图 53

一层主入口也在东面，从入口处分流，南侧是商店和封闭研发区，接待访客和研发人员；北面是业务中心（图 54）。二层南侧是研发车间和健身房，配有专门的攀岩区用于测试产品；北面布置会议厅（图 55）。三层南侧是公寓区和户外餐厅，北面是办公区（图 56）。

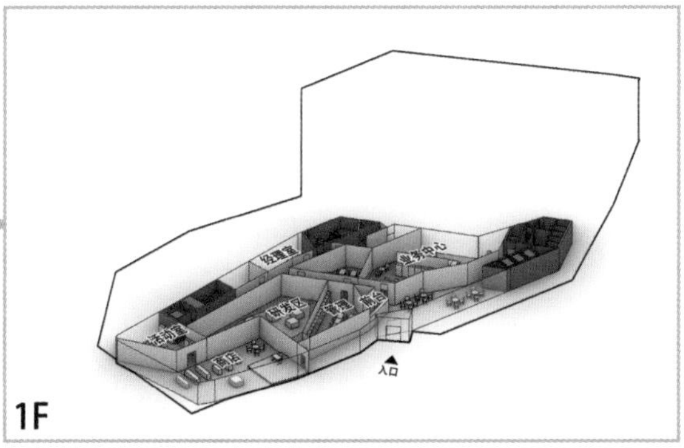

图 54

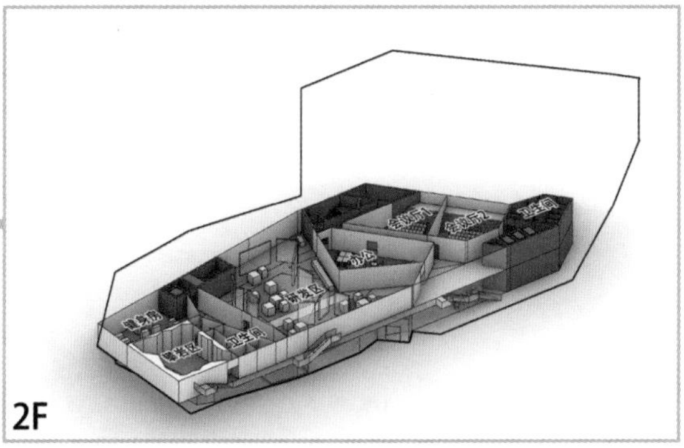

图 55

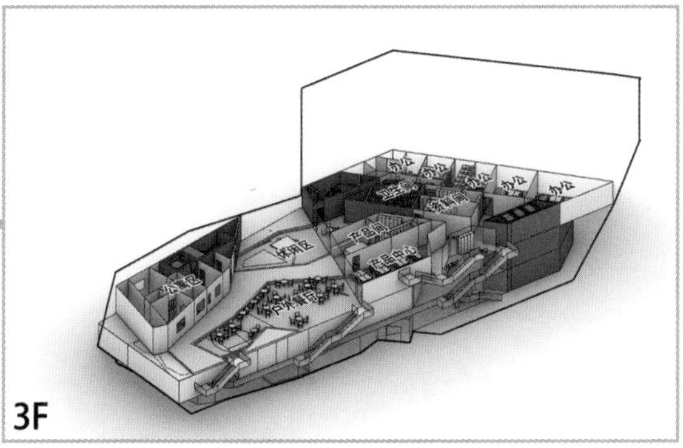

图 56

四至六层都是办公区，南侧以开放办公区为主；北面是单独隔间；中间不采光的位置放卫生间、仓库、茶水间等（图 57 ~ 图 59）。七层顶层北面是领导办公区，南面为休闲区（图 60）。

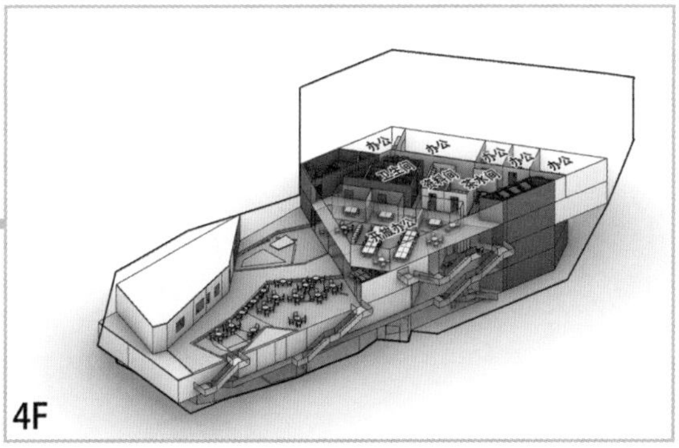

图 57

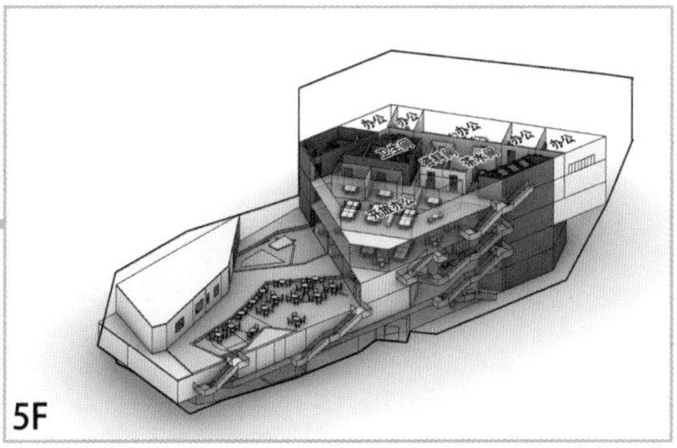

图 58

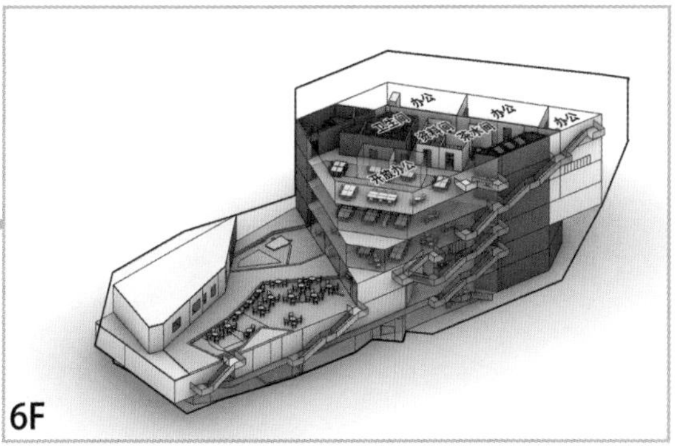

图 59

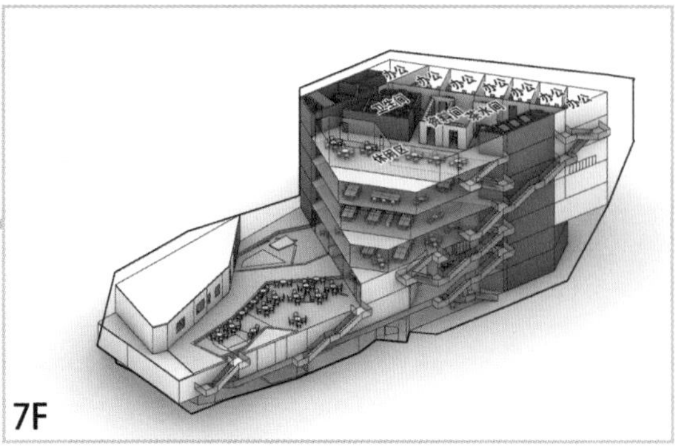

图 60

进一步考虑楼梯材质和扶手颜色，发光的薄荷绿加上光感的企业标识，突出了 Dynafit 总部的科技感（图 61）。地下一层做停车场，但室外看得到一层地台，可以将整体建筑垫高，给旁边高速路更好的视觉形象（图 62）。收工（图 63）。

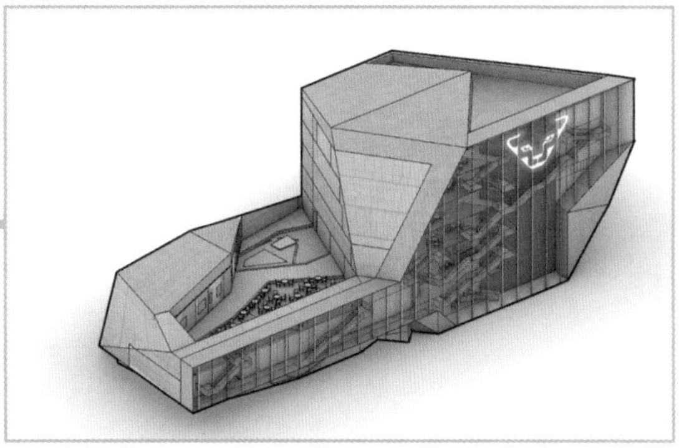

图 61

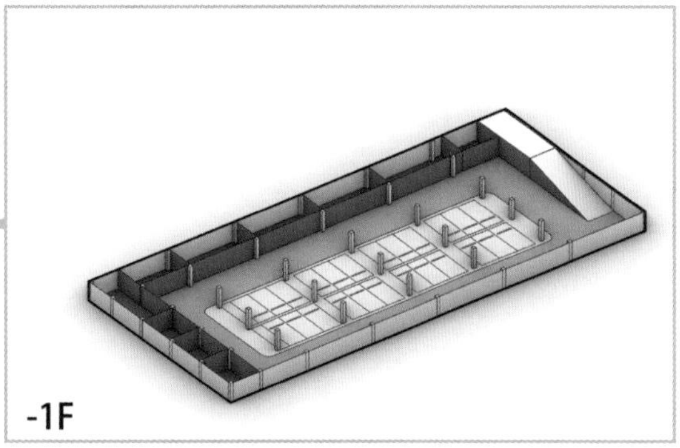

图 62

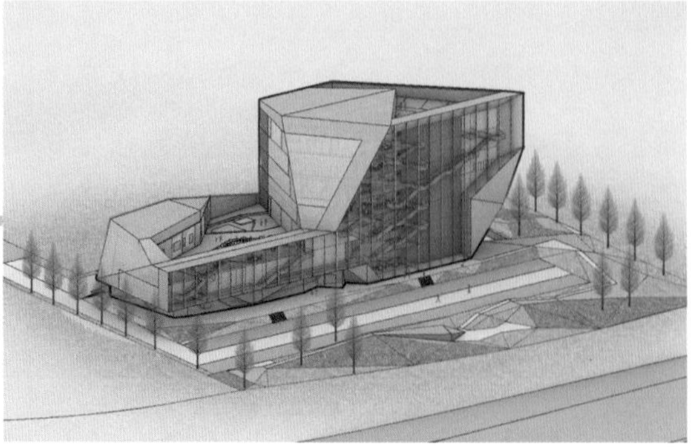

图 63

这就是 2 号方案，由 CZA 建筑事务所设计的平头山方案（图 64 ~ 图 69）。

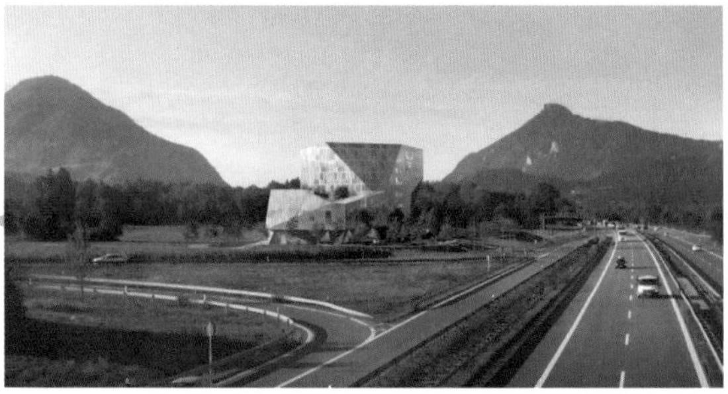

图 64

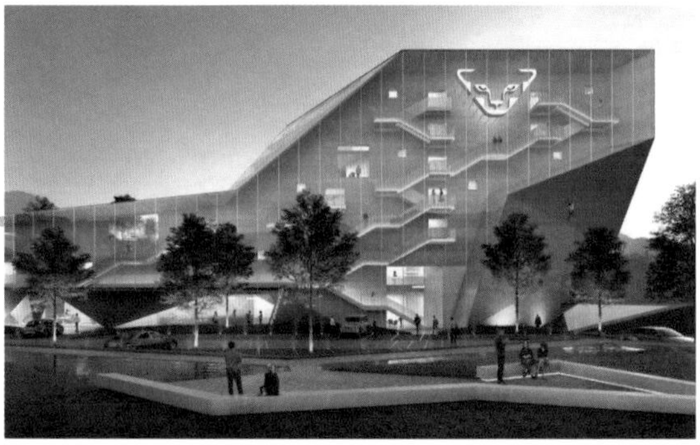

图 65

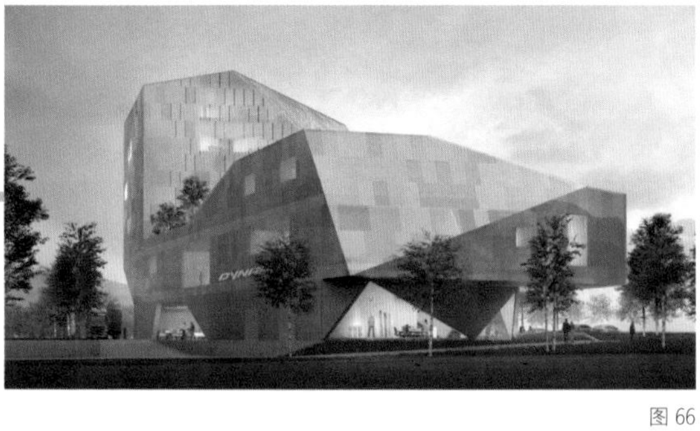

图 66

图 67

图 68

图 69

猜到谁笑到最后了吗？让我们恭喜 1 号选手——尖头山方案成功中标！看山是山，看山不是山，山还是山。设计有三重境界，但建筑师只有一个选择：看山，还是山？ 怎么选都对，怎么选也都不可能让所有人满意，因为甲方也只有一个选择，不要因为甲方的选择而放弃设计的选择。 但行好事，不渡甲方，你若盛开，自有别的甲方来。

图片来源：

图 1、图 30 ~图 35 来自 https://barozziveiga.com/projects/headquarter-dynafit，图 2、图 64 ~图 69 来自 http://www.zucchiarchitetti.com/projects/offices/dynafit-headquarters/，其余分析图为作者自绘。

END

有些不作妖的设计才是真妖孽

图 1

名　称：缤客全球总部（图 1）
设计师：UNStudio 建筑事务所
位　置：荷兰 · 阿姆斯特丹
分　类：办公建筑
标　签：亲水空间，中庭
面　积：73 700 m²

START

人活一世，最重要的事儿就是俩字——呼吸。“呼”是出一口气，“吸”是争一口气。但总有一些人间特殊物种没人给出气，自己也不争气，日常修炼的是憋一口气，比如，建筑师。服不服气，都得憋着。人憋屈久了，就容易出门的时候报复性消费；建筑师憋屈久了，就容易出方案的时候报复性创新，通常也叫作妖式创新。简单说就是明知道甲方没有态度，功能没有难度，预算没有额度，也依然坚持用高射炮打蚊子。如果打不中，一定是因为蚊子太小，绝不可能是因为炮筒太大。

Oosterdokseiland（ODE）是阿姆斯特丹市中心的一个岛屿（图 2）。这个小岛因为紧邻阿姆斯特丹中央车站，过去用作车站的附属设施，但随着许多产业不再依托铁路运输，整个小岛就被闲置了下来，然后就被开发商 BPD 买下了。

图 2

BPD 还是比较靠谱的，从 2005 年开发至今，在岛上已经搞出了图书馆、剧院、音乐学院、TomTom 总部、Takeway.com 总部、Adyen 总部、希尔顿逸林酒店，以及各种住宅、公寓等一堆项目。

现在还剩下最后一块地没有被开发。这块地在岛的最东边，面积 16 000 m^2，虽然目前地上尚未开发，但地下已经有了一个 1450 车位的停车场（图 3）。

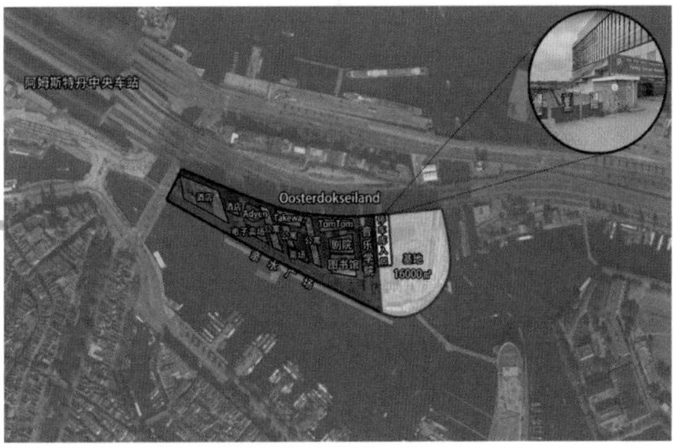

图 3

那么，BPD 的问题来了：最后这块独苗地应该开发个什么项目好呢？其实开发什么并不重要，重要的是能挣钱，也就是盖了房子能卖出去。BPD 的策划部门很幸运，因为还没策划，就有金主找上门了。缤客（Booking.com）是世界最大的旅游电子商务公司之一，主要提供全球住宿预订服务。他们现在打算在阿姆斯特丹建一个新总部大楼，然后看中了 BDP 剩下的这块地。B 开发商与 B 旅行社一拍即合。

他们愉快地决定了在最后的这块独苗地上为 B 旅行社开发新的公司总部以及公寓区和若干商业区，建筑面积总共约 73 700 m²，并增加地下停车位 350 个，以满足世界 500 强之一的企业的停车需求（图 4）。

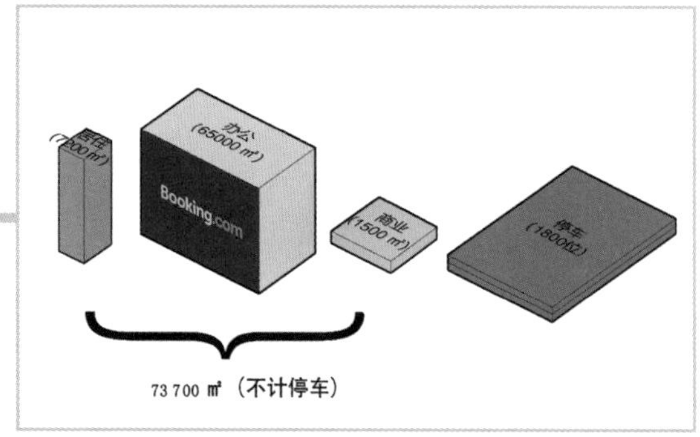

图 4

B 旅行社的总部功能包括两个部分：一个是总部办公，用于容纳阿姆斯特丹的 4000 名员工；另一个是培训中心，面向全球 17 000 名员工进行阶段培训，需要安排当地住宿和餐饮（图 5）。

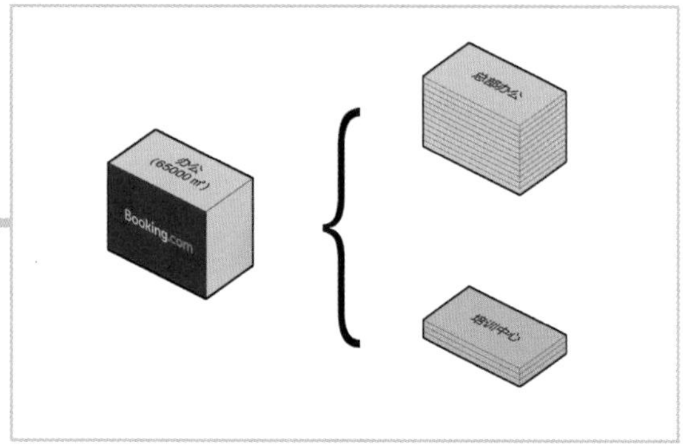

图 5

基地面积 16 000 m²，建筑面积约 73 700 m²，容积率大概 4.5，看起来不算太紧张。事实上，确实只有“看起来”不算太紧张。作为一块已经被高度开发的小岛上硕果仅存的独苗地，它的限制条件比资源条件还要丰富。简单来说是三板斧。第一板斧：限高 50 m（全岛都一样）。第二板斧：岛上已有的沿海亲水空间要继续延续，环绕全岛。第三板斧：北侧还有一条 5 m 的单向路，要保留（图 6）。

图 6

不要着急。三板斧只是外伤，还有内伤。内伤主要是由第二板斧造成的。什么叫延续亲水空间？就是整个海边都要为大众服务，让群众来去自如。换句话说，你别想就简单留个门前广场敷衍了事。那么大的世界 500 强企业之一的总部立在那儿，保安、门卫一站，谁闲着没事儿跑这儿来玩（图 7）？

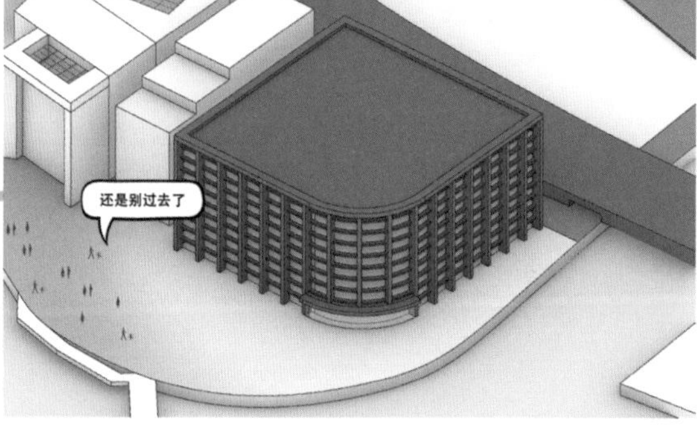

图 7

148

敷衍不过去，就得真的出点血。也就是说，整个新建筑的首层都得面向亲水广场开放，搞点儿群众喜闻乐见的功能，比如，弄个商场啥的（图 8）。很好，这样一来，B 旅行社总部的大堂就被挤对到北面，不仅紧挨着地库口，还紧贴着单向路（图 9）。

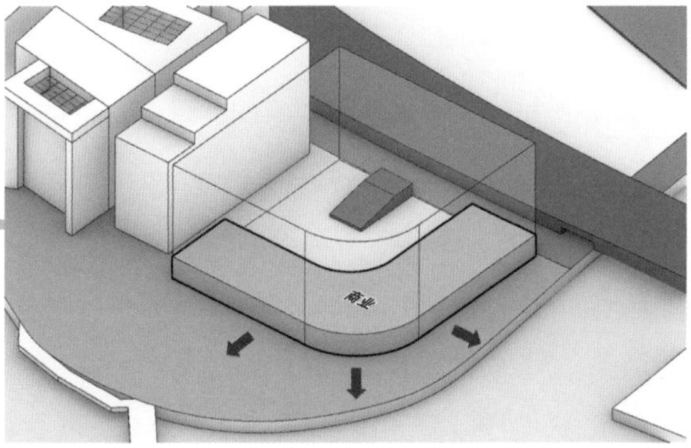

图 8

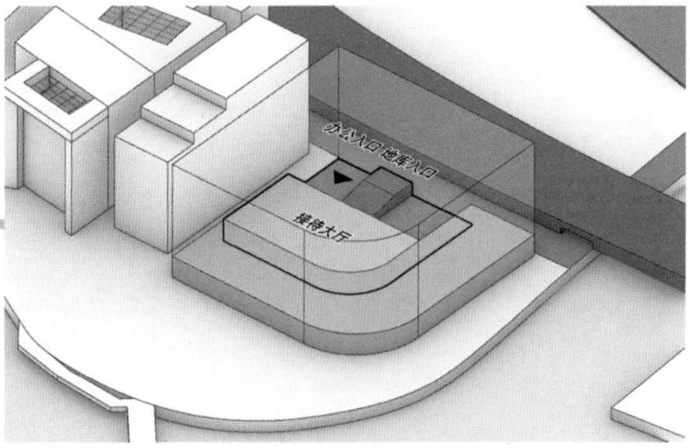

图 9

就算甲方不嫌磕碜，乙方都下不去手。作为乙方的 UNStudio 建筑事务所也是个“实诚人”——要么别做，要做就做好。既然要开放，那就好好开放，踏踏实实地把整个首层都做成商业区开放了（图 10）。那么，办公和公寓就都只能往上放了（图 11）。

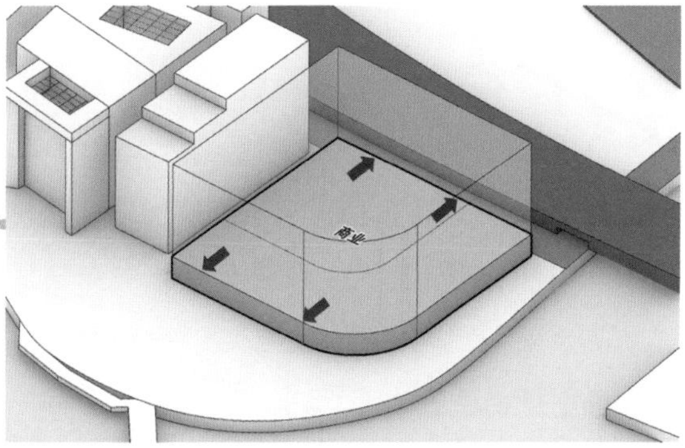

图 10

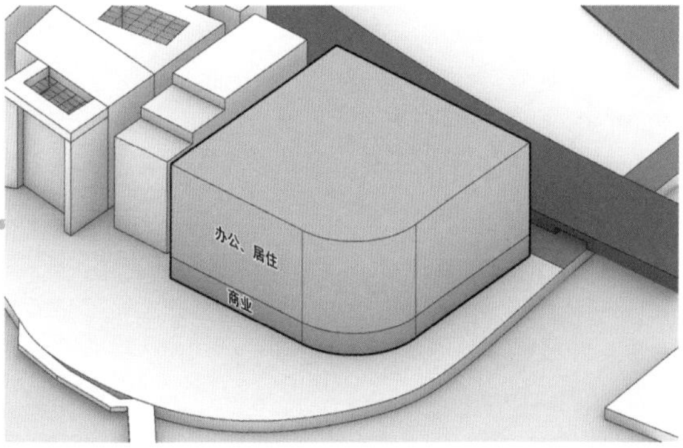

图 11

但总部的排场也要有，大公司不能小里小气。没办法，实诚人 UNStudio 又单独拿出一整层作为总部入口大堂（图 12）。

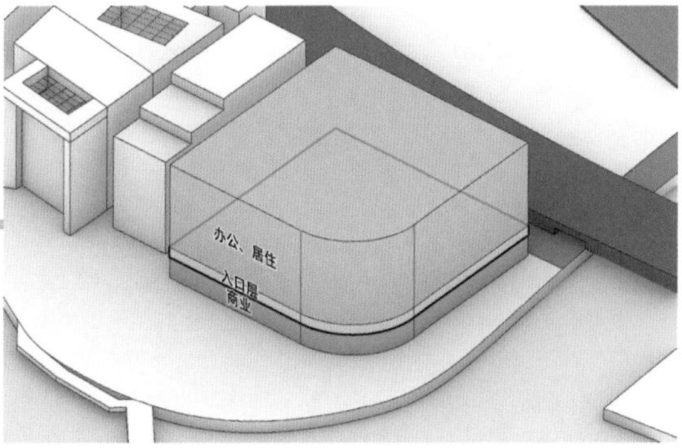

图 12

非常大气，如果忽略了要到商场里挤电梯的话。正常人类是没有翅膀直接飞到 9.2 m 的总部入口层的，估计世界 500 强里的人类也没有。UNStudio 继续老老实实干活，直接加外挂楼梯上到入口层（图 13）。 顺应楼梯方向布置居住功能，留下完整体量给办公区。根据居住体块，调整楼梯位置（图 14）。

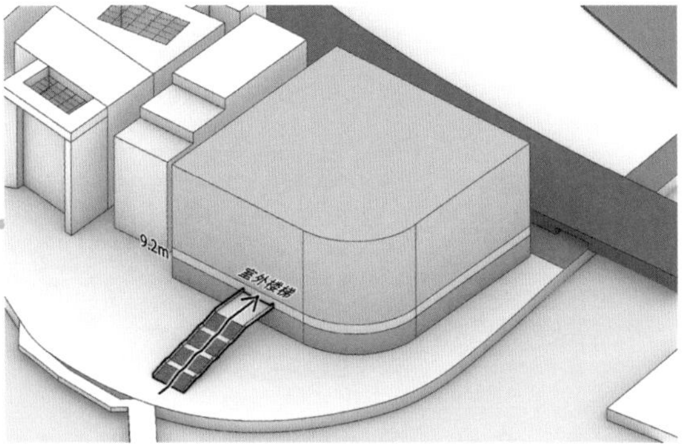

图 13

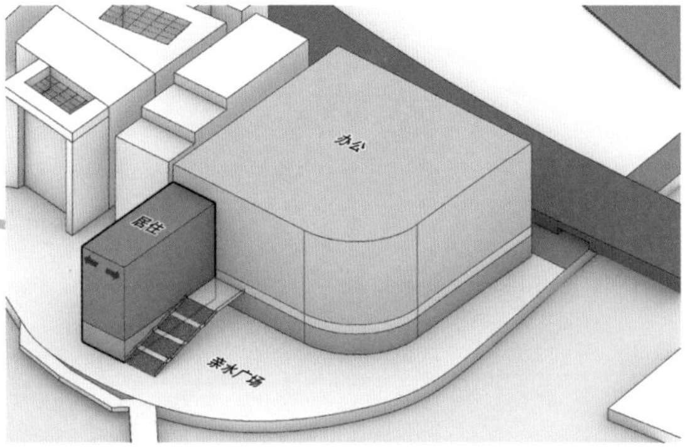

图 14

但这么长的公寓楼不可能就这么赤裸裸地横在广场上，所以将楼梯连带着公寓一起往里缩，同时为了保证采光，不得已切掉一部分办公体量形成中庭来满足公寓的采光（图 15）。

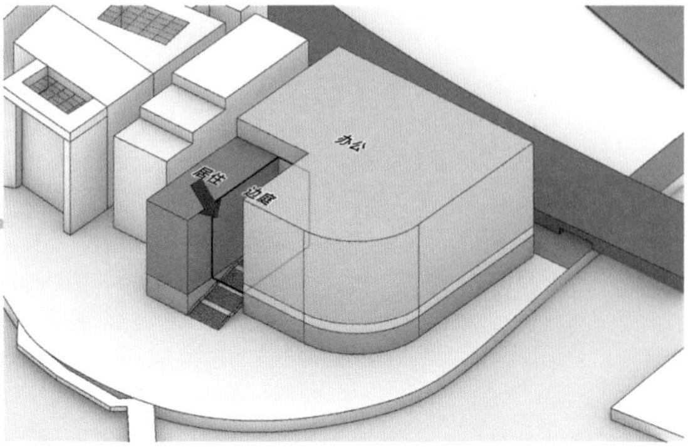

图 15

你有没有觉得很奇怪？既然往里缩了，UNStudio 怎么不把居住和办公对齐呢？是要逼死强迫症吗？ UNStudio 无奈地举起了他的小计算器，因为限高、商业和居住的挤对，这个不对齐的体量就是办公面积的刚需——再也没有余粮了。但是，还得采光啊。从这个体量来看，办公基本分成两个部分，至少需要开两个中庭（图 16）。

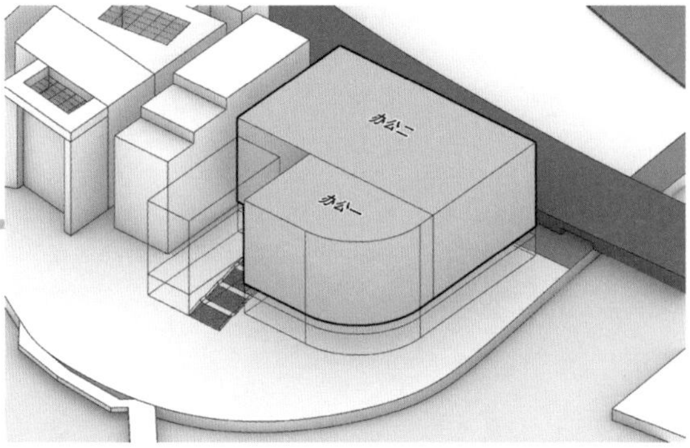

图 16

UNStudio 想摔了他的小计算器：到底谁能给我补回来中庭面积啊！只有一个不是办法的办法了——悬挑一部分面积。南边是公共广场，西边已经卡边了，只能朝着东面、北面往外挑了（图 17）。

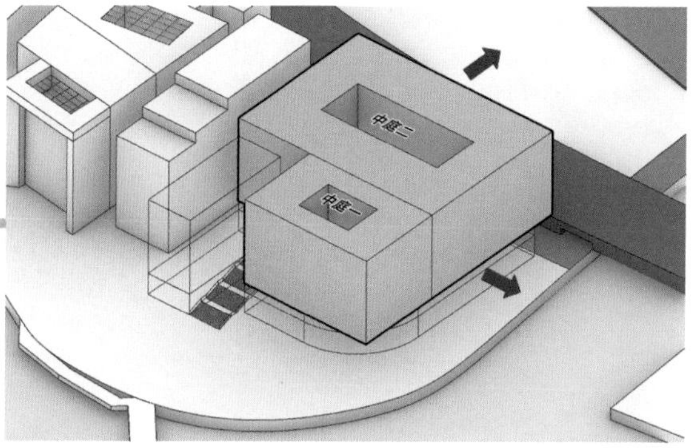

图 17

得亏 BPD 买了整个岛，也没什么规划强条，好歹算是把面积凑齐了。但东面向外悬挑的体量对海边广场十分不友好，特别是转角部分的尖尖看着就难受。于是，UNStudio 在保证体量不变的情况下，修整悬挑部分为倾斜边缘，使其逐渐扩大（图 18）。

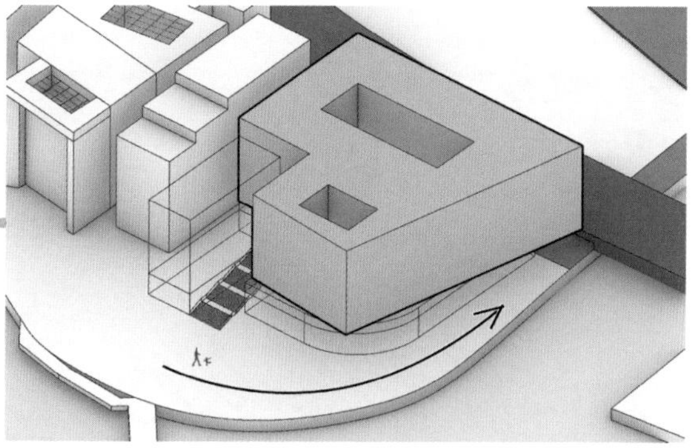

图 18

调整总部入口楼梯的形状为喇叭形，逐渐收口，增加纵深感，也是拉远与普通市民的距离，降低误入的概率。中庭也随之改变形状（图 19）。总部功能分为办公区和培训中心，根据现有建筑形态，将培训中心与公寓顺成一个长条，而办公区围绕中庭排列（图 20）。

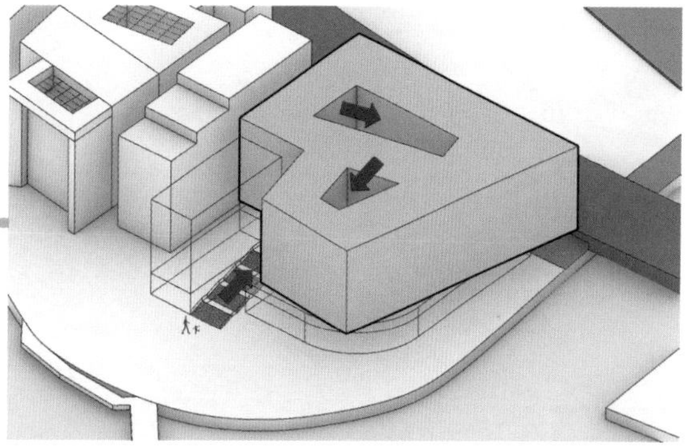

图 19

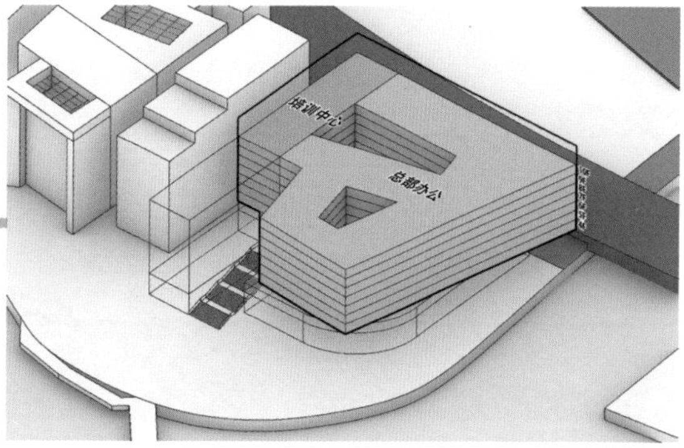

图 20

顶部视野景观很棒，整合全部顶层空间布置餐厅、娱乐、健身等休闲配套（图 21）。在离入口楼梯较远的中庭尽端设置办公交通核（图 22）。也就是说，一个中庭有楼梯可以去上面的办公区，而另一个中庭只能抬头看看上不去（图 23）。

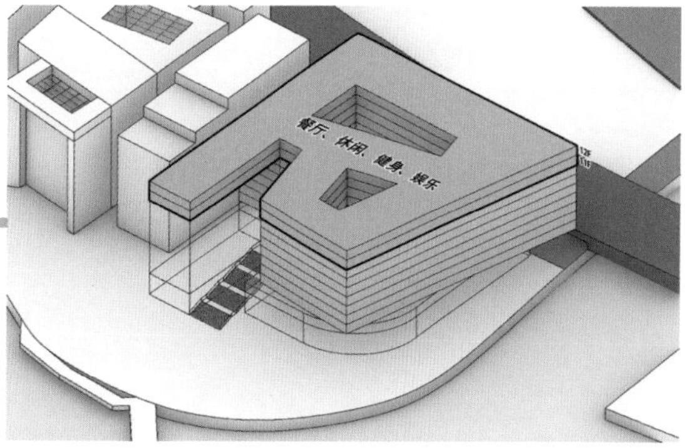

图 21

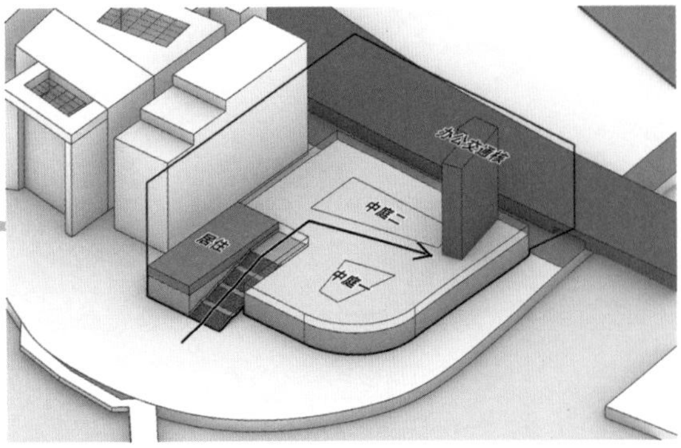

图 22

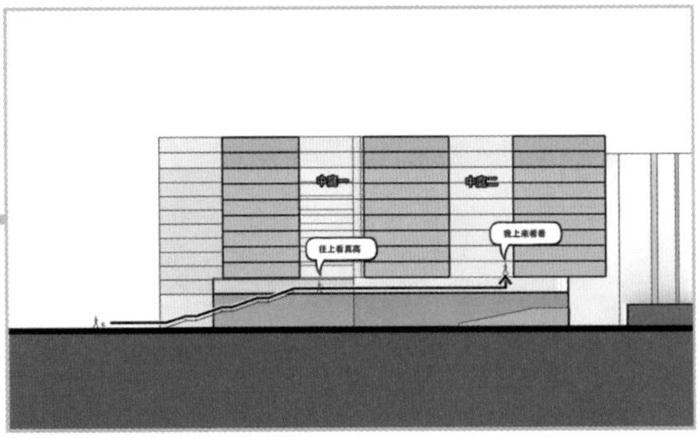

图 23

这样，两个中庭就自然将入口大堂分为了访客接待区与员工集散区。再顺势将入口楼梯往前挪一挪，到交通中庭的位置，后面补上一部分面积与公寓相连，形成回路。至此，这个七零八碎的入口大堂就被明确划分了区域：进门左转去公寓，右转上班，右转再右转就是接待区（图 24）。商业区结合外部广场和行人视线，修整轮廓（图 25）。至此，功能部分布置完成（图 26、图 27）。

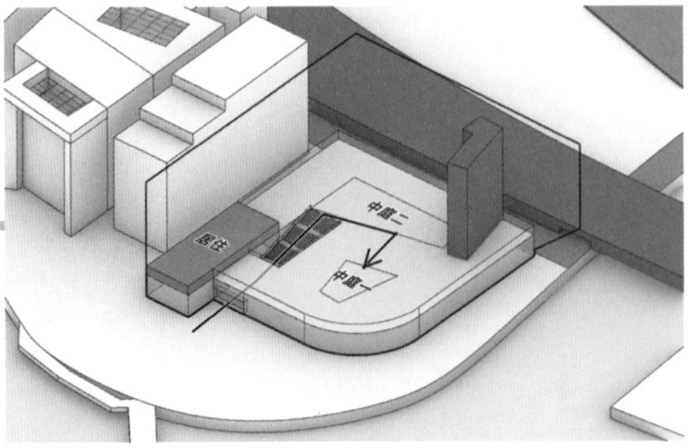

图 24

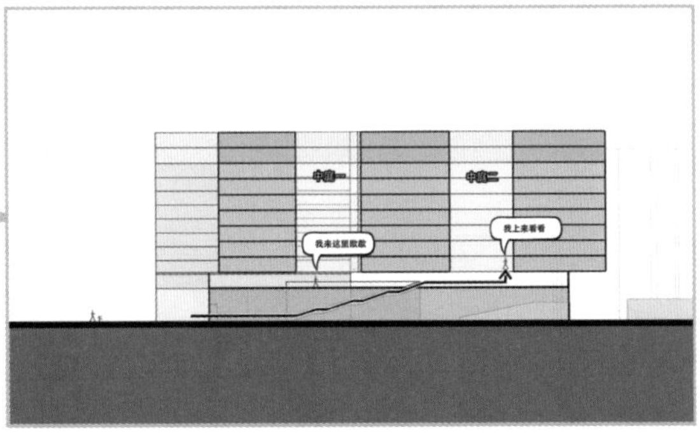

图 25

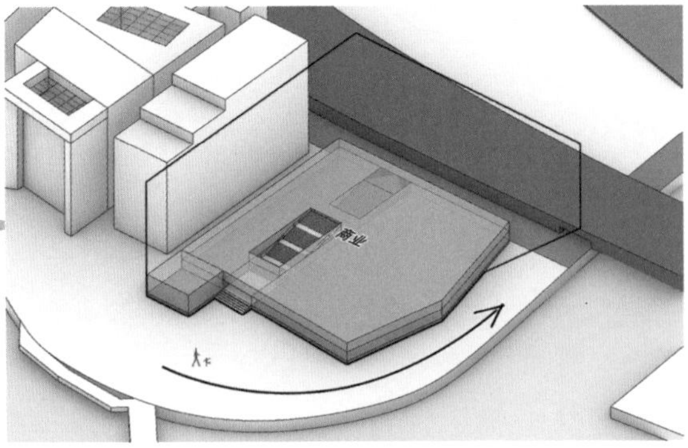

图 26

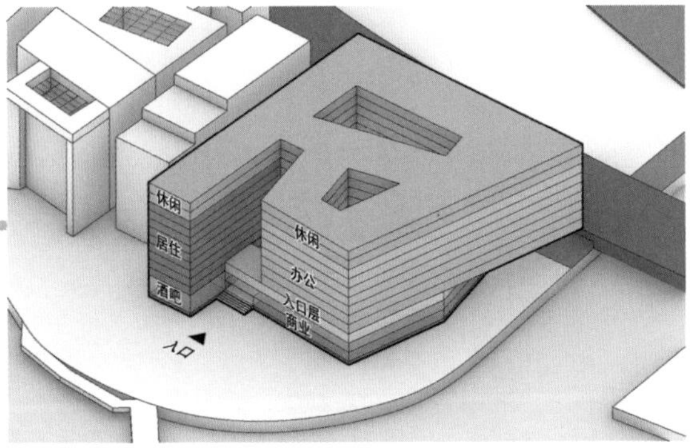

图 27

北面悬挑是因为底下的单向路，为保证公交通过，须预留 15 m 净高，所以这又消减掉了单向路上方的部分面积。这真是大罗神仙也没办法了，减就减吧（图 28）。采用 Y 形柱支撑悬挑（图 29），商业部分整体开放，可以从广场直接进入。一层设有餐厅、酒吧以及各种店铺（图 30）。

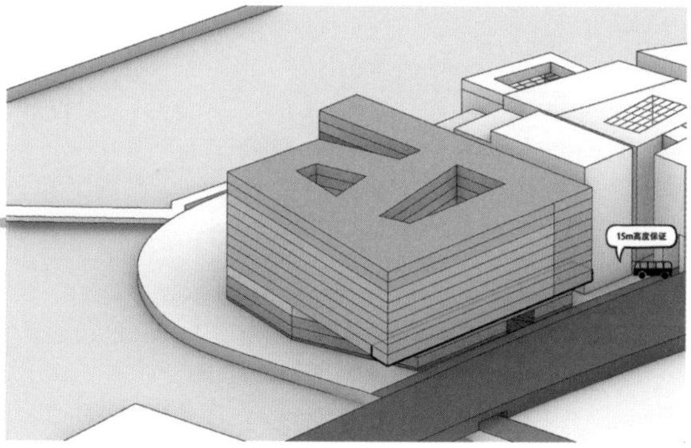

图 28

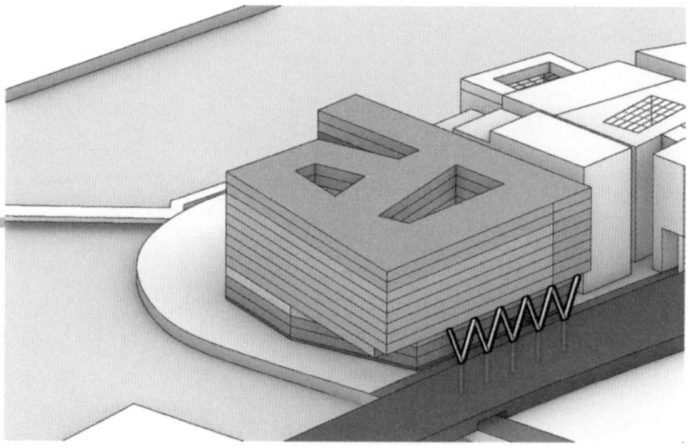
图 29

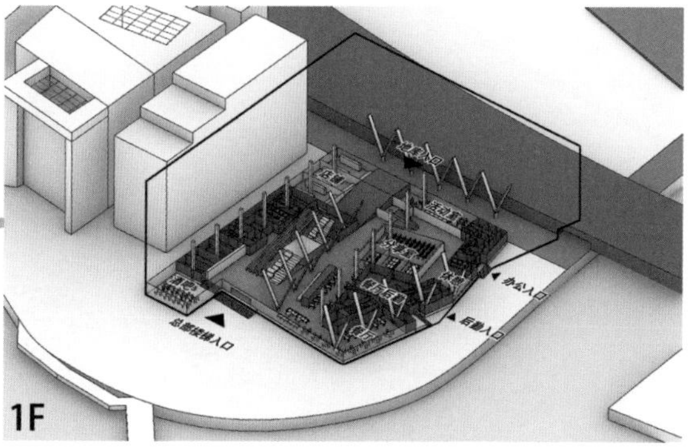

图 30

二层设有学习中心、活动室和研讨室（图 31）。三层是总部办公的大堂层，借用露台专门做一条可以步行下来的交通路线，方便办公人员的日常使用（图 32）。三层整体布置了员工餐厅、休息区以及礼堂，从城市完美过渡到总部，与城市环境共融（图 33）。而四层及以上的办公层，就不能完全对市民开放了（图 34 ~ 图 36）。

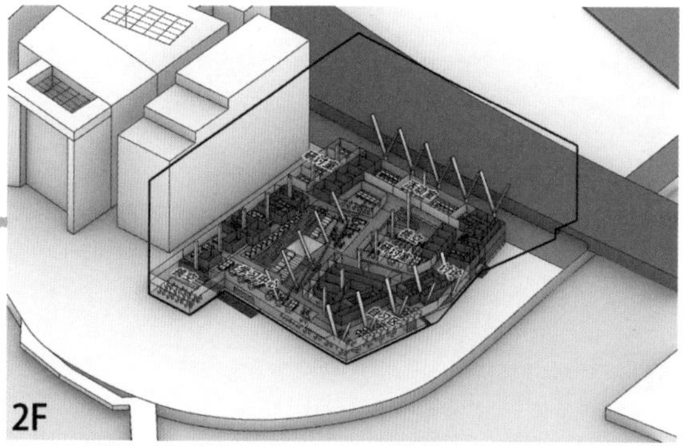

图 31

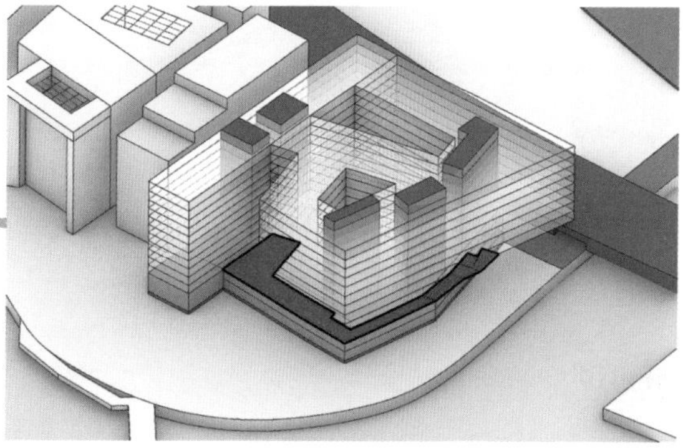
图 32

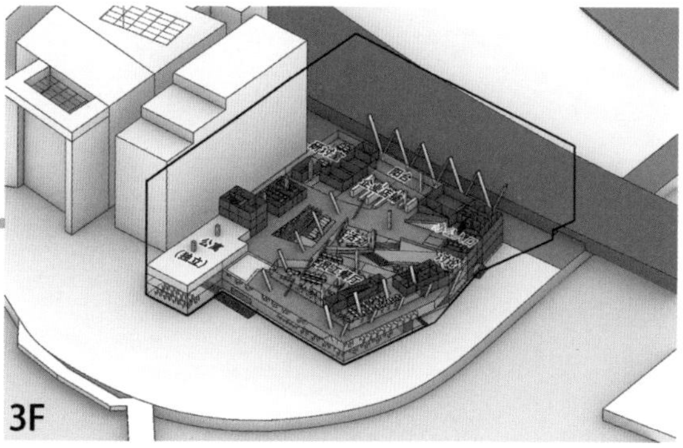

图 33

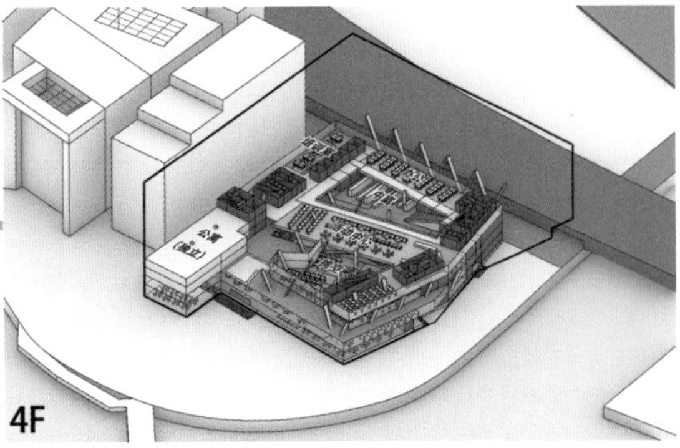

图 34

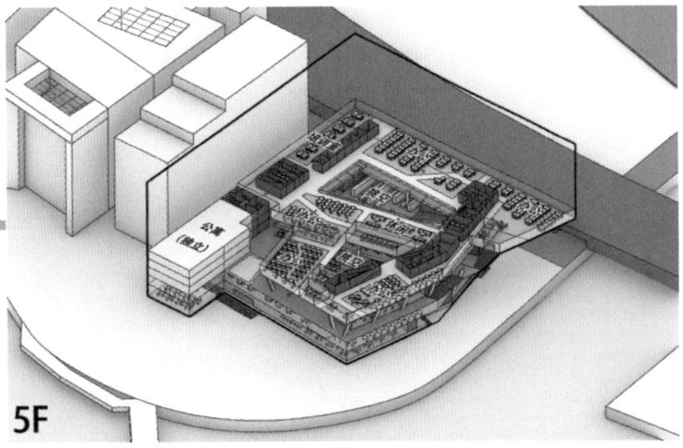

图 35

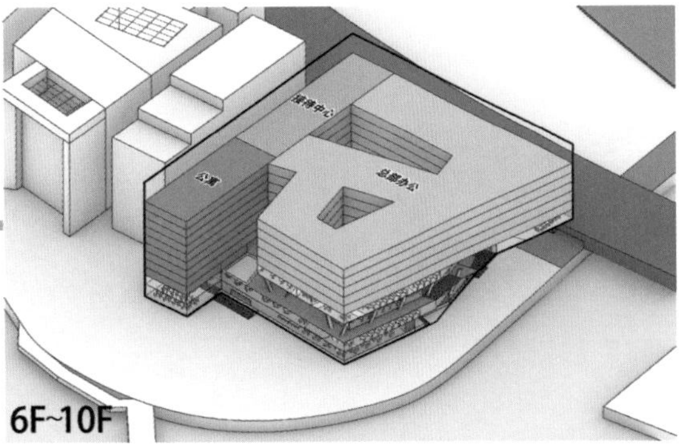

图 36

顶部的休闲区，利用其屋顶高差做出起伏的路径，放上太阳能电池板和绿植，做出屋顶花园（图 37）。公寓提供 6 种户型，三面采光，有独立交通核（图 38）。为了不浪费外面的无敌海景，UNStudio 面向南面的水面，通过画不规则三角形，打造了不规则露台（图 39、图 40）。

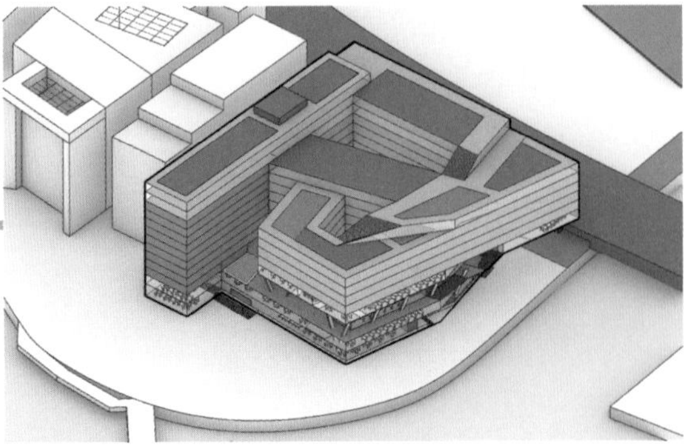
图 37

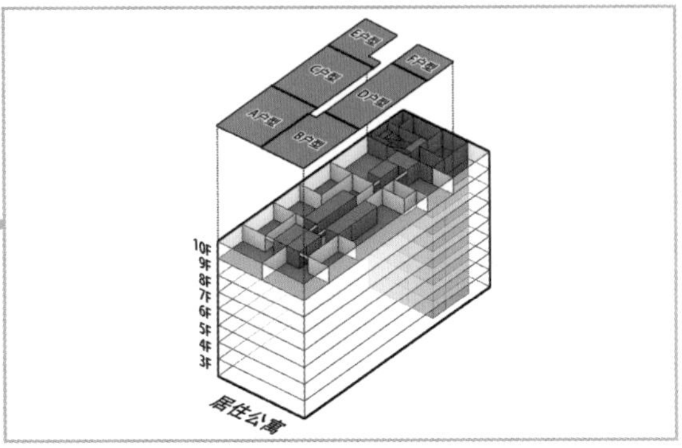

图 38

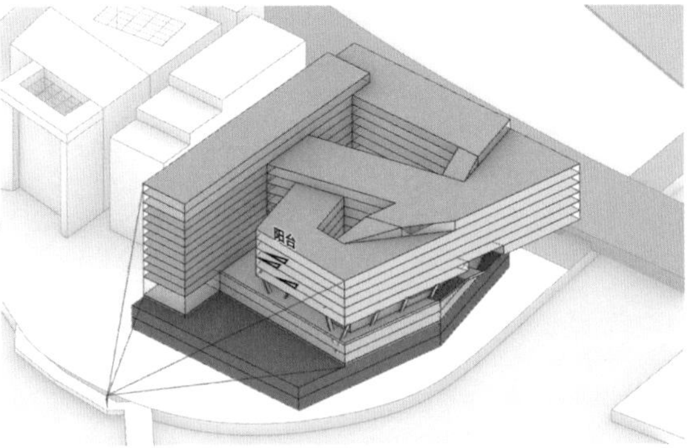

图 39

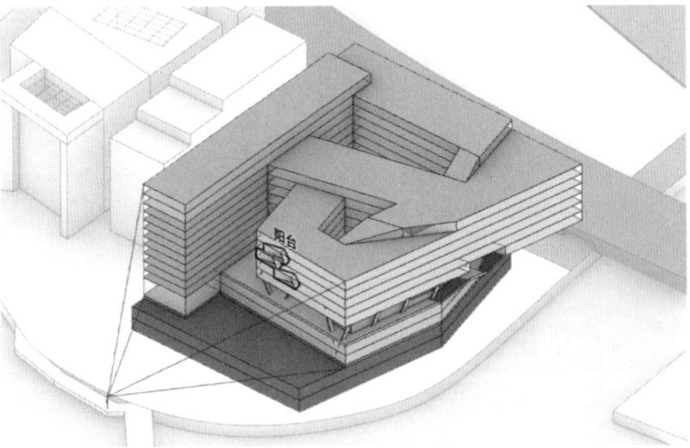

图 40

西面以后会开设步行桥，等到开通之后会正对建筑东立面。于是，就又在东立面通过竖向折板，互相咬合，做了二层高度的不规则露台，观景的同时也丰富了形态（图 41、图 42）。公寓部分也同样开了不规则的阳台（图 43）。

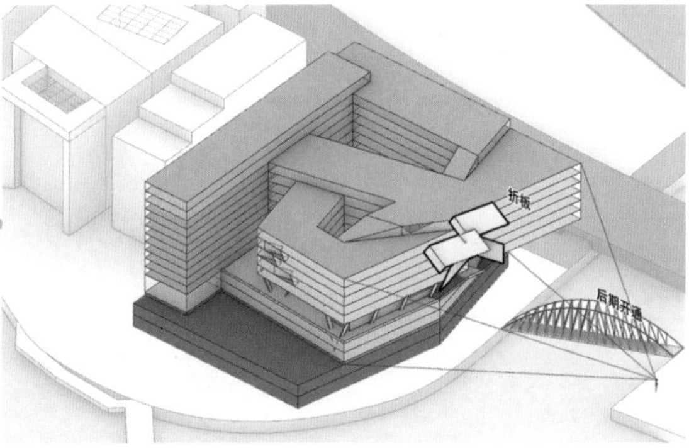

图 41

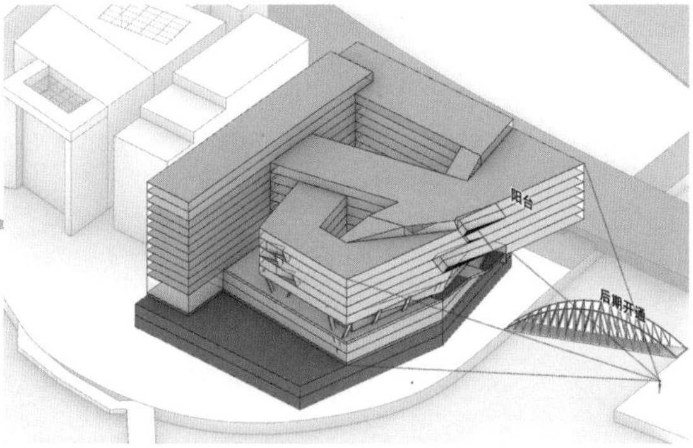

图 42

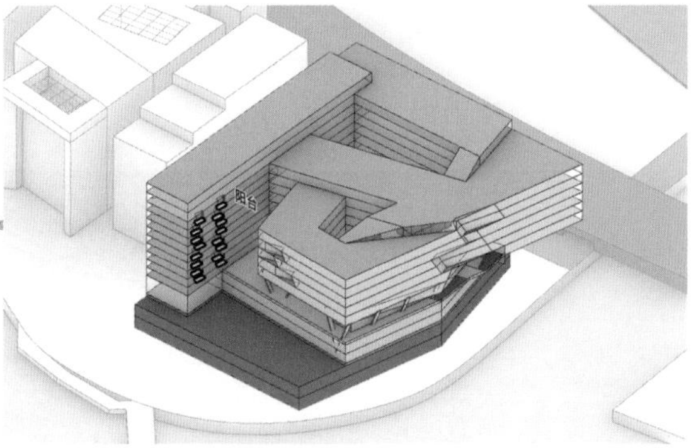

图 43

整个建筑基本都处于喧闹的城市环境中，UNStudio 又在整栋建筑立面需要消音的地方安装了一种三角形消音模块，减少了对内部空间的噪声影响（图 44）。收工（图 45）。

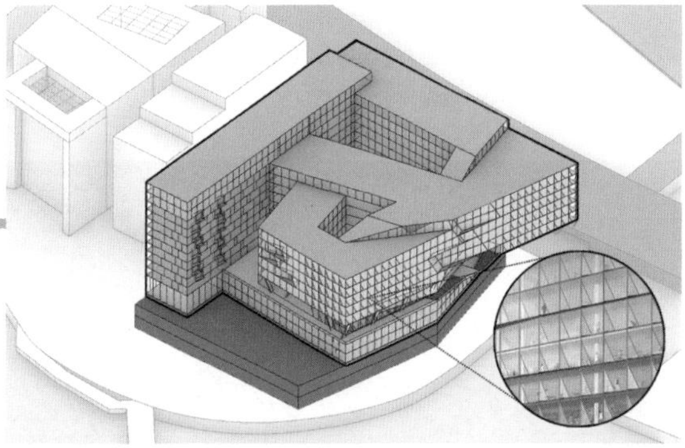

图 44

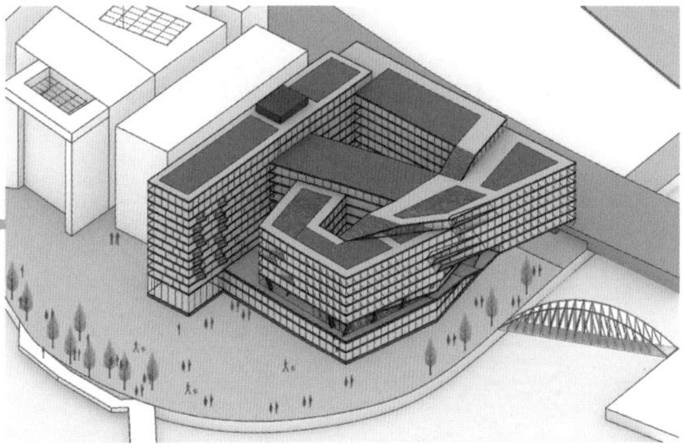

图 45

这就是 UNStudio 建筑事务所设计的缤客全球总部。这个看着张扬又妖气十足的总部，谁能想到是老老实实被挤对出来的呢（图 46 ~图 55）？

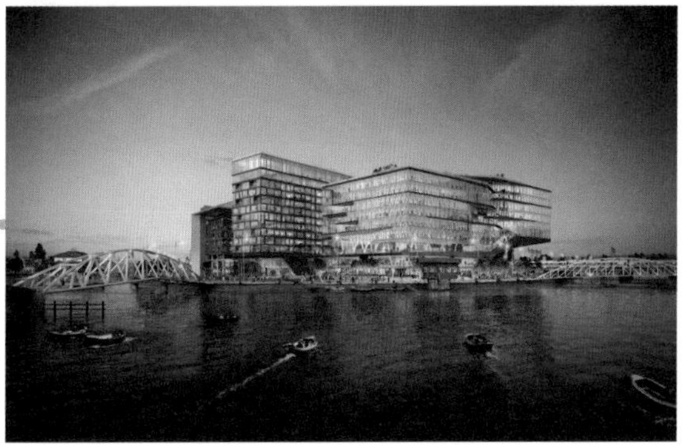

图 46

图 47

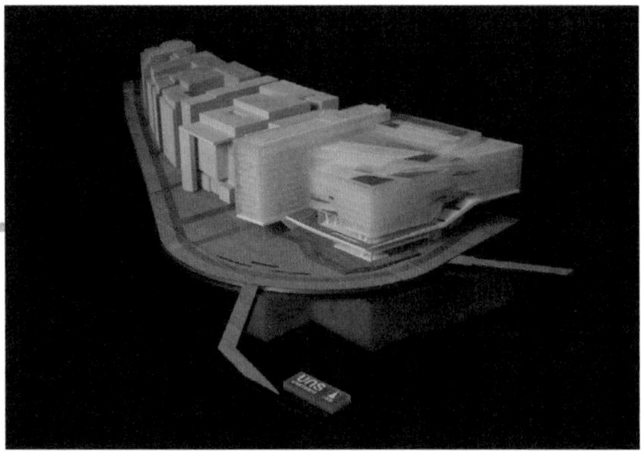

图 48

图 49

图 50

图 51

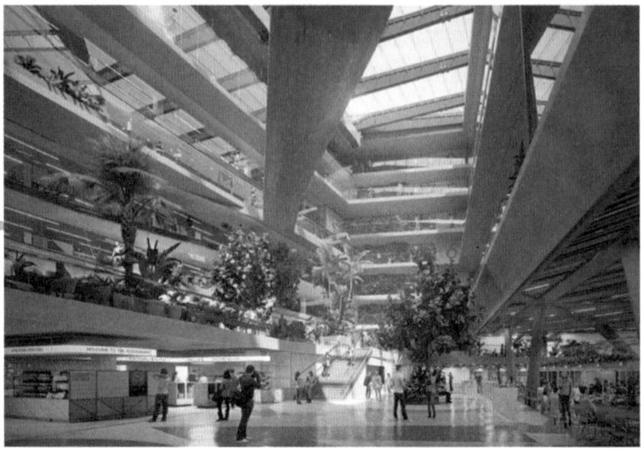

图 52

图 53

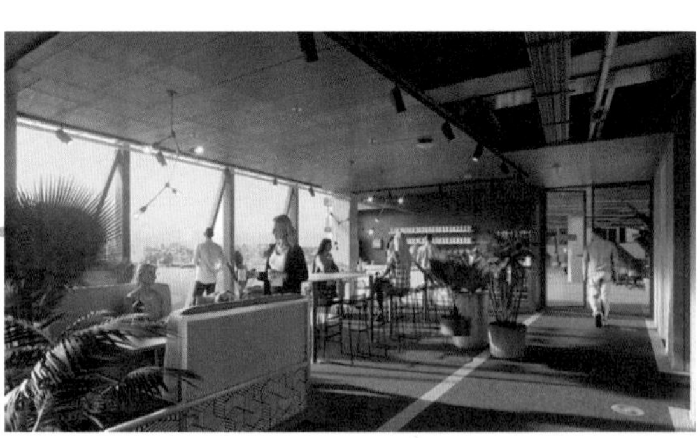

图 54

图 55

明知山有虎，就不要去明知山。这世间本就危机四伏，眼皮子底下就是陷阱，能全身而退的已然不是高手，而是高手中的高手。很多建筑执迷于搞出点儿大动静，大概也是心里明白：阎王好见，小鬼难缠。

图片来源：

图 1、图 46 ~ 图 55 来自 https://www.unstudio.com/zh/page/11733/booking.com%E6%80%BB%E9%83%A8%E5%A4%A7%E6%A5%BC，其余分析图为作者自绘。

END

世上本没有路，建筑师多了也就有了路

图 1

名　称：优步全球总部（图 1）
设计师：SHoP 建筑事务所，Quezada 建筑事务所
位　置：美国·旧金山
分　类：办公建筑
标　签：立体交通体系
面　积：39 300 m²

START

我们讨厌颠倒的世界，却依然做着颠倒的事。晚上不想睡，早上不想起；上班盼下班，下班又没事干。每天忙忙碌碌，钱包干干净净；网上轰轰烈烈，现实唯唯诺诺。干了最烈的酒，再熬最补的药；撂了最狠的话，再打最惨的工。开了最嗨的会，再加最丧的班。交了最终的图，再签最新的约。这是已经颠倒的现实，但也是可以继续颠倒的现实。加药熬的烈酒，是保健药酒；打完工的狠话，是拍案而起；加了班再开会嗨的，就叫庆功会；签了约才最终交图的，不但叫中了标，还叫 master（大师）。

优步（Uber）创始于 2009 年，是一个大家都熟悉但都没怎么用过的网约车巨头（图 2）。发达后的优步决定回到出发点，到旧金山建自己的全球总部大楼。他们看中了 Mission Bay 片区，不但地价友好，交通便利，还是旧金山的重点发展区域（图 3）。

图 2

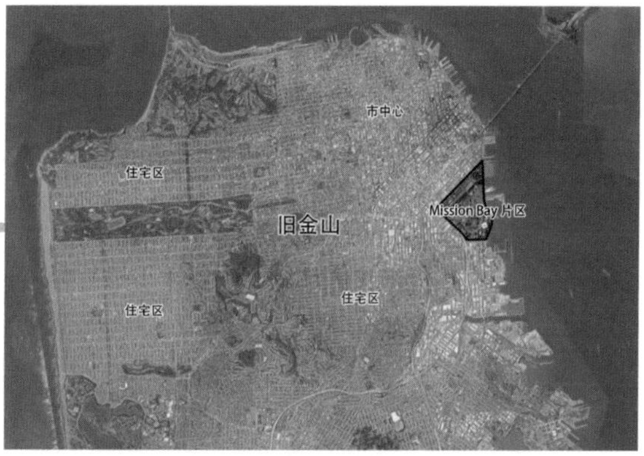

图 3

这年头的互联网企业大概有两种：一种是闷声赚钱；一种是闭眼烧钱。前者不好说，后者就如优步。优步推广的模式是到处烧钱，不仅融资烧钱，还贷款烧钱。烧钱产生的直接结果就是面上轰轰烈烈，兜里干干净净，而间接结果就是想盖个总部大楼也得找投资。最终，优步找来了大通中心一起合伙开发 4 栋写字楼（图 4）。

图 4

这 4 栋楼建在大通中心体育馆所在的地块以及旁边的空地上。1 号、2 号主要供优步建全球总部使用；3 号、4 号作为大通体育馆的附属办公楼（图 5）。

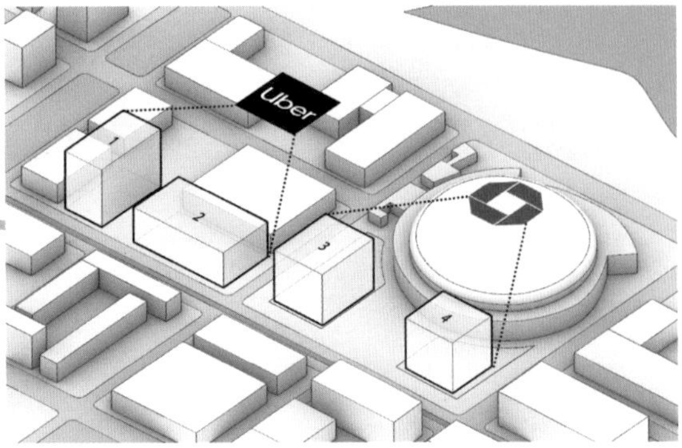

图 5

咱们不管大通，只看优步。优步的场地，西边是带有轻轨的第三街，主入口可以开在西边。根据片区上位规划，1 号建筑面宽小，进深大，限高 45 m；2 号建筑面宽大，进深小，限高 28 m，并且两栋建筑间已规划了城市次干道。根据面积要求，2 号场地肯定满满当当，但 1 号场地还能留出个小广场（图 6）。

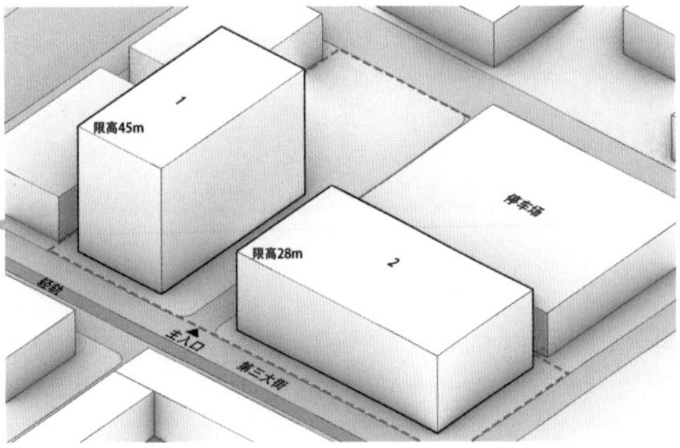

图 6

优步的总部办公没有特殊要求，就是供 3000 名优步员工使用的正常办公空间，不设地下停车场，以现有停车楼（共 1427 位）供应所需的 429 个停车位（图 7）。

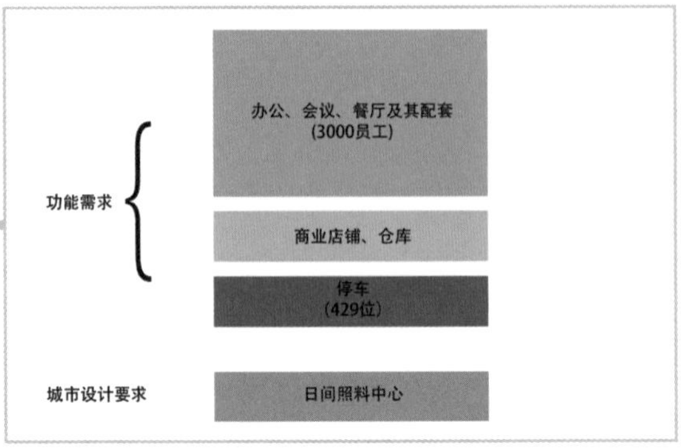

图 7

在建筑师眼里，这一切看起来都正常且美好，而在优步眼里，这就是非常不正常，非常不美好。你见哪个全球 500 强企业的总部大楼还分成两块？还是俩不一样高且都很矮的货？就算不要面子，它里子也不好用啊，每天上班来来回回过马路玩（图 8）？

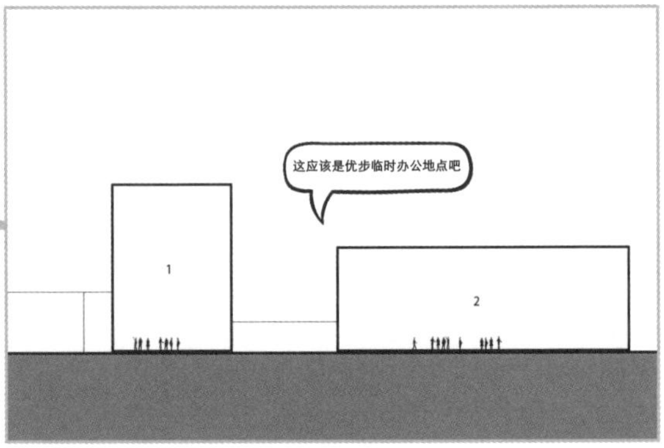

图 8

虽然甲方很不爽，但建筑师实在很难当回事儿。因为当不当回事儿也就那么回事儿——加连廊呗，还能咋地（图 9）？

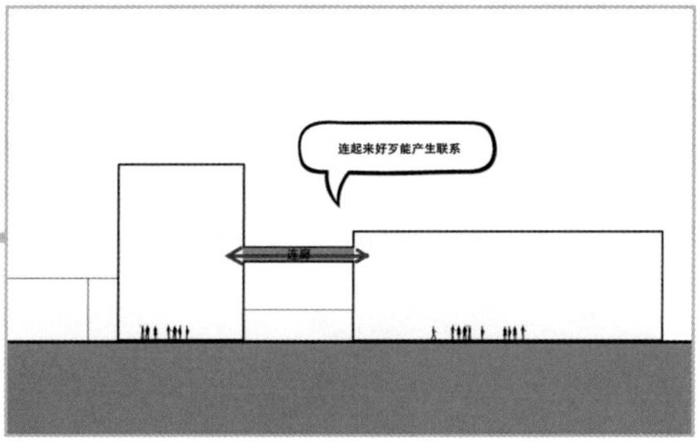

图 9

至于在哪儿加，横竖南边的楼也只有 28 m 高，实在没有什么太多的选择。事情似乎又回到了建筑师熟悉的轨道上，排功能，画平面，再找个地方加上连廊，最后统一搞个立面，收工。反正是甲方自己说没什么特殊办公要求的，何况钱也不富余。

但就像前面说的，有些事情不能否认，但可以颠倒。我们习惯了先排功能再加交通，也就是说交通的作用是连接功能，可如果我们先设交通再加功能呢？那么，交通的作用就不再是连接功能，而是贯通空间。很明显，在优步总部里，甲方想要的是贯通两个楼的空间，提高效率，而不仅是修个天桥连接俩楼，不过马路（图 10）。

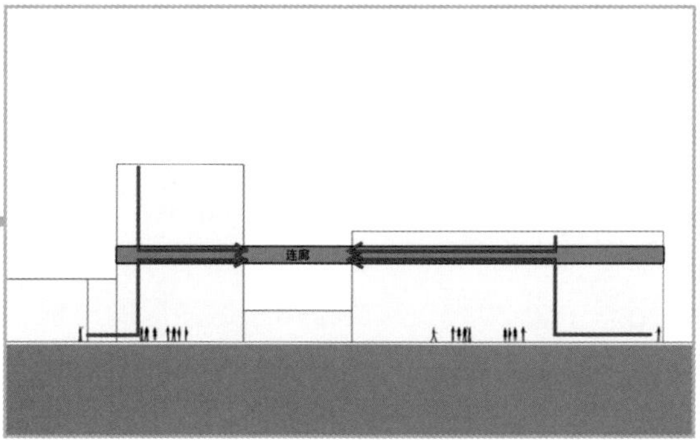

图 10

再说白一点。如果你不是先设计贯通所有空间的交通体系，那么就算把所有楼层能连的连廊全连上，1 号建筑的顶部空间依然孤立，更何况这四五条连廊本身之间也是独立的（图 11）。

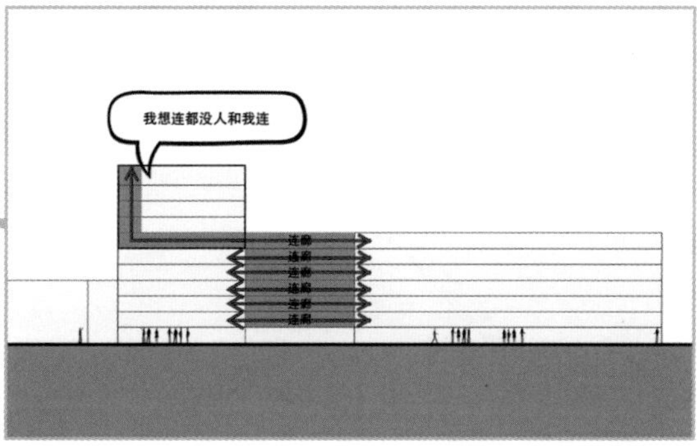

图 11

所以，这不是加多少连廊的问题，而是贯通两个建筑的交通体系的问题。我们先假设在两栋建筑之间加上连廊，具体位置待定（图 12）。然后，在连廊两侧分别开始规划可连通全楼的步行交通体系。别问为什么是步行体系，你过连廊也坐电梯吗？

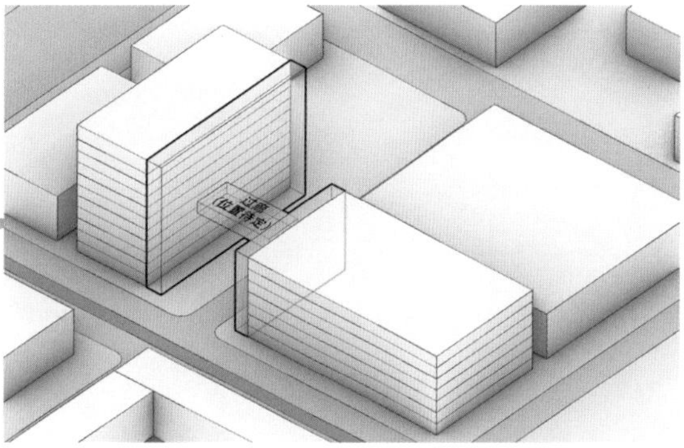

图 12

1 号建筑从西南面出发。由于深度不够，一条路走不到顶，所以扭转楼梯方向，走到顶的同时也将交通空间拓展至东面（图 13）。2 号建筑由于沿街面较大，高度又矮，所以首层内缩，打造室外灰空间，直接将人从街上引入，到达连廊后连到屋顶，交通空间也随之拓展到西面（图 14）。

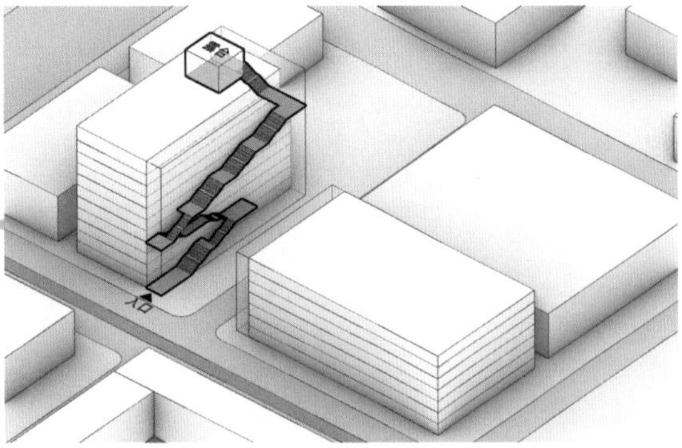

图 13

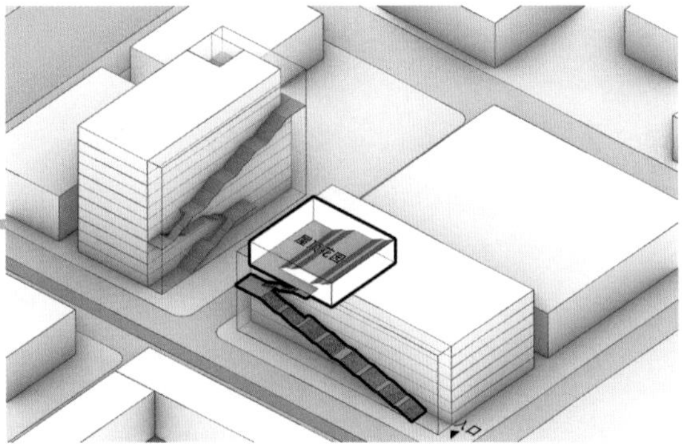

图 14

接下来，就应该通过连廊将两组步行交通连在一起。问题来了：在哪儿连呢？从交通贯通的角度来说，整个体系肯定要形成回路，不能一条路走到黑。而要形成回路，肯定就要设置至少两条连廊才行。那就设置两条啊，继续设置两条连廊形成环线（图 15）。

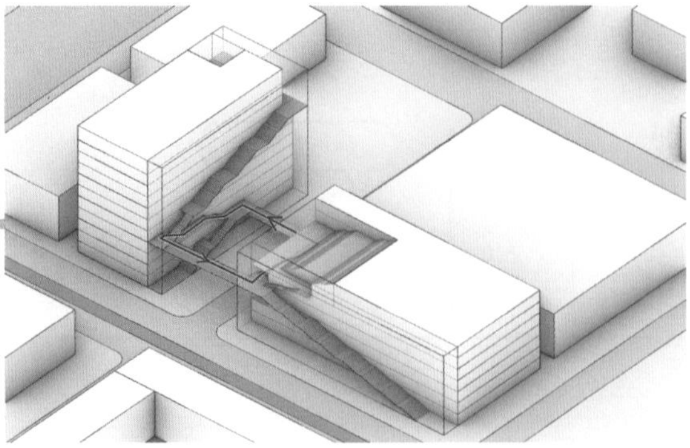

图 15

在办公区内部，在远离连廊的位置分别为两栋楼设置交通核，在获得更完整办公空间的同时也更加平衡交通运力（图 16）。至此，交通系统大致有了个框架，接下来设置功能。

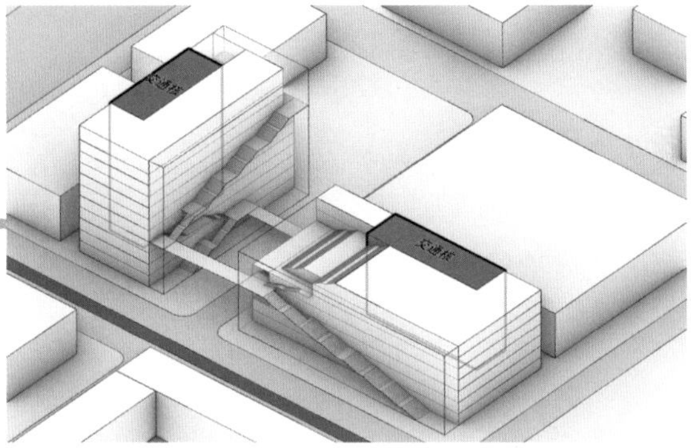

图 16

首层是商铺，二层及以上都是办公区。两栋楼首层均留有独立的办公入口（图 17）。还需要放下一个日间照料中心，优先选择放在首层，由于一层面积不够，向广场延伸出一部分（图 18）。延伸出来的屋顶也作为屋顶花园，并增加楼梯步道将其纳入交通系统中（图 19）。在步行路径下方的空间里设置咖啡厅、餐厅等休憩空间（图 20）。通过楼梯到达该层的时候，可以随时进入休憩空间（图 21）。再放大入口大厅以及转折平台（图 22）。

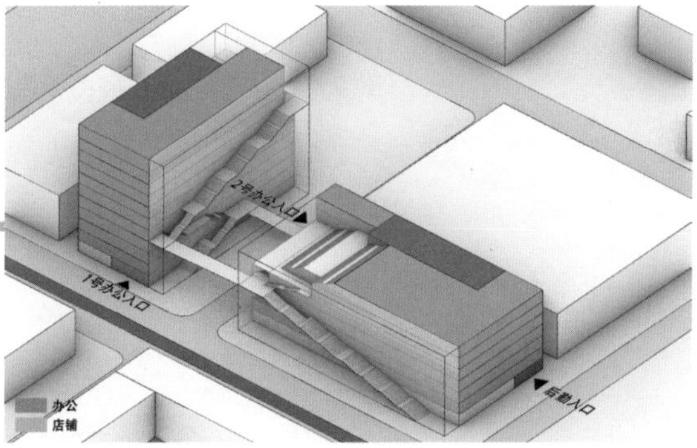

图 17

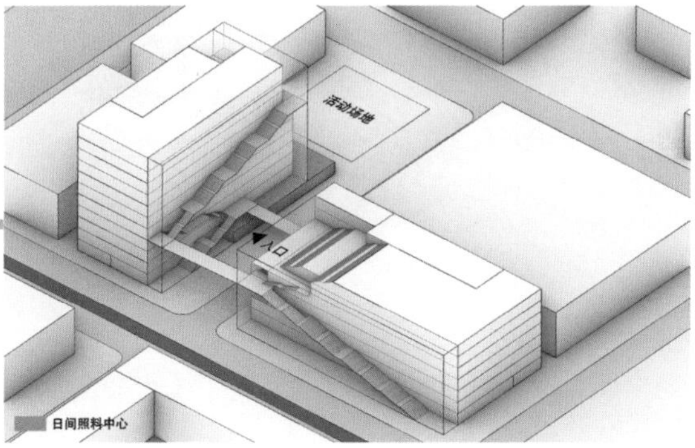

图 18

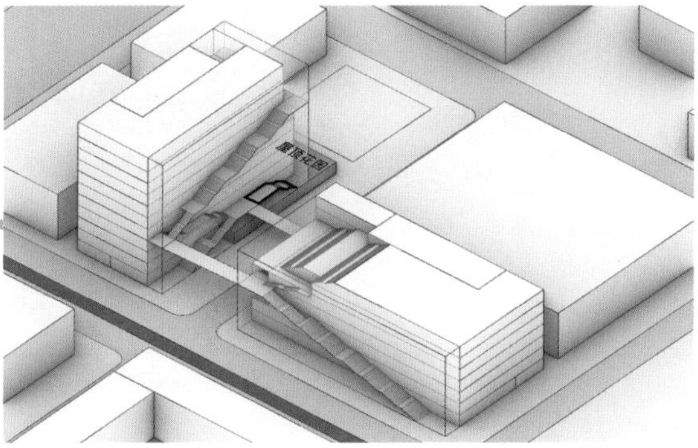

图 19

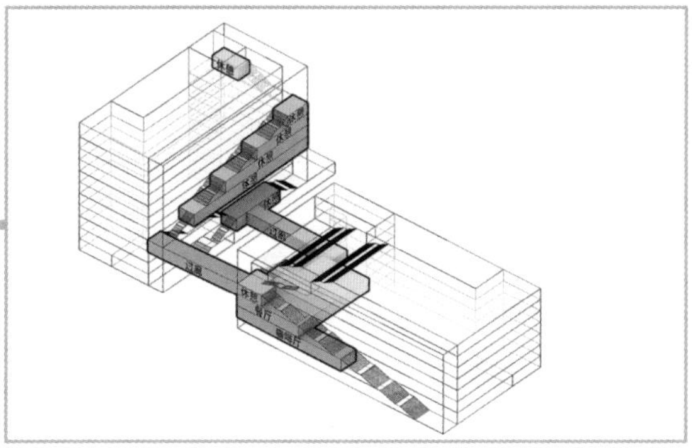

图 20

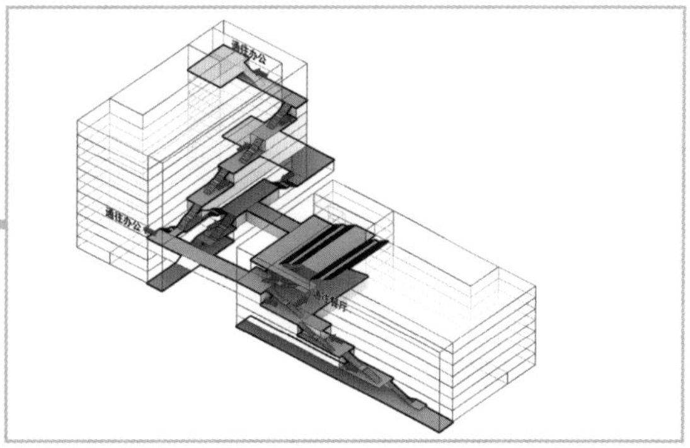

图 21

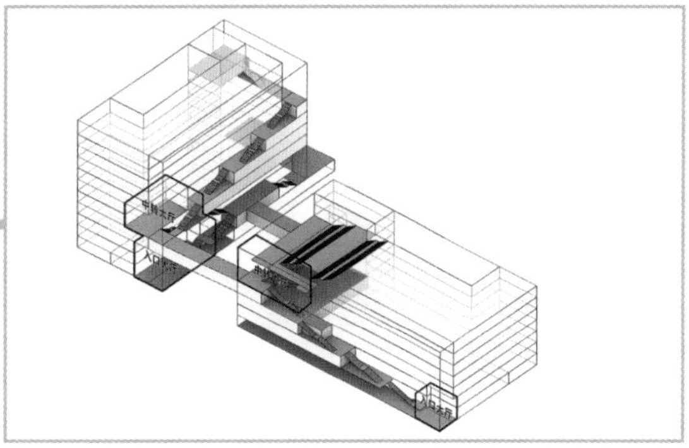

图 22

而步行路径上方的空间以外凸盒子的形式设置非常规的办公空间，比如，各种大大小小的会议室，以及接待、研讨空间。零零散散的体块，怎么有型怎么来（图 23）。

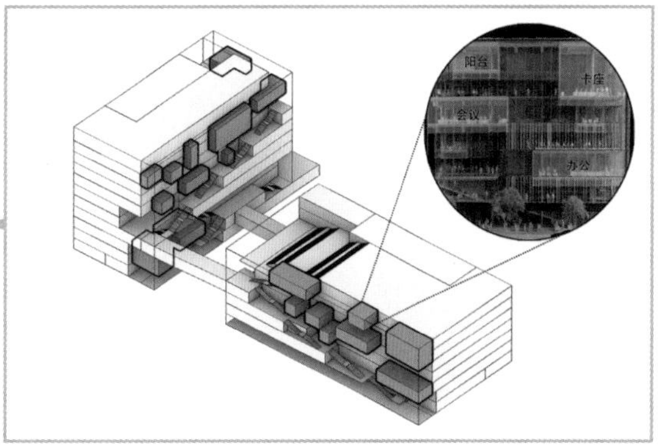

图 23

凸出来的体块作为共用空间设置成透明盒子，可以很方便地观察到使用状态（图 24）。加设走廊，使盒子与同层办公区相连的同时也与步行路径相连，部分盒子顶面也可形成景观露台（图 25）。再加上一个连廊，用于连接 1 号建筑和 2 号屋顶花园。至此，整个交通系统才算构建完成（图 26）。

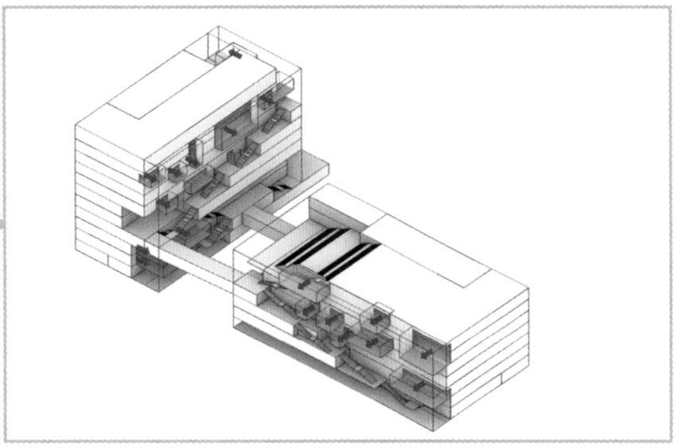

图 24

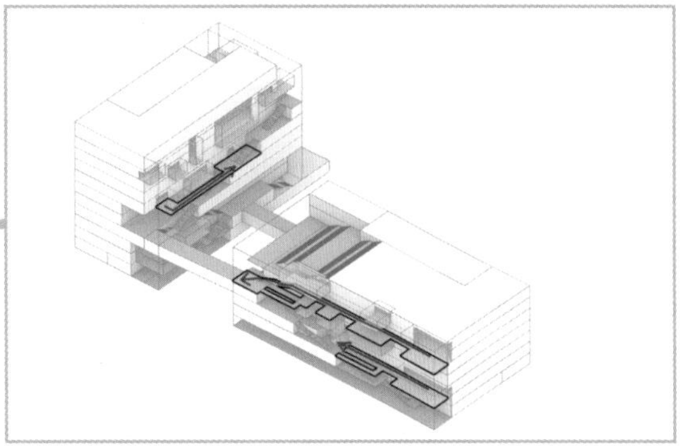

图 25

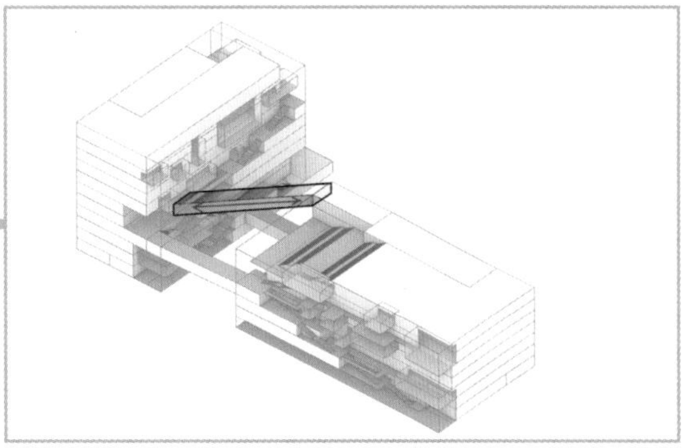

图 26

接下来，细化各个节点空间。2 号楼入口处增加一个内部小回廊，增加沿街面的停留空间（图 27）。2 号建筑 3 层，餐厅外面加设边庭餐台（图 28）。细化 2 号建筑两层通高的室外屋顶花园（图 29）。

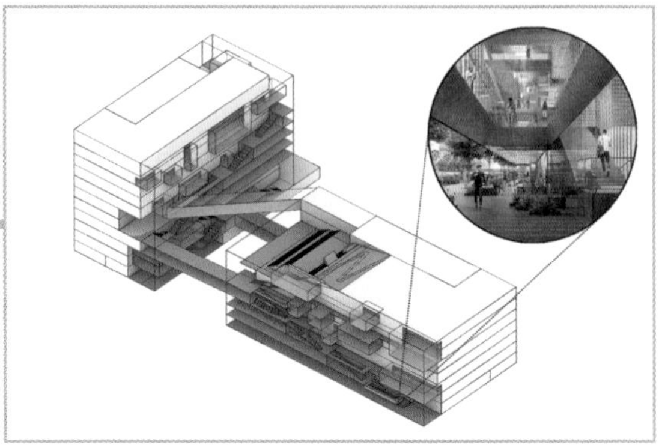

图 27

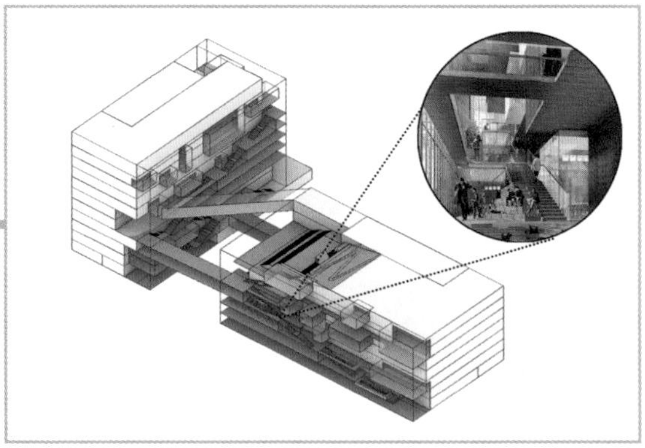

图 28

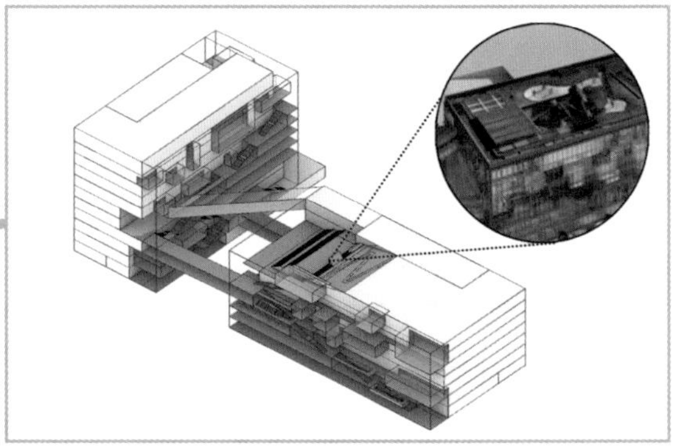

图 29

整个交通体系对内是人的活动区，也是办公的采光区，为了不影响内部空间的采光，全都设置为木格栅（图 30）；对外，为了最大限度地开放交通系统，干脆发明了一种可变幕墙。这是一种创新的自动双折叠窗，由电脑控制幕墙系统，夏天开、冬天关，可根据当地气候自动通风，提升室内空气质量，减少机械通风的需求（图 31）。收工（图 32）。

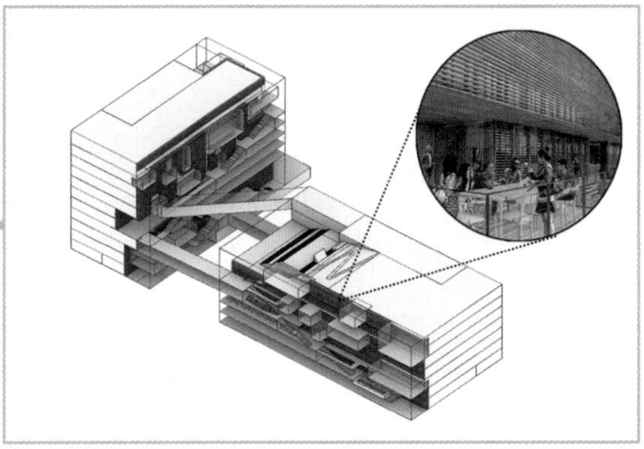

图 30

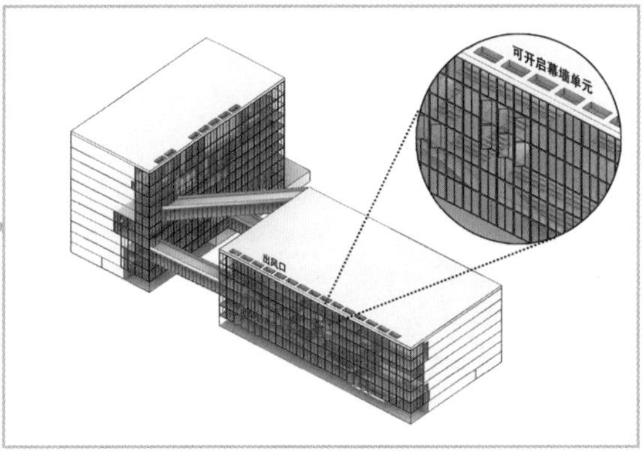

图 31

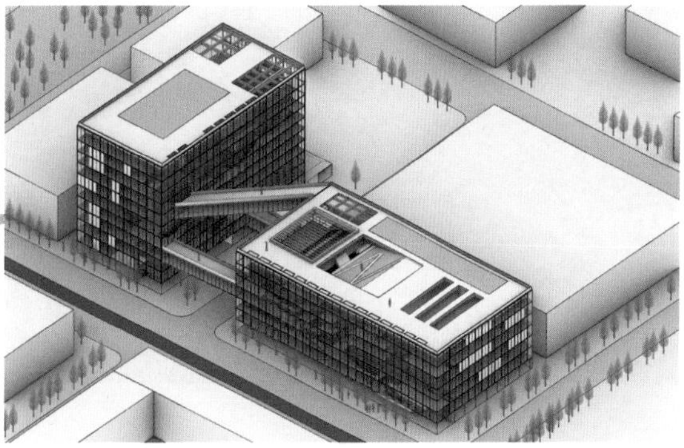

图 32

这就是 SHoP 建筑事务所和 Quezada 建筑事务所共同设计的优步全球总部，目前已建成使用（图 33 ~ 图 44）。

图 33

图 34

图 35

图 36

图 37

图 38

图 39

图 40

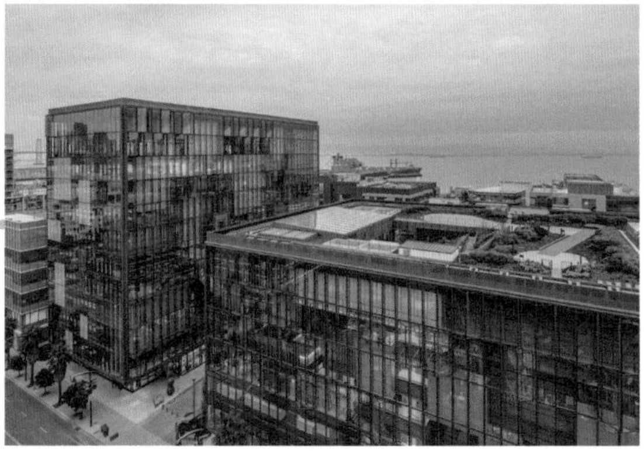

图 41

图 42

图 43

图 44

顺序问题是一个大问题。正着看的《西游记》是大彻大悟，历难成佛；反着看的《西游记》是归隐山林，石化终了。很多时候，突破不是平地一声雷，创新也不是另外找条道，大概率都是一个排列组合的问题，关键是换个起点。

图片来源：

图 1、图 33 ~ 图 37 来自 https://www.archdaily.com/636843/shop-unveils-plans-for-new-uber-headquarters-in-san-francisco，图 38 来自 https://www.worldbuildingsdirectory.com/entries/uber-headquarters/，图 39 来自 http://www.karlalockhart.com/uber-mission-bay-headquarters-sf，图 40 ~ 图 44 来自 https://www.qa-us.com/project/uber-world-headquarters，其余分析图为作者自绘。

END

当甲方逼着你『抄』方案

图 1

名　称：乐高丹麦总部（图 1）
设计师：CF Møller 建筑事务所
位　置：丹麦・比隆
分　类：办公建筑
标　签：功能体块，符号化
面　积：52 000 m^2

START

设计原本可以很快乐，是甲方害了我；我原本可以一直都很快乐，但甲方没钱还总喜欢考试。老师考试还会给你画重点，而甲方考试只会让你画到凌晨两点。前者给你出难题，是因为你不会；后者给你出难题，是因为他不会。前者都是送分题，后者全是送命题。可如果有一天，甲方不给你出难题了，因为他觉得他会了，设计细胞已经占领高地了，都能带你上分了，那你绝对应该下载反诈中心 App。

还记得咱们拆过 BIG 事务所设计的“乐高之家”吗？现在已经是妥妥的网红了，只要搜“乐高”，都能刷到这栋五颜六色的大积木房子（图 2）。

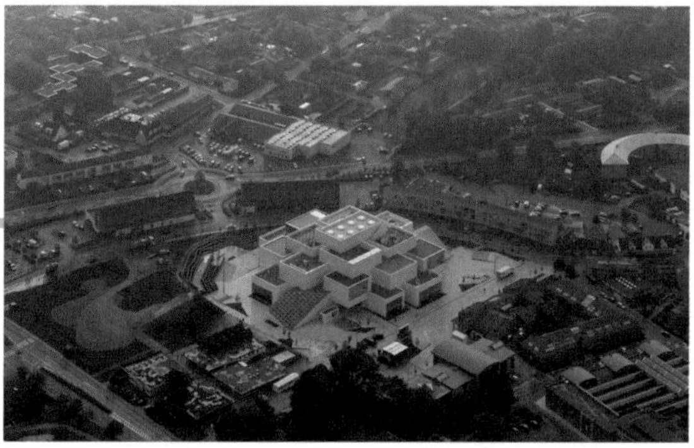

图 2

建筑红了是好事，就算乐高不需要提高知名度，多刷刷存在感也是极好的。总之，乐高的老板们对“乐高之家”很满意。满意的结果就是，再拍个续集！

2016 年，就在距离乐高之家不远的地方，老板们策划新建一栋全球总部大楼，然后把在丹麦工作的 2000 多名员工全搞到一起办公（图 3）。

图 3

基地面积约 52 000 m^2，东侧是 Hjmarksvej 旧办公楼，东北侧有一个旧仓库，道路西侧是乐高研发办公楼，南侧是居民住宅，北侧有两栋停车楼正在使用。建成后，游客们参观完乐高之家后，在前往乐高主题公园的路上会经过这个新总部（图 4）。所以，这个新的乐高总部将来也不会完全封闭管理，后期会拆了东侧办公楼与总部基地一起做成一个大公园（图 5）。

图 4

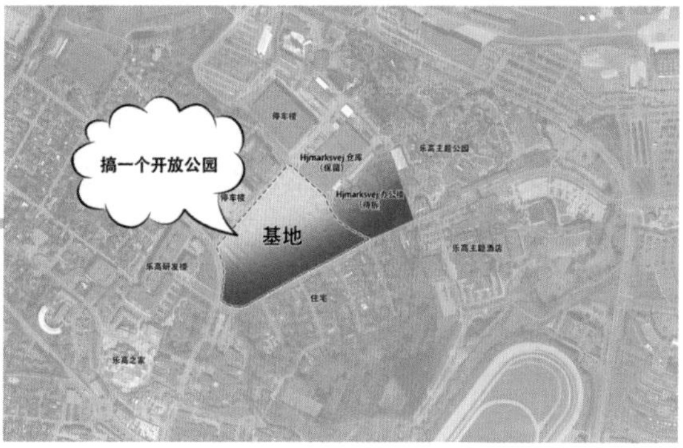

图 5

整个新总部将提供约 39 600 m^2 的办公、会议和公寓（服务外地员工）空间来满足员工的使用需求。同时，为了向游客开放，在功能上还安排了健身、礼堂、展览、商店、手工作坊、食堂、公共厨房等约 12 400 m^2 的公共空间，总建筑面积为 52 000 m^2（图 6）。

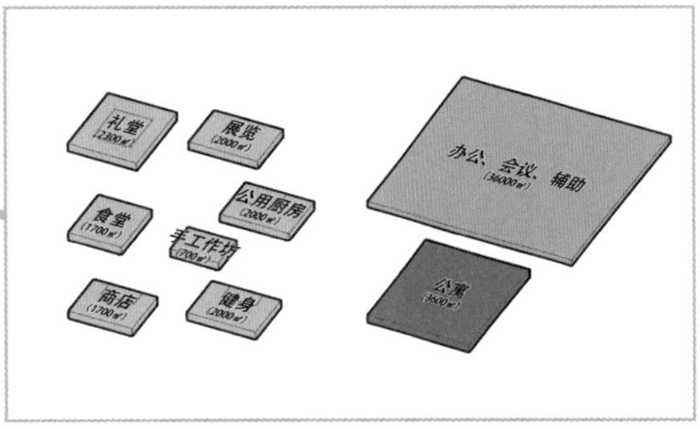

图 6

按理说，这么高规格的项目后面肯定就是招投标一条龙服务了，但很显然，乐高更喜欢自己动手。毕竟甲方觉得自己已经完全掌握了流量密码，前面又有大 B 哥打了样，直接找个顺眼的建筑师，咱们就可以接着奏乐接着舞了。丹麦本土的 CF Møller 建筑事务所就是这个顺眼的幸运儿。

CF Møller 表示：这甲方能处，但不多。说白了，不就想让我接着搭您的积木吗？按照前面大 B 哥的示范，乐高积木的一块其实就等于是一个功能单元，搭这个动作，就是组合功能关系（图 7）。所以，这个设计对 CF Møller 来说不用构思，可以直接上硬菜——怎么把新总部比乐高之家大了将近 4 倍的面积分成标准化的体块并搭起来。

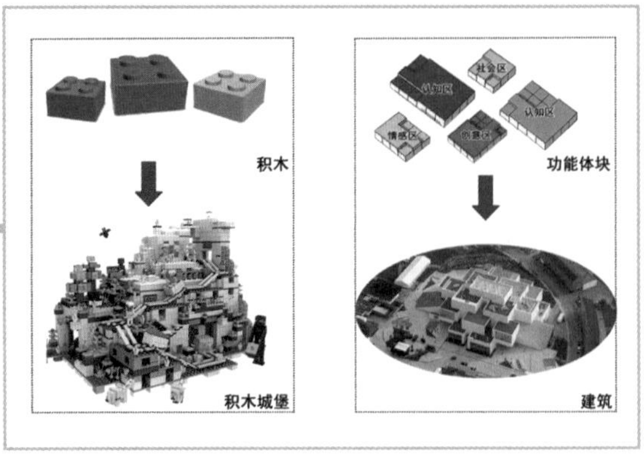

图 7

乐高总部也是总部，大部分还得是办公室，大概率还得需要直接对外采光，大比例的办公室差不多都是两排房子加走廊，也就是个长条。开放功能倒是相对自由，方的、圆的都可以，甚至圆的更可以（图 8）。然后，把这些功能体块搭起来，基本算是个积木，就是不太像乐高的积木（图 9）。

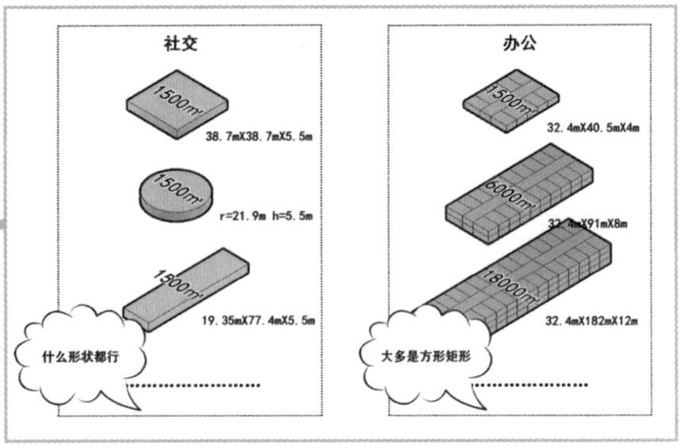

图 8

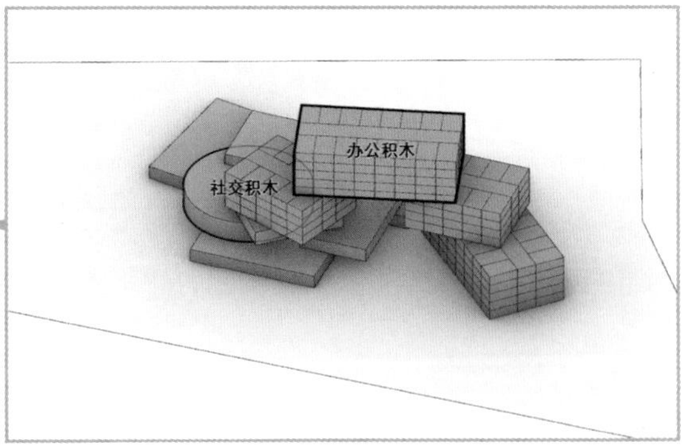

图 9

所以，重点还是要标准化。那么，问题来了：什么标准才是标准？办公的标准还是社交的标准？答案当然都不是。CF Møller 定的标准是办公 + 社交。综合办公采光和社交开放的需要，CF Møller 形成一个下面社交、上面办公的积木单体。底层的开放功能变化成什么形式，上层的办公就围着什么形式的中庭排房间（图 10）。

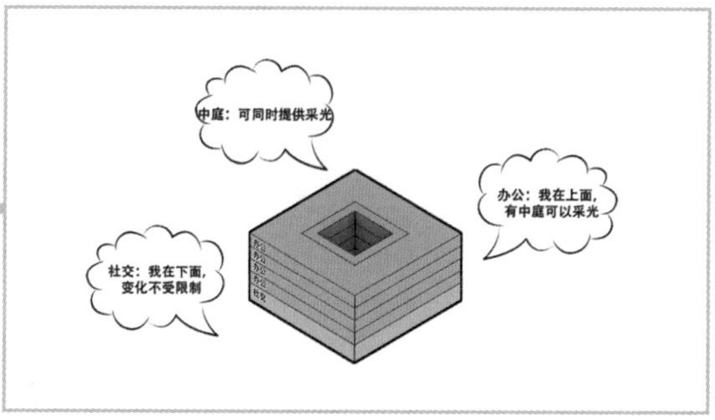

图 10

按照礼堂 2300 m²，展览、健身、公用厨房各 2000 m²，食堂、商店各 1700 m²，手工作坊 700 m² 结合办公区形成积木块。但手工作坊面积才 700 m²，可适当扩大到 1500 m²，方便统一尺度。员工公寓 3600 m²，自己不能单独成为体块，做两层搭配办公也能变成标准单体。这样大约能构成 8 个体块单体（图 11）。

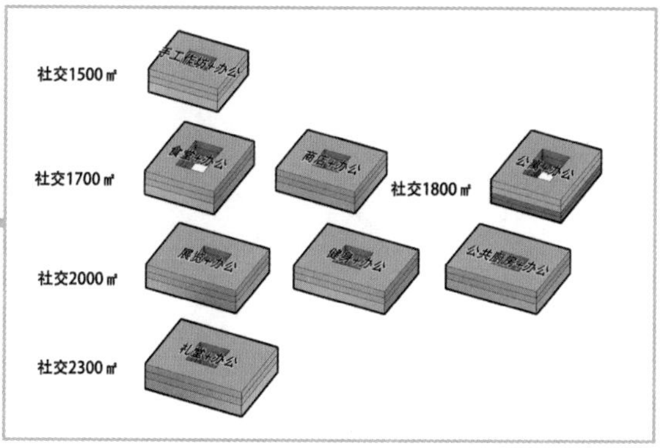

图 11

接下来，就是搭积木了。拼搭积木，按理说是要看空间和空间之间的关系。但奈何你大 B 哥又给示范了，所谓空间之间的关系在这里就是乐高积木之间的关系（图 12）。

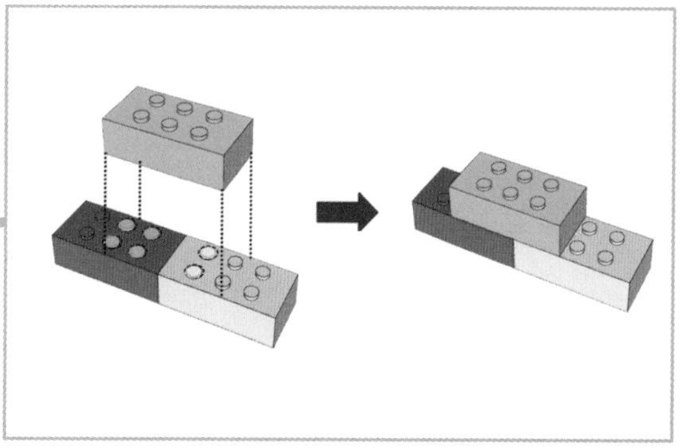

图 12

那咱就照猫画虎，按照这个套路给搭起来行不行？不行，因为你现在定的标准体块都是底部公共空间、上部办公空间，按照大 B 哥那个拼法就意味着所有的公共空间都是打散的、不连通的（图 13）。如果想让公共开放功能都连在一起，肯定要平铺开，也就是不能垂直拼搭（图 14）。但问题是你搞个大平层又不像乐高了呀，怎么办？CF Møller 灵机一动：搞不了真的，还搞不了假的吗？糊弄考试这事儿，咱从来就是无师自通。

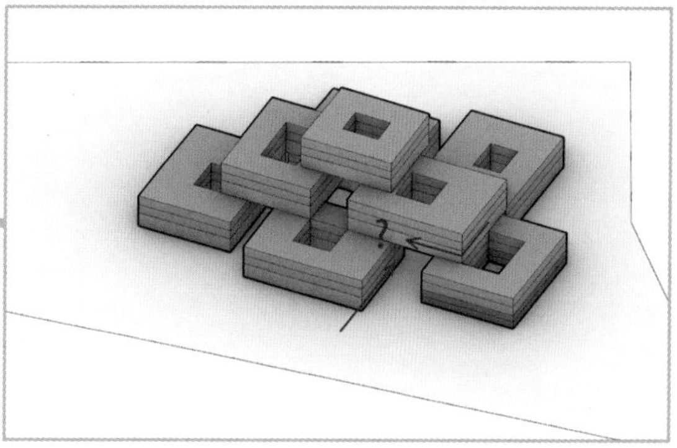

图 13

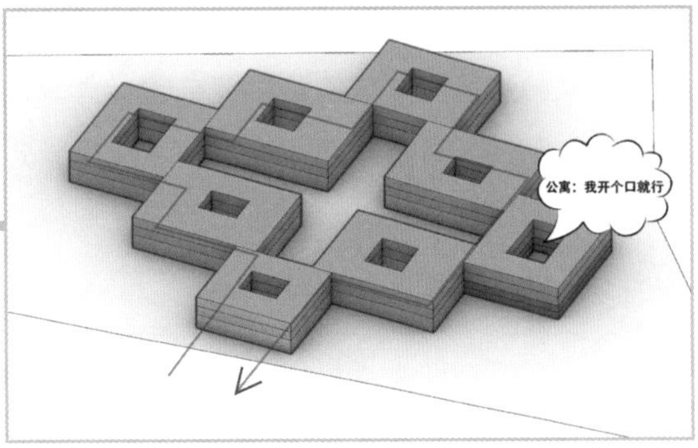

图 14

为了使得乐高积木那种垂直方向搭接的形态再次出现，CF Møller 先将体块互相重合叠加一部分，好假装将来拼高以后的互相拼叠（图 15）。然后，把原来一样高的体块加加减减，形成一个高高低低的样子，仿佛是由 8 个积木搭接起来的（图 16）。同时，为了统一整体，单独增加一个积木做中庭，中庭既是视觉中心也是交通中心（图 17）。把靠近街道的体块减掉，改成入口广场，也使得从主入口可直接进入中央大厅（图 18）。将减掉的入口体块里面积较小的手工艺作坊并入大礼堂，放在角上（图 19），北面形成直通礼堂的次入口和后勤入口（图 20）。这样的功能布局在体块重叠的影响下，构成正南正北的网格路径，使公共空间四通八达（图 21）。交通核全部布置在体块重叠的位置。这种布局就是万能模板，纵横交错，哪儿哪儿都通（图 22）。

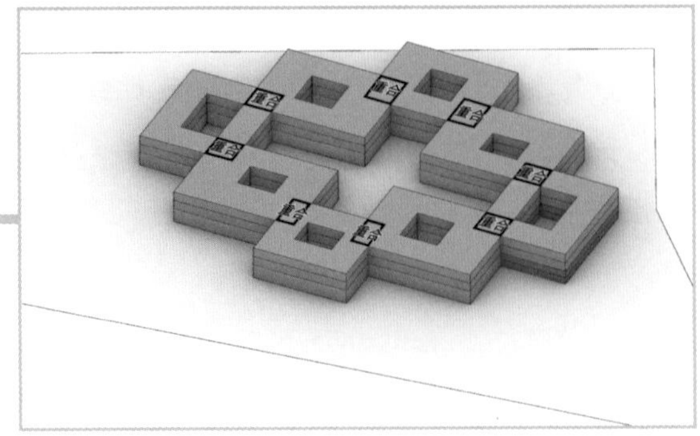

图 15

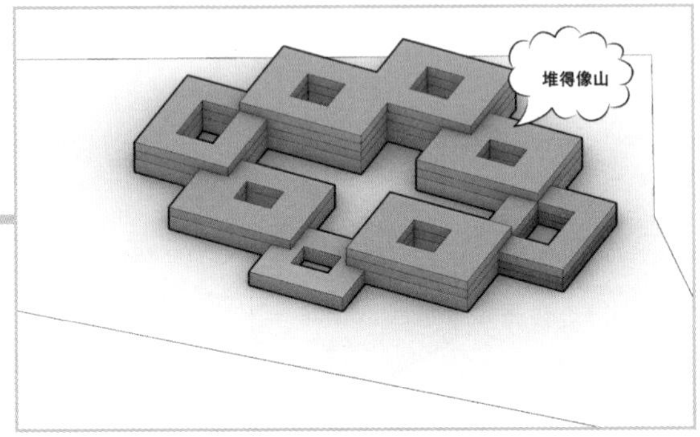

图 16

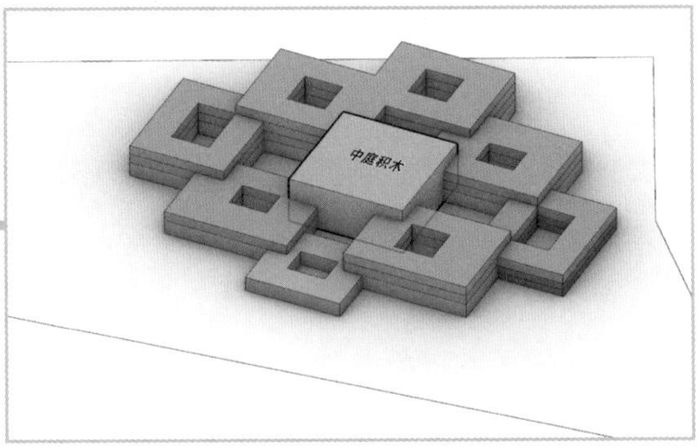

图 17

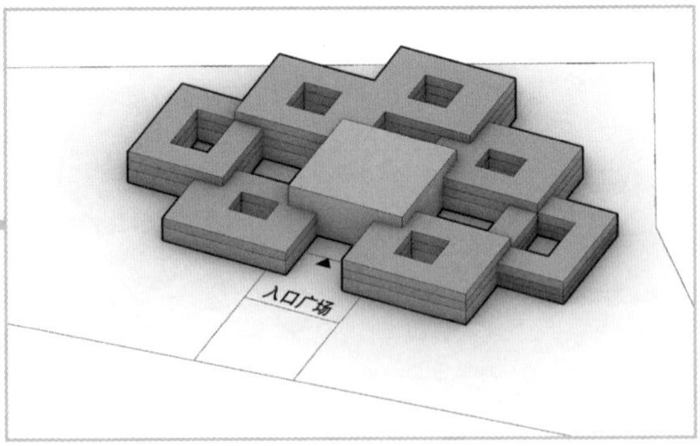

图 18

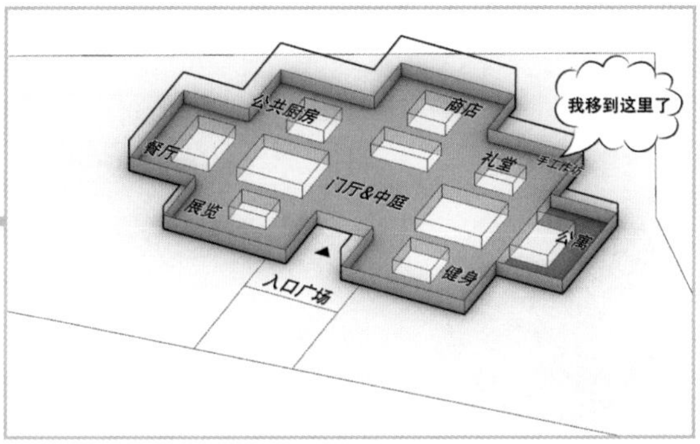

图 19

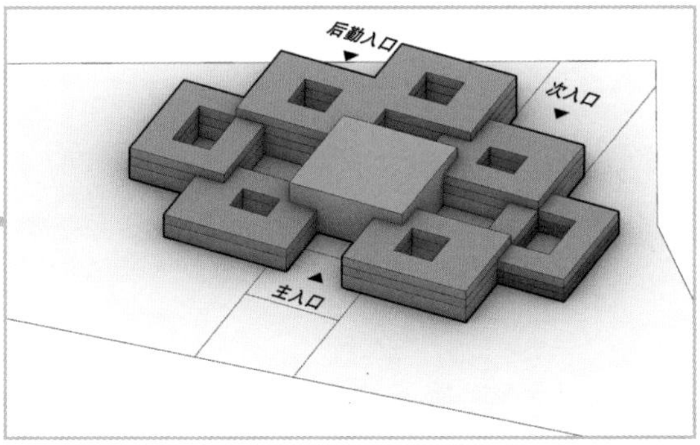

图 20

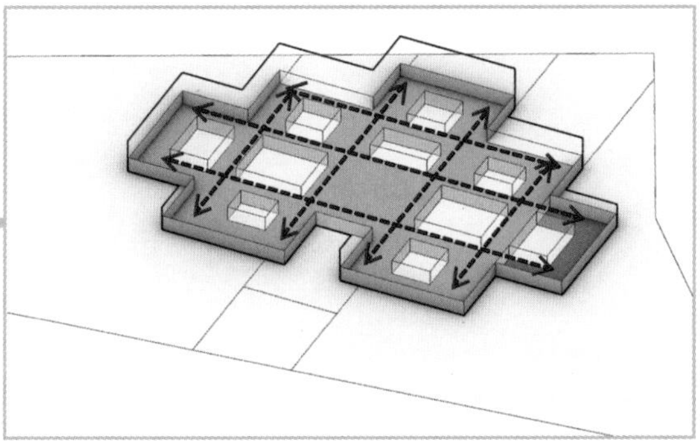

图 21

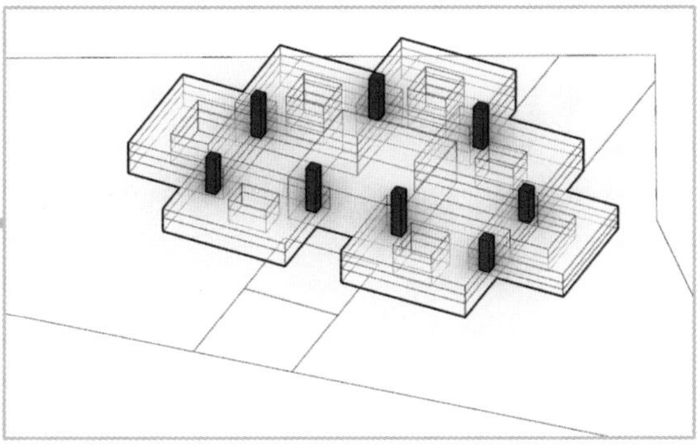

图 22

至此，让我们恭喜 CF Møller 在“抄”方案考试中得到了及格分。为什么只是及格？毕竟都已经那么像了。对，就是因为太像了。甲方的套路一般都是，做之前先告诉你，我就想要个啥啥啥，你就照着弄，这都不会吗？嫌弃。弄完之后再告诉你，你怎么就会照着做？看着不太用心啊，我这么多设计费不是要个复制品的！继续嫌弃。乐高作为甲方也不例外。设计师不能耍花样，但必须会搞花样。CF Møller 继续灵机动一动：代价最小、效果最好的方式就是改变积木的形式。为了优化餐厅的用餐流线，将体块改成圆柱形，变成 360° 环形餐厅（图 23）。

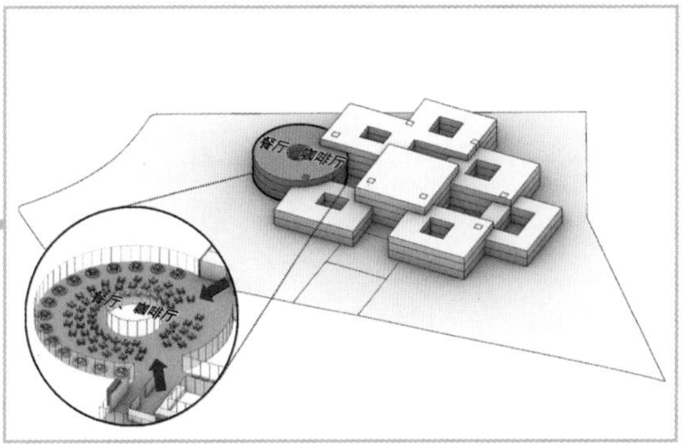

图 23

东北侧的大型礼堂消化掉内部院子，形成一个大空间，并在礼堂顶部设置屋顶花园作为上部几层的院子。同时，为了丰富形式，将建筑体块倒角成圆角（图 24）。为了进一步加强中庭的核心地位，三层局部扩大，并开圆形天窗（图 25）。至此，首层的公共活动空间布置完成（图 26）。

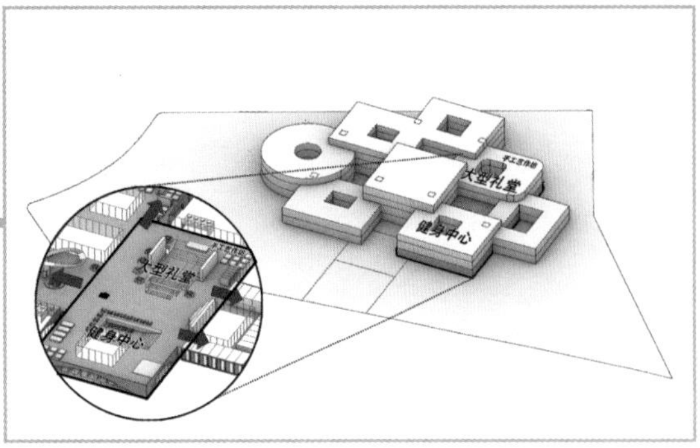

图 24

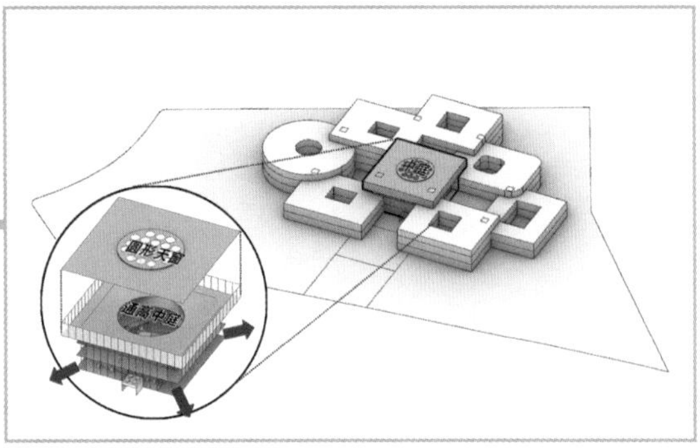

图 25

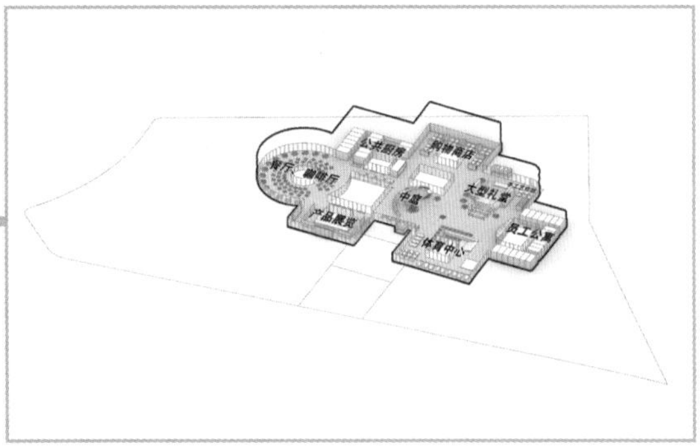

图 26

办公部分，在每个交通核旁边布置不同颜色的旋转楼梯，可以直接区分不同区域（图 27）。办公空间保留过道，靠近窗户布置工位（图 28）。屋顶增加两个黄色的体块作为会议室，装上圆形窗户。对，就是这么直白的乐高块造型（图 29）。

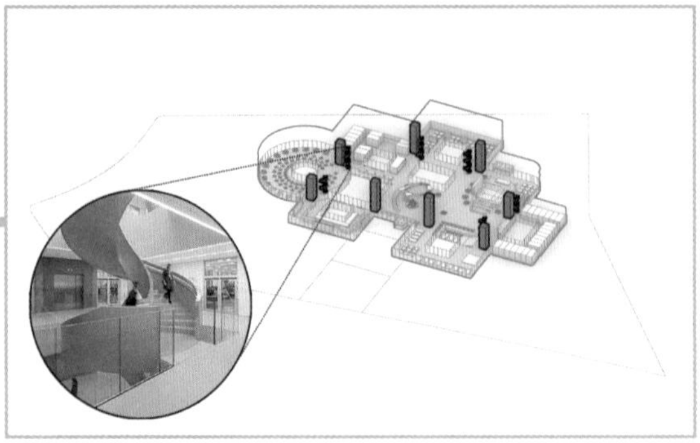

图 27

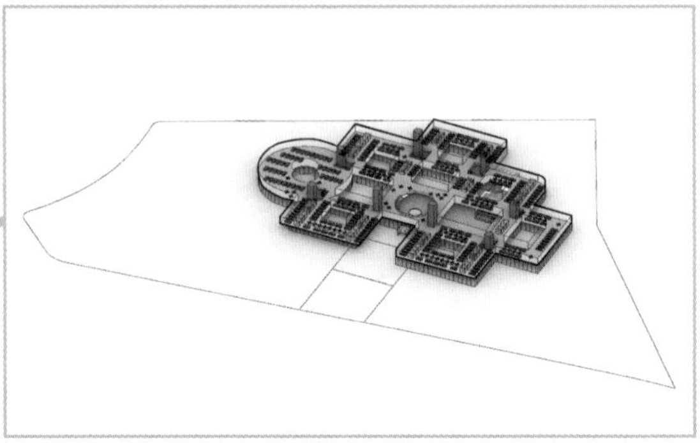

图 28

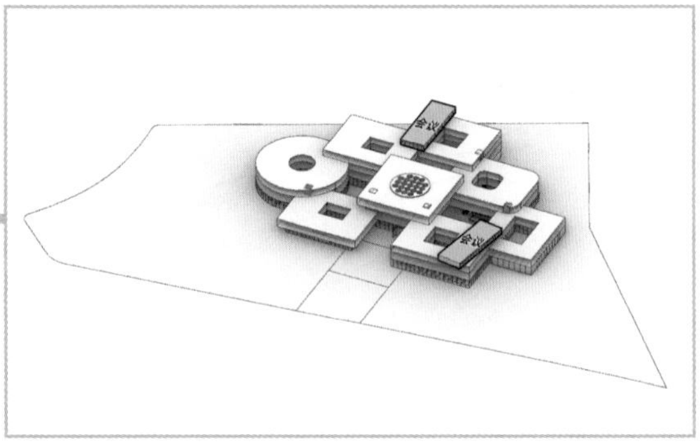

图 29

立面上为了区分上下两部分，一层使用玻璃和拱形石墙作为底座；二层以上结合标志性的产品形象，设计单独的彩色乐高窗（图 30）。加上公园规划，收工（图 31）。

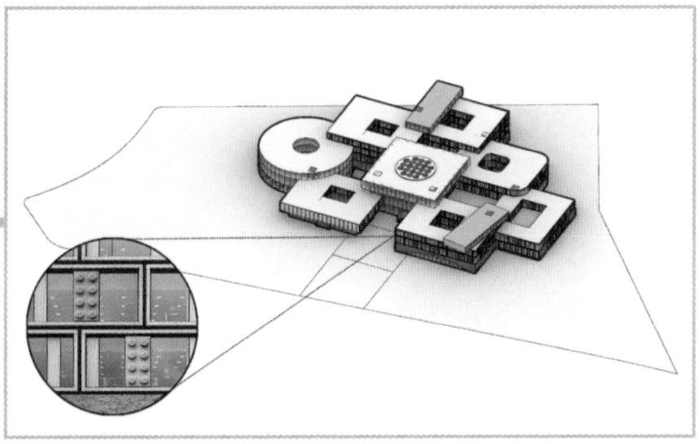

图 30

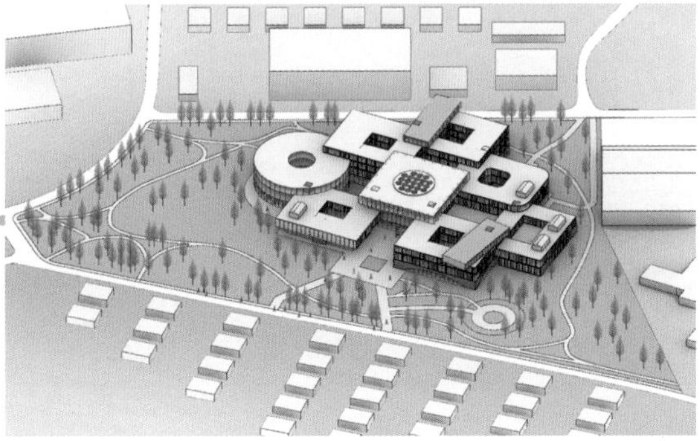

图 31

这就是 CF Møller 建筑事务所设计的乐高丹麦总部（图 32 ~图 38）。

图 32

图 33

图 34

图 35

图 36

图 37

图 38

图 39

图 40

图 41

图 42

建筑是一种不死的欲望，是疲惫生活中的英雄梦想，已经实现的欲望再美好也不再是梦想。新的征程需要新的英雄，新的英雄会踏上新的征程。新的征程有新的风景，新的风景要做成新的效果图，这才是甲方要的照猫画虎。

图片来源：

图 1、图 32 ～图 34 来自 https://www.cfmoller.com/p/LEGO-Campus-i3355.html，图 35、图 40 ～图 42 来自 https://www.archiposition.com/items/1b31bfd7af，图 36 来自 https://www.cfmoller.com/g/The-LEGO-Group-shares-C-F-Moeller-design-i16622.html，图 37 ～图 39 来自 https://www.archpaper.com/2022/04/c-f-mollers-kaleidoscopic-lego-campus-debuts-in-denmark/，其余分析图为作者自绘。

END

有设计，但不多

图 1

名　称：英伟达总部（图 1）
设计师：Gensler 建筑事务所
位　置：美国 · 圣克拉拉
分　类：办公建筑
标　签：网格，模块，屋顶
面　积：50 000 m^2

START

甲方看起来很好骗吗？这真是一道薛定谔的送分题。你说不好骗吧，看看甲方们选的很多方案，实在是不太聪明的样子。但你要说好骗吧，怎么咱就死活也骗不到一回呢？你永远叫不醒一个装睡的人；你也永远忽悠不了一个不想要自行车的甲方。人都只愿意相信他们想相信的东西，你相信你做得好，甲方也相信他选得好，但他要是选了你，绝对不是因为你做得好。有梦想的建筑师设计房子，有梦魇的建筑师只想“设计”了甲方。

英伟达（NVIDIA）是一家以设计显示芯片和主板芯片为主的人工智能计算公司。英伟达总部设在美国加利福尼亚州圣克拉拉市，处于硅谷的中心地带。周边还有苹果、谷歌、英特尔、脸书、特斯拉、奈飞、思科等科技巨头（图2）。

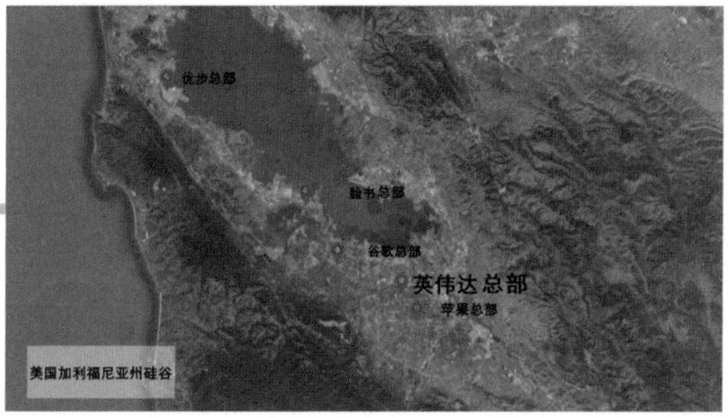

图2

这个总部于2001年建成并投入使用，包括4栋3层建筑，总面积46 000 m^2。4栋建筑通过连廊相连，组合起来像一个风车（图3）。不管从哪个角度看，这个总部都不算差，高端、大气、有内涵，保底能用30年。除非，你从邻居的角度看。2017年，苹果著名的飞船总部建成使用（图4）。

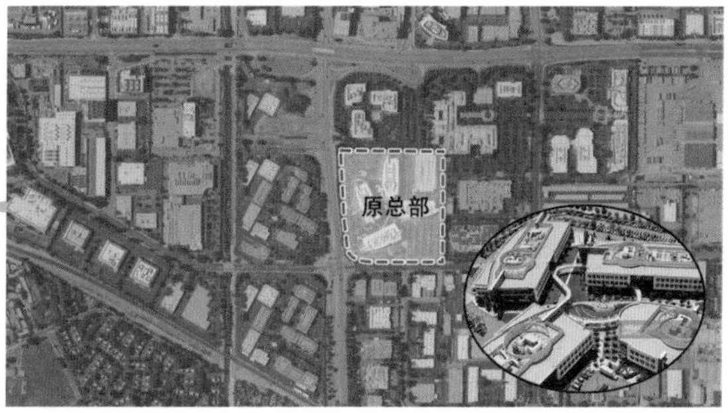

图3

图4

你的幸福感取决于你的邻居。换句话说，你的邻居幸福了，你也就不幸福了。就像我们可怜的小显卡，邻居都玩“飞船”了，手里的“风车”怎么看也不香了。英伟达果断买下原总部对面的San Tomas轻工业园区，并委托Gensler建筑事务所着手开展新总部的设计（图5）。要求就一个：像苹果的“飞船”总部一样。

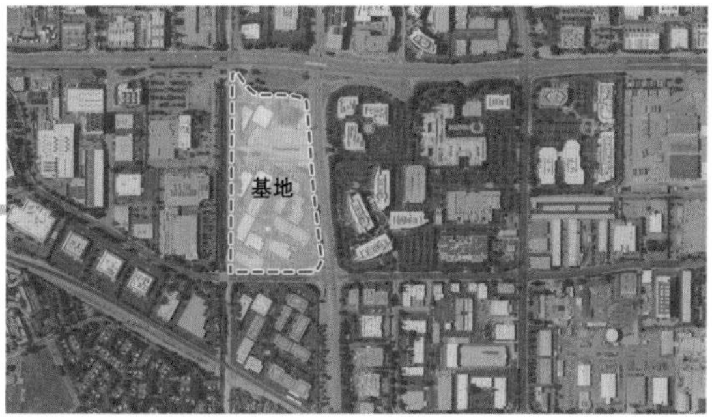

图5

显卡公司雄心万丈，一切标准朝邻居看齐，除了预算。苹果总部最后建设下来花费了50亿美元，但英伟达只想出1/16，多一点，也就是3.8亿美元。我怀疑甲方在逗我笑，并且有证据。英伟达的新总部基地位于加州圣克拉拉县圣托马斯高速公路和沃尔什大道拐角处，那里目前矗立着10栋于20世纪80年代建造的低层办公楼，场地面积约10 hm^2（图6）。

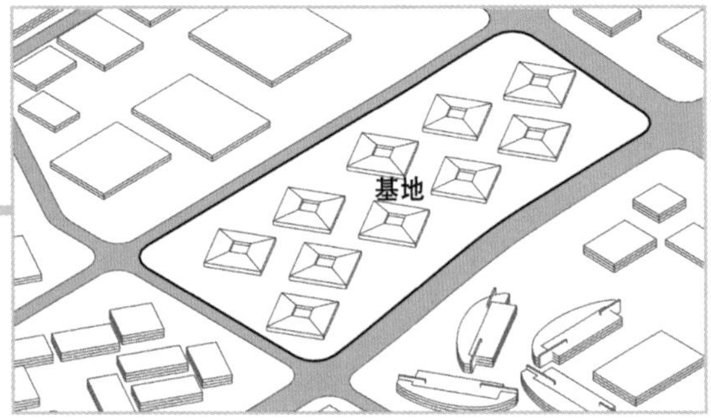

图6

很明显，起跑线上就输了。人家是在70 hm^2 的基地上盖了一个26 hm^2 的圈，您这场地都没人家房子的一半大！更何况，您还只想出人家一半的一半的一半的一半多一点儿的钱。就算给你等比例放一个大圆环进去，那也不像飞船，最多算个轮胎（图7）。

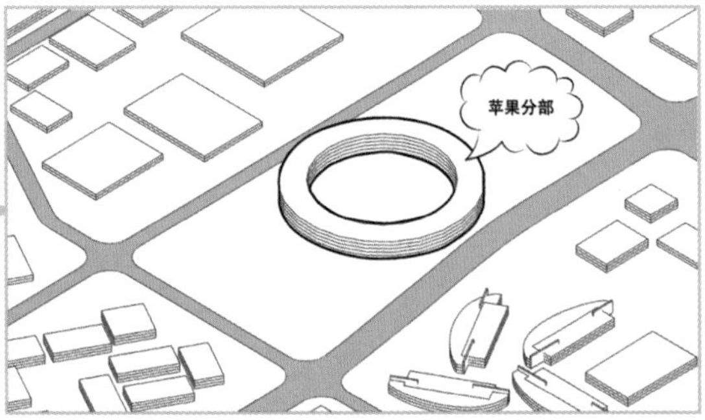

图7

这事儿库哈斯同志早就论证过：重点是要大！XXXXL！只要够大，小猫小狗都是外星怪兽；如果不够大，装上天线也就是个天线宝宝。Gensler实在受不了了，和我玩空手造飞船呢？合着您需要的不是设计，而是印钞机呀。建筑师急了也咬人。Gensler拍案而起：到底是要像飞船还是要像苹果？只能二选一。如果非要既像又像的话，那建议还是做梦比较快。

显卡甲方也不是吃素的，果断选了像飞船。毕竟，撞衫不怕丑，山寨才是狗。鉴于场地狭长，Gensler干脆建议分期建设盖两个楼，至少数量上比邻居多，绝对不是因为钱不够（图8）。

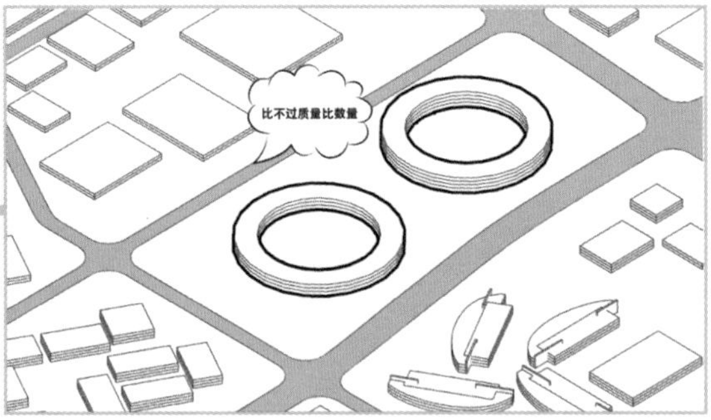

图8

场地总面积约为10 hm^2，在拆了5栋办公楼后，划给一期场地面积约46 000 m^2（图9）。功能包括接待、办公、休闲娱乐、会议、餐厅及后勤，共计约50 000 m^2。基本也是计划面积的一半左右（图10）。

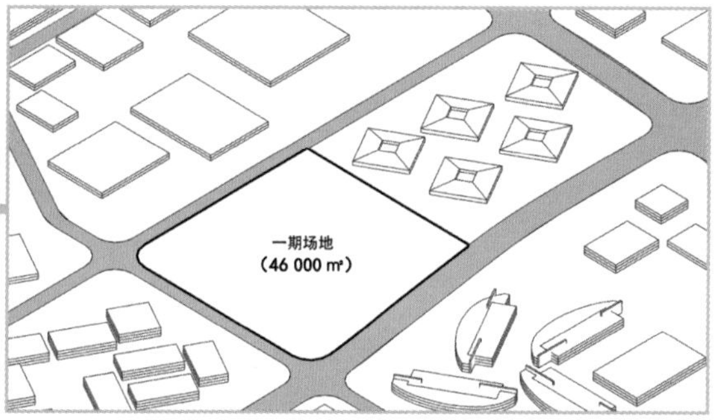

图 9

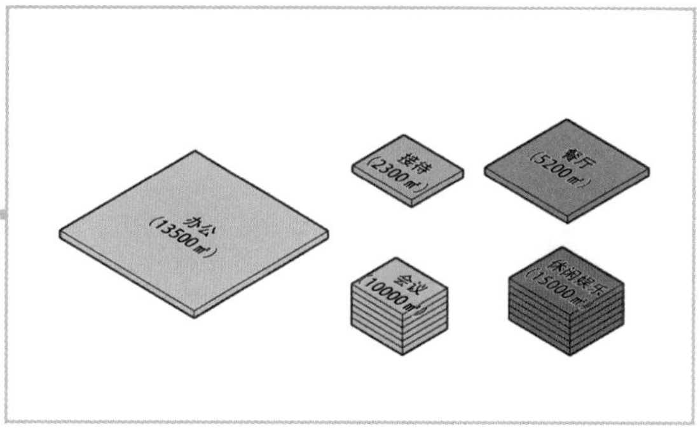

图 10

但场地面积和建筑面积缩小后，依然面临着和苹果总部比较的局面，也就是：到底做个什么样的飞船？现在这个状况，显卡总部其实有点尴尬。5 hm^2、容积率 1，高层高不了，平层又太大，一般也就能做个两三层的矮大粗，平庸的样子透露着平凡的背景（图 11）。

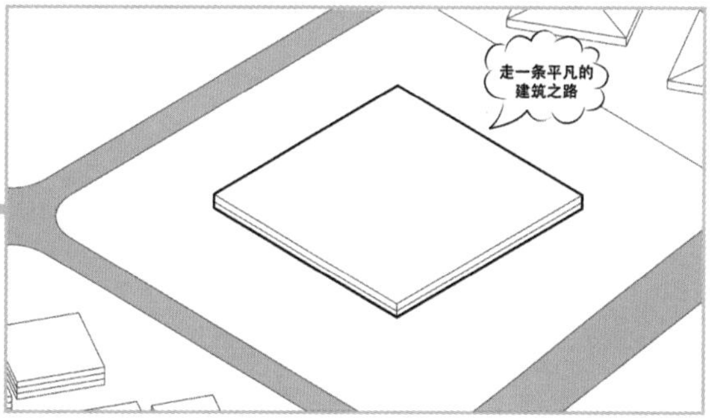

图 11

两三层能玩出什么花样来？要么挖个地景玩消失，要么做个架空玩漂浮。都挺不错，也都挺费钱，别忘了甲方还想要空手造飞船。具体说就是，甲方负责空手，建筑师负责造飞船。Gensler 冥思苦想了好几天，终于想到了一句中国老话——好钢用在刀刃上。一个 5 hm^2 两三层的大房子，如果不搞立体造型的话，那么最大的形象面就是第五立面——屋顶。好钢用在屋顶上，好多钱也花在屋顶上（图 12）。

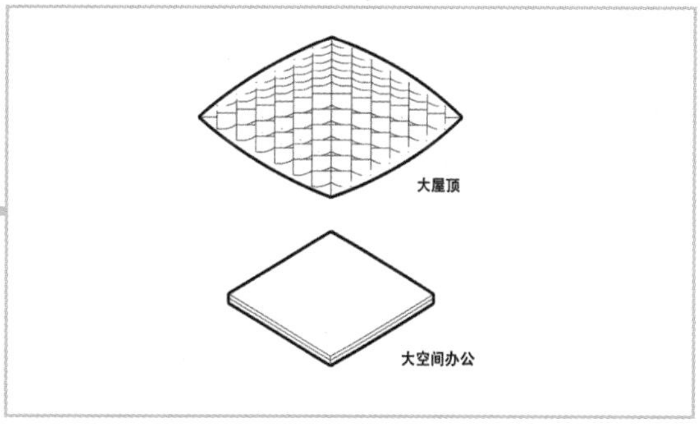

图 12

现在问题进一步简化了，咱们只需要把屋顶搞得像飞船就行了。三角形、正方形、星形、六边形、风车形……银河形也能给你弄出来（图 13）。把屋顶搞成飞船不麻烦，麻烦的是这么大面积的平层办公区，屋顶肯定要开天窗辅助采光（图 14）。

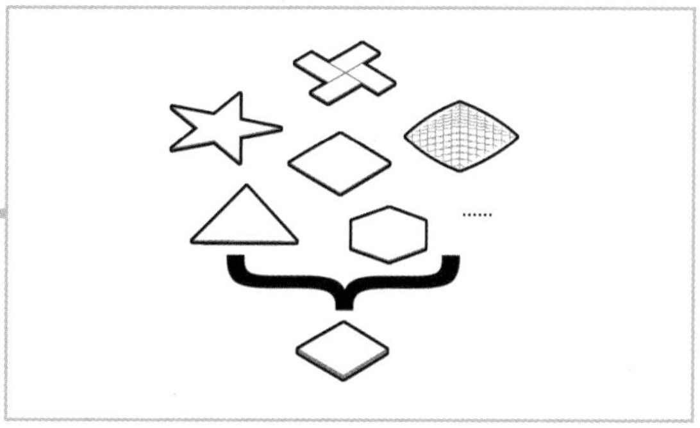

图 13

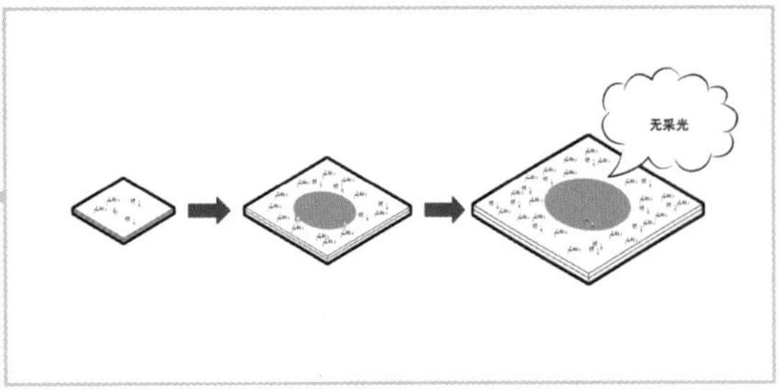

图 14

什么样的屋顶配什么样的窗，集中开个大的还是分散开多个小的？这里面还有内部中庭怎么配合的问题（图 15）。

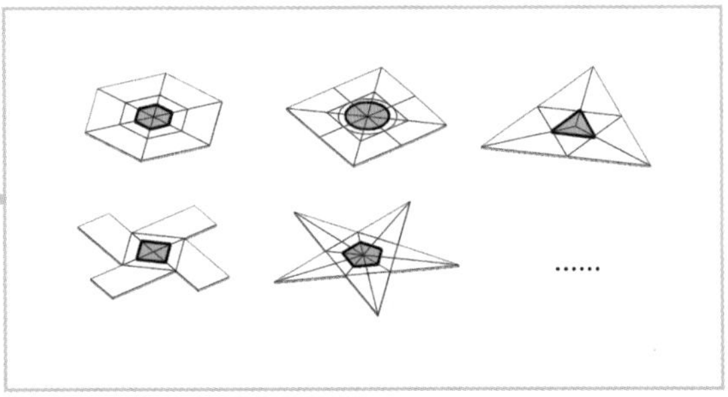

图 15

要同时保证多个变量可控，在建筑师这里，最简单就是用模块。将大屋顶划分成一个个模块，模块的大小就是天窗的大小，屋顶的大小由模块的多少决定，模块化也更便于施工和节省成本。从这一点来看，没有一个形状比三角形更加适用，因为三角形不仅可以拼出异形，而且可以拼成绝大多数的多边形（图 16）。

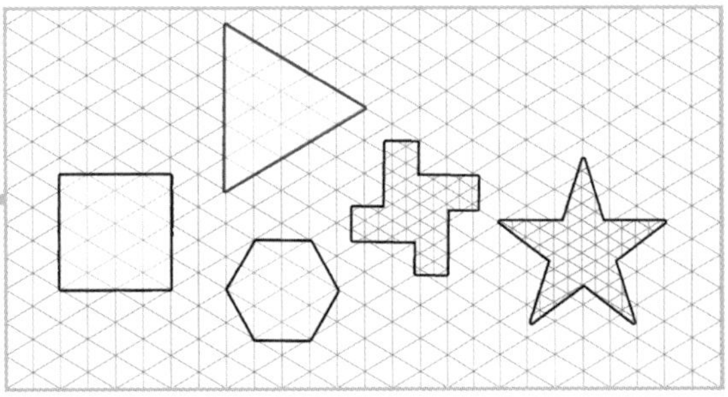

图 16

画正三角形的网格铺满场地，确定屋顶的范围。三角形的边长是 26 m，一个三角形面积约 293 m^2（图 17）。用三角形网格，做一个大三角形屋顶（图 18）。

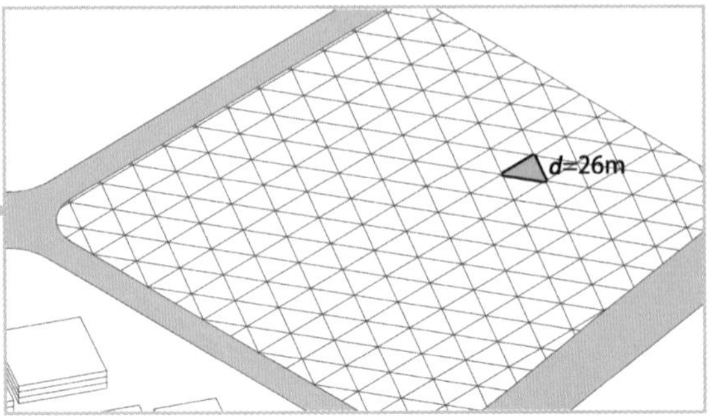

图 17

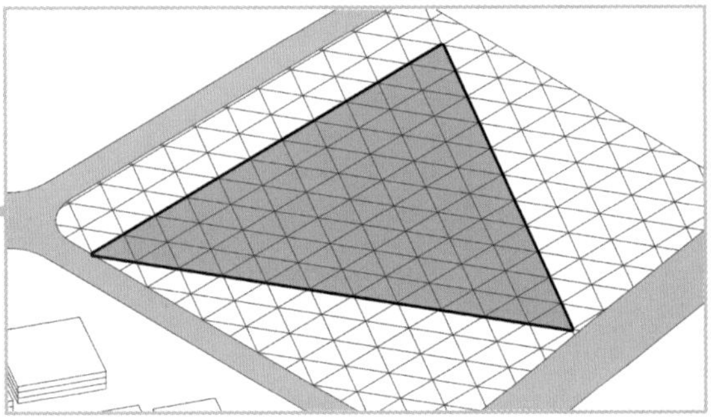

图 18

在屋顶的影响下，办公等功能体量，也需要使用三角形网格进行排布。这就遇到了最经典的怎么布三角形平面的问题。角部不出面积，并且用尖角对城市并不友好，那就削掉三个角使之变成六边形（图 19）。

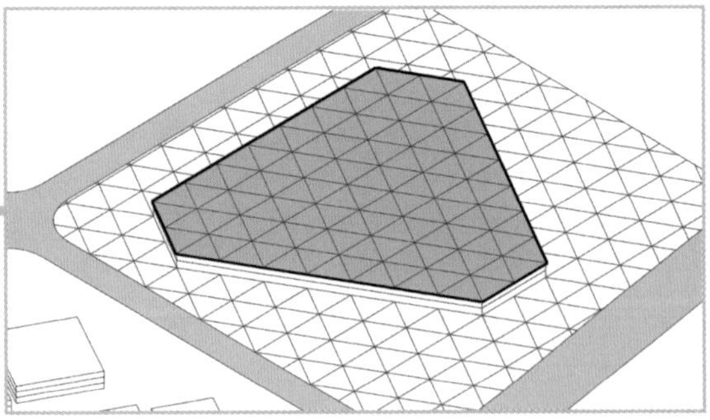

图 19

长边对着街道，形成主次和后勤出入口（图20）。在六边形体量里，首层中部采光最弱，那干脆不在中部布置办公空间，而是换成娱乐室、休息室、活动室、会议室等非正式空间（图21）。然后，在其周边划定通高空间，并设置楼梯和平层沟通的连廊（图22）。

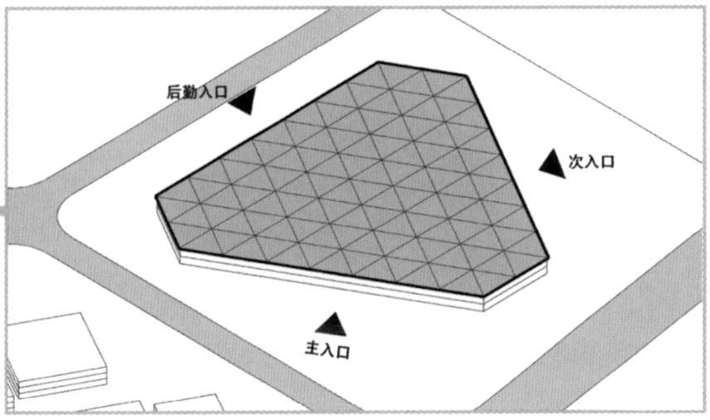

图 20

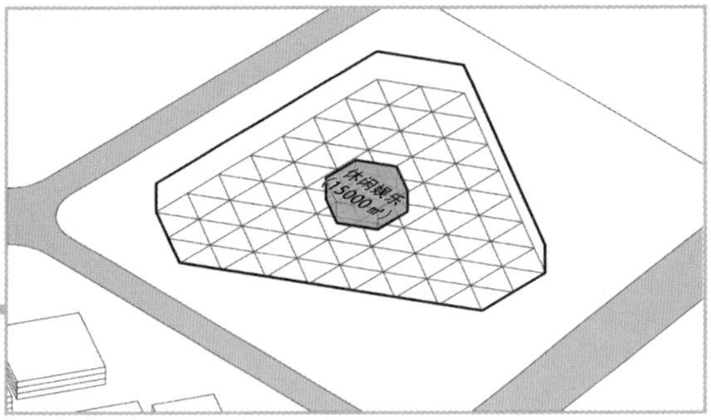

图 21

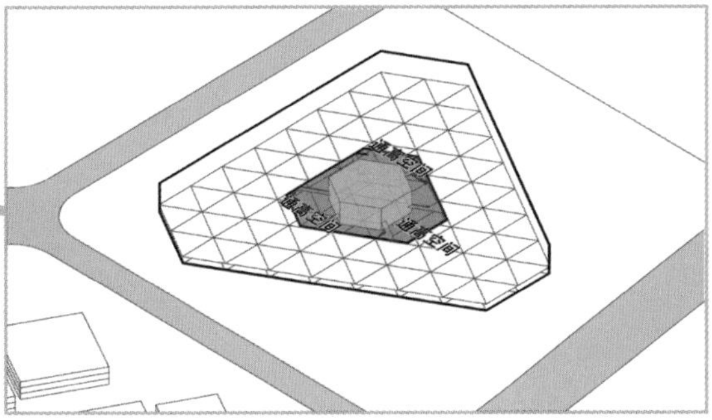

图 22

基于核心的活动空间，顺着原先三角形的三边关系，可以将办公区域分解成3个大组团（图23）。各个办公组团之间的位置无须采光，配两个交通核放中间，并留有卫生间和辅助房间（图24）。根据网格，在交通核附近形成集中办公空间，剩下的都是开放通用办公空间（图25）。

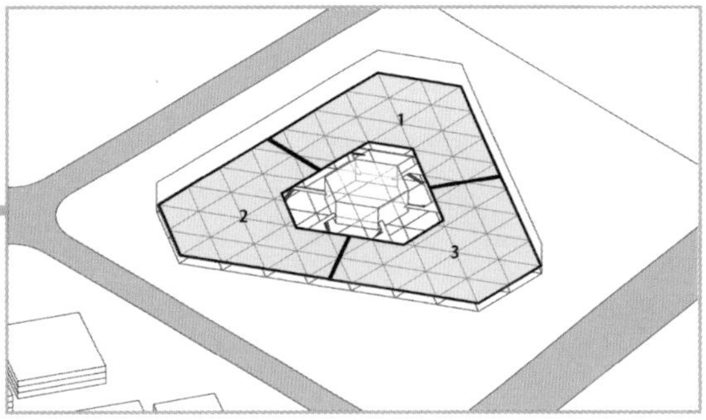

图 23

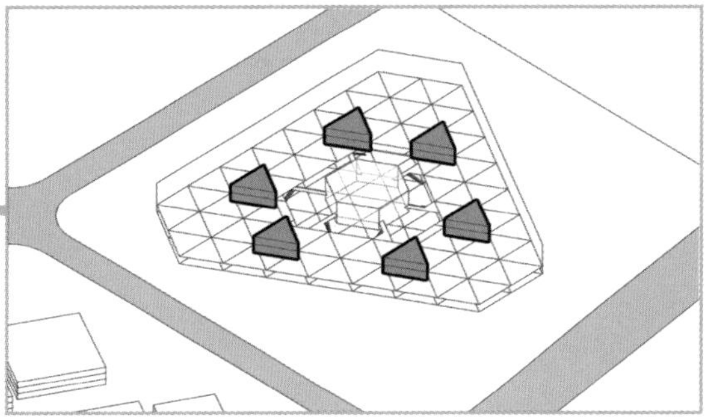
图 24

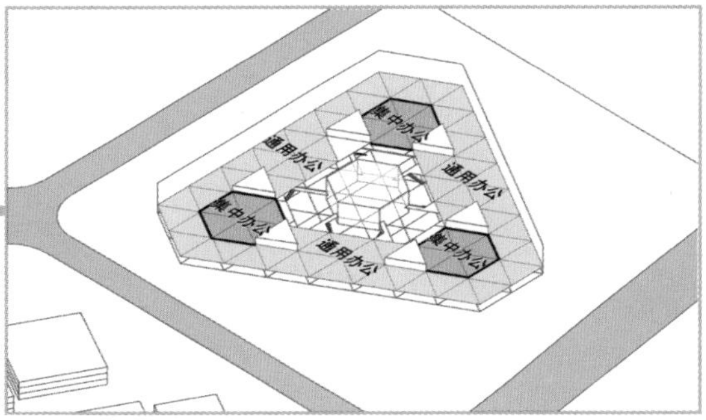

图 25

屋顶要比照飞船，肯定不会简单到是个平层。抬高交通核用以支撑屋顶，进而生成局部三层和四层，二层以上的空间感也得到进一步提升（图 26）。中心的非正式空间，其实也需要对从所有方向来的人展示开敞的姿态。为了支撑屋顶，设筒体剪力墙，面对 3 个长边分别开口（图 27）。面对南侧和东北侧的主次入口，为了构成入口延伸的视觉效果，做退台处理（图 28）。

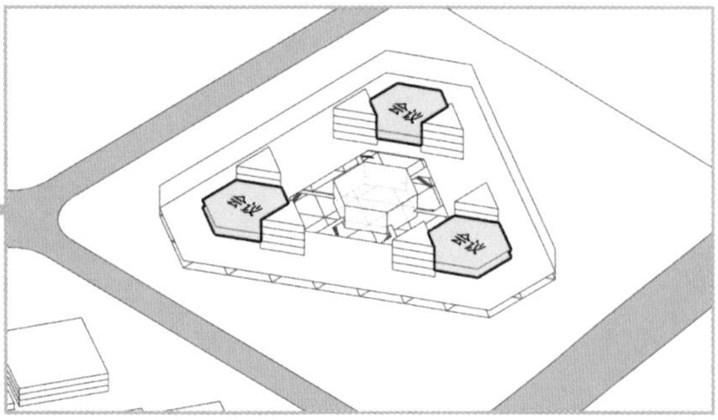

图 26

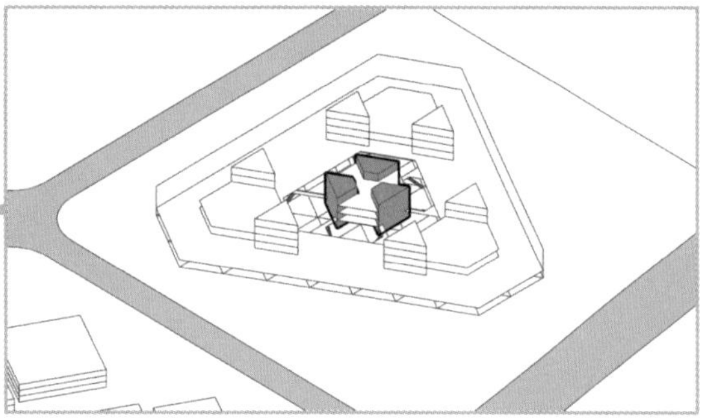
图 27

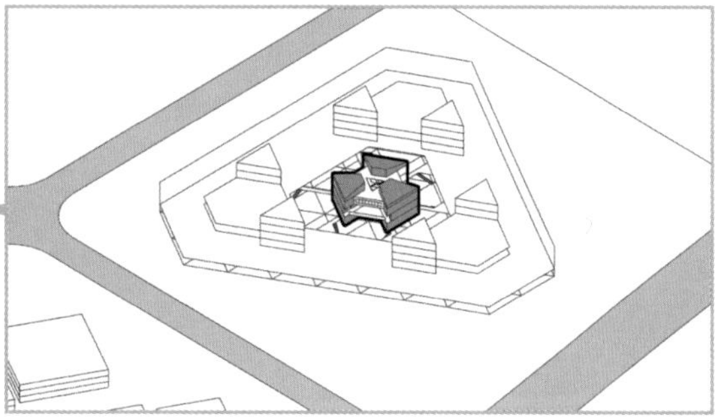
图 28

面对西侧的餐厅布置台阶式阶梯，方便用餐的人停留、闲聊（图 29）。首层的西面再设置一个面积更大的餐厅，可满足 500 人同时用餐（图 30）。将建筑面向东南角和东北角的方向打开，形成入口大空间（图 31）。

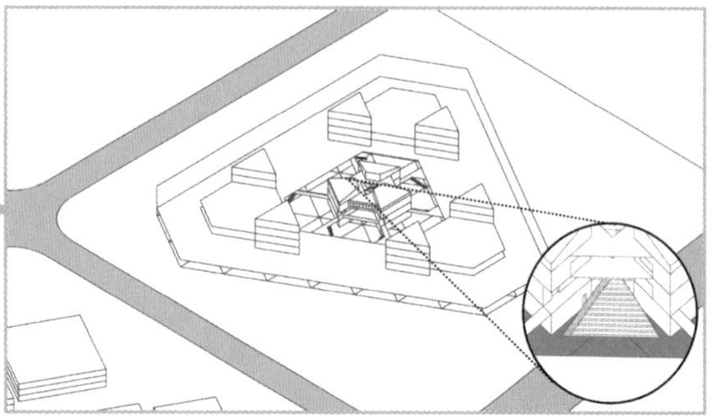
图 29

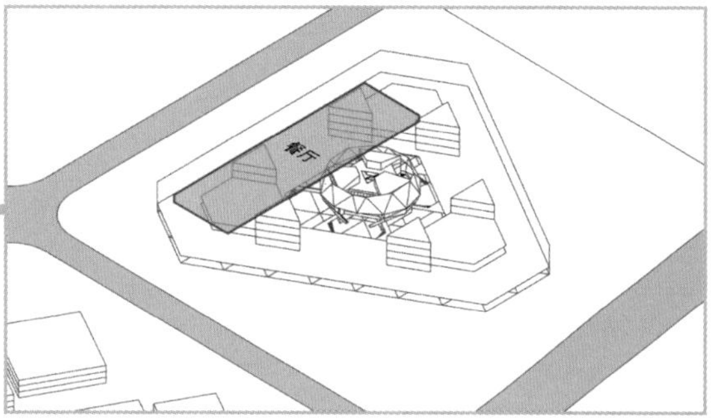

图 30

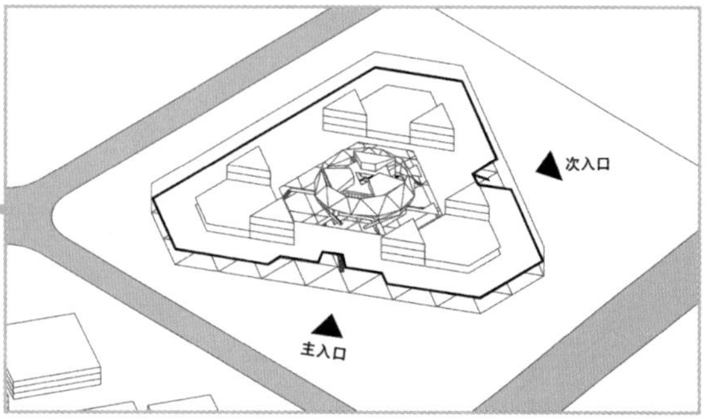

图 31

屋顶方面，采用大三角形拼接出来起伏的屋顶（图 32）。屋顶开窗，配合内部空间用三角形小天窗采光，热环境得到控制，漫射光线塑造的光环境也更有助于办公。经过热环境模拟计算，共计开 245 个三角形小天窗，中间用一个大三角形天窗给中心位置采光（图 33）。

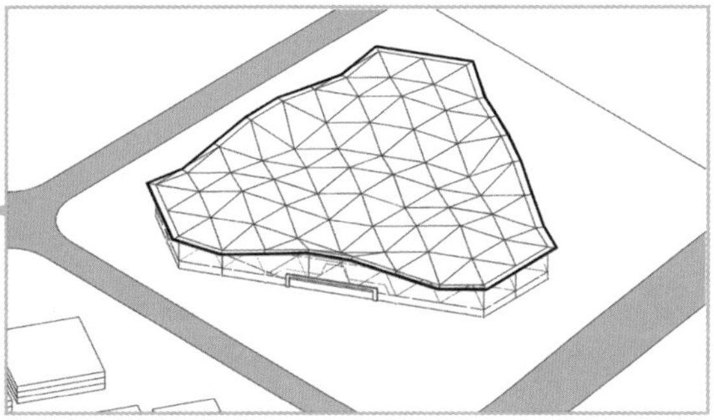

图 32

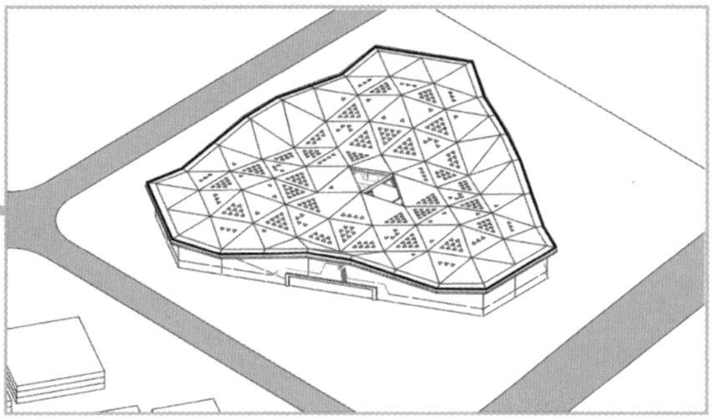

图 33

屋顶的结构，通过内部核心筒和边界的架子支撑，整体形成三角形网架结构（图 34）。建筑整体抬高，做景观设计，宇宙飞船打包完成（图 35）。后续准备建二期，以同样的手法再建一个 7 hm^2 的飞船（图 36）。

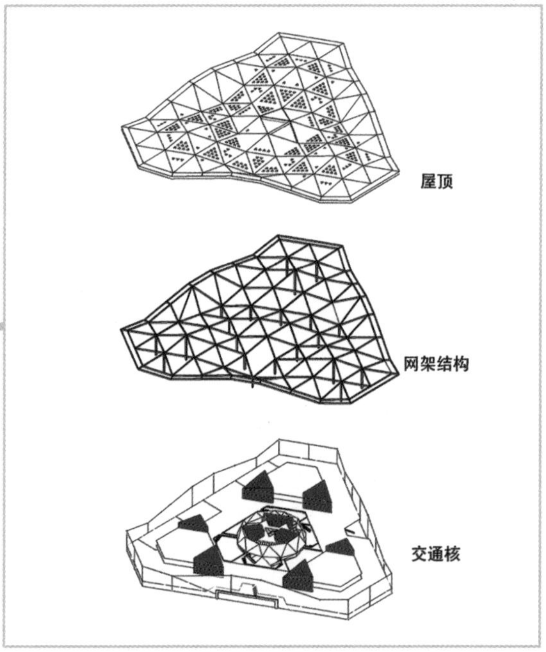

图 34

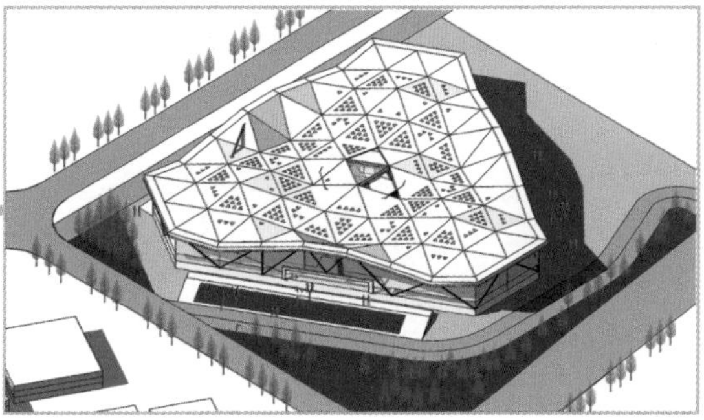

图 35

图 36

这就是 Gensler 建筑事务所设计的英伟达总部（图 37 ~图 42）。

图 37

图 38

图 39

图 40

图 41

图 42

在尼罗河边建金字塔叫模仿古迹；在卢浮宫里建金字塔才叫设计奇迹。设计拼的不仅是想象力，更是判断力。如果说一个好设计是在合适的时间、合适的地点，让合适的人做合适的事，那么很显然，建筑师既决定不了使用时间，也决定不了建设地点，更决定不了人来人往、干东干西。建筑师能做的就是捣鼓出一个房子，让时间、地点、人物、事件，一切都变得合适。那么，这个房子就是好设计。

图片来源：

图 1、图 36 来自 https://www.gushiciku.cn/dl/0lUMH/zh-tw，图 4 来自 http://mt.sohu.com/20170223/n481568061.shtml，图 37、图 38 来自 https://archinect.com/soyounglee/project/nvidia-headquaters，图 39、图 40 来自 https://styjl.com/references/company-branding/nvidia-headquarters/，图 41、图 42 来自 https://www.archpaper.com/2018/04/genslers-nvidia-headquarters-super-roof/，其余分析图为作者自绘。

END

忽悠甲方成功的秘诀就是：甲方想被你忽悠

图 1

名　称：耐克全球总部（图 1）
设计师：Skylab 建筑事务所
位　置：美国・波特兰
分　类：办公建筑
标　签：办公综合体
面　积：93 000 m^2

男人忽悠女人叫暧昧，女人忽悠男人叫敷衍，互相忽悠就叫相信爱情；大人忽悠小孩叫欺负，小孩忽悠大人叫欺骗，互相忽悠就叫理解万岁；甲方忽悠乙方叫任务，乙方忽悠甲方叫设计，互相忽悠就叫恭喜中标。在这个世界上，只要你敢忽悠，什么奇迹都可能发生。

“忽悠”这个工种的职业天花板不是一方对另一方的智商碾压，而是你情我愿地默契唱和——我正好想躺平了，你就给我忽悠瘸了；我正好想干饭了，你就给我忽悠饿了；我正好想“甩锅”了，你就给我忽悠晕了。

耐克公司成立于1972年，总部位于美国俄勒冈州波特兰市郊区比弗顿（图2）。

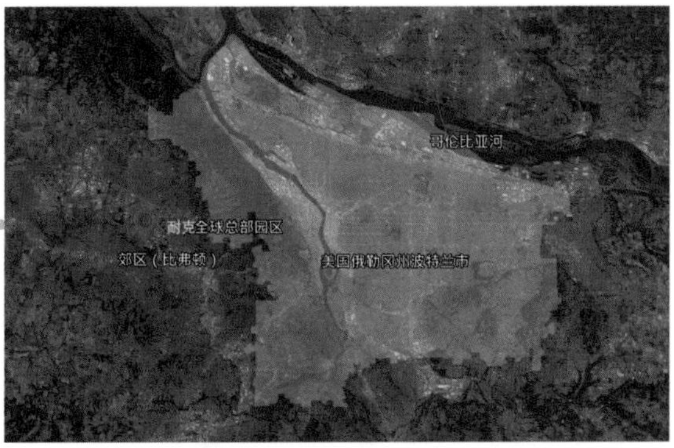

图2

园区总体面积大约110 hm²，主要分为3个部分：母公司区域、合资与合作商区域和闲置区域（图3）。

图3

母公司区域中间是绿地和水系，围绕着中心分布研发楼、体育馆、行政楼、纪念馆。边缘是停车场和未开发空地（图4）。其中，研发楼以运动产品种类单独确定，并以体育明星的名字为建筑命名，如大家都熟悉的迈克尔·乔丹（Michael Jordan）、泰格·伍兹（Tiger Woods）、诺兰·莱恩（Nolan Ryan）、博·杰克逊（Bo Jackson）等。

图4

这些光芒四射的体育明星楼就是耐克曾经的成就的纪念碑，换句话说，再厉害也都是过去式了。再换句话说，就算是过去式了那也还是厉害。什么意思？意思就是尴尬了，当耐克想要搞新研发的时候，他们首先需要的不是新想法，而是新大楼。都是大明星，谁还不要个面子？就问你敢撤了谁的楼？所以，2016 年，耐克一咬牙、一狠心，决定一鼓作气新建一栋包含各个产品部门的大设计中心（图 5）。

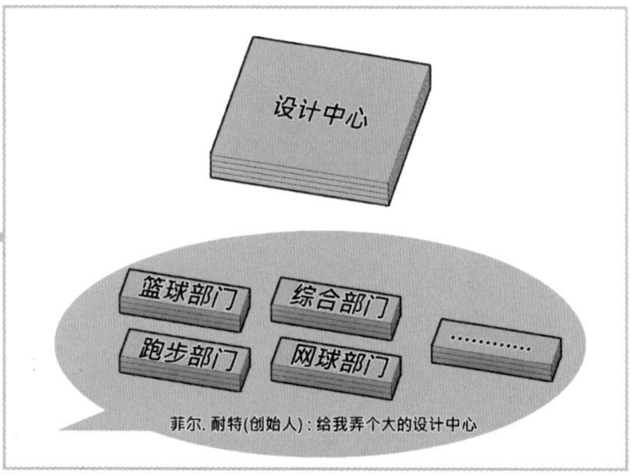

图 5

房子大了，人就容易膨胀。整合完各产品部门，耐克还想把营销、仓储、休闲娱乐等功能都塞进去，俗称综合体。新建筑总面积 9.3 hm^2，可以容纳 2750 人同时工作（图 6）。

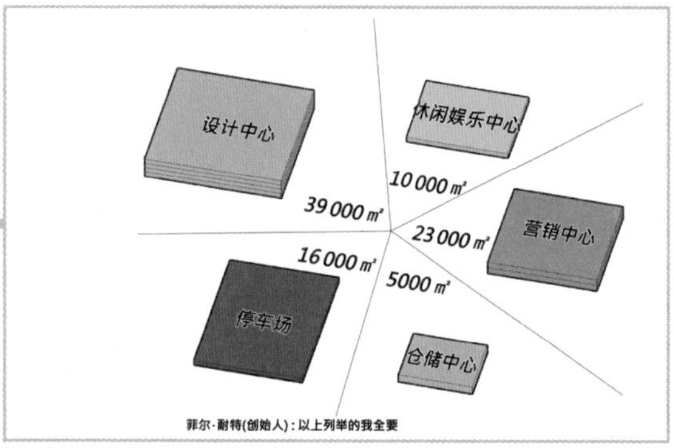

图 6

理想有多综合，现实就有多单薄。耐克总部园区的现有办公楼基本都是 4 层到顶的低层，现在想盖一个将近 10 hm^2 的大综合体，怎么也得准备至少 3 hm^2 的基地吧？然而，很可惜，耐克翻遍整个园区就只找到了一块 2.4 hm^2 的异形场地，这还是已经把边边角角都算进去了（图 7、图 8）。

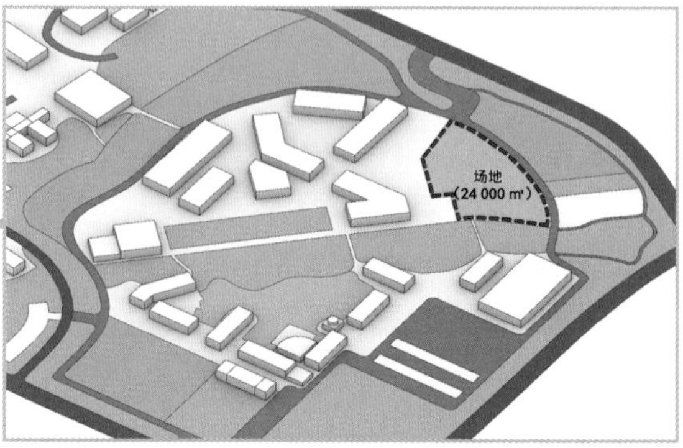

图 7

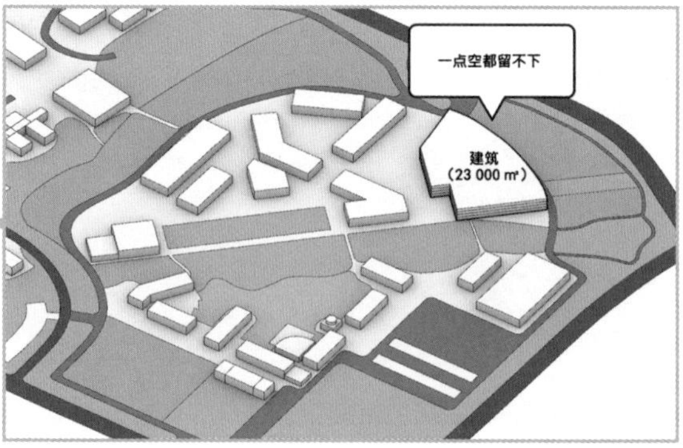

图 8

这就像你在你 30 m^2 的家里搞了一个 5 m 长的大沙发一样，倒不是放不下，就是正常人没有这么干的。现在压力给到了耐克这边：要么你盖个面积小点儿的，要么你豁出去六亲不认盖个高层。但自己选的路，就算让建筑师跪着也得走完。

耐克把马路对面 8000 m² 的停车场也给算上，好歹凑出个 32 000 m² 的基地，但是原来形状就很曲折的场地更像一个鸡腿了（图 9），何况中间还隔了条马路，简直是个劈开的鸡腿。咱就是说，再多的鸡腿加起来也不能等于熊掌啊。甲方："你说什么？我信号不好。"

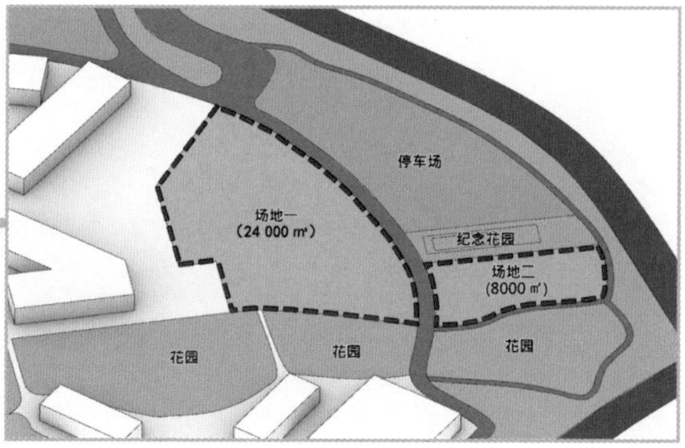

图 9

所以，现在的情况就是：甲方的执念是想要一个大综合体，然而，地是个被劈开的诡异鸡腿。而且，甲方给的这堆功能：设计中心、营销中心、仓储中心、休闲娱乐中心再加上停车场，个顶个的独立"楼格"——集合可以，综合没戏（图 10）。

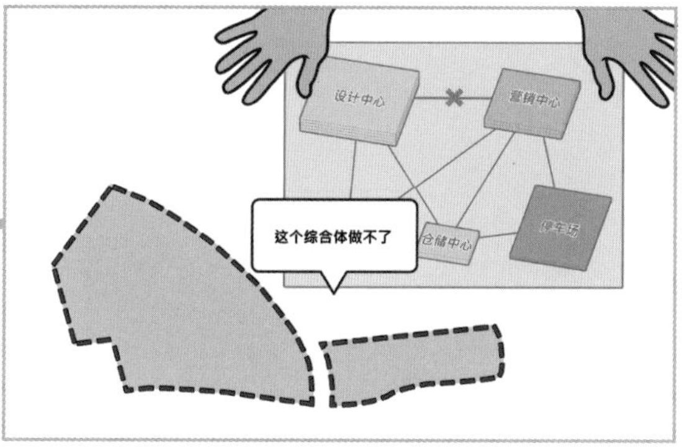

图 10

怎么办？还能怎么办？甲方又不傻，没吃过熊掌还没吃过鸡腿吗？何况还是个劈开的鸡腿。明显这局玩的就是指鹿为马的忽悠局。简单说，就是做个"假"综合体。但看破不说破，还能做朋友。

由于第二块场地实在是又小又鸡肋，我们先不管它，先可着第一块完整场地造（图 11）。

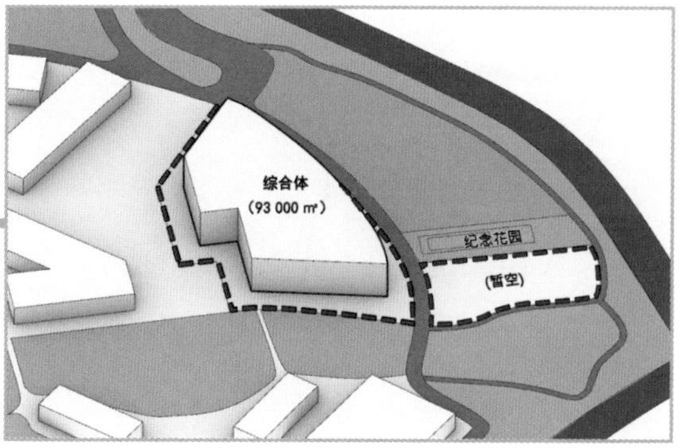

图 11

而功能方面，反正是"假"综合，设计中心和营销中心也肯定合不起来，而且入口只能在东边开设，那么设计中心和营销中心就可以前后分开放置（图 12）。停车场放到地下，其他的如仓储中心、休闲娱乐中心就可以直接配套到现有格局中（图 13）。然后，再加一个连廊伪装成综合体。除了没人信，基本没问题（图 14）。

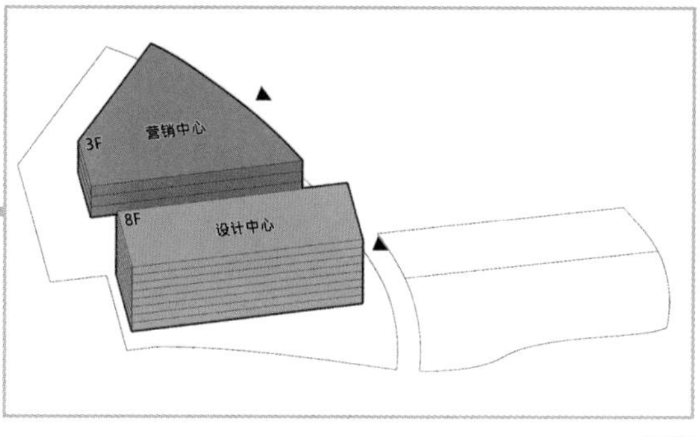

图 12

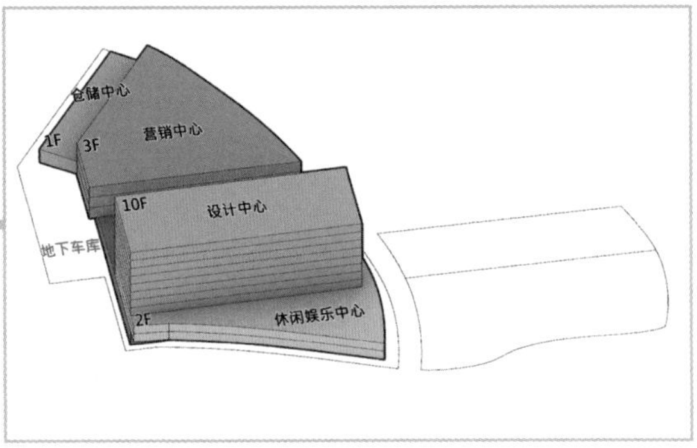

图 13

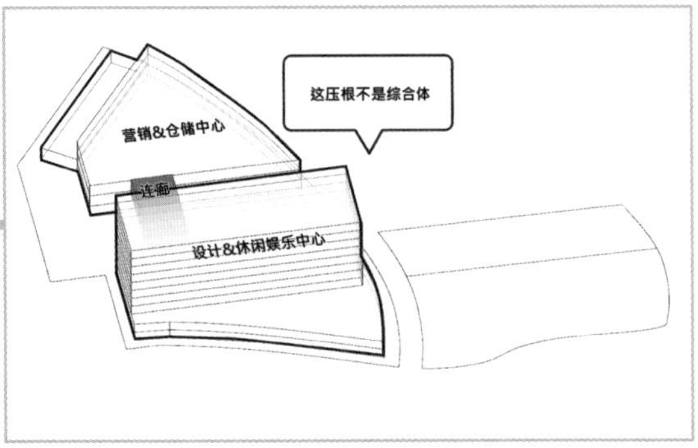

图 14

重新再忽悠。设计中心和营销中心虽然在功能上最重要，但也最不合群。相比之下，休闲娱乐中心虽然地位不高，但真的很好，和谁都能玩到一起。果然换个角度看问题，世界都不一样了。从广泛联系的角度看，休闲娱乐简直就是“社交恐怖分子”——再专业的功能区都无法拒绝它的渗透啊（图 15）。

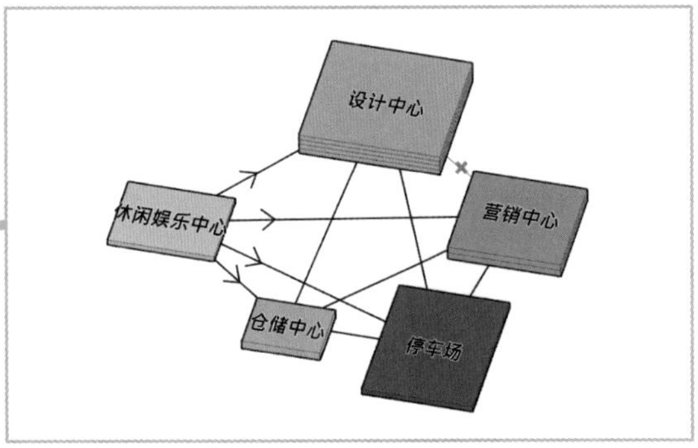

图 15

那我们就把休闲娱乐放在中心枢纽位置，和所有其他功能连接(图16)。因为设计中心、营销中心、仓储中心都需要自己的独立出入口，且场地的东侧靠近道路，所以只能将休闲娱乐中心放里面，而其他功能从里面向外放射（图 17）。很明显，大家站桩一样杵在场地上并不是很舒适，还互相挡着采光（图 18）。

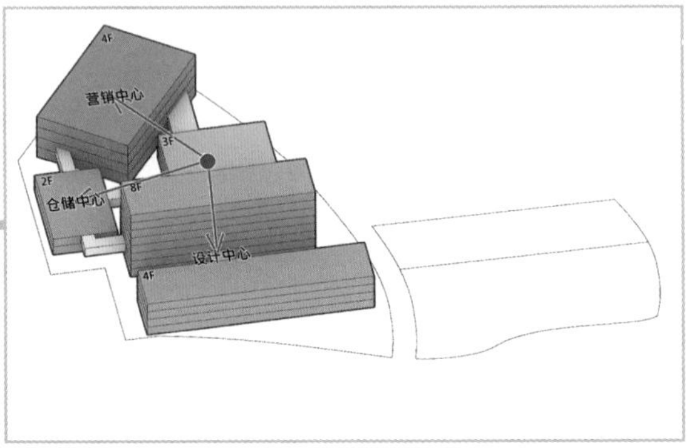

图 16

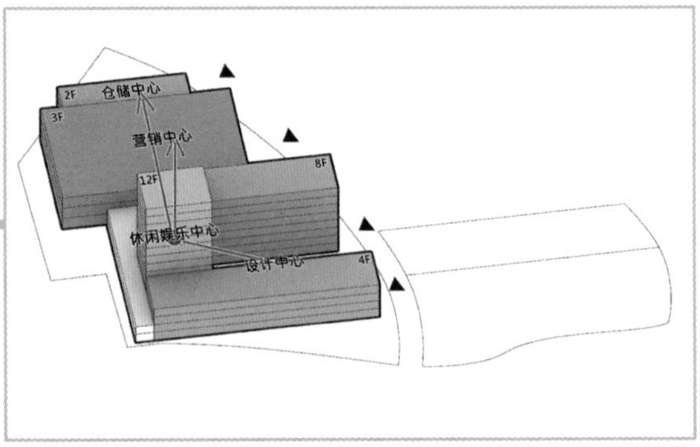

图 17

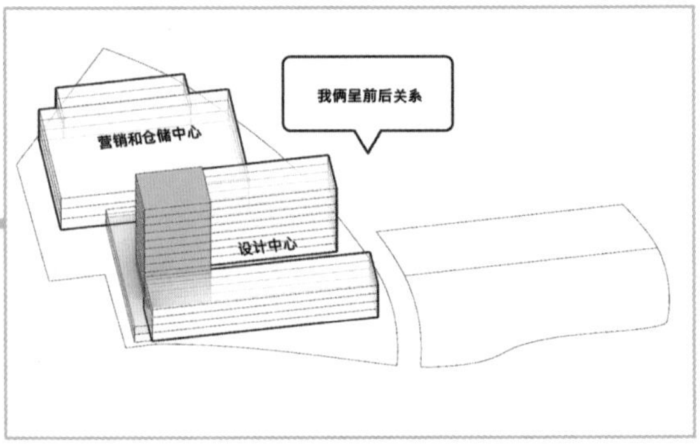

图 18

将营销中心全铺在下面，设计中心全部放在营销和仓储中心上面，前后关系变成上下关系，营销中心的屋面都作为设计中心的基底。而这个时候，以平层划分部门的设计中心终于能在营销中心的屋顶上实现水平铺开的组织形式了。组楼形式确定设计中心被放在上面，伴随着仓储中心的体量调整，最南边的一条会更粗一些（图 19）。

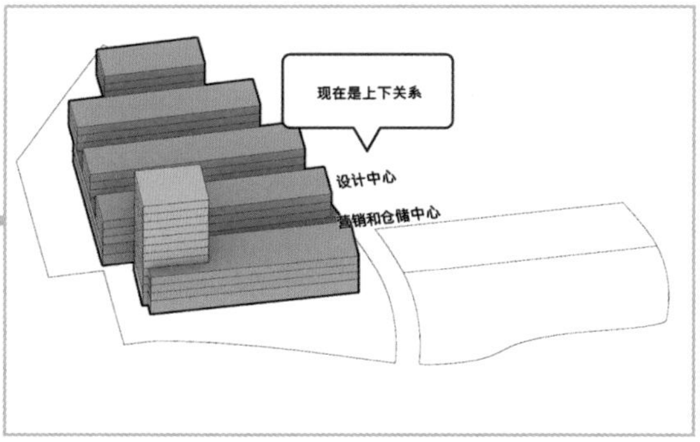

图 19

加大营销中心和仓储中心之间的距离，变成一条中央大道将园区中央绿地和纪念花园连接起来（图 20）。设计中心根据现有格局，将仓储中心上的办公楼进行调整（图 21）。但办公这种组楼的形式并不能都到达休闲娱乐中心，肯定还得加连廊（图 22）。

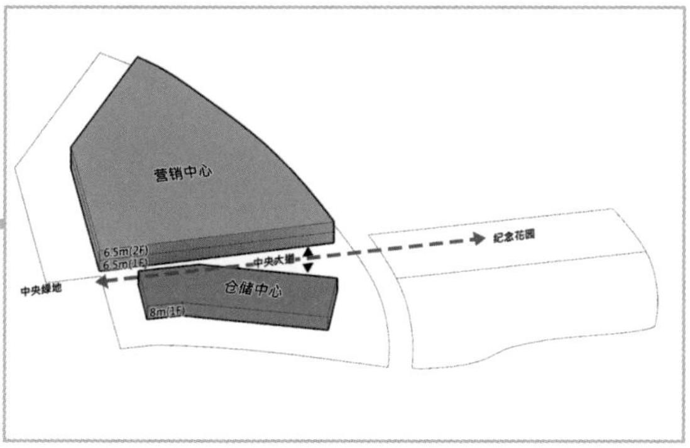

图 20

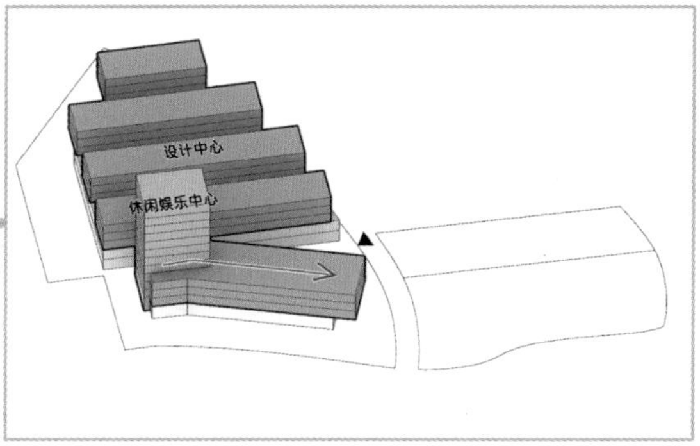

图 21

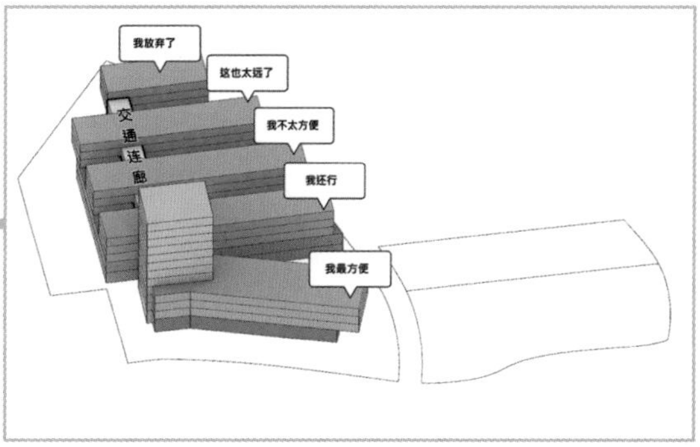

图 22

可综合体的意思是什么？就是一个整体，所以咱不加连廊，干脆直接把楼给连起来（图 23）。都加上去后，外加上一个大内廊，所有水平和垂直交通都可以在休闲娱乐中心这边解决（图 24）。

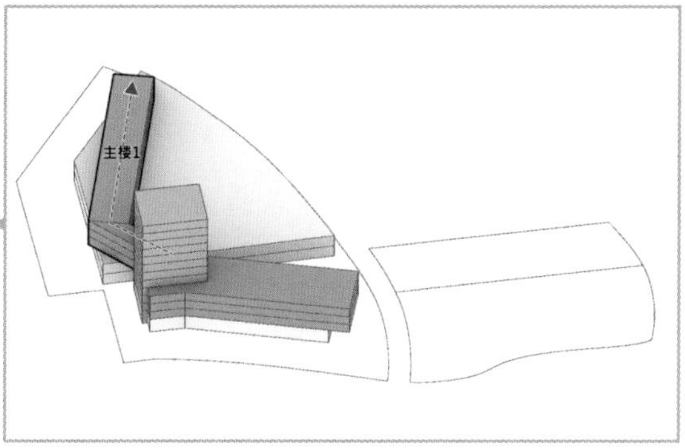

图 23

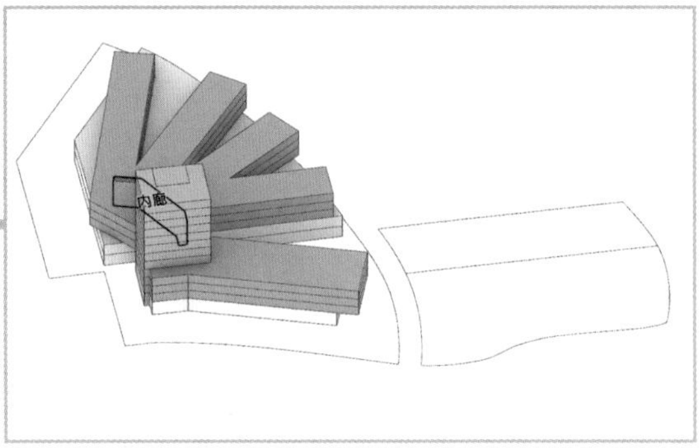

图 24

但 5 栋楼都插进来，由于互相搭接损失办公面积肯定是无法避免的（图 25）。为了减少搭接损失的办公面积，可以让两个办公条与休闲娱乐中心搭在一起，由于要兼具交通作用，适当加大宽度（图 26）。剩下两个就可以直接长在这两个长条上（图 27）。

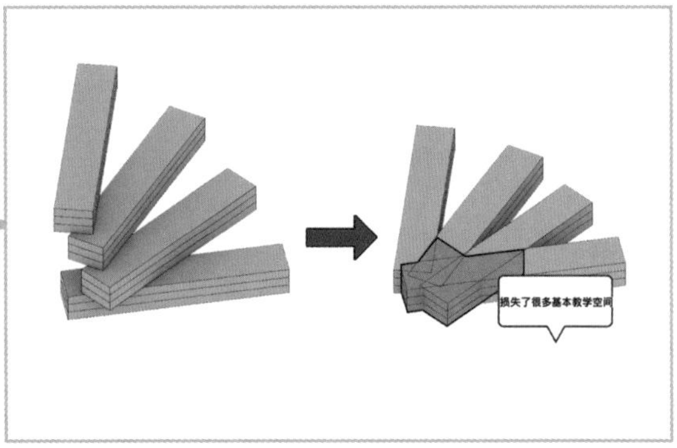

图 25

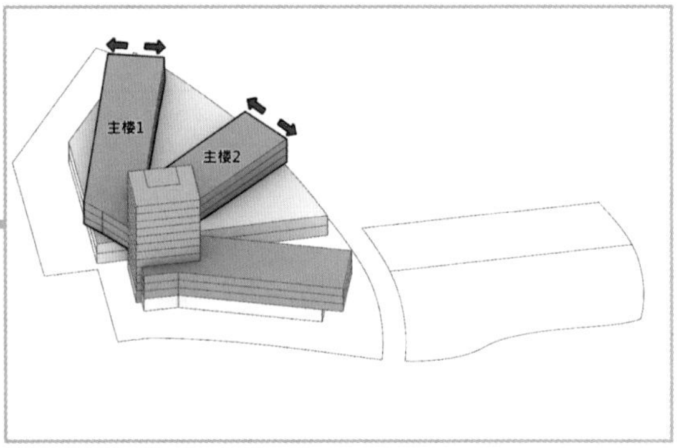

图 26

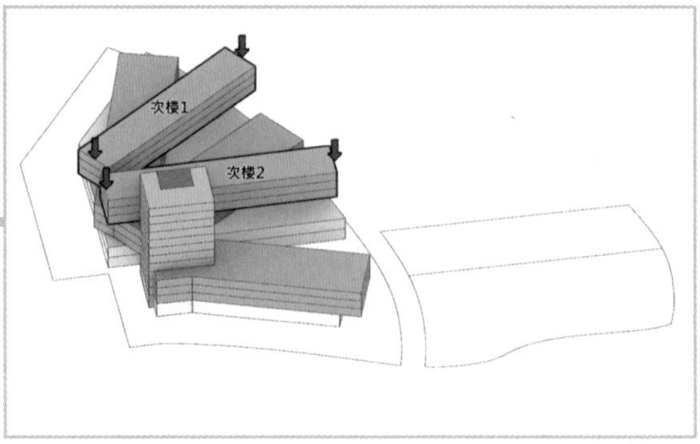

图 27

因为红线的限制，为了补回重叠的面积，把体块变宽（图 28）。通过垂直交通核到达办公层，办公内部空间正常设置（图 29）。

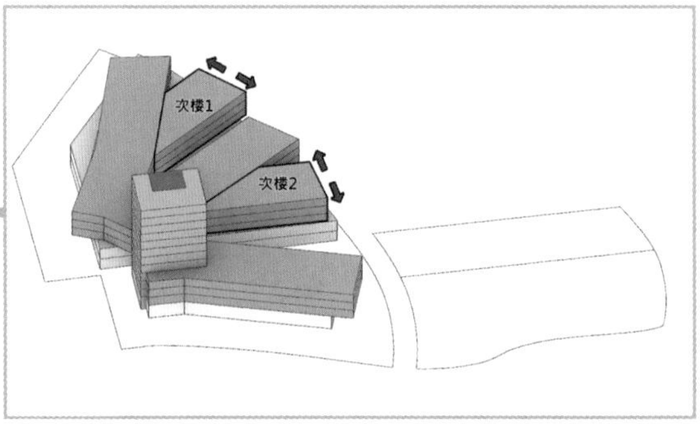

图 28

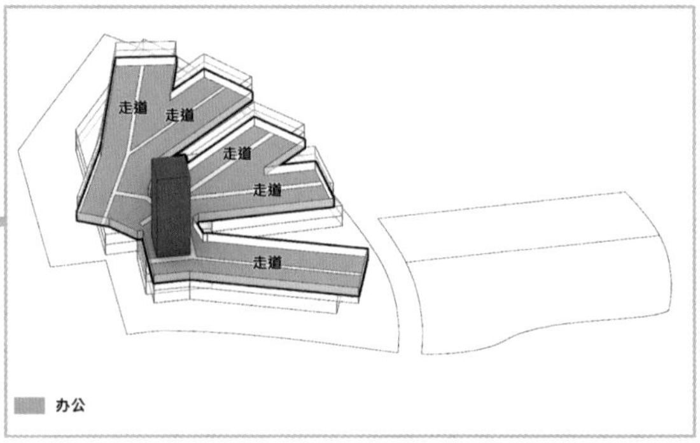

图 29

为了满足实际使用而加强内部联系，开设东侧的贯通连廊。在设计师和不同的商业部门之间形成意料之外的连接和各种可能性（图 30）。所有转角的地方都可以扩大变成通高中庭或者休闲空间（图 31）。

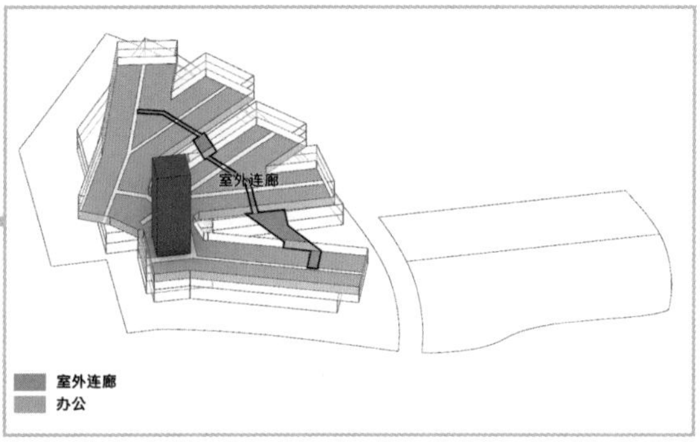

图 30

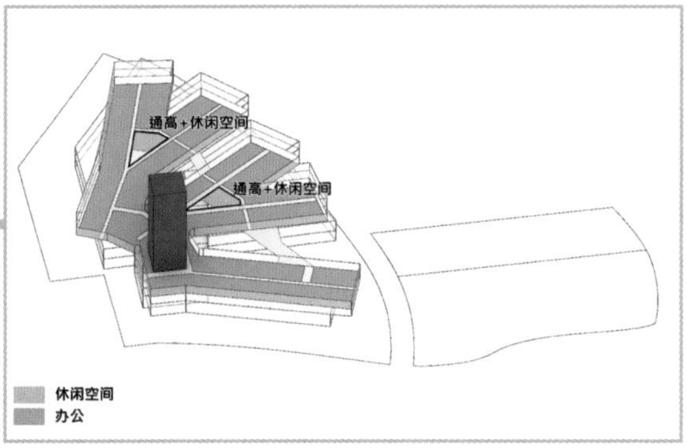

图 31

其他如会议、卫生间、交通核等辅助房间垂直于走廊，并用来区分出合适大小的办公组块（图 32）。至此，整个建筑已经从最初利用休闲娱乐中心连接设计中心，变成了连接更多的办公楼，不断生长，呈现出一个树枝形的连接逻辑（图 33）。

图 32

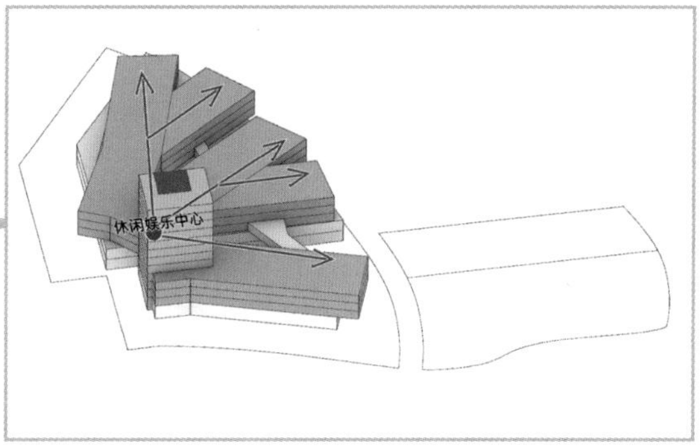

图 33

那么，其中一根树枝长了一点长到马路对面去，也是很合理的，对不对？将设计中心最南边的楼从二层的位置伸到对面，连接起运动场地和设计中心（图 34）。

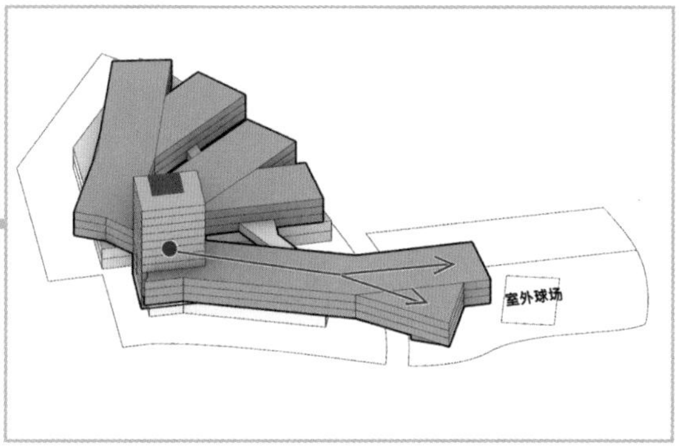

图 34

由于设计中心在营销中心上面，只有休闲娱乐一个入口，增设北入口和南入口，南入口就顺理成章地放在了场地二上（图 35）。

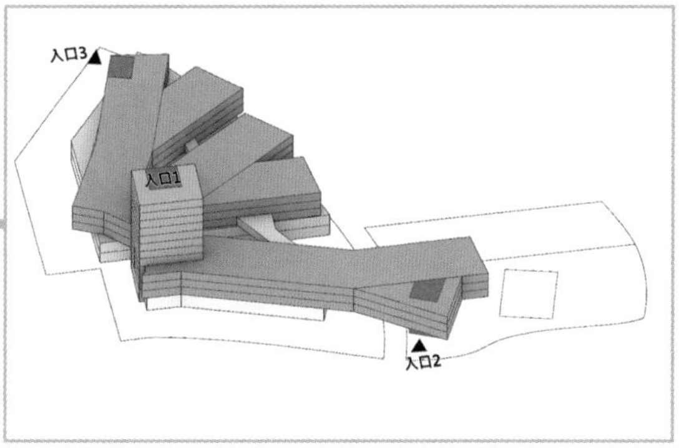

图 35

调整建筑楼层，使之从南到北逐渐升高，内部获得了更多的视野朝向，外部空出了可活动的屋顶花园，整体扩大了采光面积。退台减少的面积也可以从地块二得到补充（图 36）。

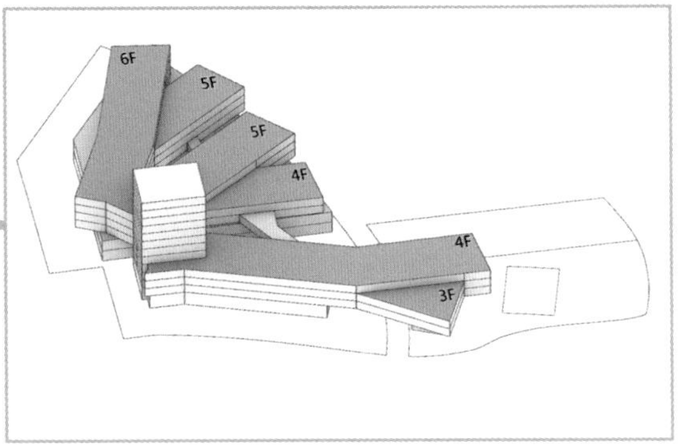

图 36

休闲娱乐中心按照一层一个功能设定面积，在方便使用的同时也能缩小体量，使之就算高了一点儿也不是太突兀（图 37）。

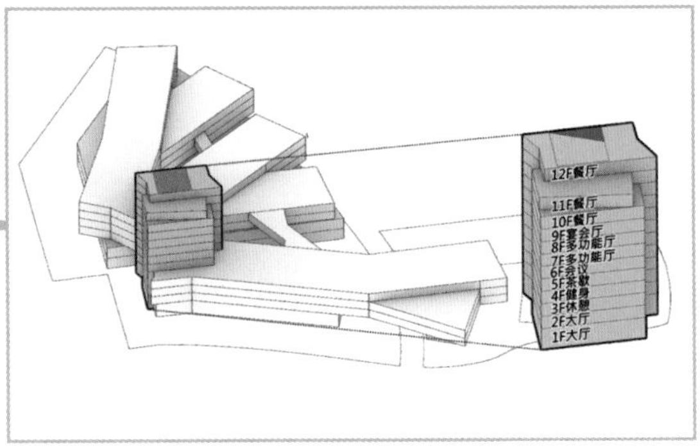

图 37

再细化立面，整体强调流动不确定的体态（图 38）。充分利用太阳能等绿色能源，屋顶铺设电池板和电箱（图 39）。

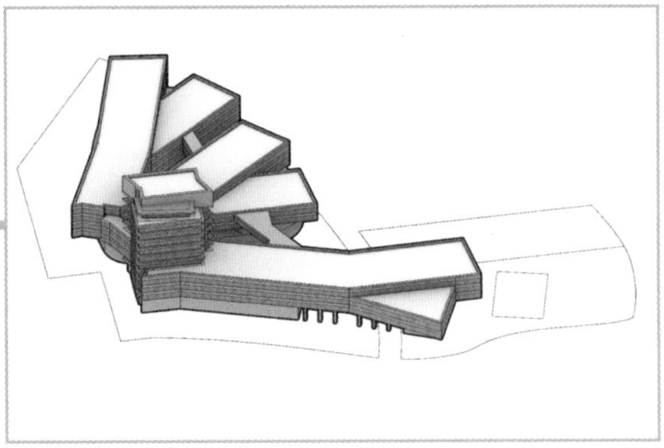

图 38

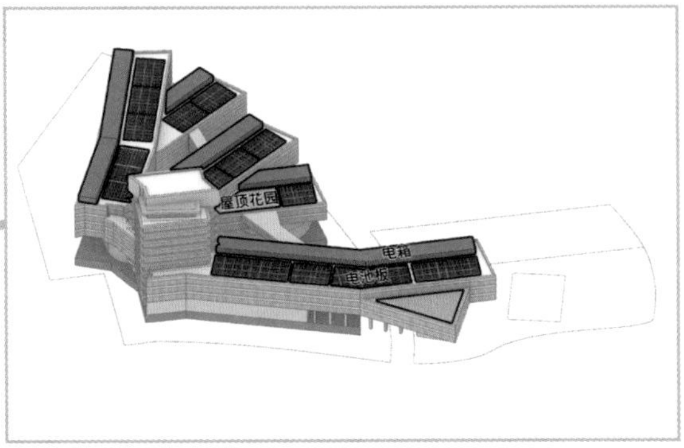

图 39

结合场地绿化，设置地下停车库出入口。收工（图 40）。

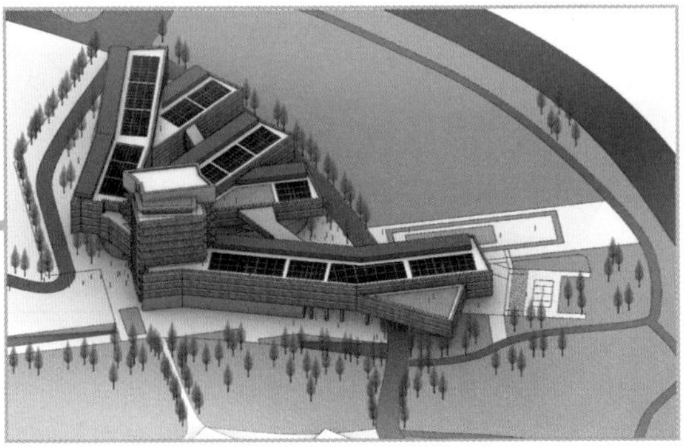

图 40

这就是 Skylab 建筑事务所设计的耐克全球总部园区内最大的综合办公楼。当然，它不能免俗，最后被命名为塞雷娜·威廉姆斯大楼（Serena Williams Building）（图 41 ～图 46）。

图 41

图 42

图 43

图 44

图 45

图 46

自我认知的最大谎言就是众人皆醉我独醒，大多数的现实情况是众人装睡你独醒。但无论真醉还是装睡，你都很难把你的思想装进别人的脑袋，就像他紧紧闭着眼也不会把钱错放到你的口袋。打不过就加入吧，干就完了。

图片来源：

图 1 来自 https://www.provenancehotels.com/maison/fun-facts-about-the-nike-headquarters-in-portland，

图 41 ～图 46 来自 https://www.gooood.cn/serena-williams-building-at-nike-world-headquarters-skylab-architecture.htm，其余分析图为作者自绘。

END

设计的一半是『算了』

图 1

名　称：三星北美总部（图 1）
设计师：NBBJ 建筑事务所
位　置：美国 · 圣何塞
分　类：办公建筑
标　签：建筑克制，空间层次
面　积：102 000 m²

我想摘一颗星星，然后把星星送给甲方。后来想了想，还是算了。我即便够得着星星，也够不着甲方。那么，问题来了：我为什么要摘星星送给甲方？是因为我会摘，还是因为甲方叫三星？三星：“我不是，我没有，别瞎说啊。”

作为甲方的三星，其实有点憋屈。因为在很多年前的 1983 年，三星就在硅谷买了一块地。那会儿的硅谷还不是现在的硅谷，至少还不流行搞什么总部基地，毕竟都在创业阶段，所以三星也就只拿这块地作为服务站。

图 2

时光荏苒，日月如梭。没想到三十年河东，三十年河西，都鸟枪换炮了。三星这块地的周围不仅冒出来了各种大大小小的总部，而且周围方圆好几公里都被开发成了各种总部园区（图 3）。

图 3

不管三星怎么想，总部的气氛都烘托到这儿了，横竖韩国人不差钱也不差地，就缺个建筑师来摘星星了。三星这块“陈年老地”面积 3.6 hm^2，是个长条儿，位于圣何塞市，北方第一大道和东塔斯曼大道的十字路口，靠近轻轨 VTA，周边除了别人家的总部就是别人家的总部（图 4）。

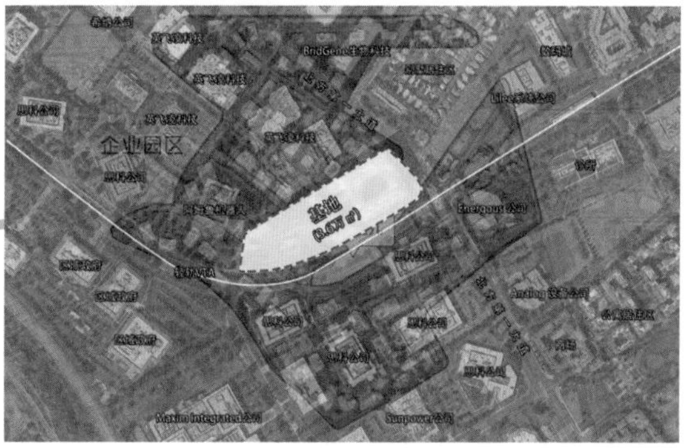

图 4

三星计划在这里建一个北美总部，容纳 2000 名员工。功能上，包括办公（研发和销售）和休闲配套，共计 102 000 m^2（图 5）。

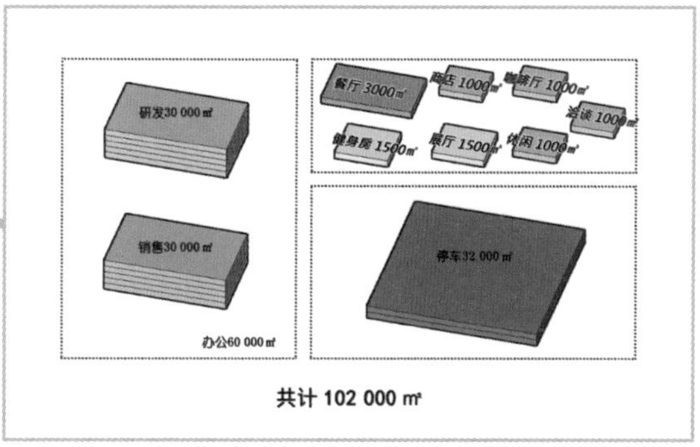

图 5

接下来，正常流程就是全球竞赛。毕竟周围全是样板总部，方的、圆的、长的、短的，是骡子是马无所谓，重点都得拉去外星球遛遛，镀个硅（图6）。

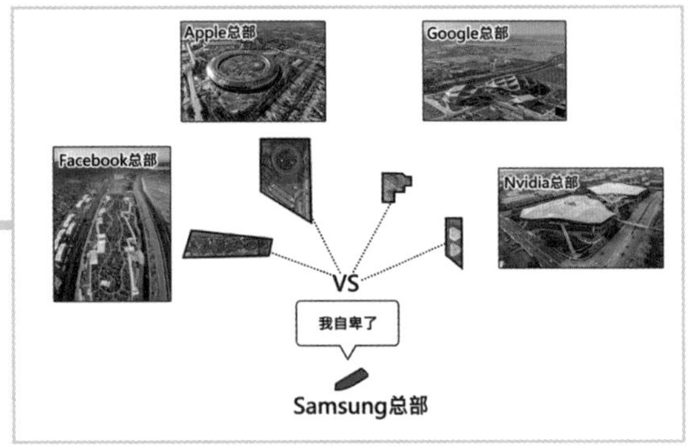

图6

很可惜，韩国人的脑回路比较不一般，管它什么苹果、桃子、李子、栗子、梨，又不能申遗还搞什么？不如拿出小账本去谈谈生意。具体怎么谈的咱也不知道，咱也不敢问。反正结果就是三星新总部在这里落户，当地政府提供一系列优惠政策。其中和建筑设计相关的是，政府帮忙解决三星新增2000名员工的停车问题。听起来还不错是不是？但如果具体解决方法是政府在该地块建一栋7层的公共停车楼（2500车位）呢（图7）？

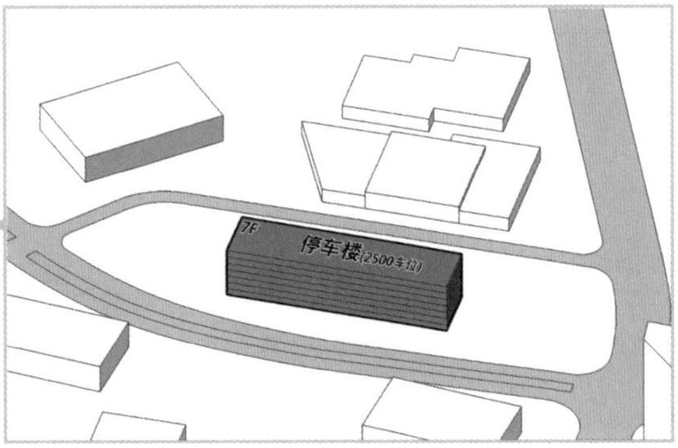

图7

2500个车位，三星使用1500个，另外1000个面向整个企业园区开放使用。好好的总部，就这么说开放就开放了。开放也就算了，问题是好好的场地，就这么被硬生生塞进一座7层楼，让建筑师情何以堪？你都可以想象有多少建筑师绞尽脑汁想把这栋“朴素”的停车楼给遮起来、藏起来，以求外部形象依然有跨国企业大区总部的高端大气、完整统一（图8）。

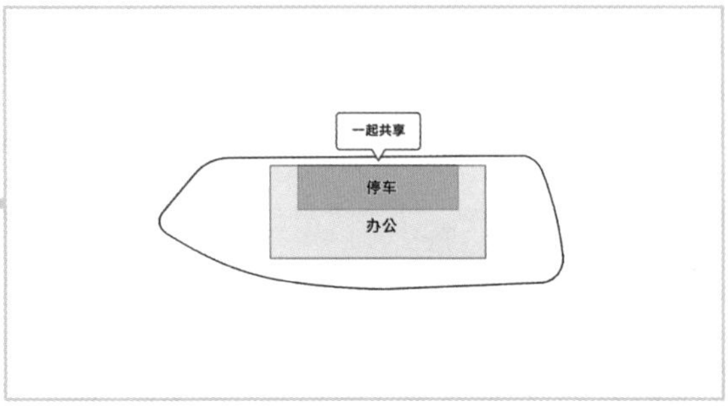

图8

何必呢？做设计过分痛苦的根源有两个：一个是过分操心甲方，一个是过分迷恋自己。甲方都不关心，咱表演关心给谁看？就当停车楼是现状，场地只有一半算了，算了也就好了（图9）。

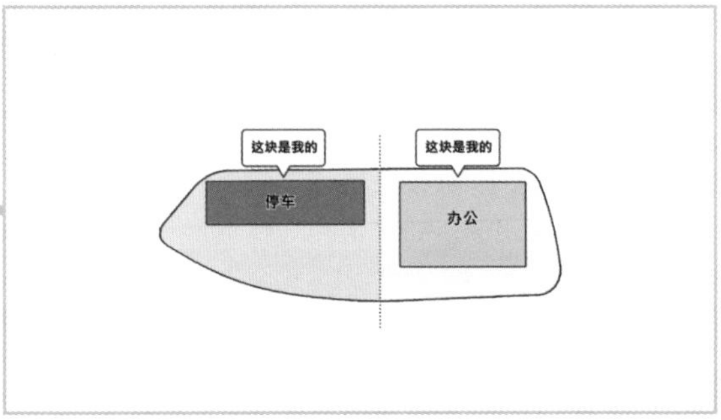

图9

停车楼放在西边，办公总部移至靠近东侧道路边缘。因为停车楼向城市开放，那咱就设定整个总部场地也对城市开放。反正你不想开放也不行（图10）。

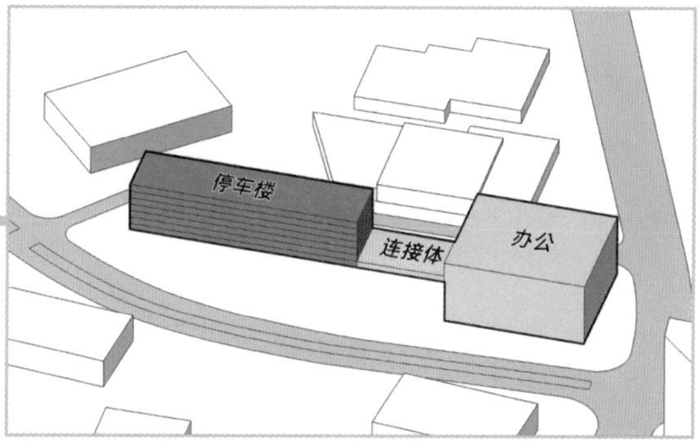

图10

既然开放就做足开放的文章，比如，解放首层。我的意思是，解放所有首层，包括办公楼、停车楼以及办公楼和停车楼的连接部分。然后，置入零售商店、访客大厅和多功能厅、三星展厅（图11）。室外定义为社区公园，加上绿化、篮球场、羽毛球场等，使整个场地首层成为商业休闲街（图12）。

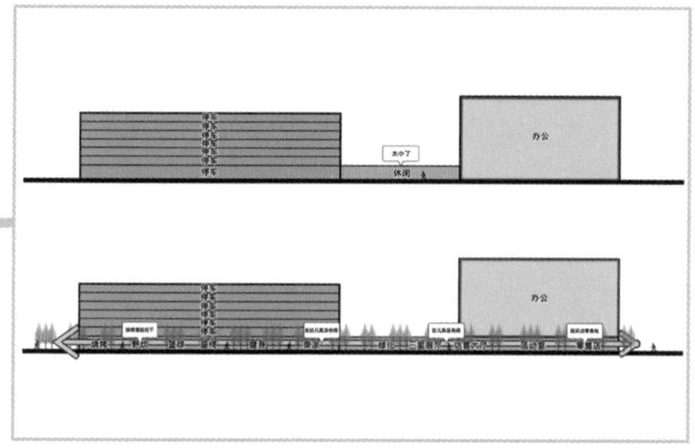
图11

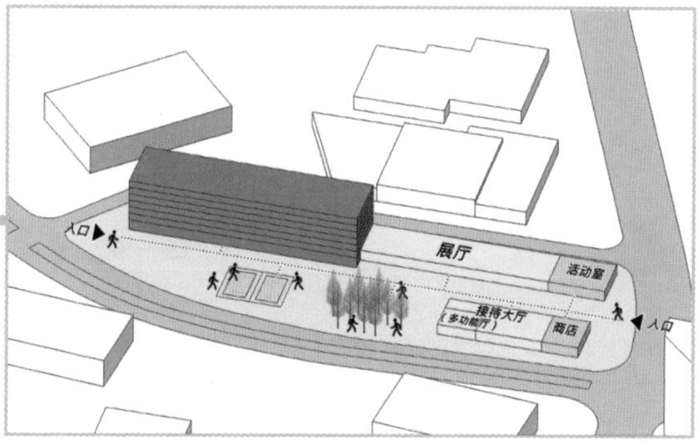

图12

这样就把办公区抬升到二层以上了（图13）。抬升对办公是没有什么影响的，但对地面层的街道就实在不友好了，完全就是一个黑色遮阳罩。所以根据总部两大功能——销售和研发，将办公区顺着首层商业街分为前后两栋（图14）。

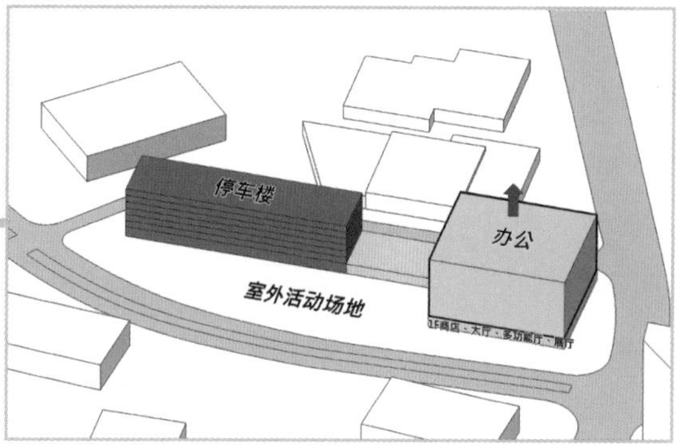

图13

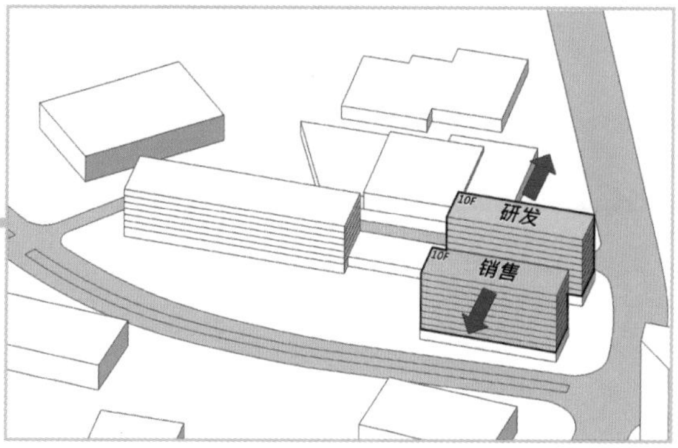

图14

虽然是两大功能，但终究是一个总部，所以分开以后还得再想怎么连起来。什么叫设计层次？就是分开了再连，连起来最简单的就是加连廊（图15）。

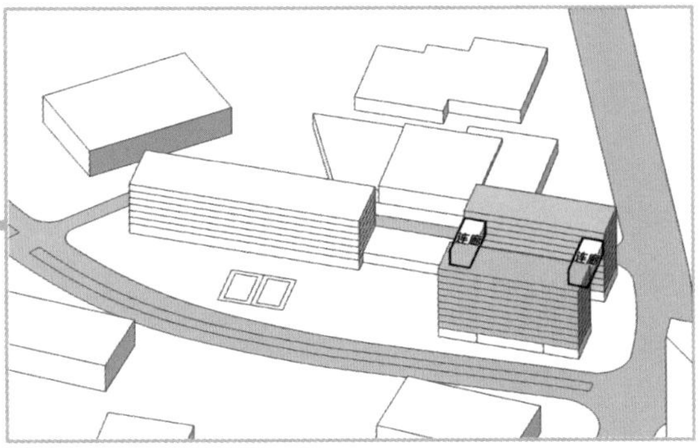

图 15

敲黑板！此处需要各位建筑师思路清晰、口齿伶俐。虽然你已经在首层做了休闲空间，但那是面对城市开放的公共休闲空间，也就是说你还可以更讲究一点儿，在办公内部设置企业独享的休闲空间（图 16）。

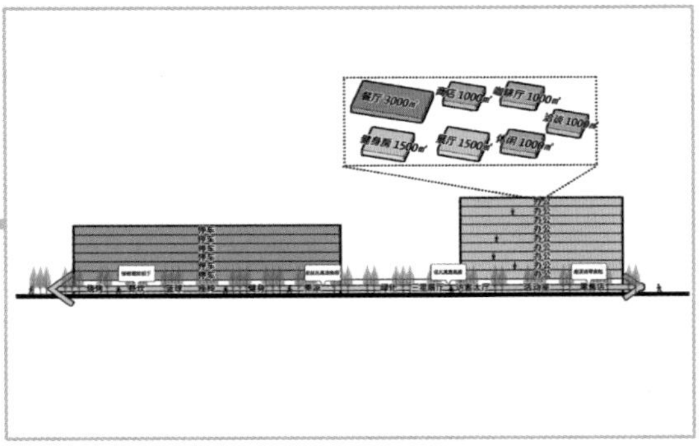

图 16

说白了，连廊总得有点用吧（图 17）？连廊确实可以有用，但又不堪大用。比如，你放个茶歇还凑活，放个餐厅就过分了吧？更何况还有健身房这种大块头。所以，这些休闲功能必然要从连廊延伸至建筑内部（图 18）。

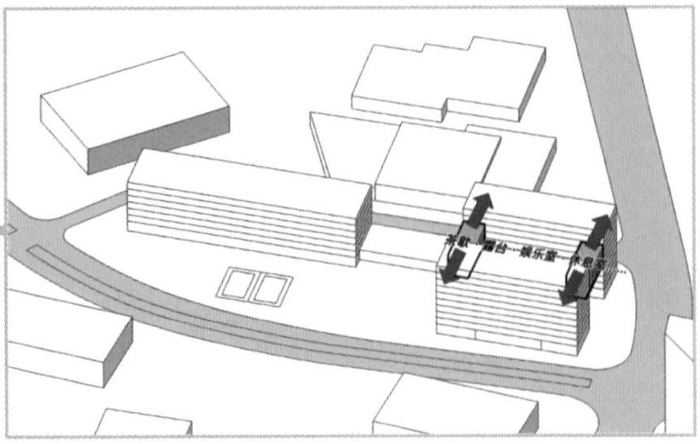

图 17

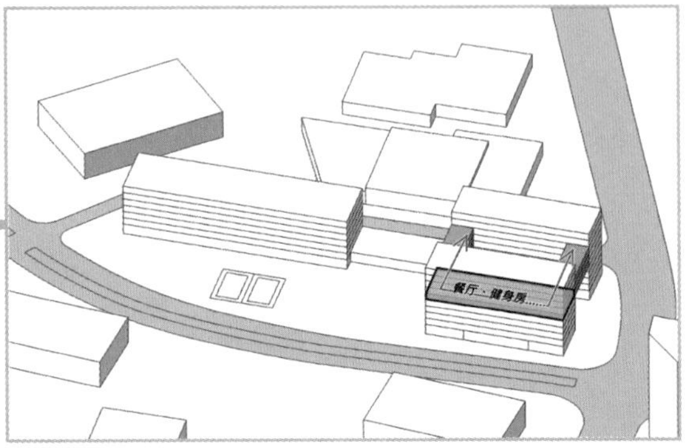

图 18

既然这样，为了不混淆流线，我们就至少需要铺满一整层去设置休闲空间（图 19）。但带薪“摸鱼”这种事情，不患寡而患不均，何况程序员们还可以振振有词称需要自由的工作空间。于是，为了均衡到每层的距离，每 3 层设置 1 层为休闲层，完全辐射到每个办公层中（图 20）。

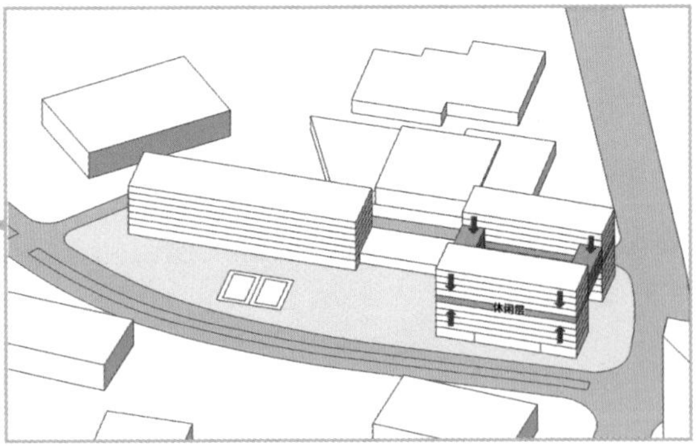

图 19

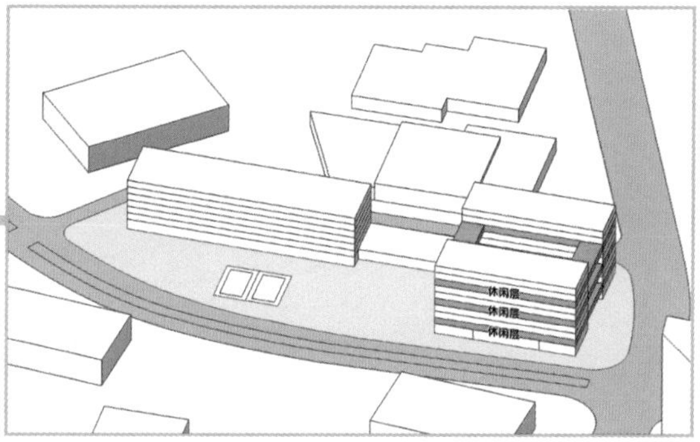

图 20

连接每层的办公体量，补充休闲层去掉的办公面积（图 21）。有补充减少，就有去掉多余。休闲面积过大，所以根据需要向内缩，在自然形成室外露台的同时也丰富了体量层次（图 22）。

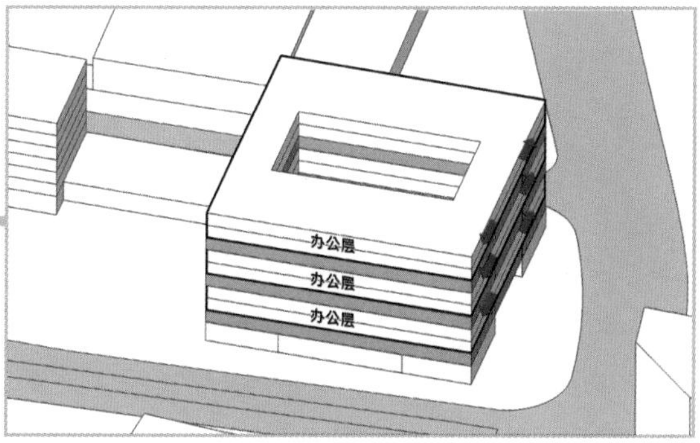

图 21

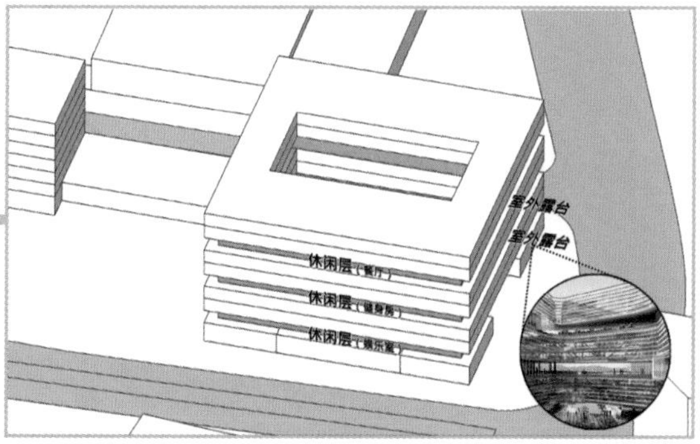

图 22

休闲层局部放大端点，延伸相对私密的休闲空间（图 23）。中庭院落内设置交通核，同时包括卫生间和档案室等其他辅助空间（图 24）。办公层就围绕着中庭布置办公桌，形成规整的办公组团（图 25）。

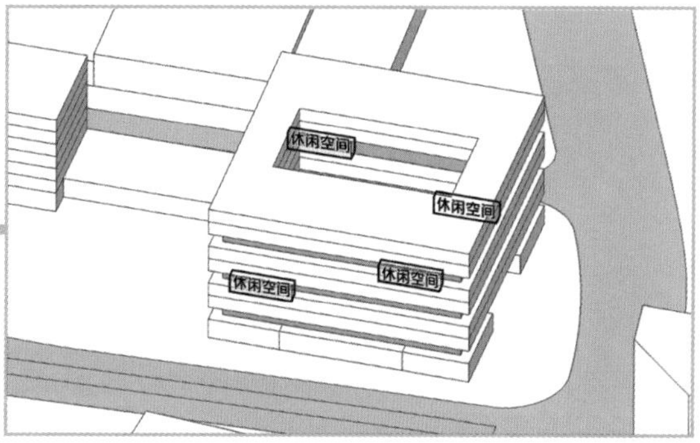

图 23

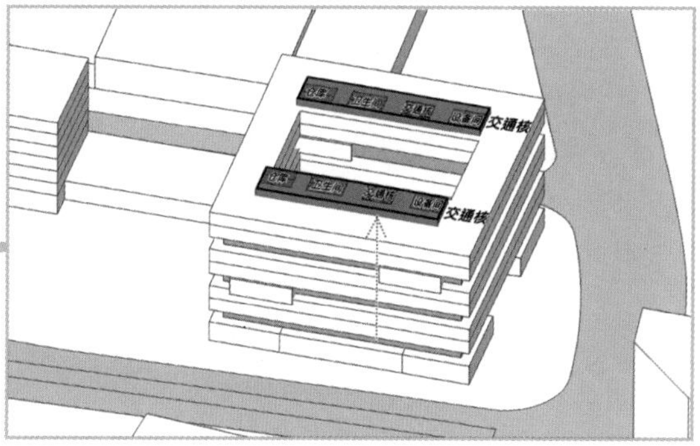

图 24

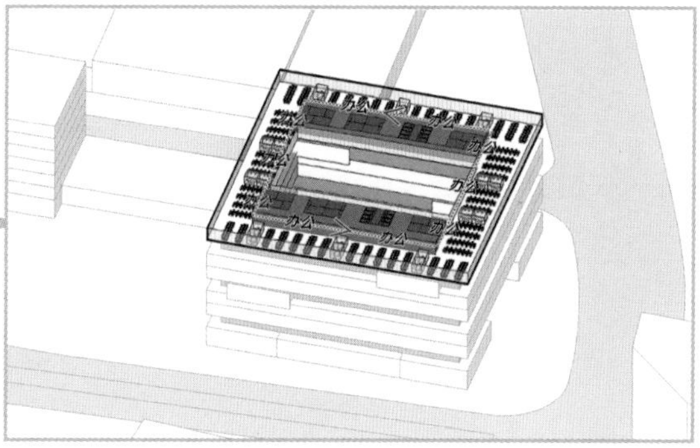
图 25

在现有办公空间布局的中庭边角上增加通高边庭，设置步行楼梯，以便其成为非正式的交流空间（图 26）。倒角边庭同时优化了形体，中庭视角更加富有设计感（图 27）。

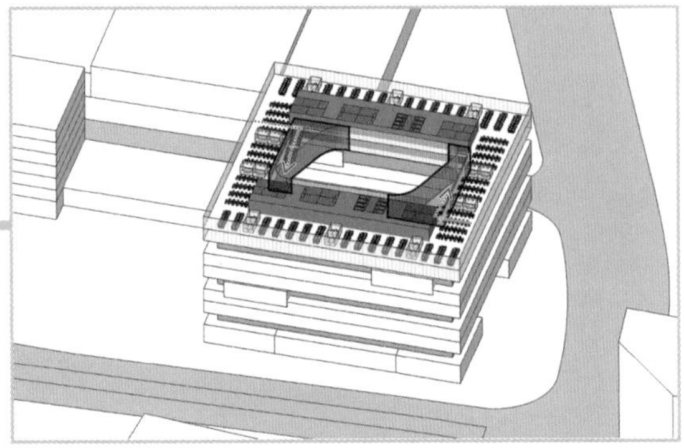

图 26

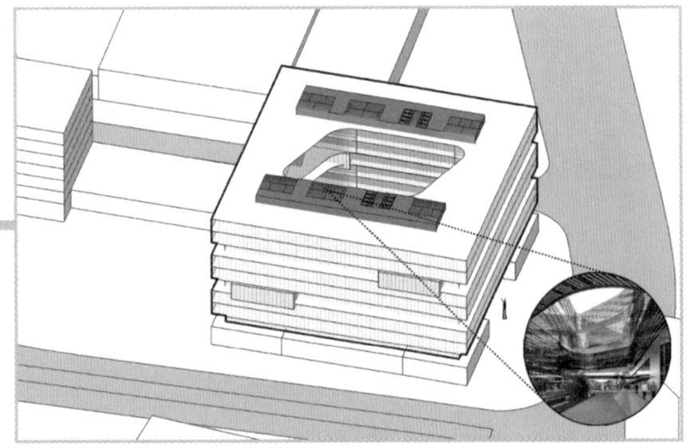

图 27

这样的功能排布，在长条形的场地横轴方向设定了一条人流线，使整个场地都能利用起来。沿着中间这条长轴线，能将室外非正式空间全部串联起来。停车在西端有螺旋车道可以上下（图 28）。

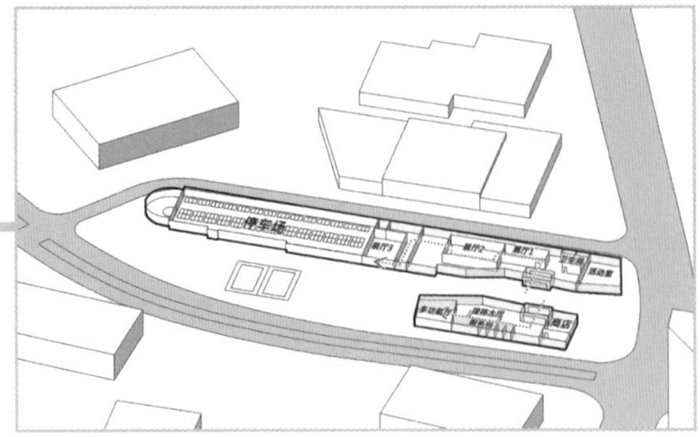

图 28

唯一的不足就是这条商业街看着不够活泼、亲切，看着就像个办公区，比较严肃。于是在停车楼和连接楼的交界处设计了一个花瓣形的餐厅，打破了整个场地方方正正的规矩感（图 29）。

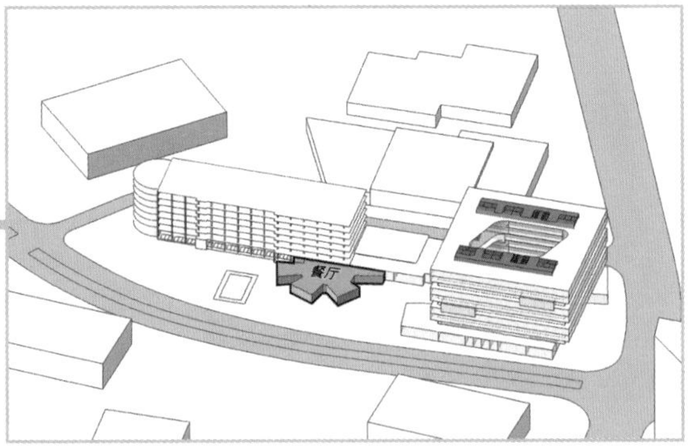

图 29

最后，立面细化。收工（图 30）。

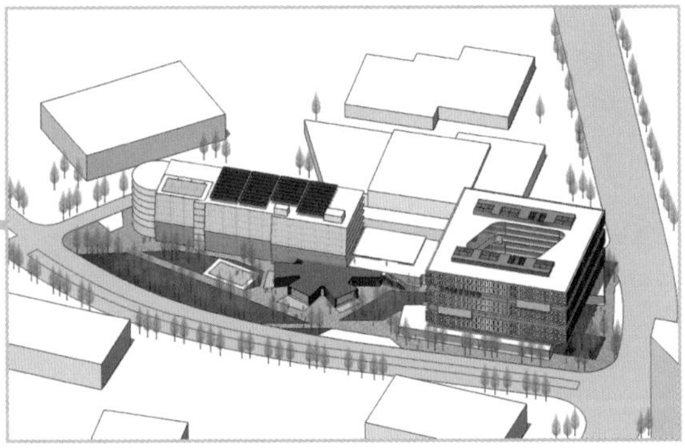

图 30

这就是 NBBJ 建筑事务所设计的三星北美总部（图 31 ～图 35）。

图 31

图 32

图 33

图 34

图 35

建筑师最应该学的不是构图，而是够了；最应该补的不是算术，而是算了。都说设计的本质是解决问题，但解决问题的关键在于克制。与山珍最配的不是海味，而是那一碟去腥提味又解腻的蒜泥汁。

图片来源：

图 1 来自 https://mundoconectado.com.br/noticias/v/27048/samsung-contrata-ex-engenheiro-da-apple-para-divisao-exynos，图 31 ～图 35 来自 http://www.nbbj.cn/work/samsung-america-headquarters/#previous，其余分析图为作者自绘。

END

设计就像巧克力，纵享丝滑，却能要了狗的命

图1

名　称：美国福特汽车研发总部（图1）

设计师：Snøhetta 事务所

位　置：美国・迪尔伯恩市

分　类：办公建筑

标　签：邻里空间，线性布局

面　积：61 200 m^2

START

全网都在说，建筑是一个令人总是失望的行业。我觉得这个问题建筑师应该自我反省：为什么总要有那么多希望呢？你给别人一块巧克力，就想让别人回你一朵玫瑰花，还脑补了一大出万水千山总是情的戏，那结果大概率都是深夜的一首《为什么受伤的总是我》。每个失望的建筑师，骨子里都是受挫的浪漫主义者，如果你时刻谨记自己只是一只“画图狗”，能给别人一块巧克力，那就是救了自己一命啊。这世上的甲方不用你说服，也不用你“花言巧语坑蒙拐骗”，他要是喜欢你，会自己骗自己的。

今天，故事的主角是福特汽车，美系车的扛把子。福特诞生于密歇根州迪尔伯恩城，其全球总部位于东南侧的城郊，以办公功能为主（图 2）。

图 2

扛把子毕竟家大业大，附近还有福特制造厂、产品开发区、经销区、服务区、学校、医院、博物馆等。现在福特打算更新整个产品开发中心，把这个将近 141.64 hm^2 的园区重新规划、配置资源，大力投入研发配套（图 3）。

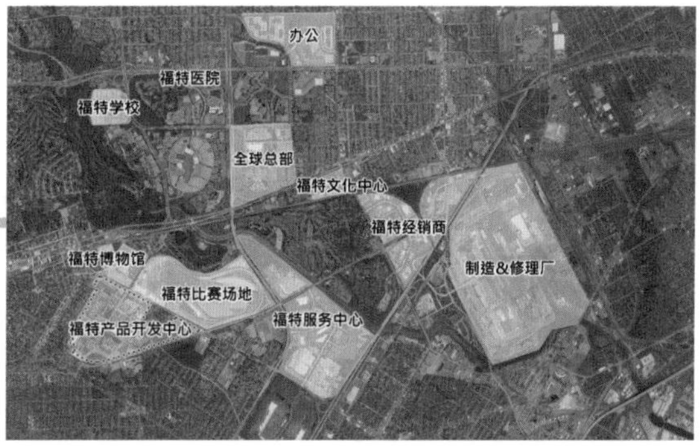

图 3

整个园区是个不规则的多边形，内部有产品开发中心、燃气机实验楼、工程中心、多个研究楼等，还配套建了一座万豪酒店。建酒店当然是好事，方便福特公司的接待工作。但辩证唯物主义告诉我们，事物都是矛盾统一的，这件好事在某些情况下，可能就不是件好事，比如，在园区更新重建的情况下，因为酒店的地现在属于万豪，不属于福特。也就是说，这个原本就不规则的场地现在还被咬出去了一口，从不规则变成了不完整（图 4）。

图 4

这个园区的设计目标是要为福特的设计和工程等众多部门约 6400 名员工提供研发空间，功能包括研发楼若干、实验楼、办公楼、商务接待中心，以及休闲娱乐空间与辅助空间，总计 61 200 ㎡（图 5）。

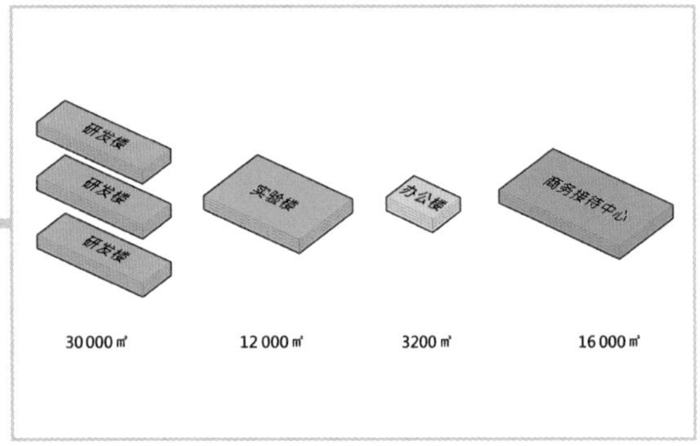

图 5

2017 年，Snøhetta 事务所受福特的委托，重新规划设计新园区。大概是酒店占地导致的不完整治好了福特甲方的强迫症，也可能是酒店的开放繁荣刺激了福特甲方的胜负欲，总之结果就是，福特甲方向 Snøhetta 事务所提出，干脆将整个园区全部开放。

“开放”这个词简直是打开了建筑师的心房啊。Snøhetta 事务所很快就出了第一版方案，做了一个景观公园。由于场地对面有一个“亨利福特园区”，是著名的旅游景点，全年人流不断，所以 Snøhetta 事务所就做了一个轴线公园，希望和对面的著名景区连为一体，吸引人流。然后，因为万豪酒店打断了边界，隐约将场地分成了东西两块，西边场地小且极度不规则，所以就以维持原状，加绿化种树为策略，东边则围绕景观轴线布置新建筑（图 6）。

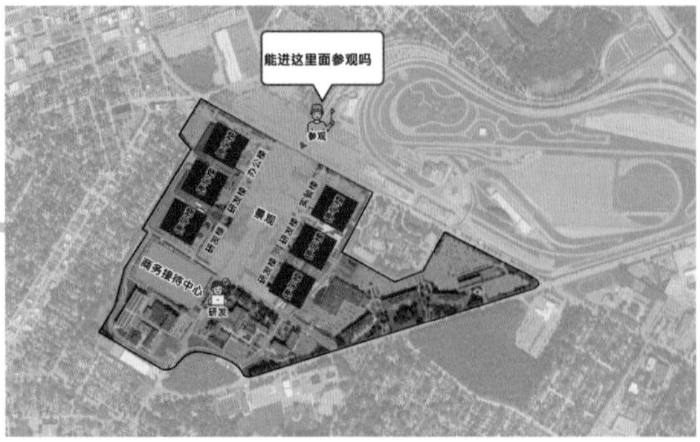

图 6

有一说一，这个布局中规中矩，不浮夸也不拉胯。毕竟，Snøhetta 作为一个建筑事务所，简单规划布局后再在建筑空间上发力，这个过程相当丝滑。你大概都能想象出一个立体纵横的连廊系统飞在中央花园上，效果不会太差。但很可惜，甲方不认可。建筑师生存法则第 35 条：永远不要给甲方看你的过程稿。不管你的设计过程有多么丝滑，只要它但凡是个过程，就有可能是要了“狗命”，让你投胎重来的巧克力，Snøhetta 事务所也不例外。但他们很快就把这个丝滑的设计过程调整成丝滑的设计结果。

既然甲方等不到你做建筑空间的丝滑交织，那就调整到将规划布局当成建筑空间去丝滑交织。园区开放后，除了本厂员工还会有三类人群可以自由进出——游客、周边社区居民以及供应商。很明显，这些人可以自由进出园区，但肯定不能自由进出建筑——哪个单位的办公室也不可能随便进。但同时，他们其实也都可以和园区的研发功能产生一定的互动关系（图 7）。

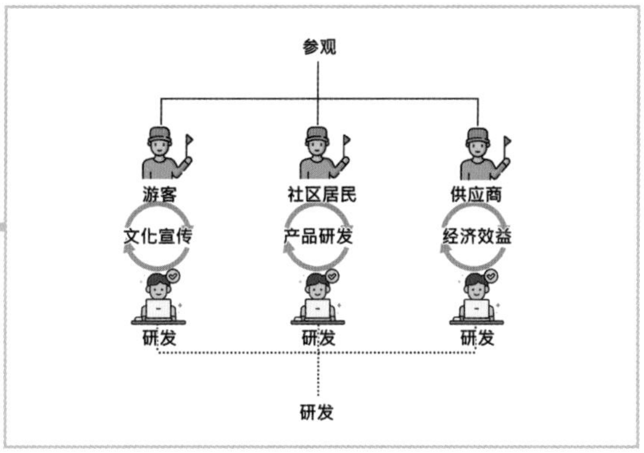

图 7

那么，问题来了：无论规划还是建筑，这些外来人群与本企业员工之间在本质上是什么关系？还能是什么关系？各自生活，偶尔串个门，这不就是邻里关系吗？就是说这两类人的轨迹本是一对平行线，只是在一些地方存在重合，如共同的入口、共用的园子、共用的配套设施（图 8）。

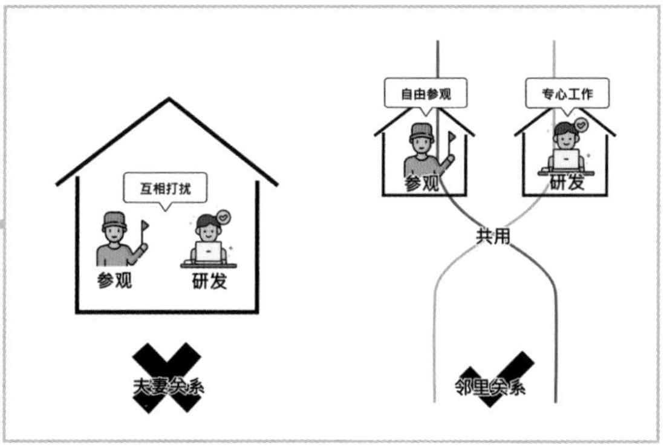

图 8

园区入口朝着北边亨利福特园区，参观至少有两个人流来向（图 9）。依然遵从酒店的隐形分割，可利用的区域都在北侧，总面积约 80.9 hm^2。然后，我们把整个可建设用地都先假设成一个大建筑（图 10）。

图 9

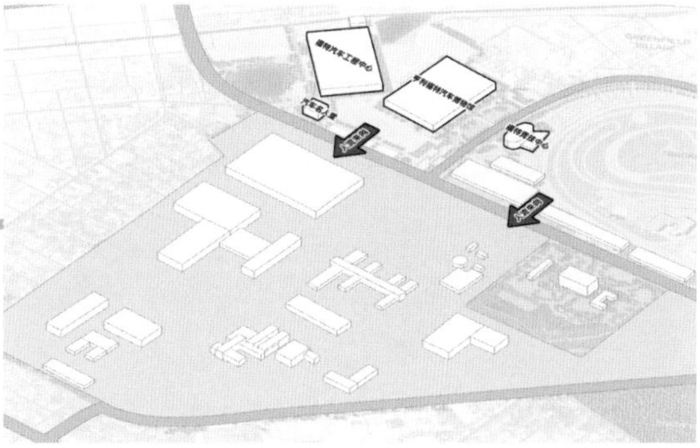

图 10

为了能最大限度地欢迎人们进入场地内，我们尽可能多地开放入口（图 11）。按照双排办公的进深设置建筑宽度，将一整个大建筑分割成多个条条：条与条之间是园区入口，是邻里街道，也是交通流线（图 12）。

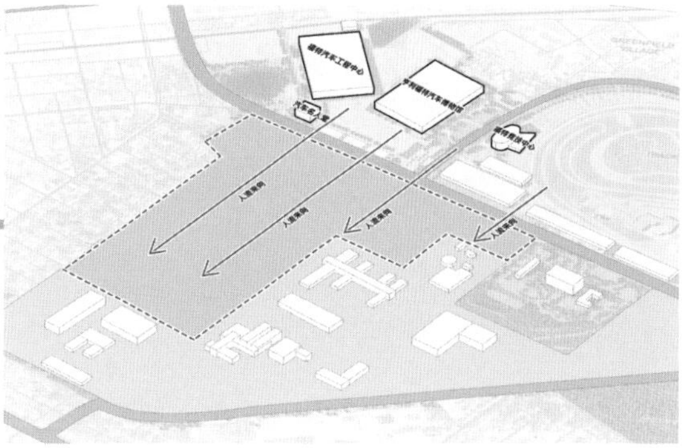

图 11

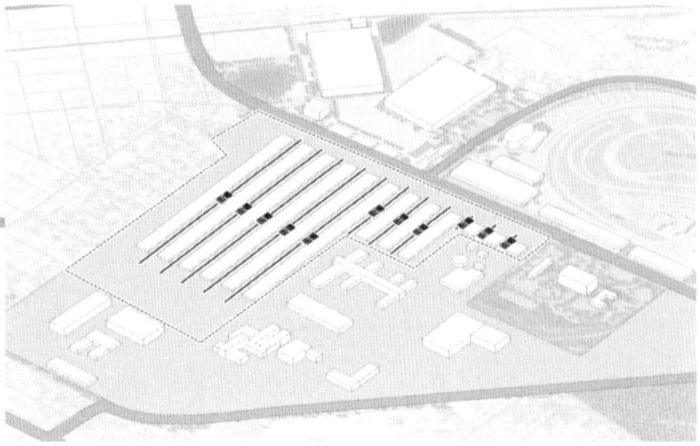

图 12

为了和北侧的多个人流开放入口避开，将主入口改在南侧，并扩大为入口广场（图 13）。边缘的建筑空间与街道也都顺势转折（图 14）。

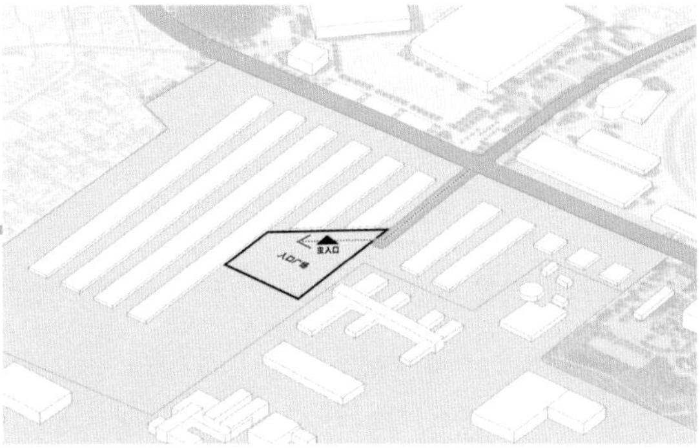

图 13

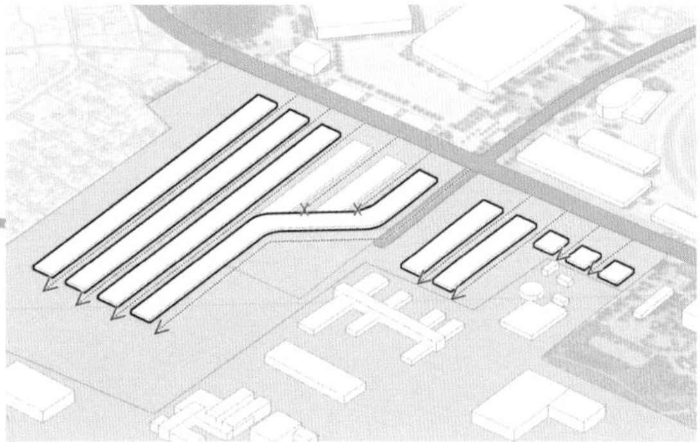

图 14

为了同质化形成街道空间，大家也都顺势扭一下。至此，我们可以将建筑长条看成内部员工流线，将街道交通看成外部人群流线，它们是平行轨迹互不串门的邻居（图 15）。

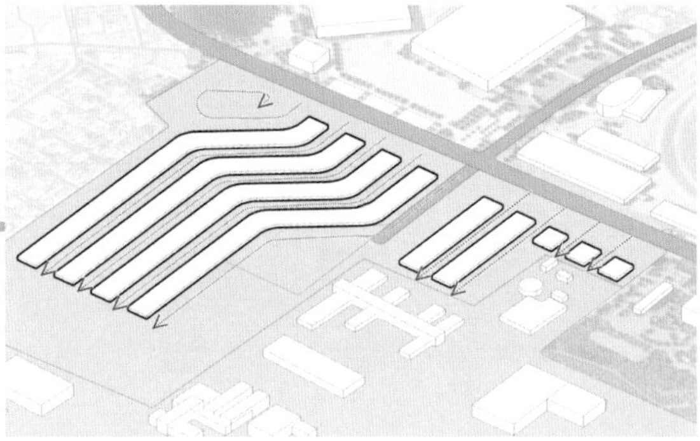

图 15

所以，下一步就是让它们偶尔串个门。见面点头握个手，围合出来广场和庭院（图 16）。对长条建筑进行节点打断，增加东西向交通，使广场和庭院之间也互相连接（图 17）。

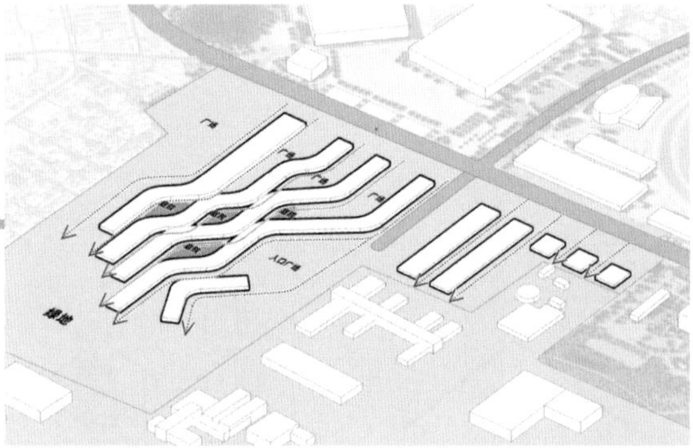

图 16

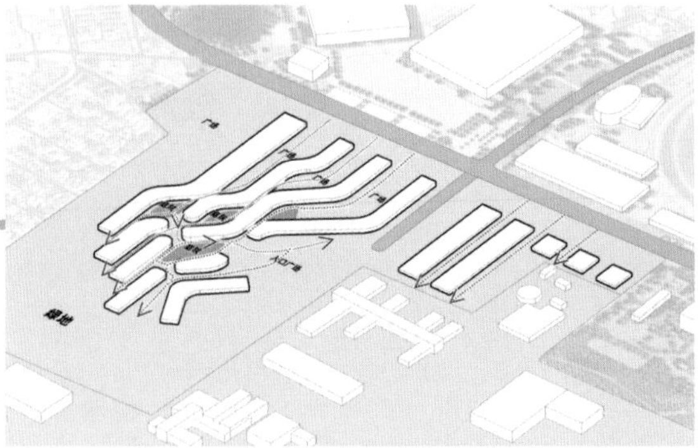

图 17

主入口道路东侧面积较小也相对独立，设置成专业性最强的交易区和商务接待区，不向普通人开放，所以根据地块面积摆布上 3 栋多层楼（图 18）。

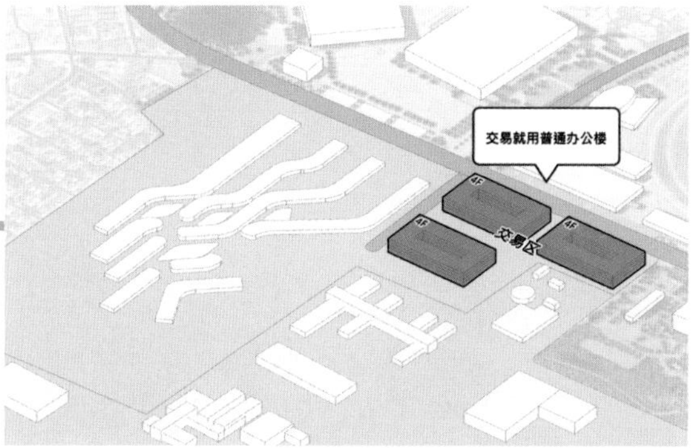

图 18

汽车设计工作室是一个专业性很强但又不是完全不能开放的功能区。Snøhetta 事务所把它们放在街道的二层，采用“回”字形空间，形成自循环流线。4 个转折点形成交通核与首层空间连接（图 19）。

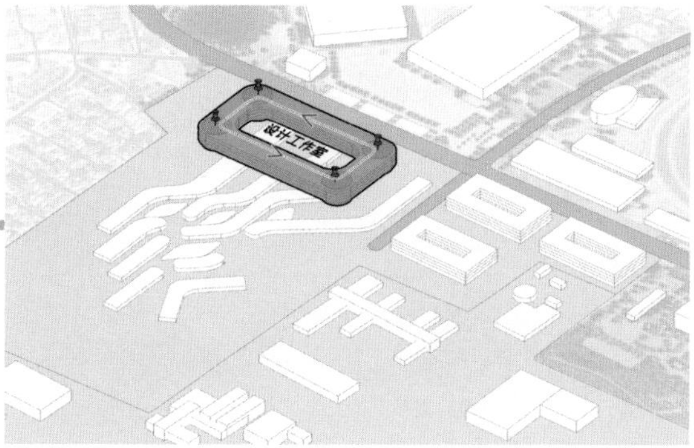

图 19

为了让外部参观与内部工作不产生流线交叉，就需要形式交叉。把设计工作室扭一下形成“八”字形，使其分为两部分（图 20）。西侧还可以依靠交通枢纽向外悬挑出工作室体量，并去掉不必要的交通核心（图 21）。行政办公不再另外设立，借用现有的设计工作室向外拉伸体量（图 22）。

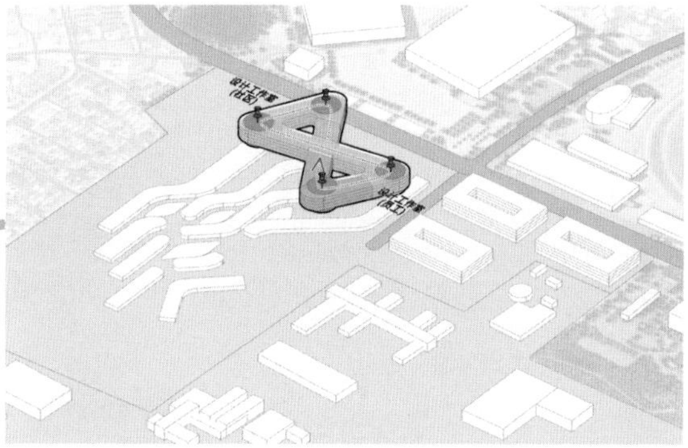

图 20

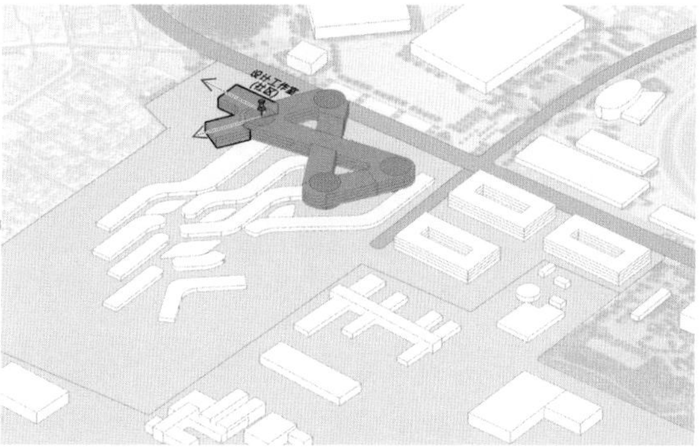

图 21

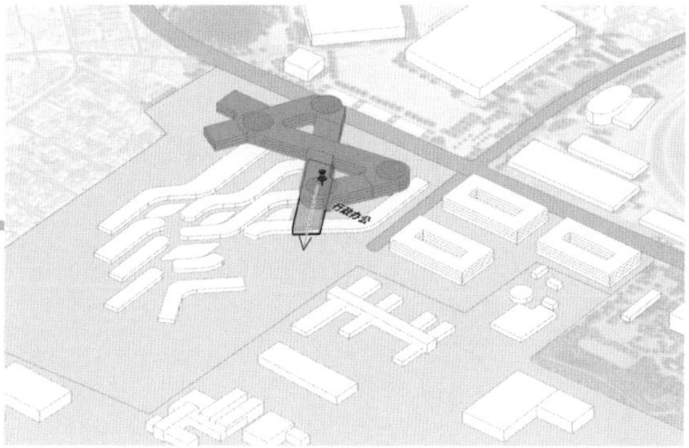

图 22

在行政办公和设计工作室底层，也就顺便可以设置入口大厅、室内中庭和室外庭院（图23）。研发区配备生产，因此，扩大西侧底层体量作为生产车间并增加货运通道（图24）。

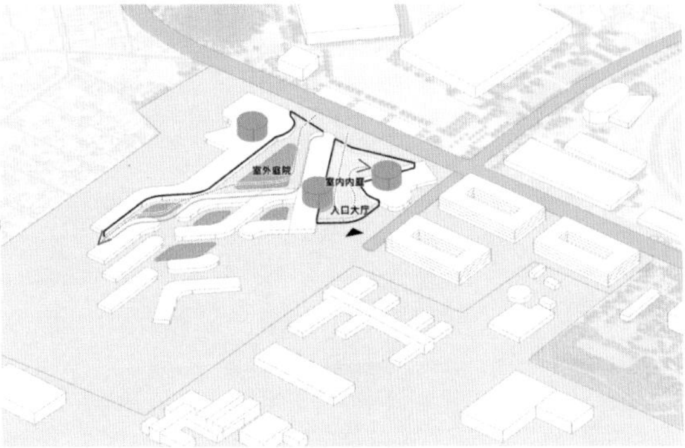

图 23

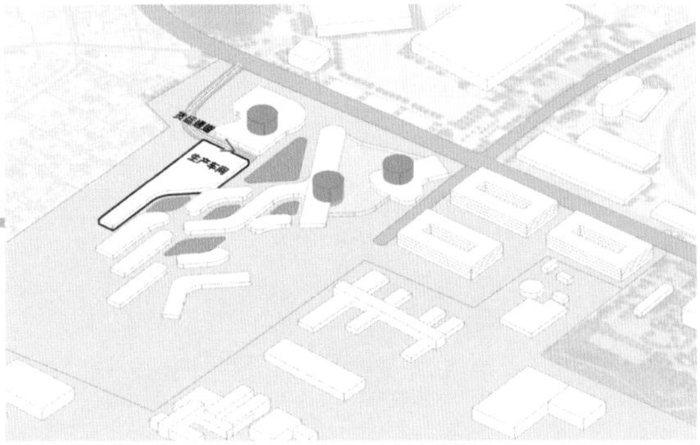

图 24

研发区二层依托现有形式，围绕成一个扭动的条，并形成两个庭院（图 25）。增加连廊使之与工作室区域相连（图 26）。

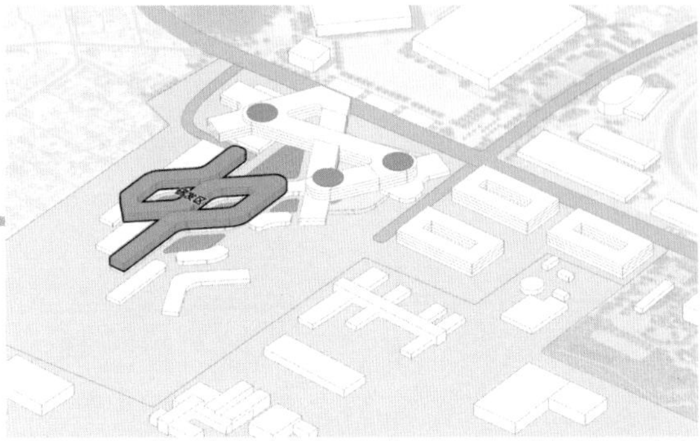
图 25

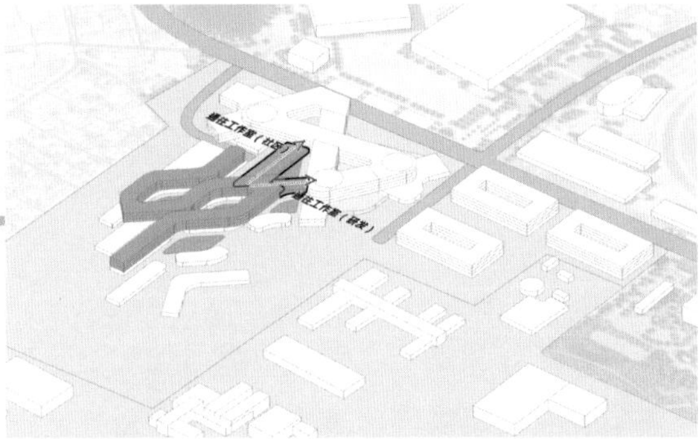
图 26

首层空间布置入口、车间和实验室（图 27）。在这种布局下，东边的交易区也将“回”字形调整为菱形，增强整体性（图 28）。商务接待区、设计工作室、研发区整体通过南侧一个弧形大连廊连为一体（图 29）。

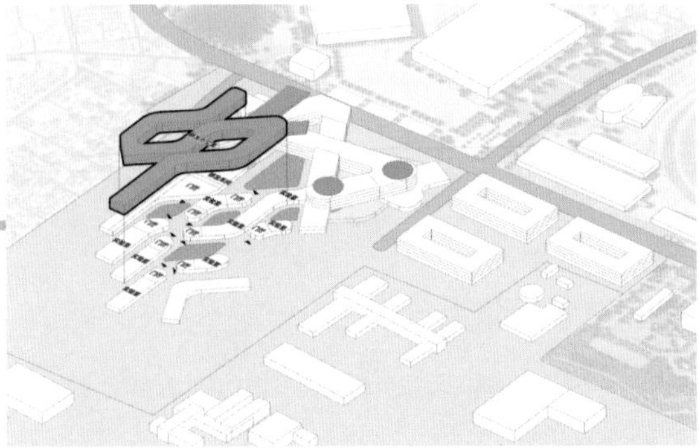
图 27

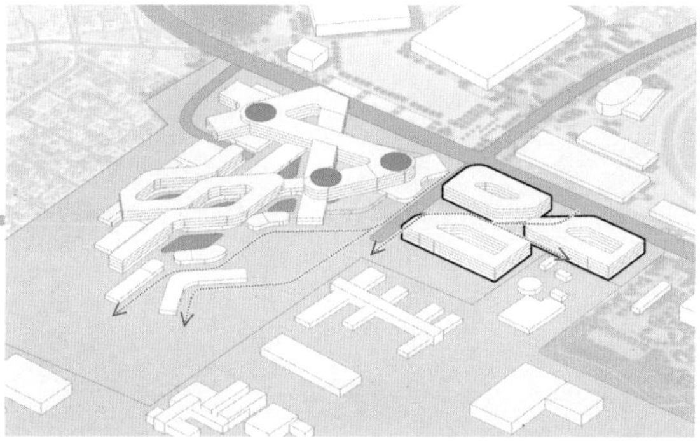

图 28

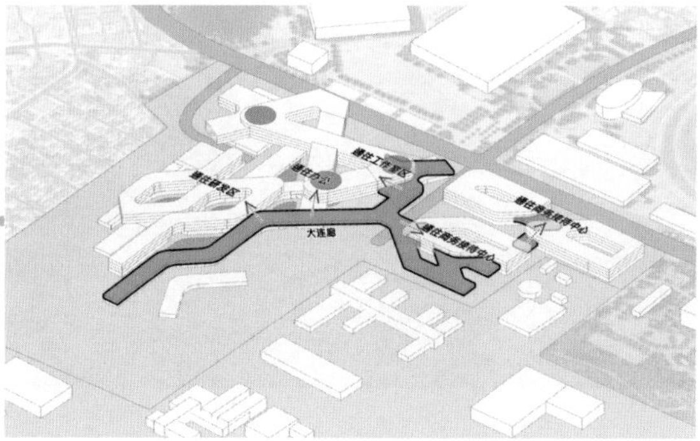

图 29

互相连接的交通体进一步模糊了各个分区的界限，共享户外露台和屋顶平台。面向南侧集中绿地的屋顶平台向下延伸成坡道，与地势相接，连绵起伏（图 30）。

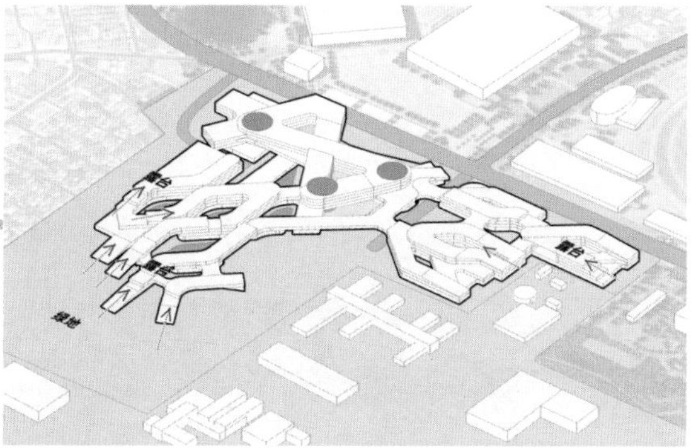

图 30

为整个场地重新规划道路，并疯狂种树。新园区人车分离，不出现地面停车区，所有的停车区都安排在远离办公区的两栋停车楼里（图 31）。收工（图 32）。

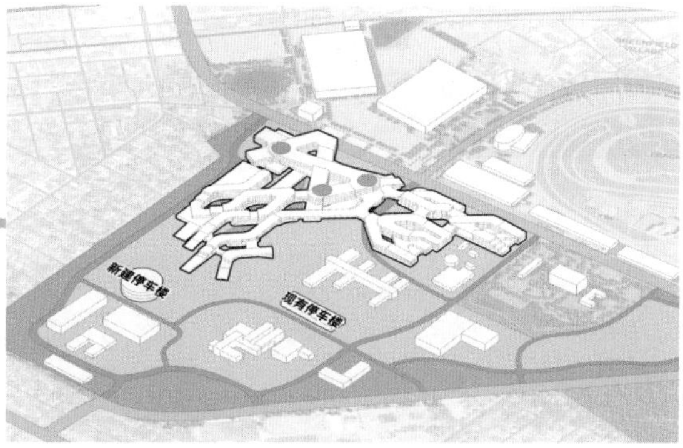

图 31

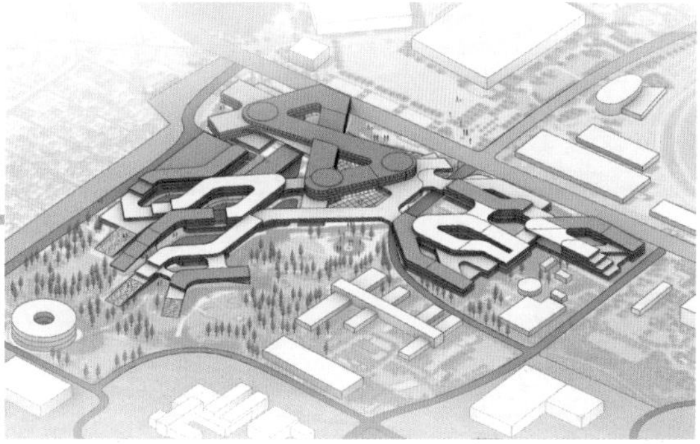

图 32

整栋建筑于 2019 年设计完成，2022 年建成设计工作室区，预计 2025 年全部建成投入使用。这就是 Snøhetta 事务所设计的美国福特汽车研发总部（图 33 ~ 图 39）。

图 33

图 34

图 35

图 36

图 37

图 38

图 39

假如你把一根铅笔掰断，那么就会得到两根半截的铅笔。但如果把铅笔换成一根藕呢？不出意外，我们会得到 3 个部分：两截藕和中间那段“藕断丝连”。如果说甲、乙双方就是藕的左右两截，那么那段“藕断丝连”就是设计的空间。设计不是在寻找那半截严丝合缝的铅笔，而是努力塑造并维系藕断丝不断的联系。事物是矛盾统一并普遍联系的，设计也是。在建筑师和“画图狗”之间，我们其实还有很多机会把巧克力从毒变成糖。

图片来源：

图 1、图 33 ~ 图 39 来自 https://snohetta.com/projects/457-ford-dearborn-master-plan，其余分析图为作者自绘。

END

有一些设计美得就像秋天，早晚要凉

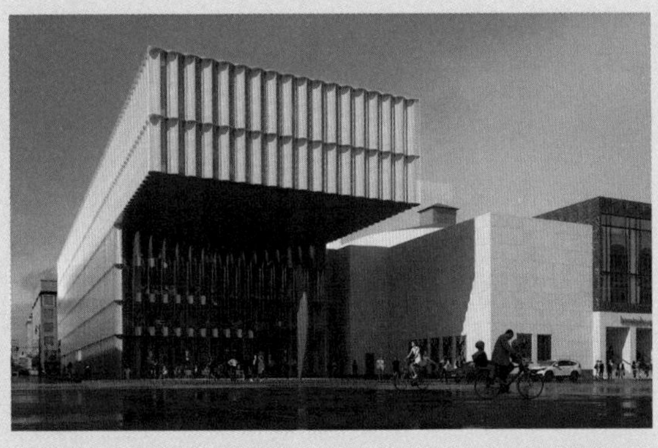

图 1

名　称：柏林喜剧歌剧院参赛方案之一（图 1）
设计师：REX 事务所
位　置：德国 · 柏林
分　类：博剧院
标　签：开放，广场
面　积：9500 m^2

图 2

名　称：柏林喜剧歌剧院参赛方案之二（图 2）
设计师：OMA 事务所
位　置：德国 · 柏林
分　类：剧院
标　签：开放，社交空间
面　积：10 000 m^2

START

建筑师有很多审美点其实都长在自己身上，也就是俗称的自己哄自己玩。如果你去采访 100 位建筑师，你就会发现，圆形、三角形、正方形、五边形、六边形……都是世界上最美丽的图形；木头、竹子、砖石、钢板、混凝土……都是世界上最美丽的材料。爱是盲目的，我爱建筑，我更爱自己的建筑。自己的“亲方案”怎么看怎么美，独自美丽的那个美。你要知道，如果在一群人中你独自美丽，那叫孤独；如果在一群建筑中你的建筑独自美丽，那建筑师管这叫孤独求败。

德国文化之都柏林拥有 3 个抒情剧院：一个是位于前东区的德国国家歌剧院；一个是为了满足冷战期间西柏林需求而建的柏林德意志歌剧院；还有一个便是我们今天的主角——位于 Under the Filira 大道上的柏林喜剧歌剧院，也是整个柏林最受追捧的剧院（图 3）。

图 3

然而，这座由建筑师费迪南德·费尔纳（Ferdinand Fellner）和赫尔曼·赫尔默（Hermann Helmer）于 1891—1892 年设计建造的剧院也是“楼生”坎坷。在它刚建成不久的 1898 年，第一任老板就破产了，然后卖了重开，叫大都会剧院。从那以后，几经易手。第二次世界大战期间作为纳粹娱乐中心，1944 年被盟军轰炸摧毁，战后重建，并于 1947 年作为 Komische Oper 喜剧歌剧院开放。再然后，又是各种改造易手，最近一次改造是在 1989 年，改成了今天的样子——有 1270 个座位的柏林喜剧歌剧院。

岁月如梭，这一晃又是 30 多年过去了，甲方柏林歌剧院基金会豪横地发起了国际竞赛，要给老胳膊老腿的歌剧院冲一次装备，也就是扩建。

扩建的新建筑将包含排练舞台、练习室、办公区和公共空间（咖啡馆和商店等），位置就选在了原剧院旁菩提树下大街与 Glinkastraße 大街转角的一块狭窄土地上（图 4）。

图 4

扩建历史建筑这种事从来都不是容易的。要创新，又不能太创新；要致敬，又不能光致敬。连甲方都和建筑师共情了，在新闻发布会上就明确给建筑师指了条道：第一，应保留 20 世纪 60 年代现有建筑的独立效应（原建筑别瞎动）；第二，以前只面向 Behrenstraße 大街的歌剧院，现在也应该有一个面向菩提树下大街的入口（加入口，字面意思）；第三，9500 m^2 的新建筑必须安置在 Glinkastraße 大街的一小块狭窄土地上（就尽着这一块地祸害）；第四，原建筑 1898 年的新洛可可式旧大厅，20 世纪 60—70 年代的面向 Behrenstraße 大街的门厅、立面和现代风格的新建筑都应该在保留可识别性的同时又形成统一的整体（这算画重点了，就致敬这俩，别跑题）。

演出及配套空间：排练舞台一 550 m^2、排练舞台二 400 m^2、管弦乐队排练室 400 m^2、练习室 500 m^2、餐厅 500 m^2、咖啡厅 500 m^2、售票厅 500 m^2，其余公共空间可由建筑师自由发挥。后勤空间：行政办公室 3000 m^2、技术室 500 m^2、设备储藏室 1000 m^2（图 5）。

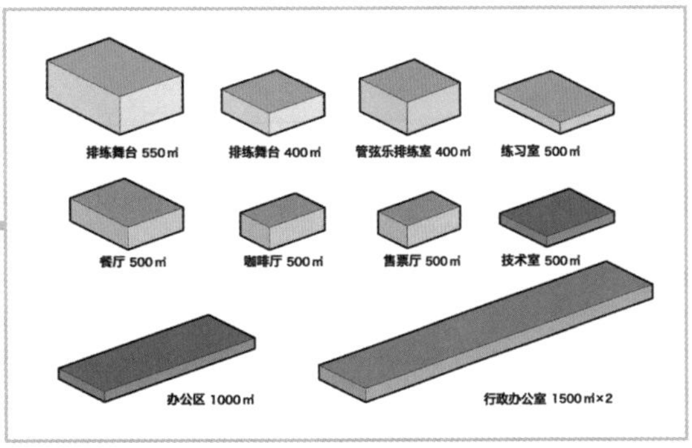

图 5

只要思想不滑坡，办法总比困难多。让我们看看原剧院长啥样：立面就是经典现代主义，里面那可就是华丽了，什么叫洛可可（图 6）？

图 6

先不管啥风格、致敬啥，因为啥风格、致敬啥也都得看眼缘——甲方的。但功能面积要求是实打实的，身经百战的建筑师心里也有数了。原剧院既华丽又封闭，加建新剧院就是为了用于日常排练及一些相对简单的演出，同时配合公共空间，形成亲民且开放的城市空间。

嗯，问题在建筑师这里都有标准答案了。Informal（非正式的），单词大家都认识吧？先根据功能面积要求拉起一个建筑体块来，为了保证扩建的新建筑与原剧院的体量平衡，将部分空间（设备储藏室、修理室）置于地下一层（图 7）。

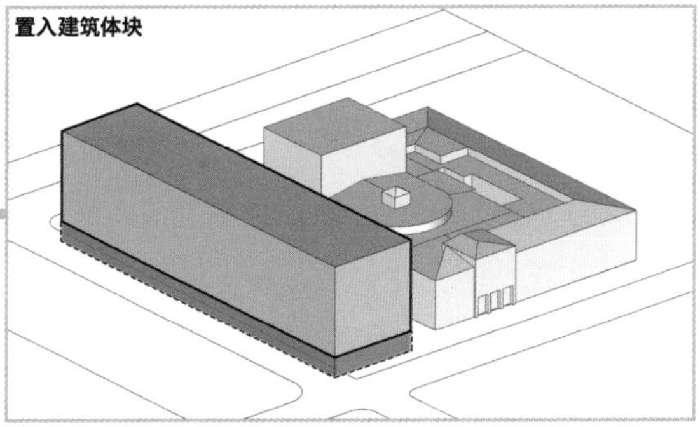

图 7

这是扩建，不是新建，所以新建筑肯定得和原剧院连接起来。依据任务书要求，新建筑主要包括表演空间和公共空间两部分。那么，问题来了：是表演空间连表演空间，公共空间连公共空间，形成更大的组团呢，还是通过一个新建公共空间和原剧院相连呢？不好说。说不好，那就试着先做做。

如果是通过公共空间和原剧院舞台相连，虽然沿 Glinkastraße 大街能够形成极具吸引力的大型开放空间，却浪费了更具活力的两个街角空间（图 8、图 9）。

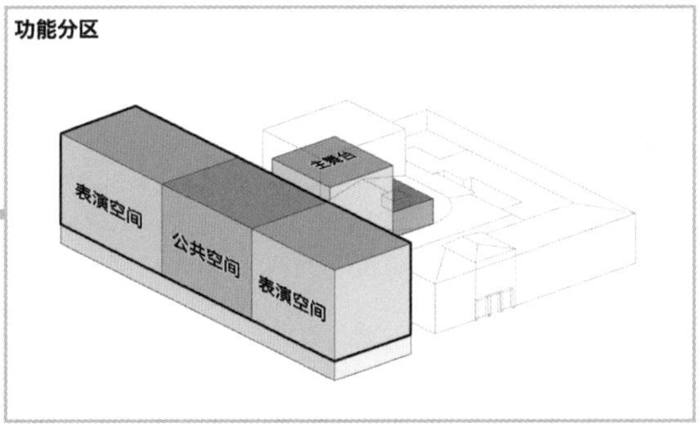

图 8

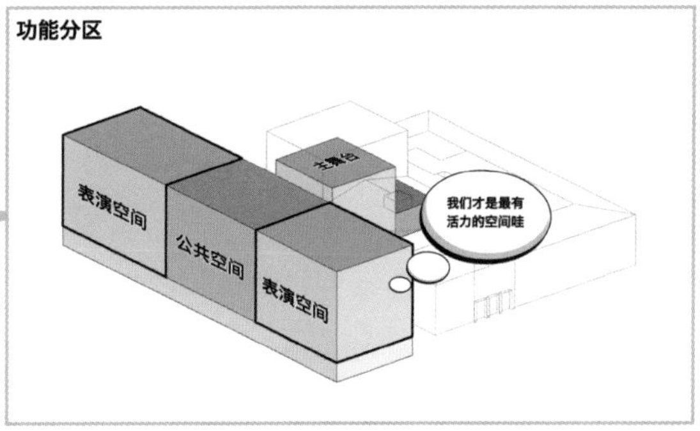

图 9

此外，由于工作人员从原舞台到新建筑舞台需要经过公共空间，工作流线和市民流线难免交叉。这可不行（图 10）。

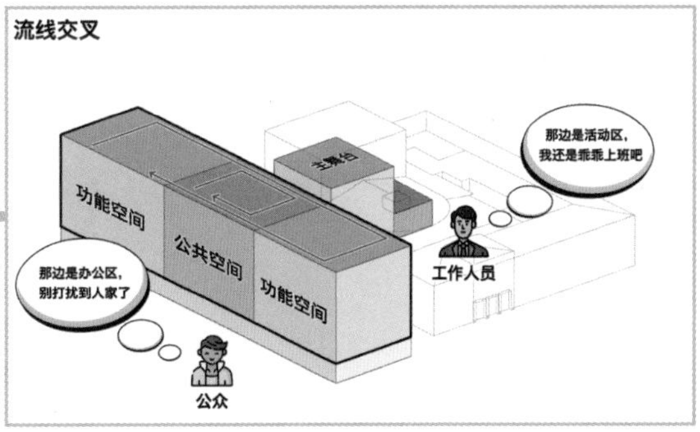

图 10

那就还是公共空间和公共空间连，表演空间和表演空间连吧。这样一来，无论公共空间还是表演空间，都能够承载人们更多的活动（图 11）。

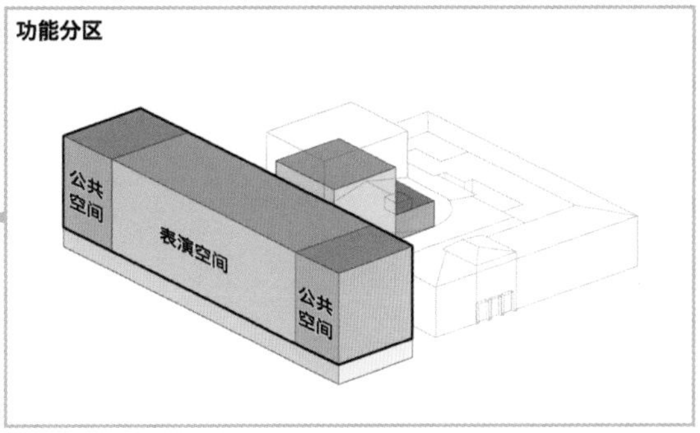

图 11

基地南北两侧均为街角空间，空间活力强，可以设置餐厅、咖啡厅、小商业等公共空间吸引人群，同时还可以结合原剧院的门厅设计，形成通用的公共空间。而舞台封闭空间则可结合原剧院舞台进行整体设计，在建筑的核心位置形成一个表演空间组团。由于舞台相连，其配套设施等都能够共用，演出的效率也大大提高了（图 12、图 13）。

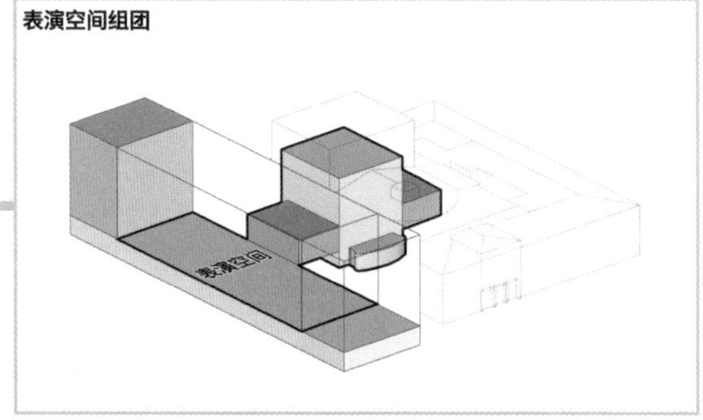

图 12

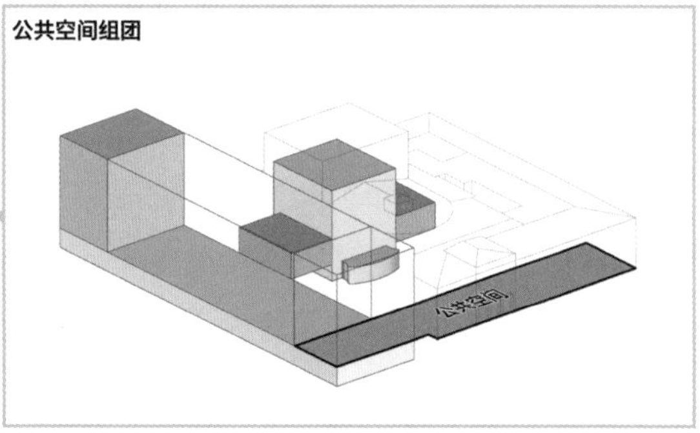

图 13

至此，很多建筑师的操作都差不多，比如，REX 和 OMA。那么，接下来就是神仙打架了吗？不！接下来要进行细化设计。

先确定加建舞台和原剧院边舞台的连接方式。怎么连接呢？是直接放在一起还是加个小厅过渡一下呢（图 14、图 15），还是就阔气点儿弄个大厅（图 16）？好像都可以。但问题的关键不在于舞台的连接形式，而在于哪种方式能够在有限的空间中创造出更多的非正式空间。

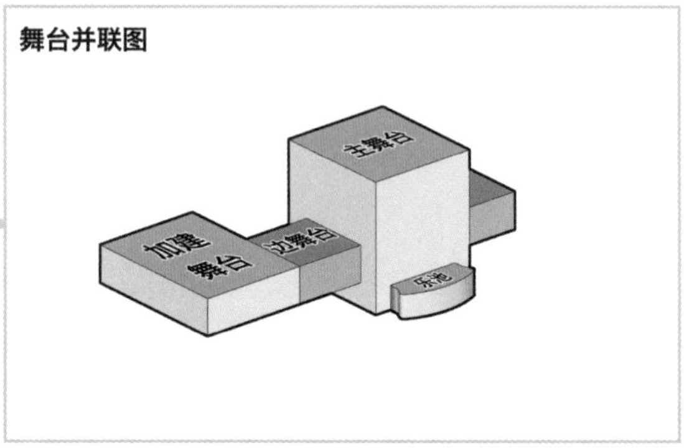

图 14

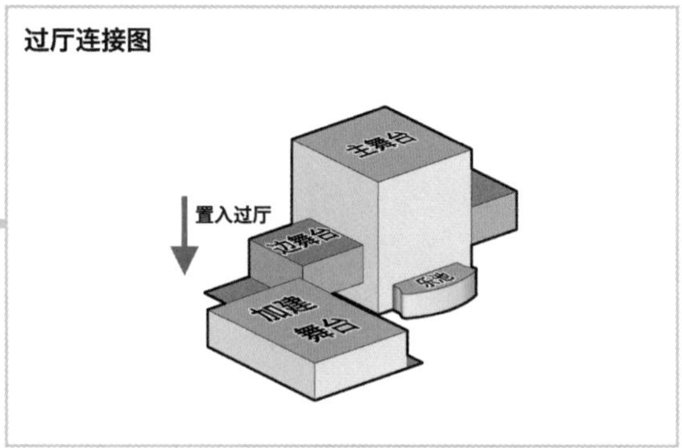

图 15

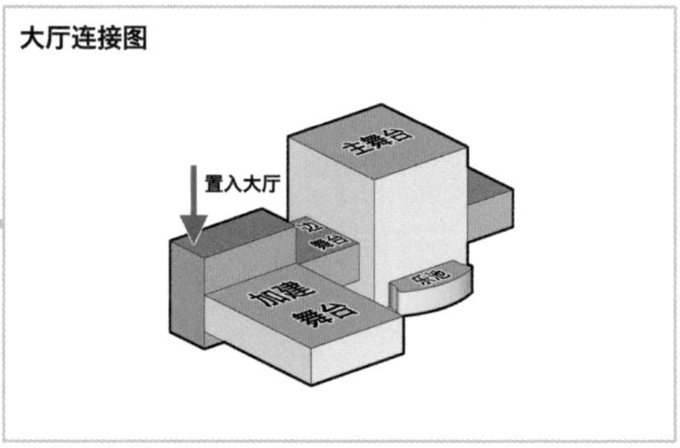

图 16

对于非正式空间，不同的建筑师也有不同的理解。REX 认为既然想要开放，那咱就大大方方地开放，无功能限定的大型入口广场来一个。所以，REX 选择在面向 Behrenstraße 大街的一侧退让出前广场，并设置室内咖啡厅（图 17）。

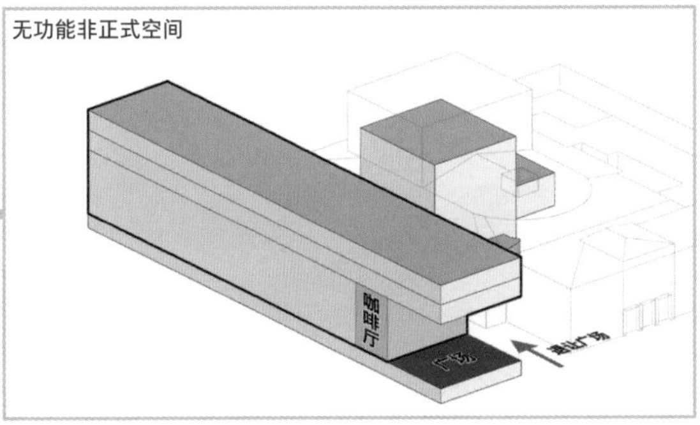

图 17

而我们的 OMA 则认为社交才是王道，有功能的非正式空间能够为人们提供适宜的社交话题，因此，OMA 选择在面向 Behrenstraße 大街的一侧直接设置赌场和画廊。对，就是赌场。不得不说，OMA 果然是社交天花板（图 18）。

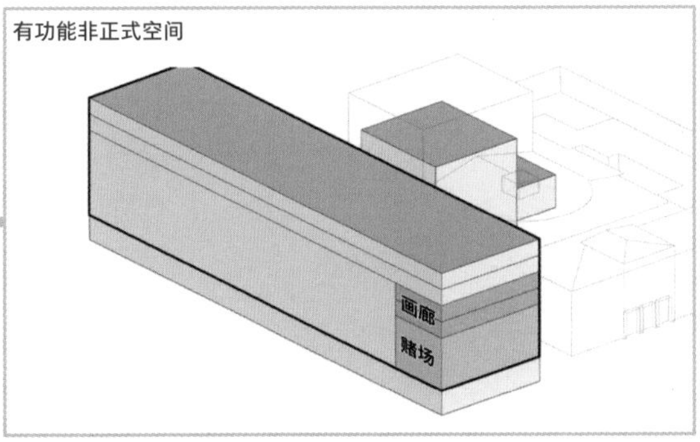

图 18

社交空间的形式确定后，室内交通的组织也就跟着确定下来了。REX 为了能尽可能大地留出前广场，内部交通就得尽可能地紧凑、高效。选择设置交通大厅的形式连接原剧院舞台和新建表演空间，将两个排练舞台、管弦乐排练室及练习室集中围绕大厅设置，提升建筑的绝对效率（图 19）。

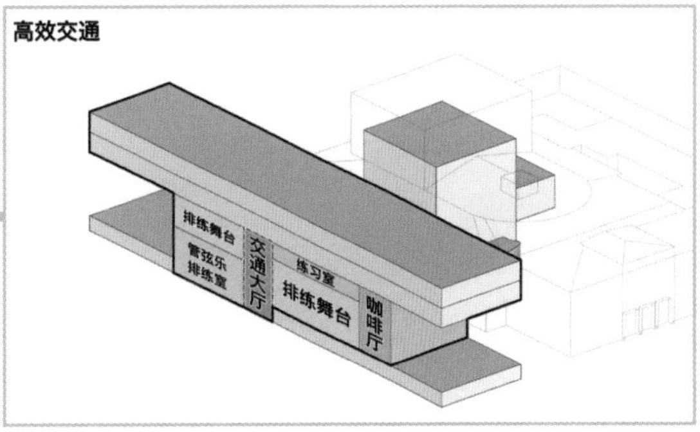

图 19

面向菩提树下大街的一侧设置售票厅及餐厅，同时在顶部两层设置私密的办公空间（图 20）。至此，功能分区就完全确定下来了，接下来按部就班细化功能即可。顶层办公空间设置天窗，自然分隔开放和封闭的办公空间（图 21 ～图 26）。

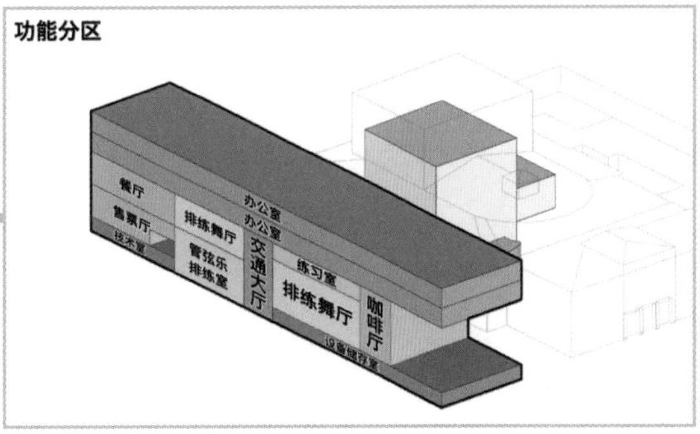

图 20

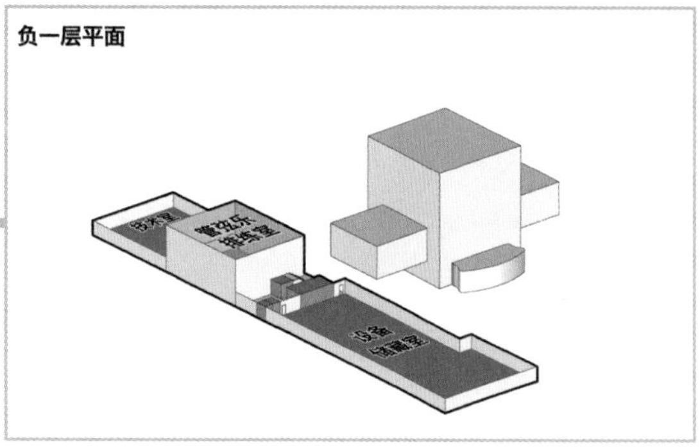

图 21

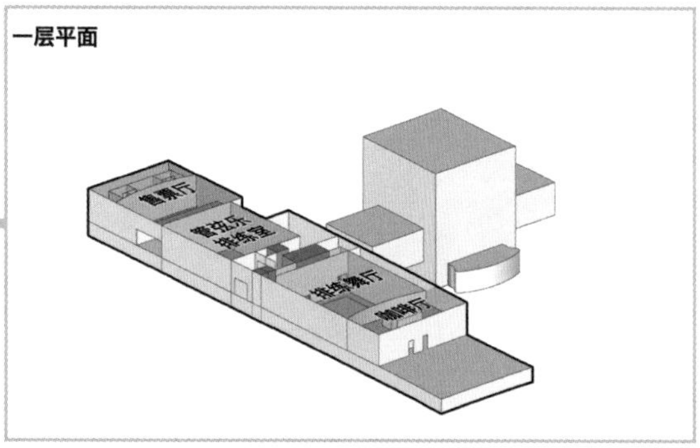

图 22

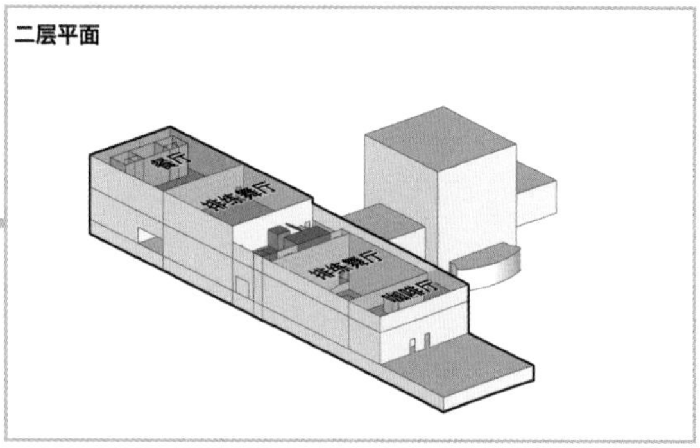

图 23

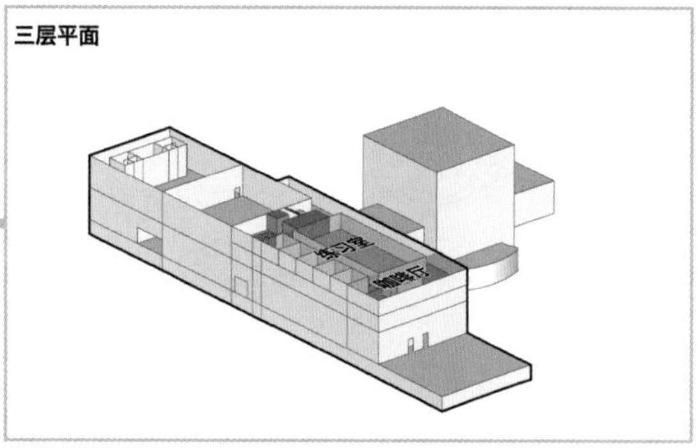

图 24

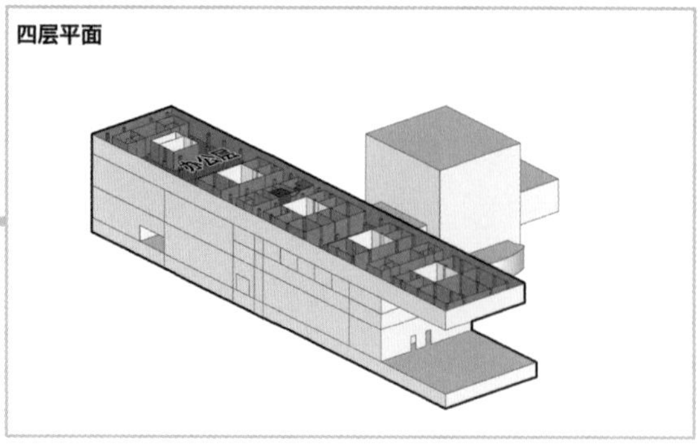

图 25

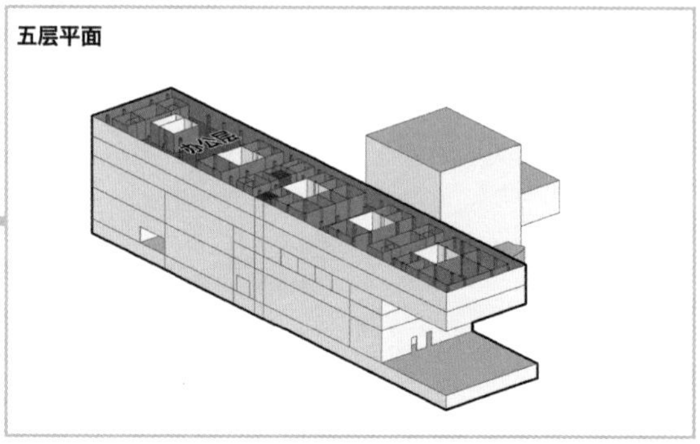

图 26

最后，REX 设置双层石制百叶窗围合建筑体量，在按需向路人展示内部空间的同时，能够保证全日光下以最小的亮度排练（图 27）。这就是秉承开放理念的 REX 事务所设计的柏林喜剧歌剧院竞赛方案（图 28 ~ 图 30）。

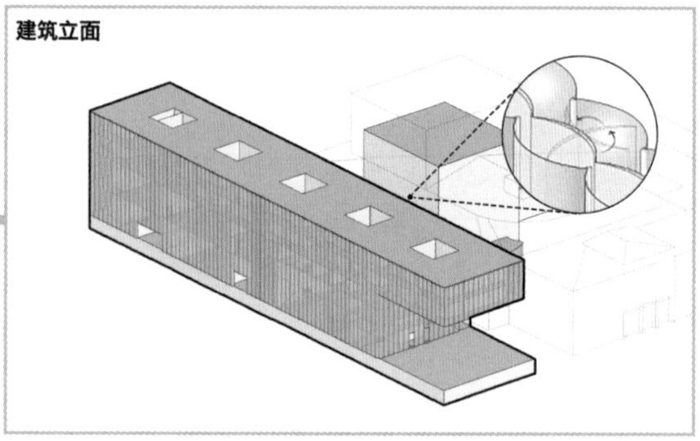

图 27

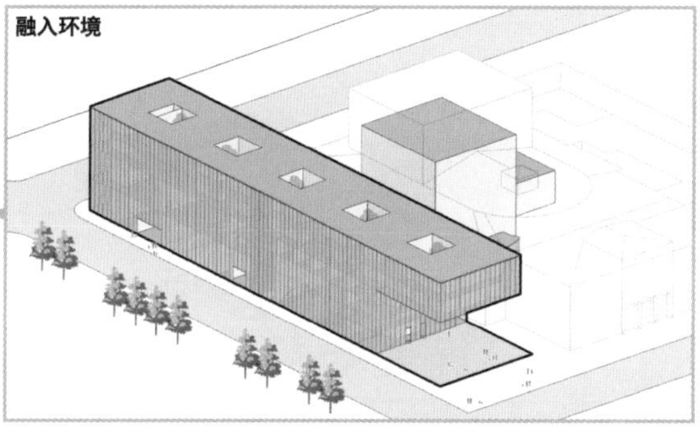

图 28

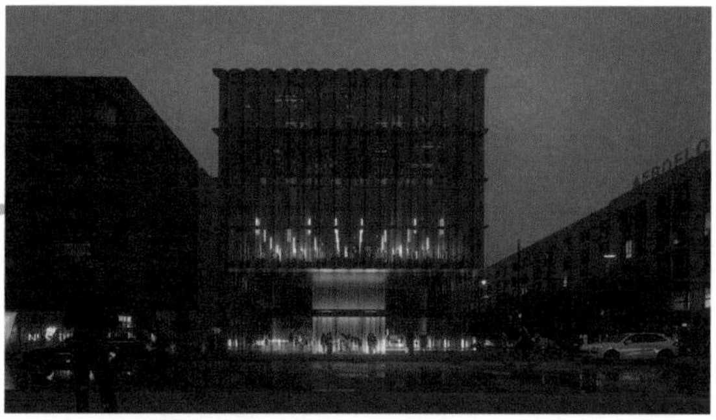

图 29

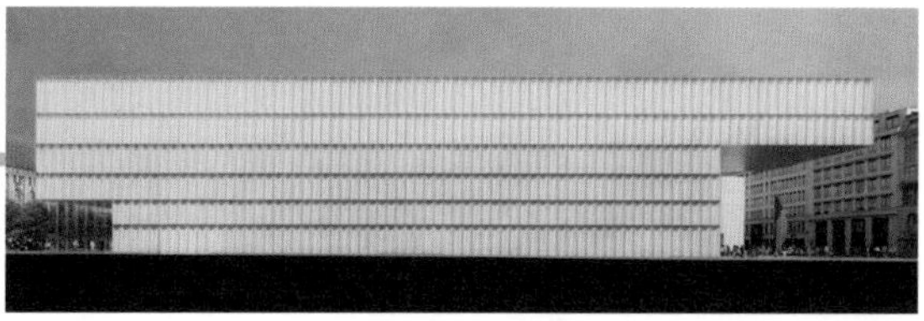

图 30

而社交天王 OMA 则选择了将交通融入非正式空间的形式，增加公共空间行为多样化的机会。同时，OMA 选择舞台直连，以无缝衔接的方式尽可能多地为非正式空间腾地方——依据功能面积将排练舞台二和练习室与排练舞台一结合设置（图 31）。

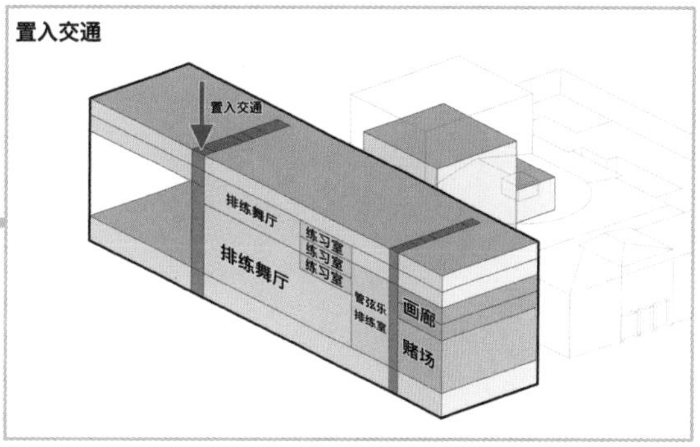

图 31

此外，为节省空间，将管弦乐排练室部分置于地下并做倾斜处理，在扩大公共空间的同时也可与排练舞台的观众席结合设置（图 32、图 33）。

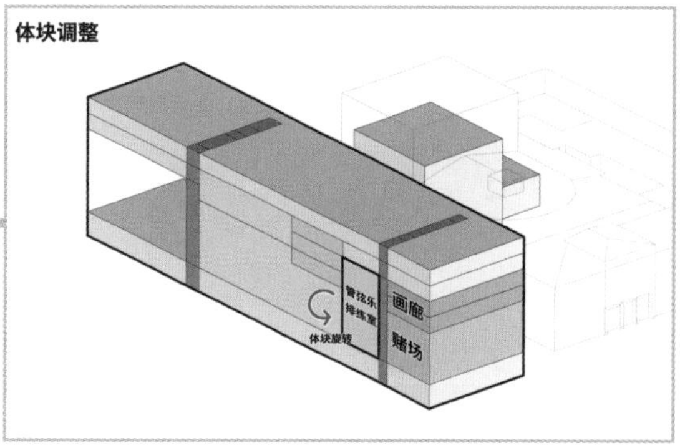

图 32

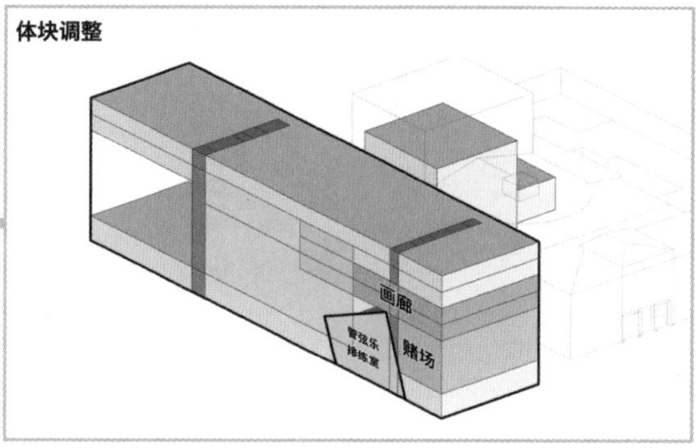

图 33

接下来，填补剩余建筑空间，在菩提树下大街一侧设置咖啡厅及餐厅，顶层设置办公室，地下一层设置后勤空间（图 34 ~ 图 40）。

功能分区

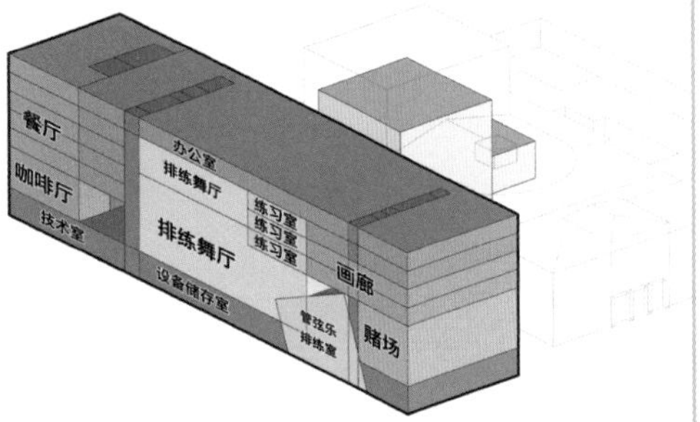

图 34

负一层平面

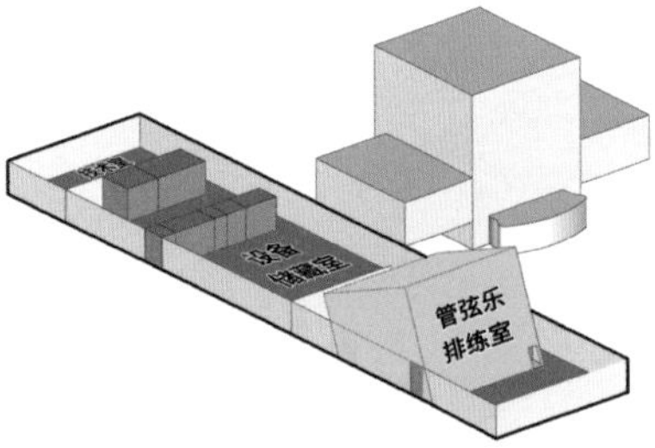

图 35

一层平面

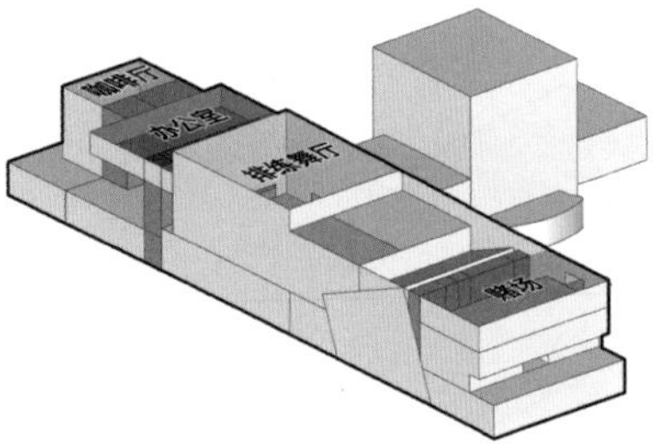

图 36

二层平面

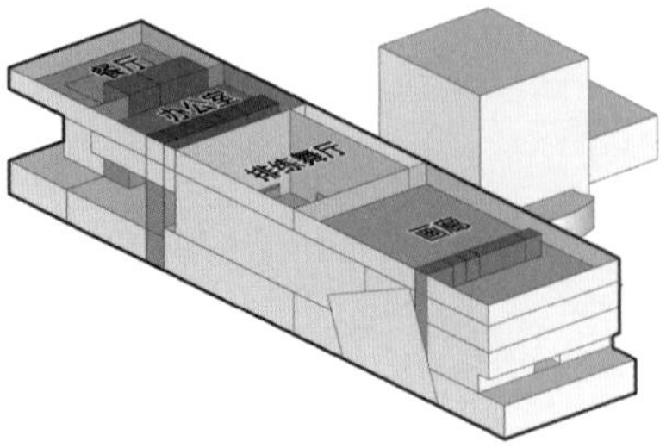

图 37

三层平面

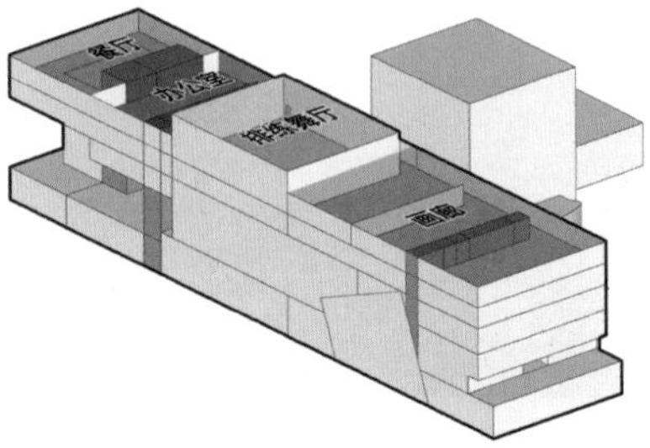

图 38

四层平面

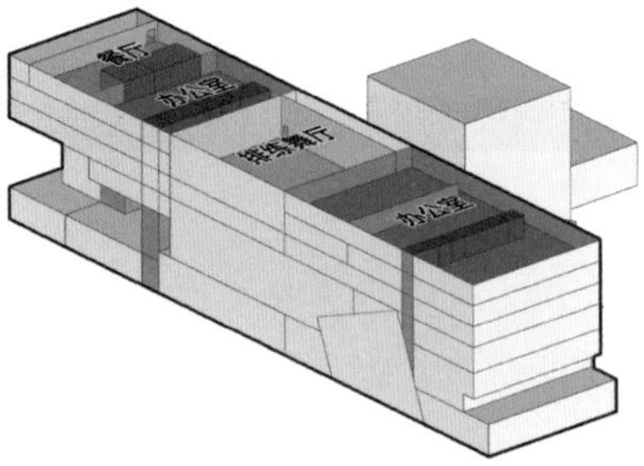

图 39

五层平面

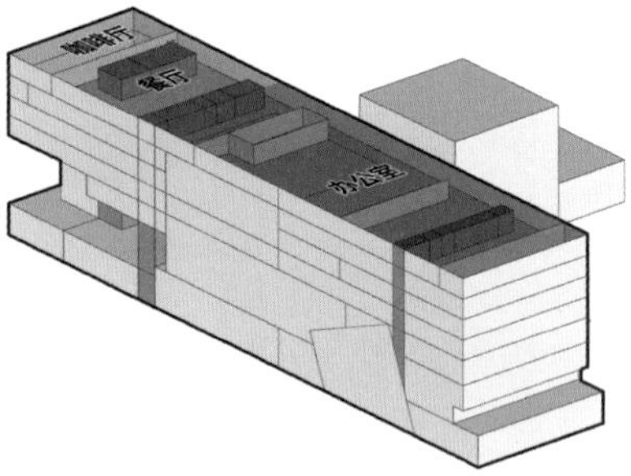

图 40

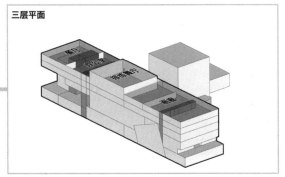

至此，OMA 的主体设计也基本完成了。但估计负责这个项目的主创还没被库爷（库哈斯）完全带歪，竟然想着好好整整立面。于是主创团队派出了细腻认真的女建筑师艾伦·范·卢恩（Ellen van Loon）。建筑立面的构成依据内部功能分区，创造了 4 个弯曲的体量组合，轻盈、有趣的体量与前东柏林周围的矩形块形成鲜明的对比，形成一种剧院幕帘的轻巧形象（图 41、图 42）。立面由移动的薄片制成，形成了不断变化的建筑形象，低调地向城市开放（图 43）。

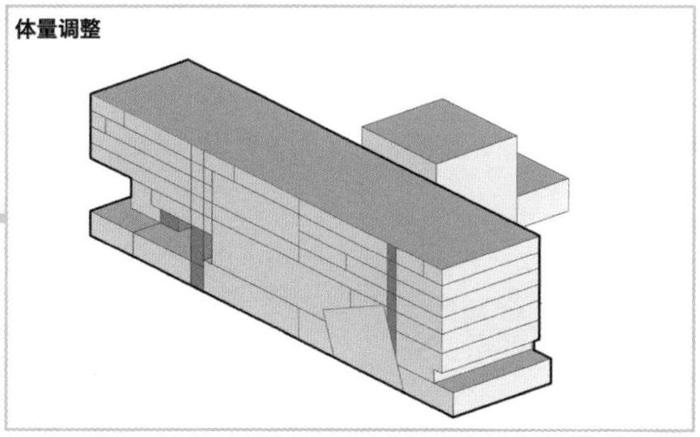

图 41

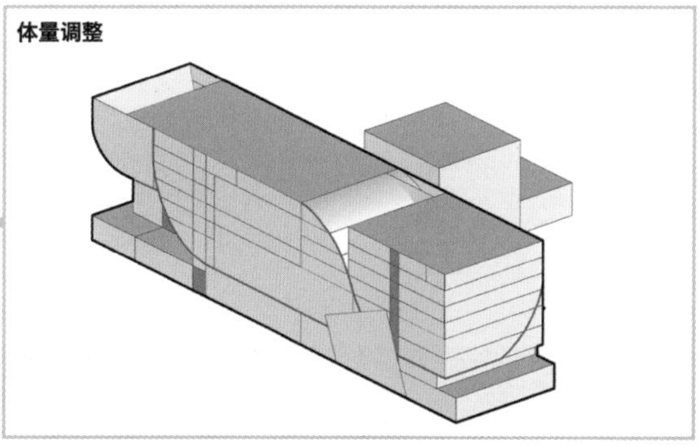

图 42

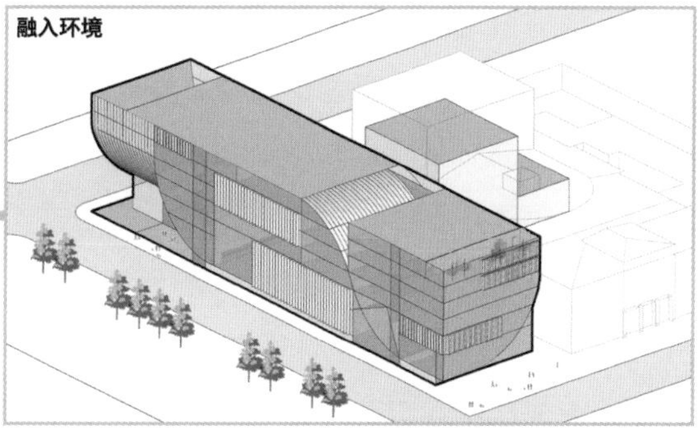

图 43

这就是 OMA 设计的柏林喜剧歌剧院参赛方案（图 44、图 45）。

图 44

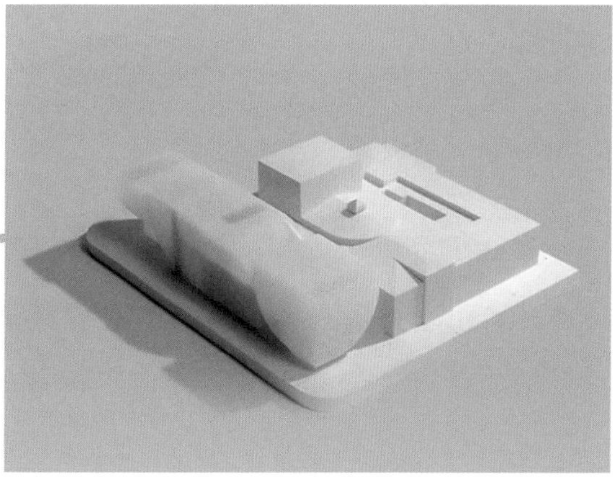

图 45

所以，你猜项目最终花落谁家了呢？这个世界的可爱之处就在于就算弱肉强食，但也总有少年能屠龙。前方高能反转！这是扩建竞赛，虽然甲方明确表示不让你祸害原剧院，但这并不代表让你喜新厌旧、独自美丽，甚至勇气爆棚成为领导者。说白了，有好事你还得尊老爱老。你们这帮建筑师口口声声说非正式空间好，非正式空间棒，那怎么不带着原剧院一起玩？

将非正式空间形成一个整体，让封闭的古典建筑也开放起来，毕竟大家好才是真的好。

所以，原剧院表演空间以外的部分，同样也可以是非正式空间。建筑师要做的便是在不过多拆除原剧院封闭墙体的前提下，对其剩余空间进行再造，与新建筑一起壮大非正式空间，一起开放起来（图 46）。

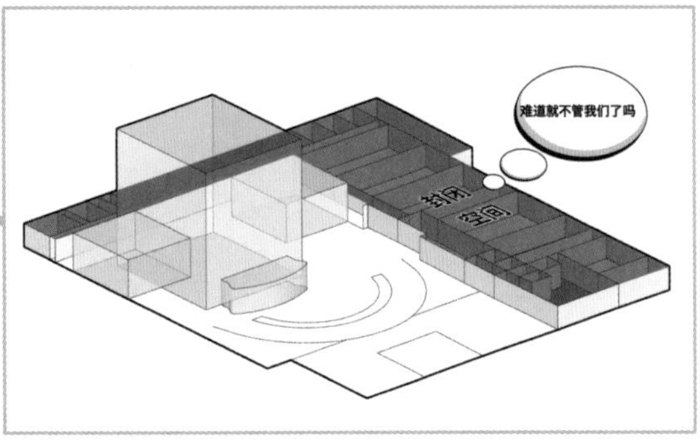

图 46

而真正做到这一点，最终打败两位大佬的则是我们的一号选手 kadawittfeld 建筑事务所。

其实也没有特别的大手笔，简单打通几面墙，形成大型活动空间，这原本的封闭空间啊，也就被成功激活了（图 47）。形成了完整的非正式空间体系，无名小卒打败大佬也实属正常了（图 48）。

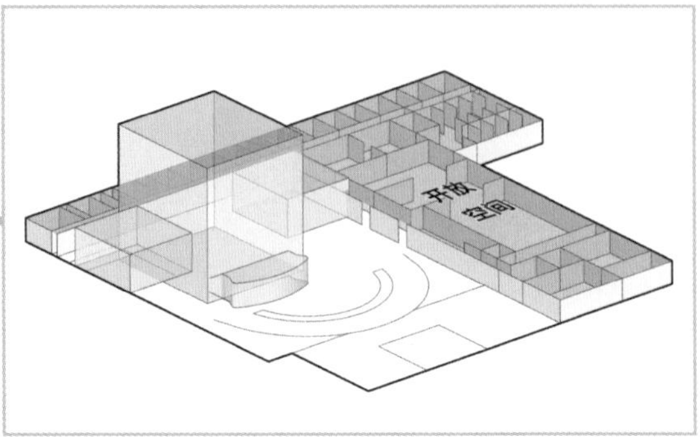

图 47

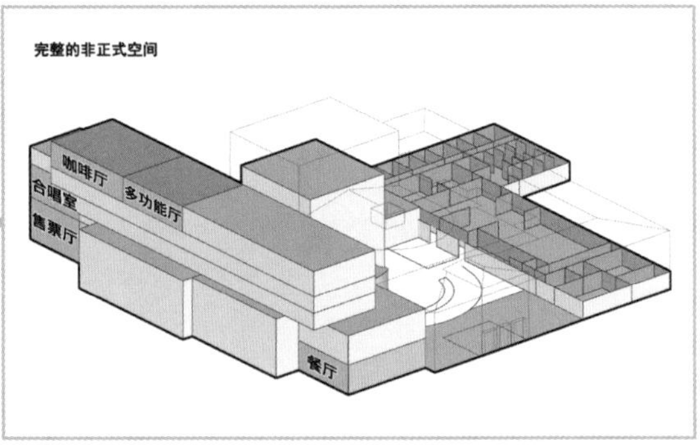

图 48

这就是来自 kadawittfeld 建筑事务所的最终中标作品（图 49、图 50）。

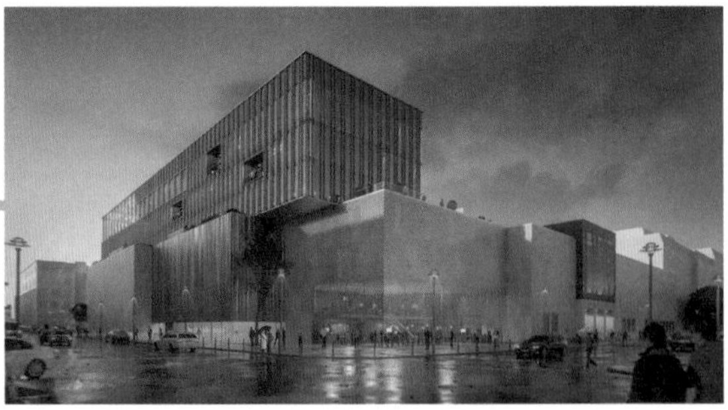

图 49

图 50

小说一般都是这样写的，孤独求败的真败了，广结善缘的才是主角。独美易凋零，集美才是永恒的塑料花。

图片来源：

图 1、图 29、图 30 来自 https://rex-ny.com/project/komische-oper-berlin/，图 2、图 44、图 45 来自 https://www.oma.com/projects/komische-oper-berlin/，图 49、图 50 来自 https://www.kadawittfeldarchitektur.de/projekt/komische-oper/，其余分析图为作者自绘。

END

小虾米凭什么战胜建筑大神

图 1

名　称：东海国立大学机构平台（图 1）
设计师：小堀哲夫
位　置：日本・名古屋
分　类：教育建筑
标　签：广场，行进，停留
面　积：7000 m^2

出名要趁早。这一听就是属于天才的高级烦恼，不在我等凡人的思考范围内。我没有当上CEO、喜提和谐号、走上人生巅峰一定是因为我年纪太大了，绝对不是因为我拼不了脑也拼不了脸，连拼单点奶茶都不敢往前凑。但建筑师不一样，出名不是要趁早，而是要趁机。投标有限，中标难得。不管趁热打铁、看风使舵，还是趁人之危、趁火打劫，但凡能有个万丈高楼平地起来了，至少一时半会儿你就凉不了。或者，你能熬到百八十岁还没转行还没秃，你肯定也是专家了。

2016 年，第 190 届日本国会修订了《国立大学法人法》，制定了“指定国立大学法人”制。指定国立大学的目的是进一步提高日本的教育和研究水准，入选的国立大学必须具有日本最高水准的教育和研究能力。被指定后的大学将能获得更多的政府补助金和更多的资金使用权限。这样一来，原本由国家运营的部分国立大学将享有自治权。

以上这段简单说就是，政府邀请企业一起办大学，把公立搞成半私立。名古屋大学作为日本顶尖五校之一，在 2018 年成为“指定国立大学法人”之一，并于 2020 年 4 月正式组成了最大的日本国立大学法人“东海国立大学机构”，此后，名古屋大学将隶属于该机构，由其运营和管理。以上，简单理解就是经纪人团队正式入驻。

新官上任三把火，先盖个新房拱拱火。东海国立大学机构，咱们就简称甲方吧。甲方一方面为了刷存在感，另一方面也确实得有个办公地点，还有一方面，也是最重要的，设立经纪人团队是为了让大学可以更广泛地和各大企业展开产学合作，所以肯定得有一个新房子给大家聊天用。

三剑合一，甲方果断发起了建筑竞赛。盖房子首先得有地，可放眼望去，人家百年名校也不是吹的。校园里不但满满当当，而且每座楼都有它存在的意义，甚至每棵树都有其存在的意义。 说白了，没地。校容校貌还得保持，砍树也没门（图 2）。

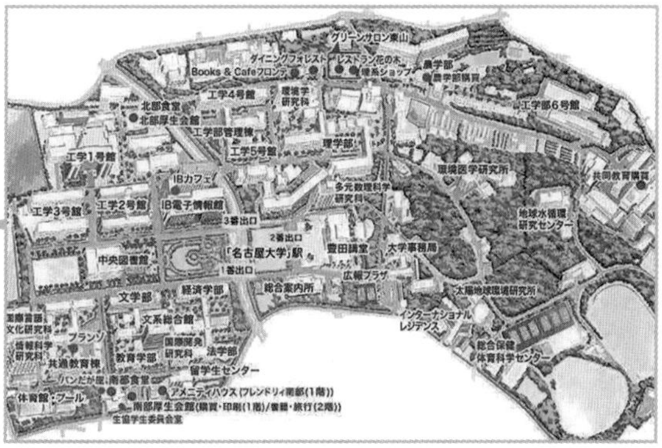

图 2

还是那句话，只要思想不滑坡，办法总比困难多。横竖也没有空地，那还不如豁出去拼个中心位。甲方一咬牙，就把新房子的位置选在了名古屋大学东山校区内的中央广场。

中央广场是校园中心的宝贵开放空间，面向丰田讲堂，与地铁站和中央图书馆直接相连。北侧是工学科的各大馆，南侧主要供文学部使用，并毗邻教会名校——南山大学。换句话说，这块地你动不起（图 3）。

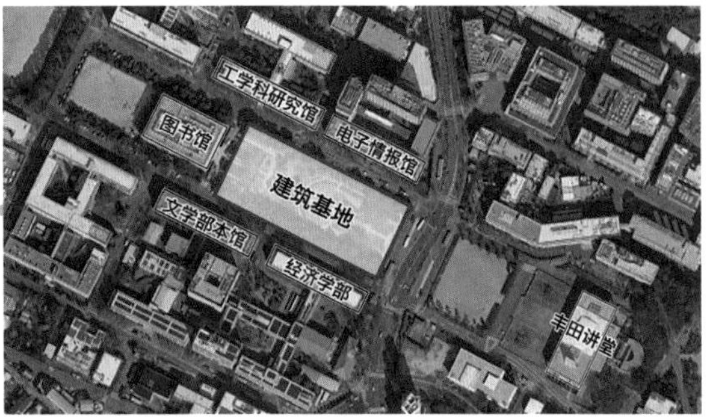

图 3

动不起也动了，反正甲方就选了这块地（图 4）。终究还得是建筑师扛下了所有。

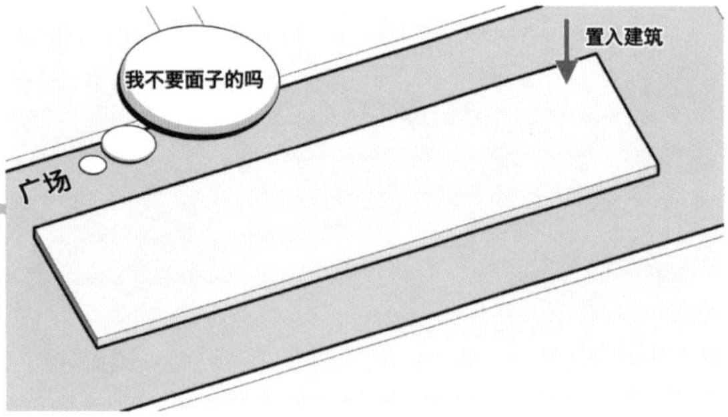

图 4

甲方认为，该项目作为东海国立高等教育机构未来教育和研究的新基地，是一个极其困难的计划，既需要建筑师妥帖安排功能，又需要其具有适当的想象力。翻译一下就是：中央广场不能动，你给我变出个新房子来，且新房子该有的功能都不能少。

自主学习空间包括自习室 L（350 m^2）、自习室 M（100 m^2×2）、自习室 S（20 m^2×10）、数据科学练习室 L（100 m^2）、数据科学练习室 M（50 m^2）、多功能厅（300 m^2）、仓库（40 m^2）、设备仓库（60 m^2）、机房（90 m^2×2）。互助学习空间包括研讨室（50 m^2×2）、团体支持活动空间（50 m^2×2）、次要支持展位（120 m^2）、学生支持柜台（120 m^2）、对等体后援室（120 m^2）。区域合作信息传递空间包括职业支持 / 区域合作陈列室（300 m^2）、增强现实工作室（50 m^2）、交互式持续更新项目信息（50 m^2）、研究展览空间（150 m^2）、企业展位（150 m^2）、捐赠者空间（150 m^2）、第 N 个创造空间（60 m^2）、影视创作工作室（100 m^2）、视频编辑工作室（100 m^2）、视频创作工作室（100 m^2）、仓库（100 m^2）、VR 讲堂（350 m^2）、晶圆实验室、机房（50 m^2×2）。交流空间主要是开放空间，至少 1000 m^2，其中包含 600 m^2 的学生休息区、150 m^2 的接待空间、50 m^2 的咖啡厅，其余公共空间可由建筑师自主发挥。

虽然甲方明摆着耍无赖，但建筑师也不是吃素的。占了你的地我赔一个给你就是了，屋顶广场了解一下（图 5）？

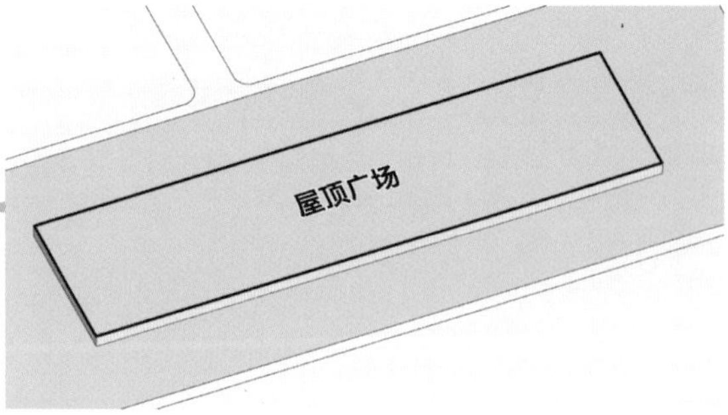

图 5

对不起，先生，那你也太小看我入口广场了吧？除了停留作用，我还起着联系四面八方的交通作用呢（图 6）。

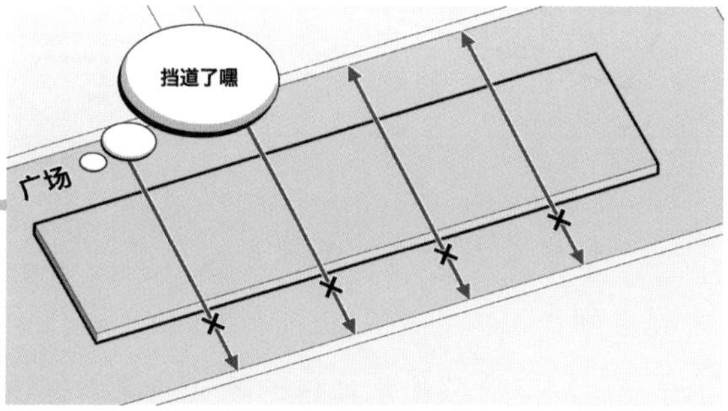

图 6

少安毋躁，咱还有办法。地景建筑再了解一下？功能全放到地下，广场咱给你完整保留着，该走走该停停，完全不受影响（图 7）。

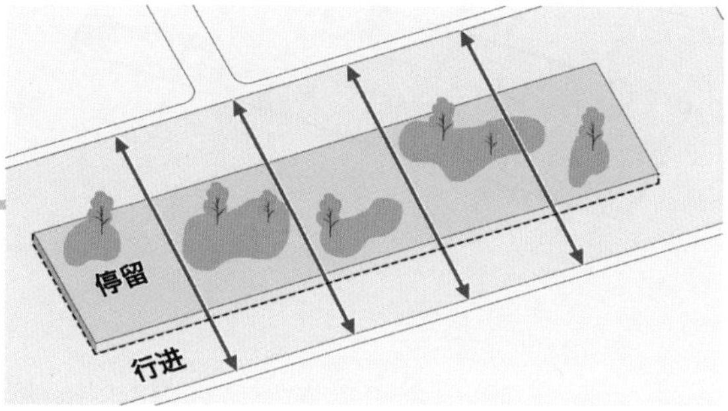

图 7

妥妥的，没毛病。伊东丰雄、妹岛和世、槙文彦等建筑大神也都认定了这个思路。其中，伊东同学做得最好，一举夺得了竞赛的亚军（图 8 ~图 10）！

图 8

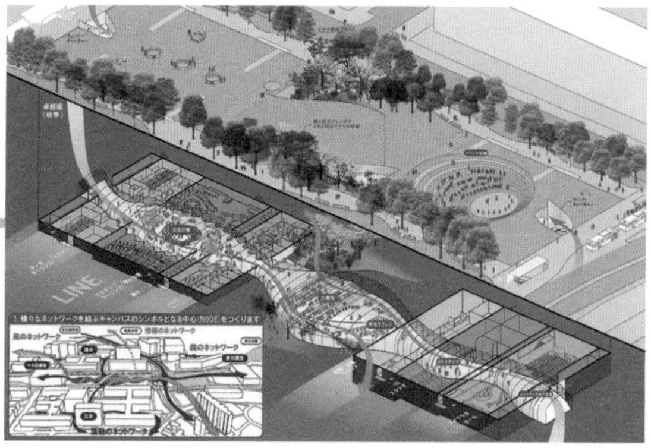

图 9

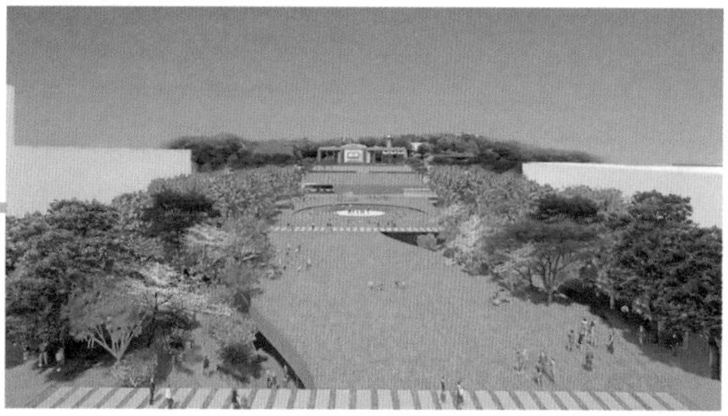

图 10

这个思路没毛病的前提是，默认原来的中央大广场就没毛病。那么，原来的中央广场真的没毛病吗？这个广场位于学校中心，既是各种活动的集会宝地，也是各路人马的穿行近道，行进和停留本身就是存在矛盾的。你这边办晚会，那边一个滑板赶着上课嗖地飞了过去。你这边怕迟到，那边还搞晚会给你挡道。于是，有一个“小透明”建筑师解锁了这个隐线任务——尝试着去化解这个看似不矛盾的矛盾，在保留广场行进的交通功能的同时，尽可能地为人们打造出纯粹的广场活动空间（图 11）。而解决这一问题的方法就是让交通和活动广场不在同一水平高度上，各回各家，也就是说将屋顶抬升就好了（图 12）。

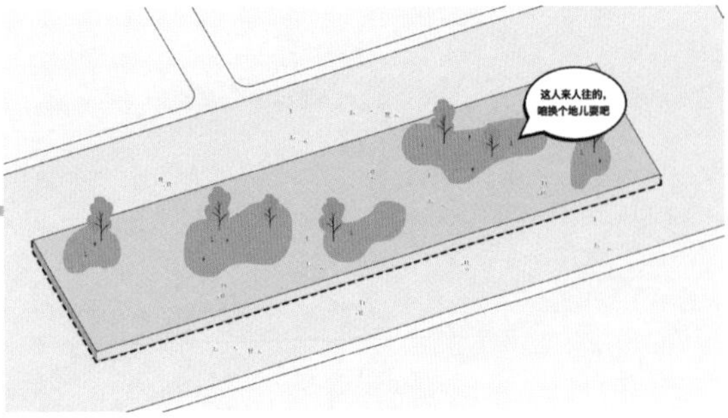

图 11

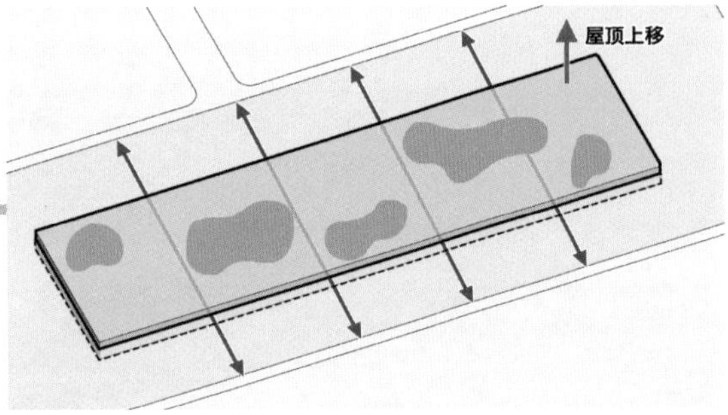

图 12

本着靠近图书馆一侧较私密，靠近丰田讲堂一侧较开放的原则先来分一下区，从图书馆到丰田讲堂方向依次设置学习空间及区域合作空间（图 13）。

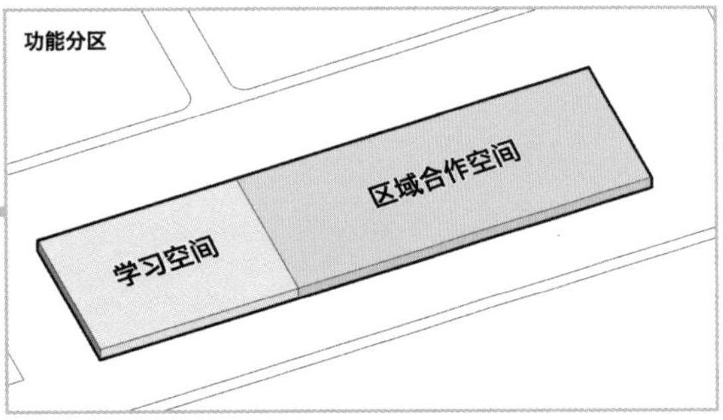

图 13

一个常规的想法就是中间是走道、两侧是房间，然后就会得到一条宽宽的走道和一堆无趣的封闭空间，跟什么“高大上”的企业平台孵化中心也就没啥关系了（图 14）。

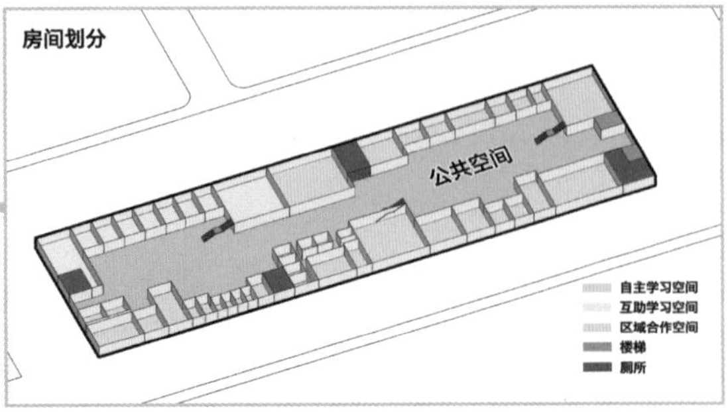

图 14

所以，要想激活走道，就得形成货真价实的开放空间，那人们的行进方向就不能只有一个——不要忘了我们前面讲的将交通藏到屋顶下面的大原则。设置多个入口，让人们可以直接从建筑的侧面进入室内（图 15）。

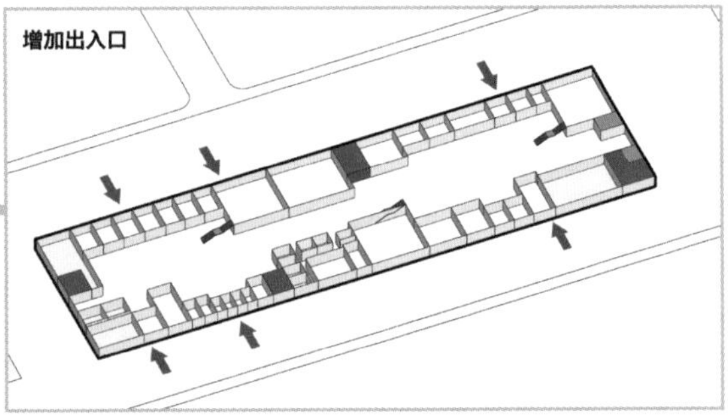

图 15

这样一来，功能空间也可以顺势调整一下，将分区内的空间组团设置，在完善公共空间的同时，保证功能空间在一定程度上的私密性。将功能空间拉开距离，两侧分别设置入口，形成自主学习和互助学习组团空间（图 16）。侧面设置弧形楼梯形成入口空间（图 17）。在公共空间置入不同的家具，在形成停留点的同时，进一步划分层次（图 18）。

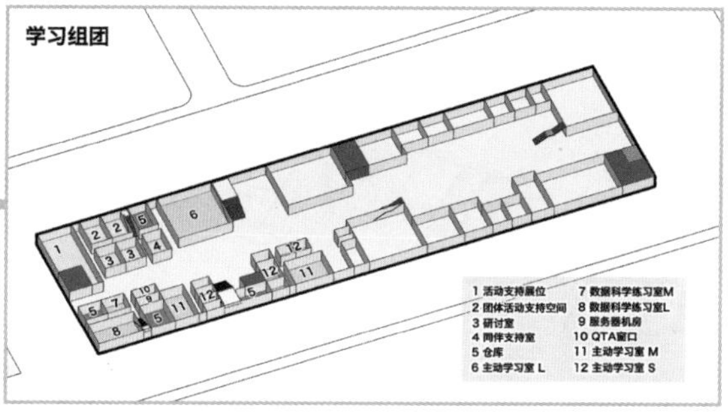

图 16

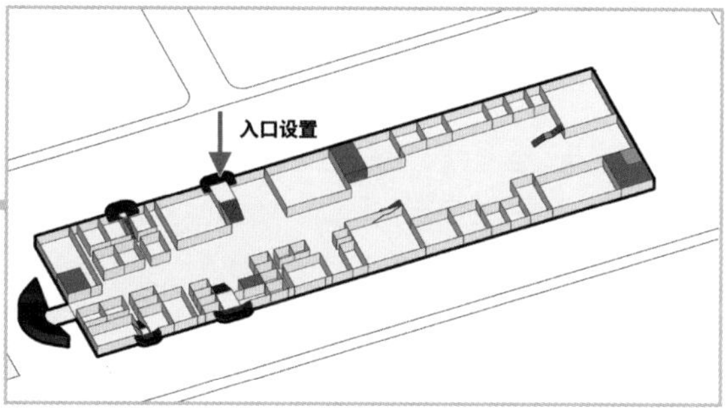

图 17

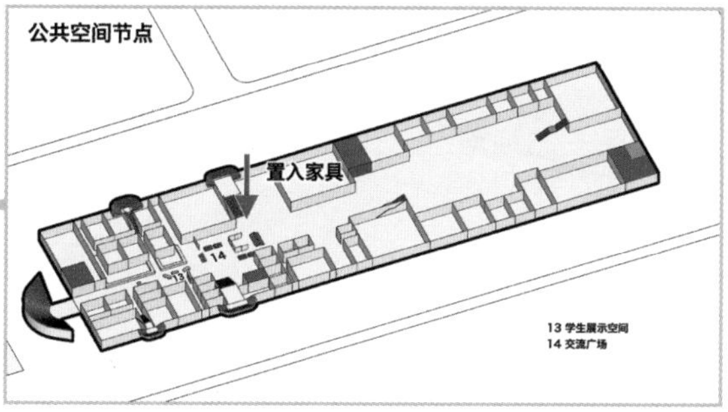

图 18

同样，在区域合作组团两侧开口，设置弧形楼梯进入建筑（图 19）。端部空间设置公共活动平台——大楼梯及报告厅（图 20）。中部开敞空间同样置入家具，形成小的活动节点（图 21）。

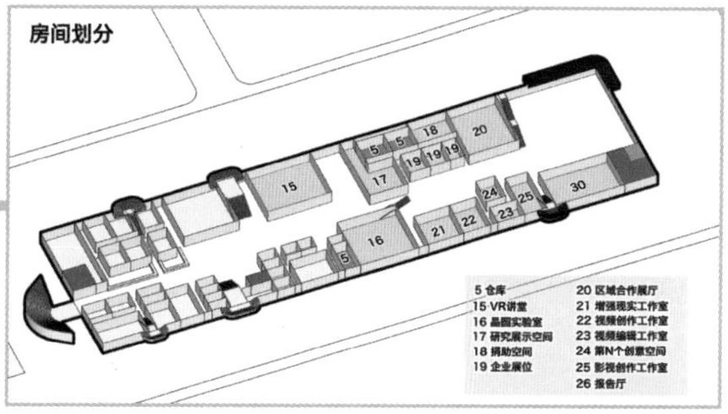

图 19

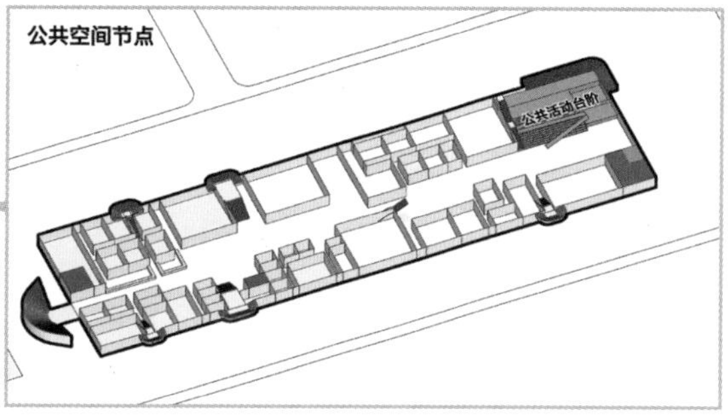

图 20

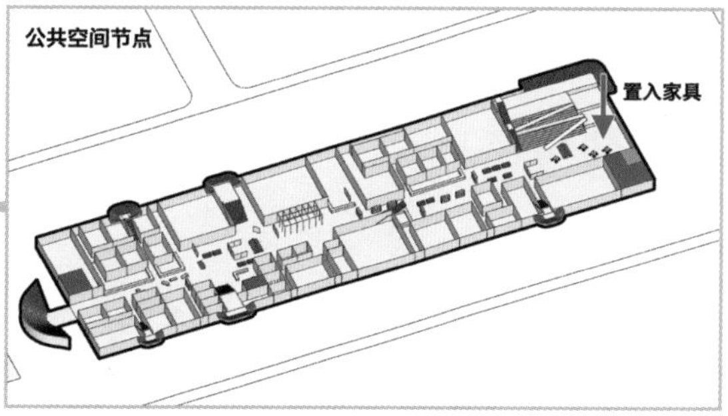

图 21

至此，主要功能空间的布置已经完成，但和收工还有一段距离。

前面我们为解决停留和交通的矛盾上举了屋顶，那多出来的这一层空间按照构思来说，应该是设计成解决横穿交通的空间吧？是要再做一层大广场吗？夹心广场好像意义不大，沐浴着阳光的屋顶广场它不香吗（图 22）？

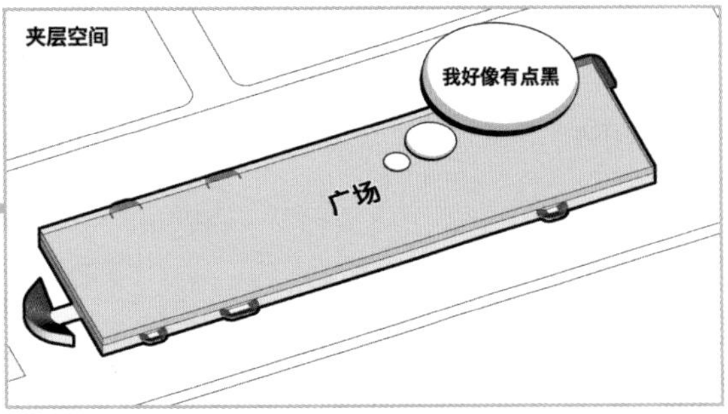

图 22

既然初衷是在这里组织交通，那就正经规划道路呗。首先，依据周边的道路情况，在建筑的中间位置打通一条廊道。离哪儿都不太远，正合适（图 23）。

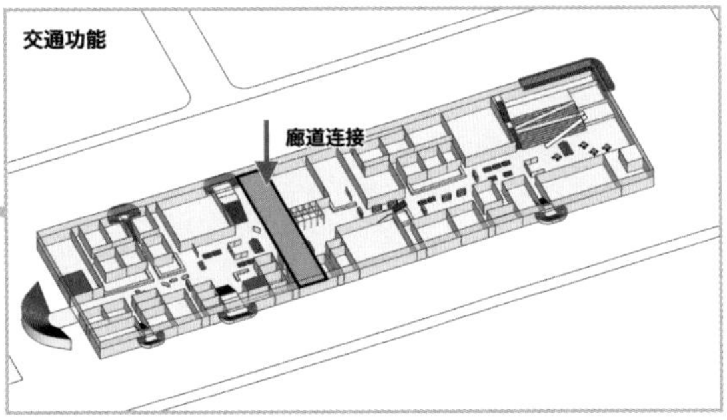

图 23

横穿的近道满足了，然后呢？这一整层空间还是空空荡荡的啊，不如再中心对称多做几条（图 24）？可以但没必要。咱们要做的是交通规划，这不是说无效率地模拟广场上自由行走的状态，而是要创造最有效的方式。

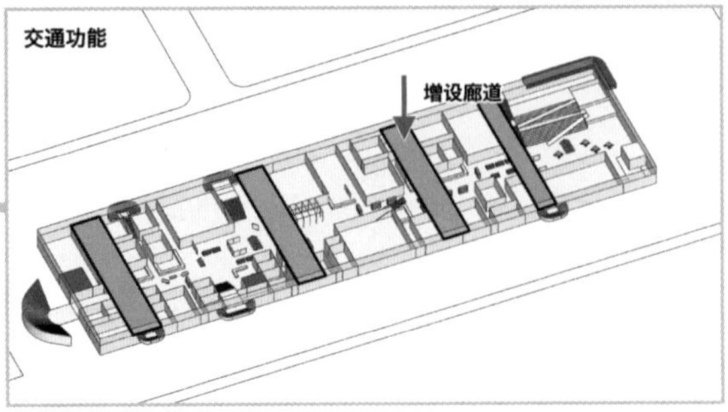

图 24

那怎么办？既然功能空间已经做完了，本层空间也是为解决原本广场的问题而生，那就继续补漏洞，配合上层广场空间，一起形成完整的广场系统（图 25）。

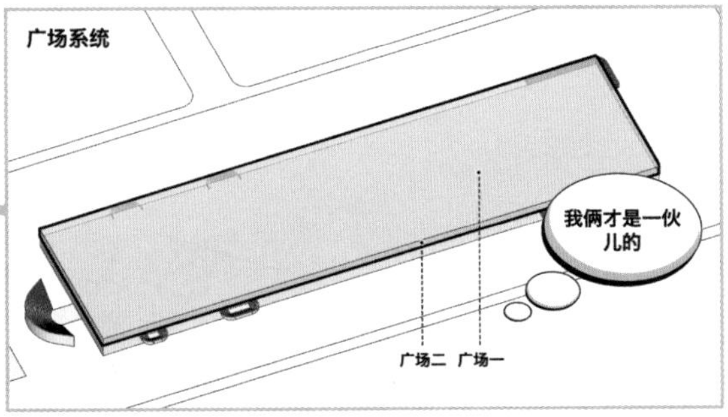

图 25

也就是说，我们可以再考虑一下：原始广场还有没有什么其他地方需要改进呢？那必然还是有的。比如，刮风下雨不能用啊，再比如，大尺度广场对少数人搞小活动不是很友好啊。咱们都可以借助这层空间来搞定（图 26、图 27）。

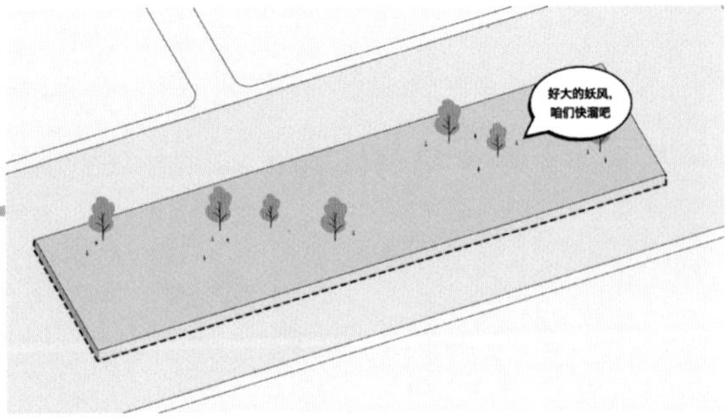

图 26

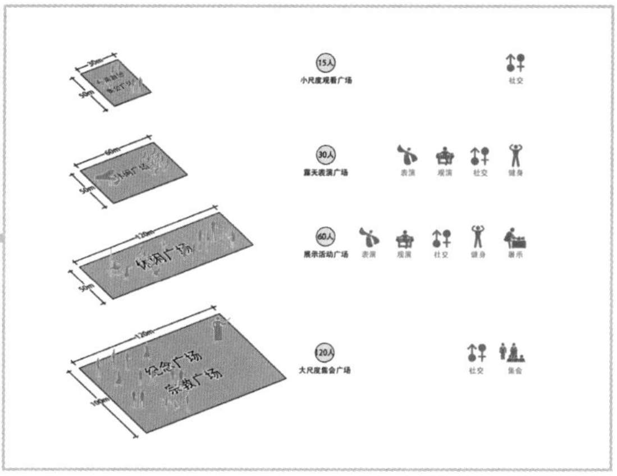

图 27

现在屋顶已经有了，刮风下雨都不怕了。接下来，我们要做的就是搞一些小尺度的活动广场，诱发更多行为。结合负一层功能空间及两侧的入口设置小尺度活动平台，并结合绿化庭院设计、优化空间品质（图 28）。承担交通功能的廊道也搞得复杂一些，同样结合平台和中庭增加小尺度广场（图 29）。

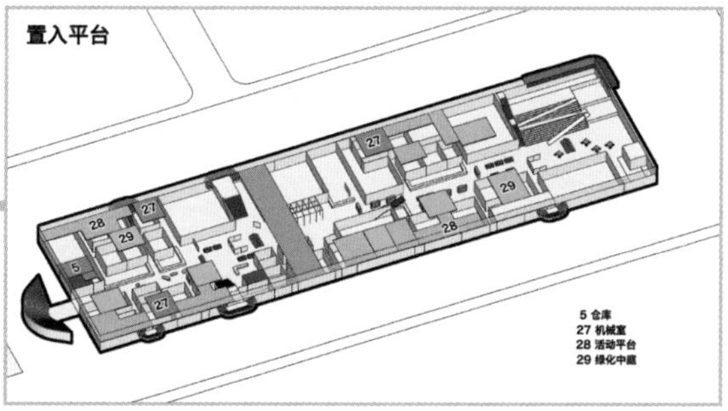

图 28

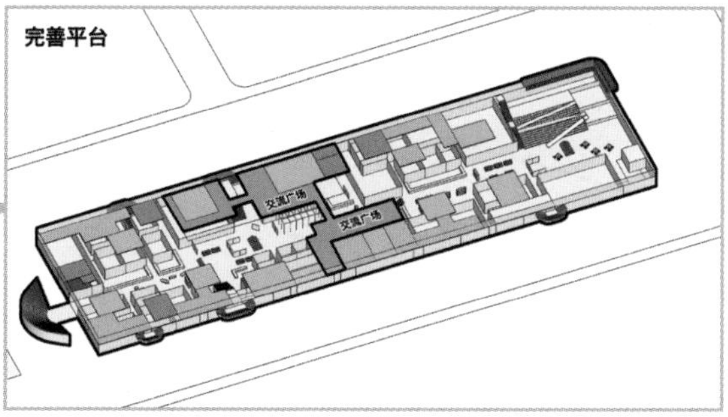

图 29

调整内部交通，完善上下层的流线设计（图 30），局部调整平台，丰富竖向空间（图 31）。接着增加室内广场和露天广场的联系，局部加楼梯，形成完整的流线（图 32）。

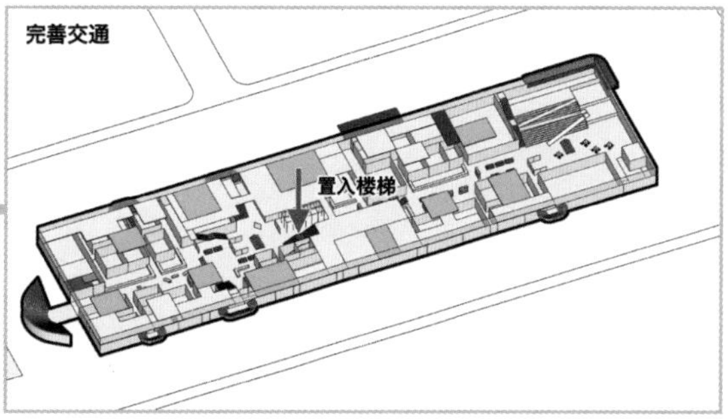

图 30

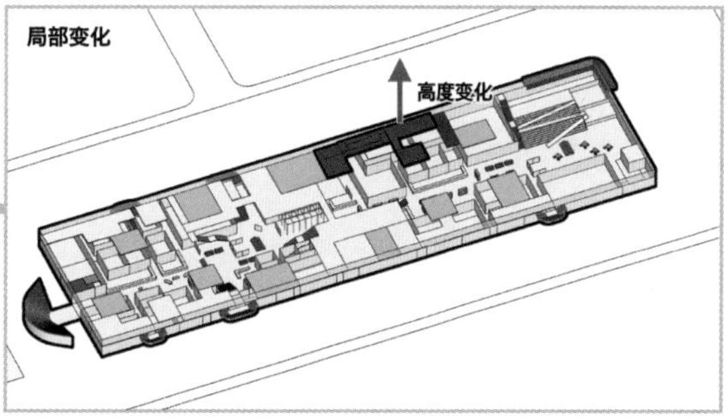

图 31

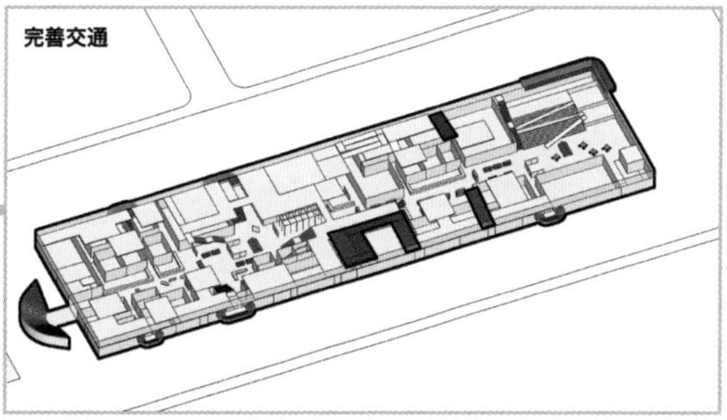

图 32

这下内部空间做得差不多了，室内广场系统的置入不仅提供了丰富的公共活动空间，也为负一层的交通连接提供了多样有趣的空间感受(图 33 ~图 35 ）。

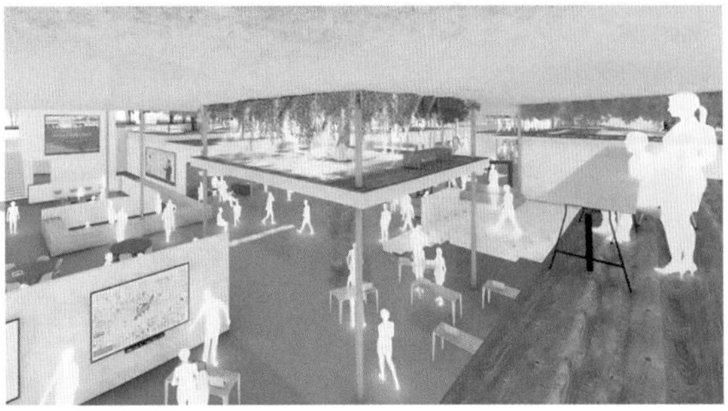

图 33

图 34

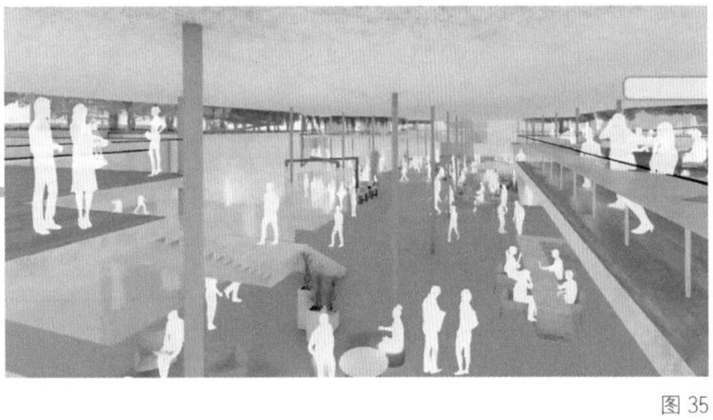

图 35

在外部广场上继续设置小的活动盒子，使公共空间从室内溢到室外，为建筑两侧工科和文科的学生创造更多的停留空间——毕竟停留的时间长了，邂逅的机会才能多（图 36）。

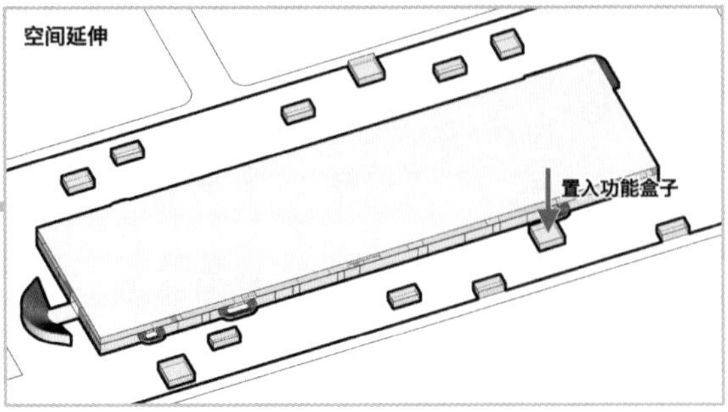

图 36

最后的问题是被举上屋顶的广场怎么连接地面——“小透明”建筑师的神来之笔。

没有加什么楼梯、坡道，而是将校园入口一侧压低到与地面连接，同时屋顶边缘起翘。一个大鹏展翅让这个广场好像飞了，又好像没飞，与地面好像连了，但又没完全连，既加强了聚集效果，又完美避免了横穿交通（图 37 ~图 39）。收工（图 40）。

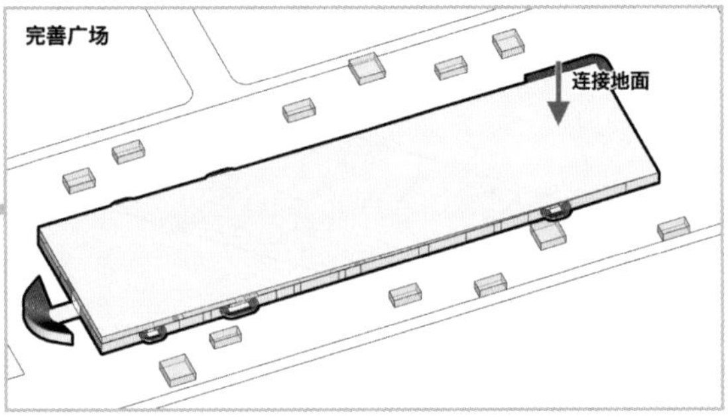

图 37

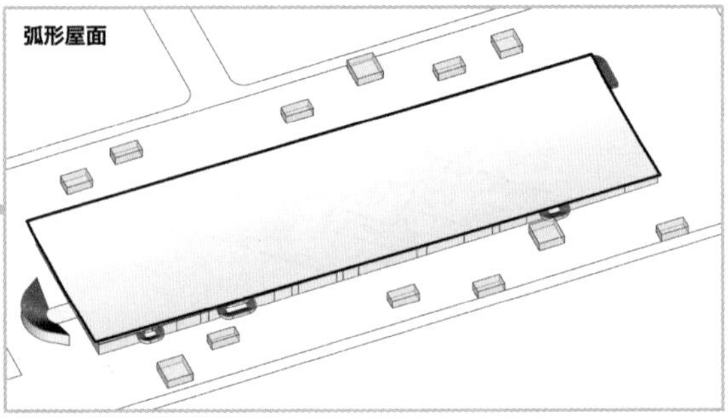

图 38

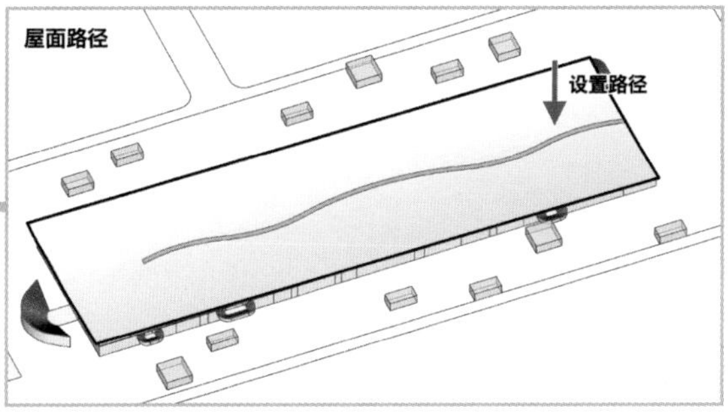

图 39

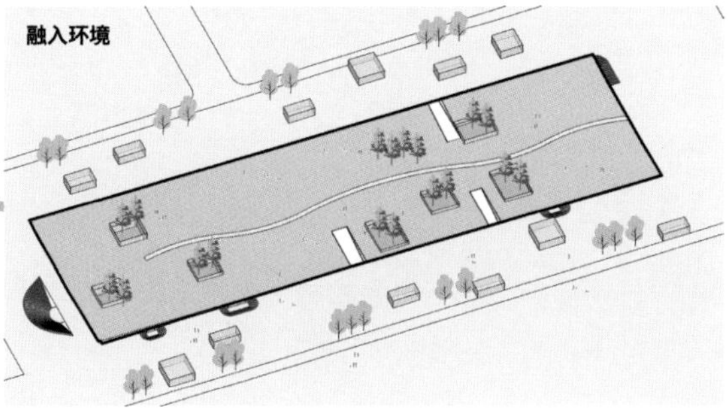

图 40

这就是日本建筑师小堀哲夫设计的东海国立大学机构平台，也是打败了伊东丰雄、妹岛和世以及槙文彦的最后中标方案（图 41、图 42）。

图 41

图 42

这不是一个逆袭的故事，这就是一个关于赢了的故事。赢了就是赢了，不是因为大神失手而趁人之危，也不是因为你八面玲珑、趁热打铁，就是因为你比其他人想得都多，做得也都多，趁风就远航。设计不是弥补，设计是创造，创造一切可以创造的。

图片来源：

图 1、图 8 ~ 图 10、图 33 ~ 图 35、图 41、图 42 来自 https://mp.weixin.qq.com/s/SZGZ77BJw04_WkH5W6d2-g，其余分析图为作者自绘。

END

你可以说我的设计『吃藕』，但不能骂它丑

图 1

名　称：岐阜飞驒市共创据点设施（图 1）
设计师：藤本壮介
位　置：日本 · 飞驒
分　类：社区中心
标　签：森林空间，滤镜
面　积：8900 ㎡

START

如果你觉得某些建筑很丑，如“某靴子”“某泡面”等，那肯定是因为你的审美正常，它们确实不好看，并不是因为你落伍了，或者看不懂。 既然咱们正常，那就是甲方不正常了。或者说，甲方的评判标准根本就不是美不美，人家掏钱盖房子不是为了要你觉得好看的，而是为了要你好看的。而赌上职业尊严的建筑师，打死也不能承认自己的房子丑，他们最多只承认有点儿“吃藕”。

出生于北海道的藤本壮介，大概是因为从小就长在雪国森林，以至于对构建白色森林般的建筑有谜之执着。白色好办，前辈大师路易斯·康（Louis Kahn）早已经做了标准示范。但森林就比较麻烦，毕竟人类从树上下来已经有 200 万年了，再爬上去也不太现实。更何况，北海道人藤本壮介迷恋的是家乡漫山遍野“兼备某种复杂性和单纯性，同时包含了局限性和偶然性”的森林，而不是爬树。 而这种迷恋对建筑师藤本壮介来说，就是不断地去尝试用各种手法创造森林空间。什么叫不断？就是不一不二，不三不四，至少五个起步。

散落与并置

通过相同或相近的空间单元，在水平方向上通过不规则的排列组合，使空间呈现去中心化、无等级的特点，散落以看似更加随意的布局方式使空间界面产生碰撞和交叠。虽然都是很多树，但森林和果林最大的区别就是前者种得毫无规律（图 2）。藤本壮介设计的儿童心理疾患康复中心就是这个操作（图 3）。

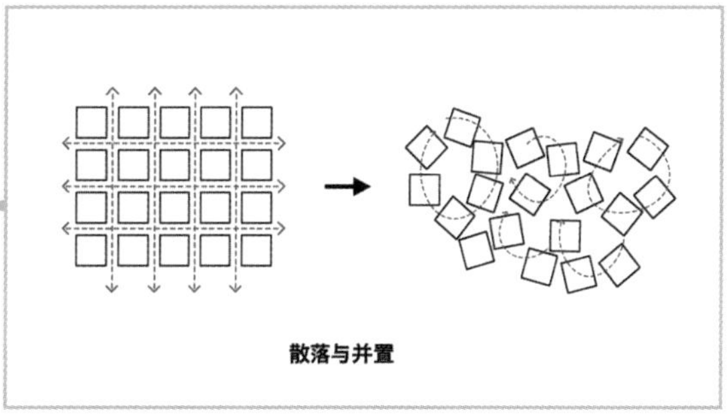

图 2

图 3

通过相同或相近的单元空间，依据人的活动需求或者外部环境等因素在水平和垂直方向上进行错位组合，主要包含“面”和“体”两种。在这类作品中，建筑无明确的层数，而呈现出由上到下连续递进的“层”，通过对“层”形态和位置的控制，实现行为活动的自主性和连贯性。简单理解就是，一层一层的树枝树叶（图 4），如藤本壮介的原始未来住宅（图 5）。

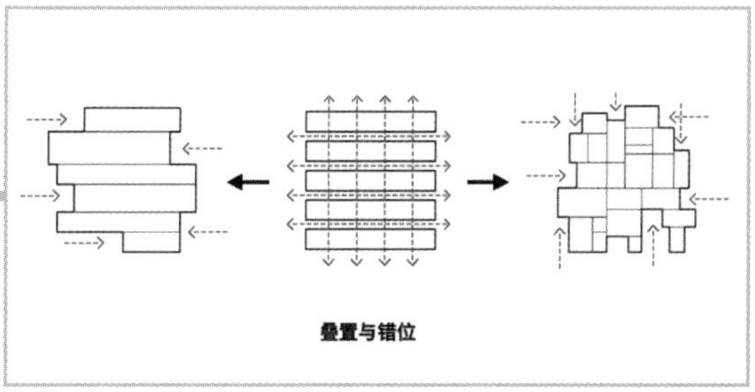

图 4

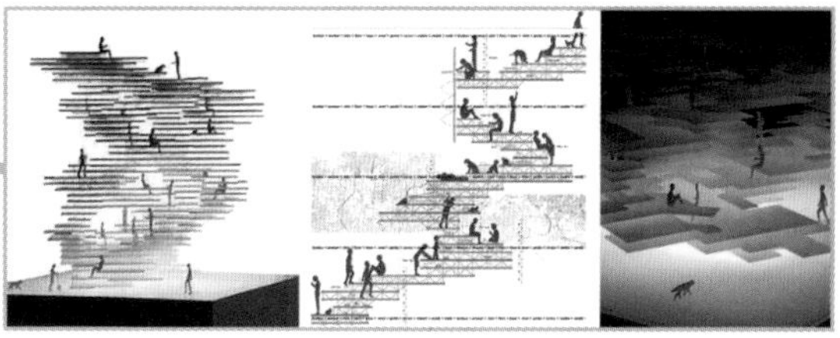

图 5

还有我们今天的主角——藕，也就是藤本壮介的“窟窿眼儿”原型研究，同样彻底消解了楼板、梁柱和台阶，并且最大限度地和自然相融（图 6）。

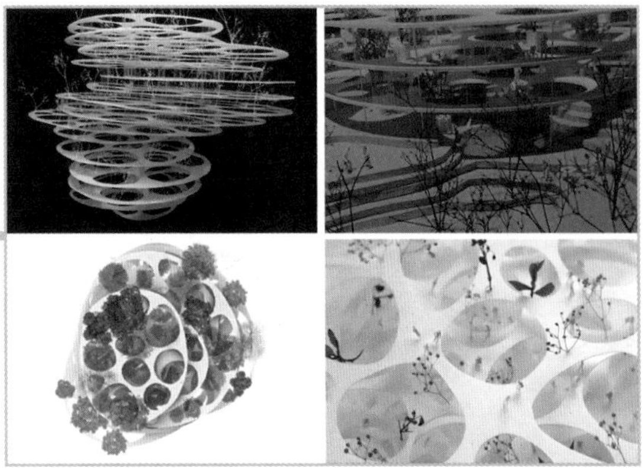

图 6

嵌套

通过空间嵌套剔除空间“里”和“外”的界定，随之也就剔除了所有应该设定在“空间里”和“空间外”的功能，典型的案例就是住宅——House N。森林里没有边界，只有穿梭（图 7、图 8）。

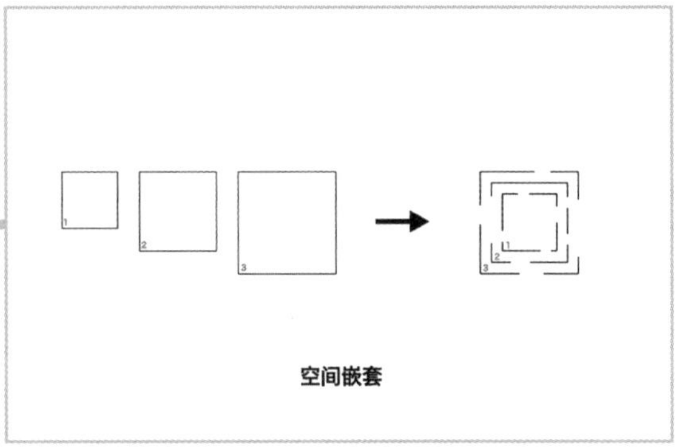

图 7

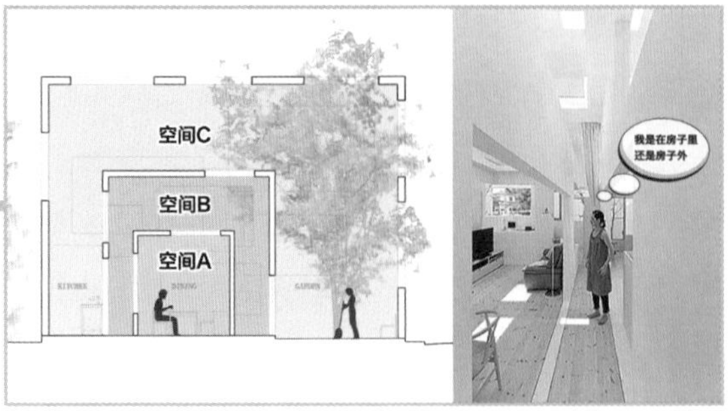

图 8

片段与倾斜

通过将连续的空间界面根据功能或结构需求切成若干段，同时对已经被切断的界面进行方向和位置上的错动，从而影响人对空间距离感和透视感的判断，实现随行为不断变化的动态的、复杂的空间效果（图 9）。

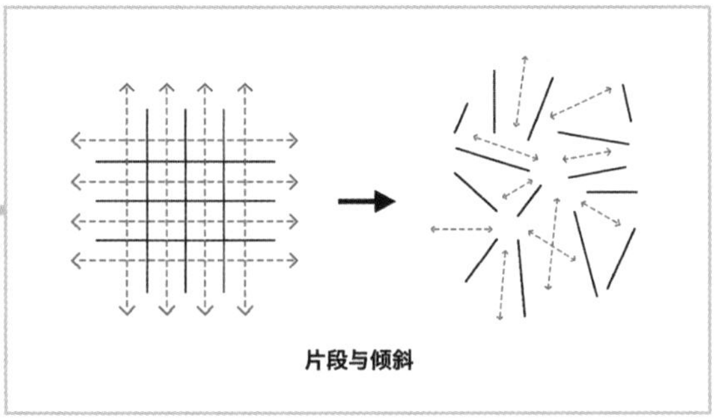

图 9

典型案例就是住宅——T House，利用人们对距离感的判断，使空间同时存在私密与开放的特征（图 10）。

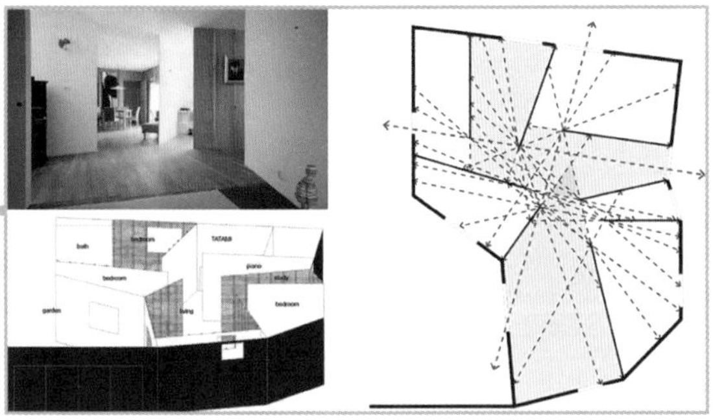

图 10

无目的流线设计

以看似毫无逻辑的楼梯或坡道消除交通空间的引导意义，典型案例有Beton Hala滨水中心(图11、图12)。

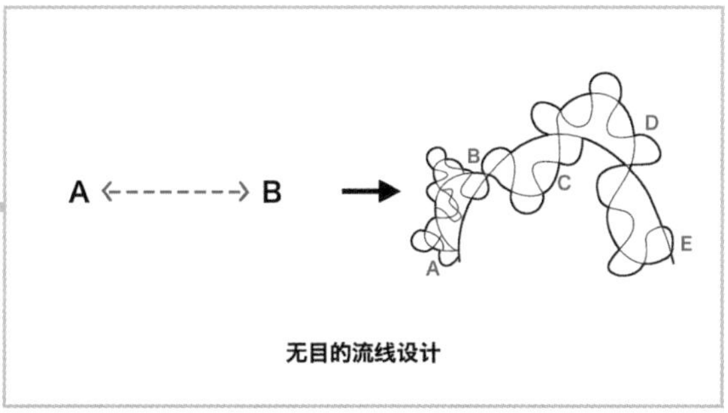

图11

图12

虽然藤本君已经有了这么多的森林操作方法，却依然远远不够——不够吃饭。这些空间操作在藤本壮介出名之后可能叫原型，出名之前那就叫病得不轻。说白了，它们不一定中看，但一定不中用。即使方案能够落地，也多以规模较小、使用人群较少的住宅项目呈现，想套在大公建上，就算甲方愿意，藤本壮介也得好好想想怎么套，派哪片森林去套。

森林流失太严重，还是吃藕老少咸宜，餐餐都能有。

1.0 版本

直接作用在无明确功能要求的空间上，如阳台。藤本君在法国尼斯市Joia Méridia住宅综合体的设计中，就是把满是窟窿眼儿的藕作为阳台，其余功能该咋布咋布（图13）。

图13

2.0 版本

没有空间创造空间也要吃藕。拆房部队曾拆过的匈牙利布达佩斯“音乐之家”，体现了我们藕原型可独立使用的优越性，将二维水平“层”变成三维屋顶，同时，屋顶和内部空间布置相结合，使得音乐厅成功得到了森林光影（图14）。

图 14

终极版本

吃藕，只是一个滤镜。如果说在匈牙利音乐厅的设计中，藤本君还在为内部空间和屋顶的契合做努力的话，那么到了佩泽纳斯酒店及水疗度假村，藤本君就已经放弃挣扎了（图 15）。

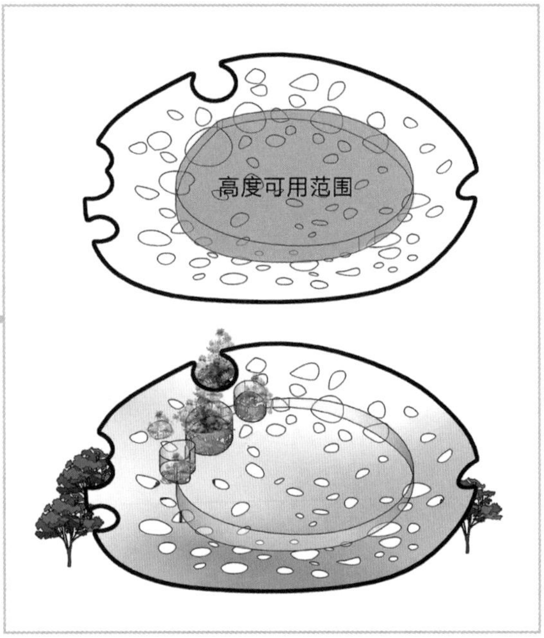

图 15

能凸就能凹，底下房子该咋地咋地，最后把藕当滤镜往上一扣，藤本君白色森林建筑师的名就签好了。这个藕对日常使用不能说没影响，只能说根本没关系，就像你在照片上加了一层滤镜，除了这个感觉以外，和照片拍了什么没有任何关系（图 16、图 17）。

图 16

图 17

没有人能拒绝得了滤镜，没加滤镜的照片就像素颜，也不一定不好看，但就是觉得少点儿什么。 藤本君也一样，在发现“藕”这个滤镜荤素不忌以后，就一发不可收拾了。

岐阜飞驒市共创据点设施这个拗口的新项目说白了就是高山大学与当地居委会一起搞的一个社区中心。基地当然也就选在了大学附近的社区里，除了一大块完整基地，隔着路还有一个“小尾巴”（图 18、图 19）。

图 18

图 19

建筑功能也是通过与大学的资源共享，设置不同的主题活动，让当地居民寓教于乐。功能空间如下：飞驒高山大学相关设施和交流基地 1300 m²（对社区开放的共享学习空间 150 m²、开放工作室 150 m²、学生宿舍 1000 m²、风险投资研究室 150 m²、学生实验室 150 m² 等）、家庭用居住空间（2000 m²）、商业功能设施（3600 m²，包括 600 m² 展厅、1000 m² 儿童游乐场以及 2000 m² 其他零售业态）、温泉浴场（2000 m²）。

承载“城市步行礼宾功能”的公共空间，旨在增强城市迁移的便利性（具体咋搞，建筑师你自己看着办），还有最大化的户外草坪开放空间（面积你自己体会——用以欣赏飞驒的四季自然）（图 20）。

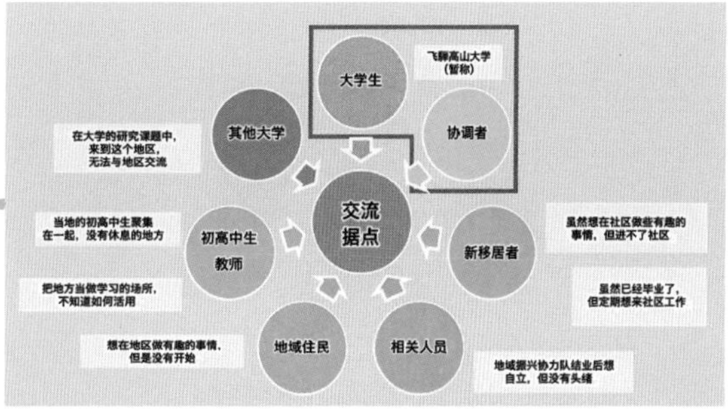

图 20

将主要停车区域设置在面向连接城市主干道的基地一侧，同时也在连接城市道路的其他侧面设置少部分停车区。剩余部分先统一设置为绿地，以满足户外开放空间的需求（图 21）。

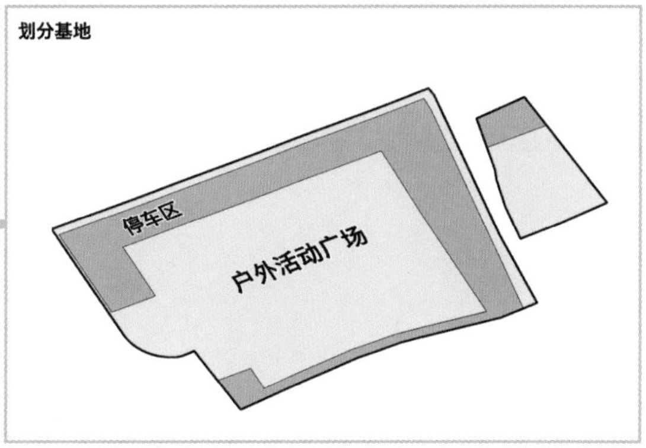

图 21

满足城市的礼宾功能，并与社区相连接的基调，决定了我们的房子不能是一整个独立的“小碉楼”（图 22）。

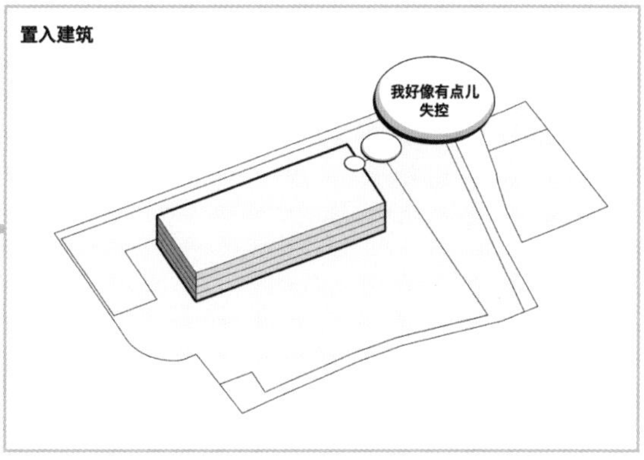

图 22

先摊个大饼增强下对场地的控制力——当然，此时建筑依然不具备四通八达的属性，总不能开一圈儿的门吧（图 23）？

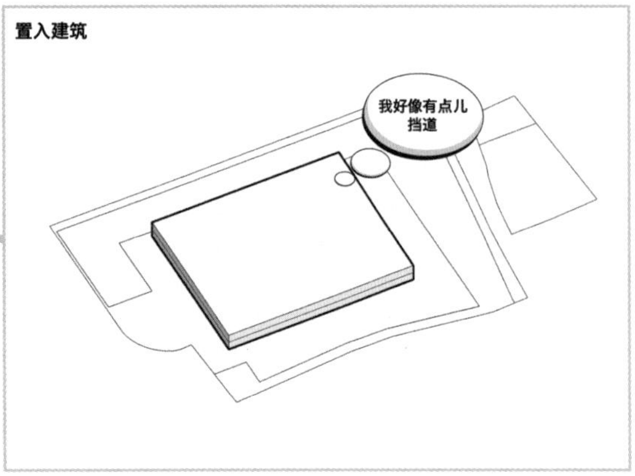

图 23

还得来点儿大手笔。此处，藤本君选择依据建筑功能拉开体块之间的距离，形成开放、通透的交通空间（图 24）。

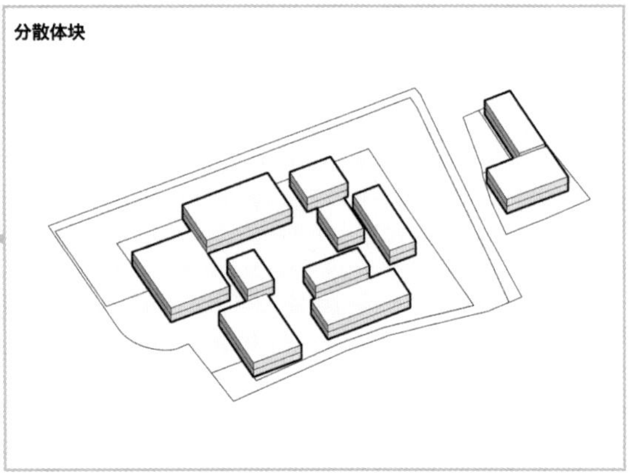

图 24

接下来，我们进行完整的功能排布。靠近主干道的一侧设置沿街商业，将部分学生宿舍与家庭用临时住区打包设置在小基地上，形成居住功能组团。当然，靠近小基地的大基地一侧同样要设置一部分居住空间，保证这组功能不与其他功能组团完全割裂（图 25）。

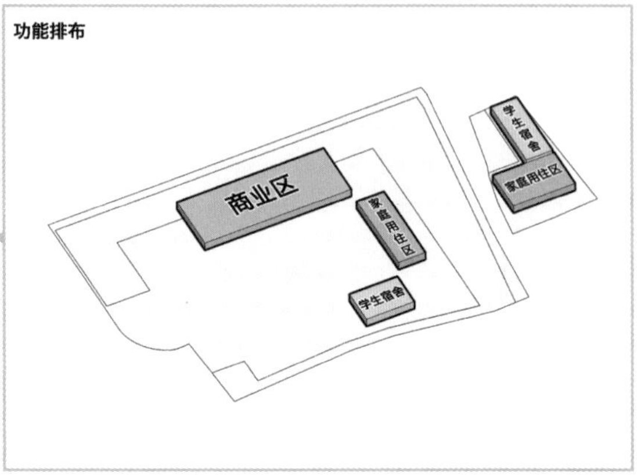

图 25

剩余的高山大学相关设施、温浴设施以及全天候游乐场依次溜边儿设置（图 26）。公共性较强的展览空间布置于中部围合出的庭院广场上（图 27），端部设置独立卫生间，以满足所有组团的需要（图 28）。二层延续一层布局（图 29）。

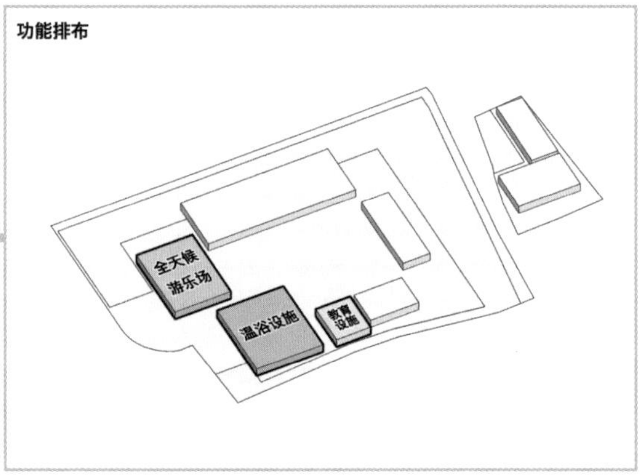

图 26

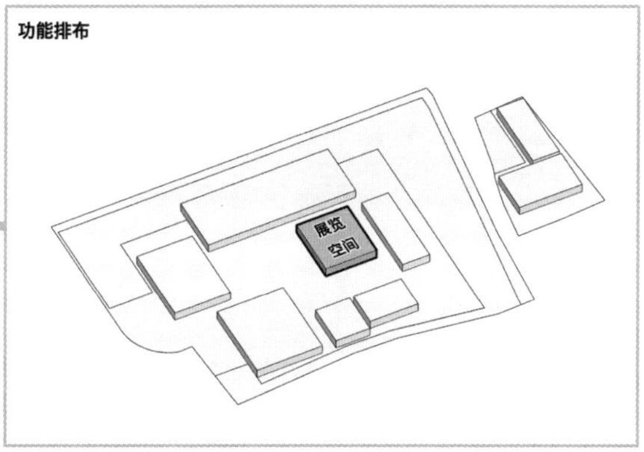

图 27

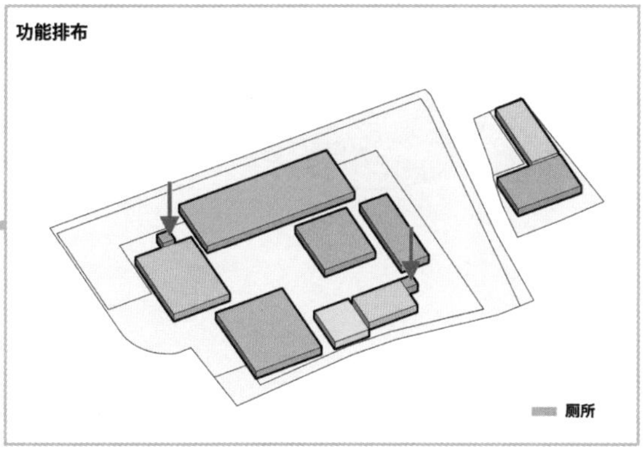

图 28

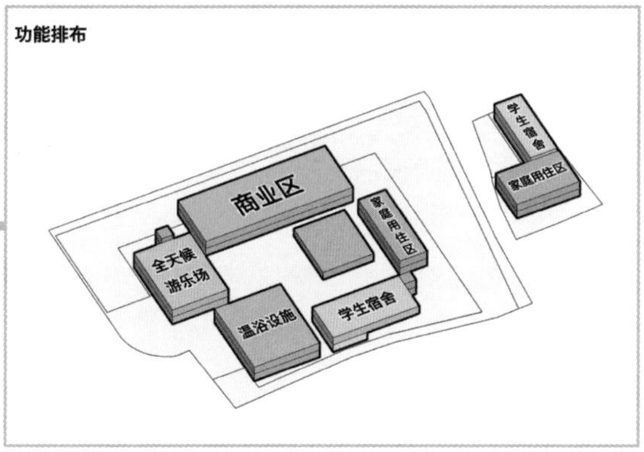

图 29

大体布局形成后，进一步完善功能流线。将商业空间拆分，布置于庭院广场中，并进行大小和形状上的差异化处理，增加有趣的商业氛围（图 30）。

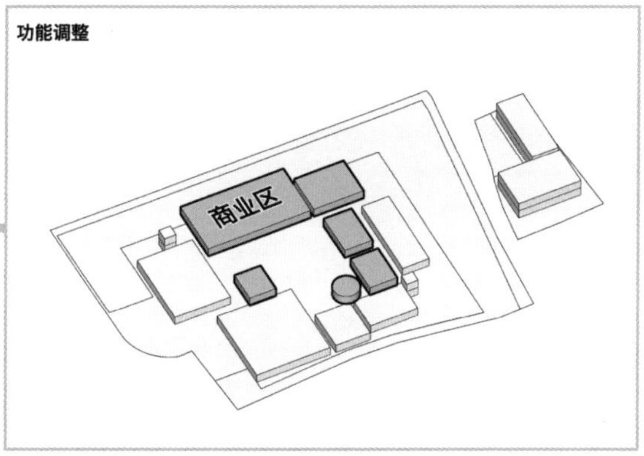

图 30

商业空间分散后，展示空间也顺势与之融合。在首层中部划拉一块空间布置开放展览，剩余展览空间布置在紧邻商业空间的二层（图 31、图 32）。

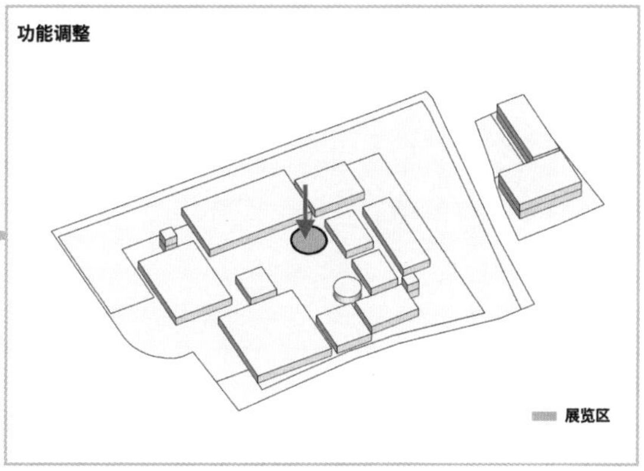

图 31

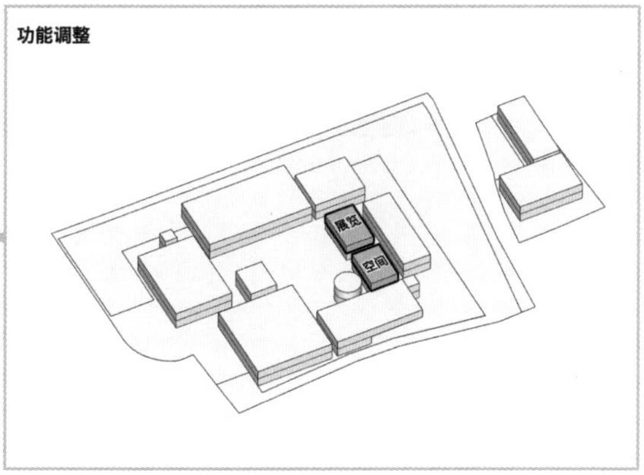

图 32

至此，功能布局大致完成。咱就是说，整个就是一个平平无奇。这边建议您一起加一个“吃藕”的滤镜，进行一个纯纯的美图美颜的大动作（图 33）。

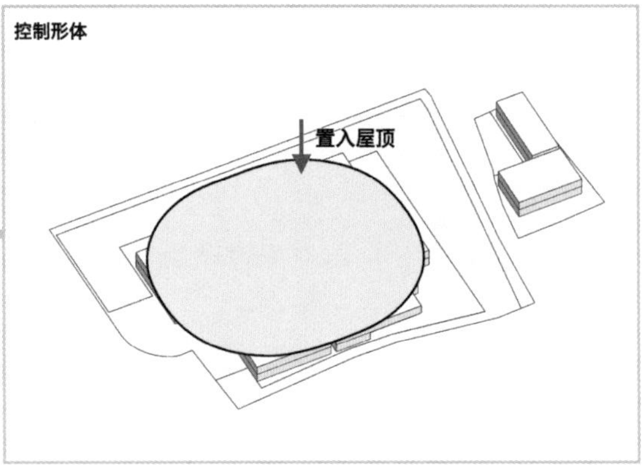

图 33

滤镜加盖后，下部功能随之调整，矩形块倒圆角，校园设施及温浴设施部分做 L 形处理，进一步营造围合之势。同时，调整商业空间位置，保留中部完整的活动空间（图 34）。

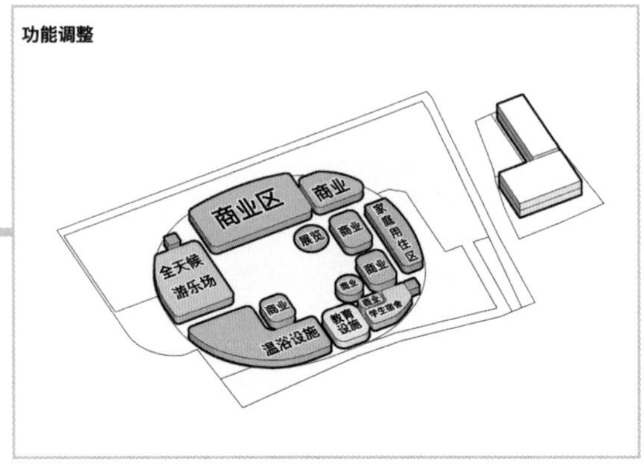

图 34

二层延续该布局，局部调整商业区及学生宿舍，形成活动平台（图 35）。然后，直接放藕，并做成一个下凹大草坪（图 36）。洞洞处设置平台供人自由活动，也可布置露天展品（图 37、图 38）。

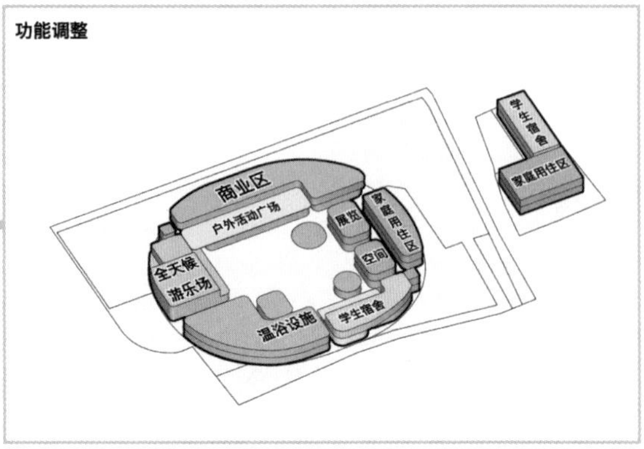

图 35

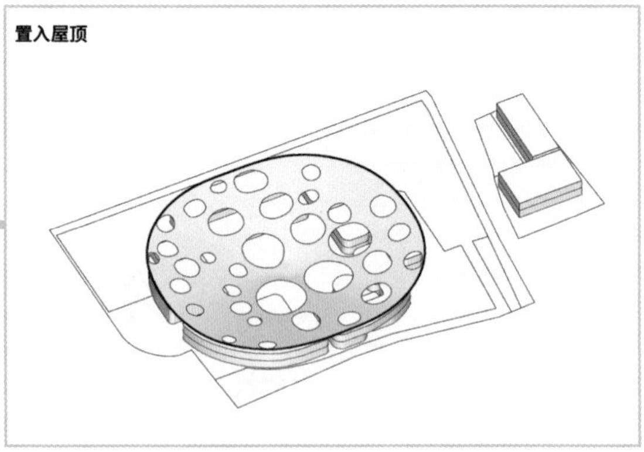

图 36

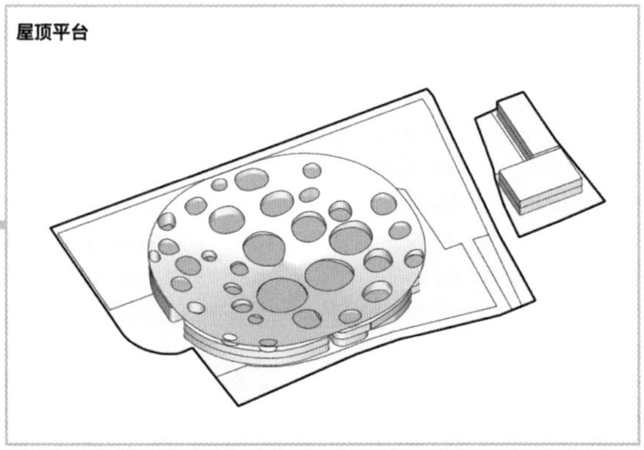

图 37

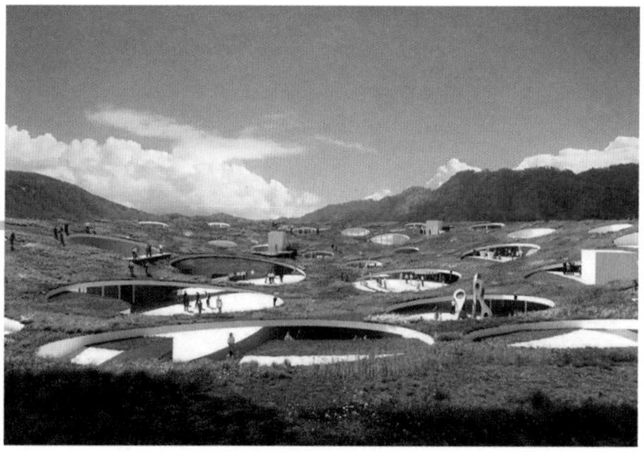

图 38

设置楼梯，在满足疏散要求的同时连接室内外空间（图 39）。屋顶局部设置楼梯，防止大家爬不到最高点（图 40、图 41）。最后，立面整体套一层玻璃幕墙（图 42）。收工（图 43）。

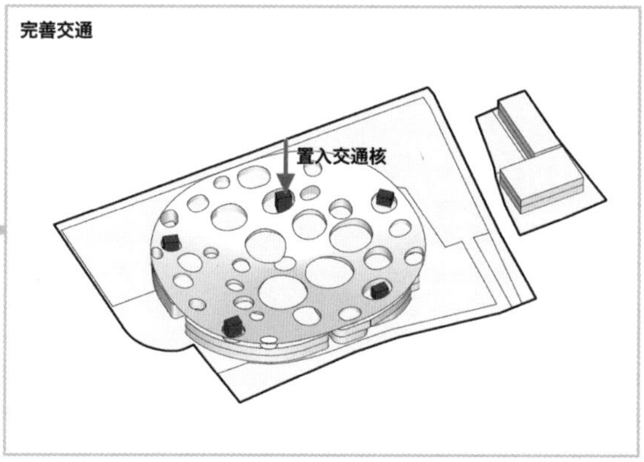

图 39

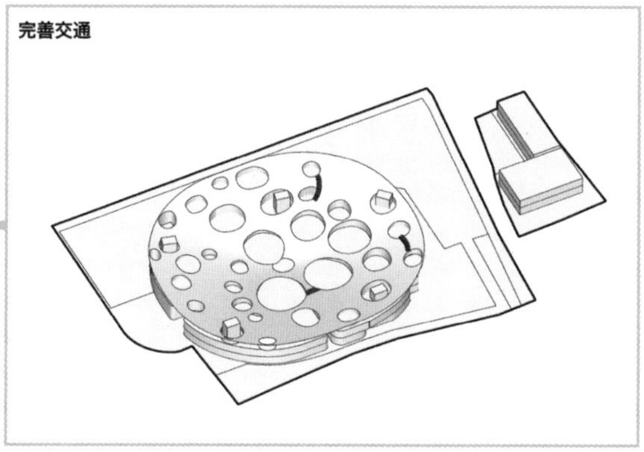

图 40

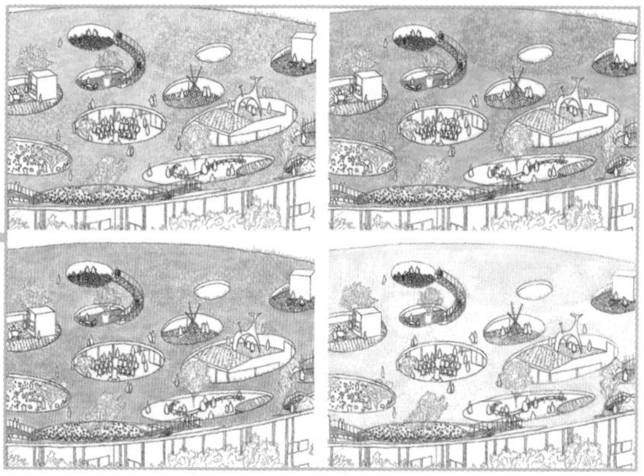

图 41

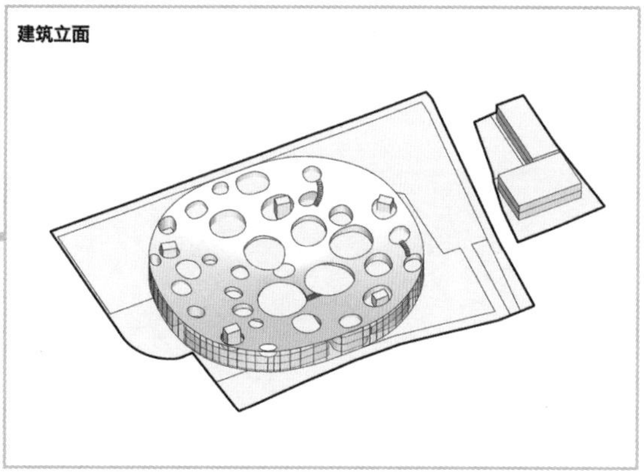

图 42

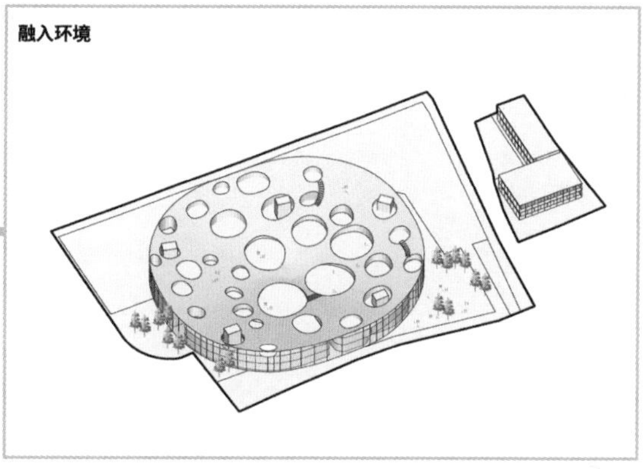

图 43

这就是藤本壮介设计的岐阜飞驒市共创据点设施（图 44 ~图 48）。

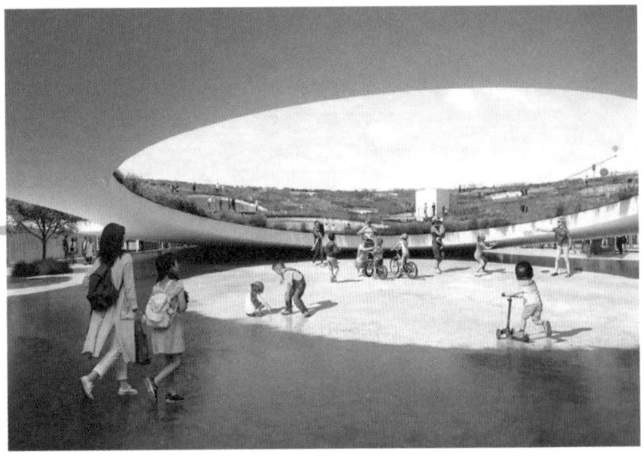

图 44

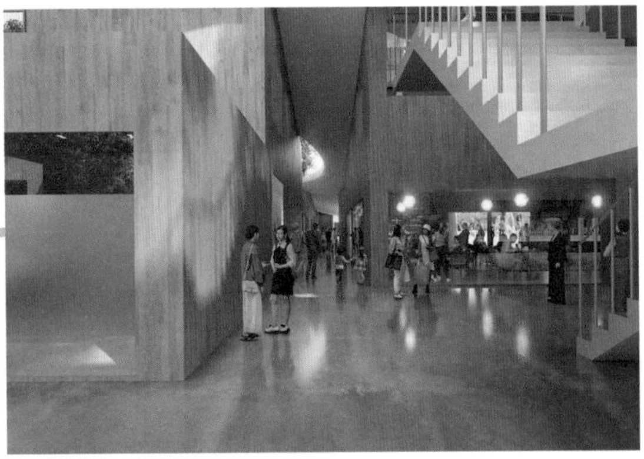

图 45

图 46

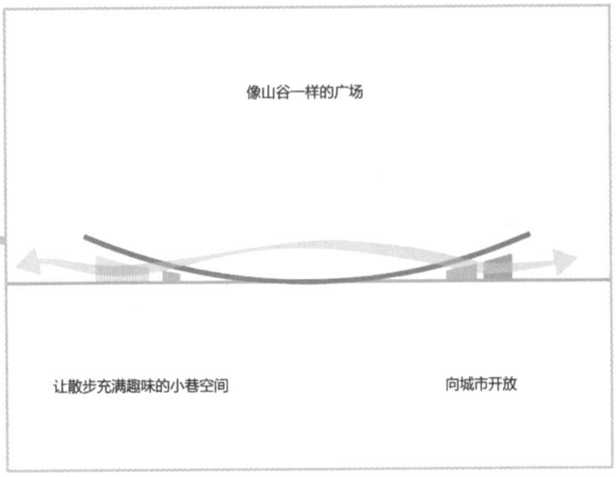

图 47

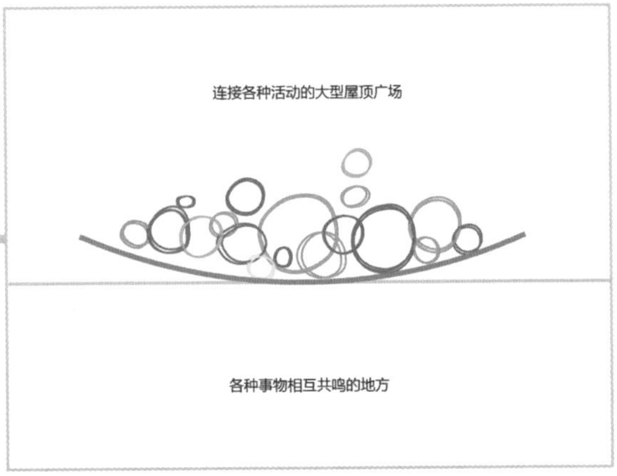

图 48

有人说，美是有意义的形式，但现在这个时代，有感受比有意义更有意义，也更有感受。没有感受的意义是教条，没有意义的感受是享乐，而似乎有点儿意义，又似乎有点儿感受的形式，可能是片藕。

图片来源：

图 1、图 38、图 41、图 44、图 45 来自 https://d1fk1balzvpf91.cloudfront.net/news/vjuel5c-x，图 2、图 4、图 9、图 10 来自 https://kns.cnki.net/kcms/detail/detail.aspx?dbcode=CMFD&dbname=CMFD201901&filename=1019703740.nh&uniplatform=NZKPT&v=MHjUHCcTbxhvnyx70RA0E34FX8JXYn61Xw82qDaVpqING093LkTmU7471ADzkQkr，图 3、图 5 来自 El Croquis 151，图 8 来自 https://www.archdaily.com/7484/house-n-sou-fujimoto，图 12 来自 https://www.archdaily.com/286381/beton-hala-waterfront-center-sou-fujimoto-architects，图 13 来自 https://highlike.org/sou-fujimoto-architects-11/，图 14 来自 https://arquitecturaviva.com/works/house-of-hungarian-music-sou-fujimoto-architects，图 16、图 17 来自 https://arquitecturaviva.com/works/hotel-y-balneario-pezenas，图 18、图 20 改绘于 https://d1fk1balzvpf91.cloudfront.net/news/vjuel5c-x，图 46 来自 https://www.archdaily.cn/cn/979998/teng-ben-zhuang-jie-jian-zhu-shi-wu-suo-gong-bu-ri-ben-fei-tuo-gu-chuan-zhan-dong-qu-zhong-xin-she-ji-fang-an，其余分析图为作者自绘。

END

比不会设计更可怕的是过度设计

图 1

名　称：阿姆斯特丹 IT 总部（图 1）
设计师：UNStudio
位　置：荷兰・阿姆斯特丹
分　类：办公建筑
标　签：柱网，平台，楼梯
面　积：40 000 m^2

START

建筑师的脑回路可能真的和正常人不太一样。对正常人来说，工作是做不完的 = 别工作了；但对建筑师来说：设计是做不完的 = 别休息了。没熬过通宵的设计方案就像没熬过糖色的红烧肉，看着颜色就不正，但其实早就有了一种东西叫红烧酱油。设计是无限的，但设计任务是有限的，过度设计和过度消费一样，如果超出需求了，那就不叫设计 / 消费……

某全球 IT 公司（真的是在全网都没有搜到这个神秘公司的确切名字）打算在阿姆斯特丹设立比荷卢（比利时、荷兰、卢森堡组成的经济联盟）新总部，位置就选在公司原总部的旁边，与之一起拥抱周围优美的水环境（图 2）。

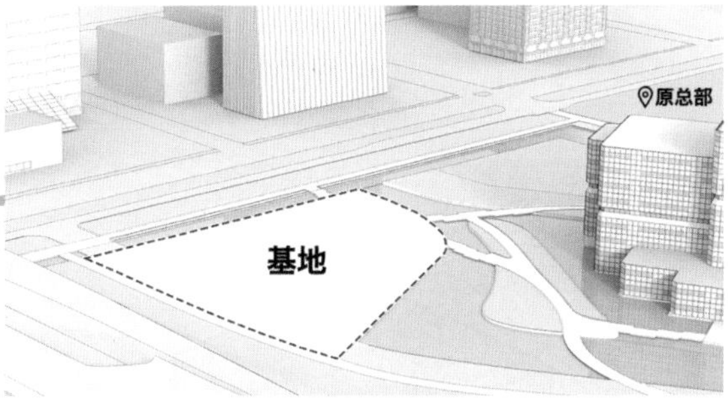

图 2

既然原来已经有一个总部了，再新建一个总部是不是因为某公司最近业务量暴增？很有可能。

但也有可能是因为想增加点儿新业务，比如，房屋租赁。

新的总部办公楼被定位成一个多租户的办公项目，40 000 m^2 的办公面积，租赁办公和总部办公将各占一半。然后，这个神秘的 IT 公司请来了复杂流线大佬 UNStudio 建筑事务所来设计。大佬掐指一算：依据周围建筑高度以及本项目的功能面积要求，强行并置好像摆不下。左右并置的办公空间均不能获得良好朝向，前后并置采光距离又不够（图 3、图 4）。

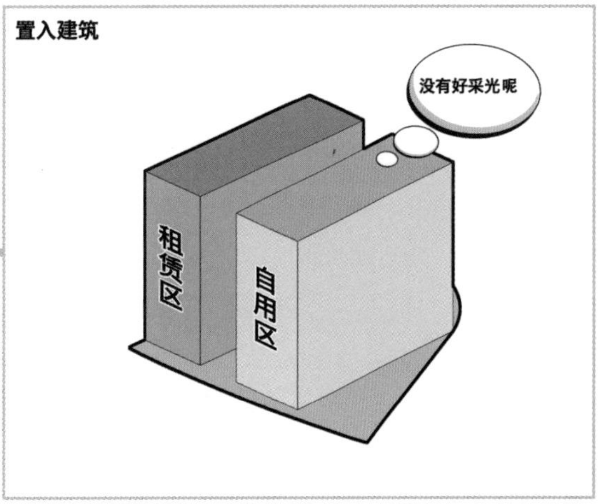

图 3

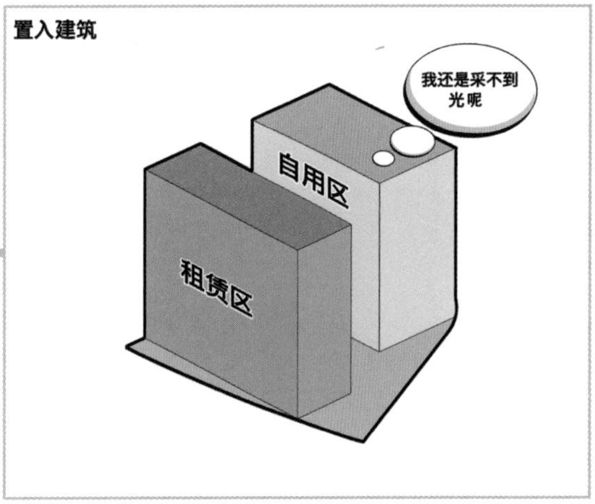

图 4

那就只能合二为一了，一体化的设计也更有利于使出看家本领——复杂流线。对不起，大佬的意思是满足两部分人群交流活动的需求（图5）。

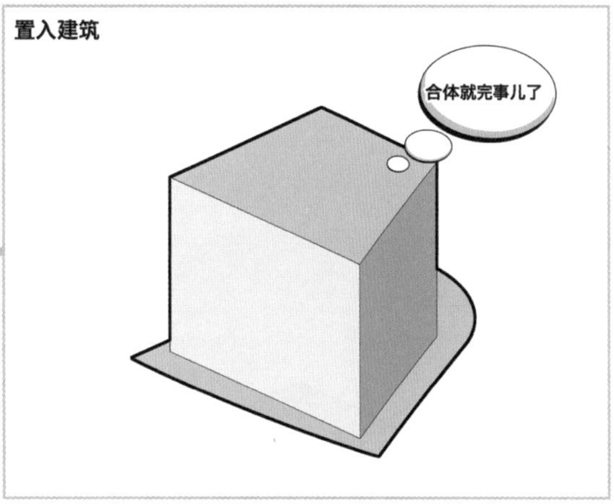

图5

当然，这样大进深的体块同样对通风采光不友好，挖中庭是解决这一问题的常规操作。如果不按常规操作呢？那可就是神仙老虎狗，各显神通了。预防过度设计守则第一条：常规操作能解决的问题，不要随意加难度，因为你难为的都是你自己。UNStudio 觉得：对（图6）。然后，根据人流复杂程度，租赁区置于下部，自用区置于上部（图7）。

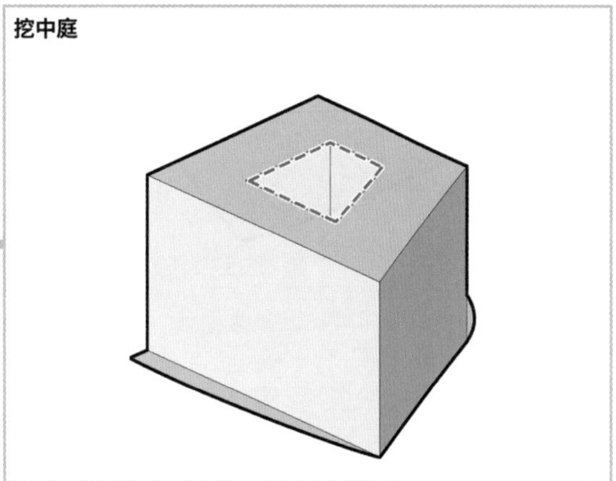

图6

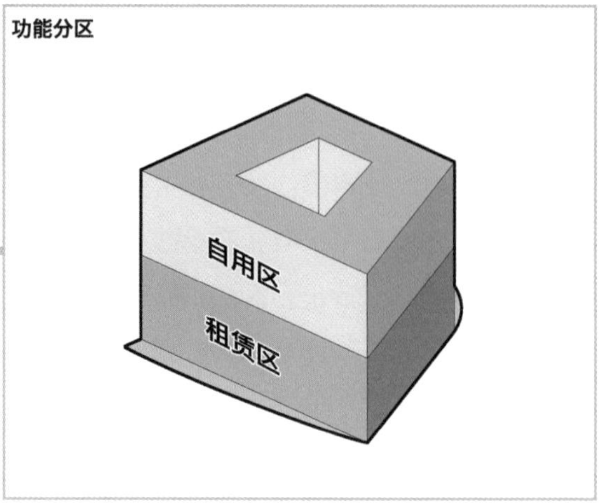

图7

咱们已经知道基地周围环境不错，再加上低层区本身也是相对开放的租赁区，首层结合环境做个开放的花园大堂是应该的吧？为了公平起见，屋顶再来个花园给高层区的总部办公使用，也是应该的吧？于是，底层架空和屋顶花园就来了（图8）。

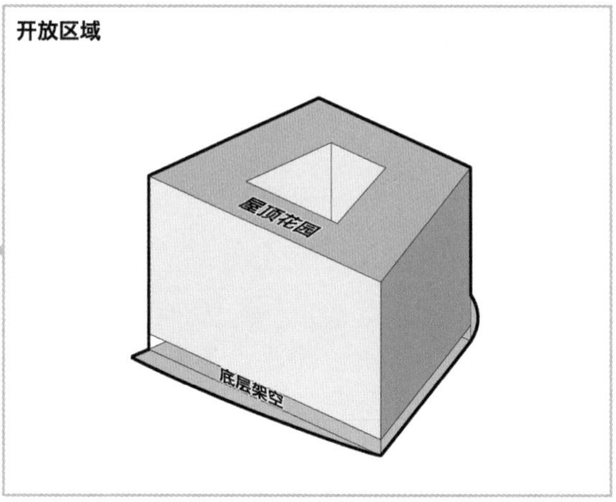

图8

由于未来租户的规模并不确定，所以办公空间的划分是个问题。作为一个严谨且实力雄厚的工作室，当然应该搞一下阿姆斯特丹租赁市场调研、目标客群分析、中小型 IT 公司办公需求分析等，再给出一个不同面积办公空间的配置比例作为空间划分依据，才能对得起设计费吧？对此，UNStudio 表示：可以，但没必要。

既然无法准确划分，那干脆就不要划分。一整个大平层，谁想租多少自己加隔断吧（图 9）。规规矩矩置入柱网，求结构师表扬（图 10）。

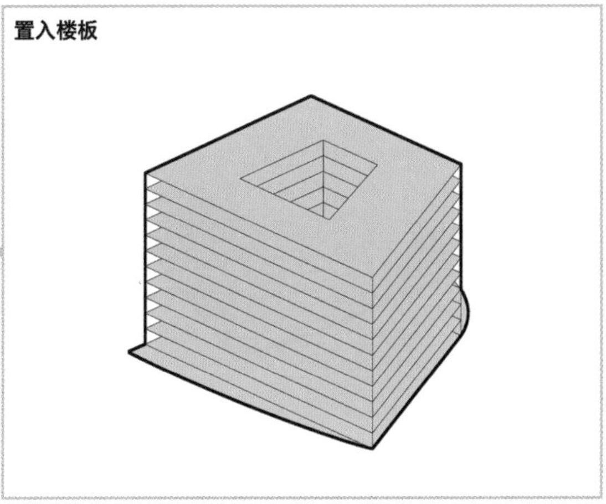

图 9

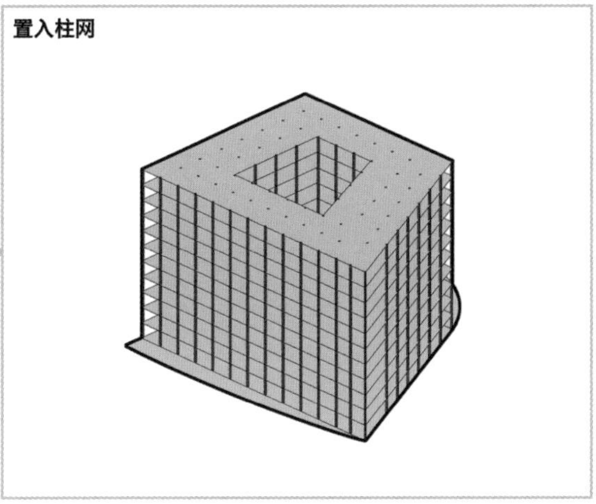

图 10

前面说了，底层大堂要和环境结合开放，所以怎么也得摆个造型，搞个门头了（图 11）。但 UNStudio 的长处不是摆造型，而是搞流线。怎么办？

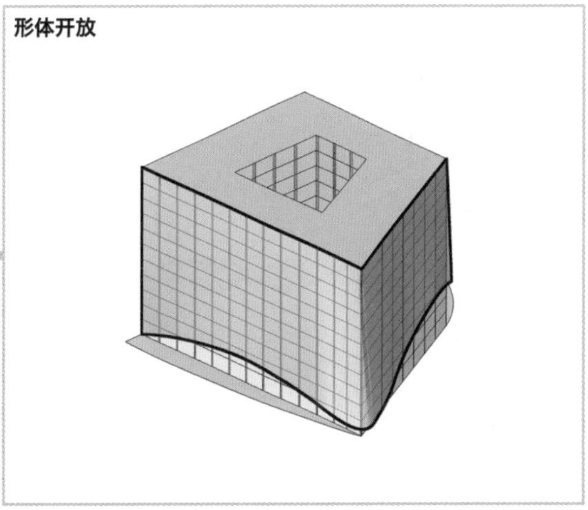

图 11

预防过度设计守则第二条：永远不要干你不擅长干的事，因为你不知道干到哪儿能及格。所以，UNStudio 果断决定通过搞流线来摆造型，也就是先想办法把屋顶花园和首层大堂这两部分的公共活动空间连起来（图 12）。

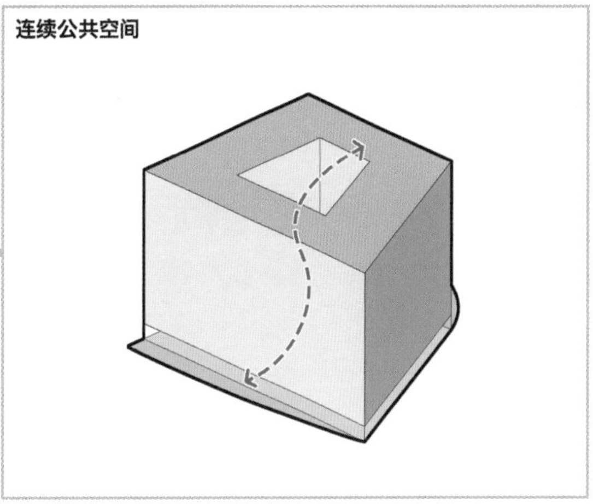

图 12

怎么连？还是常规操作，依靠公共活动神器——平台 + 楼梯（图 13）。

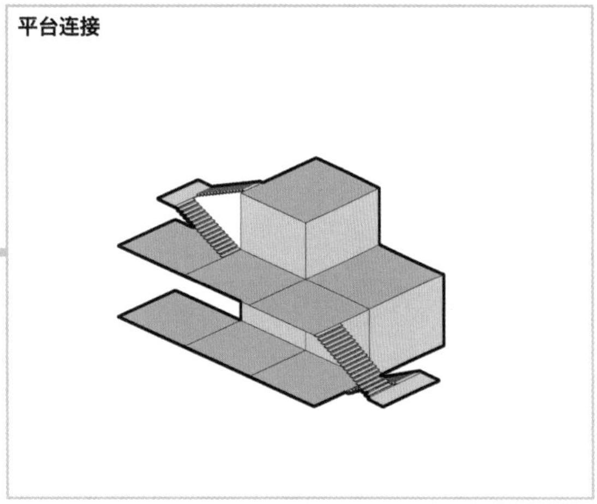

图 13

利用楼梯连接平台，一路向上，为各层办公人员提供休憩活动的空间，同时也方便不同层间的交流。楼梯和平台还可以搞点花样。这事儿 UNStudio 也熟，毕竟做过那么多中庭，找个合适的放上去就行（图 14）。

图 14

预防过度设计守则第三条：没事儿多翻旧方案，能拷贝自己的，就别去突破自我了（图 15、图 16）。

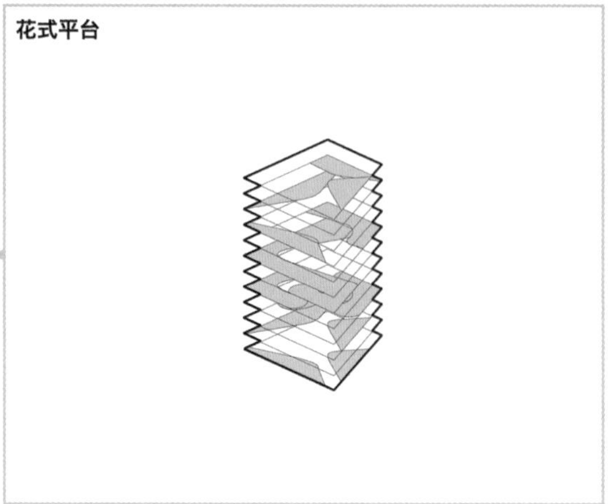

图 15

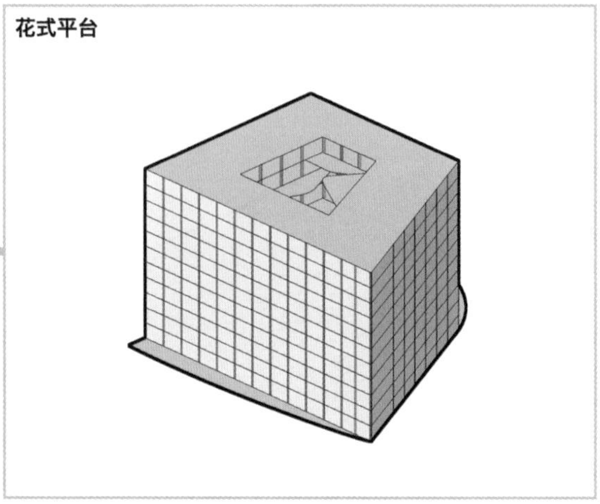

图 16

但中庭大堂如何和外部空间联系？好歹还得有个特别造型吧？总不能直接开个门洞就算了。造型怎么做？怎么简单怎么做。UNStudio 的意思是，既然现在空间里唯一的元素只有柱网，那就用柱网做。先以柱网尺寸划分网格，打好变化的基础（图 17）。

柱网控制

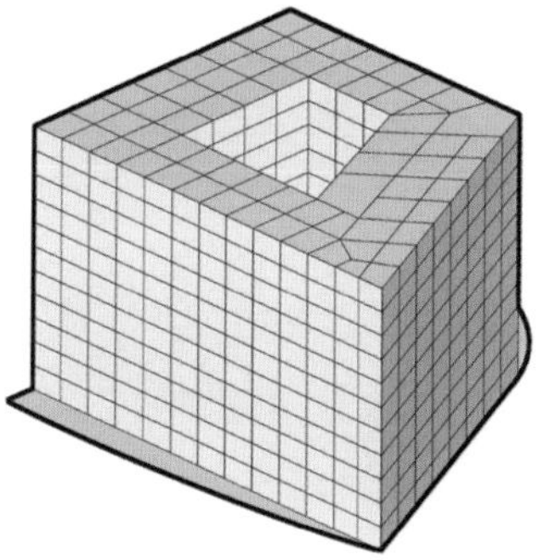

图 17

再直接利用柱网来控制建筑底层的开放形态以及中庭平台和屋顶花园的形态，形成自下而上、由内而外的结构形式一体化（图 18 ~ 图 20）。

柱网控制形体

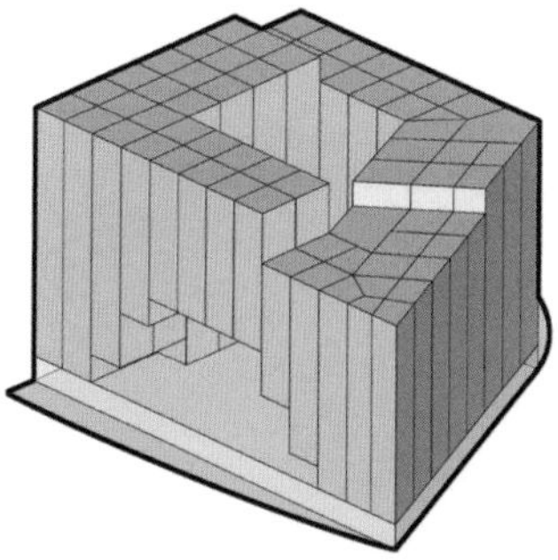

图 18

柱网控制形体

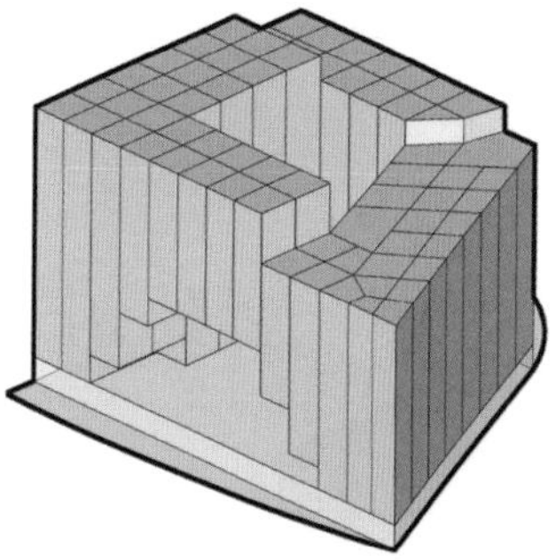

图 19

柱网控制形体

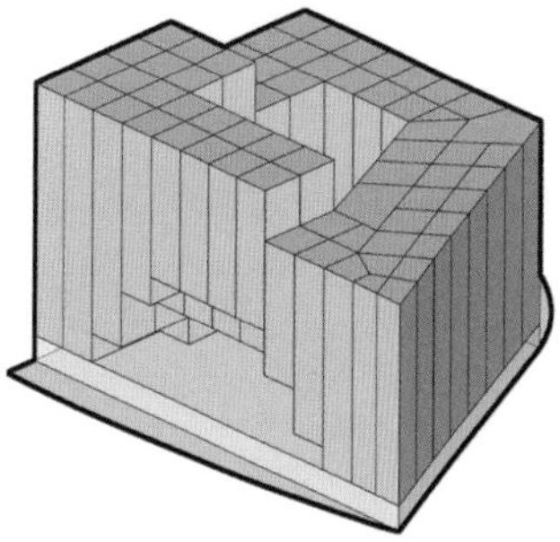

图 20

确定了变化原则后，我们来确定一下形体。关于底层开放，利用柱网控制建筑体块起伏的形态，逐层向上提升（图 21）。

底层开放空间

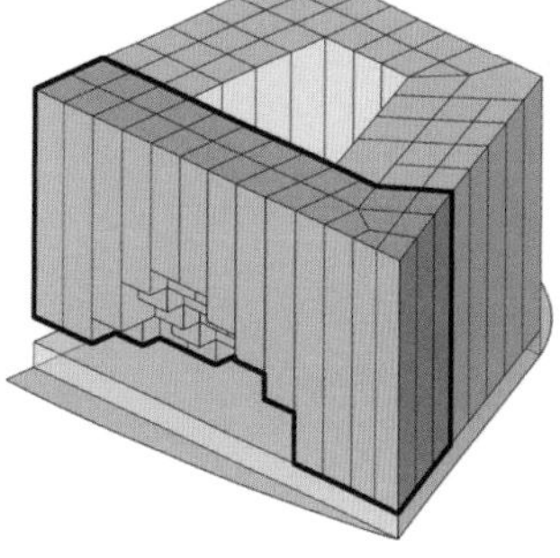

图 21

前面的花式平台同样也以柱网及半柱网的尺寸加以控制，形成公共活动交流空间。同时，设置楼梯，向上与屋顶花园连为一体（图22～图24）。

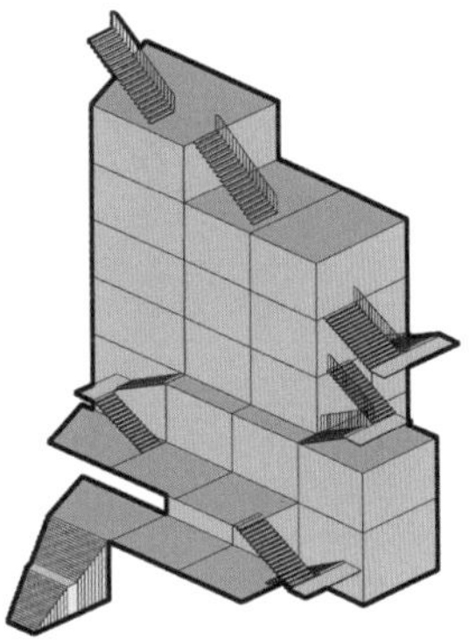

图22

活动平台

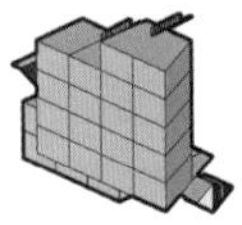

图23

活动平台

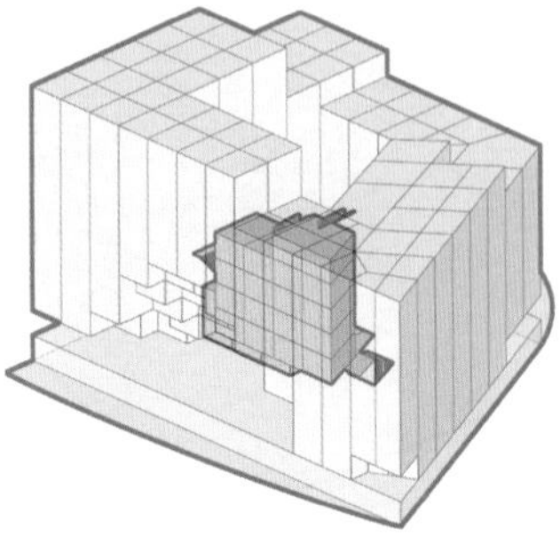

图24

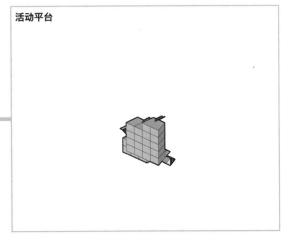

屋顶花园同样依据柱网进行区域划分，由于底层公共活动空间形体凹凸已较为丰富，屋顶层就稍微平整些，以形成较大面积的活动空间（图25）。然后置入交通核，满足疏散需求（图26）。

屋顶花园

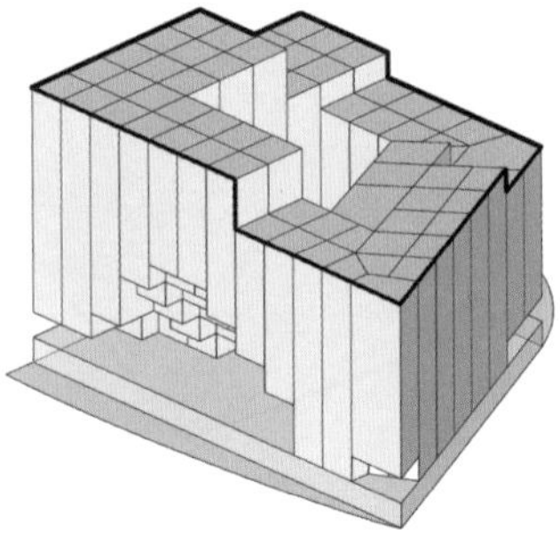

图25

交通核

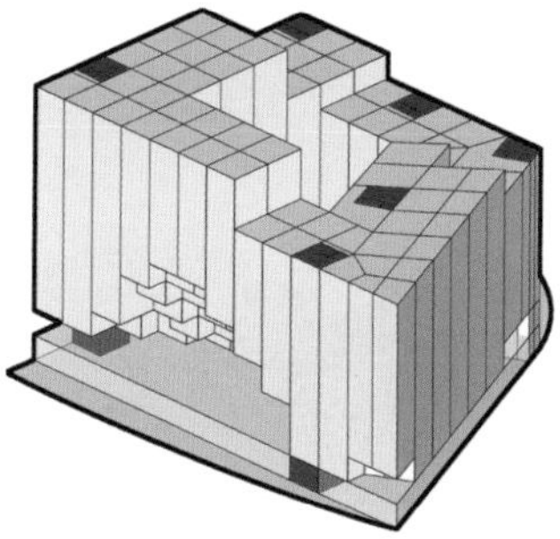

图 26

至此，功能流线已经做得差不多了。为了达到更加良好的采光效果，外立面同样依据柱网体块逐一错动，在进一步增加采光面积的同时，还可保护建筑物免于吸收过多的太阳能热量，通过集成光伏发电，并减少眩光（图 27 ~图 29）。

体块错动

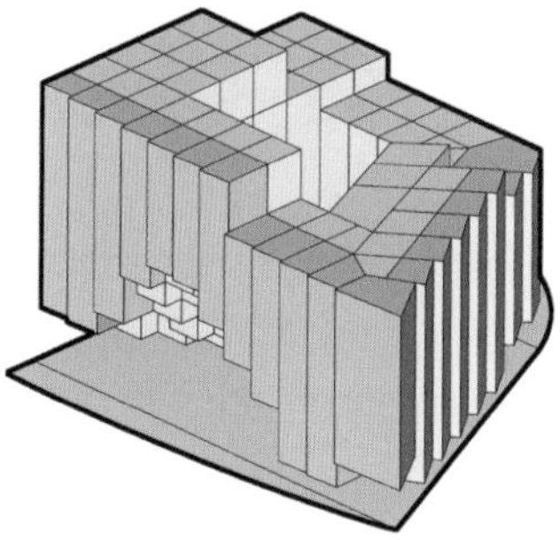

图 27

玻璃幕墙

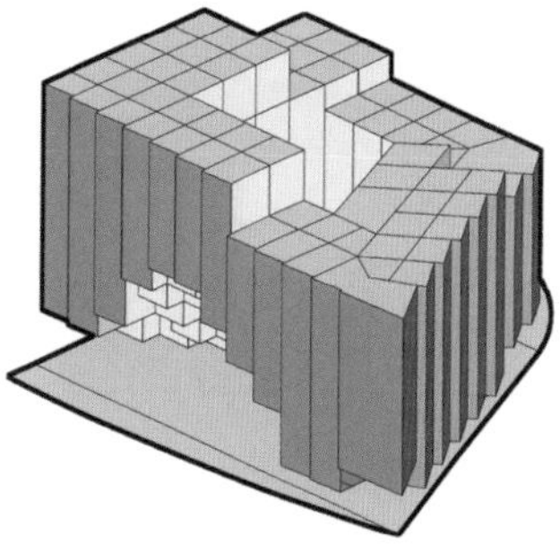

图 28

玻璃幕墙

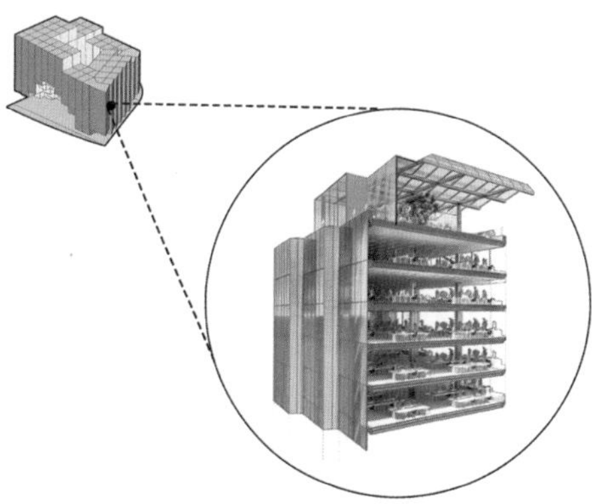

图 29

在公共交流平台中种植花草，形成自然平台。如此，外部优美环境就被拉入建筑，越过植物繁茂的自然平台，最终达到屋顶花园，从而形成良好的活动环境，创造协同效应（图 30 ~图 32）。

至此，内部环境算是大功告成了（图 33）。外面装上玻璃幕墙，收工（图 34、图 35）。

绿色平台

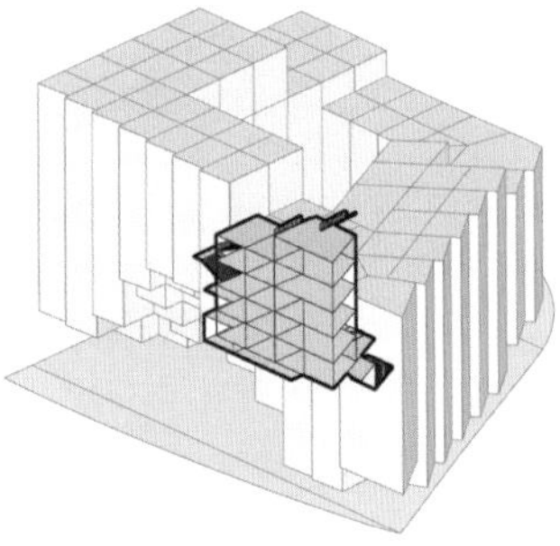

图 30

绿色平台

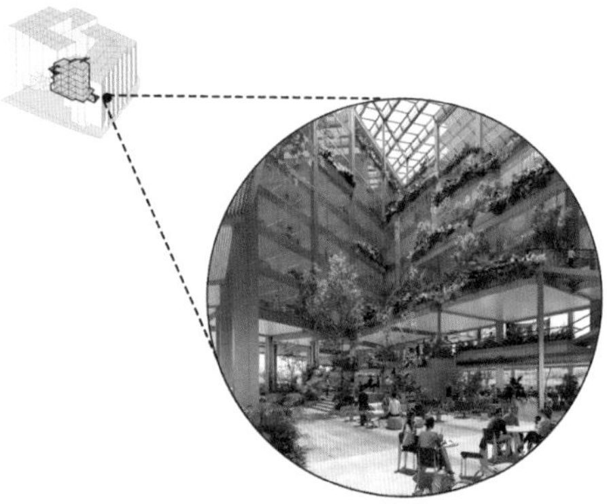

图 31

绿色平台

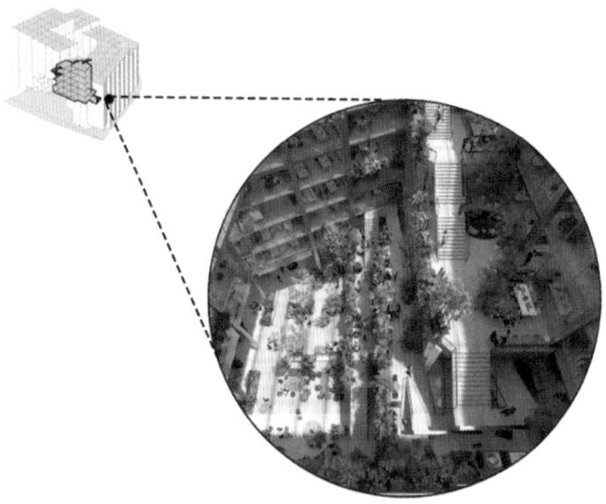

图 32

内部空间

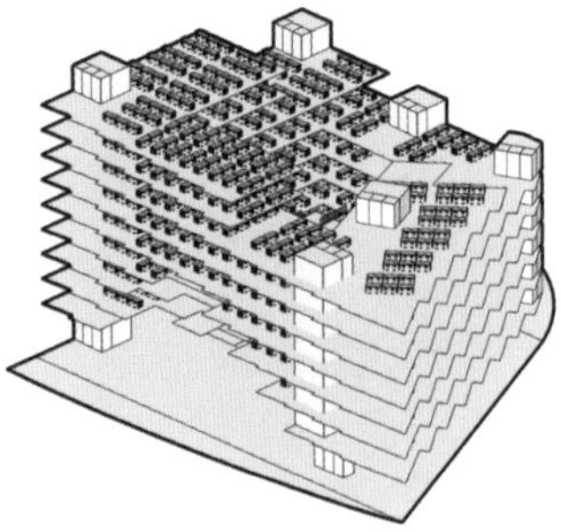

图 33

玻璃幕墙

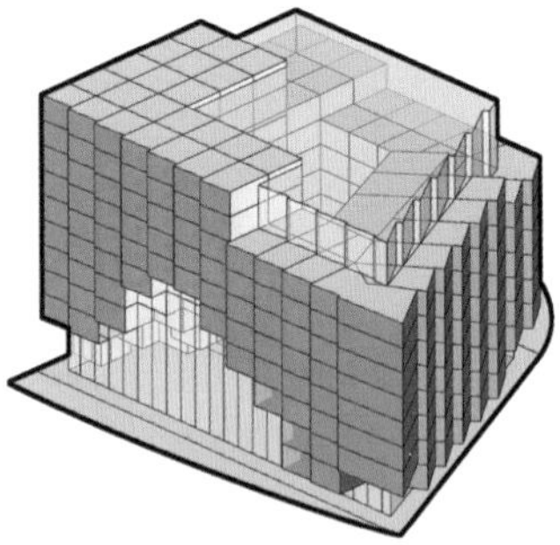

图 34

融入环境

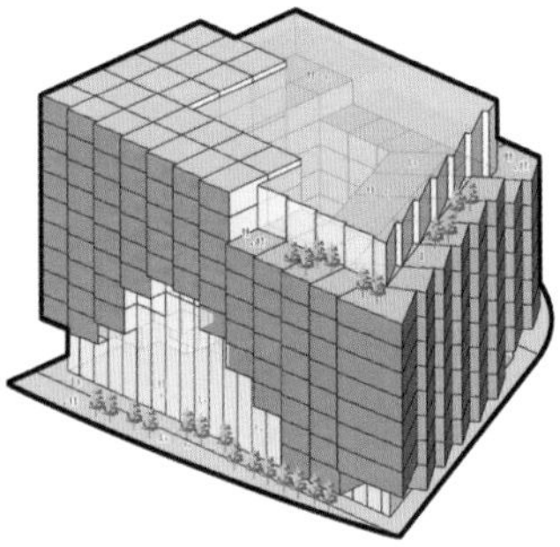

图 35

这就是 UNStudio 建筑事务所设计的阿姆斯特丹 IT 总部（图 36 ~图 39）。

图 36

图 37

图 38

图 39

再好的设计方案，也有 90% 的常规操作，只有 10% 是创新突破。但太多的建筑大师故事，最终淡化的是背景，强化的是个人英雄情结。如何成就个人英雄？才华 + 任性。可惜，才华太难得，任性又太简单。适可而止是一种美。

图片来源：

图 1、图 36 ~图 39 来自 https://www.pinsupinsheji.com/h-nd-2069.html?_ngc=-1&groupId=1，图 2 改绘于 https://www.pinsupinsheji.com/h-nd-2069.html?_ngc=-1&groupId=1，其余分析图为作者自绘。

END

你的设计天赋可能只是被刻板印象禁锢了

图 1

名　称：迈阿密大学一年级大学村（图 1）
设计师：Perkins&Will 事务所
位　置：美国・科勒尔盖布尔斯
分　类：校园建筑
标　签：校园中心，广场，景观，标志物
面　积：44 779 m^2

建筑师有很多职业病，其中有一个看起来不太需要治疗的，叫习惯性认房子，俗称“这一看”病。主要发病原因在于大量浏览建筑案例，致使看到任意建筑都易产生不过脑子自动分类的应激反应，典型症状为脱口而出使用“这一看”造句。比如，“这一看就是个办公楼”“这一看就是个博物馆”“这一看就是抄 XXX 的”“这一看就是模仿谁谁谁的”……当然，还有万能句型——“这一看就是想搞个综合体，但没弄成”。

“这一看”病表面看起来不叫个事儿，不就是在甲方面前装装厉害，在亲朋面前吹吹牛，在同事面前拔拔份儿吗？除了嘴碎点儿，不损人不利己的。确实不损人，但损己。“这一看就是个办公楼”没毛病，但你一设计办公楼就让它一看就是个办公楼，就有毛病了。或许，你以为的你以为只是你以为，很可能根本不是这个项目的以为。

迈阿密大学位于科勒尔盖布尔斯市，校园风景如画，环境极佳，被誉为全美校园环境最优美的大学之一（图 2）。

图 2

迈阿密大学最近打算盖个新楼，为了对得起自己全美高中生最向往的大学之一的称号，校长大人拿着放大镜在本就风景如画的校园中，挑选了一块比如画更“如画”的场地。场地位于校园核心位置，一面临水，湖光粼粼；一面有花，草长莺飞。且湖水自然穿过场地，得天独厚的条件可以说是非常怡人了（图 3、图 4）。

图 3

图 4

那么，问题来了：如此花好、水好的中心位场地，该盖个什么房子好呢？对，人家迈阿密大学就是有钱任性。虽然我不知道我要盖个什么，但我知道我肯定要盖个房子。讲道理，这种中心位风水宝地在正常人眼里肯定得搞个中心位功能才匹配，什么图书馆、行政楼、活动中心、研究中心，或者干脆搞个校园综合体。只能说有钱人的心思都是很单纯的——想起一出就是一出，比如，我们的迈阿密甲方。

环顾偌大的校园，发现自己啥也不缺，唯一就是学生宿舍不是很多。本来美国大学对住宿也没有强制要求，所以这也不算刚需。不算刚需，那就算改善呗，反正咱就是要盖个新房子。校方大手一挥，这块中心位风水宝地就被定义成了宿舍楼。

住宿功能：单人间（18 m^2×470），双人间（25 m^2×560），三人间（30 m^2×100），洗衣室（35 m^2×5、50 m^2×5、80 m^2×5）。

公共功能：自习室（20 m^2×15、30 m^2×30），休闲空间（2500 m^2）。

说到这儿，我们不禁要反思一下自己，为什么觉得中心位不能盖宿舍楼呢？就因为这是用来睡觉，而不是用来学习的？聪明如 Perkins&Will 事务所，很快就抓住了问题的关键——甲方想要的其实就是简简单单的一个中心而已，只要这里具备中心的属性，这里就是中心，和什么功能并不矛盾（图 5）。也就是说，我们无须在意这个建筑有什么功能，我们只需要了解什么东西能够在校园的中心位站得住。

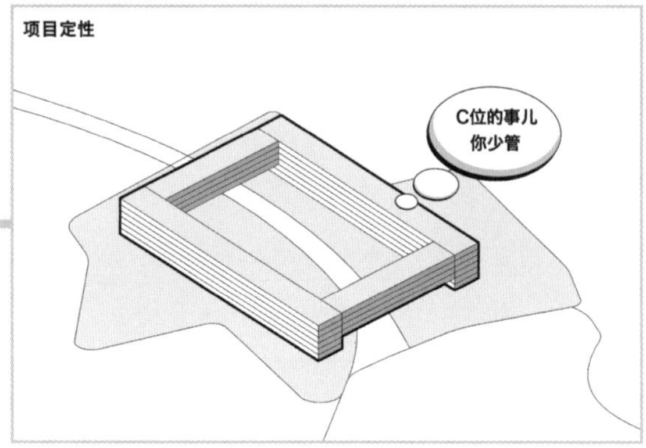

图 5

校园中心有三宝：广场、景观、标志物。以上三者可任意组合或者包圆儿（图 6）。

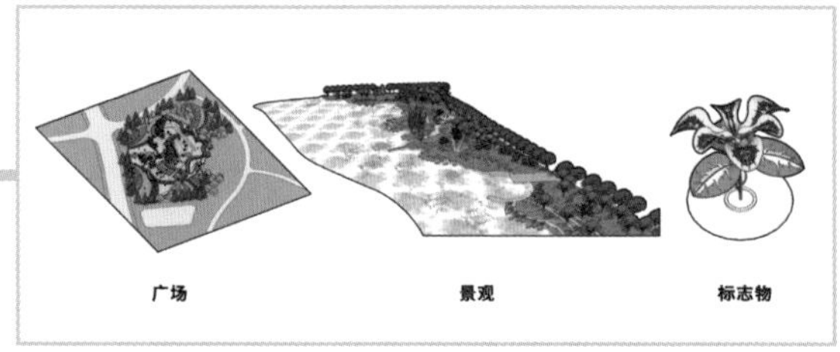

图 6

懂了！现在场地景观条件得天独厚，我们暂且无须进行二次开发。如果再想加个广场该放哪儿呢？要么搁在地上做成底层架空，要么举到天上做成屋顶花园，再不行来个中层架空，选哪个似乎都可以（图 7）。

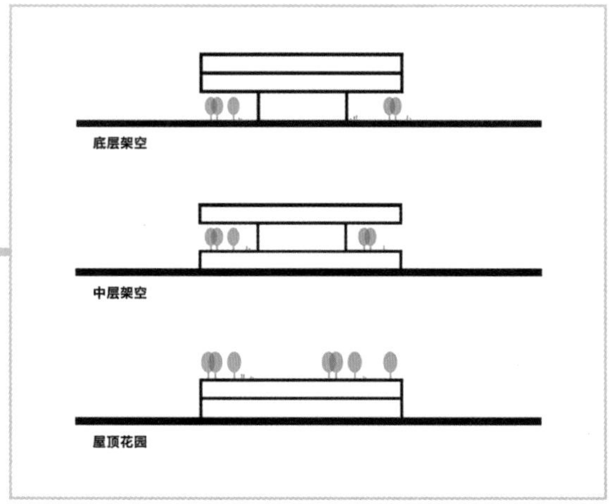

图 7

暂且不急，我们先把建筑放进去看看体量关系。根据场地被湖水穿流而过的现实条件，阻断水源万万不可，那就只能将宿舍楼置于湖水两侧了。把最常见的宿舍体量——大板楼依据功能面积要求置入场地（图8）。

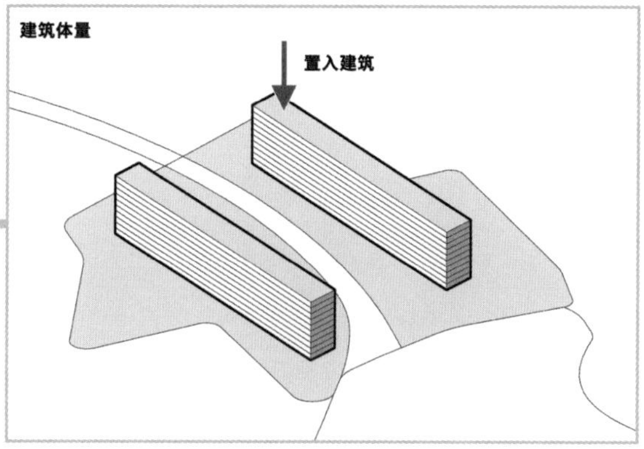

图8

考虑到大板楼的造型条件，完全举到头顶的广场肯定就不叫广场了，那叫跑道。况且，基地景观条件这么好，不亲密接触下那就可惜了，所以选择底层架空（图9）。

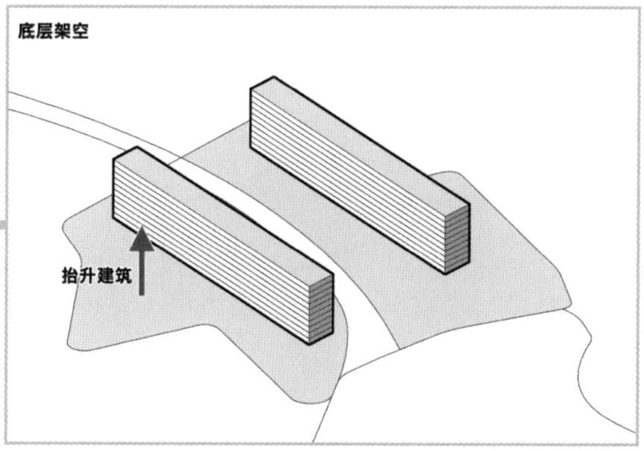

图9

现在广场空间被湖水阻隔，还得规划一下道路连通。作为一个合格的广场，停留和行进功能同等重要，为了使人们在行进过程中最大化地接触环境，将两条主要路径沿场地对角线方向设置，使行走路径达到最长（图10）。

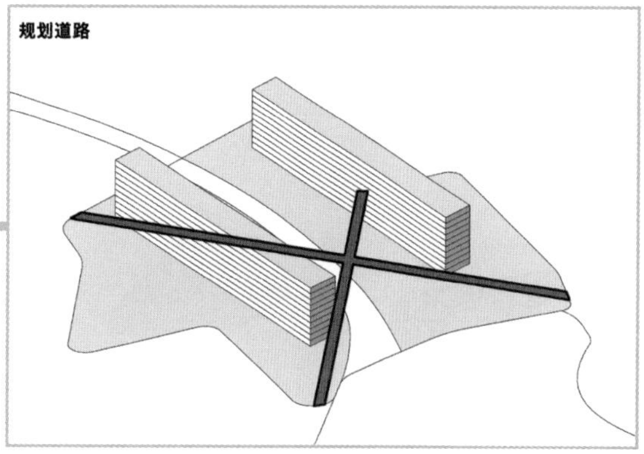

图10

不管什么功能，站在中心位就得有中心的样子，说白了，就是要具有公共性。依据道路和大板楼的位置，在底层设置公共活动大厅（图11）。

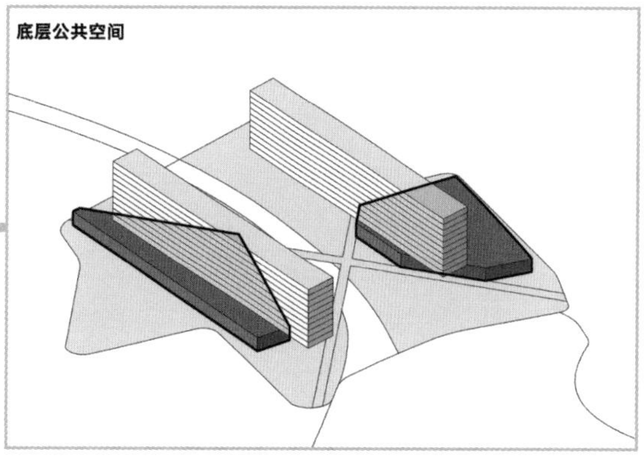

图11

当然，底层公共空间占地面积还是不宜过大，不然我们架空就架了个寂寞。虽然占地面积小，但屋顶还是可以做大的，因为任何时候都不要放弃设置屋顶花园的机会（图 12 ~图 14）。再设置路径将屋顶与底层广场连接，这立体广场不就有了（图 15）？

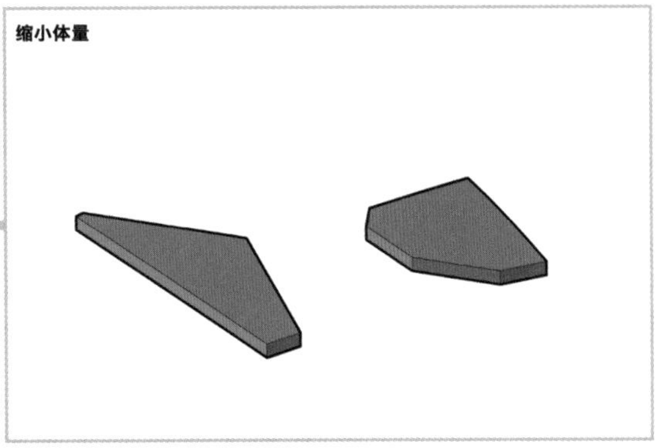

图 12

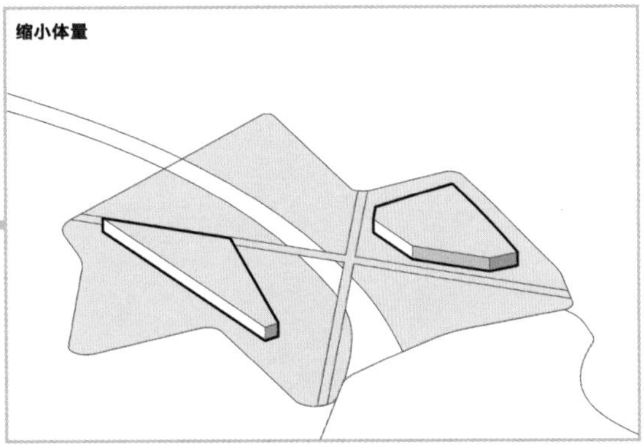

图 13

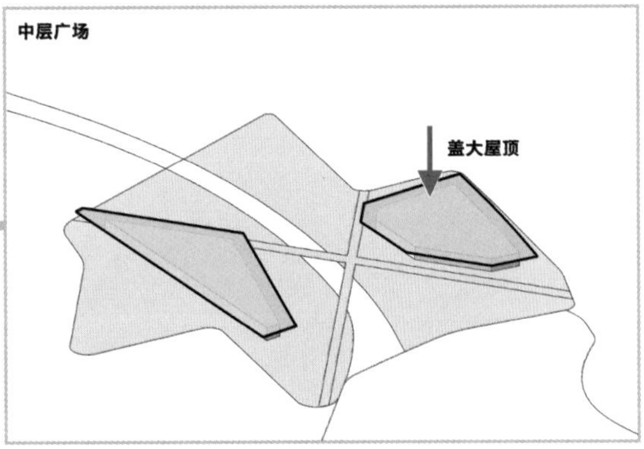

图 14

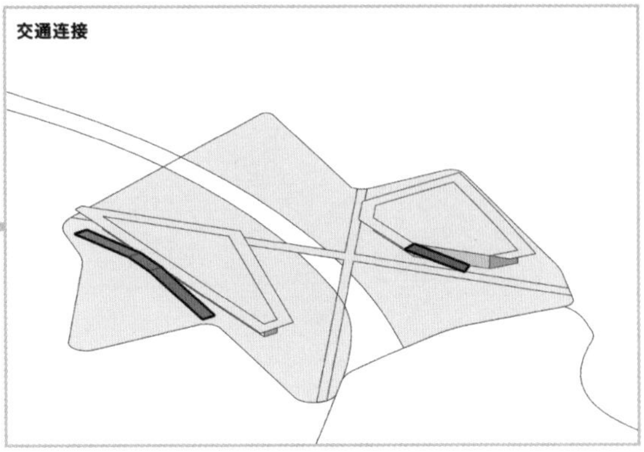

图 15

现在广场和景观要素都具备了，标志物怎么办？这就还得靠建筑做造型了。但对于我们的大板楼来说，造型奇特的同时还得好用，不信你搞个三角形宿舍挑战一下当代大学生的容忍度试试。Perkins&Will 事务所就地取材，有啥用啥，扭一扭就是最简单、高效的方式啊。有些楼，表面看来平平无奇，实际上却是能够同时限定内部和外部的“管子”空间的前身（图 16 ~图 19）。

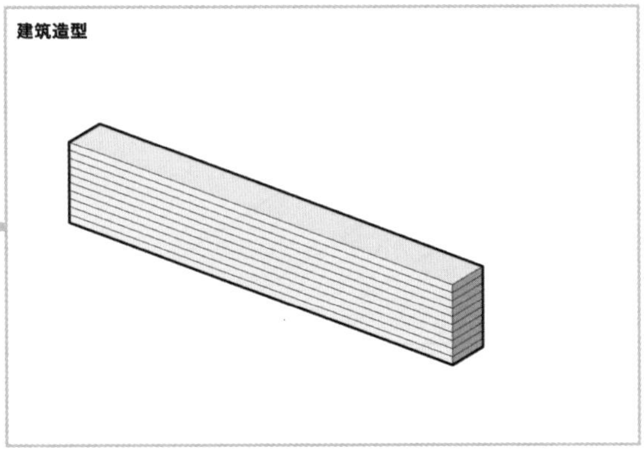

图 16

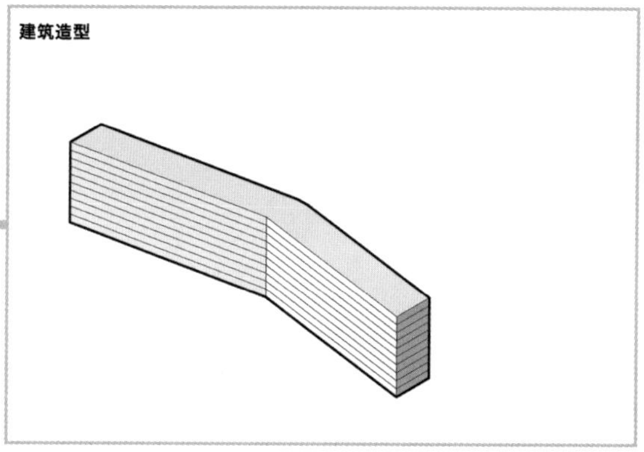

图 17

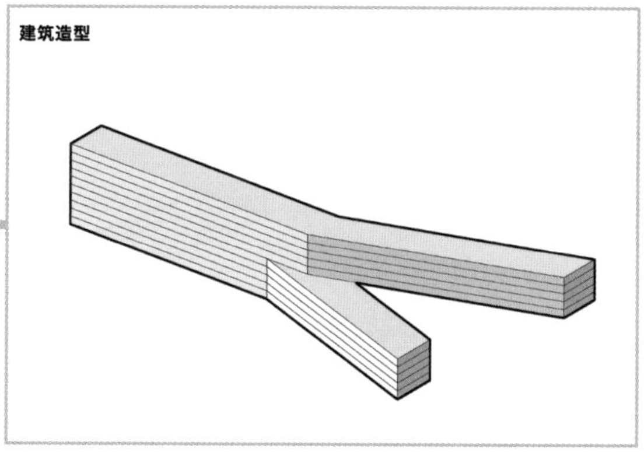

图 18

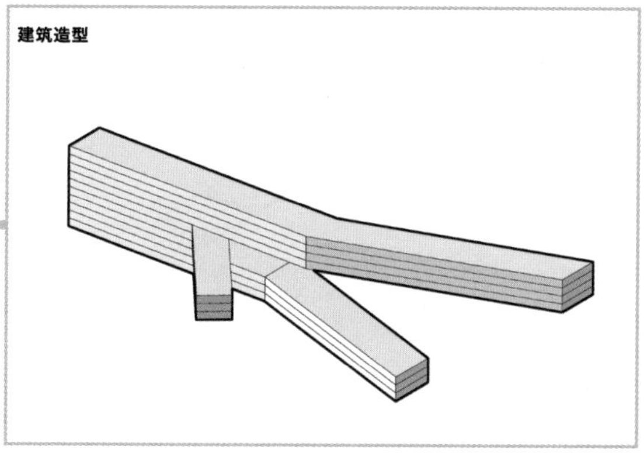

图 19

好的，确定了设计方法，我们就可以开掰了。场地一侧板楼分为两段，一侧分为三段，再左右摇摆一下，标志性建筑就这么横空出世了（图 20 ~图 23）。

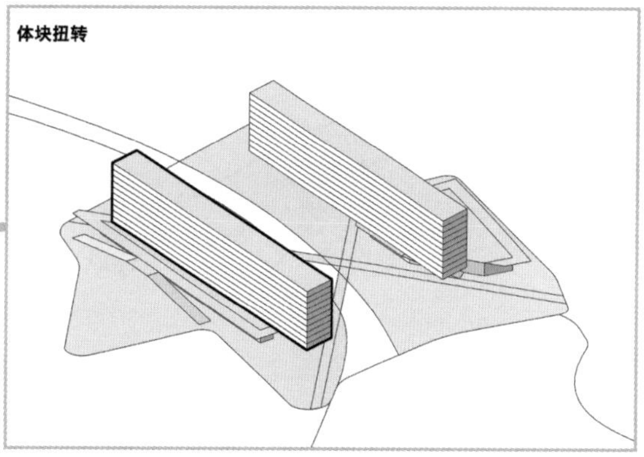

图 20

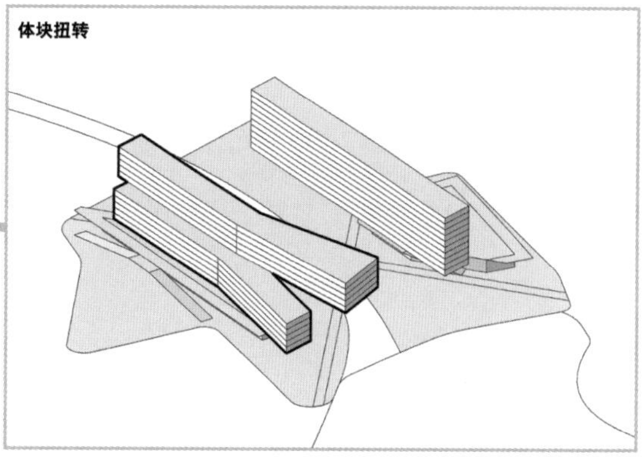

图 21

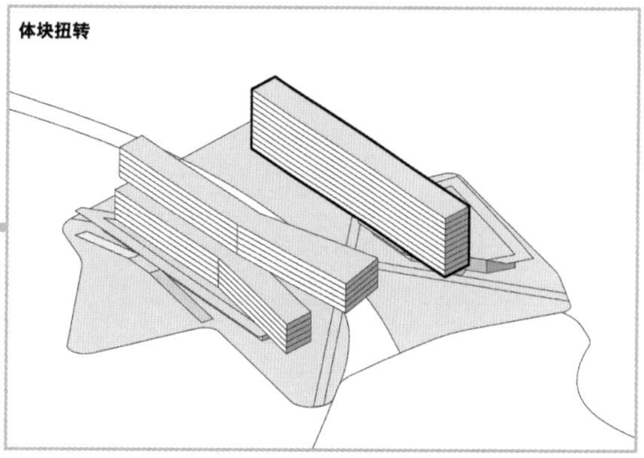

图 22

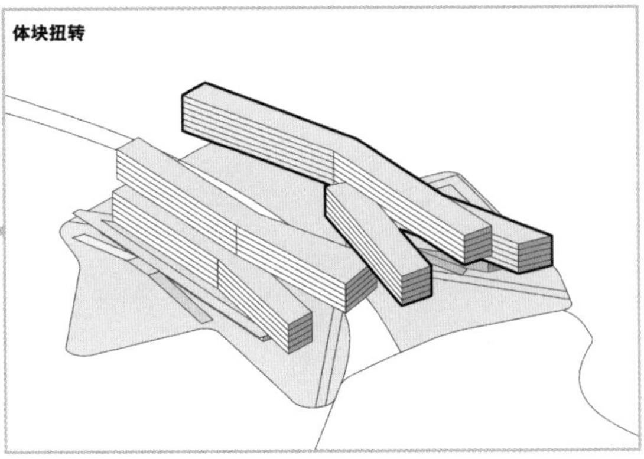

图 23

接下来，按需布置房间即可。本着每层单人间、双人间和公共活动空间兼备的原则进行布置。由于楼板较长，在端头和中间位置设置交通、后勤及公共活动空间（图 24 ~图 29）。

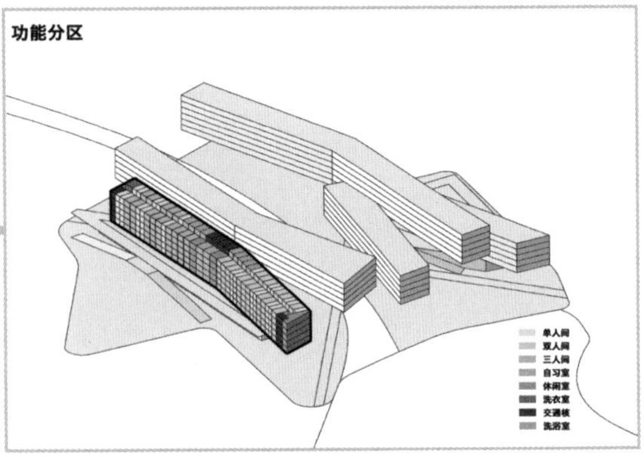

图 24

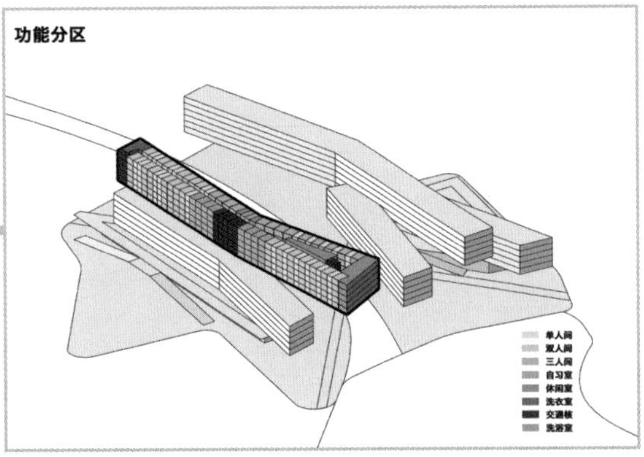

图 25

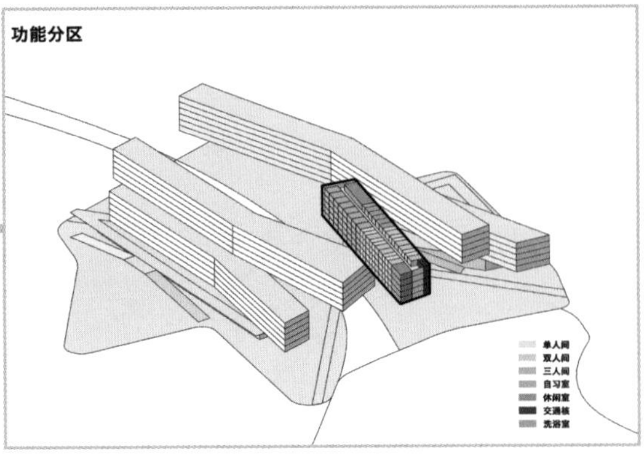

图 26

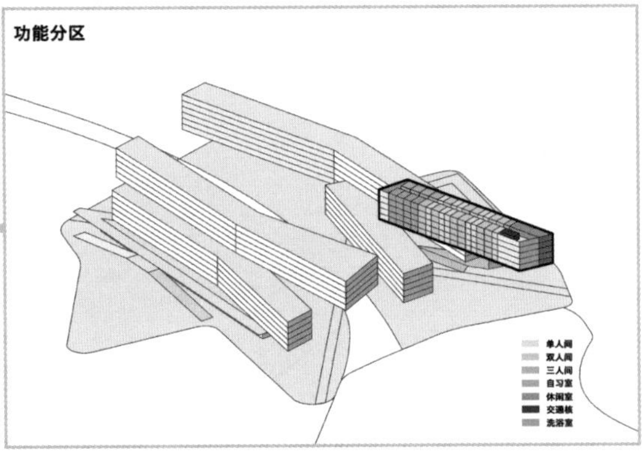

图 27

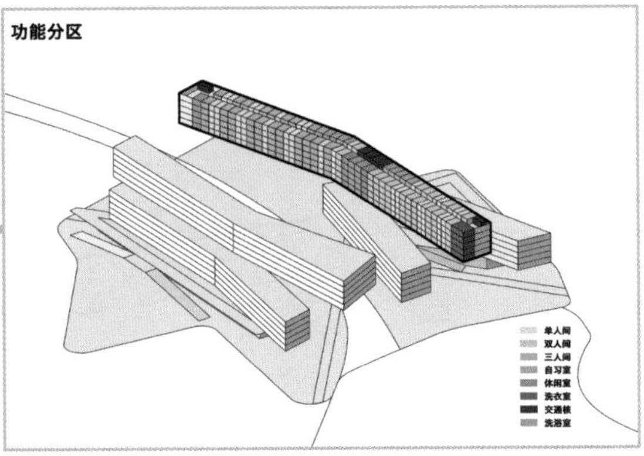

图 28

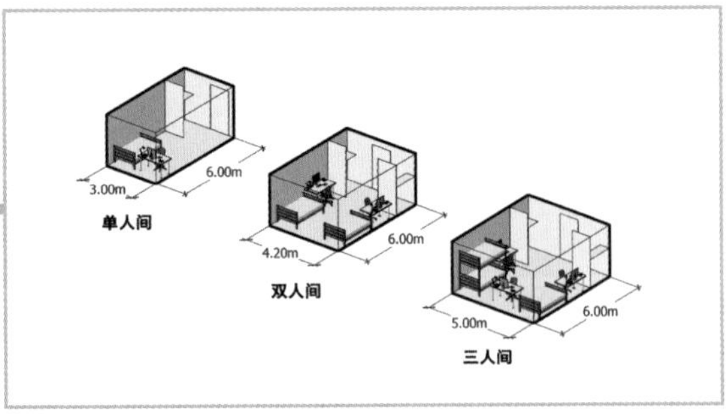

图 29

将交通核落地，在满足疏散要求的同时起到支撑作用（图 30）。架廊道连接两侧大板楼，在增加公共活动空间的同时增强建筑的完整性，完善建筑形象（图 31）。

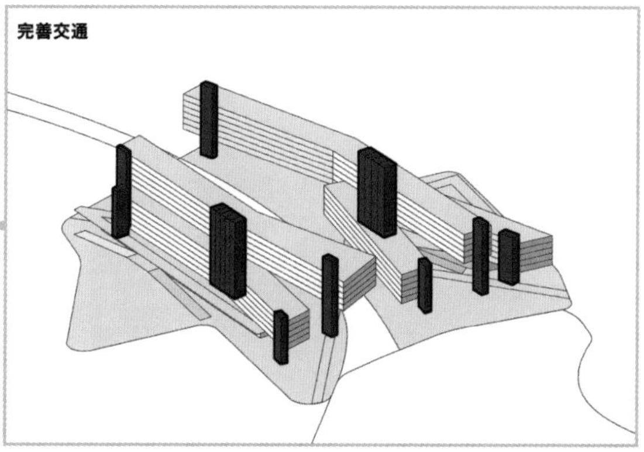

图 30

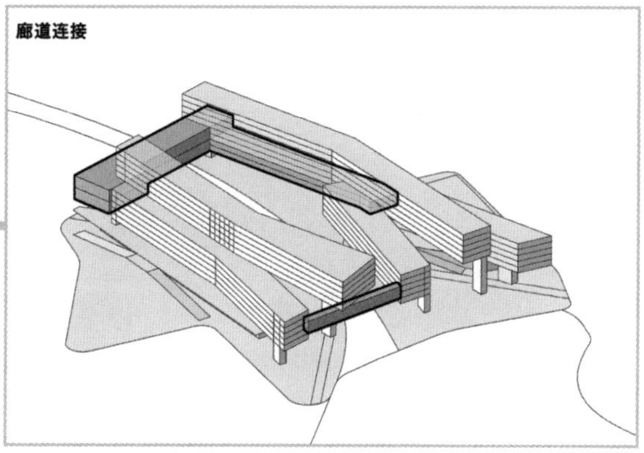

图 31

接着依据上部建筑体块形态，对底层空间进行调整：一侧公共空间屋顶直接落地，增强上下层绿化广场的连续性（图 32）。交通核上延，对顶层空间加以利用，构成活动广场，中层屋顶设置为绿化广场，形成完整且完善的立体广场构建（图 33）。最后，设置格栅立面。收工（图 34）。

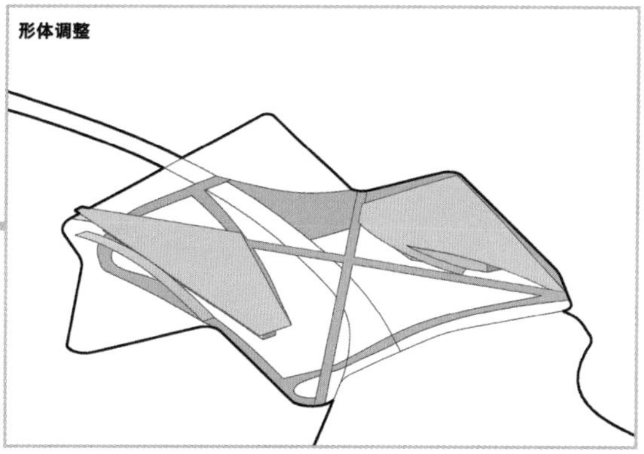

图 32

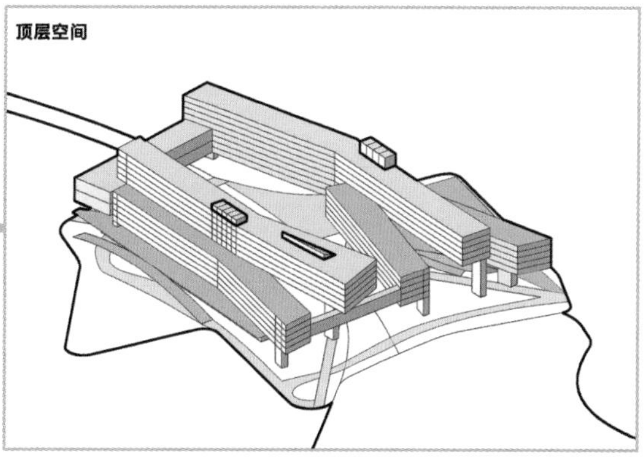

图 33

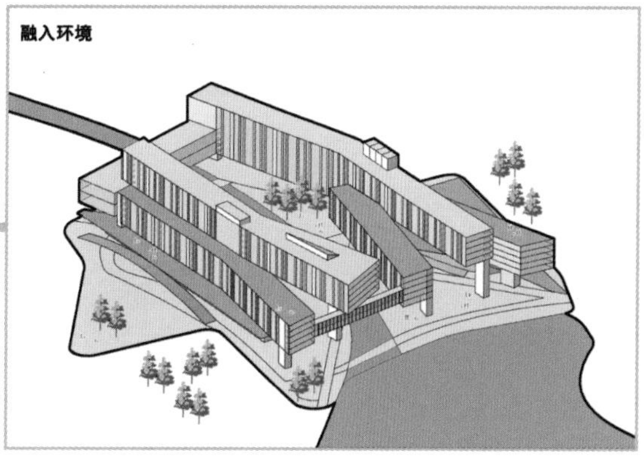

图 34

这就是 Perkins & Will 事务所设计的迈阿密大学一年级大学村（图 35 ~图 43）。

图 35

图 36

图 37

图 38

图 39

图 40

图 41

图 42

图 43

这个世界上的大多数问题其实都挺“薛定谔”，说难也难，说简单也简单。能简单到只需要换个赛道就畅通无阻，也能难到终其一生也无法突破固定模式的禁锢。建筑就像人一样，在其位，谋其政，和你是谁没有关系。好的建筑都应该能发挥自己的功用，而不是仅仅被赋予功能。

图片来源：

图 1、图 35 ~ 图 38 来自 https://www.pinsupinsheji.com/h-nd-1677.html#_np=126_803，图 39 ~ 图 43 来自 https://www.behance.net/gallery/100873351/University-of-Miami-New-Student-Village，其余分析图为作者自绘。

END

做设计要从小事做起，因为我们根本做不了大事

图 1

名　称：Scialoia 学校校园（图 1）

设计师：MoDus 建筑事务所

位　置：意大利·米兰

分　类：教育建筑

标　签：校园开放，菱形网格

面　积：66 000 m^2

START

总体来说，建筑师是个好职业。我们虽然下班晚，但是上班早啊；我们虽然不起眼，但是责任大啊；我们虽然奖金少，但是扣得多啊；我们虽然工资低，但是项目大啊；我们虽然福利薄，但是制度多啊；我们虽然人员少，但是任务多啊。这么棒棒的职业，你绝对值得拥有！忙忙碌碌在强排中蹉跎，反反复复在指标中恍惚。每天似乎都在纠结，又似乎什么都决定不了。能拍的最大的板就是决定把方案做成方块还是曲面。对建筑师来说，方块还是曲面，就像甜粽还是咸粽一样，这不是选择问题，而是立场问题。但事实上，对任何一个具体项目来说，选择都比立场更重要。所以，建议大家选择不要立场。

2019 年，米兰市政府打算建一所新学校，不但是新建的新，还是新型的新。这个新型学校的创新不但包含从托儿所到中学跨越十几岁的年龄范围，更重要的是面向周边社区开放的创新。先来领个任务书。

建筑基地包含两部分，1A 区和 1B 区。1A 区用来容纳新学校综合体以及一些可能的公共空间区域。在该区域内，必须包括新校舍的场地和与之相连的外部区域。1A 区面积约 3 hm^2，东接 Viale Enrico Fermi 绿地，西侧毗邻 3 条街道，与住宅区相接；1B 区包括 via Pellegrino Rossi 街的公共花园和目前属于幼儿园的区域，这些区域必须被拆除，必须制订一个技术经济可行性项目来安排公共绿地，并附在现有的花园上。1B 区面积约 6500 m^2，东与 Via Pellegrino Rossi 街接壤，南北有两块住宅用地，西有住宅停车场（图 2）。

图 2

任务书规定功能面积要求如下表。

功能面积要求统计表

托儿所	活动单元	游戏空间	60 m^2 × 3
		餐厅	30 m^2 × 3
		休息空间	30 m^2 × 3
		卫生间	15 m^2 × 3
	实验室	工作室	25 m^2
		运动区	120 m^2
	公共服务空间	家长接待处	30 m^2
		大厅及厨房连接空间	160 m^2
		厨房	160 m^2
		储藏室	16 m^2
	办公空间	员工休息室	15 m^2
		秘书室	20 m^2
		会议室	30 m^2
		档案室	15 m^2
		厕所	25 m^2
		更衣室	15 m^2
		材料室	20 m^2
		技术室	65 m^2
学前教育中心	教育活动空间	授课空间	100 m^2 × 7
		自由活动空间	80 m^2 × 3
		更衣室	35 m^2 × 7
		厕所	20 m^2 × 9
		储藏室	20 m^2
	公共服务空间	自助餐厅	350 m^2
		大堂	50 m^2
		洗衣房	10 m^2
	办公空间	管控室	10 m^2
		秘书处	20 m^2
		档案室	15 m^2
		医务室	30 m^2
		办公室	10 m^2

续表

功能面积要求统计表

小学	教学活动空间	教室	100 m^2 × 10
		普通实验室	150 m^2 × 10
		运动实验室	100 m^2
		音乐实验室	55 m^2
		储藏室	200 m^2
		非正式教学空间	400 m^2
	餐厅	食堂	500 m^2
		清洁室	90 m^2
		仓库	10 m^2
		更衣室	30 m^2
		配餐区	10 m^2
	行政服务	大堂	120 m^2
		管控室	20 m^2
		秘书处	30 m^2
		档案室	60 m^2
		办公室	120 m^2
		医务室	15 m^2
		清洁室	30 m^2
	卫生服务	卫生间	100 m^2 × 8
		老师专用卫生间	20 m^2 × 2
		技术室	65 m^2
中学	教学活动空间	教室	100 m^2 × 10
		普通实验室	150 m^2 × 10
		运动实验室	100 m^2
		音乐实验室	55 m^2
		储藏室	200 m^2
		非正式教学空间	400 m^2
	餐厅	食堂	300 m^2
		清洁室	90 m^2
		仓库	10 m^2
		更衣室	30 m^2
		配餐区	10 m^2
	行政服务	大堂	120 m^2
		管控室	20 m^2
		秘书处	30 m^2
		档案室	60 m^2
		办公室	120 m^2
		医务室	15 m^2
		清洁室	30 m^2
	卫生服务	卫生间	100 m^2 × 8
		老师专用卫生间	20 m^2 × 2
		技术室	65 m^2

续表

功能面积要求统计表

文化中心（服务于中小学）	礼堂	门厅	40 m^2
		报告厅	280 m^2
		存包处	30 m^2
		厕所	20 m^2
	图书馆	阅读空间	240 m^2
		厕所	20 m^2
		技术室	65 m^2
体育中心（服务于中小学）	多用途运动场一（600 m^2）	更衣室	90 m^2 × 2
		裁判更衣室	50 m^2 × 2
		卫生间	20 m^2 × 3
		清洁室	10 m^2
		候诊室	10 m^2
		储藏室	160 m^2
	多用途运动场二（300 m^2）	更衣室	90 m^2 × 2
		裁判更衣室	50 m^2 × 2
		卫生间	20 m^2 × 3
		清洁室	6 m^2
		候诊室	10 m^2
		储藏室	30 m^2

项目的主线任务分为 5 部分：托儿所、儿童教育中心、小学、中学及活动场地（包括体育中心和文化中心）。这么一块大长条地，最基本的想法肯定是 5 个一人一块儿，在化解超长距离的同时大家各不相扰（图 3）。先来个经典的校园布局——方块“回”字形。大家在自家内院，该玩玩、该乐乐（图 4）。

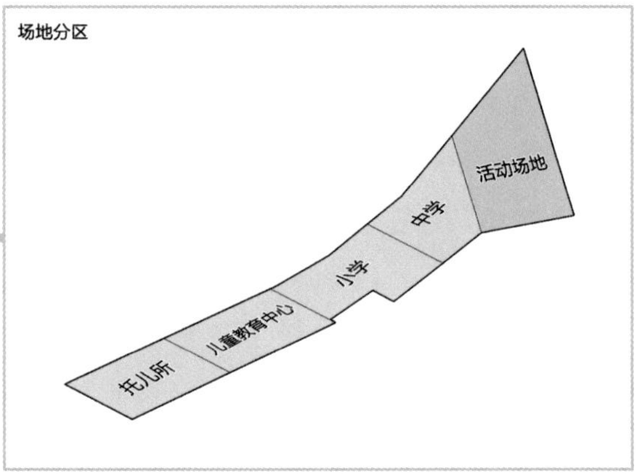

图 3

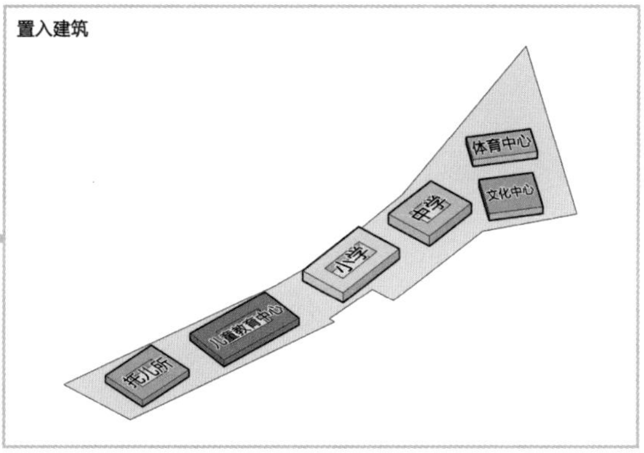

图 4

这样做确实是满足了校园基本的使用功能，但也只能是最基本的使用需求。首先就肯定体现不出综合教育的优势，其次是背对背的布局，在两者交接的地带产生了很多消极空间，这些都是隐患（图 5、图 6）。

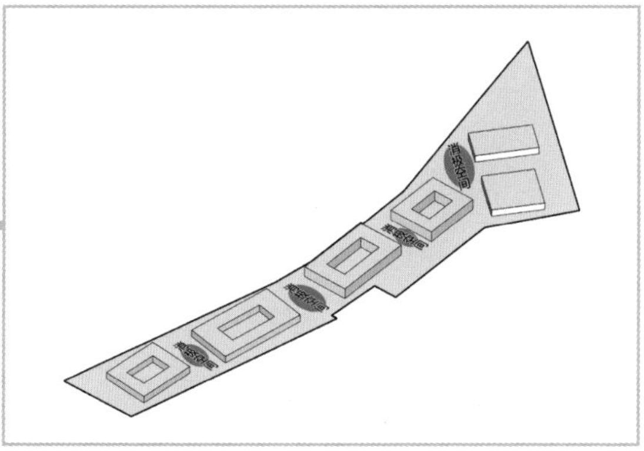

图 5

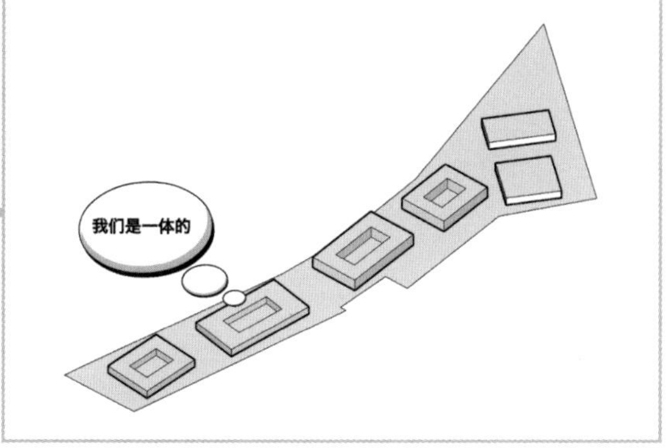

图 6

怎么办？番茄炒鸡蛋。意思很简单，如果是番茄炒番茄，你能在锅里分开两个番茄吗？而如果变成番茄炒鸡蛋，你肯定很容易分开番茄和鸡蛋，但番茄和鸡蛋又明明纠缠在一起。换句话说，就是选择以公共属性较强的功能空间作为鸡蛋，加入一堆中小学校中，这样一来，背对背产生的消极空间不仅不再消极，反而还变成了场地中最有活力的节点。

托儿所和儿童教育中心性质类似，确定为一组，我们将文化中心和体育中心作为媒介分别置于托儿所及儿童教育组团和小学及中学之间（图 7、图 8）。

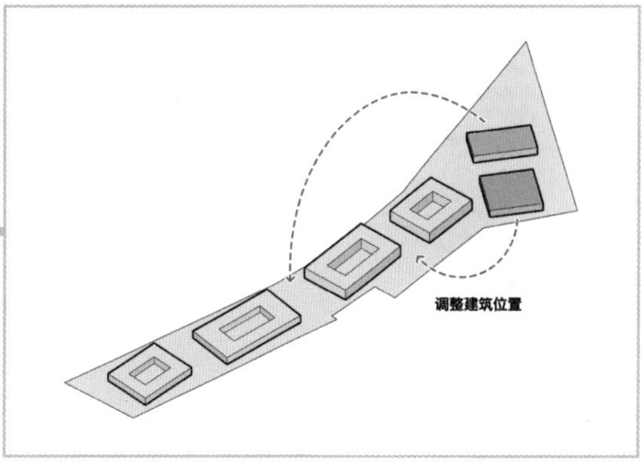

图 7

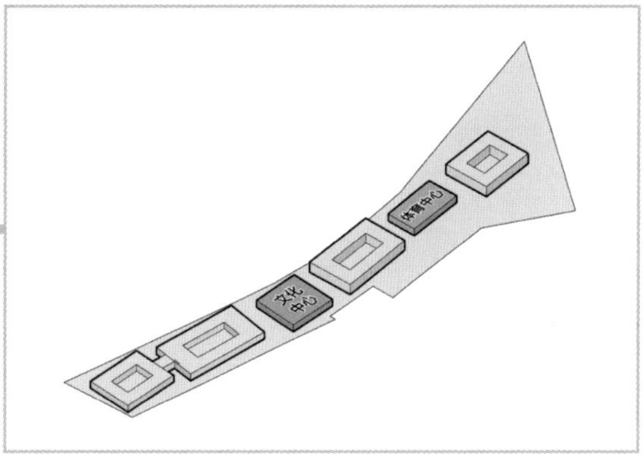

图 8

解决了内部使用问题，我们再来思考一下如何向社区开放。这年头，10个建筑有9个半都要求开放，但大部分的所谓开放，其实都是个伪命题。因为没有绝对的开放，只有谁对谁开放。现在这个新型学校，对市民开放我们晓得了，问题的关键是什么东西既可以对市民开放，又不会引起内外共同使用的矛盾呢？礼堂和体育馆此刻正在向您招手。横竖总不能把教室对外开放了吧？文化中心和体育中心这种公共属性较强的功能空间老少咸宜、宜室宜家，只需要分时使用，就能使得资源利用最大化（图9）。

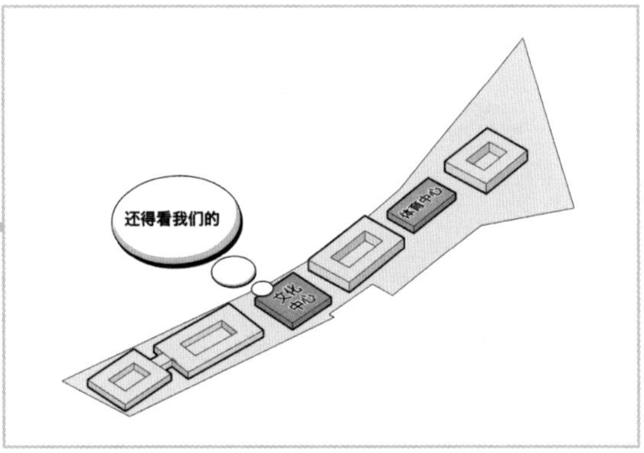

图9

那除了这两个大家伙，还有没有其他东西可以开放出来呢？绿地作为天然的公共活动空间，作用也是大大的。基地南边有一大片绿地可以做运动场，也能对社区开放，于是顺其自然将体育中心挪过去，形成一个大型的对外开放的运动节点。同时，中小学搭档成为一个大组团（图10、图11）。

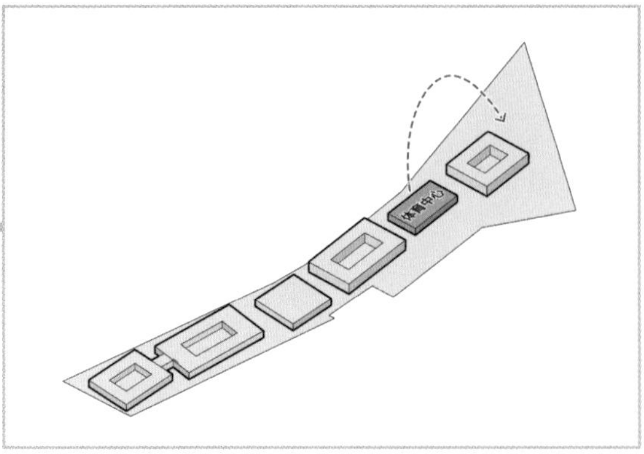

图10

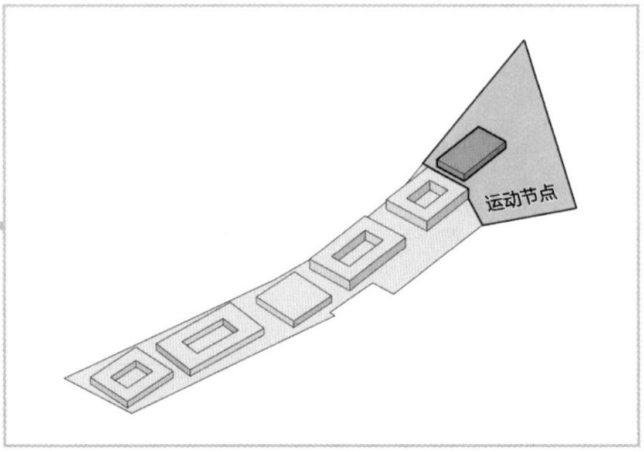

图11

当然，除了端部的绿地，场地内的其余绿地也是可以对外开放的，只不过需要一些限制条件。条件就是尺度适宜，且是对人友好的完整形态，不能再弄些消极空间出来。而现在，我们是以建筑切割了长条形的场地，虽然控制力还可以，但原本就不那么规则的基地却因建筑的介入，被切割出了很多没用的边角，种上草就是没用的边角绿地（图12）。

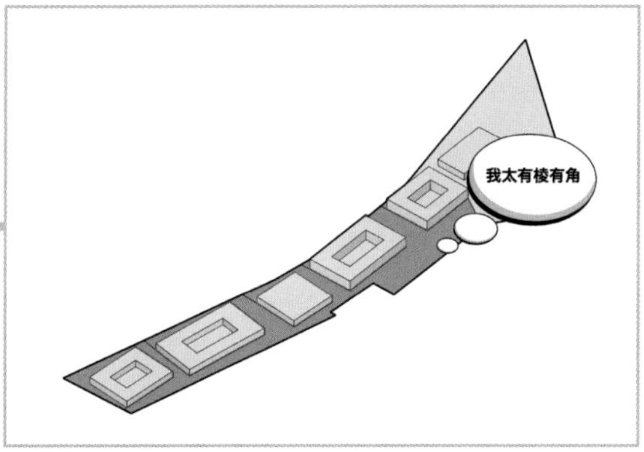

图 12

此外，绿地想要对外开放，同样也不是说绝对开放，我们还是得做好内外活动场地的划分，在将师生与市民隔离时使用。

既然基地很长，那可以选择用网格来控制。但网格不能是普通的网格，得是菱形网格，因为对角线的长度更长，对场地的掌控力度也就更强（图 13）。

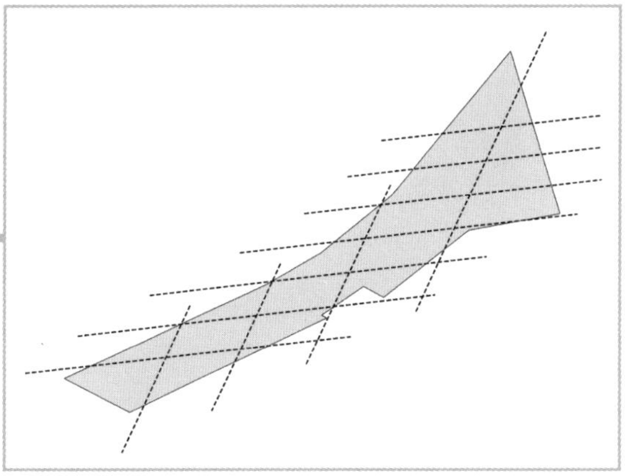

图 13

以菱形网格作为底层逻辑，依据具体功能面积需求，调整各功能体块的形态。原本方方正正的体块就这么水到渠成地变成了不规则菱形。剩下的边角地也在网格的控制下变成了有围合感的三角形地块（图 14）。

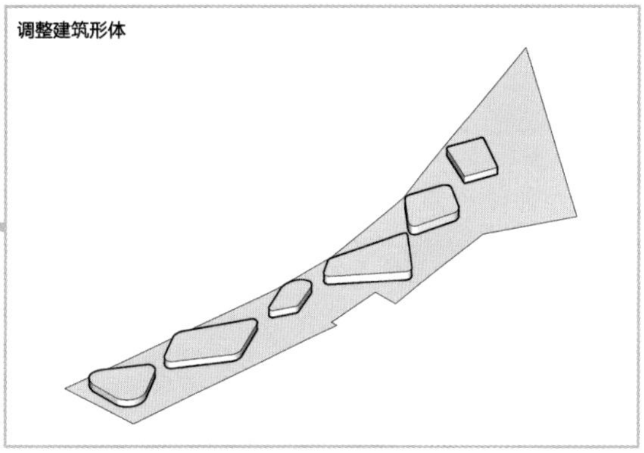

图 14

确定了基本的体块形态，接下来开始细化功能。托儿所首层围绕中庭设置 3 个活动单元、厨房及办公管理空间。各功能空间之间拉开距离，形成小的公共活动节点，将其他服务空间置于厨房下部的负一层。同样，儿童教育中心首层设置 3 个教育活动单元、厨房及办公管理空间，负一层设置其他服务空间（图 15、图 16）。

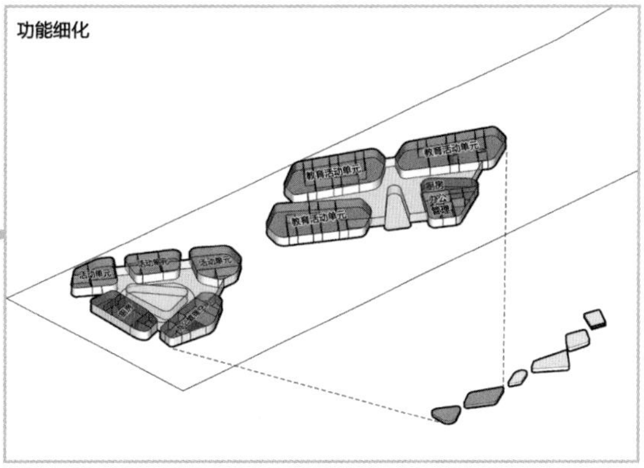

图 15

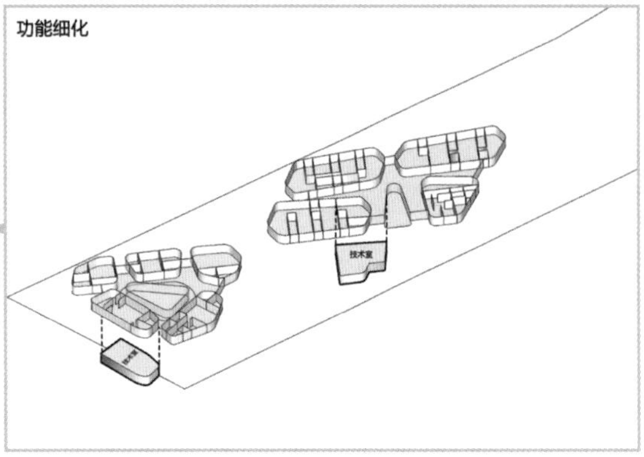

图 16

由于建筑体块呈菱形，而且建筑内部的廊道空间不只承载了交通功能，所以将廊道在局部放大，提供社交场所。然后在体块外部偏移（offset）一圈，将两部分的公共活动空间相连，形成连续又完整的社交空间（图 17）。

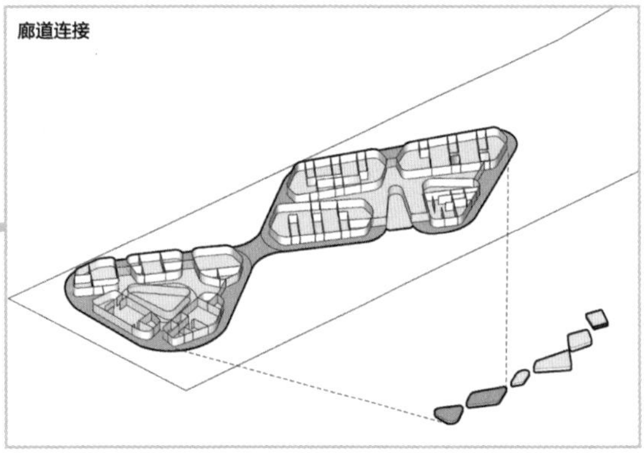

图 17

在托儿所屋顶设置游乐场供孩子们玩耍，在儿童教育中心屋顶设置操场和菜园供大家运动和劳动（图 18、图 19）。

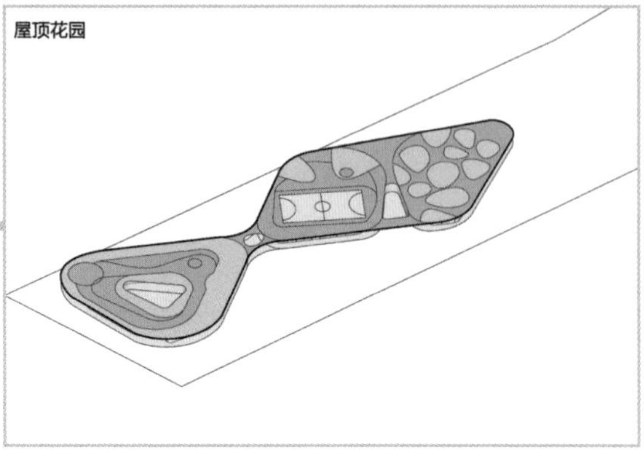

图 18

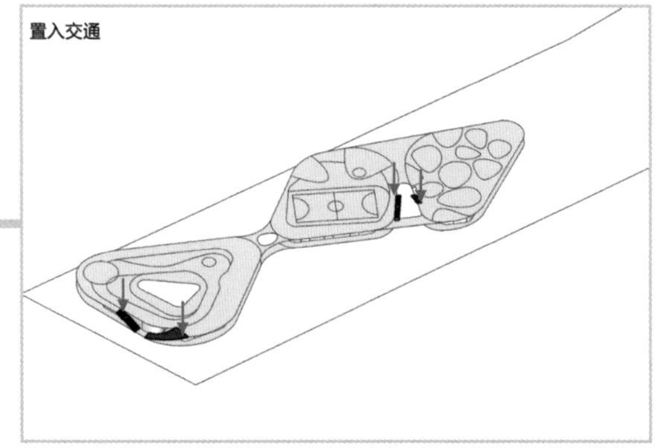

图 19

搞定了这一组，再来细化一下文化中心。文化中心包括礼堂和图书室两部分，一层礼堂和图书室独立设置，技术室同样设置在负一层，二层礼堂做通高处理，图书室屋顶设置花园（图 20～图 22）。

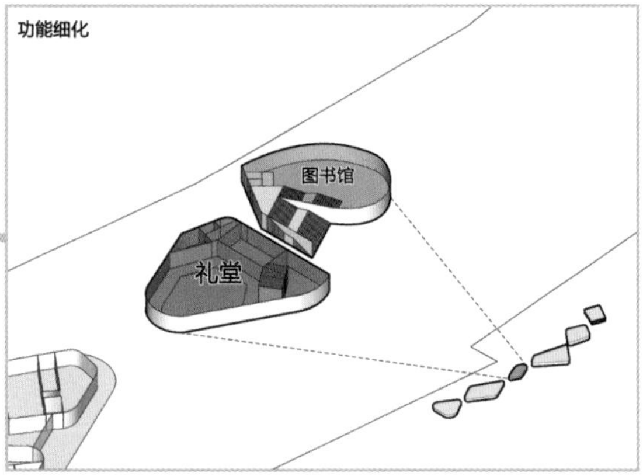

图 20

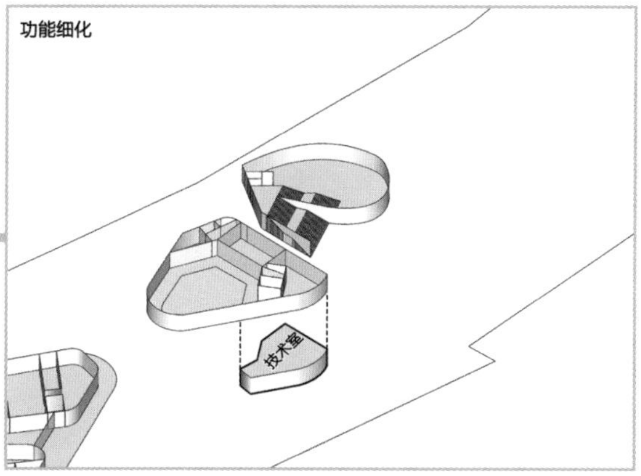

图 21

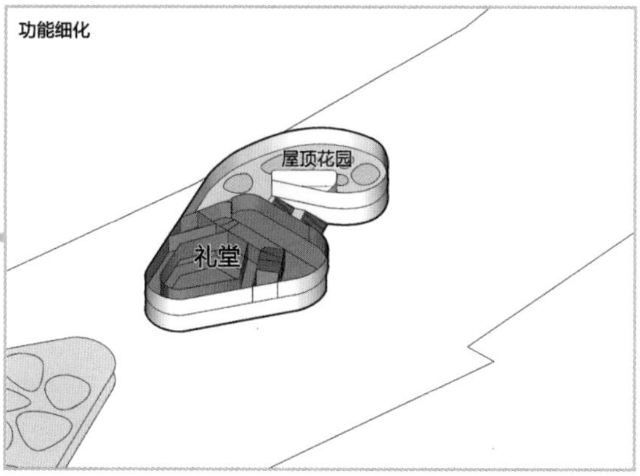

图 22

接着来到中小学部分。小学在首层设置音乐室、实验室、食堂、厨房、更衣室及办公管理空间，同样拉开功能空间距离，为连通廊道预留空间；中学部分在首层设置教室、食堂、厨房及办公管理空间。中小学以廊道相连，成为一个整体，串联公共活动空间（图 23）。二、三层为主要教学区，设置教室、实验室及更衣室，满足日常教学及生活需求（图 24、图 25）。

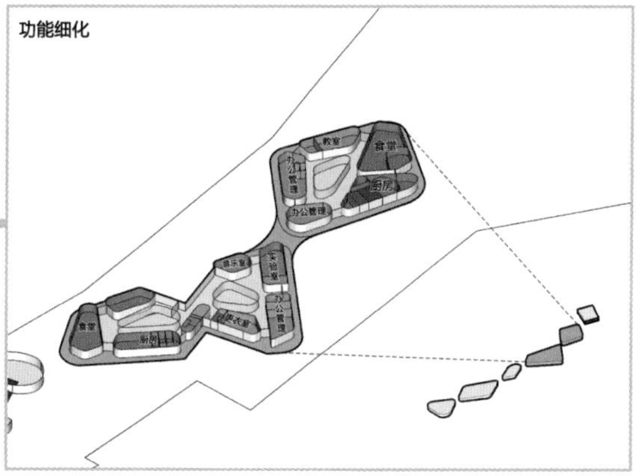

图 23

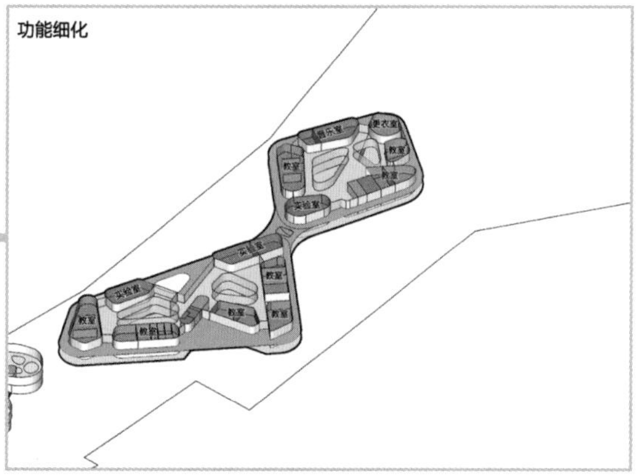

图 24

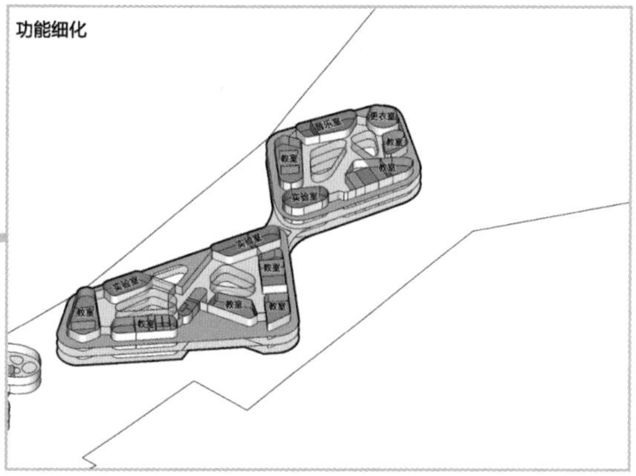

图 25

最后是体育中心。负一层设置篮球场及部分后勤空间；一层做通高处理，并设置观众席和羽毛球场；二层继续做通高处理，并与中学部分以廊道连接，形成活动平台（图 26 ~图 28）。

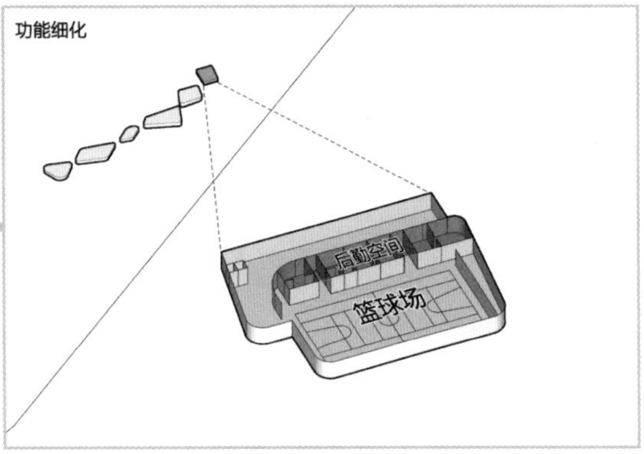

图 26

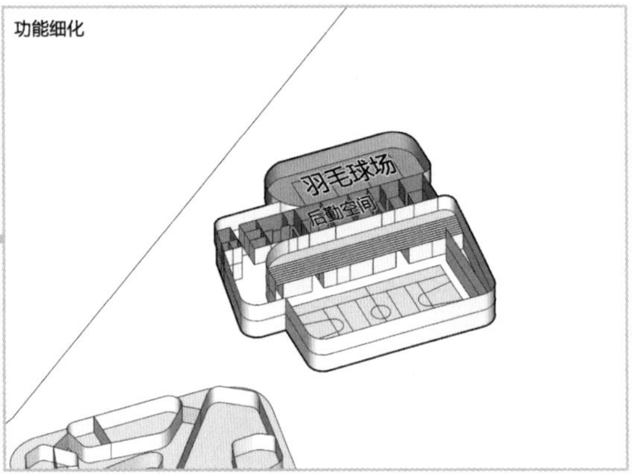

图 27

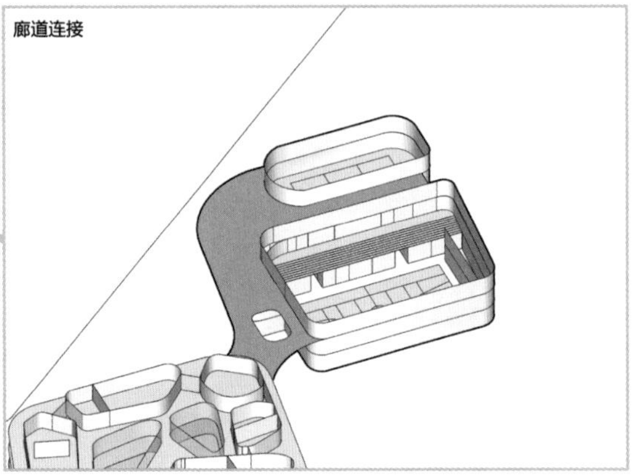

图 28

此外，结合户外绿地设置球场，直接享受在公园中运动的待遇，在丰富学生体育活动体验的同时，也为向市民进一步开放提供了休闲娱乐场所（图 29）。

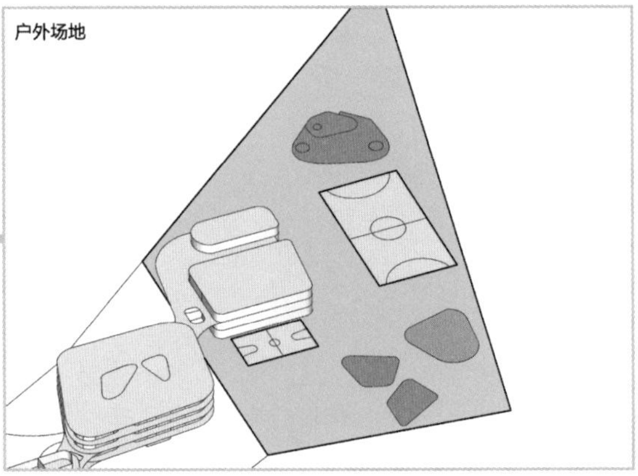

图 29

至此，内部功能细化大体完成。我们进一步完善廊道系统：将所有公共空间相连，在保证教学功能拓展的同时，实现不同教学系统的灵活性，使整个校园呈现为一个统一的整体（图 30 ~图 33）。

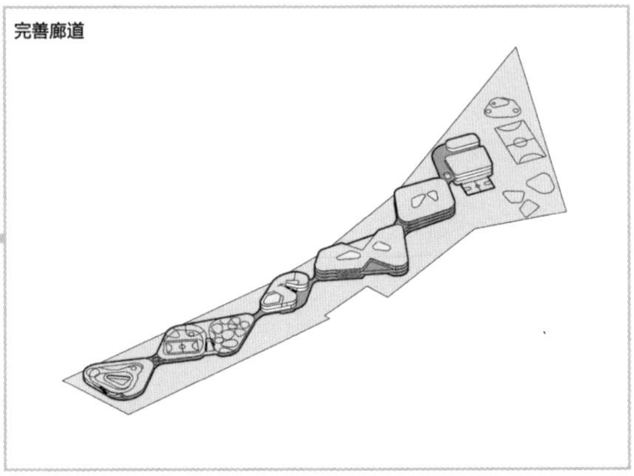

图 30

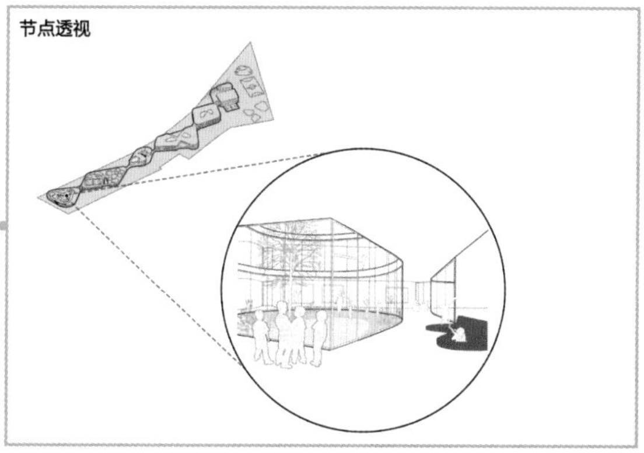

图 31

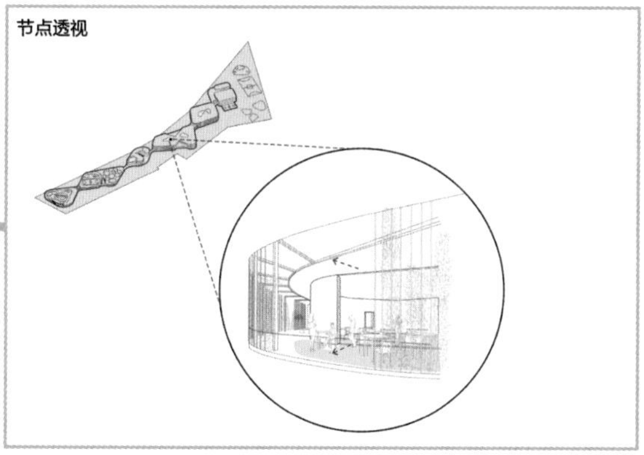

图 32

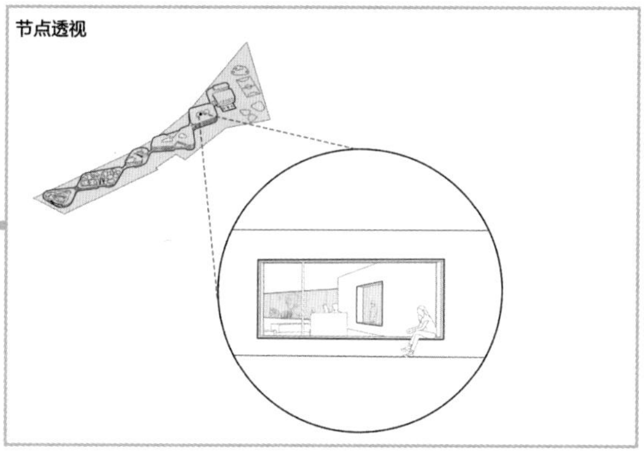

图 33

完成了建筑部分，再来搞搞场地。前面说到了绿地也是要对外开放的，菱形网格已经自然划分出了内部使用和对外开放两部分，接下来，需要在场地中进一步加强限定，使学生和市民不要相互影响。首先，在托儿所与学前教育中心连接处以及中学与小学连接处设置廊道进行阻挡，先给进来的市民提个醒（图 34）。其次，向市民开放的文化中心和体育中心则直接对外，并通过廊道形成喇叭口，增强对外的属性（图 35）。最后，完善场地内廊道的设置（图 36）。

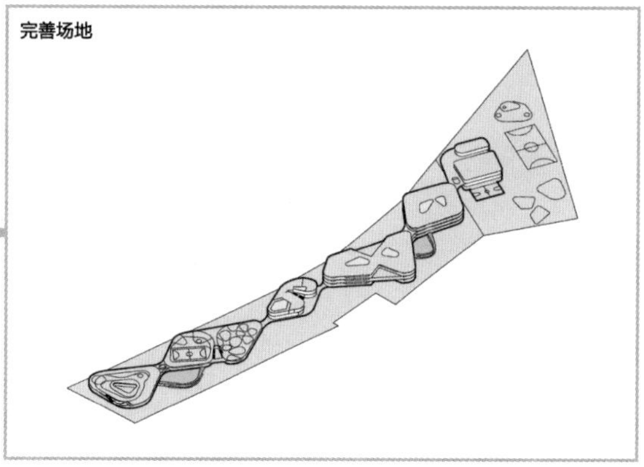

图 34

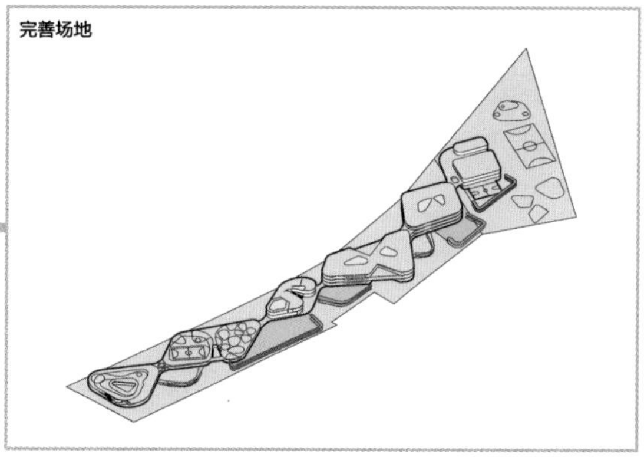

图 35

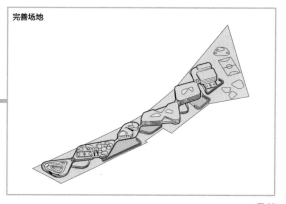

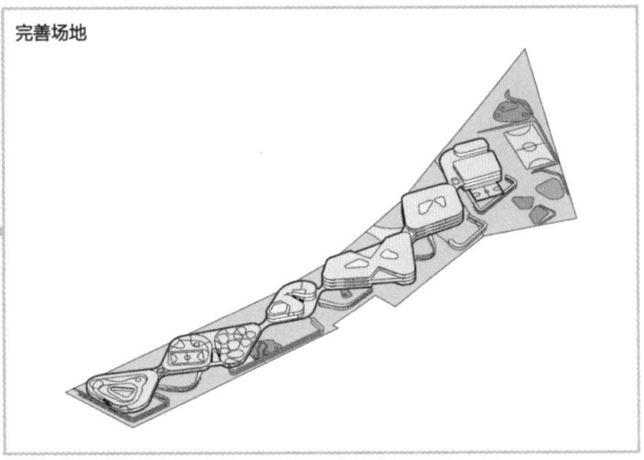

图 36

建筑立面以陶瓷元素遮挡，在提高能效的同时，保证内部空间的阳光强度和光线质量。新的“皮肤”就像是一个绿色的斗篷，与户外廊道和露台植物相联系。此外，这种带有彩色色调的陶瓷也与现代米兰建筑的传统建立了形象关系(图 37、图 38）。

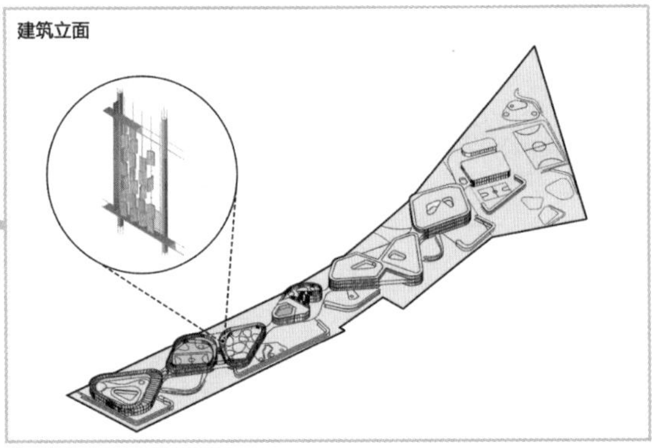

图 37

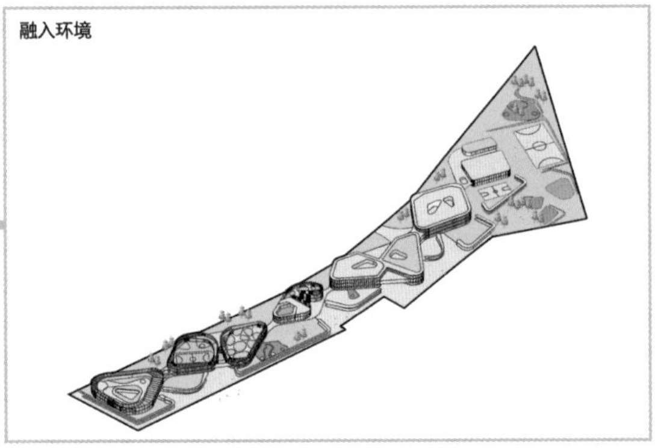

图 38

至此，我们的大头 1A 区是完成了。别忘了还有个“小尾巴”1B 区，此处无明确功能要求，就直接与 1A 区呼应，设置廊道作为公共活动节点即可（图 39）。收工（图 40）。

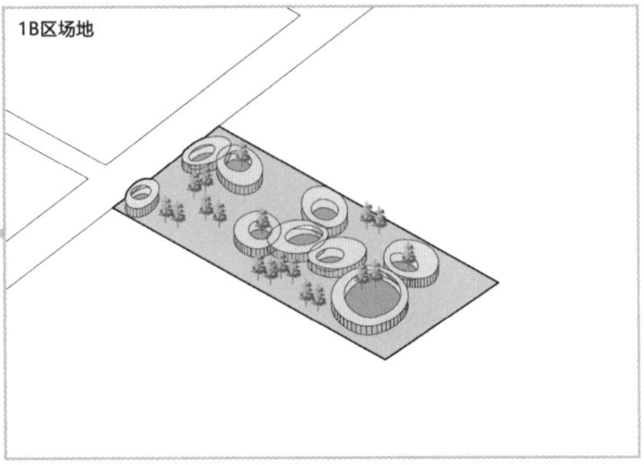

图 39

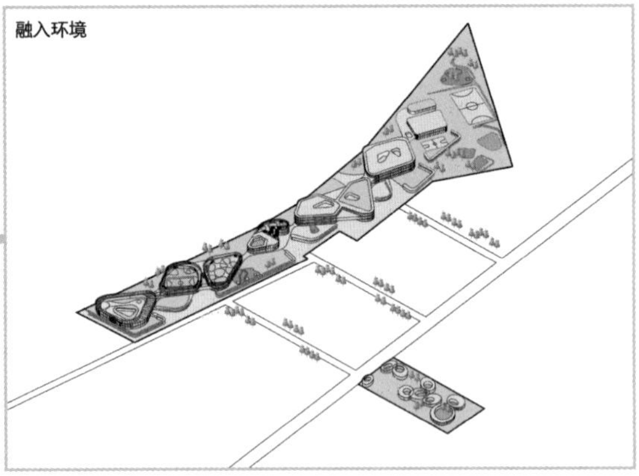

图 40

这就是 MoDus 建筑事务所设计的 Scialoia 学校校园，虽然长得很像在搞事情，但整个设计过程实在没搞什么事情，就是有事说事（图 41 ～图 43）。

图 41

图 42

图 43

如果一个建筑师被磨平了所有棱角，人们会管这种圆滑叫成熟；但如果一个建筑被磨平了所有棱角，人们会管这种圆滑叫不成熟。可这世上没有无缘无故的圆，也没有无缘无故的方，恰如其分的圆不是圆滑，是圆满；恰如其分的方也不是方便，是方正。真正的成熟不是能做大事还是能做小事，而是能成得了事。

图片来源：

图 1、图 41 ~图 43 来自 https://www.modusarchitects.com/en/work/projects/offices-commercial/scialoia-school-campus，其余分析图为作者自绘。

END

最宝贵的设计经验，就是厚脸皮

图 1

名　称：新竹市图书馆新总馆（图 1）
设计师：平田晃久
位　置：中国·新竹
分　类：文化建筑
标　签：分形原理，自相似性
面　积：20 000 m^2

START

其实，仔细想想，做设计也并不难，说不定你七舅姥爷也能把房子画成个花儿，但只有建筑师才能把房子讲成个花儿。好建筑师不仅能讲成个花儿，还能让你相信这就是个花儿——花到病除，花开大吉。做设计可以没道理，但讲设计必须得有道理。不然，你以为到处都有的阿扎、阿库、阿藤，我是不会抄大锅盖还是不会抄大窟窿眼？人家明明是不知道怎么和甲方解释这些操作。

眼下最流行的方案汇报法大概就是“云山雾罩、词藻华丽法”，你能听懂算我输。知识再渊博一点儿的建筑师还喜欢用“东拉西扯学科融合有眼不识金镶玉汇报法”。反正外来的和尚会念经，根据万有引力算出来的点、线、面就是比一般的点、线、面更像点、线、面。

中国台湾新竹市图书馆建筑前身为新竹市立文化中心，自 1986 年启用至今已经 30 多年了。年久失修，那就拆了重建吧。新竹市政府计划拆除旧馆舍，并于原地兴建符合当代需求的图书馆。新图书馆将扩建约 3 倍，由原始的 7000 m^2 扩建到 20 000 m^2。原本服务于演艺厅的室外停车场也划给了新图书馆，所有停车场改到地下（图 2、图 3）。

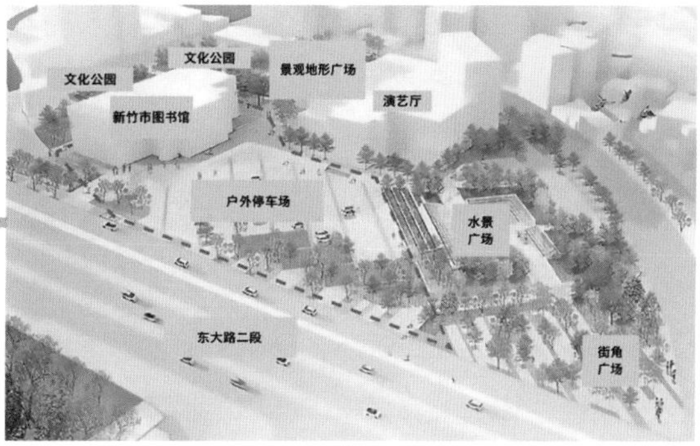

图 2

图 3

有啥说啥，这年头的各种图书馆竞赛也算层出不穷了。除了极少的一部分真的是需要一个清静阅读的地方外，剩下的绝大部分都是不甘于阅读，要社交；不甘于清静，要打开。新竹市图书馆也是这么个心思，但还得加上一条：不甘于花钱，要节约。所以，那些不当家不知柴米油盐贵的方案再有社交也都不可以了（图 4）。

图 4

来自日本的平田晃久同学成功理解了甲方打肿脸充胖子的雄心壮志，既想花前月下又不想花下月钱，那来点儿朴素又金贵的跨学科融合真是再好不过了。新竹市图书馆一共有两大功能：阅读空间和文化局。剩下的都是公共空间。咱就是说，要引入公共空间不是啥难事，首层开放走一拨，中庭空间攒一套。这都两个方案了（图 5、图 6）。

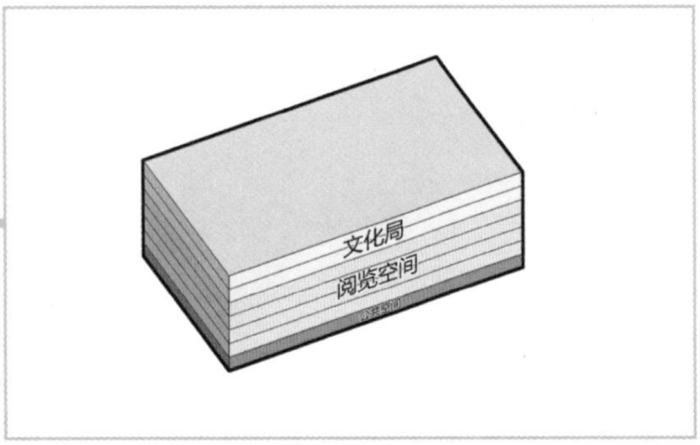

图 5

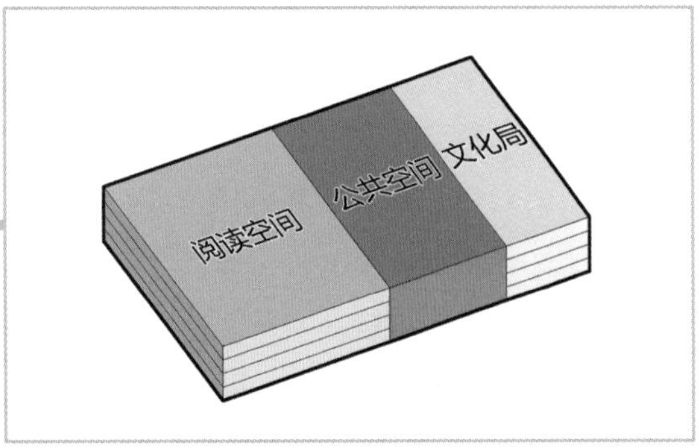

图 6

这两种做法都很常见，但问题也很明显。这样明确的功能分区，公共空间和文化局及阅读空间也就没什么关系了，想拍照发个朋友圈都找不到打卡点。那就公共空间和阅读空间混合，弄一个完全开放的阅读空间，想干什么就干什么（图 7）。

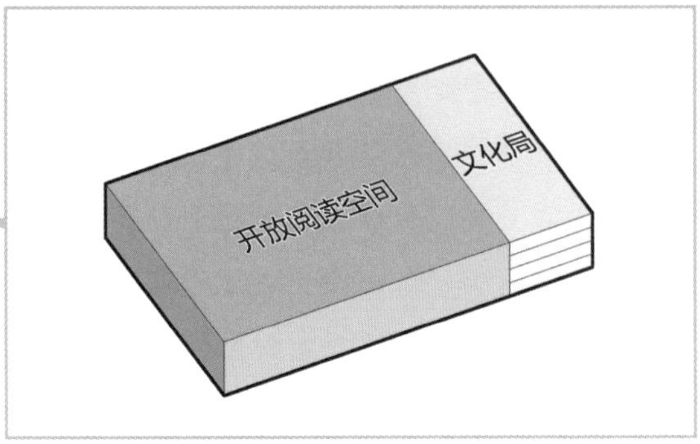

图 7

这样真的很容易出圈又出片。至于那些真的想读书的人，可以选择换个图书馆（图 8）。详情请参照相当出圈，却永远无法使人安心阅读的各种网红图书馆（图 9）。

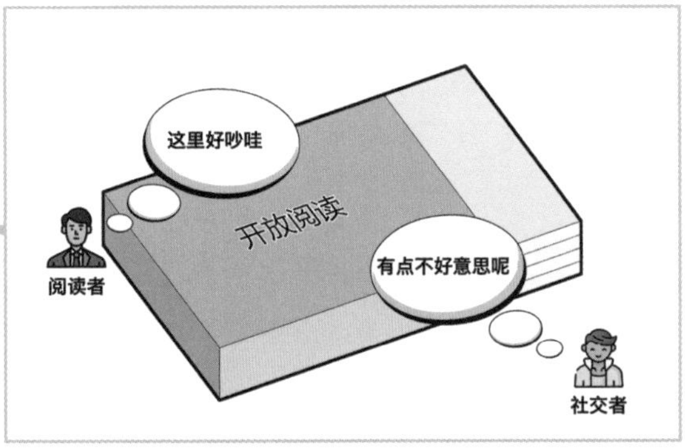

图 8

图 9

所以说，这个项目的设计关键就在于怎样让公共空间、阅读空间和文化局三者之间产生既“花前”又不花钱的关系。功能面积要求如下。

拆了还得补上的文化局：图书馆办公室（40 m^2）、志愿者办公室（25 m^2）、组织区（80 m^2）、会议室（200 m^2）、档案室（30 m^2）、机械室（45 m^2）、公务室（20 m^2）、人力室（20 m^2）、行政室（90 m^2）、会计室（30 m^2）、储藏室（60 m^2）、秘书室（30 m^2）、副局长室（30 m^2）、局长室（60 m^2）。

新建的图书阅览空间：多功能室（30 m^2/40 m^2/45 m^2/70 m^2/90 m^2/120 m^2）、研究室（120 m^2）、创客基地（数据学习中心 160 m^2、青少年区 40 m^2、共享学习区 60 m^2）、浏览区（400 m^2）、儿童区（400 m^2）、艺术书区（400 m^2）、学习空间（200 m^2）、文学部（200 m^2）、中央图书区（120 m^2/200 m^2）、休闲区（音乐、电影、讲演共 250 m^2）。

多多益善的公共空间：接待室（45 m^2）、展厅一（400 m^2）、展厅二（350 m^2）、咖啡厅（150 m^2）、商店（90 m^2）、书店（70 m^2）。

那么，有没有一种空间关系能够使这三类空间相互关联，形成貌似“你中有我、我中有你”的统一布局却又不相互影响呢？平田同学举手表示这题我会！分形原理了解一下。

所谓分形，就是我们不能够从形状和结构上去区分这部分和那部分有什么本质的不同，这种几乎相同程度的不规则性和复杂性使空间在形貌上是自相似的，也就是局部状态和整体状态的相似。听起来挺复杂，简单理解一下就是孙悟空的毫毛分身和他的关系。其实，具有自相似性的形态广泛存在于自然界中，如连绵的山川、曲折的海岸线，以及我们常吃的菜花。这种部分和整体以某种方式相似的形体，称为分形（图 10）。

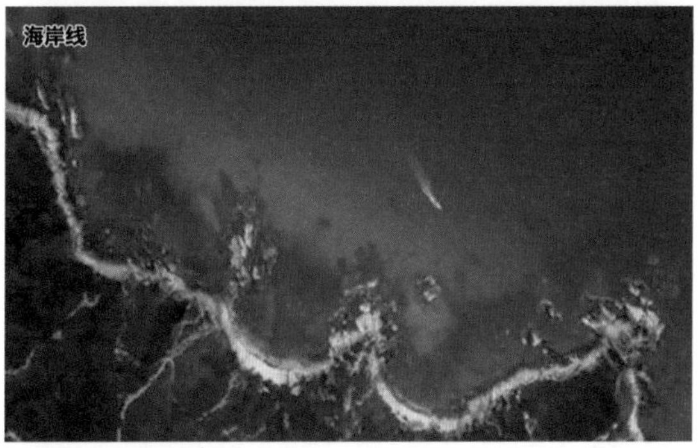

图 10

分形原理和建筑设计也是老搭档了。很多建筑师都尝试过将分形原理直接应用于空间设计中，希望使空间呈现出一种无尺度的复杂性，模糊掉不同功能空间之间的界限。曾经，平田同学也是其中的一员。例如，在住宅House S中，空间界面以“人”字形不断生长，原本空间外的界面在增长过程中可能成为新空间的墙体、楼板甚至屋顶（图 11）。

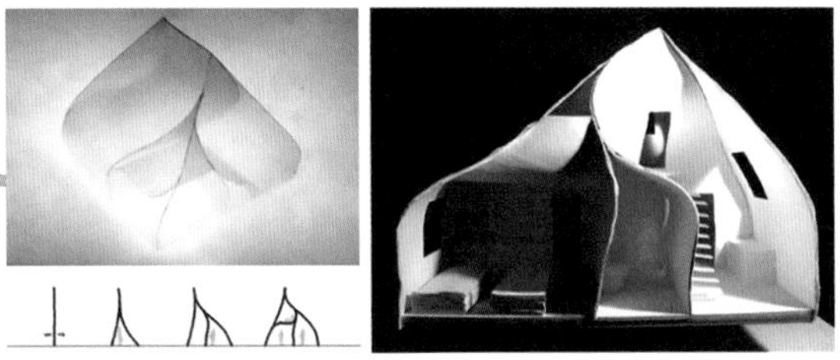

图 11

又如，在建筑农场（Architecture Farm）中，空间界面以 S 形为原型，不断在水平和竖直方向上延续，界面的内外在不同空间中不断互换（图 12）。

图 12

在 Pleated Sky 博物馆中，平田同学彻底颠覆了以往人们对空间界面的认知，使建筑的内外界面连成一体，不断地重复、扭曲和生长。在这个建筑中，界面和空间完全缠绕在一起，彻底模糊了人们对功能分区的界定。随着界面的扭动，空间由内而外地“生长”（图 13）。

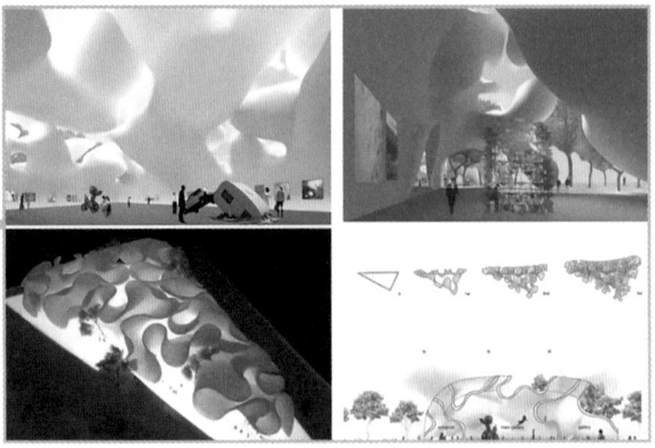

图 13

但这些都是过去的事了，谁年轻的时候没饿过肚子啊？现在的平田同学想得很明白：分形概念比分形空间好用。因为概念可以当道理讲，而空间不用讲道理。

在本项目中，平田同学同样是选择利用分形空间界面来实现复杂的空间效果，以此混淆人们对空间的明确界定，实现在文化建筑中融合公共空间，并使公共空间带有文化氛围的目标。先锚定一个空间，然后沿其界面向外拓展出其他两类空间（图 14）。

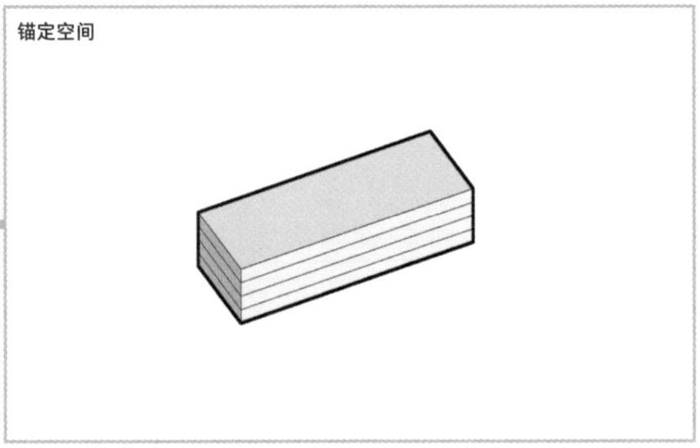

图 14

我们会发现，全围合或四分之三围合的方式都无法依照自己的围合方式继续向外衍生，而沿体块两边偏移（offset）的方式则具备我们想要的无限生长拓展的分形特征（图 15 ~图 17）。

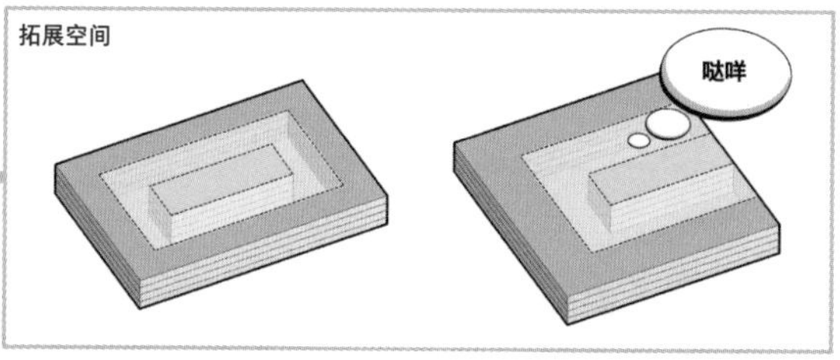

图 15

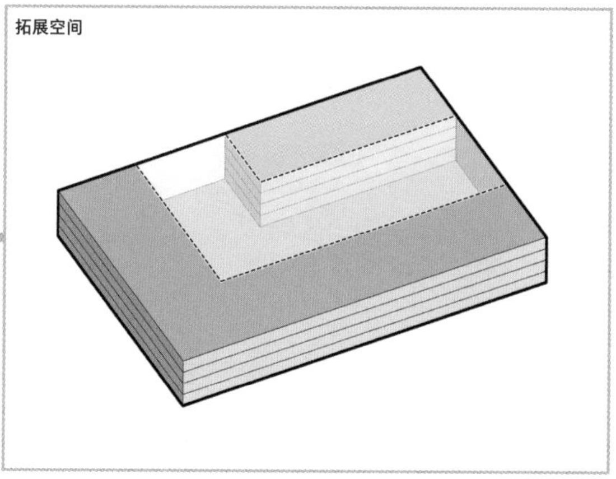

图 16

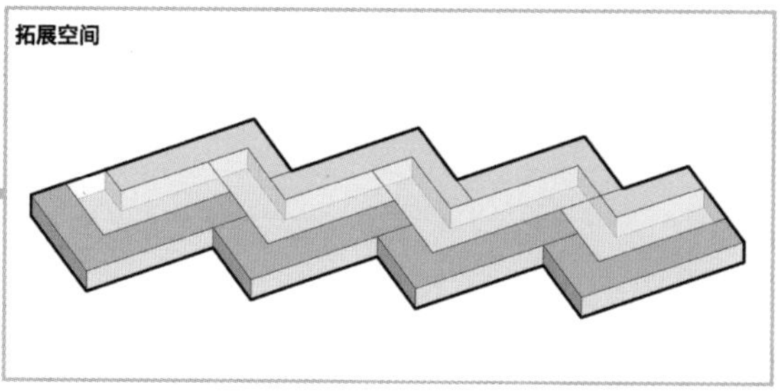

图 17

小的空间单元确定了，大的建筑结构直接重复这个相互包含的空间模式即可。当然，建筑体块的大小由房间面积决定，也就是视情况而定，可大可小（图 18）。我们不光可以在水平方向重复这个结构，在竖直方向同样可以进行此操作（图 19 ~图 21）。

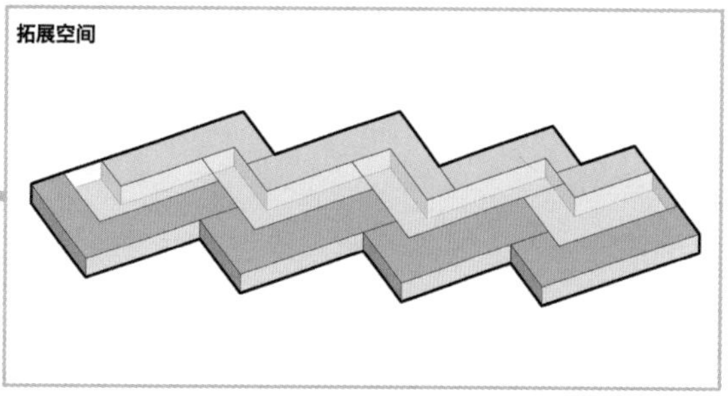

图 18

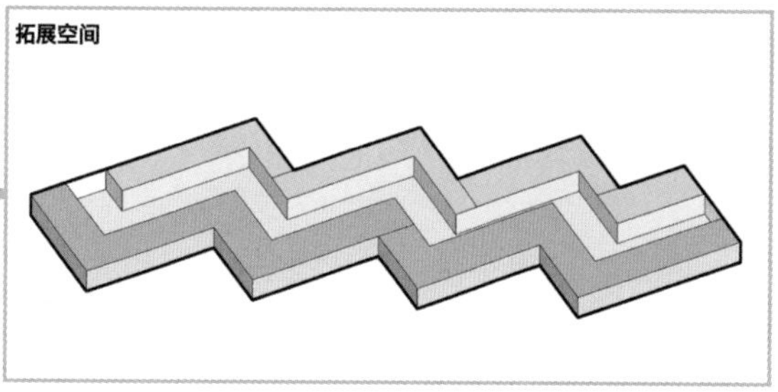

图 19

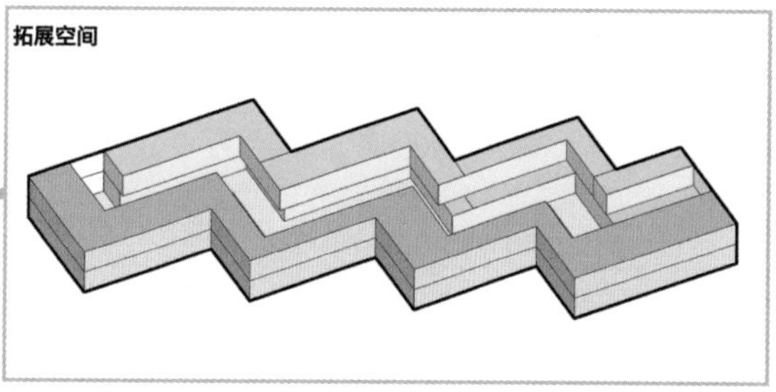

图 20

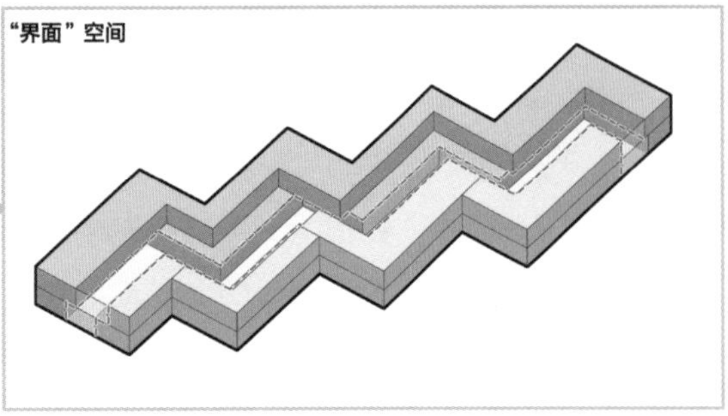

图 21

再次对平田的人间清醒画重点：分形概念只是个空间变形的理由，千万不要真的用分形特征（如自相似）去硬套空间特征！否则房间没法用的时候千万别哭着对我说，童话里都是骗人的。接下来开始实操。

首先，将这种空间模式置入场地中。其次，再根据场地条件和功能面积需求进行调整。由于基地位于新竹市区的环状绿带上，并连接着市政厅、火车站、文教局与公共设施及开放性空间，因此，建筑中部以公共空间串联起整个城市绿带，临街一侧设置图书馆，靠近演艺厅一侧设置文化局。一层图书馆一侧设置创客基地、青少年书区、浏览区和阅读空间，文化局一侧主要设置办公区，在建筑外侧设置售卖区和咖啡厅，完善总馆功能（图 22）。

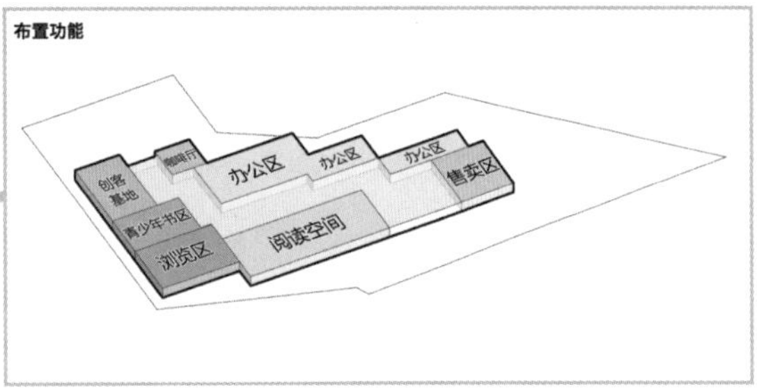

图 22

二层设置儿童区、艺术书区及展览空间，文化局一侧设置会议区、办公区和学习区（图 23）。三层继续设置中央图书区、儿童区、演讲室及办公区（图 24）。四层设置中央图书区、文学区、文艺区及办公区（图 25）。

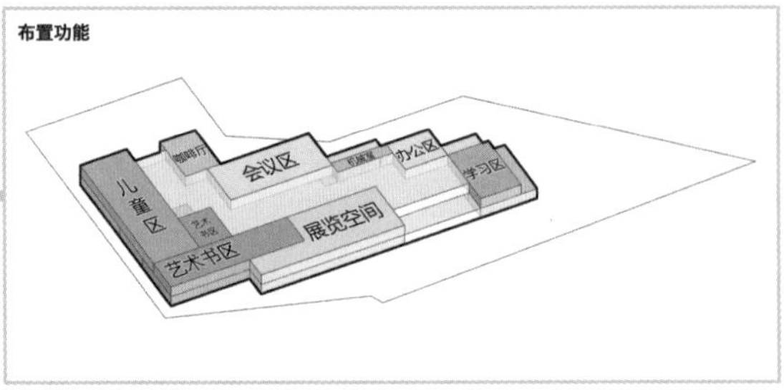

图 23

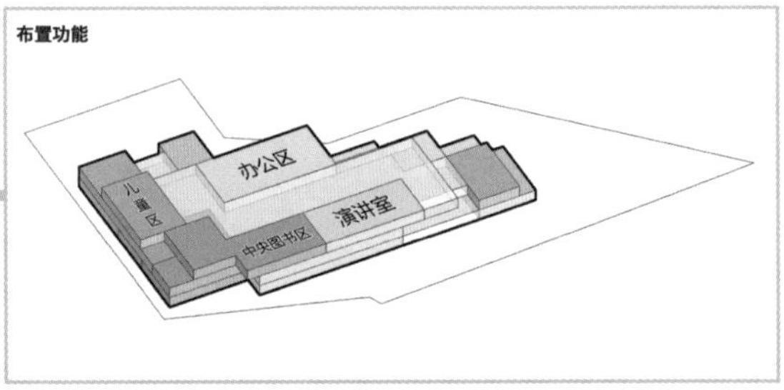

图 24

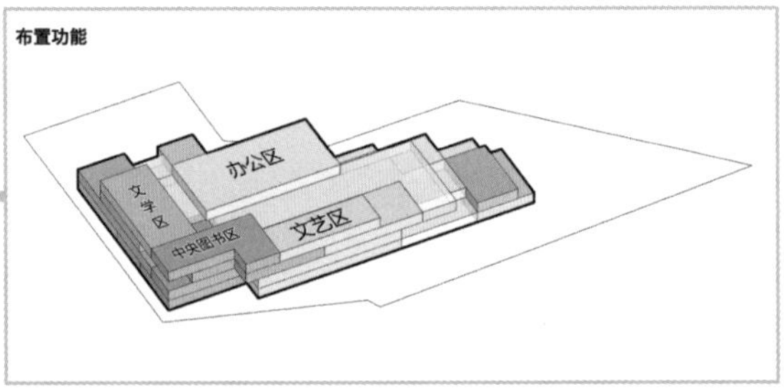

图 25

从大的分区上来说，这个架子是有了，接下来还得根据实际使用需求细化一下。一层于图书馆一侧置入多功能室，于文化局中设置休息室、图书馆办公室及志愿者办公室，此外还需设置竖向交通空间及储藏室等辅助设施。在设置这些具体功能空间时，依然遵循大的"锯齿状"分形原则（图 26）。

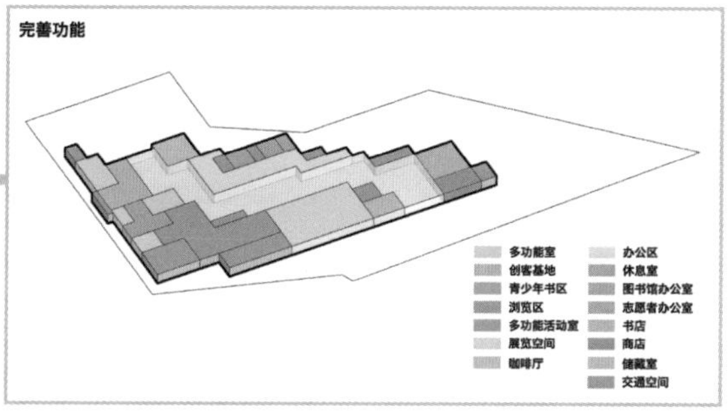

图 26

二、三、四层同理。二层置入哺乳室、档案室、休息室及辅助功能空间（图 27）。三层图书馆置入多功能室、演讲室、教室、休息室、会议室、文化图书室及辅助功能空间（图 28）。四层同样置入多功能室、休息室、局长室和秘书室及辅助功能空间（图 29）。

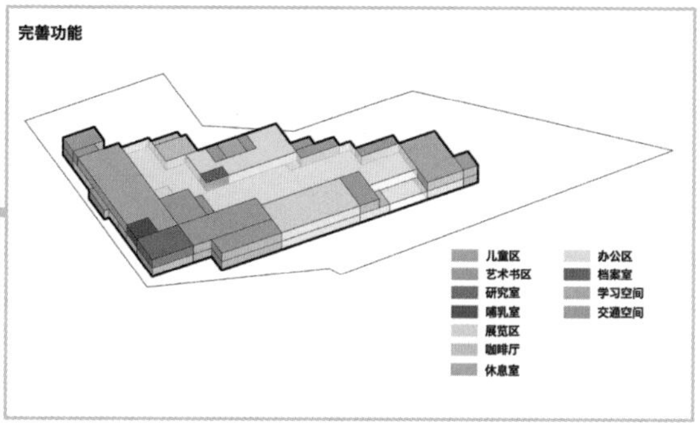

图 27

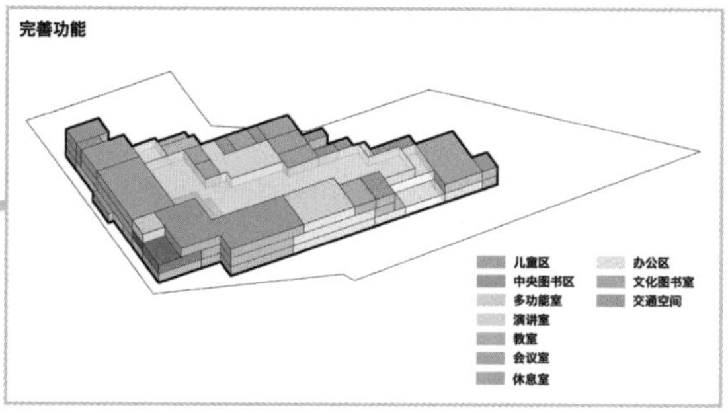

图 28

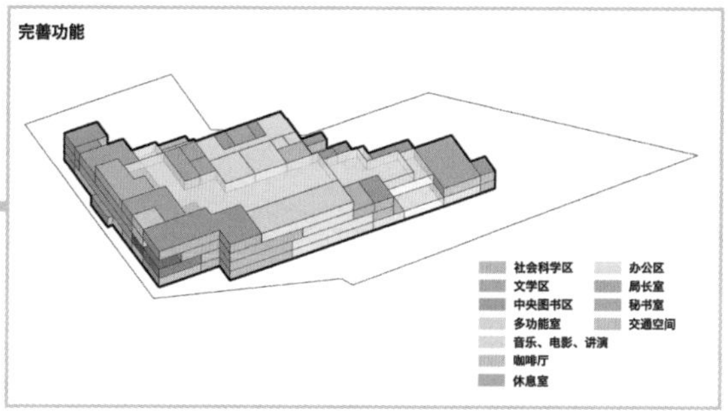

图 29

至此，内部功能布置算是搞得差不多了，再加一点儿细节。一层于公共空间处设置图书馆入口，文化局入口单独设置。由界面变化产生出来的“分形中庭”也不能浪费，利用界面平台结合廊道的设计，形成各种展览平台（图 30 ~图 33）。

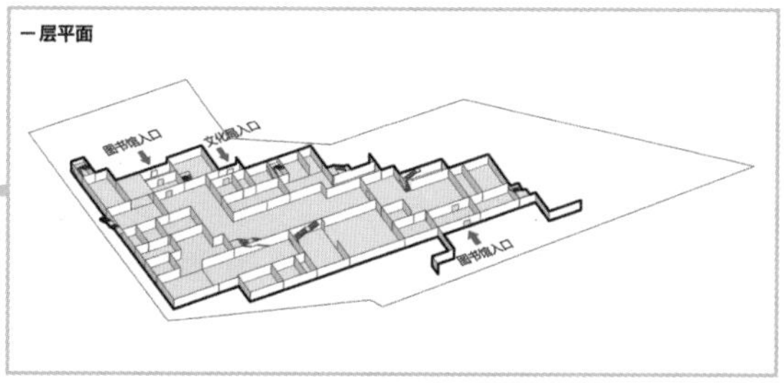

图 30

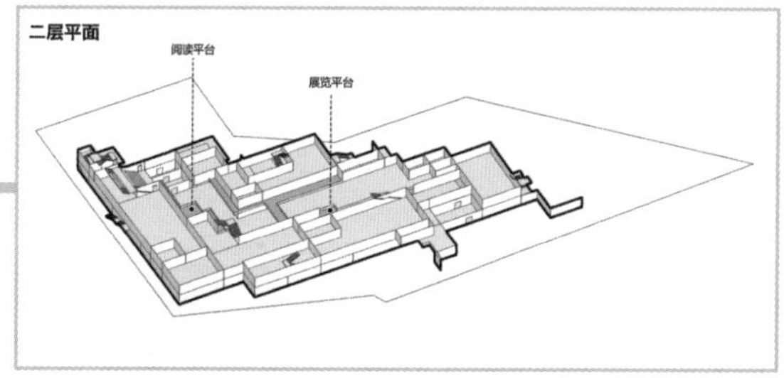

图 31

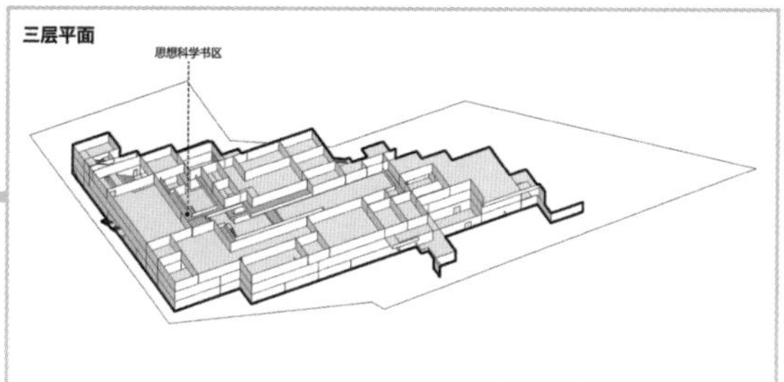

图 32

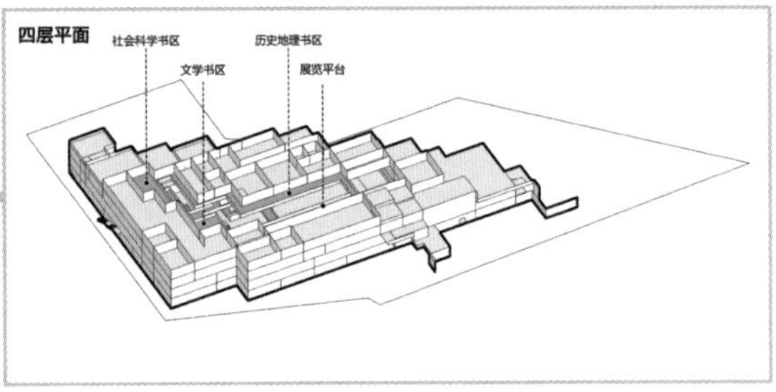

图 33

展览平台处设置书墙，渲染阅读空间的氛围，也为大家在公共空间处提供打卡拍照的机会(图 34 ~图 37）。

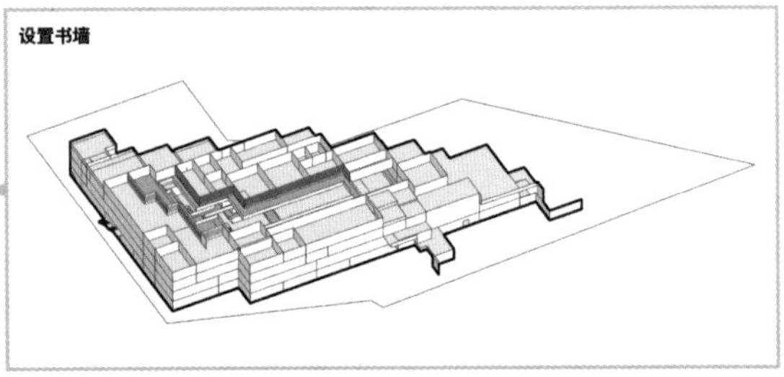

图 34

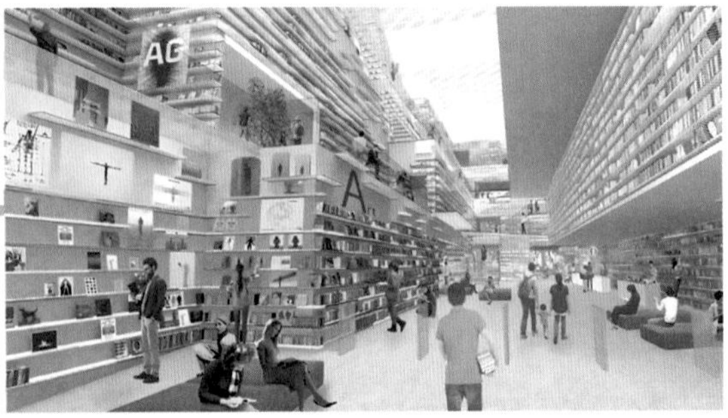

图 35

图 36

图 37

最后，屋顶草皮和绿树都得搞起来。收工（图 38）。这就是平田晃久中标的新竹市图书馆新总馆设计方案（图 39、图 40）。

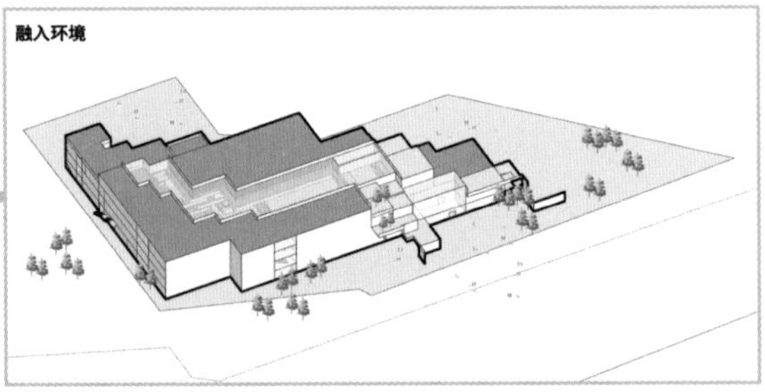

图 38

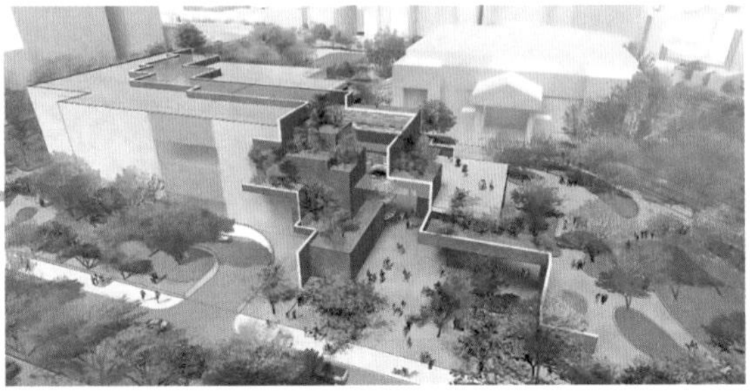

图 39

图 40

这个世界上，不存在有道理的设计，只存在有道理的设计师。想要玻璃幕墙，就说通透；不想要玻璃幕墙，就说太通透。想要方盒子，就说简洁；不想要方盒子，就说太简洁。曲线时尚，直线也时尚；超高层气派，大平层也气派；整体布局的综合体高效，分散布局的大园区也高效。腓特烈二世的名言：如果你喜欢别人的东西就把它拿过来，辩护律师总是找得到的。

所以，不管你的方案是拍脑袋想的、上厕所时想的，还是晚上做梦想的，设计理由也总是找得到的。

图片来源：

图 1、图 35 ~图 37、图 39、图 40 来自 https://www.xinmedia.com/article/175906，图 2 改绘于 https://www.hao.nu/，图 11 ~图 13 来自 https://www.hao.nu/，其余分析图为作者自绘。

END

所谓沟通就是我想和甲方好好说话，甲方却觉得我好说话

图 1

名　称：RLB 银行总部 RLB CAMPUS'25（图 1）
设计师：HENN 建筑事务所
位　置：奥地利·林茨
分　类：办公建筑
标　签：开放度，管子空间
面　积：30 000 m²

我们知道我们不愿意开会，他们也知道我们不愿意开会，我们也知道他们知道我们不愿意开会，但是他们依然要开会。开会最大的意义就是，可以慢慢思考中午（晚上）吃什么，且通过连续点头运动活动颈椎。最幸福的事情就是跟着领导和甲方开会，你只需要全程保持微笑看大佬唠嗑，偶尔低头玩玩手机也不是不可以。当然，幸福两小时的代价很可能就是：一天晚上，两个甲方，三更半夜，四处催图，只好周五加班到周六早上，七点构思，八点改完，九点上床睡觉，十分痛苦；十点才过九分，甲方八个微信七个电话，居然有六处调整，外加五个新要求，四小时交三个方案，两天只睡一小时！最新的要求永远是下一个，但最新的方案很可能是上一个。

其实，甲方看方案的心态和女生逛街的心态差不多，就是虽然我知道我需要什么，但我还是得全逛一遍，万一碰见更喜欢的呢？就算逛了一圈什么也没看上，那也很充实啊，重点是不留遗憾，反正实在不行还能改回第一版。知道了吗？同学们，甲方折腾的重点就是为了不留遗憾，那就证明其实心里有遗憾，所以咱们赶紧给他们弄个遗憾，那就不遗憾了。什么意思？就好比你姐妹想买一件短袖T恤，但又觉得T恤有点普通，试了100种颜色、100种图案，也还是纠结。那么，这个时候你就该让她去试条连衣裙，试完她就不纠结了。要么立刻掏钱买裙子，要么立刻掉头买T恤。

奥地利最大的银行集团瑞弗森旗下的上奥地利州瑞弗森州立银行打算在奥地利新建一个总部大楼，基地选址于Blumau大楼和Südbahnhof市场之间的场地，后来这三者一起被当地政府打包成一个叫“RLB CAMPUS”的城市项目(图2)。

图2

先来看看邻居们的状态。左手边的Blumau大楼（K4）是一座高达21层的办公大楼，而右手边的Südbahnhof市场则包含一堆5层大板楼（K1、K2、K3），而我们的新建筑虽然只是一个弱小无助的办公楼，但似乎也可以做个社交担当（图3）。

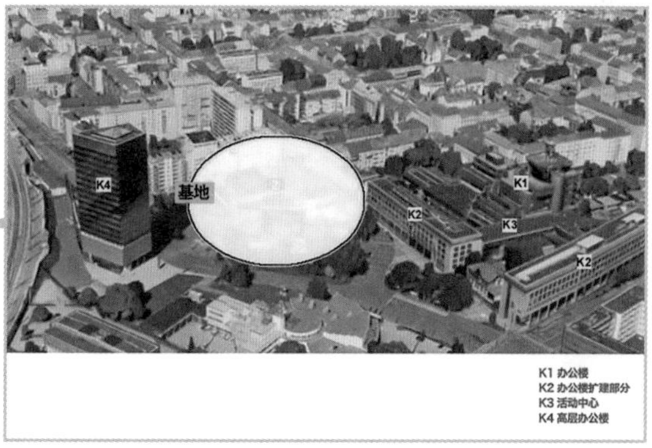

图3

财大气粗的银行甲方少见地迷惘了，主要是这剧本咱不太熟啊。本来嘛，咱只想继续做一个高贵冷艳的有钱总部；但气氛烘托到这儿了，似乎又应该和左右两边打个招呼。可话又说回来，领导也没明确指示让你非得去搞社交。思来想去，甲方还是决定保守治疗，先抄一个任务书发出去再说。

办公空间：门厅 / 接待处（850 m^2）、基础设施工作人员（350 m^2）、开放办公空间（200 m^2）、银行特定场所（300 m^2）、会议区（350 m^2）、多媒体企业演示区（150 m^2）、社区空间（400 m^2）、活动大厅（600 m^2）、美食区（800 m^2，下部）。

办公空间（20 500 m^2）、门厅（750 m^2）、客户咨询区（400 m^2）、美食区（2000 m^2）、露台美食区（200 m^2）、运动健身区（500 m^2）、桑拿 / 放松（120 m^2）、淋浴间 / 衣帽间（80 m^2）、杂物室（100 m^2）、美食区（350 m^2）、屋顶咖啡馆（350 m^2，上部）。

地下空间：储藏室和档案室（500 m^2）、供应室和处置室（350 m^2）、员工室（150 m^2）、技术中心（1000 m^2）、技术中心（500 m^2）、洒水系统（500 m^2）、停车区（16 500 m^2：员工停车 12 000 m^2、客户停车 4500 m^2）。

不出所料，甲方收到了很多和想象中一样高贵冷艳的方案（图 4）。

图 4

然后，甲方也不出意外地开始准备折腾了。大家都挺好的，可以再深化一个二三四五六轮。为了让甲方不留遗憾，同志们就得不遗余力。但这次真的很遗憾，因为有人直接搞了个遗憾让甲方埋单了，没给机会折腾。说白了，甲方那点儿不甘心的遗憾其实就是作为高贵冷艳的银行到底要不要搞社交开放、邻里友好。毕竟咱是开大银行的，不是开大银幕的。

如果想搞社交就要扩大银行的开放度，想要增加开放度，就要先增加开放功能。作为一个银行总部，能开放的功能实在不多，这就涉及一个功能重组的问题啦。除去面向公众开放的部分，可以将任务书规定的针对员工的零散公共空间剪出来放到一起（图 5、图 6）。

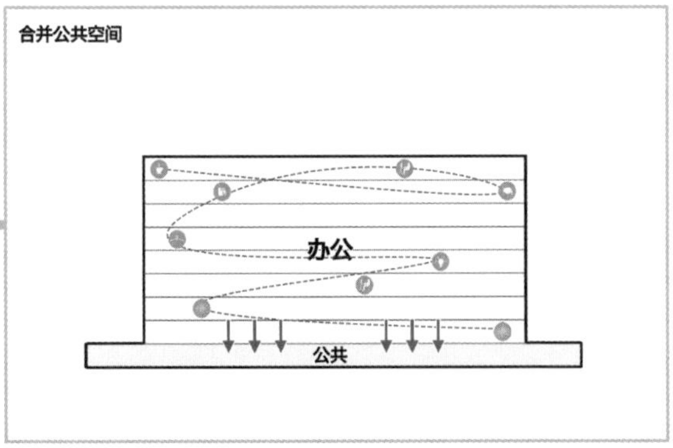

图 5

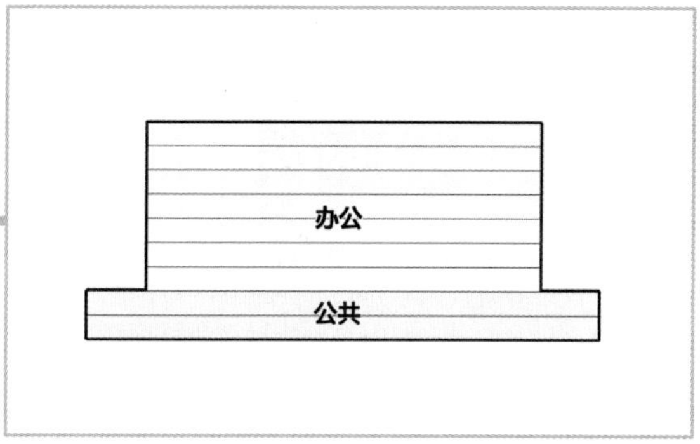

图 6

然而，单纯增加开放面积还不够，你还得摆出开放的姿态。什么叫开放的姿态？简单说就是欢迎奥地利各界群众有事没事都来遛遛弯、唠唠嗑。但是，如果你威武霸气的十几层银行大楼杵在这儿，只有底部两层公共空间，这和说请客吃饭就点了俩凉菜有什么区别？你要假客气，就别怪人家绕道走了（图 7）。

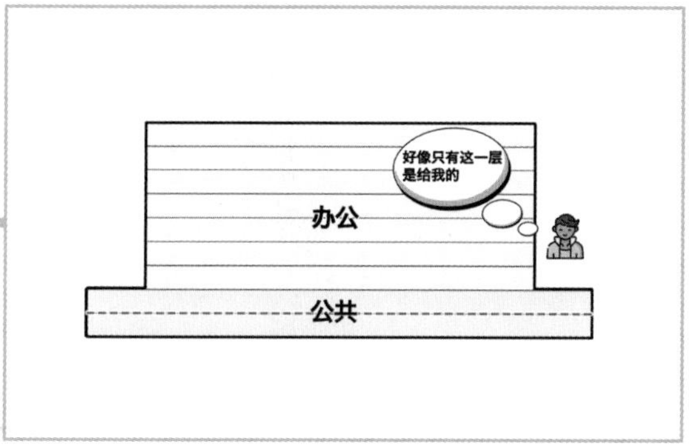

图 7

其实，这是一个“走哪条道”的问题。你想让人家愿意来，就得让人家可以随意走，不能走着走着，就“办公重地，禁止入内”了。普通办公楼标配的垂直交通贯穿上下，可以满足内部办公使用，但对于来遛弯、唠嗑的普通市民，还需要第二种流线系统来满足其需求（图 8）。

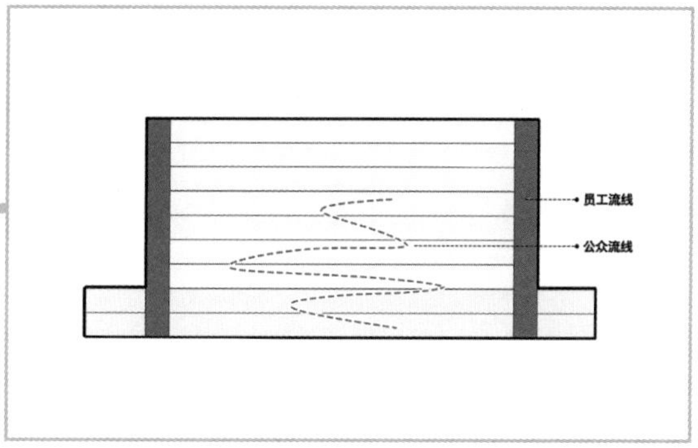

图 8

换句话说，也就是一个空间软限定的问题，即我们需要一种通而不畅的空间，给非办公人员以暗示，使其能看到却不想进入，从而实现两种人群互不相扰的目标。建筑师在这里构建了一个连贯的管子空间，用以承载开放的公共功能，让其产生一种可以一直向上的错觉（图 9、图 10）。

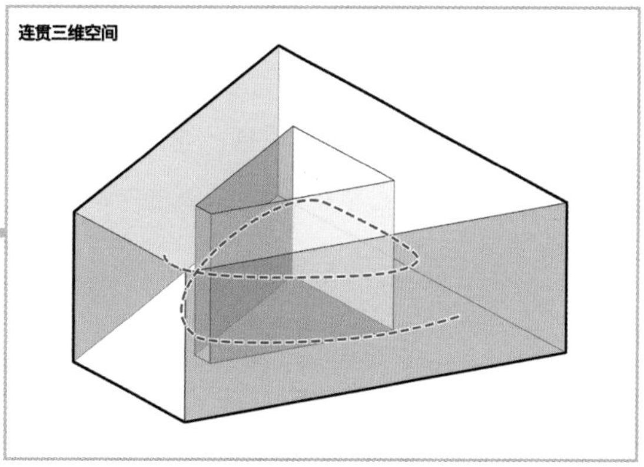

图 9

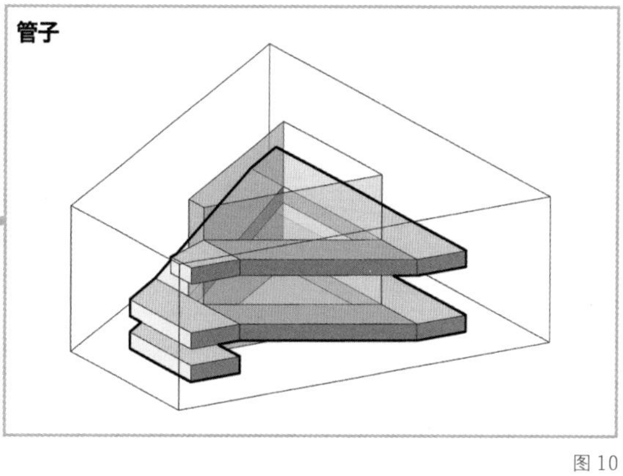

图 10

考虑到空间的适应性，将环绕向上的管子坡度简化成退台空间的形式。管子上方平台是开放的公共空间，管子内部的封闭空间可以继续供办公使用（图 11）。

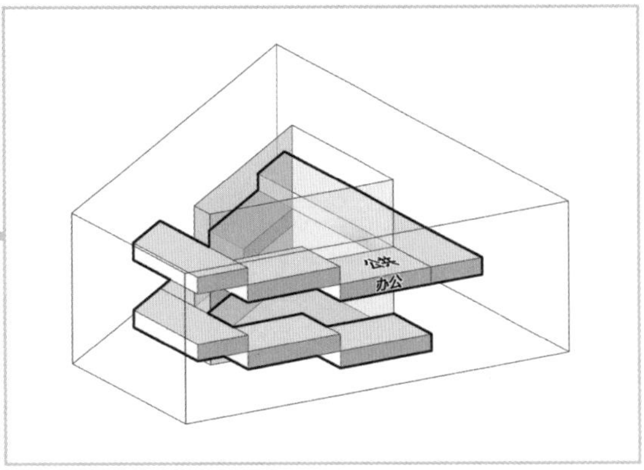

图 11

至此，从下至上的呈退台状的三维公共空间系统算是初现了。这个系统打破了层的限制，对空间进行软限定，暗示了员工和群众的两种使用方式和流线——前者使用快速竖向交通，后者拾级而上，扩大空间领域感。再将建筑体量置入场地，在高度上注意与两边建筑的平衡（图 12、图 13）。

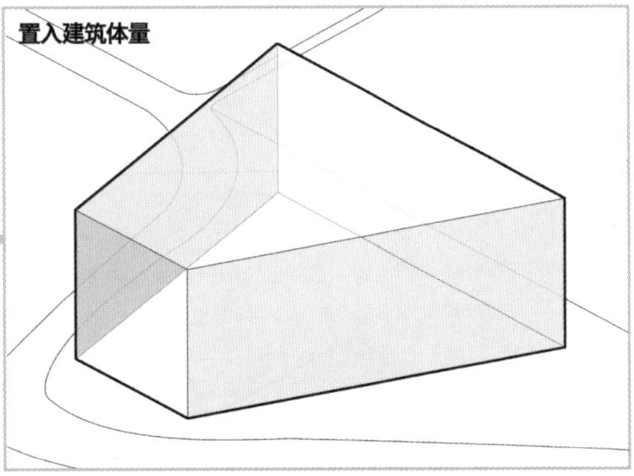

图 12

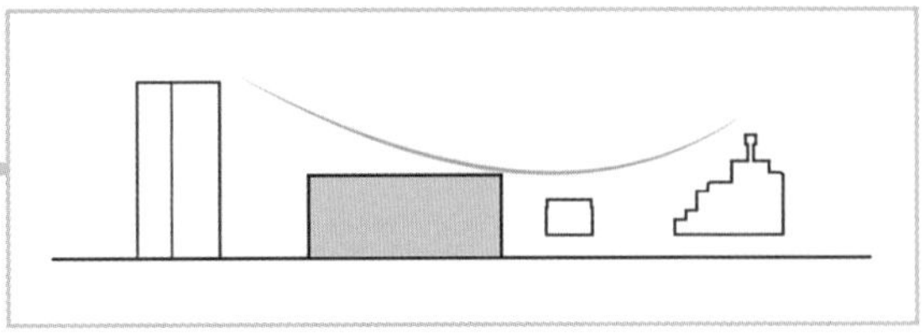

图 13

接下来在沿 Südbahnhof 市场的一侧设置公众入口，并在此展开退台空间序列，使银行的开放空间可以与该侧底商结合，一起构成活跃区域（图 14）。

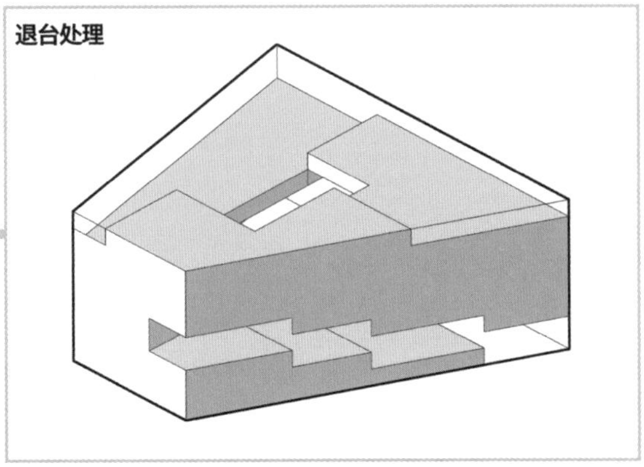

图 14

首层设置底层商业空间（理发店、红酒店、包装站、售卖区）、展览空间、休闲台阶、美食广场等公共空间。在 Blumau 大楼一侧设置员工门厅，同时设置仓库、文化活动室、多媒体室等员工公共活动空间（图 15）。

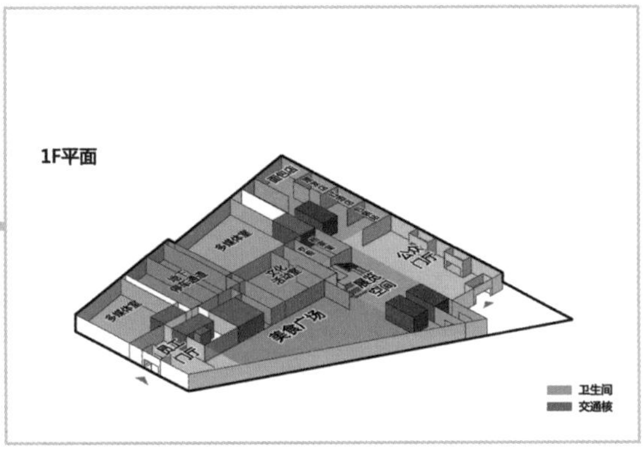

图 15

二层门厅做通高处理，在平台空间设置活动厅、咖啡厅及餐厅等公共空间。此外，设置客户咨询区和会议区等空间，在唠嗑的同时也顺便发展一下客户。平台下设置管理室、准备室、仓库、医疗室等办公空间（图 16）。

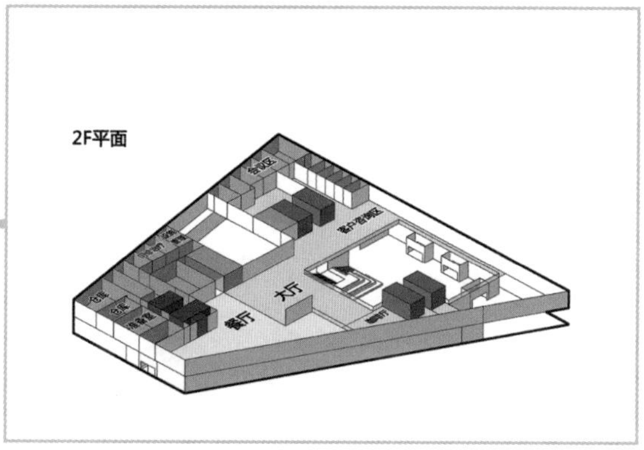

图 16

三层展开主体办公空间，办公空间包含有开放办公区、封闭办公区、联合办公区等多种空间形式，在平台上设置图书区和茶吧（图 17）。四层同样设置多种办公空间及水吧、茶吧和健身区等公共活动空间（图 18）。五层设置多种办公空间，并利用廊道设置小活动节点（图 19）。

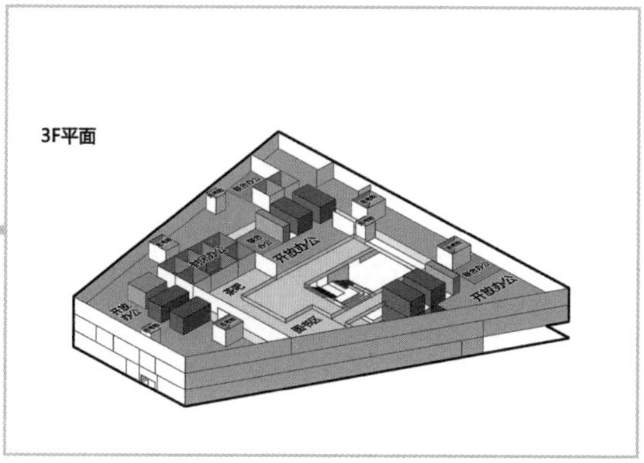

图 17

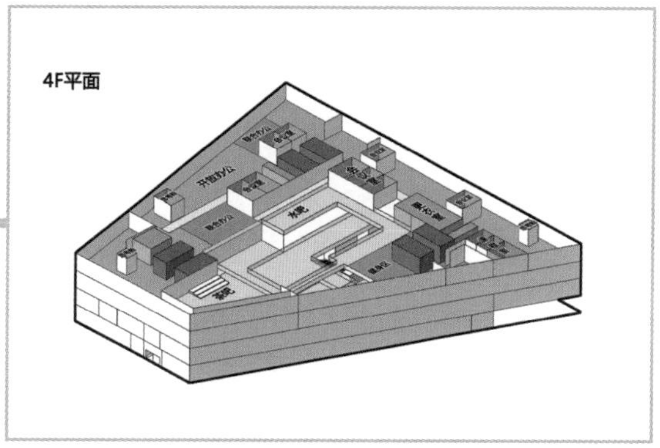

图 18

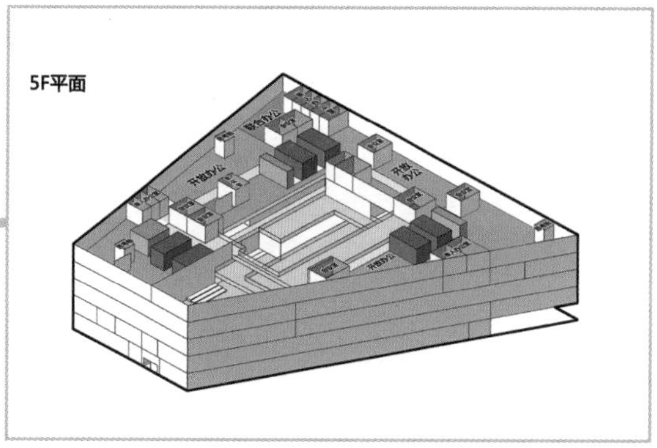

图 19

六层办公空间做相似处理。七层在设置办公空间的同时设置茶区和屋顶露台，构成“混淆公众视线”的连续退台空间（图 20、图 21）。八层为领导办公区，设置董事会、委员会、经理室、管理室等办公空间，并设置接待区和屋顶平台等公共活动空间（图 22）。九层设置行政办公区、会议室和酒吧区（图 23）。

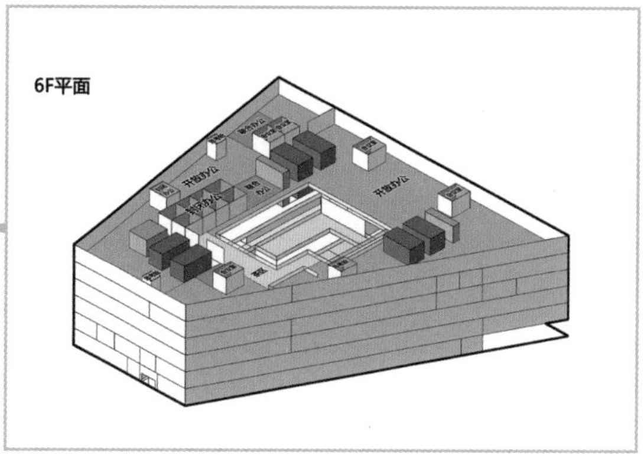

图 20

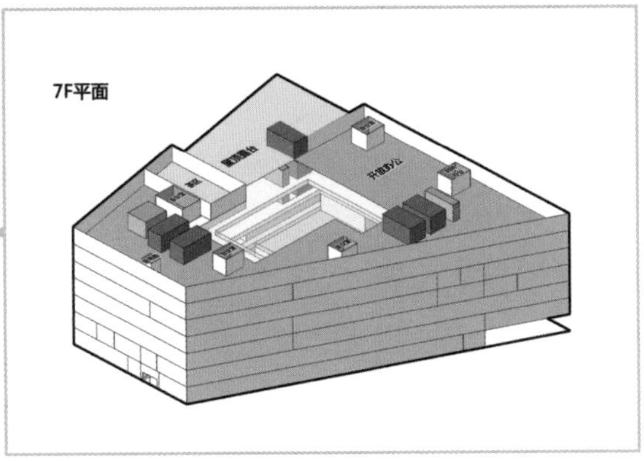

图 21

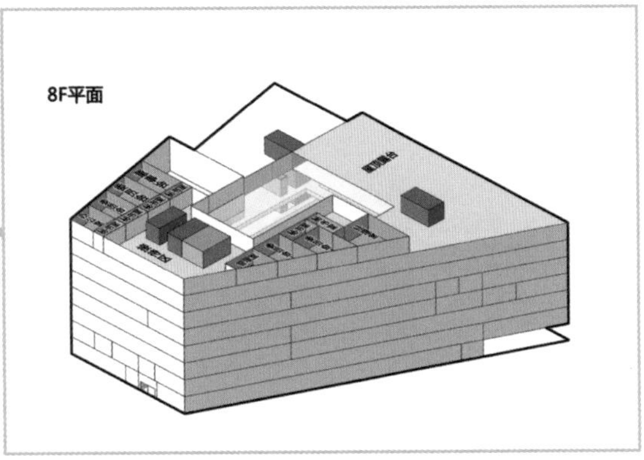

图 22

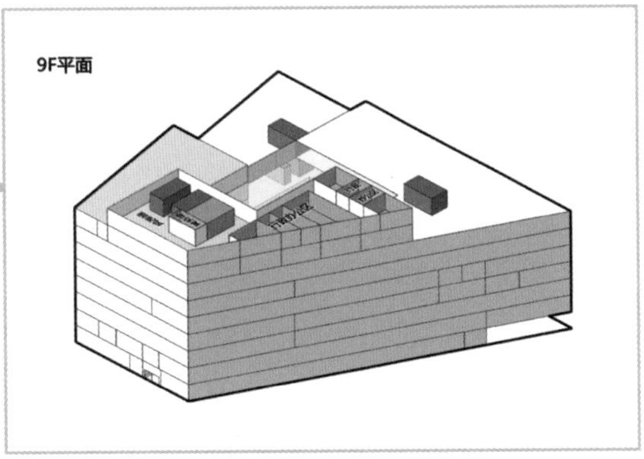

图 23

至此，功能空间布置完成。进入大楼的人们对各个空间可以一览无余，你的眼睛告诉你可以到达任何地方，但没必要（图 24、图 25）。

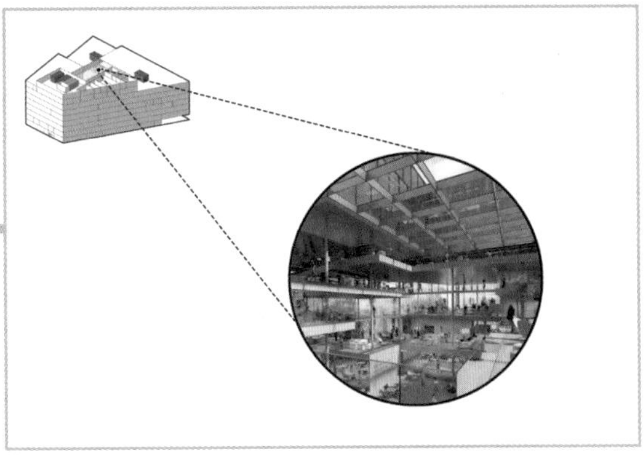

图 24

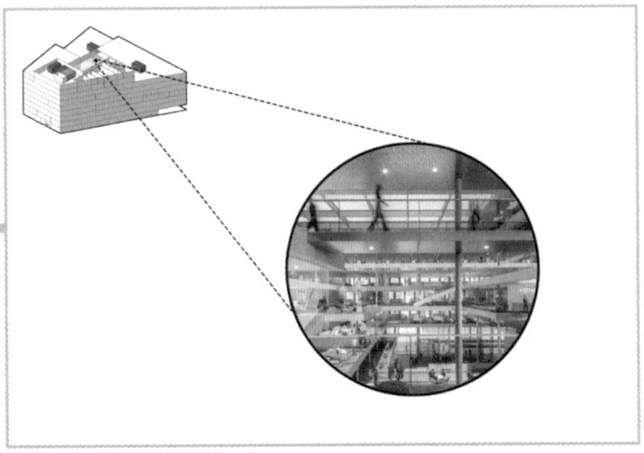

图 25

再利用立面来呼应一下内部空间。退台部分设置玻璃幕墙，暗示空间的开放性；办公部分设置为小尺度玻璃窗，保证一定的私密性（图 26）。收工（图 27）。

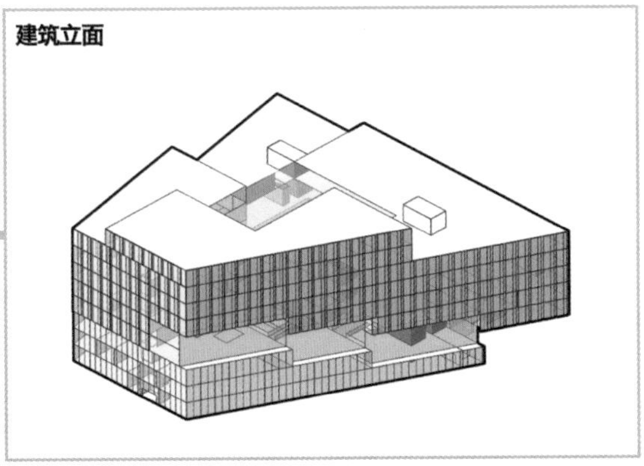

图 26

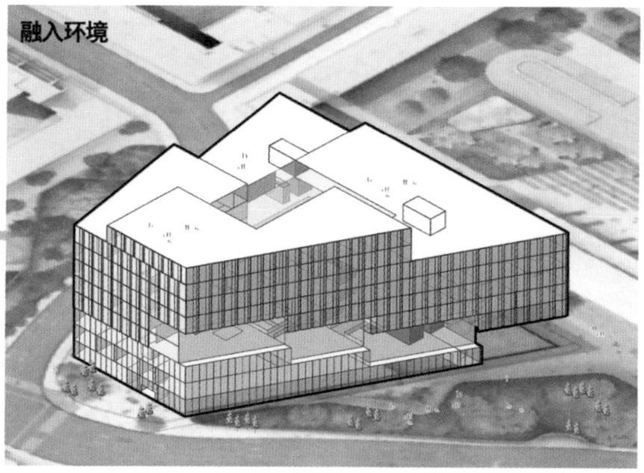

图 27

这就是 HENN 建筑事务所中标的 RLB 银行总部 RLB CAMPUS'25 设计方案（图 28 ~ 图 31）。

图 28

图 29

图 30

图 31

世上所有人的说话方式，都像这样绕圈子，既朦胧、暧昧又有种想要逃避责任似的心理，总之，复杂得耐人寻味。这不是我说的，这是太宰治说的。生而为甲方乙方，都很抱歉，因为大多数时候，我们知道我们在绕圈子，他们也知道我们在绕圈子，我们也知道他们知道我们在绕圈子，但是他们依然要绕圈子。设计就是一门语言，你想为你的设计说话，并不影响你的设计为甲方说话。

图片来源：

图 1、图 28 ~ 图 31 来自 https://www.pinsupinsheji.com/h-nd-1500.html#_np=126_803，其余分析图为作者自绘。

END

建筑师正在这个格格不入的世界里努力格格不入

图 1

名　称：孟买新城市博物馆竞赛方案（图 1）

设计师：OMA 事务所

位　置：印度 · 孟买

分　类：博物馆

标　签：博物馆，九宫格

面　积：11 000 m^2

START

著名建筑师哈迪德女士有一句广为人知的名言：如果你旁边有一堆垃圾，你也会去效仿它，就因为你想跟它和谐？其实哈迪德女士已经比较客气了，因为这件事其实在大部分建筑师那里是没有“如果”的，想和谐的永远能找到机会互动；不想和谐的也永远能找到机会不动。这不是设计的选择题，而是构思的前提；不是前提，制造前提也要提。

印度孟买有一座老城市博物馆，始建于 1855 年，长得就是很典型的 100 多年前的英国殖民风格（图 2）。

图 2

时光荏苒，岁月如梭，博物馆终于把自己也都混成文物了，而身价倍增之后，地方就不怎么够用了。咱就是说，当代那些花里胡哨的艺术展和咱们这全身的古典气质整个就是一个不搭配（图 3）。

图 3

所以，一个孟买博物馆的扩建竞赛很快就上线了。扩建场地就在老馆的北面空地，包括老馆在内的整个场地总面积有 16 900 m^2（图 4、图 5）。

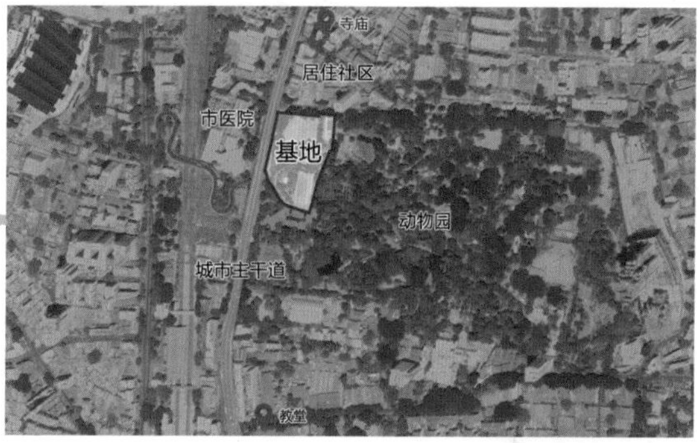

图 4

图 5

新馆有三大功能。展览空间包括多个临时展厅和一个永久画廊（5000 m^2）；表演空间包括演出空间（600 m^2）和多功能厅（300 m^2）；社会服务空间包括儿童图书馆（1000 m^2）、社区中心（1000 m^2）、游客服务中心（600 m^2）；此外还有配套的办公及储藏空间（2000 m^2）和商店及咖啡厅（500 m^2）。总计面积 11 000 m^2（图 6）。

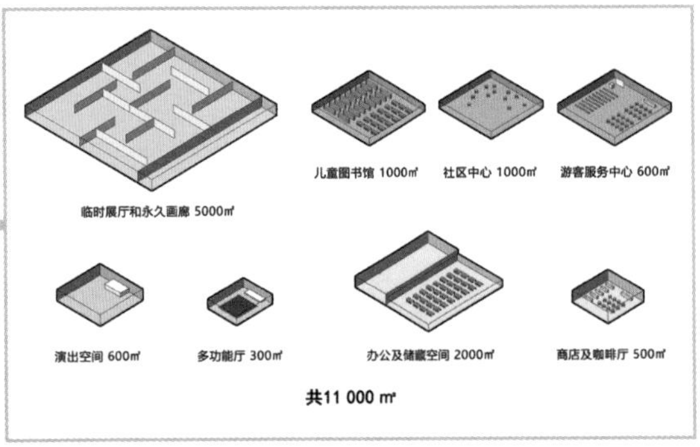

图 6

简单总结一下，如果说老博物馆是家里的祖传古董，摆着看的，那么新博物馆就是刚入手的游戏机，不但要上手玩，还要人越多越好玩（图 7）。

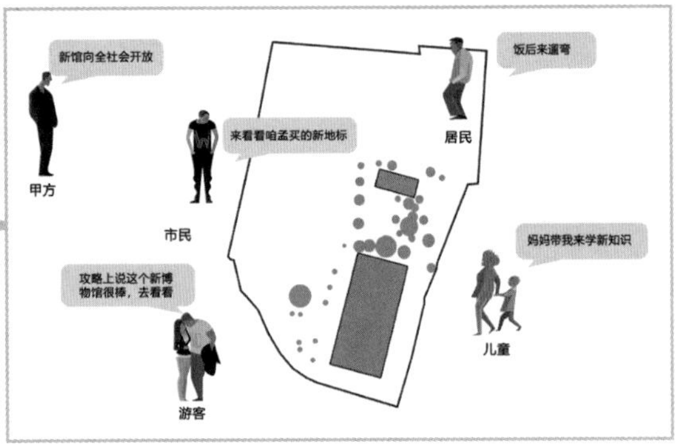

图 7

老博物馆和新馆是什么关系？就是你爷爷的古董和你的游戏机的关系（图 8）。库哈斯大手一挥：那就是没有关系！该压箱底的压箱底，该聚会的聚会，互不打扰，各自美丽（图 9）。

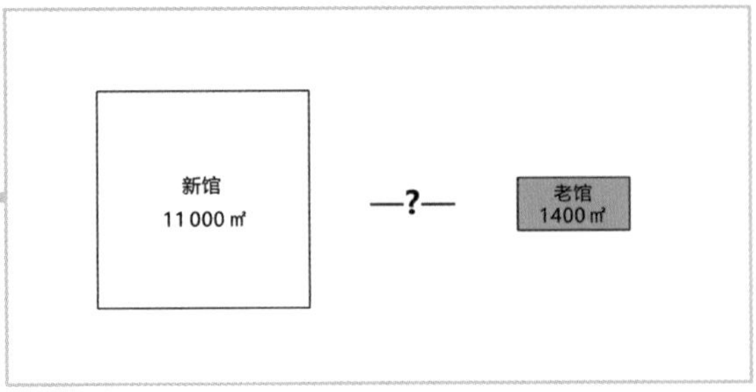

图 8

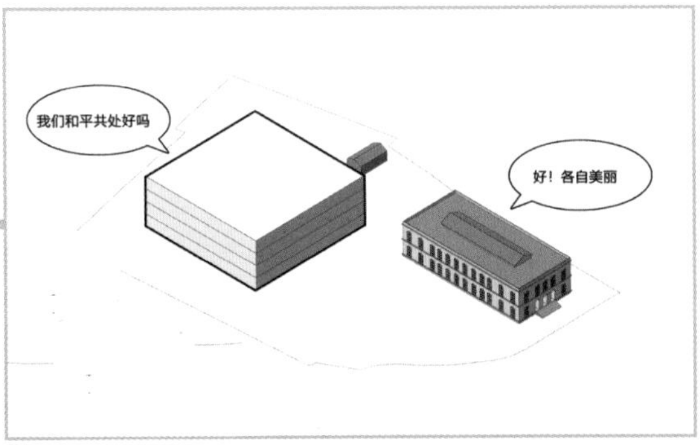

图 9

新馆的主要功能虽然还是展览，却适合更多样化的当代展览方式。也就是说，什么炫酷的声光电啥的可能都是展览的一部分。所以可以采用中心展厅、外围休憩走廊的空间布局（图 10）。

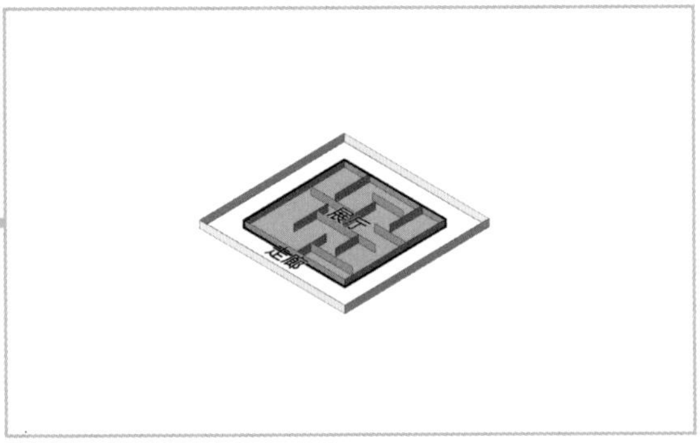

图 10

同时，因为新馆增加了针对社区、游客、儿童的多种服务功能，那么也就可以顺势将外围走廊面积扩大，布置社会空间（图 11）。

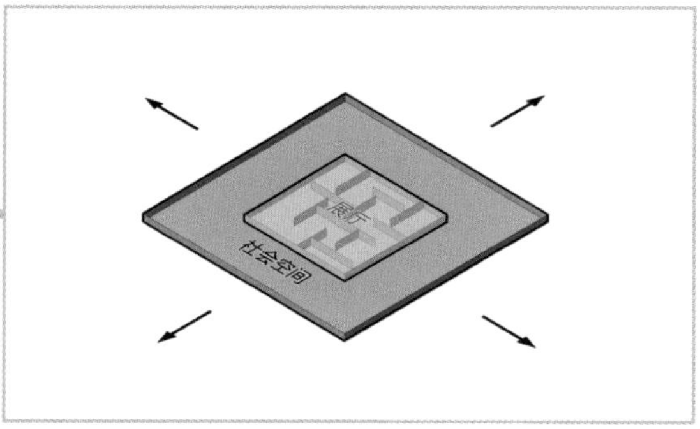

图 11

这个布局看起来很合理，实际上有一个大问题，就是展览功能虽然站在中心位，却站了个寂寞，莫名其妙就被雪藏了。说白了，就是博物馆的本质属性被外围的非正式空间给掩盖了。你就算把展厅真的换成个仓库，也不妨碍外面的人唱歌跳舞（图 12）。

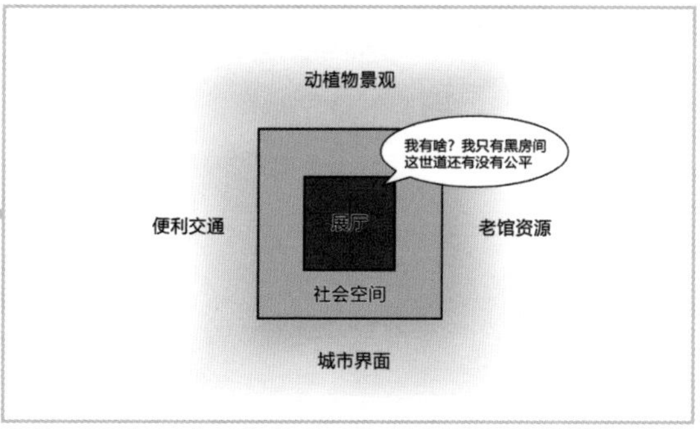

图 12

实际上，无论是社会空间包裹着展览空间，还是展览空间包裹着社会空间，人群的活动方向都只是穿过一种空间到达另一空间，也就是在空间序列上莫名其妙地分了等级，这与新馆希望将博物馆融入公共生活的本意肯定是有差距的（图 13）。

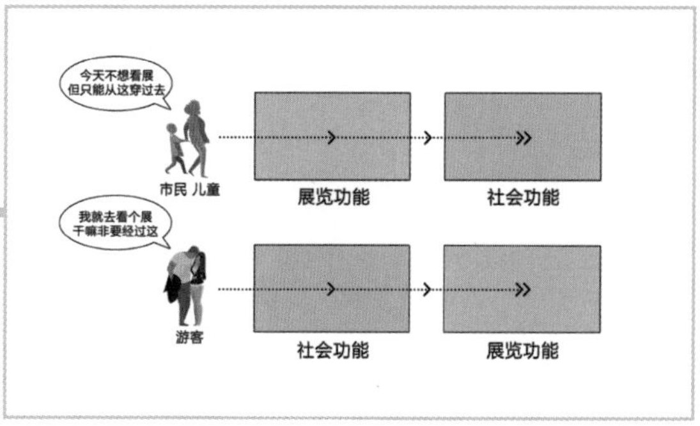

图 13

更何况，库哈斯这大爷从出道就喜欢秩序解构，不会固定人的流线，更不会约束功能。库哈斯觉得，人在博物馆里应该能自由穿梭于两类空间，每一时刻都可以感受到展览和社会两种空间氛围的存在（图 14）。

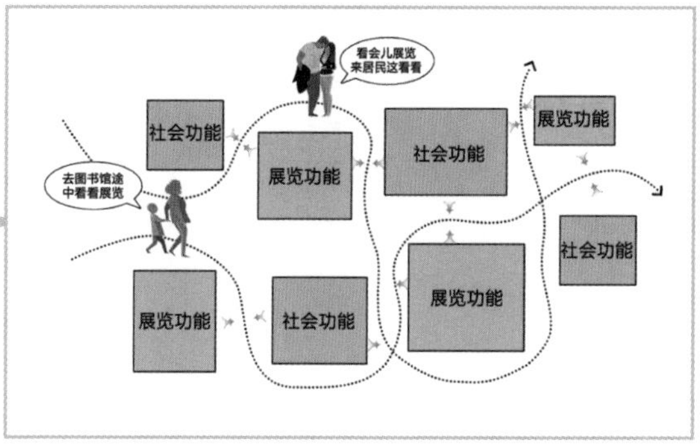

图 14

那么，问题来了：怎么才能实现这种自由的展览流线呢？起码，你得让展厅有对外的开口吧？将内部的展览空间朝外扩张，扩到外部界面形成出入口，享受外部资源（图 15）。

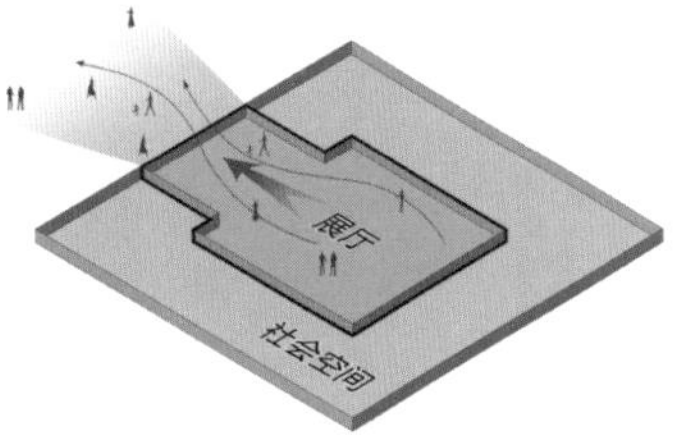

图 15

展览空间需要保持内部连续流线，而社会空间则不同，完全可以根据不同服务人群进行分割。因此，随着扩展方向的增加，展览空间保持连通，社会空间被划分成独立的空间（图 16、图 17）。

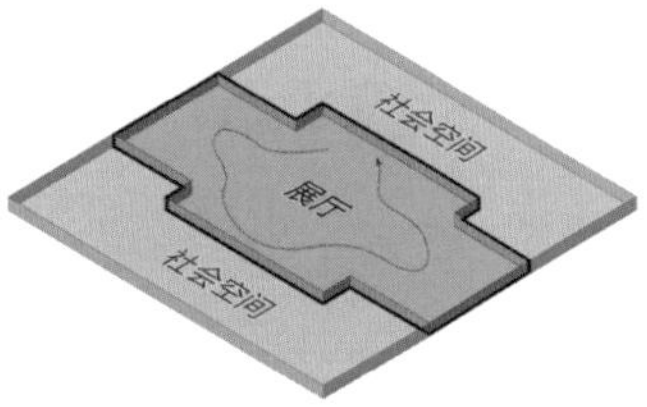

图 16

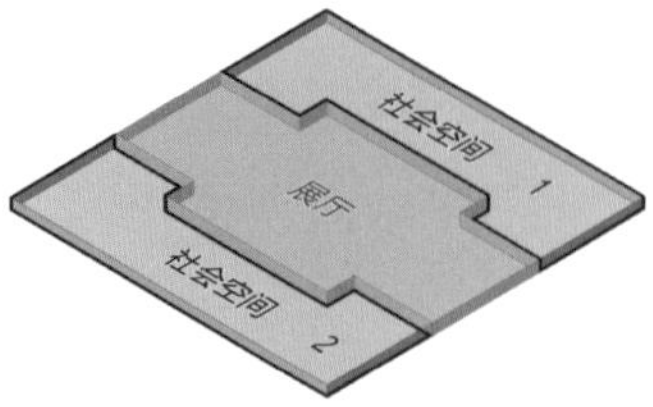

图 17

继续在 4 个方向都延伸展厅（图 18）。当展厅空间在 4 个方向均突破到外部界面时，就出现了一个可爱的九宫格布局。在九宫格中进一步分配功能，使展览空间和社会服务空间看起来相对均衡（图 19）。把这个九宫格布局引入场地中，划分新馆体量（图 20）。

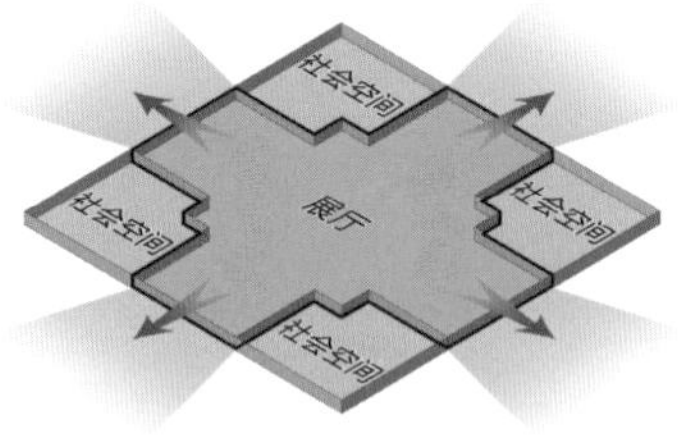

图 18

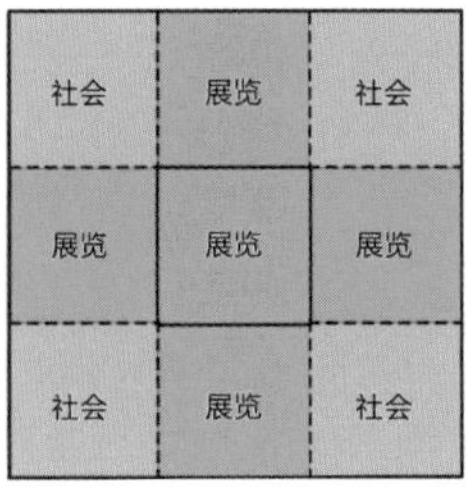

图 19

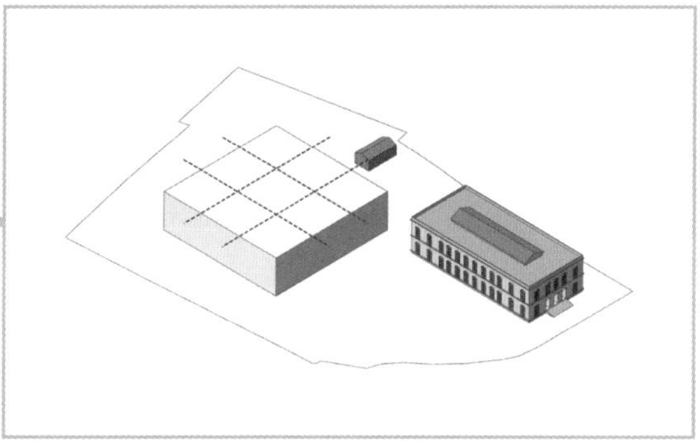

图 20

库哈斯将新馆设置为 3 层，这个高度与老馆的高度基本一致（图 21）。将场地内原有的一栋老房子保留，顺手使整个首层开放。当然，也有可能是本来就打算首层开放，顺手保留了老房子。按照库哈斯的一贯作风，大概后者的面儿更大。不管怎样，首层打开后相应的展览面积被放在了地下补齐（图 22）。同时，开设一条从北边主入口直达南边老馆的通道（图 23）。

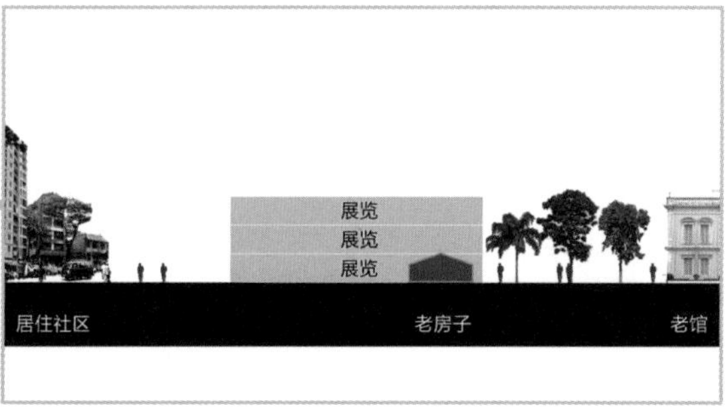

图 21

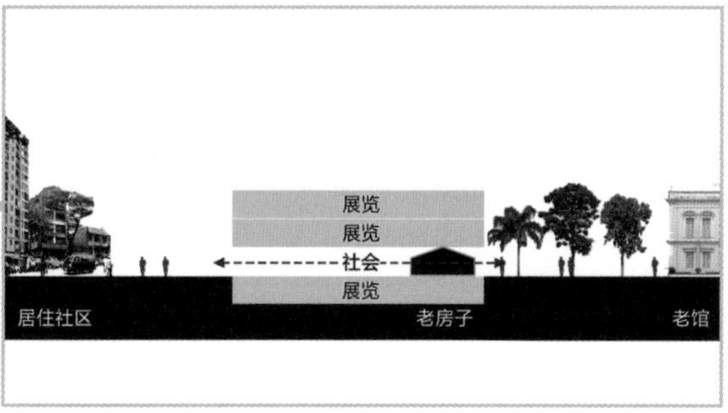

图 22

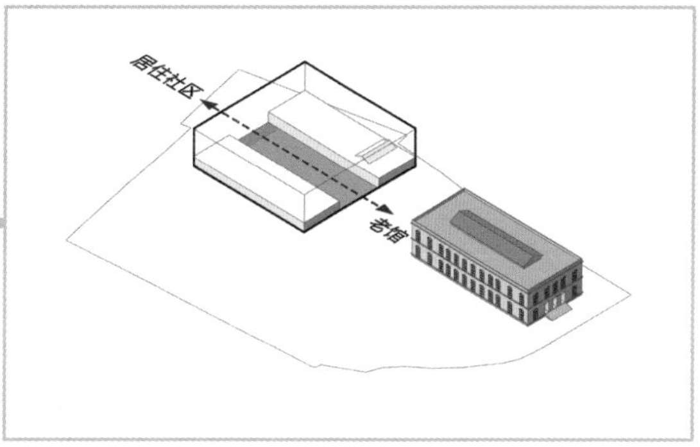

图 23

儿童图书馆、游客服务中心、社区中心各占九宫格的一角，并各自开设入口。其中，社区中心可以直接改造利用保留的老房子（图 24）。由于办公及储藏空间也需要独立出入口，那就干脆布置到第四个角（图 25）。多功能厅放在东侧底层，便于人流疏散（图 26）。打开西向，与外面的广场相通（图 27）。

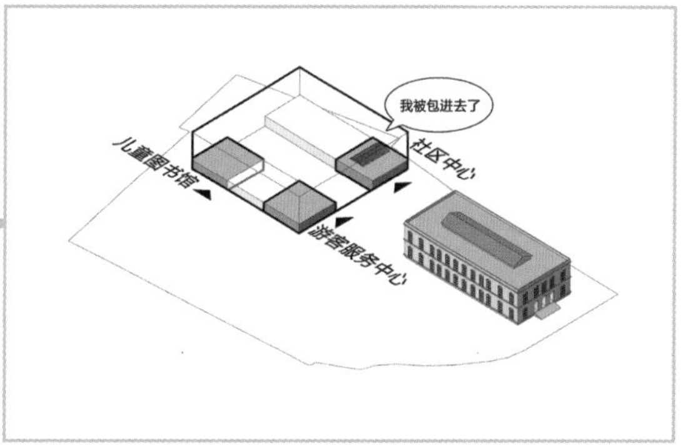

图 24

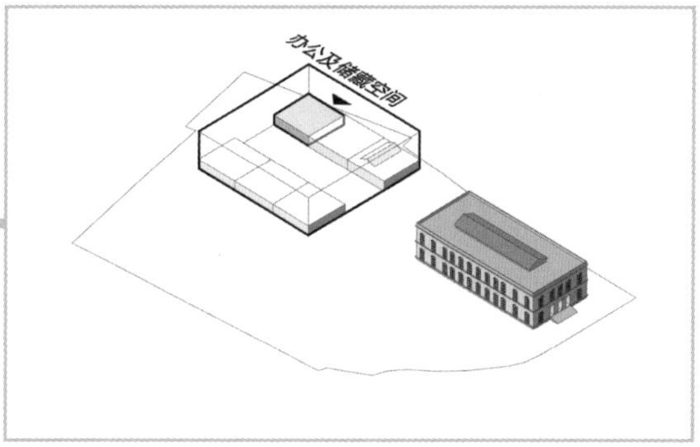

图 25

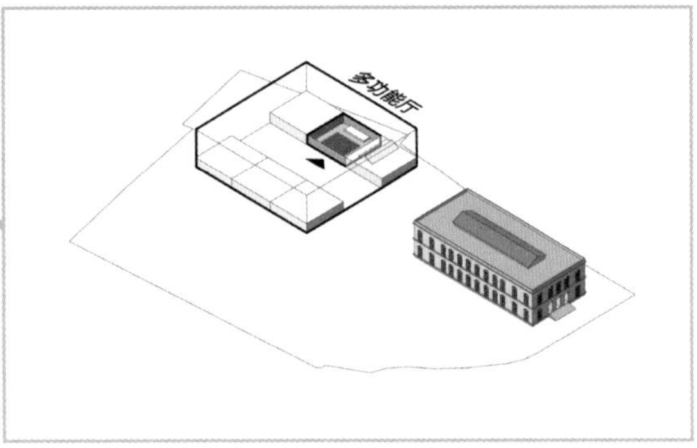

图 26

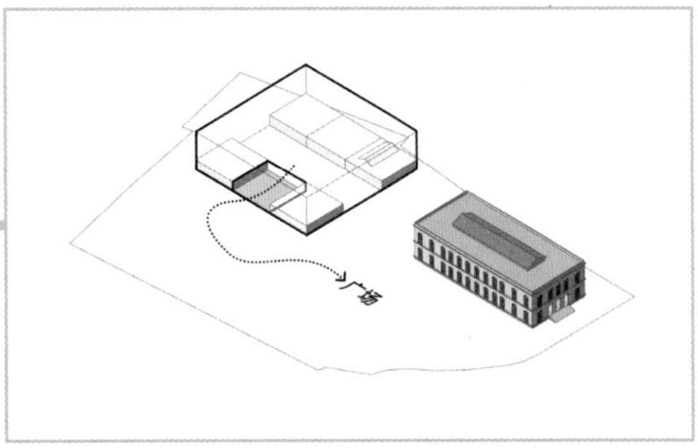

图 27

这个九宫格布局其他啥都好，就是放不了大型集中空间，比如，剧场。这事儿库哈斯也没辙，横竖就这么大的地，你要硬塞进去一个剧场，那肯定就没有九宫格了。一不做，二不休，库哈斯干脆结合广场做了个室外剧场：将新馆西侧广场下挖，结合地下展厅布置，兼作演出空间（图 28）。

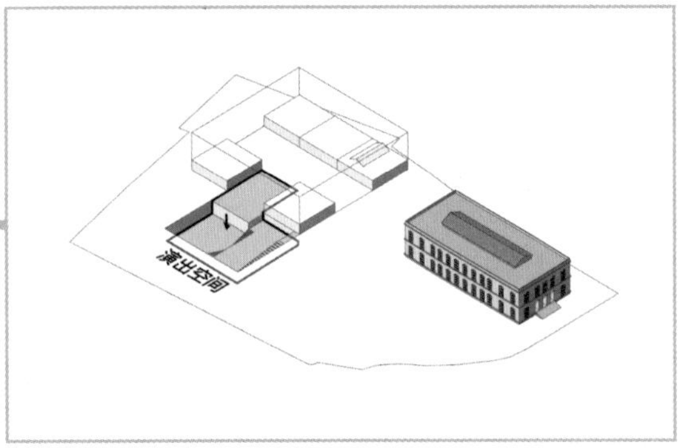

图 28

商店及咖啡厅结合游客服务中心和下沉广场设置（图 29），办公及储藏空间体块对应的地下部分作为储藏空间（图 30）。其余地下空间全部作为地下展厅（图 31）。在这个基础上，二三层就可以和九宫格自由玩耍了（图 32）。

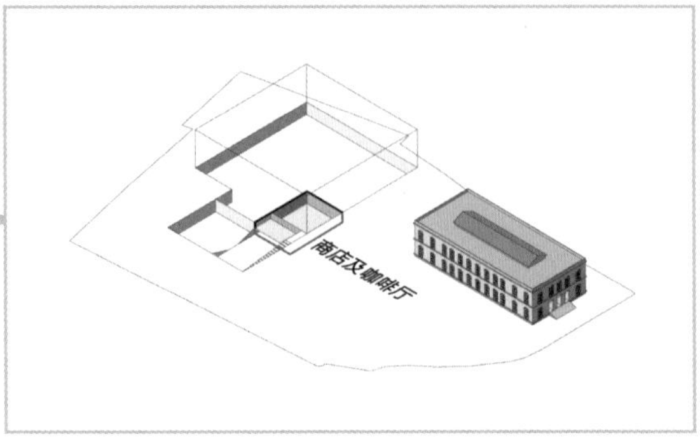

图 29

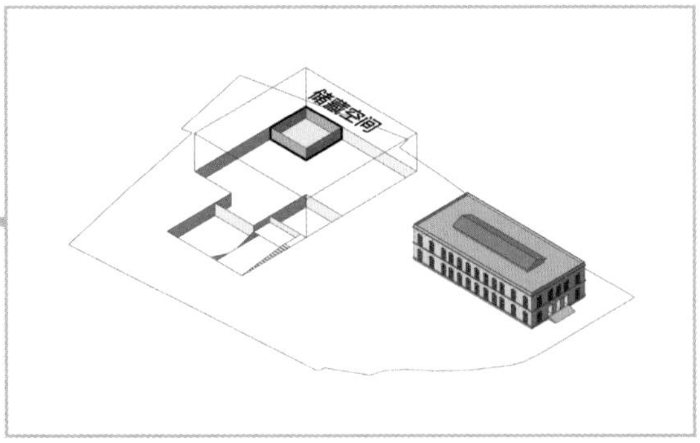

图 30

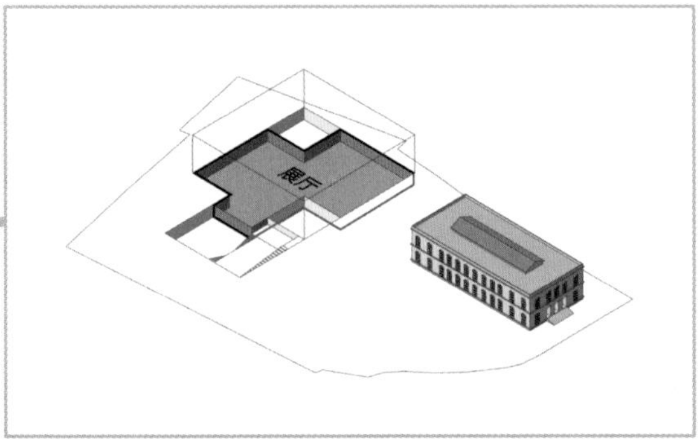

图 31

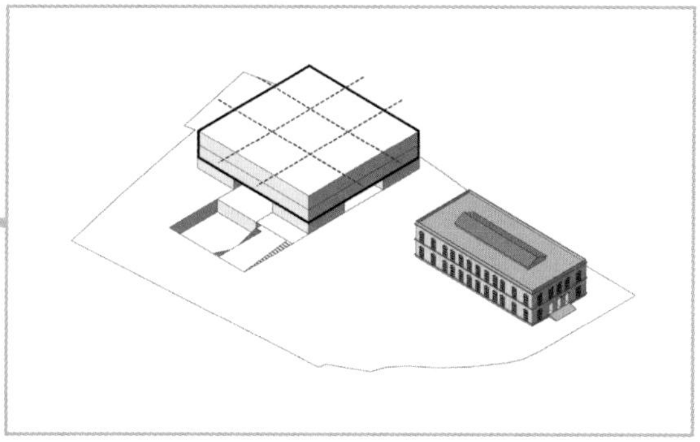

图 32

既然底层已经确定了有 4 个独立的功能体块，那么继续保持其独立性，向上延伸（图 33 ~ 图 35）。相应地向 4 个方向扩展“十”字形展览空间（图 36）。

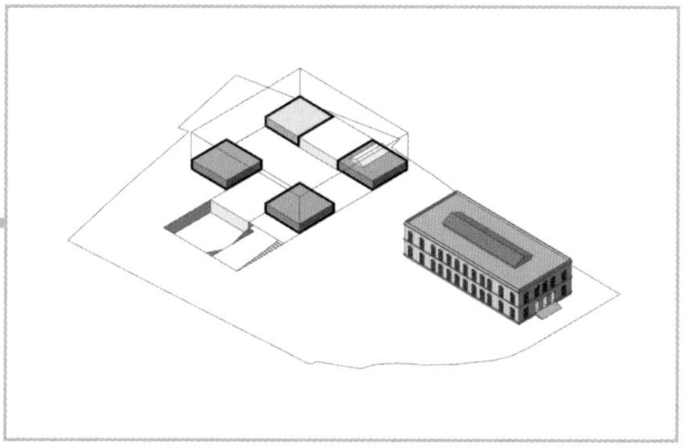

图 33

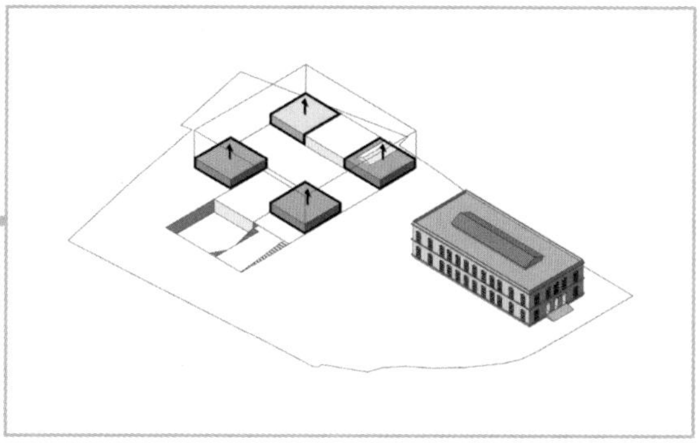

图 34

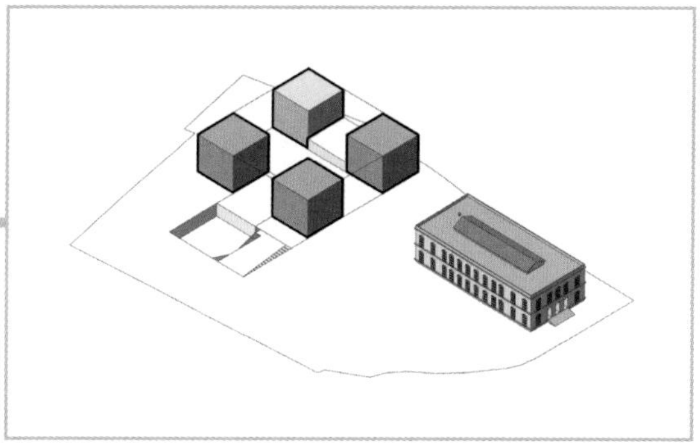

图 35

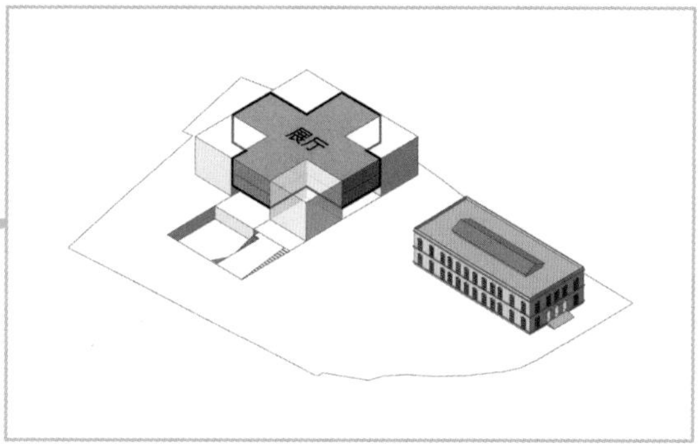

图 36

把展览空间的公共交通设置在中心处，并扩大形成中庭，把休息平台扩大成为沿途展示空间，作为永久画廊（图 37）。既然社会服务空间相较于展厅是比较独立的，二者对层高的需求也不同，那干脆把二者拉开距离，形成缝隙（图 38）。社会服务及办公储藏空间根据自身需求各自划分层高（图 39）。

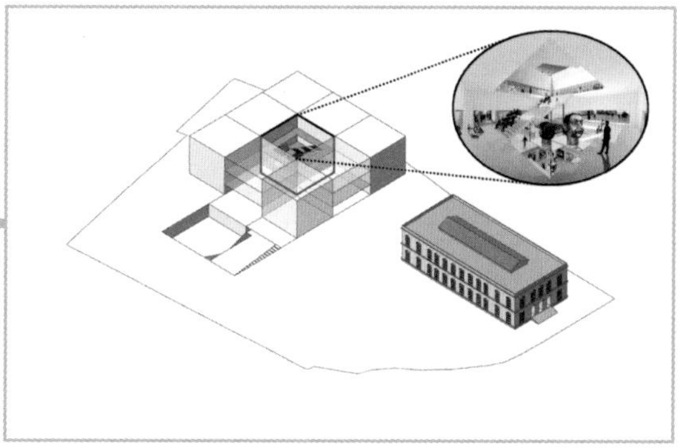

图 37

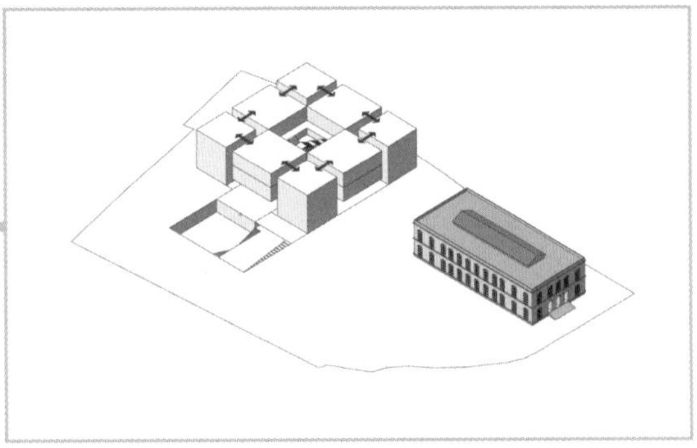

图 38

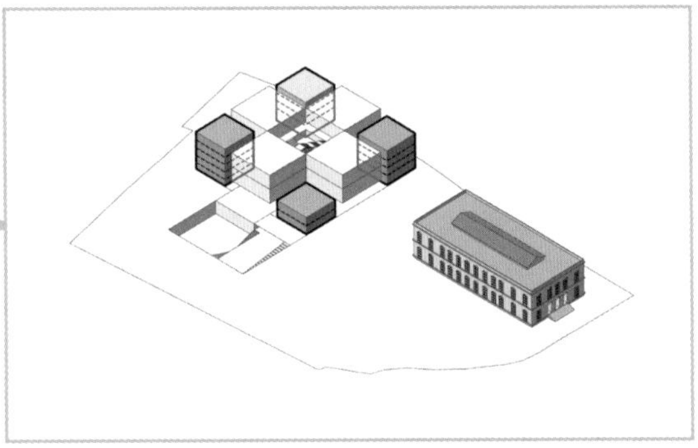

图 39

把社会服务空间的独立交通布置在缝隙里，同时可以作为连廊连通展厅（图 40）。其他缝隙对应的地面上开天窗，供地下展厅采光（图 41）。保留东南角的一棵古树，建筑倒圆角做出回应（图 42）。沿着场地北部道路方向斜切北部体块，使其与道路平行（图 43）。

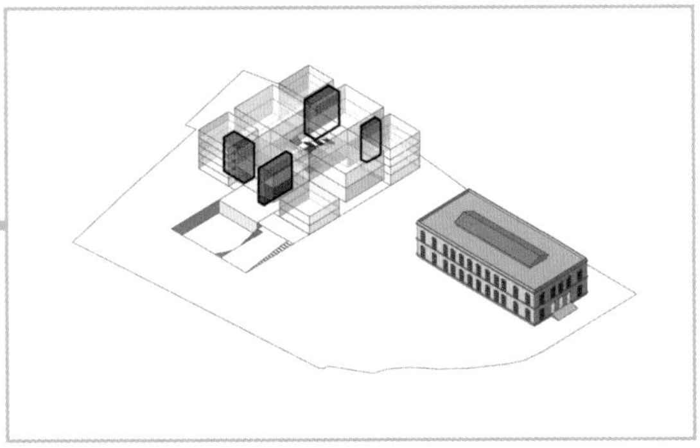

图 40

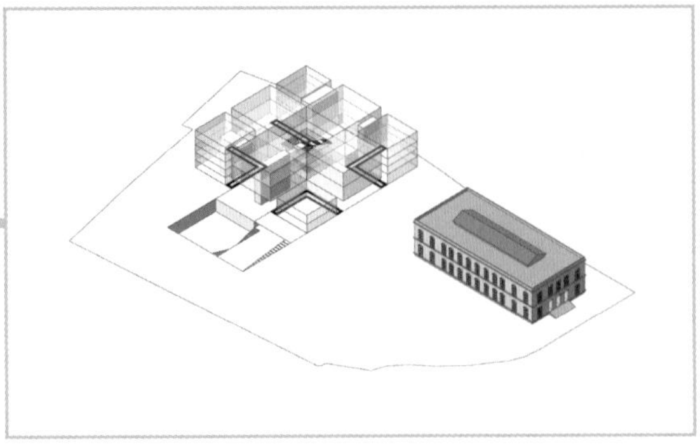

图 41

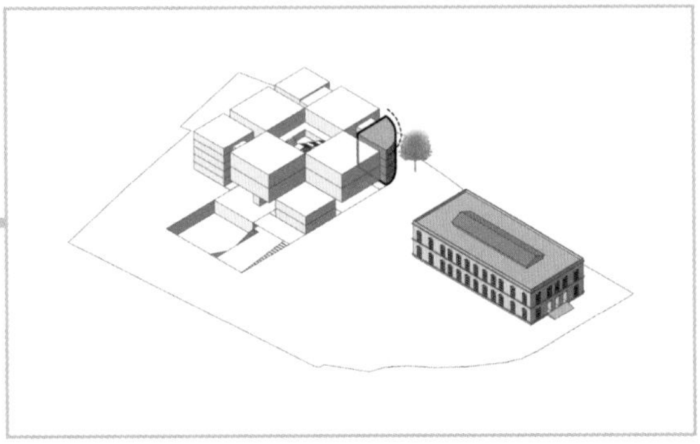

图 42

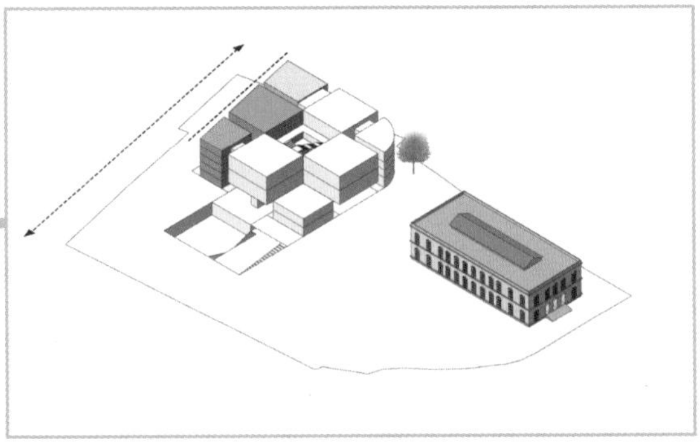

图 43

给两类空间的外立面赋予不同的材质，服务空间使用石材，展览空间使用轻盈的半透明材料（图 44）。收工（图 45）。

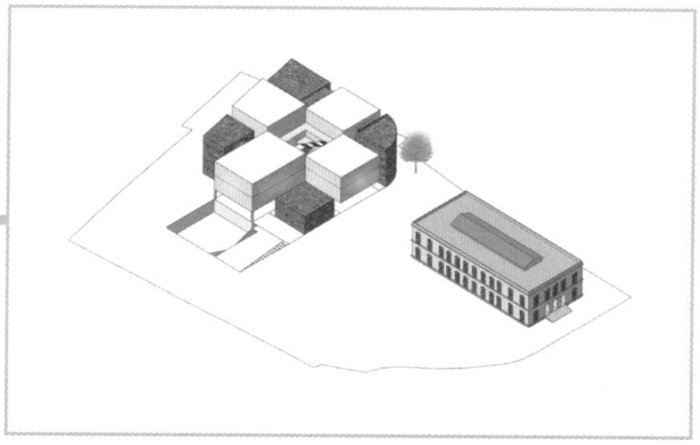

图 44

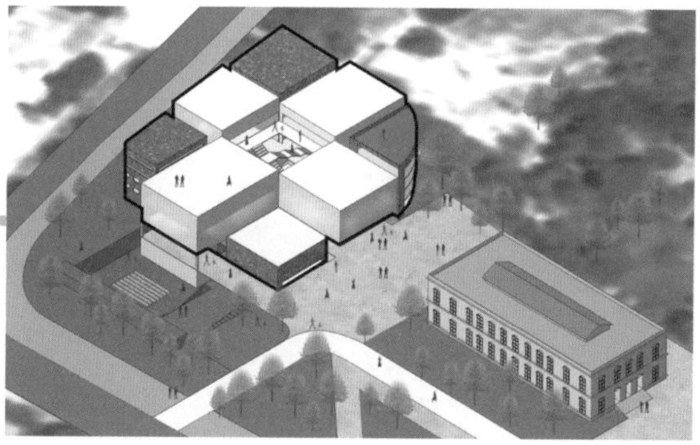

图 45

这就是 OMA 事务所设计的孟买新城市博物馆竞赛方案，最终获得第二名（图 46 ~ 图 49）。

图 46

图 47

图 48

图 49

这个世界从来就是双重标准，你美得格格不入，就叫众星捧月；你丑得格格不入，就叫害群之马。但月亮也只是个表面有坑的球，劣马也可能是匹没被驯服的宝。所以，重点不是美丑，而是你有没有勇气去格格不入，并享受格格不入。美剧《生活大爆炸》中的莱纳德说："也许你感觉自己与周遭格格不入，但正是那些你一个人度过的时光让你变得越来越有意思，等有天别人终于注意到你的时候，他们就会发现一个比他们想象中更酷的人。"

图片来源：

图 1、图 46 ~ 图 49 来自 https://www.beta-architecture.com/mumbai-city-museum-extension-rem-koolhaas/，图 2 来自 https://www.bdlmuseum.org/visit/，其余分析图为作者自绘。

END

我，设计废物，是个阴谋

图 1

名　称：维加巴哈西哥特艺术博物馆竞赛方案（图 1）
设计师：Cruz y Ortiz 建筑事务所
位　置：西班牙・托莱多
分　类：博物馆
标　签：构成，自由平面
面　积：16 000 m²

垃圾分类界有句名言：废物是放错了地方的资源，环保社会玩的就是一个回收再利用。那么，问题来了：像我这样一个纯纯的设计废物，为什么总是被分类，从没被回收再利用呢？这里面肯定有一个参照系的问题。和爱因斯坦比，基本所有人都是个物理废物。但这并不妨碍你我高考物理考130分，相信“学好数理化，走遍天下都不怕”。大神之所以被称为“神”，就是因为神啊，而所有称为“神”的就不可能，也不应该成为普通要求和正常标准。然而，凡事都有例外。比如，建筑圈就是上古走来的奥林匹斯山，牧羊人都是手拿金苹果的美学评委，设计不出点儿神迹的那就是废物，只配给别人画图。这就是建筑设计最大的阴谋。一旦我们接受了自己是个“设计废物”的设定，那我们能出卖的也就只有无差别的人类劳动了。可事实上，人是具有主观能动性的。学建筑所需的智商水平绝对不比其他理工科更高或者更低，如果其他专业可以靠出卖自己平平无奇的专业技能创造价值，那凭什么建筑生平平无奇的设计技能就只能一废到底？大概是，诸神的狂欢，不需要有思想的芦苇，而韭菜好歹能包饺子。

托莱多是西班牙著名的历史古城，是6—7世纪西哥特王国的首都（图2）。针对托莱多的考古挖掘工作一直都在进行，目前主要集中在一个叫维加巴哈的区域里（图3）。随着挖掘工作的推进，这个遗址基本也可以被定性了，总之不具有什么特别的珍稀保护性（图4）。

图2

图3

图4

可再不珍稀也挖出来了，你也不能再埋回去。于是，当地政府决定在这里新建一个博物馆，给这块遗址抬抬“咖位”，也算创造一个新景点。

维加巴哈当前的遗址空地主要分为两大部分，其中位于南边的区域是在1992年挖掘出的罗马马戏团遗址，北边的区域是2008年刚刚挖掘出的遗址部分（图5）。甲方选址就在这两块区域之间的一块没有开掘出什么重要遗址的空地上（图6）。

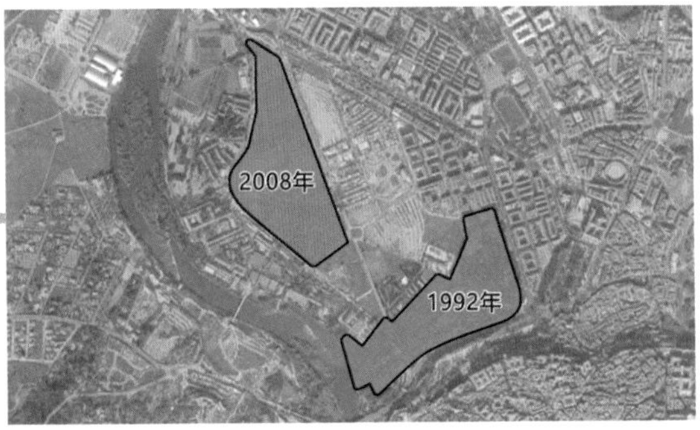

图5

图6

来自西班牙本土的老牌建筑事务所Cruz y Ortiz看到这个场地选址之后欲言又止。虽说这南北两部分遗址是在不同时间发掘出来的，但在一千多年前，这儿可不分什么南区北区，全都是西哥特王国自己家的地。要是在甲方给的地上新建一个博物馆，可就把南北两块遗址彻底割裂开来了，这三足鼎立的局面，是想把哪位西哥特国王给气醒？可不许分裂我的领土哈（图7）。

图7

而且，甲方给的场地离城市主干道和停车场都比较远，来博物馆参观的人基本上都是沿着主干道来的，这位置和交通多少是有点不方便了，别别扭扭一不小心说不定就走过了（图8）。

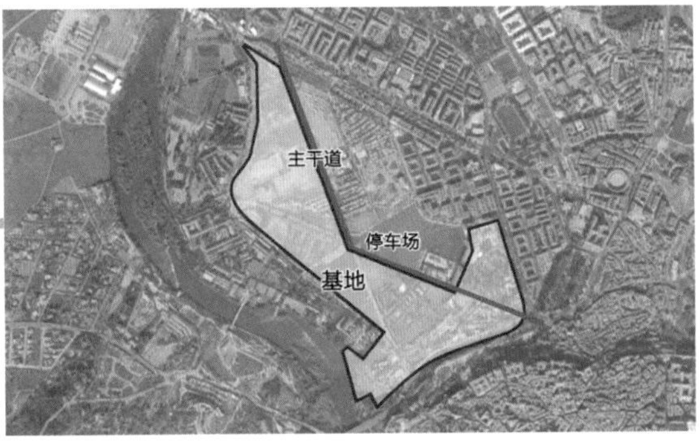

图8

权衡之下，Cruz y Ortiz铤而走险，放声大喊：我要换地！也不换多远，就换到旁边那块紧邻城市主干道和停车场的空地上（图9）。这样还可以把南北两部分遗址通过原场地连接起来，种上树，简单规划个路径就成了一个完整的遗址公园（图10）。

图 9

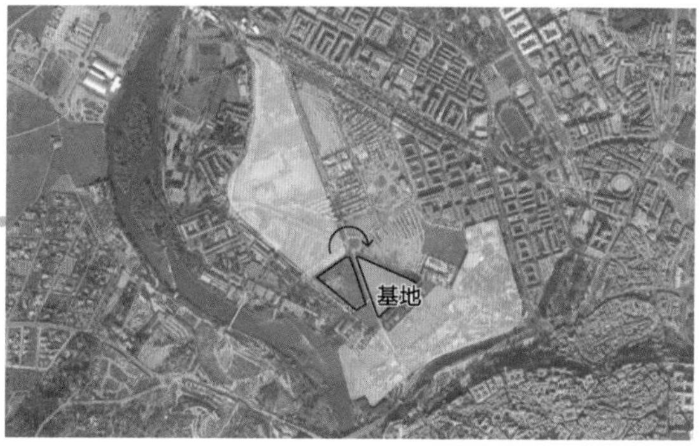

图 10

兜了一大圈之后该切回正题了，博物馆咋做？按理说，有勇气改任务书换地的，一般也都会搞个惊世骇俗的方案来压轴，这就叫设计的刻板印象。你更换场地是基于专业知识针对甲方根本需求的技术判断，不是为了哗众取宠。换句话说，就算不换场地，你也得解决遗址割裂和交通问题，换地只是其中一个看似风险大，但其实最简单的解决方法——至于建筑设计，该怎么做就怎么做呗。

虽然这是一个著名古城的博物馆，还被换了地，但也只需要一个精彩的设计，而不是成了精的神迹。

先看看甲方的功能空间要求，主要分为展览空间和非展览空间两大部分。展览空间包括临时展厅、永久展厅和模型展厅（6000 m^2）；在非展览空间里，服务配套空间包括门厅、大堂、视听室、礼堂、会议室、商店和咖啡厅（4500 m^2）；研究办公空间包括图书馆、办公室、会议室和研究室（考古学、架构、文档、新技术，2500 m^2）；后勤空间则是一系列仓库（特定仓库、一般仓库、小型仓库）及设备间 （3000 m^2）。总计面积 16 000 m^2（图 11）。

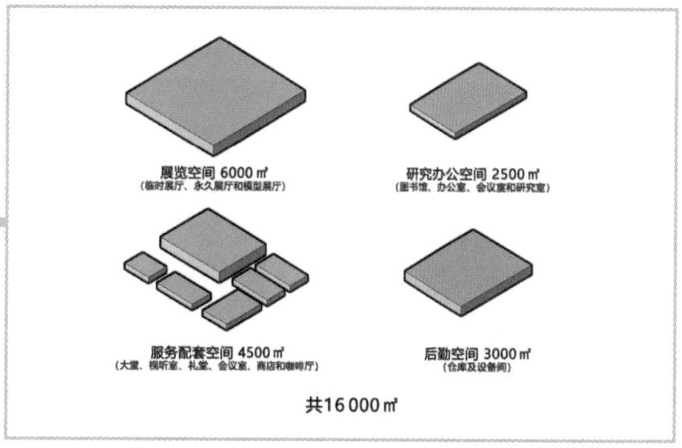

图 11

这个博物馆除了满足基本的展览及附属功能需求外，还有一个更重要的任务，那就是在城市中把这片遗址区域凸显出来，俗称“标志性”。但是，又不能抢了遗址的戏，破坏挖掘区的整体风貌（图 12）。

图 12

这是个房子，又不是个哨子，既要高调，又要低调。这要求听起来就很“甲方”，是不是？祖传的五彩斑斓的黑嘛。但其实甲方大部分荒谬的要求都是因为语文没学好，你给他补全了主谓宾就啥毛病没有了。比如，这个博物馆就是远看具有高调的标志性，近看又低调地与遗址和谐共存。

低调好说，把这 16 000 m² 的规模平摊在地上，绝不抢遗址的戏。再体贴一点，考虑到场地四周都是遗址，为了使各个方向看向博物馆都是 360° 无死角的优雅印象，也就是各个方向都是主立面，所以干脆摊个大圆饼，平等地朝各个方向的来客打招呼（图 13）。

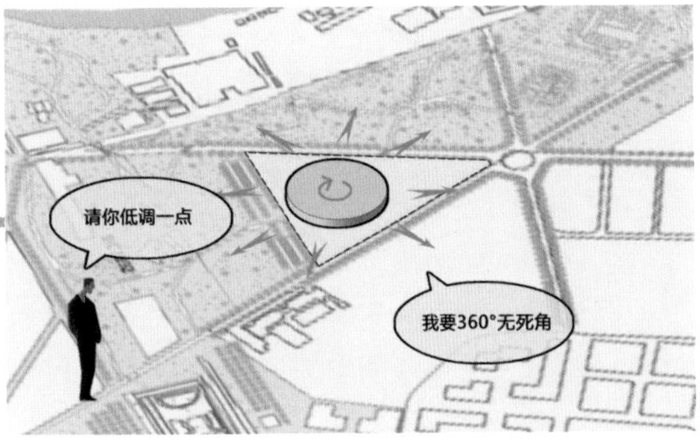

图 13

很好，确实很低调，也确实没什么吸引力，你能注意到我算我输，但前面说的高调的前提是远看。那么，问题来了：从哪儿看算远看？好巧不巧，托莱多这个最著名的古城就位于遗址南边的高地上。也就是说，按照旅游线路，这个博物馆最好就是从古城高地上远看能看到（图 14）。

图 14

Cruz y Ortiz 把维加巴哈遗址场地规划为托莱多旅游线路的终点——游客在游览古城结束后的高地边缘俯瞰到博物馆，眼前一亮，顺势继续前往维加巴哈探索遗址（图 15）。说白了就是要做个漂亮屋顶，让游客站在古城高地上一眼就注意到（图 16）。

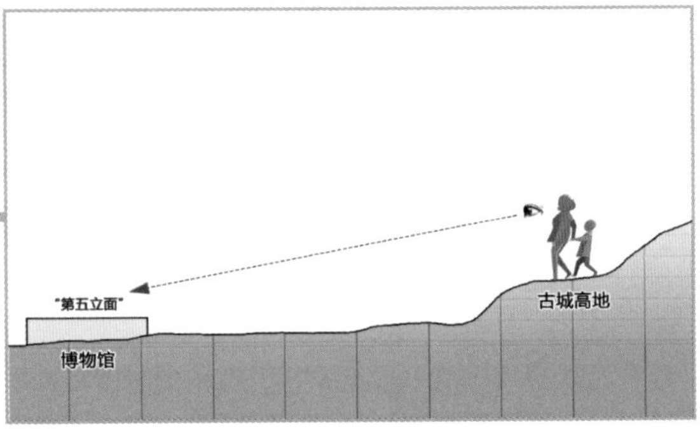

图 15

图 16

在这个（即将拥有漂亮屋顶的）大饼基础上继续设计。首先，不管这个饼长什么样，它都需要联系场地两边的两部分遗址（图17）。所以，先从南到北打通做个通道，使场地路径穿越博物馆，这下南北遗址和博物馆彻底是一条绳上的蚂蚱了，整个遗址片区浑然一体（图18）。

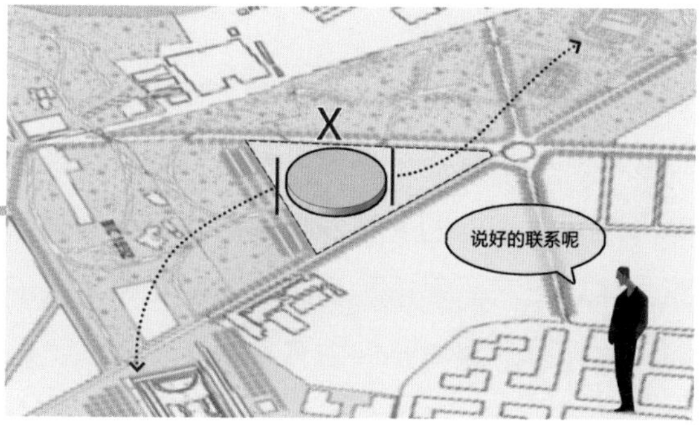

图17

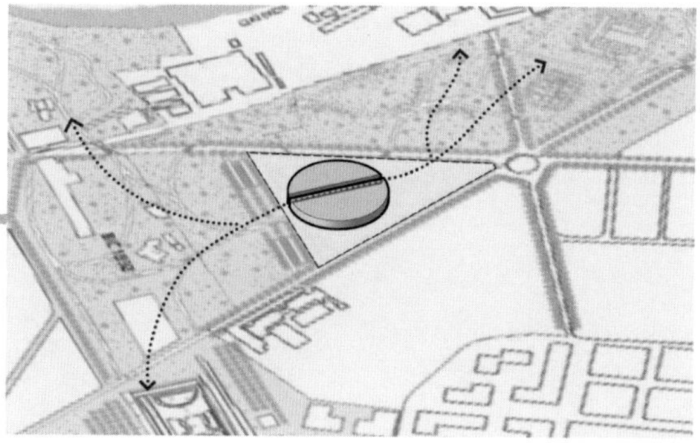

图18

那通道具体切在哪儿呢？这需要结合功能流线的布置来考虑。博物馆主要包括游客和工作人员两类使用人群。其中，游客使用展览空间和服务配套空间，工作人员使用研究办公空间和后勤空间，两部分空间并列放置在建筑里（图19）。

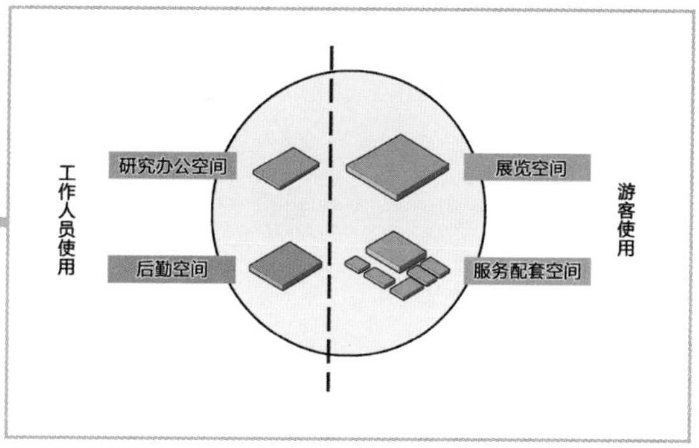

图19

考虑到通道是游客进入博物馆参观的入口，因此，通道左右两边都需要设置为供游客使用的空间。也就是说，这个通道要穿过游客使用空间（图20）。而游客使用空间又细分为展览空间和服务配套空间，为了空间的秩序性，将通道作为这两个空间的分界线（图21）。

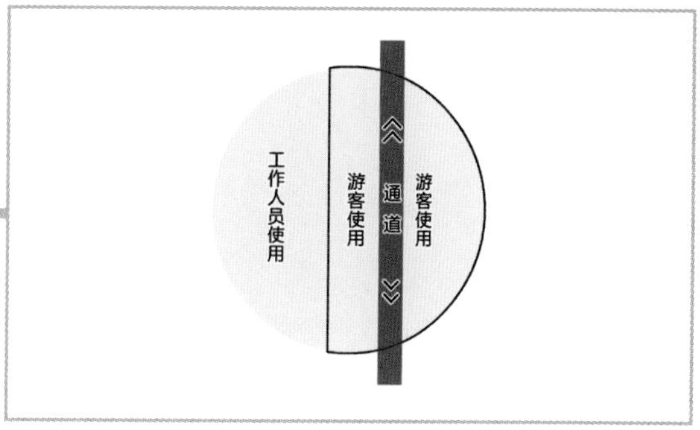

图20

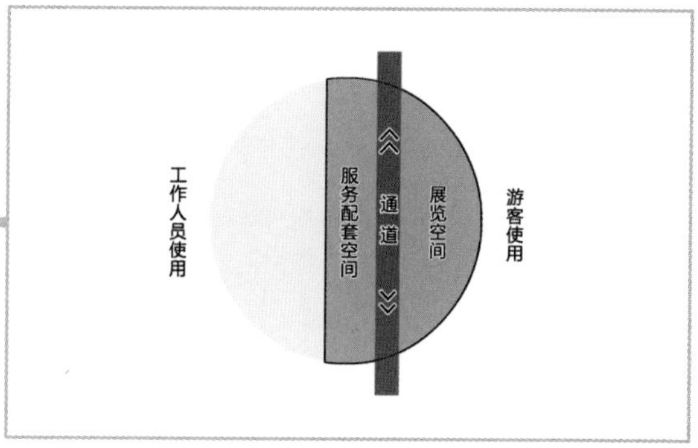

图21

场地东侧为主干道，是游客到来的主要方向，因此，展品及办公空间入口靠近西侧马路布置，服务配套空间结合研究办公空间分两层布置在通道西侧，展览空间通高两层布置在通道东侧（图 22）。为了使博物馆空间布置可以更加自由，选用框架结构，柱子间可随意连线，自由划分平面（图 23 ~图 25）。

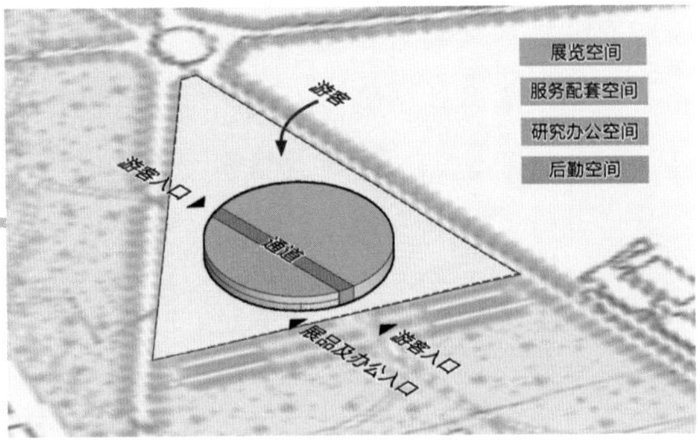

图 22

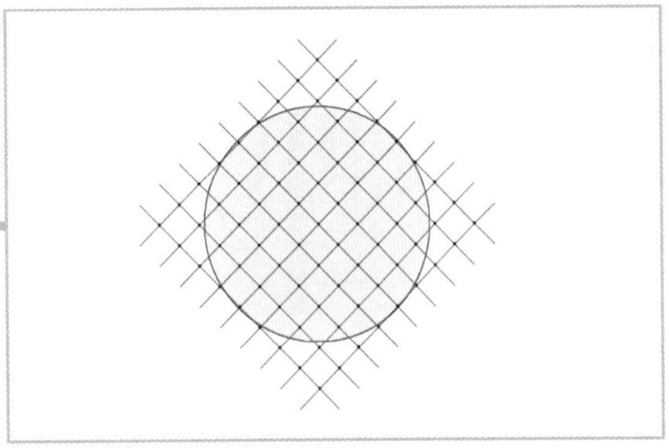
图 23

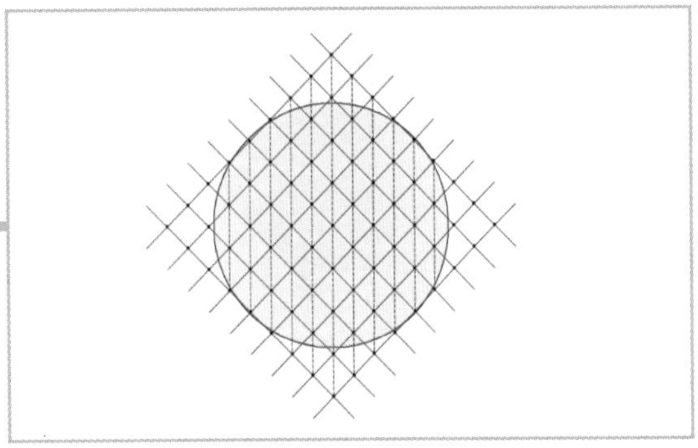
图 24

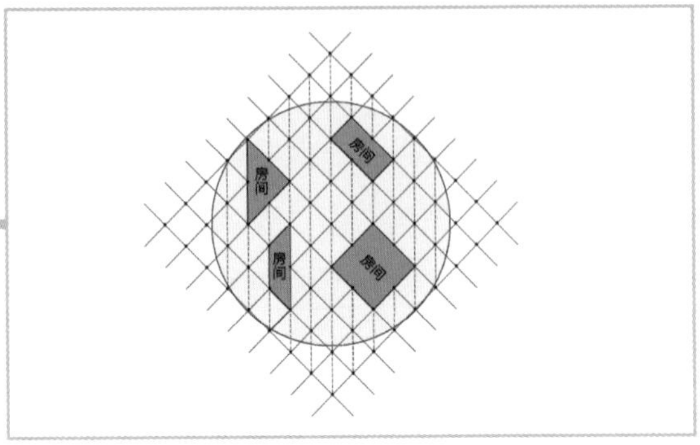

图 25

但是，自由划分这种事是要看天分的，如果你不会，那就正常划分好了。展览空间和非展览空间这两类空间的属性是不同的，要在空间组织上体现出来。那干脆不同属性的空间沿着不同方向布置：展览空间沿着柱网垂直方向，非展览空间沿着柱网对角线方向。空间同样也会呈现出一种有秩序的变化（图 26 ~图 29）。

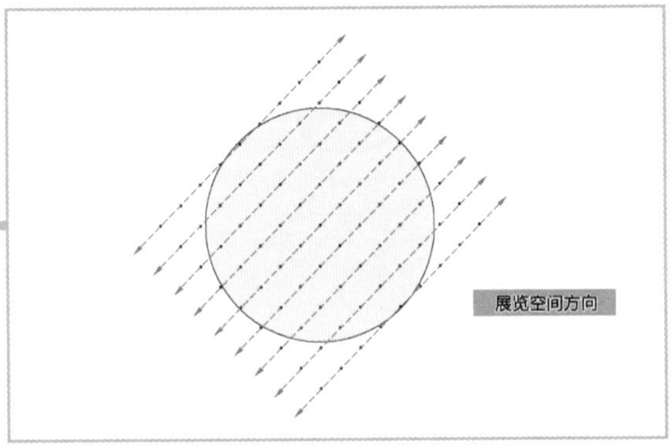

图 26

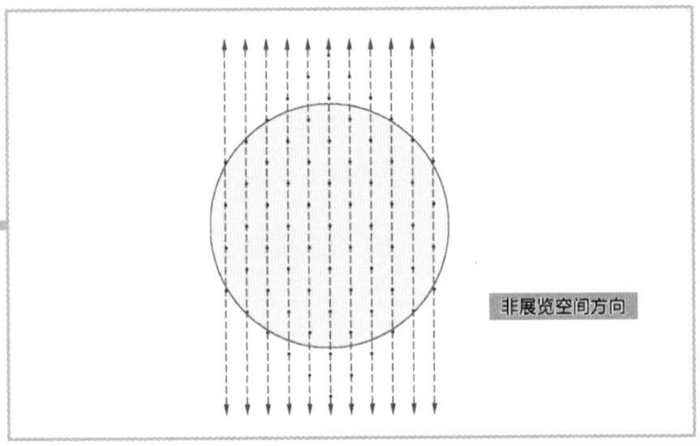

图 27

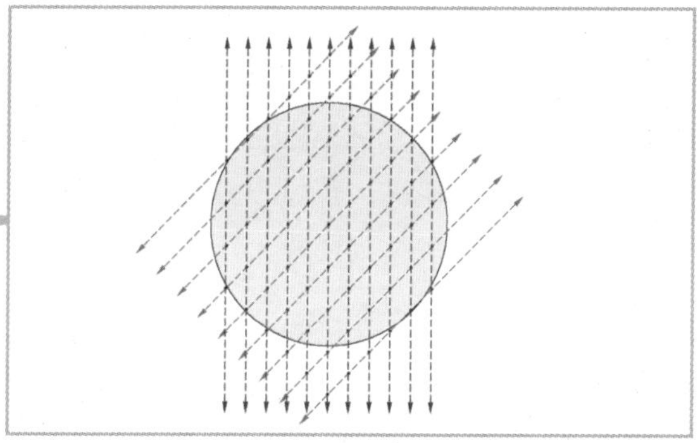

图 28

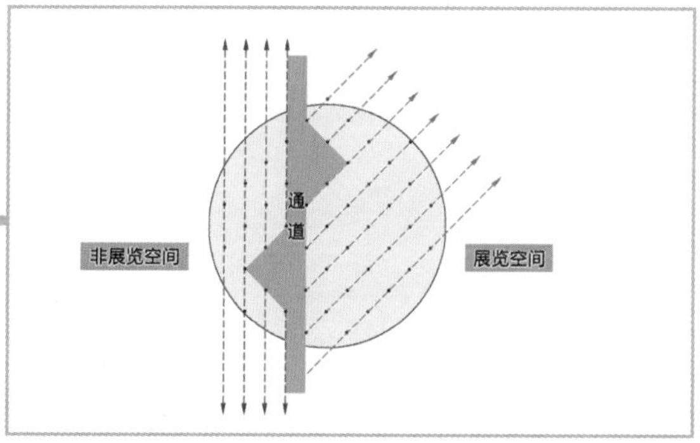

图 29

然后，逐层细化功能。首层设置博物馆的主入口（通道），通道东侧布置展厅及视听室，通道西侧布置商店、咖啡厅、礼堂、会议室等服务配套功能。服务配套空间西侧结合展品入口布置部分仓库。通道和东侧展厅部分通高两层，展厅内部墙面开洞做成半圆拱，实现空间流通，按需自由布展。半圆形透视还能产生聚焦远处展品的效果（图 30）。

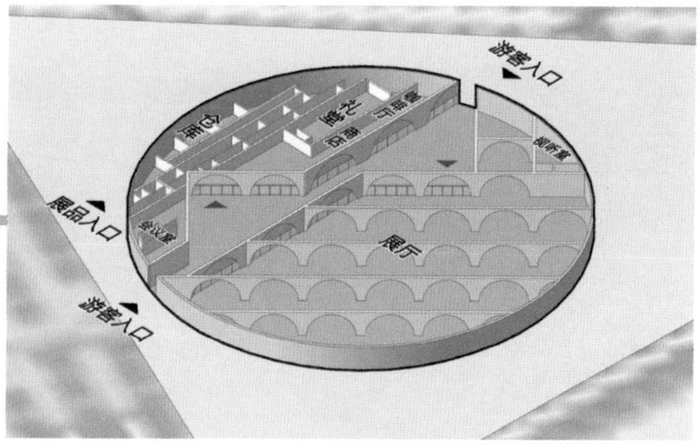

图 30

西边的二层布置一系列研究办公空间，其间布置两个露台休闲空间（图 31）。地下一层为仓库及设备空间（图 32）。屋顶就沿用结构网格的划分，通道部分设置为可进行自然采光的格栅，办公及展厅部分间隔高低错落，最终呈现一个凹凸有致的漂亮屋顶（第五立面）。收工（图 33）。

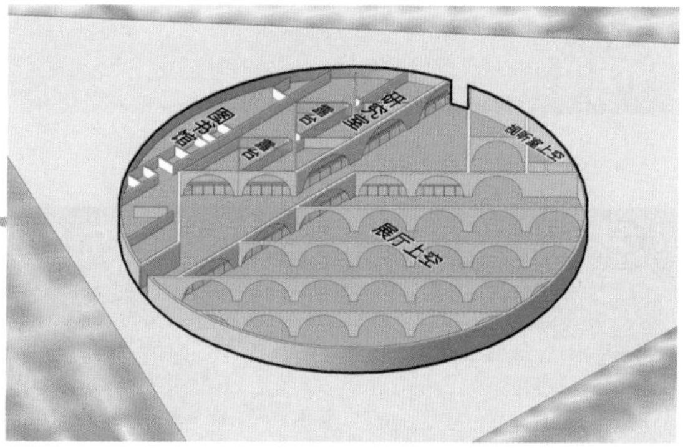

图 31

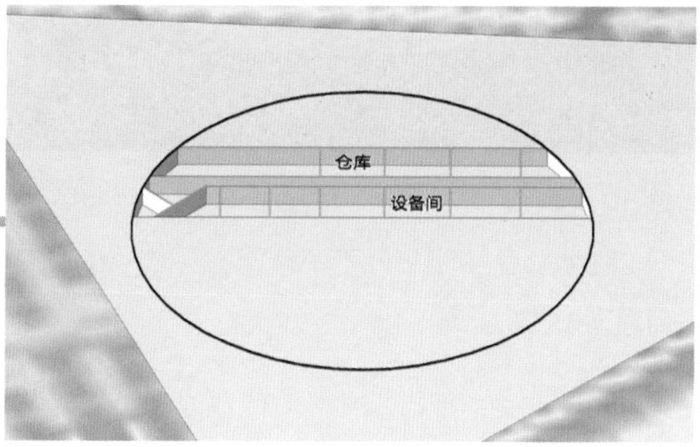

图 32

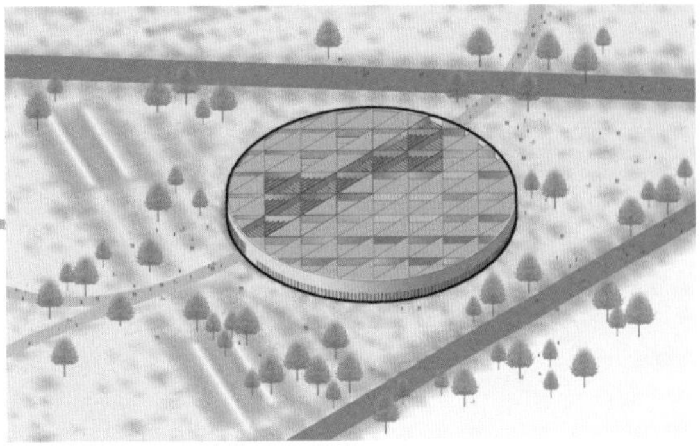

图 33

这就是 Cruz y Ortiz 建筑事务所设计的维加巴哈西哥特艺术博物馆竞赛方案。这个撑死运用到本科二年级构成技巧的方案最终打败了一系列明星事务所的作品，获得了竞赛第二名（图 34 ~ 图 38）。

图 34

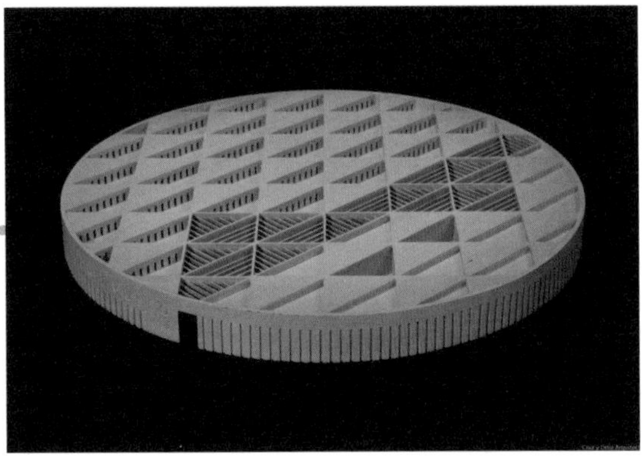

图 35

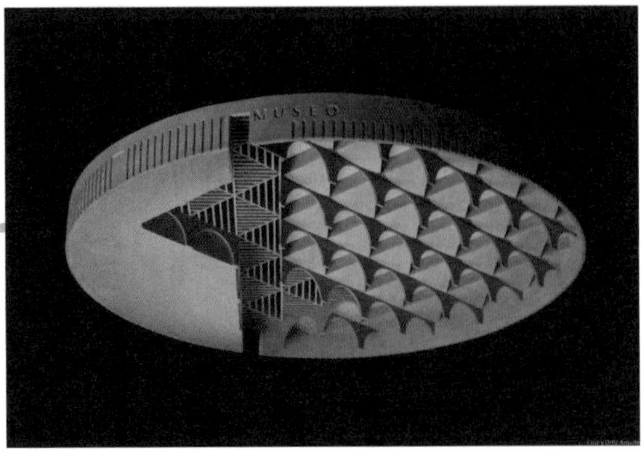

图 36

图 37

图 38

这个设计拆开了看，实在没用到什么了不起的高级技巧，甚至也没有什么出奇制胜的思维转换。虽然换了块地，但换的理由也相当朴实了。总之，这就是一个平平无奇的精彩方案。平平无奇是因为你和我都有能力这么做；精彩是因为你和我从不敢这么做。很多时候，折磨我们的不是事实，而是恐惧。这世上哪有那么多神迹？不过是曾经有人不甘心的痕迹。如果设计有标准，为什么赢的人从来不在标准里？如果设计没有标准，那为什么我的设计就要被毙？

图片来源：

图 1、图 34 ~ 图 38 来源于 https://www.cruzyortiz.com/，图 2 来自 https://www.klook.com/zh-CN/activity/3420-guided-toledo-and-windmill-day-tour-madrid/，其余分析图为作者自绘。

END

ChatGPT『杀疯』了，建筑师可以不用转行了

图 1

名　称：挪威斯科格芬斯克博物馆竞赛方案（图 1）

设计师：NOMO 事务所

位　置：挪威・斯武利亚

分　类：博物馆

标　签：流动空间，自由平面

面　积：2270 m^2

START

ChatGPT，中文名“柴特鸡皮题”，话痨 AI，已经学会了写代码、写论文、写诗、写歌、写 PPT，据说，还有隐藏的绘画技能。这说明什么？说明“柴特鸡皮题”同学离会 CAD 渲染建模已经不远了。最多，就是需要充值收费办会员。所以，建筑师朋友们，如果你也只会渲染建模画 CAD 图，那就不用再纠结转行了，直接躺平吧。因为你能干的，“鸡皮题”都能干，你不能干的，“鸡皮题”也能干，而且情绪稳定，不眠不休，精通各国语言和沟通话术，甲方用了都说好。当汽车取代马车的时候，我们以为我们是可以当司机的马车夫，但其实，我们只是拉车的马。工业设计大师柳冠中打过一个比喻：沙子是废物，水泥也是废物，但它们混在一起是混凝土，就是精品；大米是精品，汽油也是精品，但它们混在一起就是废物。是精品还是废物不重要，重要的是跟谁混。设计不是创造精品或者废物，设计就是要设计跟谁混，怎么混。

森林芬兰人是挪威的少数民族之一，17 世纪左右从芬兰迁徙到瑞典以及挪威东部的部分地区，一直保持着相对传统的民族生活特性（图 2）。

图 2

挪威的相关部门一直都致力于保护森林芬兰人的独特文化，于是打算建一个保护森林芬兰人民族文化的博物馆，博物馆选址于挪威东南部的斯武利亚。这里森林茂密，是挪威森林芬兰人的聚居地。基地总面积 12 000 m^2，东侧紧邻罗特纳河，河对面是汽车旅馆。西侧和南侧都邻近公路，南侧是县道级公路，西侧路对面是专用停车场。基地地势平坦，邻近河面的部分稍有倾斜（图 3）。

图 3

这个项目宣称是一个博物馆，实际上也确实是一个博物馆。但如果你问“鸡皮题”博物馆怎么做，那你还不如接着躺平——反正你不问，“鸡皮题”也会自己检索到这个关键词。

这是一个为了保护特色民族文化而建的博物馆，森林芬兰人虽然在这些年的存在感越来越弱，可毕竟还好好活着呢。保护森林芬兰人文化，保护好民族特色物件和工艺是一个方面，更重要的还是要保护好该民族的人。只有人在，文化才是活的（图 4）。

图 4

更何况实际上，基地的纬度很高，都快进北极圈了，外来游客基本上都是在夏季前来旅游，难道其他三季都闲置吗？那肯定不是（图 5）。

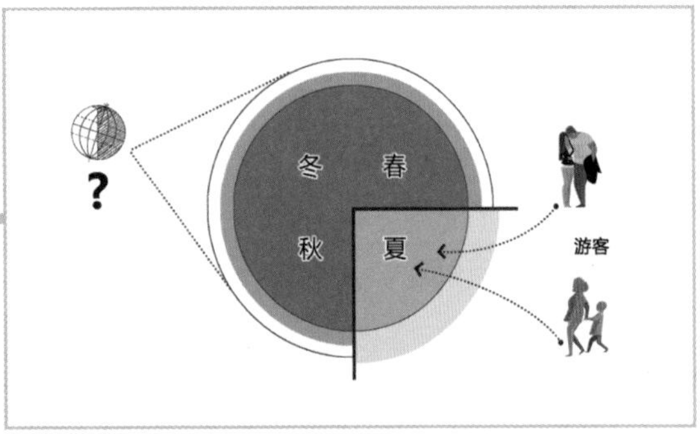

图 5

所以，画重点：是博物馆跟着人混，不是人跟着博物馆混。这个博物馆不是为了对外展示森林芬兰人的文化，而是为了向内给森林芬兰人营造一个纯粹的文化氛围（图 6）。

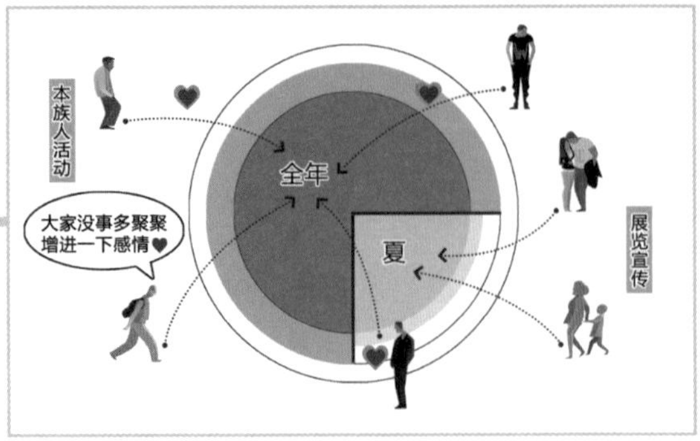

图 6

通常情况下，博物馆的主角是游客，但在这个项目里，则变成了森林芬兰人。说白了，这其实就是一个打着博物馆旗号的森林芬兰人活动中心。一般博物馆最重要的活动是游客观展，但在这里，最重要的活动是森林芬兰人开派对（图 7）。

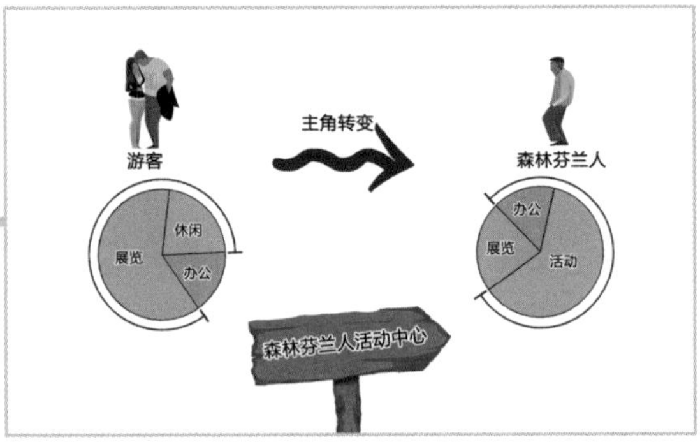

图 7

落实到具体的功能空间上就是展览空间 550 m^2、活动空间（包括图书室、影音室、会议室、活动室、报告厅、餐厅、咖啡厅等）1400 m^2、办公空间 320 m^2，总计面积 2270 m^2（图 8）。

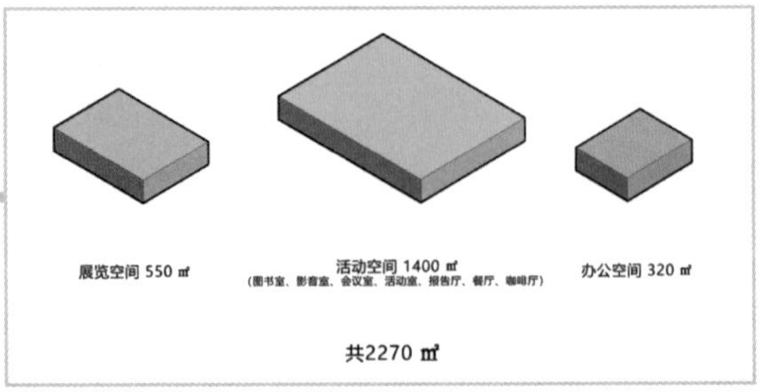

图 8

既然展览功能在此“博物馆”里并不是重点，那么，传统博物馆建筑中最强调的展览流线也就不重要了（图9）。

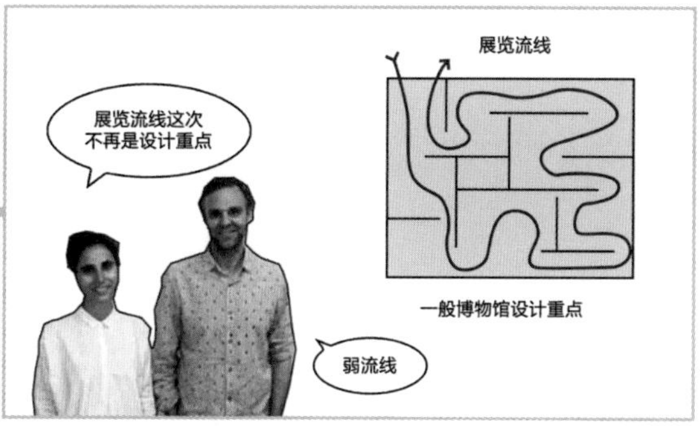

图9

反倒是聚会活动功能在此格外重要，这就需要着重考虑来这里的森林芬兰人的具体心理感受。想要他们来，且不止一次地来，最好是经常能来，就需要有持续的吸引力：一个是保证这次的活动体验好；一个是让他们同时感觉到其他活动也不错，下次还想再来看看。要让他们感觉到自己是这里的主人，各个空间都很欢迎自己，想去哪儿就去哪儿（图10）。

图10

具体到空间限定上，就是四个字——分而不隔。既拥有独立的场域，能让人专注于此处活动不受其他因素影响，保证这次的良好体验，同时各空间之间又不完全隔断，还存在着联系，且无门槛，不设限。也就是需要加强各空间之间的流动性，流动起来才有持续的吸引力（图11）。

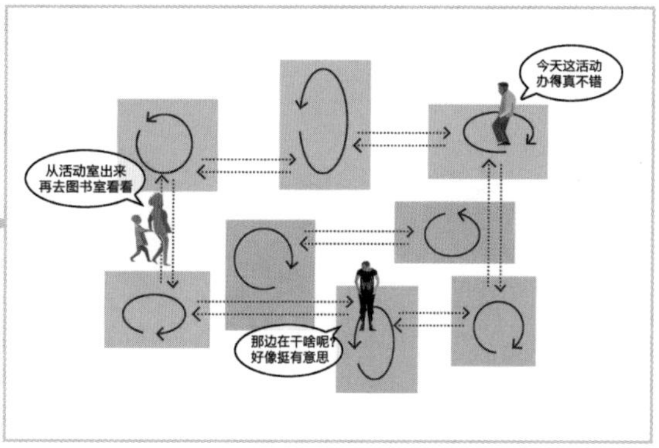

图11

简单说就是弱流线、强流动，基本上类似密斯·凡·德·罗的流动空间。具体到这个项目该怎么做呢？这次建筑师还是选择用网格作为工具来组织自由平面，实现空间流动（图12）。

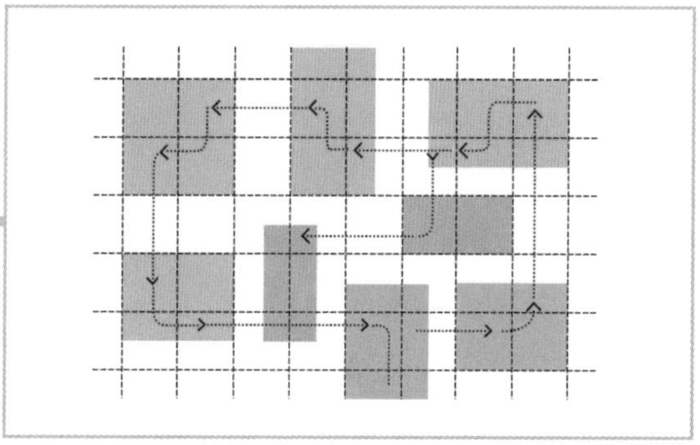

图12

先大致布置一下功能体块：靠近西侧停车场设置主入口，展览空间靠近主入口布置。因为办公空间全年使用，所以放在东面，享有部分河流景观。活动空间最主要，既靠近主入口方便进出，同时也享有部分河流景观（图 13）。

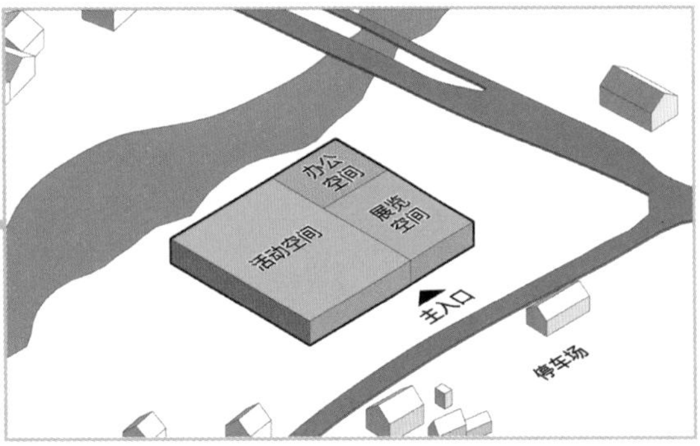

图 13

开始进行流动处理。3 个功能空间里，办公和展览空间之间不需要流动，但是活动空间和办公空间、活动空间和展览空间之间可以流动（图 14）。让活动空间流入办公空间和展览空间之间，打破原有强限定的壁垒，也就是说，用活动空间来分隔其他空间（图 15）。

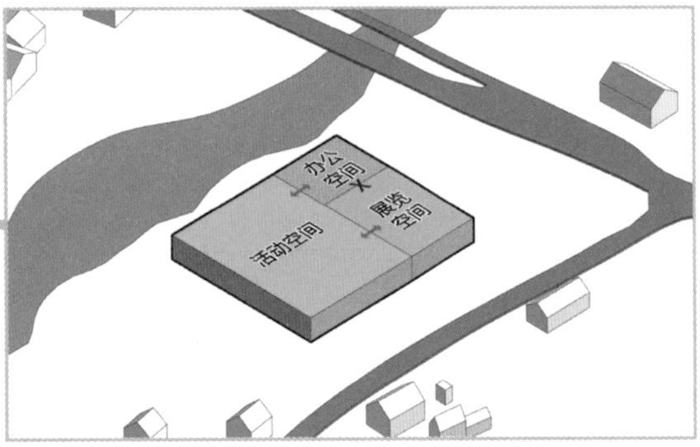

图 14

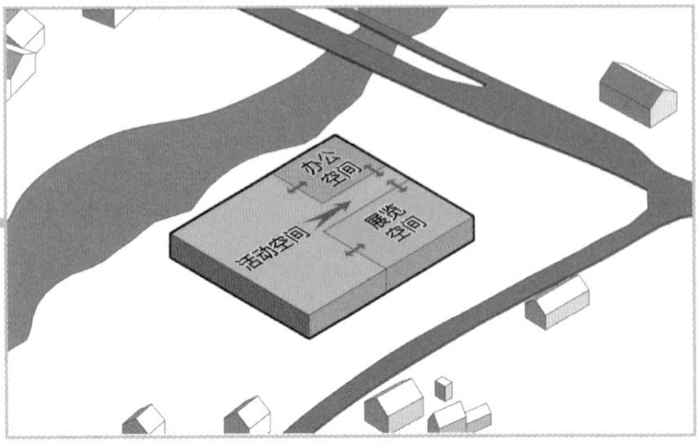

图 15

三类空间的主要使用人群都需要有各自的休闲空间，考虑到森林芬兰人从前在森林中生活的文化背景，所以设置种满树的庭院作为休闲空间，营造他们熟悉的森林氛围（图 16）。

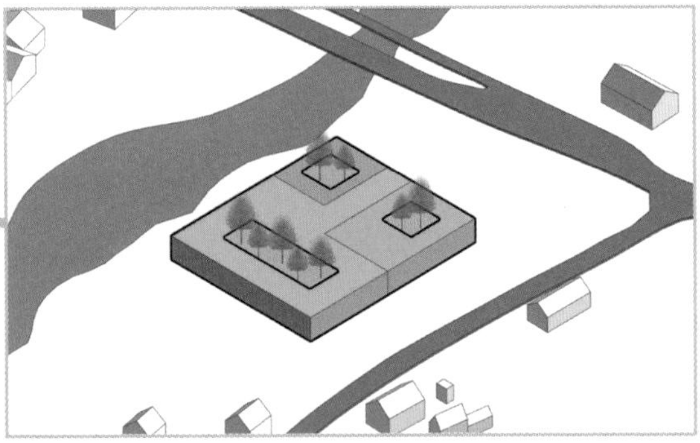

图 16

将办公和展览空间中的庭院移动到和活动空间的交接处，使原本用实墙分割空间的形式转化为用庭院这一较弱且亲和的限定元素划分的形式，也是在进一步消除进入空间的心理门槛（图 17）。活动空间的面积很大，分设多个小庭院，也是限定多个小空间（图 18）。外部依旧设置庭院，延续森林活动的氛围（图 19）。

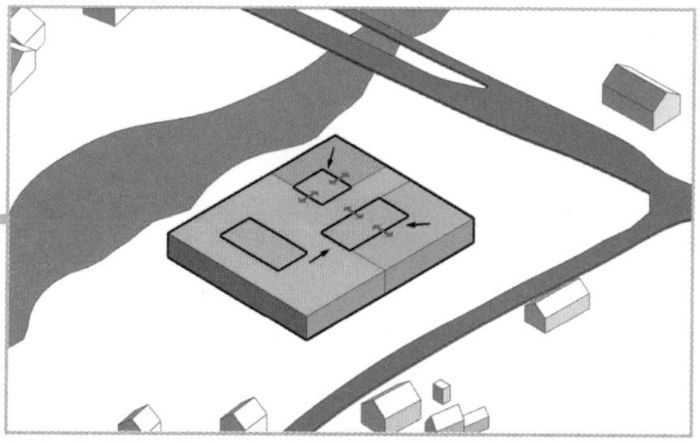

图 17

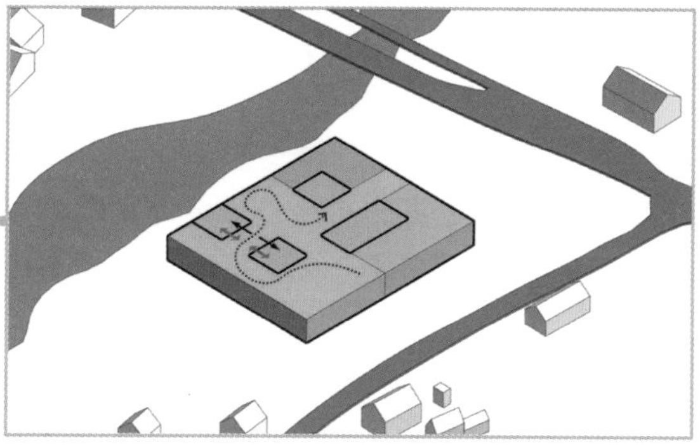

图 18

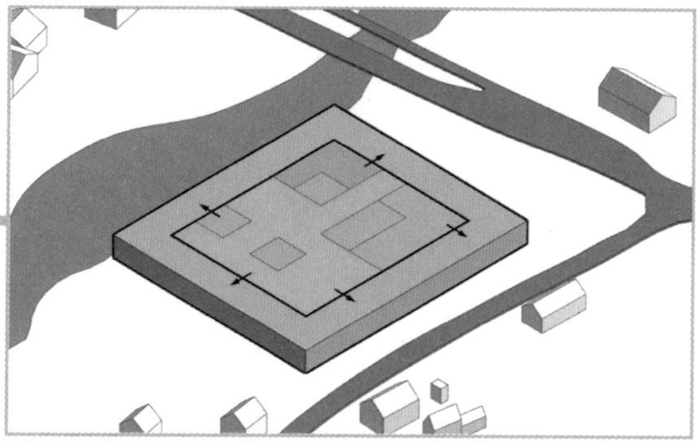

图 19

再次置入原网格规整平面（图 20）。沿网格错动形体，产生面积更大的外部界面，纳入更多的外部景观（图 21）。再详细布置内部空间功能（图 22）。

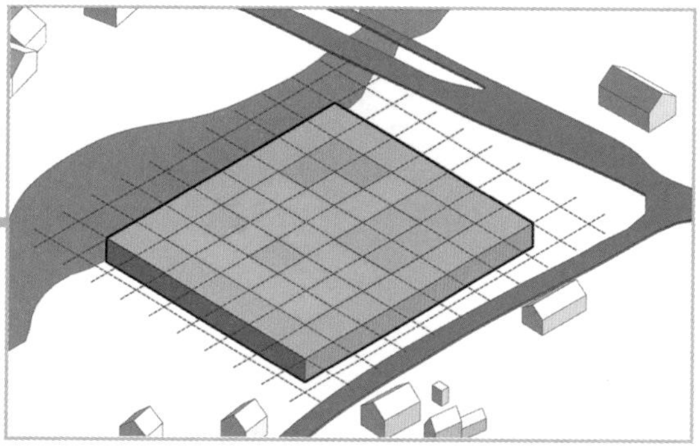

图 20

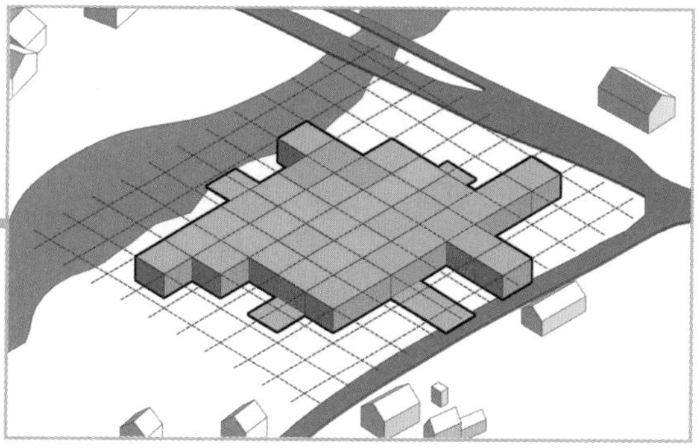

图 21

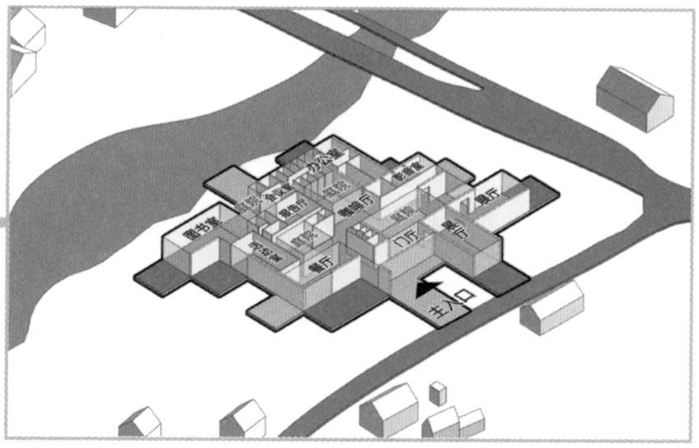

图 22

建筑形式呼应森林芬兰人的帐篷，并借用森林芬兰人常见的编织手工艺中的编织关系组织高低错落的形体（图 23 ~图 25）。

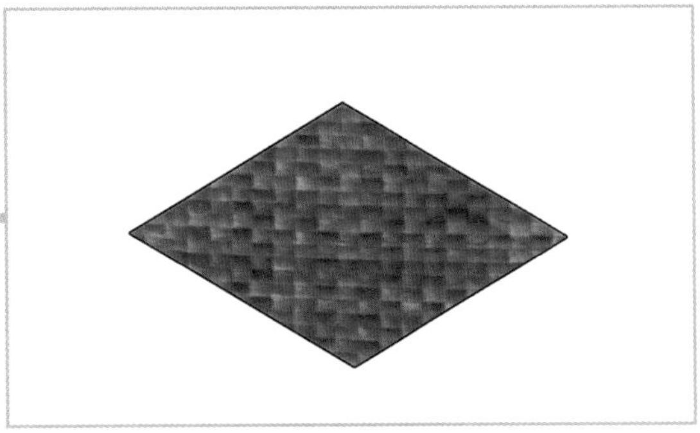

图 23

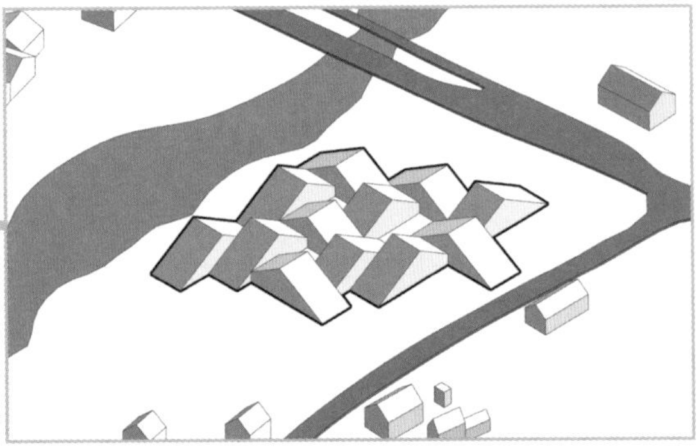

图 24

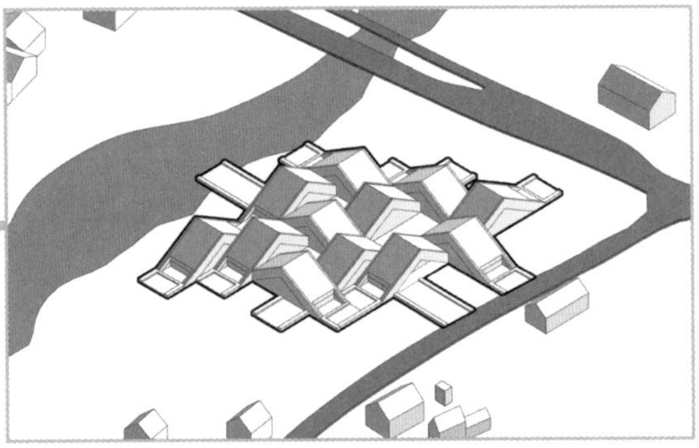

图 25

最后，赋予建筑以森林芬兰人房屋中常见的烟熏立面。收工（图 26）。

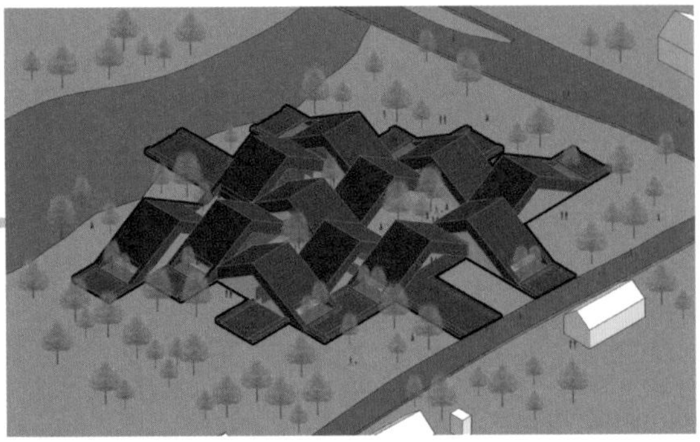

图 26

这就是西班牙 NOMO 事务所设计的挪威斯科格芬斯克博物馆竞赛方案，一个披着博物馆外皮的森林派对小屋（图 27 ~图 30）。

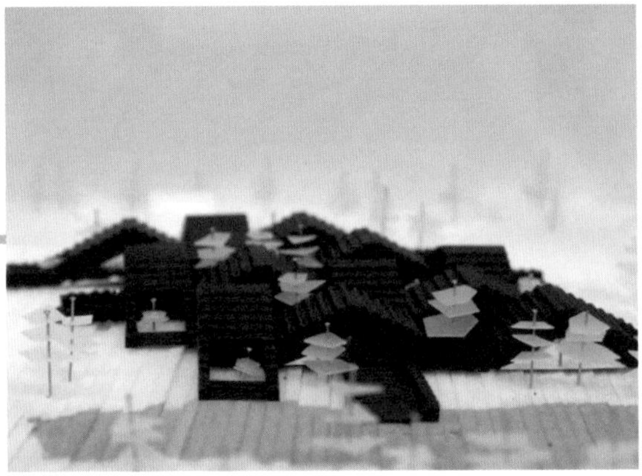

图 27

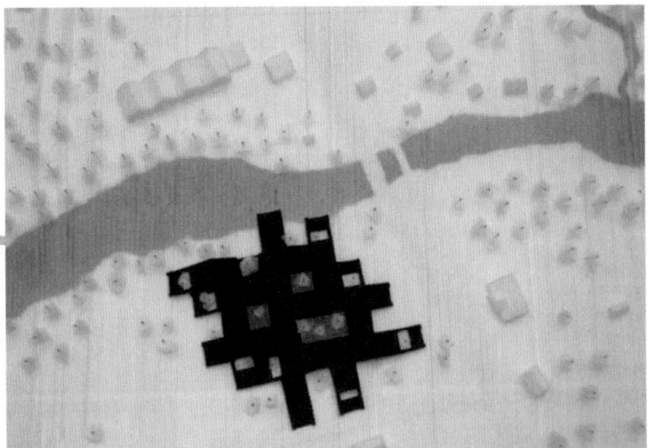

图 28

图 29

图 30

打败方便面的是外卖拉面，降低偷盗率的是移动支付。不是一个机器人取代了一个人工，而是一批机器人取代了一个工种，淘汰你的从来都不是同行和内卷。建筑看似是在造物，实际上是在讲述故事，在编辑一幕一幕生活的戏剧。AI 拥有强大的能力，而我们拥有生活，细微琐碎的生活。

图片来源：

图 1、图 27 ~ 图 30 来自 https://www.beta-architecture.com/skogfinsk-museum-nomo-studio/，图 2 来自 https://baijiahao.baidu.com/s?id=1589099593011217613，其余分析图为作者自绘。

END

建筑师格局打开了

图 1

名　称：泰比公园学校（图 1）
设计师：CF Møller 建筑事务所
位　置：瑞典·泰比
分　类：教育建筑
标　签：高差，活力平衡
面　积：15 500 m^2

START

政治老师曾说过：这个选项没有错，只是它不符合题意。那么，问题来了：我要是理解了题意，还会选错吗？所谓题意，其实不是题目的意图，而是出题人的意图，比如，你的老师或者你的甲方。你以为你的目标是答对题目，可他们只想知道你是不是会。答对肯定能证明你会，但想证明你会不一定非要答对。

泰比公园是瑞典最大的城市发展项目之一。虽然名字叫公园，实际上等于是一个建在公园里的新型社区。泰比市政府的雄心壮志是在这里解决 20 000 人的居住问题，以及提供 5000 个工作岗位（图 2 ~ 图 4）。而我们今天的考试题目就是如何在这个新型社区里建一所学校。

图 2

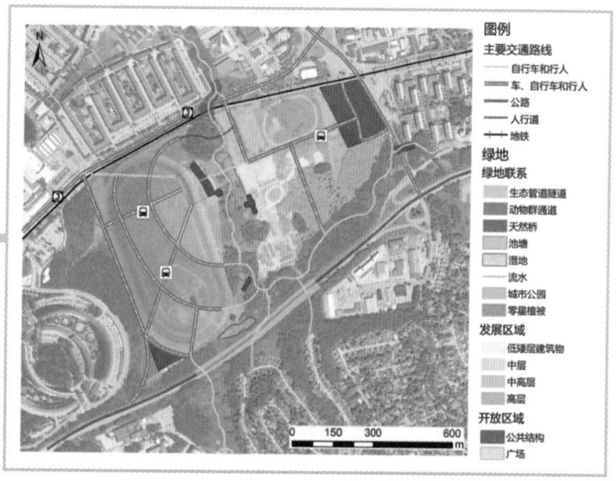

图 3

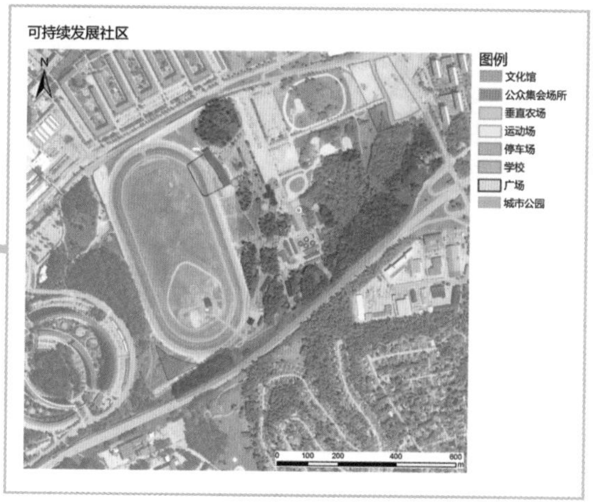

图 4

甲方泰比市政府于 2018 年发起竞赛，想搜罗出一个能够配得上泰比公园定位的新型学校方案。这个新型学校的定位现在看来也不算太新了，拆房部队都拆过好几个类似的了。简单说就是校园作为城市资源的享有者，不仅要教育好下一代，还要服务好这一代以及上一代。建筑师拿到考题总结发言：就是学校 + 社区中心综合体呗。

答对了！所以，泰比市政府将学校放在了泰比公园一个显眼的中心地块上。这个地块虽然占了中心位，并与公园景观相连，但奈何长成了个奇异的倒三角形。

任务书要求功能面积约 15 000 m^2。教学空间包括家庭教学区（3400 m^2）、实验区（2000 m^2）、音乐室（700 m^2）。公共空间包括社交中心（1500 m^2）、运动中心（1500 m^2）、团体合作区（1000 m^2）、游戏室（3000 m^2）、饭厅（1200 m^2）、展览（750 m^2）（图 5）。

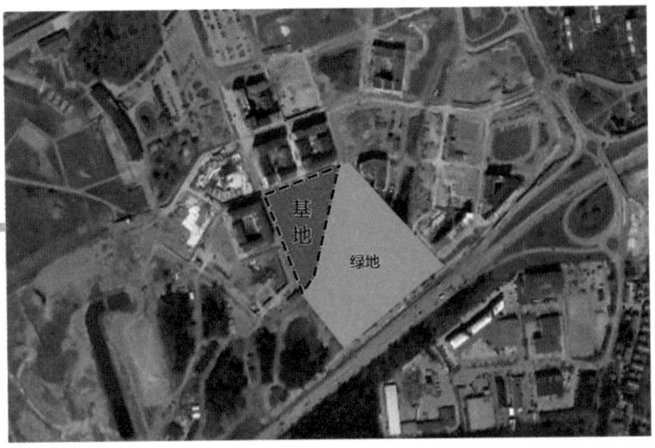

图 5

但比倒三角形状更棘手的是，场地内还有高差。基地与南边公园相连一侧存在 5 m 的高差，基地另一角部还有一个最高 6.5 m 的小高地。也就是说基地周边虽然郁郁葱葱、花红柳绿，但基地大部分都蹲在一个坑里（图 6、图 7）。

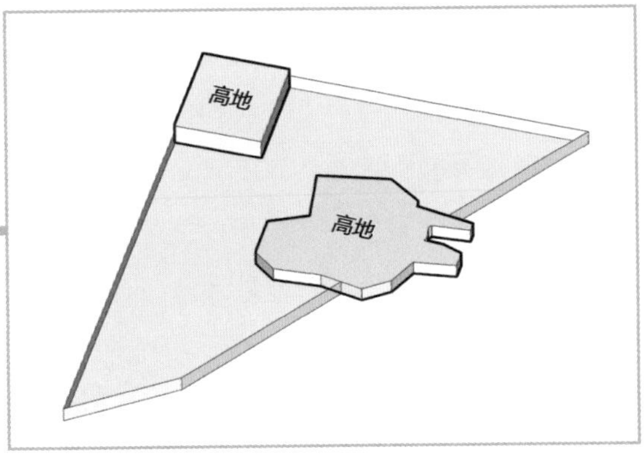

图 6

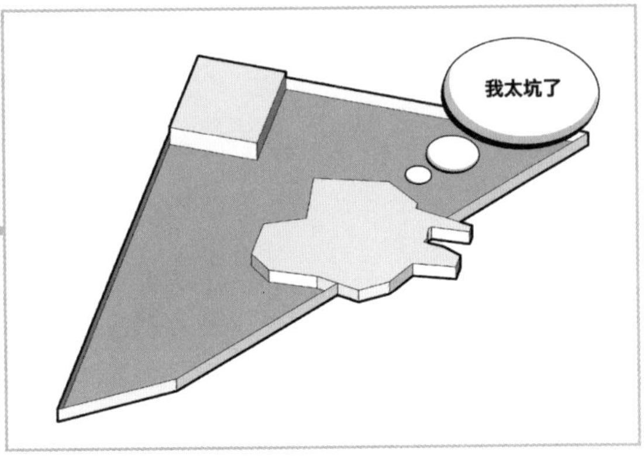

图 7

请问：你想怎么解题？ 5 根手指还不一样长，地形有起伏简直不要太正常。有高差，抹平了不就行了嘛（图 8）！这样一来，基地就变成了一个纯纯的坑，等于你就打算自娱自乐，和南侧公园完全割裂了。

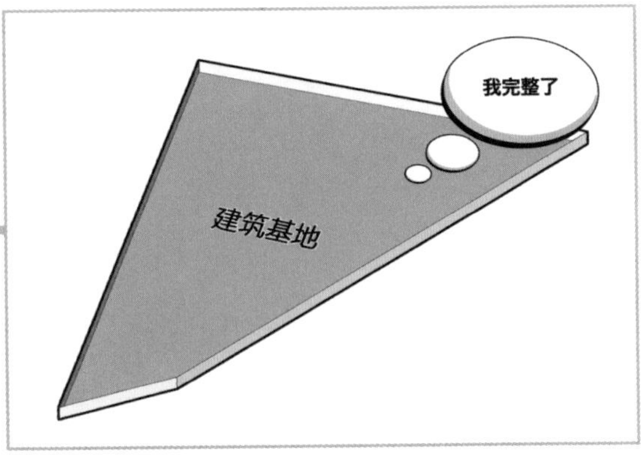

图 8

如果这就是一个纯纯的学校，配上一个纯纯的坑倒也清静。但很遗憾，学校现在进化了，还要兼作社区中心。你要明白，社区中心和学校最大的不同是：下一代必须要上学，而这一代和上一代却不是必须要去社区中心。也就是说，社区中心不是强制使用的，而是一个具有服务性质的场所。如果你把社区中心埋在坑里，你猜居民王大爷、李大妈想招呼老伙计和小姐妹下个棋、跳个舞，是去南边的公园呢，还是北边的坑里（图 9）？

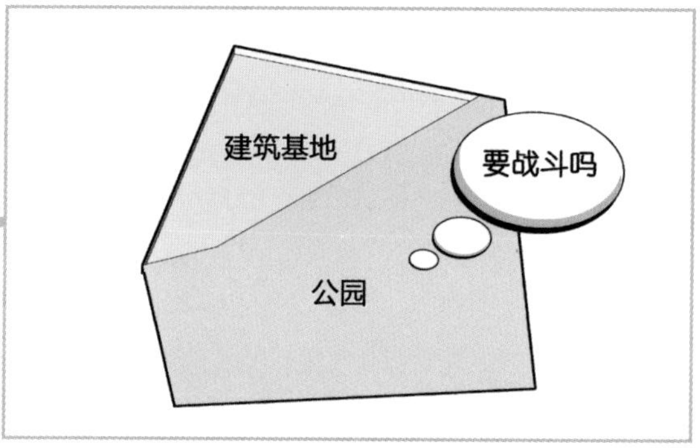

图 9

那干脆一不做，二不休，直接把坑给填平，是不是就很棒？没盖房子先填个将近 7 m 深的坑？家里有矿还是咋地（图 10）？或者建筑来个整体架空？那就更不靠谱了，你架空了不也得先下到坑里然后再爬两层楼？不累啊（图 11）？

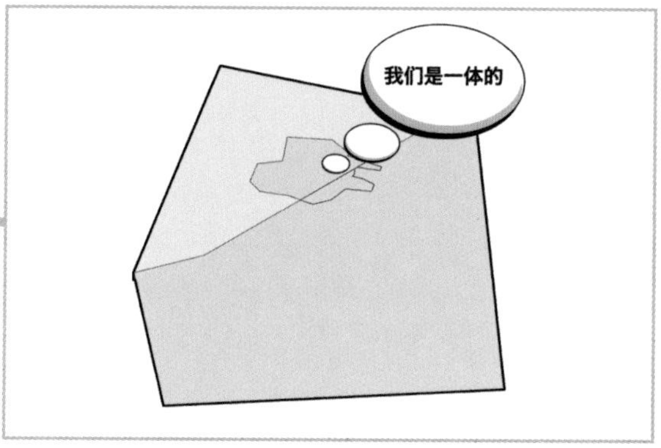

图 10

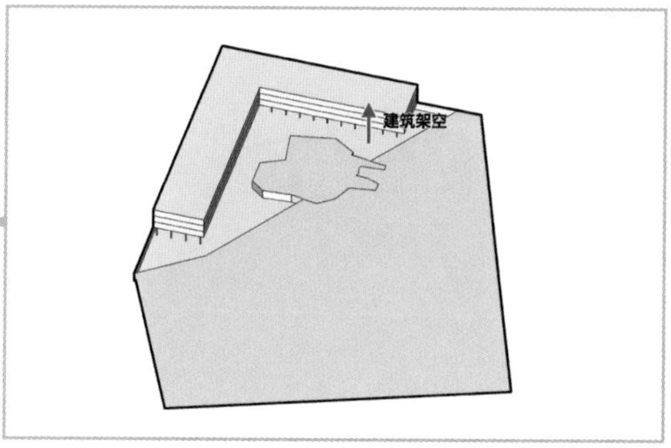

图 11

以上答案都不对。还有没有别的解法？有。

既然如此，那就直接在坡上盖房子，等于让建筑退台骑在坡上，然后和南侧公园相连不就行了吗（图 12）？这是一个建筑学意义上的好办法。不但省了钱还连接了公园，一举两得。

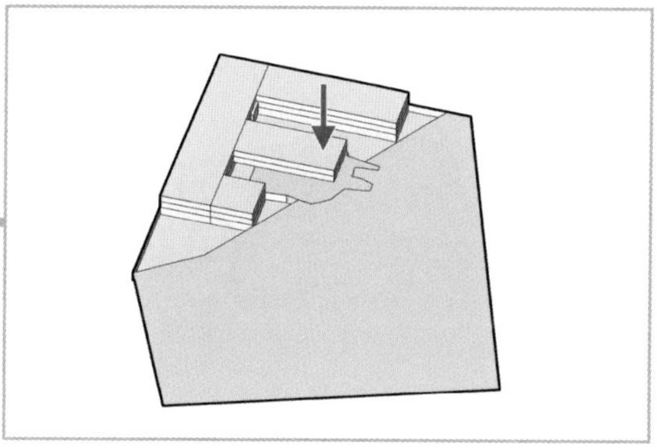
图 12

可如果你站在运营的角度，就会发现这里面有一个大问题。为什么新建筑要与公园相连？是为了互帮互助，共创和谐，也就是你要与公园在心理上融为一体，而不是物理上简单连接。建筑骑在山坡上就肯定要在这里设出入口，而这个建筑作为学校使用的时候又必然会封闭式管理。大门一关，谁也不爱。这个操作不但天然割裂了场地和公园，而且白白浪费了从公园引到场地内的绿地。另外，坑底和坑上建筑物的活力也是个问题，原本首层应当是最活跃、开放的区域，现在却成了容易被人们忽略的负一层（图 13、图 14）。

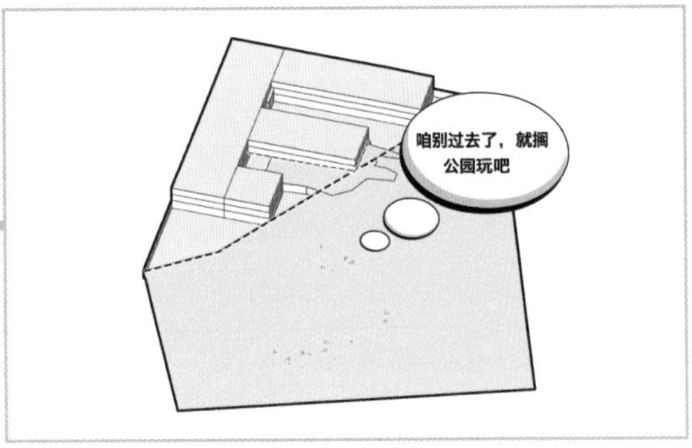

图 13

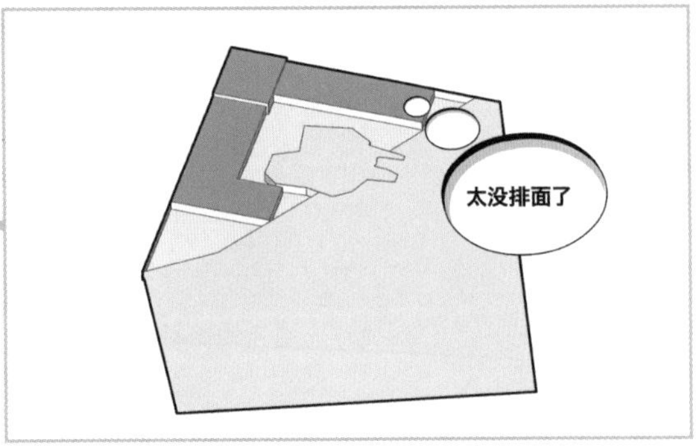

图 14

CF Møller 明显格局打开了。咱不去猜甲方想怎么办，咱就是去教甲方该怎么办的。CF Mølle 决定带甲方穿越火线。具体做法就是先顺坡下驴，我老老实实地尊重原有的场地条件，直接从坡上加台阶顺到坑底（图 15）。

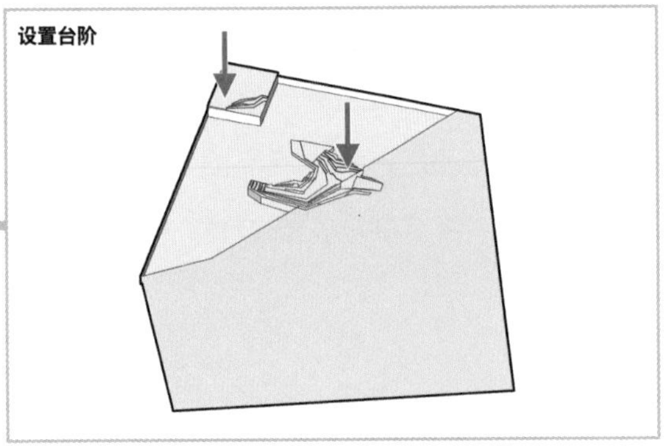

图 15

然后，再来一招比翼双飞。嗯，就是设置双入口。平齐的一层来个独立入口，下凹的一层也有自己的独立入口（图 16）。

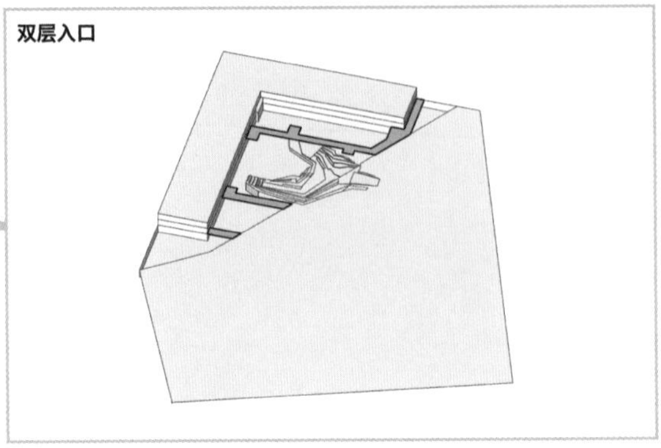

图 16

CF Møller 你不要欺负甲方读书少，这样一来场地的问题倒是解决了，但坑里一层的空间活力还是没有得到很好的提升，毕竟人从公园里来，直接进入二层，首层还是在坑底，加了入口也是个坑。怎么办？ CF Møller 继续教学。

首先，为了顺应各个来向的人流，对二层以上的建筑体块做分散处理。也就是将建筑分成多个更小的体量，各个体量单独设入口，保证各部分功能体块的活力。但这样分散后最大的好处还是，方便后面实现活力下沉（图 17）。

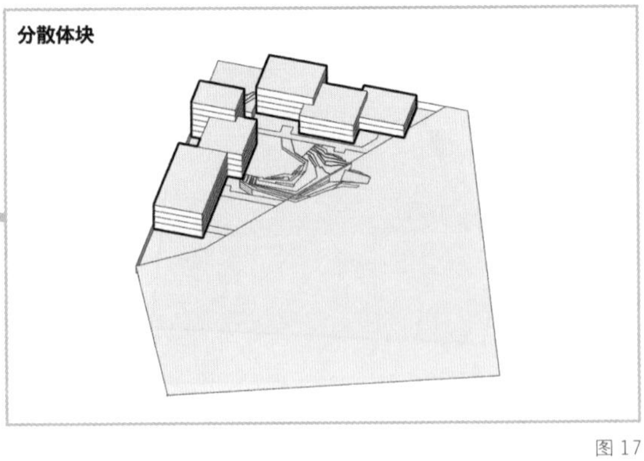

图 17

其次，首层公共空间在坑里最大的问题就是建筑的公共中心和活力中心分离，即理论上的公共中心在首层，也就是下，而实际上的活力中心在二层，也就是上。分散的建筑体块打造了更多但更小的活力点，通过中庭全部连向首层的完整空间，就等于使上下空间有了更多的连通点和接触面。简单说也是一种博弈，能力强的打散，能力弱的聚集，从而达到某种动态平衡（图 18 ~图 20）。

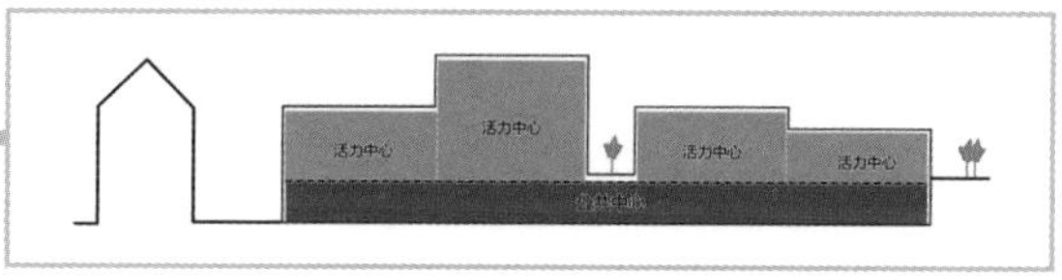

图 18

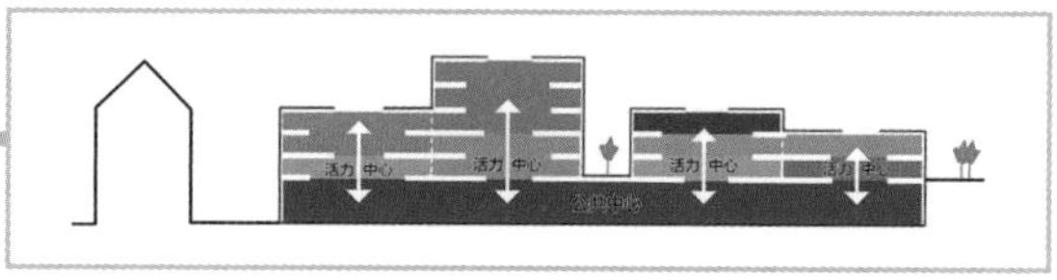

图 19

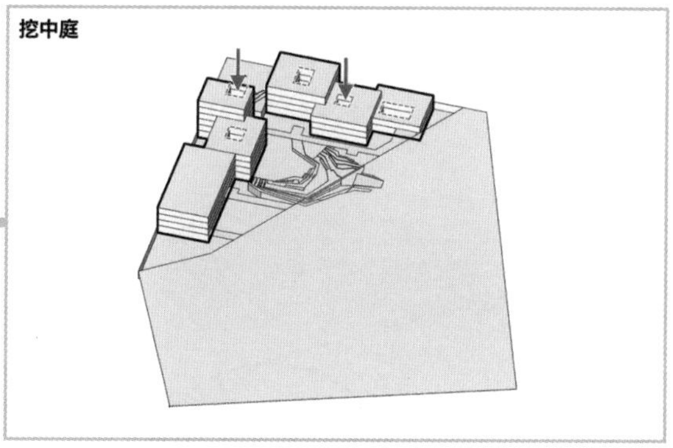

图 20

首层设置游戏室、音乐室、团体室、展览空间、社交中心等主要的公共活动空间，构成底层的公共中心（图 21）。再置入交通，构成活力中心向公共中心下移的要素（图 22）。

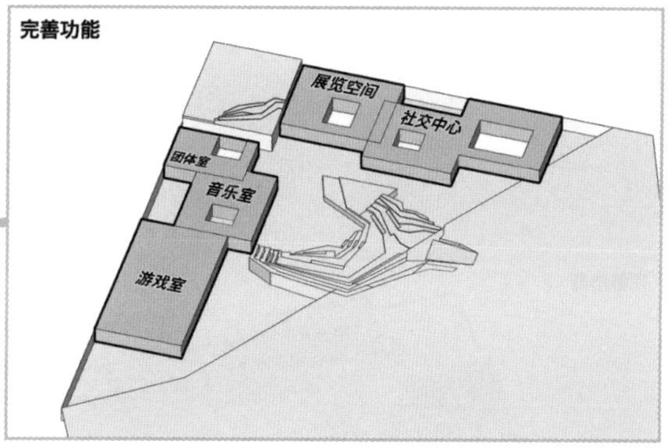

图 21

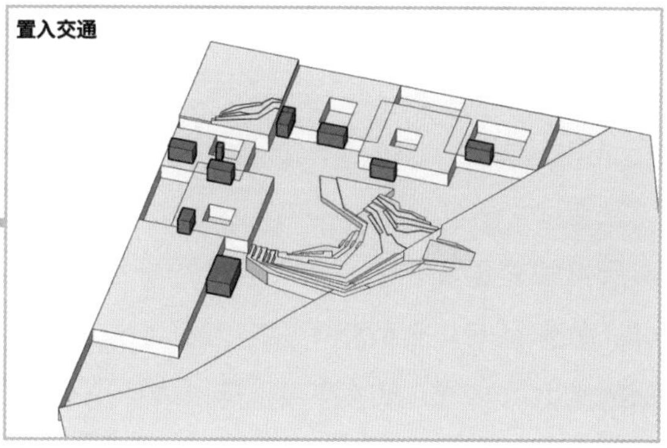

图 22

二层设置饭厅、运动室、团体合作室等公共空间，以及部分家庭教室、实验室等教学空间，并结合公园设置球场及看台（图 23）。

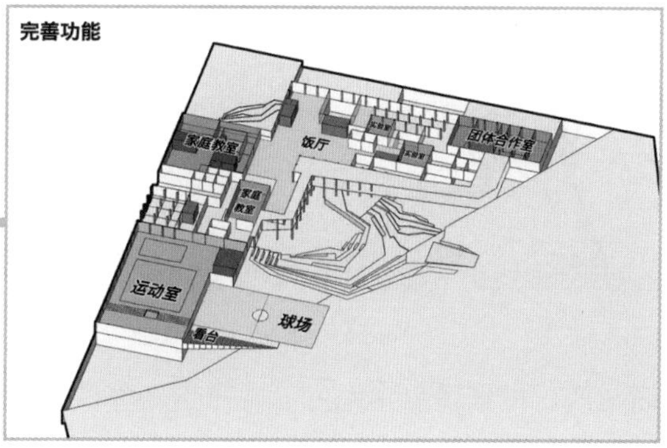

图 23

三层继续设置教学空间及公共空间，保证各层空间的活力，同时运动室做通高处理（图 24）。

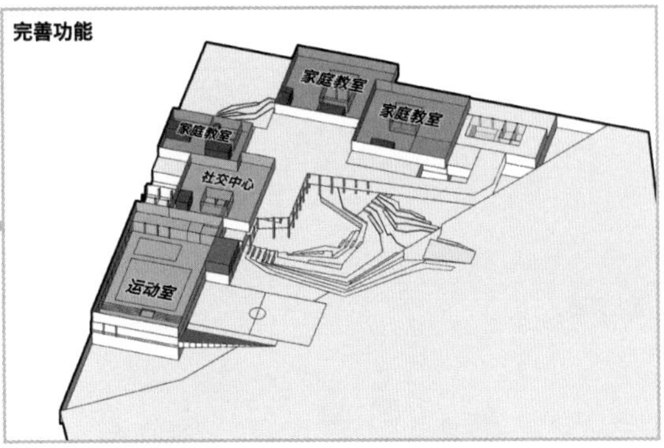

图 24

四层继续设置实验室、家庭教室及游戏室。同样，教学空间与公共空间并存，保证较高层空间的活力。此外，屋顶空间也可以拿来用一用，比如，设置个温馨的坡屋顶小房子，在丰富空间类型的同时，摆个造型（图 25）。

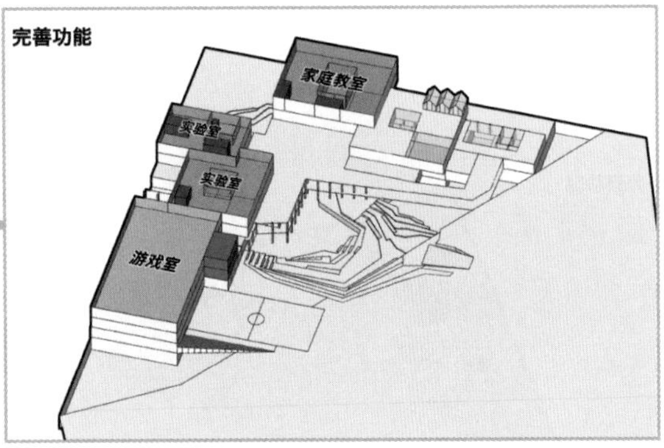

图 25

局部四层继续设置实验室，并于运动体块屋顶设置活动场所，上上下下的空间都得以充分利用（图 26）。局部五层设置实验室和平台，保证各层均有教学空间及活动空间，且形成错落有致的建筑布局（图 27）。

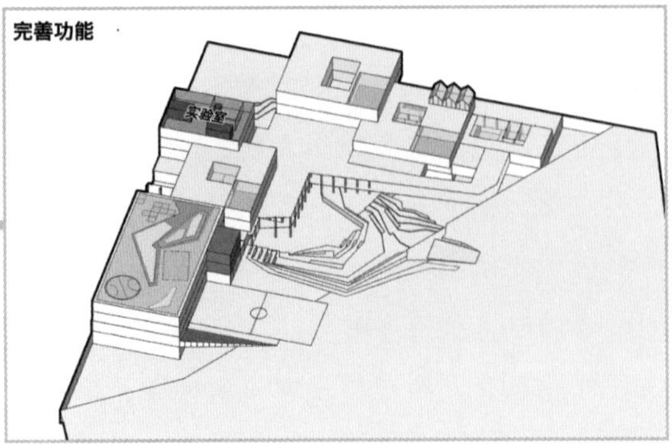

图 26

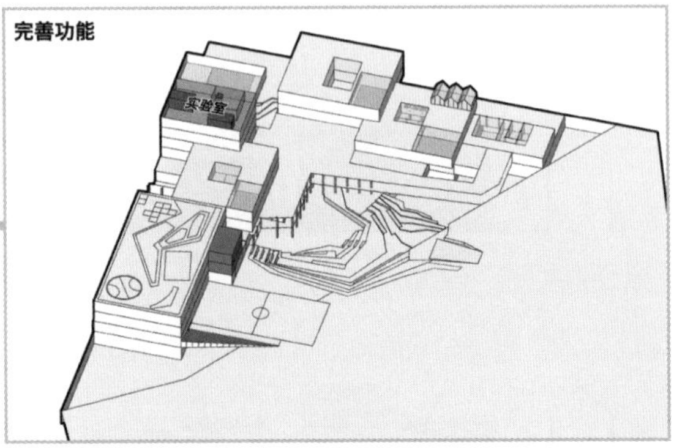

图 27

至此，空间基本完成，通过多个小中庭连接底层大厅，实现活力共享（图 28）。最后，搞搞立面，建筑外部设置木格栅，成功融入环境。收工（图 29）。

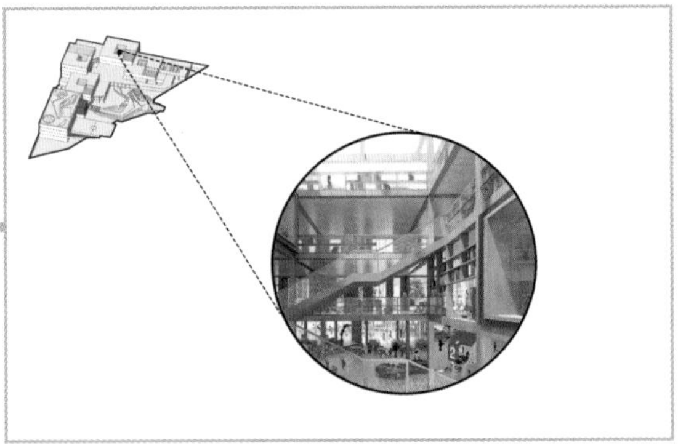

图 28

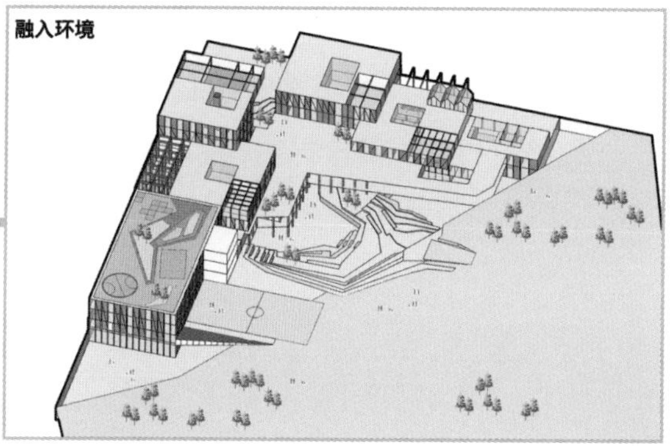

图 29

这就是 CF Møller 建筑事务所成功中标的泰比公园学校设计方案，名为“学校”，实为“社区中心”（图 30、图 31）。

图 30

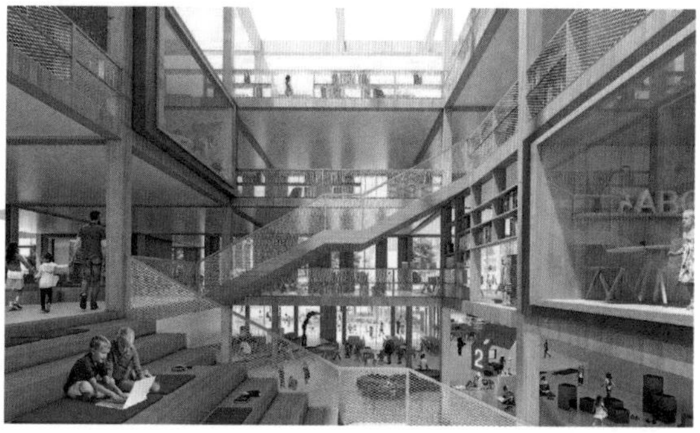

图 31

不是花需要花店，是花店需要花；不是建筑需要建筑师，是建筑师需要建筑。你设计的不是一栋房子，而是一群人在相当长的一段时间里的生活。按照规范，如果没有意外，这段时间至少是 50 年。所以，你要明白，你的每一个动作，抬升、连接、切割、交叉，都不是在操作建筑，而是在操作建筑与人的关系。

图片来源：

图 1、图 30、图 31 来自 https://www.cfmoller.com/p/Taby-Park-School-i3520.html，图 3、图 4 改绘于 https://loggainse.com/taby-park/，图 18、图 19 改绘于 https://www.cfmoller.com/p/Taby-Park-School-i3520.html，其余分析图为作者自绘。

END

做一个『耐撕』的建筑师，从撕了你的『奇葩』老板开始

图1

名　称：摩洛哥国家考古和地球科学博物馆（图1）

设计师：OMA 事务所

位　置：瑞典·泰比

分　类：博物馆

标　签：消解三角形，图底关系

面　积：24 000 m²

START

某夜，有人会用一晚上赶出两个月都无法完成的假期作业，史称“返校生奇迹”。某夜，有人会用一晚上的时间赶出两个月里改了60次的设计文本，史称“建筑师日常”。据说每10个建筑师里，就有8个想“裸辞”，剩下的2个分别是老板和实习生。实习生就甭说了，天赐的“背锅神器”加打杂工具人。而建筑师的老板大概可以分为两种：一种擅长社交，另一种擅长设计。前者通过搞定甲方来搞定设计，后者通过搞定设计来搞定甲方。前者觉得甲方都是知己，只要有钱赚；后者觉得知己才是甲方，哪怕没钱赚。前者无论甲方提什么意见，都让你照着改；后者无论甲方提什么意见，都让你照着他说的改。前者觉得只要甲方能满意，你当牛做马无所谓；后者觉得只要设计能让他满意，你当牛做马无所谓。总之，你当牛做马无所谓。在前者心里，挣钱第一，甲方第二，至于你——贵姓啊？在后者心里，设计第一，挣钱第二，至于你——姓贵啊？总之，你就是那个无所谓、不重要、能干活就行、不行就换一个的“那个谁”。所以，“裸辞”这事儿最大的风险在于，你暴露了自己在公司连商业挽留、假客气一下都没有的不重要性。

小孩子才讲有理有据，成年人只想有里有面，你以为想在老板面前露脸就要打头阵、抢头功，事实上，真正敢“裸辞”硬碰硬的都是给老板填坑垫底的。

摩洛哥首都拉巴特是一座历史名城，城内有一座拉巴特考古博物馆，建于1932年。很明显，新博物馆亟须被安排。然后，摩洛哥文化部就开始打了鸡血似的要建成摩洛哥历史上第一个大型博物馆（图2）。

图2

基地选在了拉巴特区政府所在地的一片7 hm^2的土地上，旧的考古博物馆也在附近，离新建筑基地直线距离也就700 m左右（图3）。

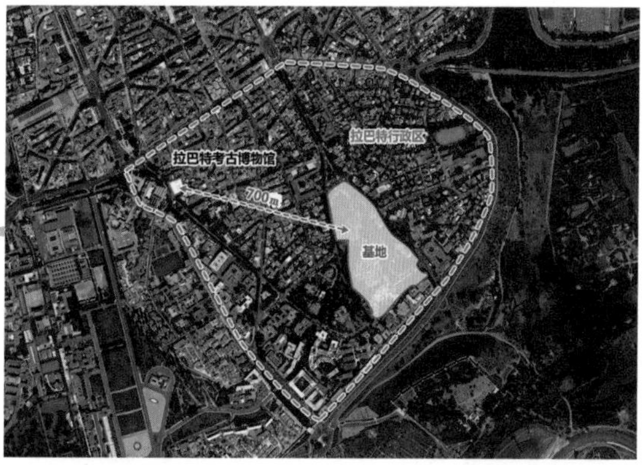

图3

基地是拉巴特地区最高点之一，现有 Lyautey 住宅以及古典花园，剩余的地方也都是公园。此外，基地存在一定的高差，周边东部及北部多为居住区，南部和西部则是联邦政府机关（图 4）。

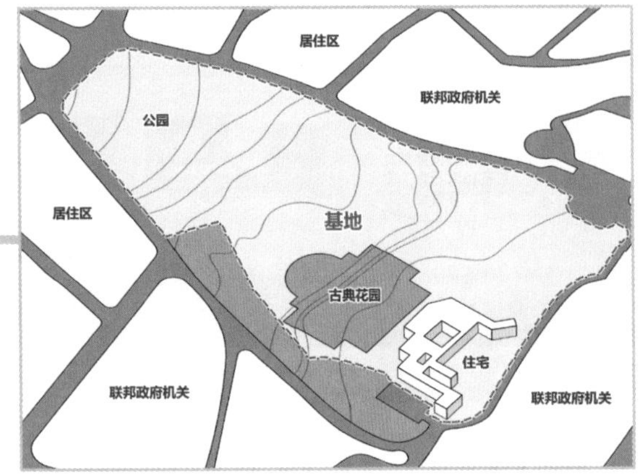

图 4

根据任务书，新的国家考古和地球科学博物馆（MNAST）要求有约 8000 m^2 的展览空间、2000 m^2 的公共活动空间（商店、餐饮、多功能厅等）、6000 m^2 的办公空间（展品修复、储存、研究），此外还需要足够的停车空间。基地上的 Lyautey 住宅以及古典花园也将作为展示内容的一部分对外开放（图 5）。

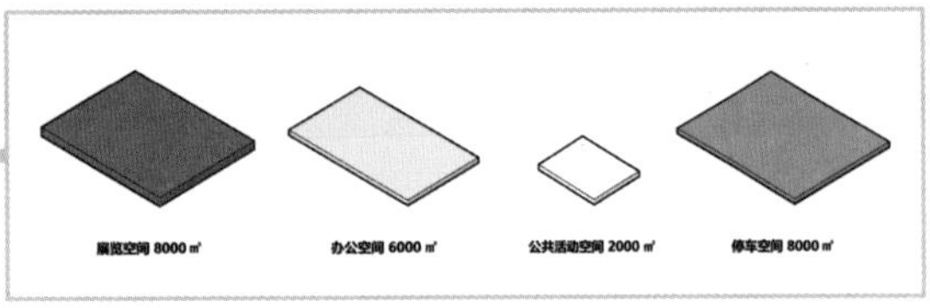

图 5

甲方也毫不吝啬，除了 Lyautey 住宅和古典花园要完整保留，其余绿地可以任意造作，都可以用来设计。这排面，这背景，这噱头，妥妥的地标啊！既然是妥妥的地标，那就不可能少了你妥妥的库大爷。

对于库哈斯来说，地标的意义就是一个字——大！特别大！超级大！能多大就搞多大！具体到这个项目，除去 Lyautey 住宅和古典花园，剩余基地怎么着也有 5 hm^2，新建博物馆要求的总建筑面积为 24 000 m^2，也就是说，全铺开摊个一层的大饼就是最大的了（图 6）。也不是不行，只是践踏了草坪，侵占了公园（图 7）。

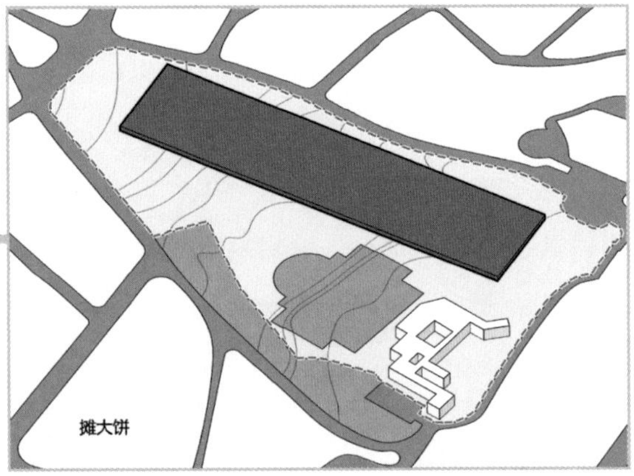

图 6

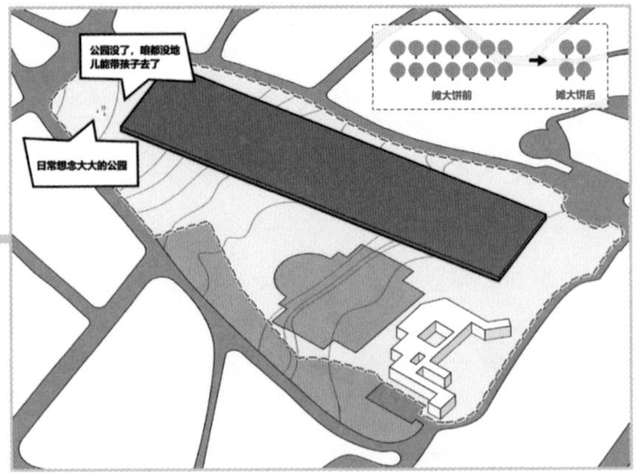

图 7

如果将北侧的绿地完整保留，仍然用作公园的话，那么最大的建设面积就剩下基地东面的 15 000 m² （图 8）。

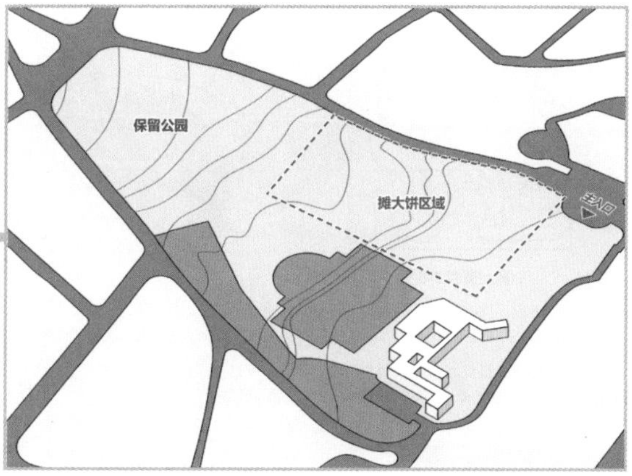

图 8

任务书要求建筑面积约 24 000 m²，一层不够铺，两层铺不满，有点尴尬。那先搞个一层半吧，还可以利用一下场地的高差（图 9）。

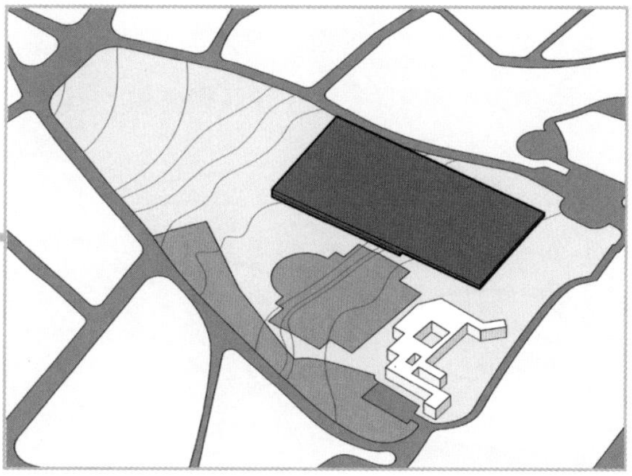

图 9

虽然和旁边的古典花园离得有点近，挤得人家喘不过气，就像欺负人似的，但只要古典花园没意见，库哈斯表示：我也没意见（图 10）。

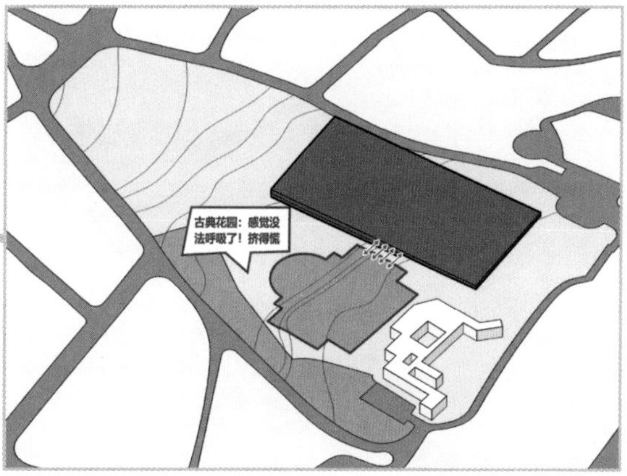

图 10

醒醒吧，人家花园大小算个文物，你库大爷再酷也得让路。那么，问题来了：如果不能铺满，还怎么搞出个最大呢？这事儿咱们以前讲过：下面这 3 个红色图形哪个面积更大（图 11）？

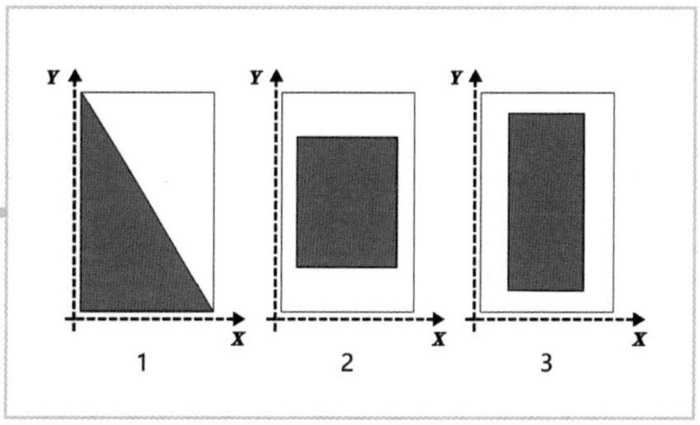

图 11

眼神没问题的估计都会选 1 号。但是，事实是 3 个图形一样大。当我们看到一个不完整图形时，会在大脑中强行补充完整；反过来，当我们看到完整图形时，也会根据边界大小来判断图形大小。第一个三角形完美占领了矩形两个方向的边界，所以就显得大；后面两个图形一个边界都没有占领，所以就显得小。库哈斯也是这么想的，用现在矩形的一半就可以感知到最大的尺度（图 12 ~ 图 15）。

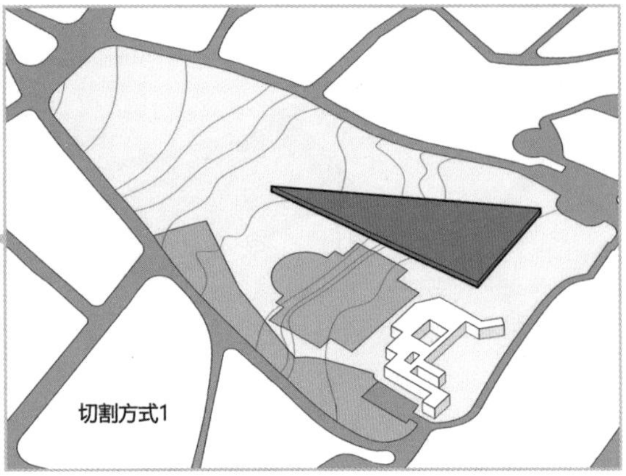

图 12

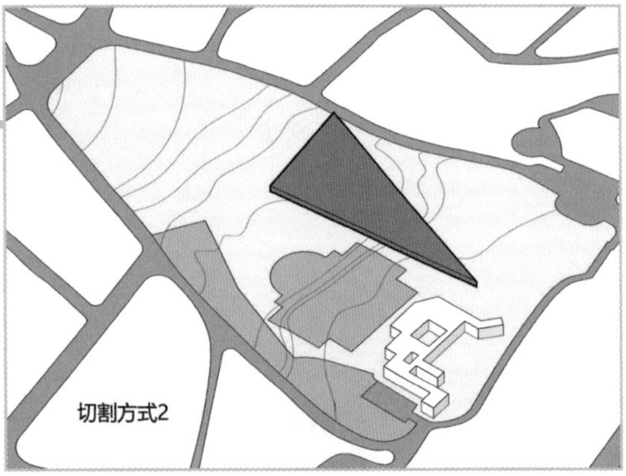

图 13

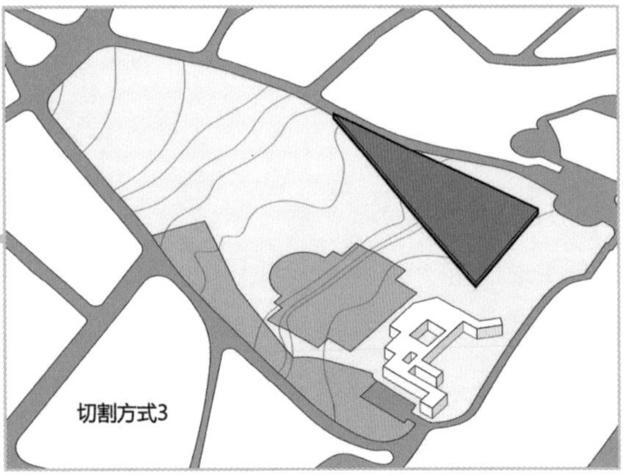

图 14

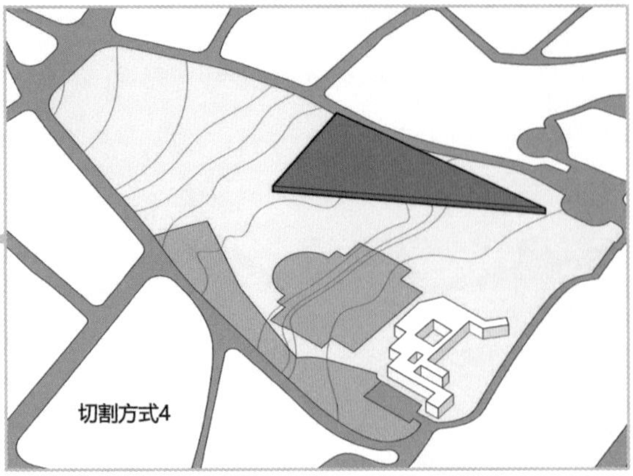

图 15

先排除将三角形的长直角边硬放在古典花园侧的情况。然后，根据场地等高线的走势，同时为了让内部高差处理更加简单，选择斜边垂直于等高线，且最小角在主入口侧的三角形。微调三角形在基地的位置，使三者位置关系更加舒服（图 16、图 17）。

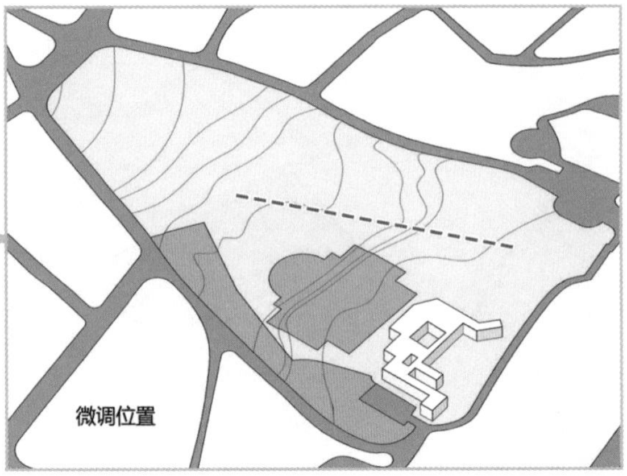

图 16

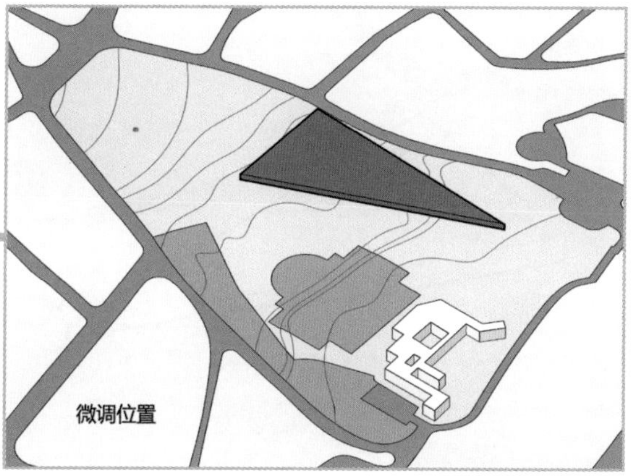

图 17

这种排布与地形充分结合，并且从东南侧主入口处能完全看到博物馆、古典花园和住宅（图 18）。

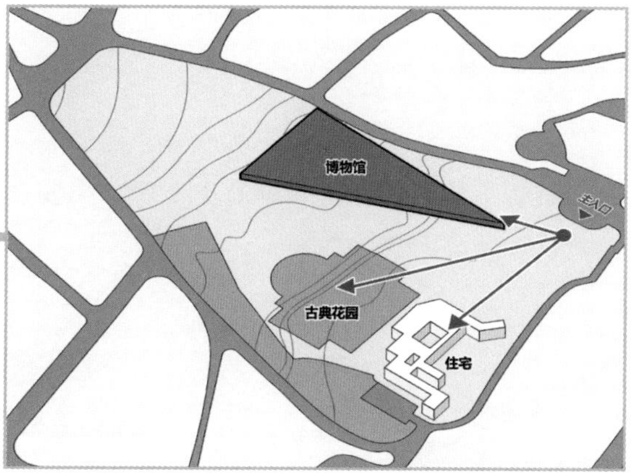

图 18

现在每层三角形约 8000 m^2，根据现在的形状升起三层体量（图 19），然后进行简单的功能分区。由于主入口处与北面有约 6 m 的高差，将博物馆展览区放在最高一层，不仅与主入口同标高，而且可以灵活调整展厅高度。在展览区下面设置办公区及公共活动区，将停车区放置在地下一层，在基地北侧单独设置地下停车场入口（图 20）。

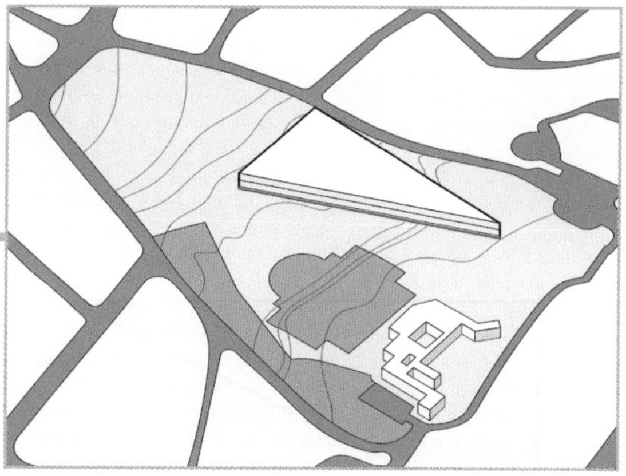

图 19

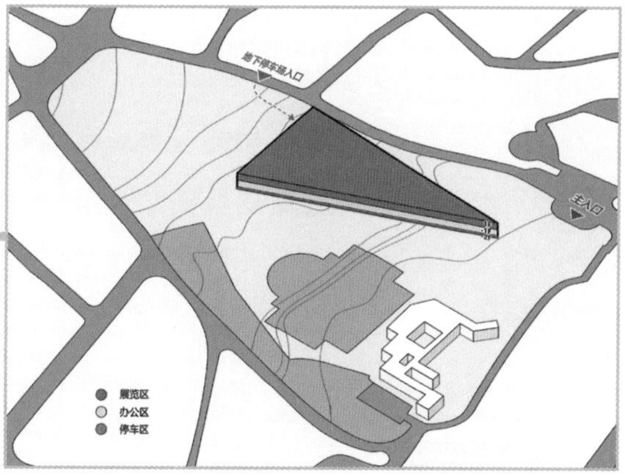

图 20

至此，建筑师库哈斯就下班了。你的老板库哈斯已上线：“方案我差不多做完了，你们随便排个平面，明天上午碰一下。”差不多做完了……随便排个平面……库老板的助理，画图工具人——克莱门特·布兰切特（Clément Blanchet）（就叫他小 C 吧）看着这个扎心的尖角，手边的泡面突然就不香了……

但老板定好了形体，再“奇葩”你也不能改，你也不敢改，你还得说老板英明神武做得好，甲方要是不满意都是我的平面没配好（图 21）……

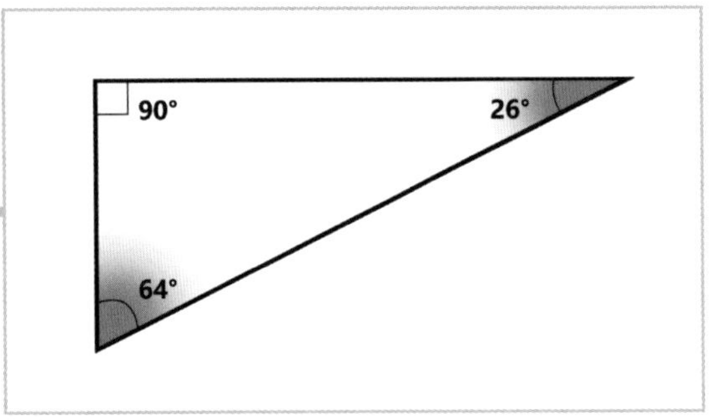

图 21

尖角空间无非是通过外部切除或者内部消解来处理，但是具体怎么做还是要结合各层具体的功能，所以小 C 决定逐层处理尖角空间（图 22）。

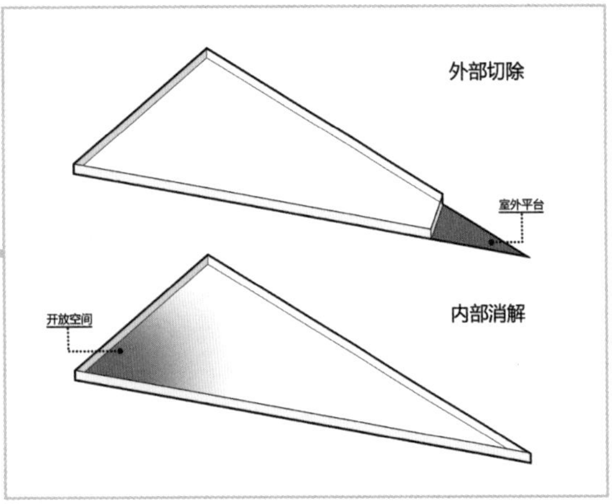

图 22

展览区主要是由以展厅为主的功能空间和开放的公共空间组成。南侧最尖锐的角可以直接切除尖角部分，只保留屋顶形成半室外的平台空间；北侧的锐角则可以消解成开放的公共空间；而最好用的直角直接加功能就可以（图 23）。

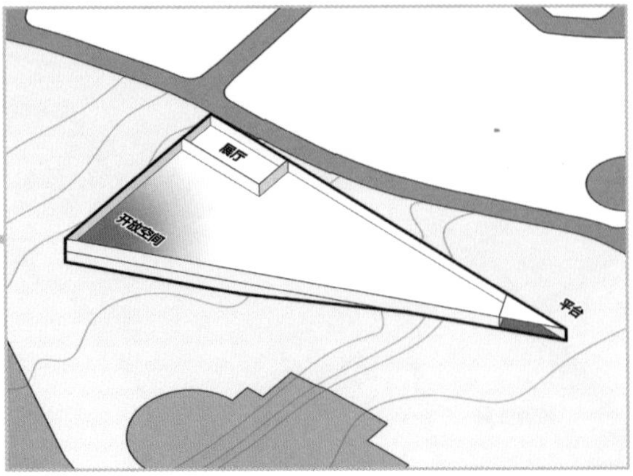

图 23

现在 3 个角形成了 3 种空间：功能空间、开放空间和半室外空间。那么，问题来了：怎样在大三角形中串联起这 3 种空间呢？这一层是展览区，最重要的便是展览流线的组织。根据人流来向，入口可以设在最尖角处，也可以设在短直角边一侧。但是由于基地从南到北有高差，所以，如果设在短直角边一侧，还需要加设楼梯。而最尖角处邻近建筑群的主入口，明显设在这里最合适（图 24）。

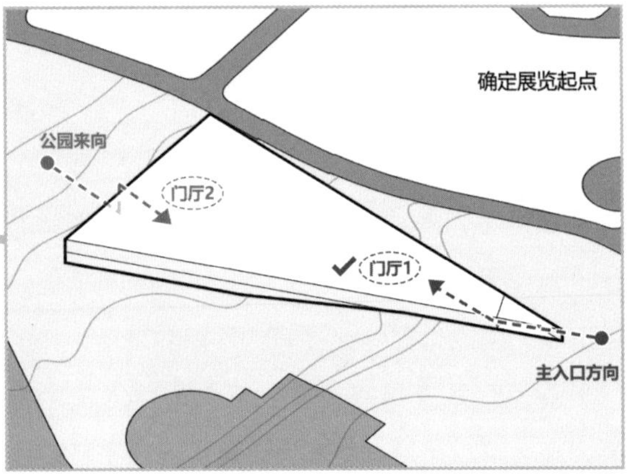

图 24

最尖角的半室外空间结合门厅形成整个展览流线的起点（图 25）。三角形剩下的部分就是展览空间了，可以组织一个环形流线转一圈，然后再到达门厅形成一个闭环（图 26）。将展厅在三角形平面里绕一圈，由于锐角边是开放空间，于是把展厅打断绕一圈（图 27）。

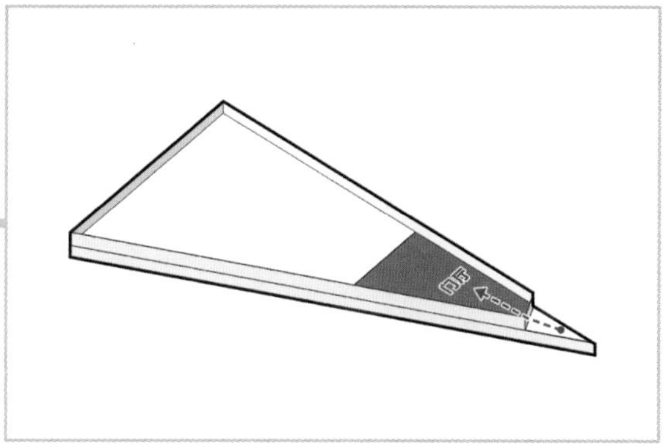

图 25

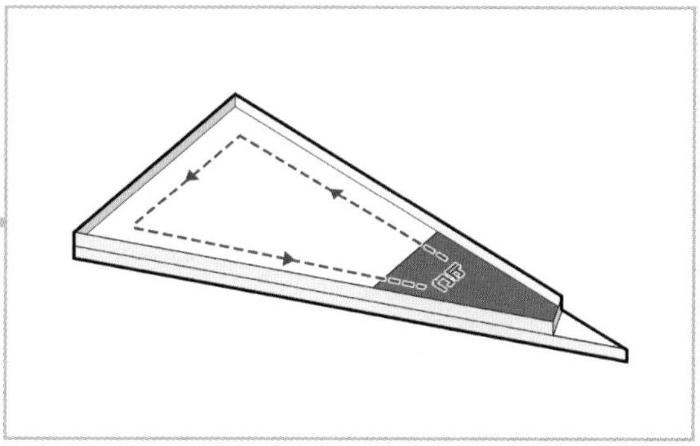

图 26

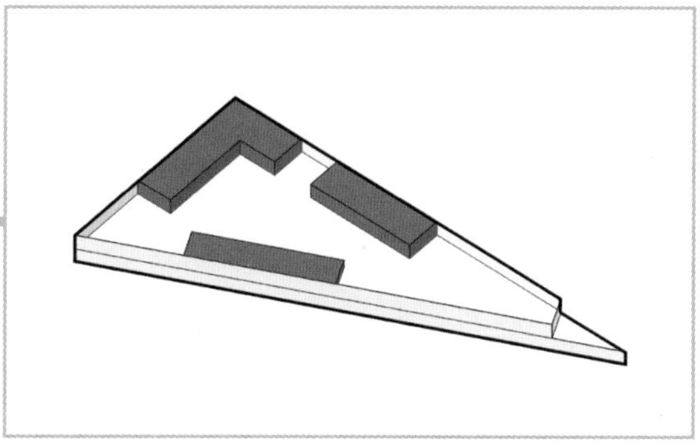

图 27

然后，小 C 惊喜地发现，他浪费了几乎一半的面积。3 个展厅围成的中心是个空而无用的大空间，而作为空间里唯一实体的展厅贴边布置对整个空间的控制力很弱（图 28）。

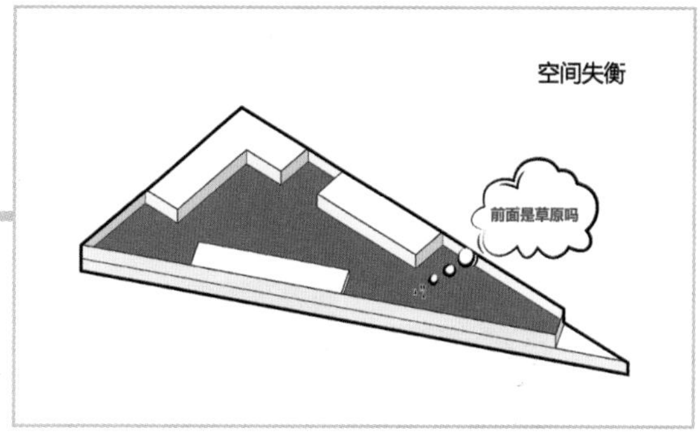

图 28

老板做了这么好的形体，是用来给你浪费的吗？小 C 再接再厉，将展厅切得更碎、打得更散，至少看起来没那么浪费，放眼望去都是展厅（图 29、图 30）。

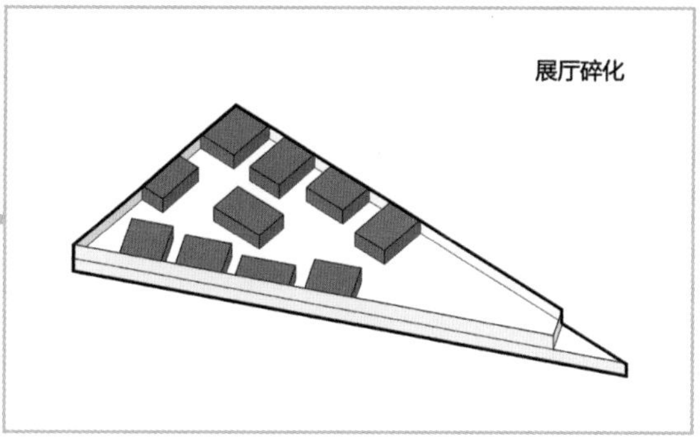

图 29

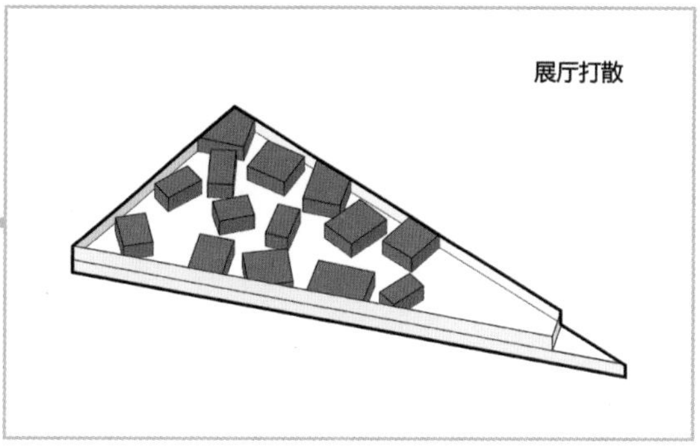

图 30

其实，这里有个小技巧，怎么能让功能块获得更强的控制力呢？打散切碎只是第一步，更重要的是不能形成图底关系。我们把功能空间当作图，开放空间当作底，当功能空间碎化打散后，功能空间附近的开放空间也被消解成了功能空间的一部分（行进空间），现在的底就不再是完整形了，控制力自然就弱了（图 31）。

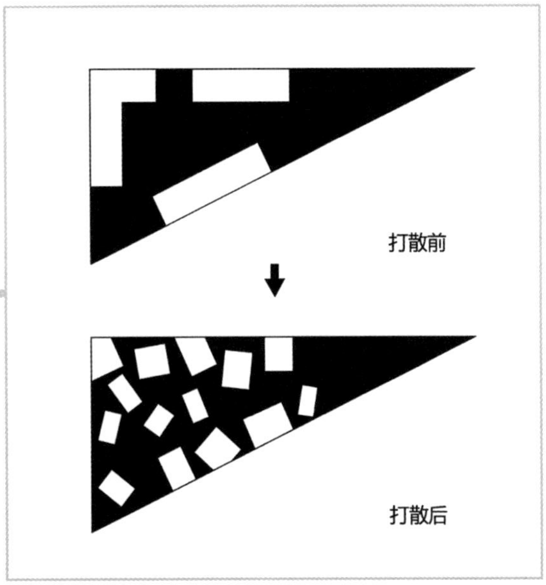

图 31

现在各个小盒子扭转到了合适的位置，博物馆主要是考古学和地球科学两个主题，北侧部分小盒子作为地球科学展厅，南侧部分作为考古学展厅。此外，在门厅位置加入卫生间等服务空间（图 32）。然后，问题又来了：打散后的展览流线也随之混乱了（图 33）。

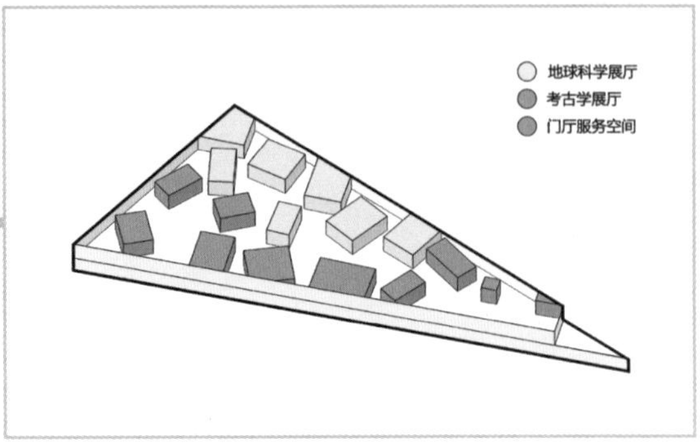

图 32

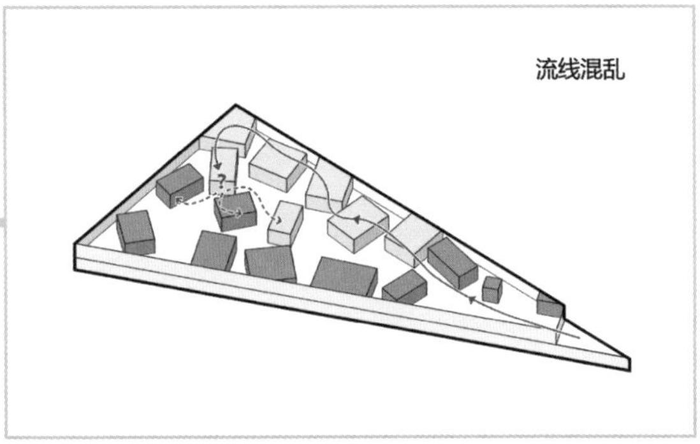

图 33

为了让环形流线不被破坏，小 C 果断去掉了中间的展厅。然后，球就又踢回来了。去掉中间展厅后就又会形成一个较大的开放空间，还是浪费啊，切了半天不是白切了吗？别说老板不给你机会做方案，机会是要自己发现的啊，这不就是赤裸裸的设计机会吗？横竖你不能把这一大块给空着，那就给它设计一个可停留的活力空间呀。不要怕做无用功，你设计了，老板可能不要；但你不设计，老板可能连你都不要（图 34 ～图 36）。

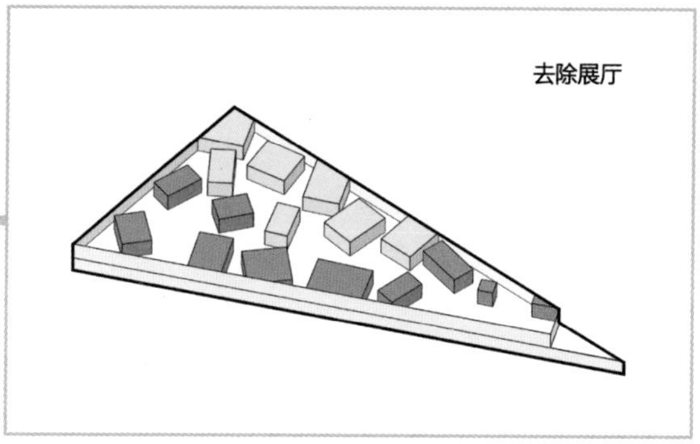

图 34

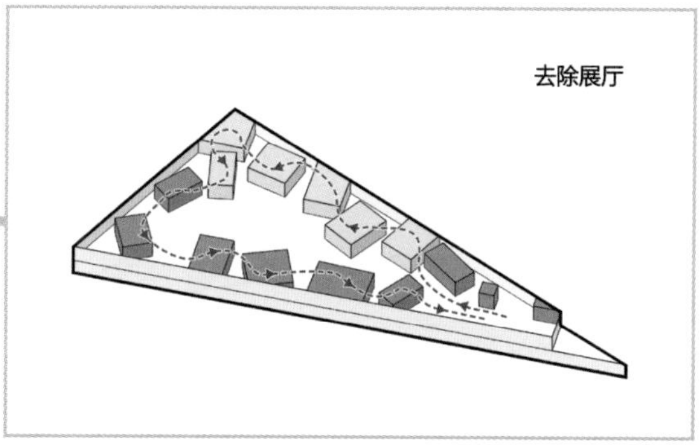

图 35

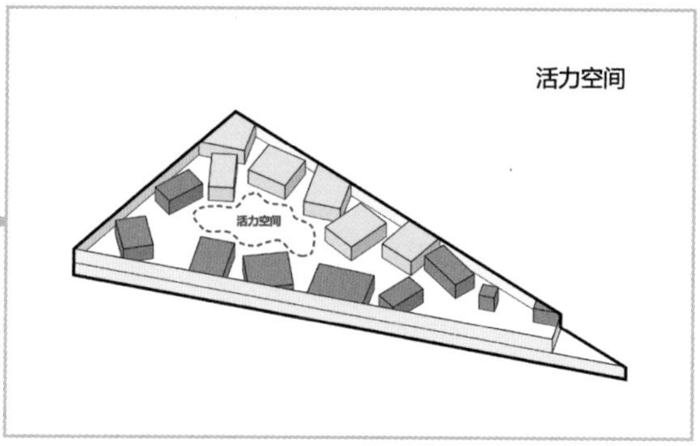

图 36

你既然想做这个小中庭设计，那就得先把中庭空间给挖出来，所以先平复一下激动的心情，接着往下排功能。

接下来看办公和公共活动区。还是那三个角，但是这一层情况却不一样了：由于地形高差，最尖角处自然被消解到地形里了，与此同时，建筑内会形成一个高差（图 37、图 38）。

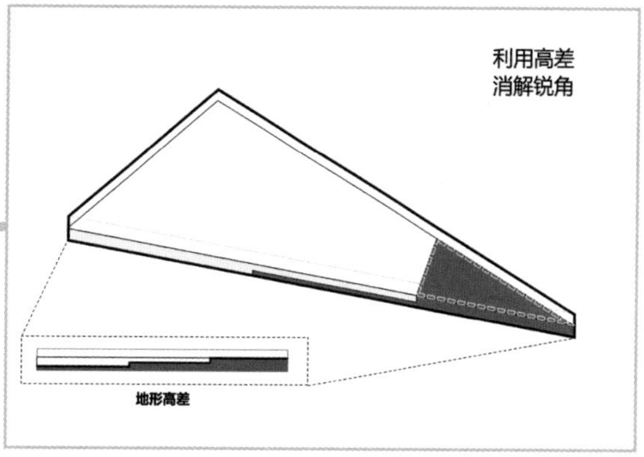

图 37

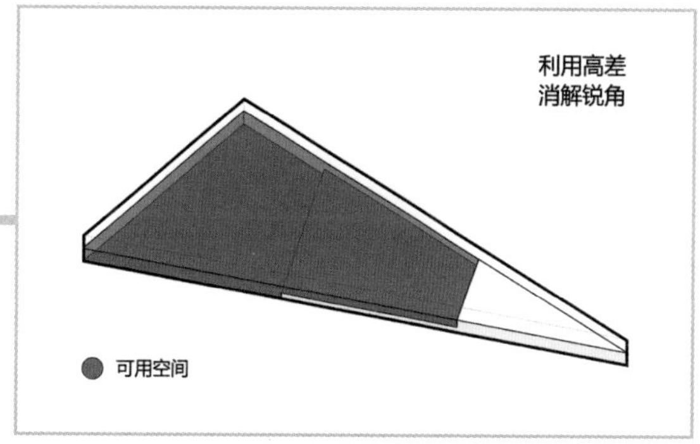

图 38

再看另一个锐角。由于这一侧人流会从公园和花园两个方向过来，直接将这个角消解成半室外的灰空间，所以沿着平行于高差线方向进行切割（图 39、图 40）。但是这样又会在靠近路的一侧形成一个锐角，该怎么消解呢（图 41）？

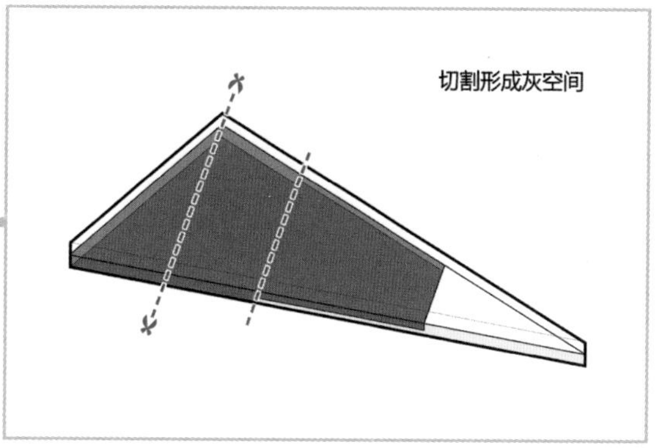

图 39

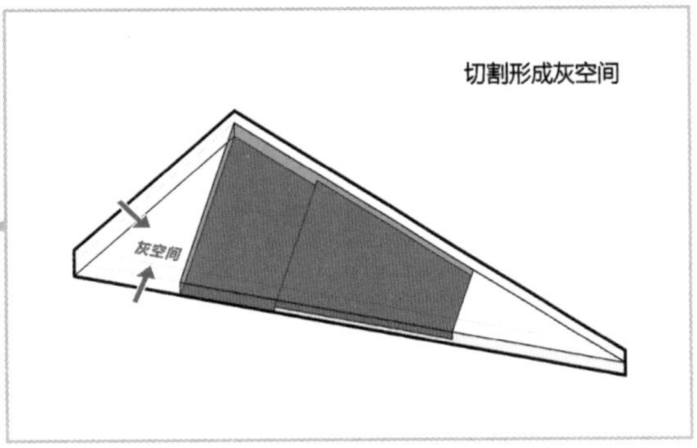

图 40

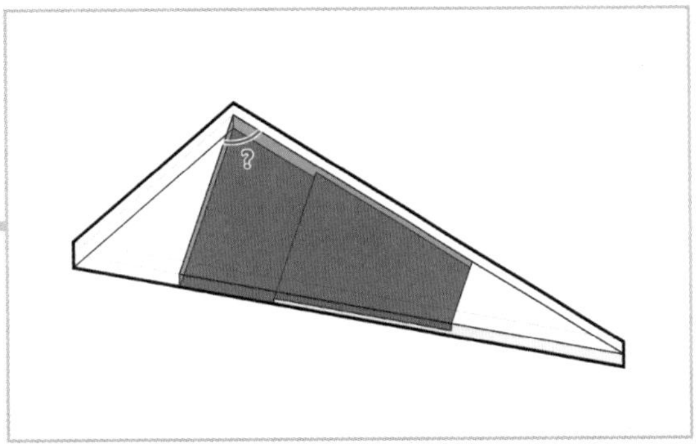

图 41

这一层办公及展品修复、储藏空间较多，公共空间占比很小，所以在靠近灰空间和花园的一侧设置公共活动空间。也就是说，锐角需要在办公区内消解。办公区是围绕展品储藏展开的，将锐角空间变成展品储藏的一部分，问题就迎刃而解啦（图 42）。

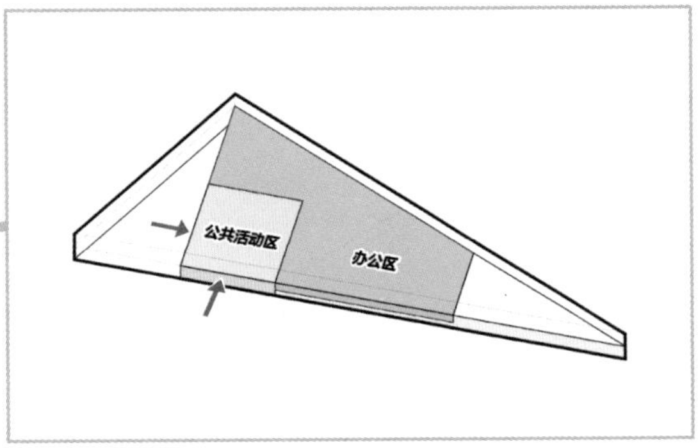

图 42

由于博物馆设置了考古学和地球科学两大展厅，所以将办公区也分成两大部分。在两部分交接的位置设置运输入口。靠近南侧有高差，所以将南侧办公区下面用作设备间，两个学科的办公区则抬升到同一高度，剩余的空间用作公共活动空间（图 43）。

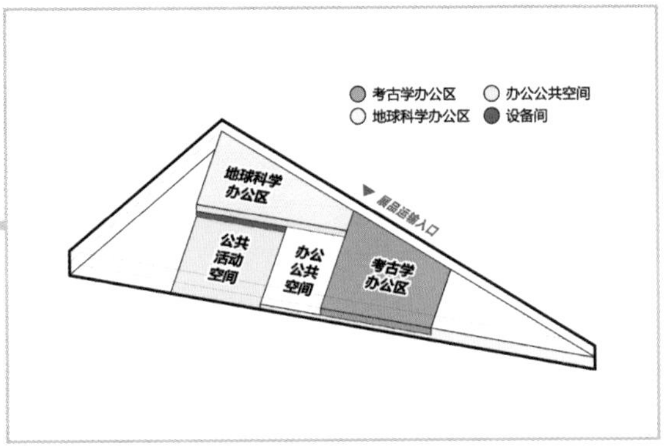

图 43

在靠近花园一侧的垂直边上加入台阶解决内部高差，顺便将台阶连通到展览区门厅。第一个台阶的一侧继续延伸，形成多功能厅（图 44）。

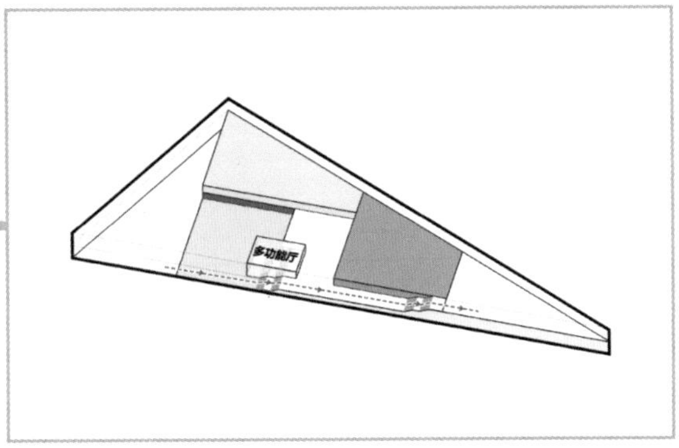

图 44

然后，划分各个办公区，使用走廊串联各个房间。划分以后，靠近路一侧又产生了多个锐角空间，将走廊分隔出的两个小锐角开放，变成两个办公区各自的门厅（图 45、图 46）。

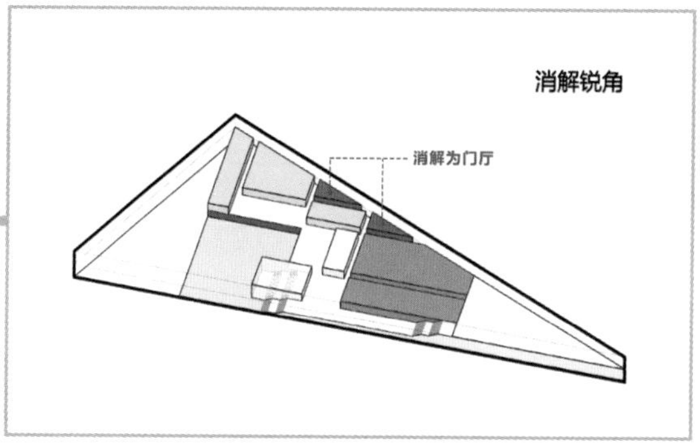

图 45

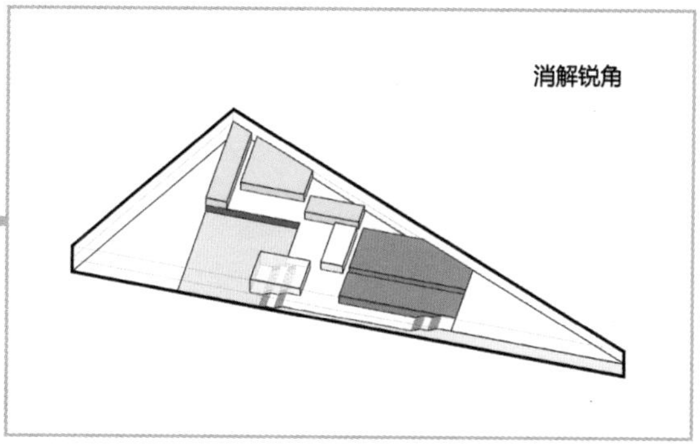

图 46

由于底层除了中间的公共空间，其余都是办公区，因此，为了避免参观人群与办公区相互干扰，将靠近花园一侧的墙体内缩，使人们可以直接从外部顺着台阶到达展览区门厅（图 47）。

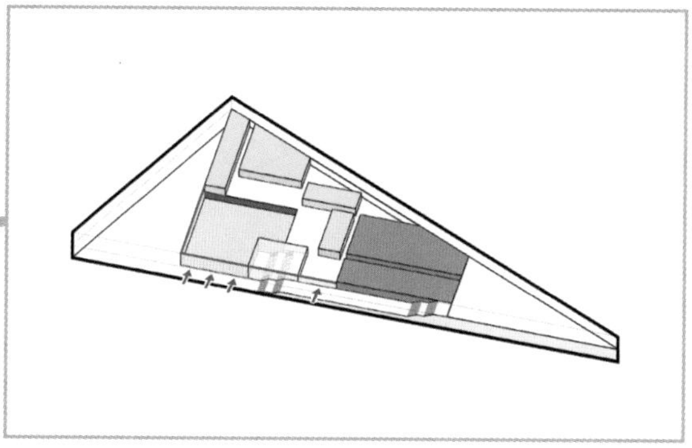

图 47

至此，上下两层的三角形都消解完了，通高中庭的坑也挖好了，终于到了激动人心的填坑时刻啦！这种背着老板偷偷做设计的感觉真是忐忑又刺激呀。小 C 先顺应底层公共空间形状，在展览区开了一个矩形洞（图 48）。

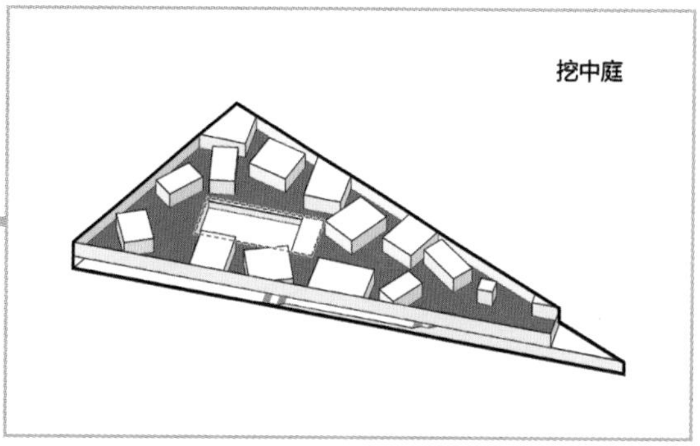

图 48

但这个矩形洞很大，也不好看，除了往下跳也干不了别的。所以，小 C 想把它搞成既联系交通，又容纳开放展览和休闲社交的非正式空间（图 49）。

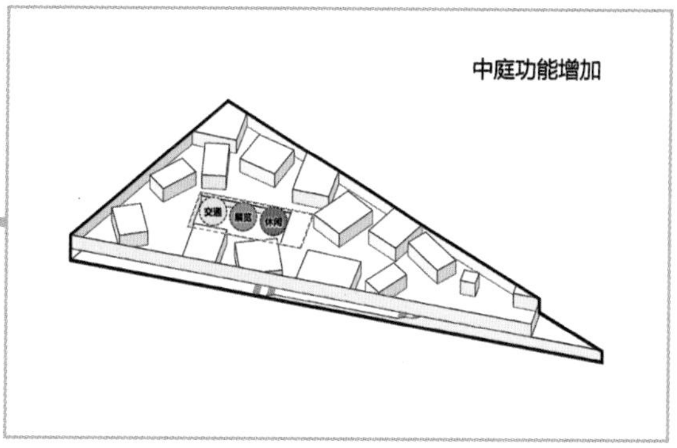

图 49

要想留住人，就要按人的尺度设计。小 C 先按照 1.2 m×1.2 m 的网格切割中庭（图 50）。1.2 m×1.2 m 的空间尺度可以组合成多种使用空间——休息、社交、展览、展览 + 休闲等（图 51）。然后，规划十字路径连接上下两层（图 52）。

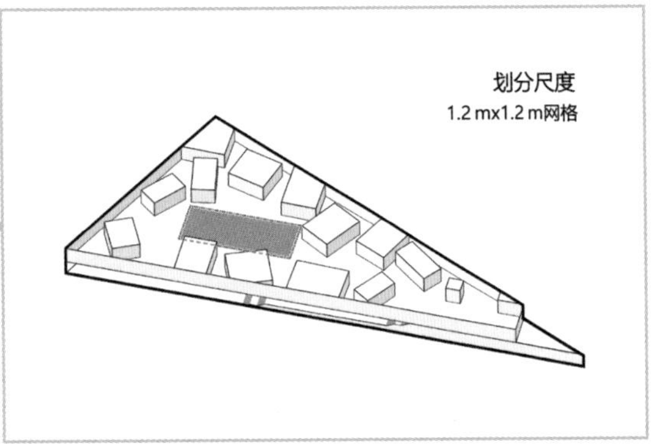

图 50

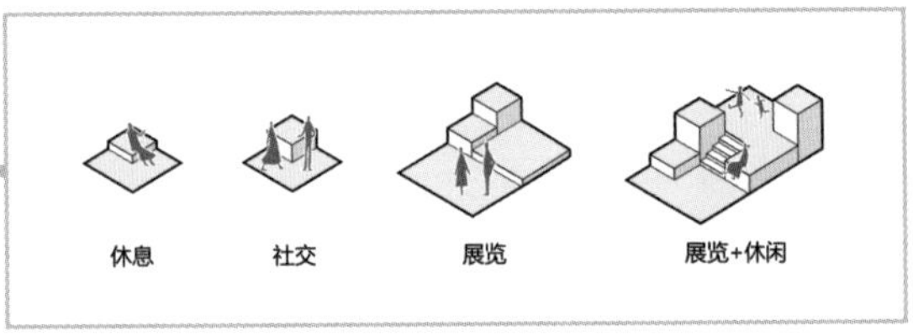

图 51

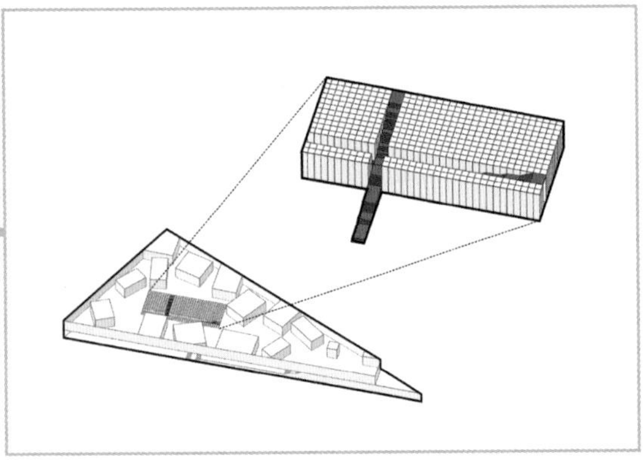

图 52

沿着路径布置不同尺度的开放展览平台，不同展览平台位于不同的高度，也就是通过高差来限定不同的使用空间。再在主要交通外加入小台阶，解决不同展览平台的高差（图 53）。

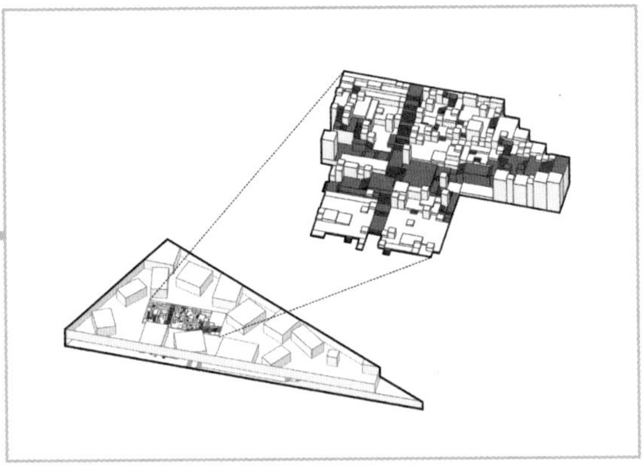

图 53

这还没完，小 C 一鼓作气，将中庭的小尺度方块继续向外侧蔓延，强化中庭的元素连续性（图 54、图 55）。

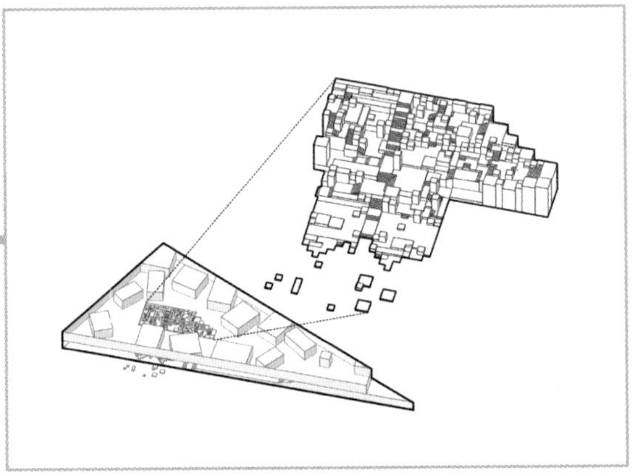

图 54

图 55

至此，小 C 成功地把这个巨大无比的中庭通过"碎化 + 半限定"的方式变成一个适合人体尺度的可停留空间（图 56）。

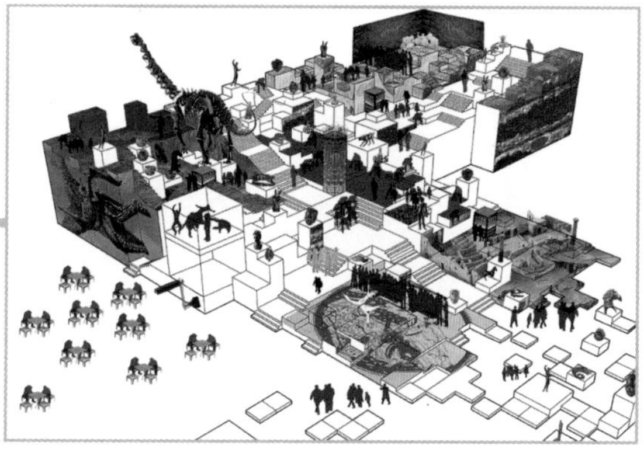

图 56

心满意足的小 C 接下来继续细化平面。为展厅开口，形成连续的展览流线（图 57 ~ 图 60）。下一层靠近公园的入口侧，将玻璃墙体外移形成门厅（图 61）。加入交通核满足参观人群和藏品运输的需求，并在首层门厅处加入一个具有标志性的圆形交通核（图 62）。

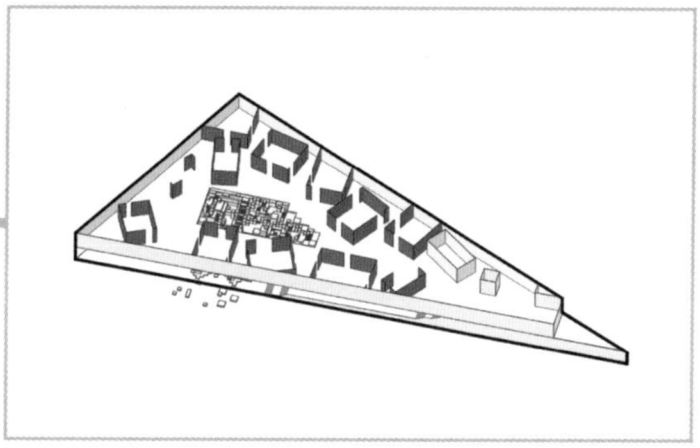

图 57

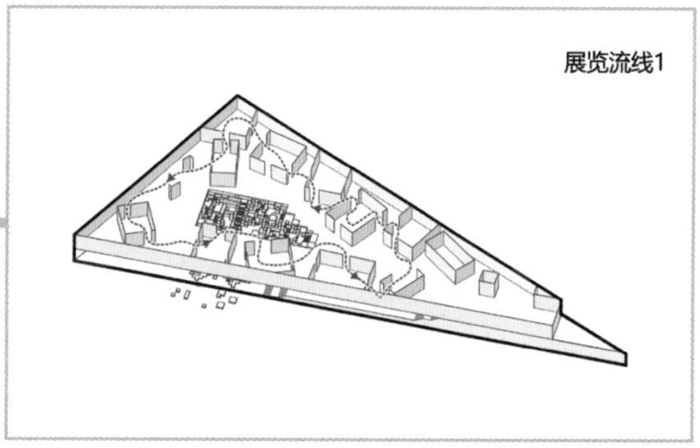

图 58

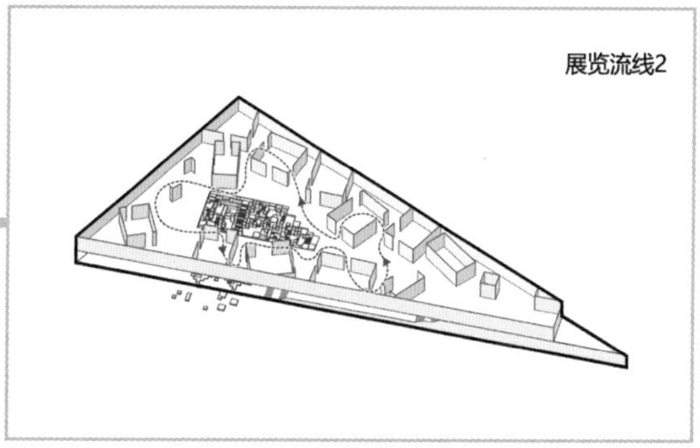

图 59

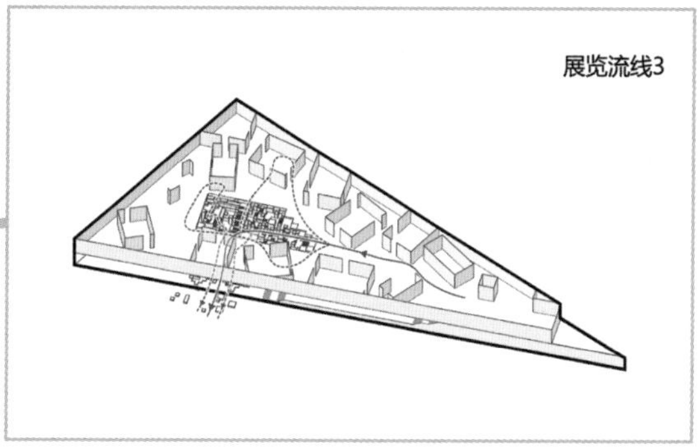

图 60

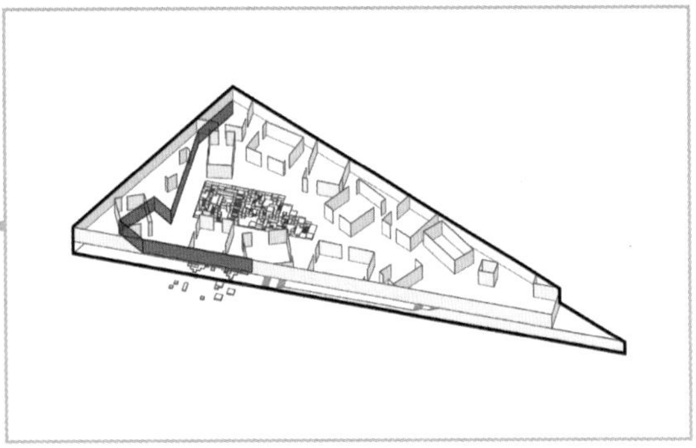

图 61

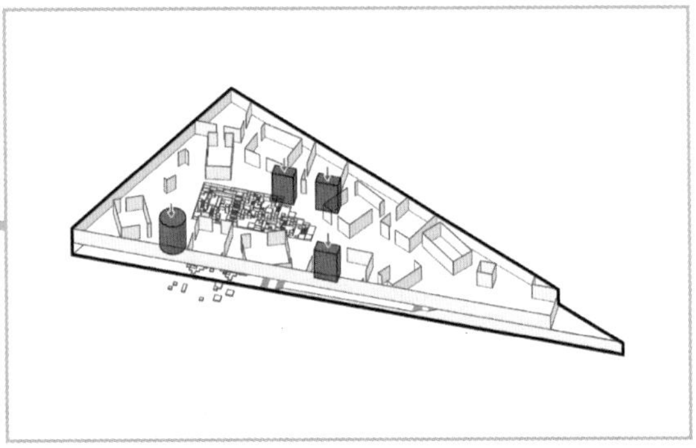

图 62

由于不同展厅展品高度不同，因此设置不同的层高，并用折片连接各个面，形成存在凹凸的屋顶面。展览区立面也根据屋顶的凹凸发生变化（图 63）。

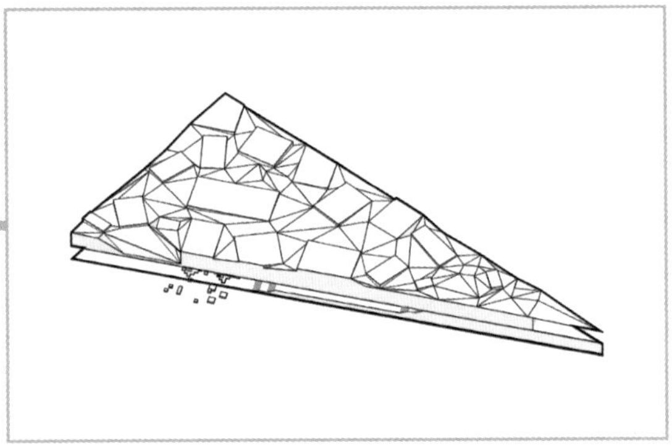

图 63

最后，所有展厅盒子及中庭的屋顶变成天窗，底层面向花园和公园的一侧全部采用玻璃幕墙，上部立面则赋予砖石材质并开窗（图 64）。收工（图 65）。

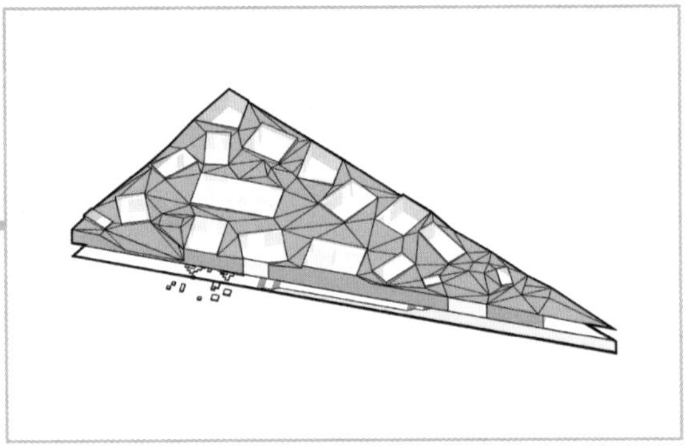

图 64

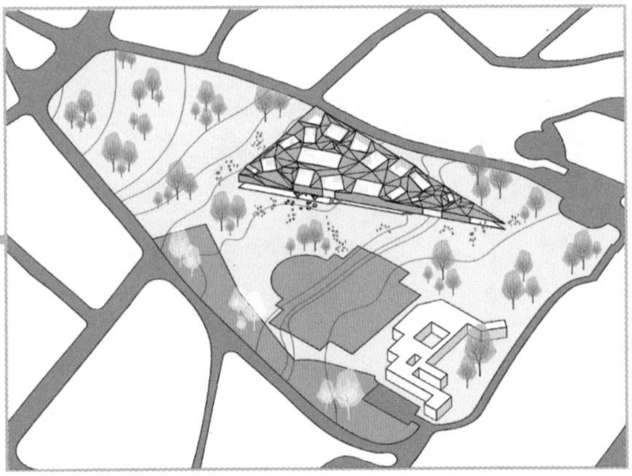

图 65

这就是 OMA 事务所设计的摩洛哥国家考古和地球科学博物馆。打工人小 C 设计的中庭被完整保留，最终方案获得竞赛第五名（图 66 ~ 图 71）。

图 66

图 67

图 68

图 69

图 70

图 71

故事还没结束。虽然这个项目并没有中标，但让库老板都认可的中庭设计还是给小 C 打了强心剂。不久后的 2014 年，小 C 辞职，离开了工作 10 年的 OMA 事务所，自立门户成立了 Clément Blanchet 建筑事务所，完成了从打工人到话事人的人生飞跃（图 72）。而小 C 设计的这个万能小中庭，直到 2018 年，OMA 事务所还在大马士革博物馆方案中使用，屡试不爽。想用的都拿小本本记好了（图 73）。

图 72

图 73

没有“奇葩”老板，哪有“耐撕”的你？没有“奇葩”甲方，哪有抗造的你？如果你“耐撕”又“扛造”，又怎么会捧不住吃饭的碗？今天，你敢辞职了吗？

图片来源：

图 1、图 55、图 56、图 66 ~图 71 来自 https://www.clementblanchet.com/rabat-museum-of-archeology，图 2 来自 https://www.google.com/maps/?hl=zh-cn，图 72 改绘自 https://www.archdaily.com/office/clement-blanchet，图 73 来自 http://robota.fr/vegetables/portfolio/damascus-museum-3/#damascus-museum，其余分析图为作者自绘。

END

建筑师与事务所作品索引

敬告图片版权所有者

为保证《非标准的建筑拆解书（见招拆招篇）》的图书质量，作者在编写过程中，与收入本书的图片版权所有者进行了广泛的联系，得到了各位图片版权所有者的大力支持，在此，我们表示衷心的感谢。但是，由于一些图片版权所有者的姓名和联系方式不详，我们无法与之取得联系。敬请上述图片版权所有者与我们联系（请附相关版权所有证明）。

电话：024-31314547
邮箱：gw@shbbt.com